2012’中国水治理与可持续发展——海峡两岸学术研讨会论文集
仅限于中国大陆地区发行

# 中国水治理与可持续发展研究

# RESEARCH ON WATER GOVERNANCE AND SUSTAINABLE DEVELOPMENT OF CHINA

主　编 / 杨子生　副主编 / 吴德美

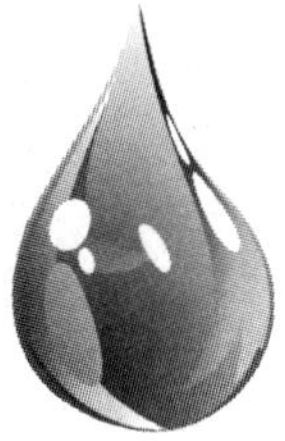

社会科学文献出版社
SOCIAL SCIENCES ACADEMIC PRESS (CHINA)

# 编　委　会


**名誉主编**　熊术新　王振寰

**学术顾问**　周　跃　王振寰　郭承天　颜良恭　汤京平
宋国诚　黄　英　张乃明　孟广涛　李广良

**主　　编**　杨子生

**副 主 编**　吴德美

**编　　委**　（按姓氏音序排列）
段琪彩　郭承天　贺一梅　黄　英　简旭伸
李　波　李广良　李智国　刘春学　孟广涛
彭海英　宋国诚　汤京平　童绍玉　王　杰
王兴振　王振寰　吴德美　邬志龙　熊术新
徐　刚　颜良恭　杨子生　叶　浩　袁睿佳
曾圣文　张博胜　张乃明　周　跃　邹金浪

# 序

“水是生命的源泉”，这是电视上时常播放的公益广告词。还有一则公益广告：“地球上的最后一滴水，将是人类的眼泪！”的确，水，孕育了万物，是人类生命的源泉。有了水，才有了各种生物的新陈代谢，才有了人类的繁衍生息，才有了生机盎然的大千世界和多姿多彩的地球。

在人类居住的地球上，淡水资源并不丰富，一些水资源已被污染，而世界人口正在迅猛增加，工业正在迅速发展，对水的需求量越来越大，因而水资源短缺的问题日益突出。我国由于人口众多，人均拥有的水资源只相当于世界人均量的1/4。同时，由于我国地域辽阔，各地水资源量差异极大。此外，受季风气候的影响，大部分地区的干湿季非常明显，每年的大部分雨量集中在5~10月的雨季，而11月到次年的4月则多为旱季，降水少且蒸发量大，极易形成季节性干旱。水资源在时空上的较大差异，使得我国不仅水资源利用率低，而且水旱灾害频繁发生，危害大，损失重。

作为云南人，我亲历了2009年下半年至今的三年严重连旱，深感水的宝贵、水治理的重要、水资源保护与水利建设的紧迫。“石油危机”早就成为学术界研究的重大范畴，而“水危机”还没有成为学术界研究的核心范畴。水危机可以演变成环境危机、社会危机、政治危机，以及人类的本质性危机——生存危机。因此，从某种程度上，可以说，水治理问题直接关系到中国人民的生存、生产和生活大计，关系到整个中国的可持续发展战略乃至中华民族的兴衰，以及世界发展战略的平衡与制约。

2011年12月初，台湾政治大学中国大陆研究中心来信提出，为促进两岸学术交流和深化中国研究，决定组织“中国水治理”工作坊（work shop），并希望在2012年7月间组团到昆明，与云南财经大学举行“中国水治理——两岸学术研讨会”。台湾政治大学中国大陆研究中心的提议，是很有意义之举，既可以有力地推进海峡两岸学术交流，又能够为我国水治理献计献策，服务于国家和区域可持续发展，何乐而不为？于是，我校积极响应这一重要提议，并于2011年12月下旬具体委托我校国土资源与持续发展研究所，与台湾政治大学国家发展研究所共同策划“2012’中国水治理与可持续发展——海峡两岸学术研讨会”。

为了筹备好本次研讨会，我校专门成立了“2012’中国水治理与可持续发展——海峡两岸学术研讨会”筹备工作领导小组，由本人担任组长，周跃副校长任副组长，成员为校长办公室、科研处、港澳台办公室、国土资源与持续发展研究所等单位相关负责人。具体由国土资源与持续发展研究所负责承办，校长办公室、科研处、港澳台办公室分别负责接待、协调等事项。

从2012年1月开始具体筹备，经过两校共同努力，会议筹备工作进展顺利：一是云南省人民政府于5月11日正式批复，同意我校与台湾政治大学举办“中国水治理与可持续发展——海峡两岸学术研讨会”；二是落实了会议议程、会议接待和会后考察等相关事项；三（最重要的）是会议征文于6月15日如期结束，共收到两校师生征文36篇（其中台湾政治大学14篇，云南财经大学22篇），加上北京师范大学、中科院地理资源所、西南大学、云南省水利水电科学研究院等特邀单位的7篇征文，总计43篇。

现在，呈现在大家面前的这本论文集——《中国水治理与可持续发展研究》，正是两校师生以及大陆部分科研单位、高校专家学者与青年科技人员的集体成果展示，也是这次学术研讨会的标志性成果之一。论文内容涉及水电开发与移民安置探索、湖泊水环境治理研究、中国水旱灾害研究、水资源评价与利用研究、城市水务与水政治研究、水哲学伦理及可持续发展相关问题研究六个方面。综观论文集，具有以下4个方面的特色。

（1）规模大，是滇台高校学术会议中规模较大的两岸学术会议论文集。本次会议共收到论文43篇，加上会后撰写的综述等文章4篇，共计47篇。经过编委会审定，收入本论文集出版的论文数达41篇，总字数达60多万字，这在滇台高校学术会议中是较为少见的。而且，为了扩大影响面，本次会议邀请了中科院地理资源所、北京师范大学、西南大学、云南省水利水电科学研究院等单位的部分专家和青年学者加盟，扩大了征文的范围，使论文集的规模更大、领域更广，在很大程度上反映了我国水治理研究的最新进展。

（2）档次较高，是一本高规格的论文集。这次“中国水治理与可持续发展——海峡两岸学术研讨会”得到了众多著名专家学者的支持和积极响应，台湾政治大学资深教授王振寰教授、宋国诚教授、汤京平教授、郭承天教授、颜良恭教授、吴德美教授等知名专家纷纷提交了创新性的学术论文，保证了论文集的整体质量和学术水平。同时，为了进一步支撑本次会议，我校国土资源与持续发展研究所从2012年1月开始就组织和动员全所师生，撰写了一批较好的论文，尤其是杨子生教授积极依托于中国科学院地理科学与资源研究所区域农业与农村发展研究中心主任刘彦随研究员新主持的国家自然科学基金重点项目“中国城乡发展转型的资源环境效应及其优化调控研究”（项目编号41130748），认真组织和撰写了5篇“中国水旱灾害研究”论文。此外，北京师范大学资源学院李波教授依托于他主持的云南省国土资源厅委托项目“高原湖区城乡一体土地生态化利用调控研究”，组织和撰写了3篇论文，也使本论文集锦上添花。

（3）内容丰富，涉及我国水治理研究的主要领域。论文集既涵盖水治理研究传统的优势领域，又涉及水治理研究的许多新内容，从不同的角度与侧面探讨了水资源利用、保护、管理以及水旱灾害防治、水电开发与移民安置等诸多重大问题，理论探索与实证分析结合，常规分析与新技术应用结合，对于进一步推进我国水治理研究，提高水资源开发、利用、保护与管理的科技水平，具有重要的意义和价值。

（4）老中青结合，青年学者涌现，展示了我国水治理研究队伍的兴旺。在论文作者中，既有德高望重的老一辈专家，也有众多中青年教授、博导，以及在读的年轻博士生、硕士生，呈现老中青结合的特点。尤其是许多年轻的博士生、硕士生积极参与水治理学术研究，并踊跃撰写论文，表明我国水治理研究队伍不断壮大，水治理事业后继有人。本次研讨会对于促进我校青年学子的成长也产生了一定的作用。例如，我校国土资源与持续发展研究所2011级硕士生邬志龙同学，在2012年1月份领受了导师杨子生教授安排的定题论文——《保护“土壤水库”、雨水资源化与云南省防旱减灾》之后，认真思考和探索，积极查阅国内外文献资料，一边撰写论文一边申报云南省教育厅科研课题。该同学主持申报的“云南省防旱减灾重要出路探讨——保护‘土壤水库’－雨水资源化”项目经过专家评审，被立项资助（项目编号2012J037），成为我校2012年获得的8项云南省教育厅科研基金研究生创新项目之一。

2012’中国水治理与可持续发展——海峡两岸学术研讨会是我校2012年主持的重要学术会议之一，也是我校举办的为数不多的滇台学术会议之一。本次学术会议，将为确立两校更为广泛的学术交流与研讨制度奠定较好的基础。今天呈现在大家面前的这本学术会议论文集是本次学术盛会的标志性成果。本文集的出版必将对推动我国水治理领域的研究和发展产生深远的影响，在两岸学术研讨会的发展史上也将留下厚重的一页。

在本论文集即将正式交付出版之际，我校国土资源与持续发展研究所杨子生教授于9月11～21日特别撰写了《中国钓鱼诸岛及附近海域资源开发利用的初步探讨》一文，临时编入本论文集，以期在“钓鱼岛及附近海域开发研究”领域起到抛砖引玉的作用。

会议论文集《中国水治理与可持续发展研究》编委会各位成员对学术论文的征集、审定和论文集的编辑、出版工作付出了大量辛勤的劳动，尤其是云南财经大学国土资源与持续发展研究所杨子生教授团队自始至终积极投入会议筹备和征文工作中，为本次学术研讨会的顺利召开和论文集出版倾注了很多心血；台湾政治大学国家发展研究所亦对本次学术会议的筹备、论文征集与出版等工作付出了很大的努力和辛劳。在此，我代表云南财经大学，代表“2012’中国水治理与可持续发展——海峡两岸学术研讨会”组委会，向所有关心、支持本次学术会议的专家学者、青年学子和朋友表示衷心的感谢，向一切为本次学术研讨会的顺利召开和论文集的及时出版付出了辛勤劳动和无私奉献的人士致以真挚的慰问和衷心的感谢！

云南财经大学校长　熊术新

2012年9月于昆明

# 目录
# Contents

B **湖泊水环境治理研究**



C **中国水旱灾害研究**



D **水资源评价与利用研究**

# 特稿：
# 钓鱼诸岛及附近海域开发研究

**【主编按】**作为地理学与国土资源研究工作者，我深知我国钓鱼诸岛及其附近海域拥有丰富的自然资源、巨大的经济价值和特殊的军事价值，亟待合理地开发。在本论文集即将正式交付出版之际，也就是2012年“9·11”，日本政府悍然宣布“购买钓鱼岛”，与钓鱼岛所谓“拥有者（岛主）”栗原家族正式签署钓鱼岛“购买”合同，购买金额为20.5亿日元（约合人民币1.66亿元）。在领土和国家主权上，海内外全体中华儿女不可能退让半步！日本政府“购岛”事件激发了我研究钓鱼岛资源开发的热情，虽然我未曾登上钓鱼诸岛进行实地考察和调研，但通过几个昼夜的苦干，充分运用网络资源，查阅和下载了许许多多有关钓鱼诸岛的基础资料，尽管这些资料显得零星、分散，但经过梳理、总结和提炼，我奋笔疾书，于“9·21”写成了《中国钓鱼诸岛及附近海域资源开发利用的初步探讨》一文，并于当天14:30~18:00在本研究所向师生们公开作了该文的学术报告（见http://web.ynufe.edu.cn/yanjiusuo/gtzy/Article/ShowArticle.asp?ArticleID=103）。尽管本文还不够成熟，甚至有不妥之处，但期望在“钓鱼岛及附近海域开发研究”领域起到抛砖引玉的作用。同时，也期盼将来能够有机会加入本文提出的“中国钓鱼诸岛及海域资源大调查”和“中国钓鱼诸岛及海域资源开发整治规划”两个重大项目的科技团队之中，为伟大祖国的可持续发展献出一点微薄之力。

云南财经大学国土资源与持续发展研究所所长/教授

杨子生

# 中国钓鱼诸岛及附近海域资源开发利用的初步探讨*

杨子生

（云南财经大学国土资源与持续发展研究所、钓鱼岛开发与太平洋战略研究室）

**摘　要**　钓鱼诸岛及其附近海域是我国东部非常重要的待开发海岛区域，其区位独特，自然资源丰富，开发利用潜力巨大，可以作为我国未来海岛资源开发的首选区域。本文在介绍钓鱼诸岛及其附近海域概况的基础上，阐述了这一区域的自然资源与经济开发价值、特殊区位与国家安全战略价值，认为：①钓鱼诸岛及其附近海域有着储量巨大的石油资源、蕴藏丰富的海洋渔业资源以及其他多种矿物资源和生物资源，经济开发价值十分巨大；②钓鱼诸岛位于台湾和冲绳之间，处于西太平洋“第一岛链”一线，其区位十分独特，其潜在的军事价值令世人瞩目，对于国家安全具有重大的战略价值。

进而，本文初步提出了钓鱼诸岛及其附近海域资源开发利用的4个主要方向：①重点开发石油资源，发展能源产业；②大力开发生物资源，发展海洋渔业等产业；③适度开发风景资源，发展海岛旅游业；④建立军事基地，守卫国家领土安全。

最后，本文提出了保障钓鱼诸岛及海域资源开发利用的重大措施建议：①行使领土主权，适时设立钓鱼岛开发特区；②深入、系统地开展钓鱼诸岛及海域资源大调查；③科学编制钓鱼诸岛及海域资源开发整治规划体系；④加大钓鱼诸岛及海域的国家安全建设，为开发钓鱼诸岛及海域保驾护航。

**关键词**　中国；钓鱼诸岛；附近海域；资源；开发利用

---

* 作者简介：杨子生（1964～），男，白族，云南大理人，教授，博士后，云南财经大学国土资源与持续发展研究所所长兼钓鱼岛开发与太平洋战略研究室主任。中国自然资源学会土地资源研究专业委员会副主任兼秘书长，中国地理学会农业地理与乡村发展专业委员会副主任，云南省土地学会土地规划专业委员会副主任。主要从事土地资源与土地利用规划、土壤侵蚀与水土保持、自然灾害与减灾防灾、国土生态安全与区域可持续发展等领域的研究工作。联系电话：0871－5023648，13888017450。E－mail：yangzisheng@126.com。

# 1 引言

尽管中国“地大物博”，幅员非常辽阔，但由于人口众多，人均国土面积有限，尤其人均耕地面积、人均水资源和石油等矿产资源占用量都较低。近几十年来，随着人口的进一步增长和经济社会的快速发展，陆地上可供开发的国土资源空间越来越少，人口增长、经济增长、社会发展和资源环境之间的矛盾日益突出，因此，未来国土资源开发利用的重点需要转向辽阔的海洋资源，其中包括众多的岛屿资源。

钓鱼诸岛及其附近海域就是我国东部很重要的待开发海岛区域，其区位独特，自然资源丰富，开发利用潜力巨大，可以作为我国未来海岛资源开发的首选区域。钓鱼诸岛及其附近海域作为中国固有的国土，这里蕴藏着非常巨大的国家战略资源——石油，海洋渔业资源亦十分丰富；同时，特殊的地理位置使钓鱼岛地区具有十分重要的战略地位，在维护我国国家安全中的战略价值极其巨大。因此，急需国家投入相应的人力、物力和财力去深入开展钓鱼岛地区国土资源大调查，进而制定长期性的钓鱼岛地区国土资源开发整治战略规划及各相关专项规划，为中华民族的长治久安奠定基础。

鉴于钓鱼岛区域的复杂性和敏感性，本文仅从学术探讨的角度，对钓鱼岛地区的自然资源开发利用问题进行初步的探讨，旨在抛砖引玉，期望能够为国家有关部门和学术界今后深入开展钓鱼岛地区自然资源调查、分析评价、规划、保护和管理等奠定一点点基础。

# 2 钓鱼诸岛及其附近海域概况

## 2.1 地理位置与岛屿构成

中国的钓鱼岛（The Diaoyu Islands），又称钓鱼台、钓鱼台群岛、钓鱼台列岛，位于台湾基隆港东偏北约 186 km（100 海里①）处、大陆浙江温州港东南约 356 km（192 海里）处、大陆福建福州长乐国际机场东偏南约 385 km（208 海里）处、日本冲绳那霸空港西偏南约 417 km（225 海里）处，经纬位置分散于北纬 25°40′ ~ 26°、东经 123° ~ 124°34′[2~3]（参见图 1）。

钓鱼岛列岛（Diaoyu Islands 或 Fishing Islands）由钓鱼岛、黄尾屿、赤尾屿、南小岛、北小岛和 3 块小岛礁（即大北小岛、大南小岛、飞濑岛）等岛礁组成，这些岛屿在地质上和花瓶屿、棉花屿、彭佳屿一起，都是台湾北部近海的观音山、大屯山等海岸山脉延伸入海后的突出部分，为中国台湾的大陆性岛屿，附近水深 100 ~ 150 m。

① 1 海里 = 1.85200001 km。

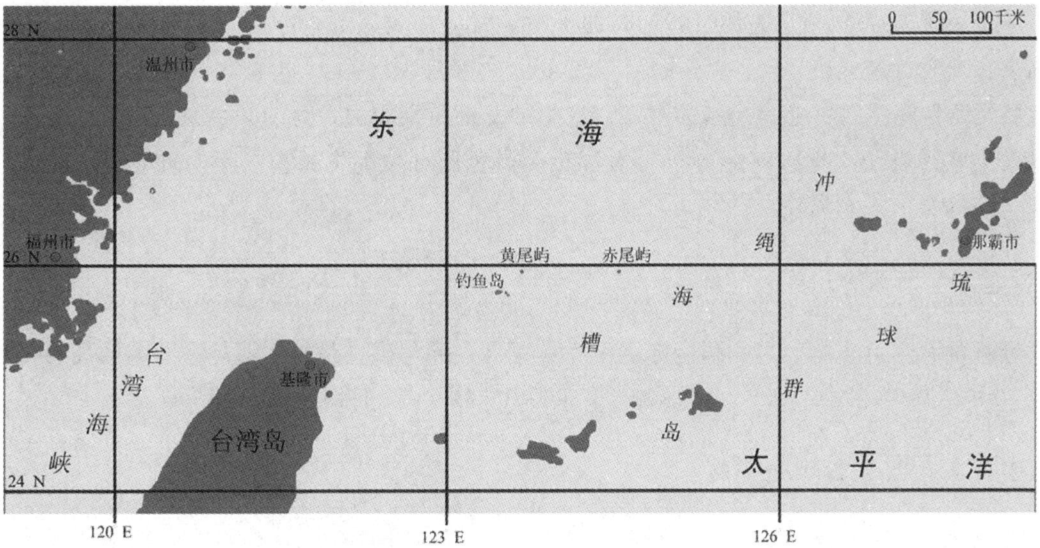


**图 1　钓鱼岛及其附属岛屿位置**

## 2.2　诸岛及附近海域的面积

据统计，钓鱼诸岛总面积约 6.344 $km^2$（9516 亩）①。其中，钓鱼岛面积居各岛屿之冠，约为 4.3 $km^2$；黄尾屿为 1.08 $km^2$；赤尾屿为 0.154 $km^2$；南小岛为 0.463 $km^2$；北小岛为 0.302 $km^2$。

钓鱼诸岛周围海域面积约为 17 万 $km^2$，相当于 5 个台湾本岛面积。

## 2.3　诸岛自然地理特点简介

### 2.3.1　钓鱼岛

钓鱼岛是钓鱼诸岛中最大的岛屿，东西长约 3.5 km，南北宽约 1.5 km。地势北部较平坦，南部陡峭，中央山脉横贯东西；最高山峰海拔 362 m，位于中部；其他尚有高 320 m、258 m、242 m 的山峰若干，以及 4 条主要溪流。

岛上部分地方基岩裸露，尖峰突起，土层基薄，缺乏淡水。山茶、棕榈、马齿苋随处可见，仙人掌遍地丛生。这些植物为了适应海上强风的自然环境，均呈现矮而粗壮的形态，其中多为名贵药材。在沿岸的岩石缝中，生长着一种叫海芙蓉的海草，是防治风湿症和高血压的良药。

### 2.3.2　黄尾屿

黄尾屿位于钓鱼岛东北部，陡岩峭壁，屹立于海中，成千上万的海鸟在这里栖居，每年

① 6.344 $km^2$ 系“Baidu 百科”和“Soso 百科”上描述的钓鱼诸岛面积。国务院新闻办公室 2012 年 9 月 25 日发表的《钓鱼岛是中国的固有领土》白皮书[4]中的钓鱼诸岛面积为 5.69 $km^2$。

4～5月，成群的海鸟几乎遮住了黄尾屿的天空。海鸟在黄尾屿产卵的数量极为惊人。黄尾屿因鸟多，又称为“鸟岛”。

黄尾屿除鸟多外，还有丰富的海产。这里的龙虾特别肥大，有的甚至大如鸭子。岛上另一著名的生物是蜈蚣，身长20～30cm，有红色、黑色两种，都生长在阴暗的石缝中。由于缺乏淡水，该岛目前无人居住。

### 2.3.3 赤尾屿

赤尾屿，亦称赤屿、赤坎屿、赤尾山、赤尾岛、赤尾礁，是钓鱼诸岛最东端的岛屿，位于东经124°34′09″～124°33′50″、北纬25°53′54″～25°54′06″，面积为0.0609 $km^2$。

### 2.3.4 北小岛和南小岛

北小岛和南小岛孤悬于海中，与钓鱼岛组成一个天然的“蛇岛海峡”。从地形来看，二者原为一个岛屿，后因断裂活动，地堑陷落，一岛分裂为二。尽管同源，但它们各有特色。北小岛以鸟多著名；南小岛则以蛇多著称，因为蛇多，又称为蛇岛。从远处海面望去，平坦的沙滩，绵延100余m，与另一处高达300m的陡峭山坡相接，组成一个气势雄伟、景色壮丽、山海相映的地貌景观。

南小岛蛇多，简直遍布全岛，最大的有碗口粗，最小的则如小手指头细。蛇的颜色一般以黄色、黑色居多，但都是无毒的。南小岛也许由于蛇太多，鸟类竟然绝迹。此外，钓鱼诸岛由于风力太大，又缺乏淡水，因而没有蚊虫。北小岛和南小岛无人居住。

### 2.3.5 南屿

南屿是钓鱼诸岛的组成部分之一，位于钓鱼岛东北约7.4 km处。该岛上多蛇。

### 2.3.6 北屿

北屿也是钓鱼诸岛的重要组成部分，位于钓鱼岛东北约6 km处。

### 2.3.7 飞屿

飞屿是钓鱼诸岛中的小岛之一，面积为0.0008 $km^2$，位于钓鱼岛东南。

## 2.4 中国政府最新（2012年9月10日）划定的领海基线

领海基线（territorial sea baseline）系指沿海国家测算领海宽度的起算线。基线内向陆地一侧的水域称为内水，向海的一侧依次是领海、毗连区、专属经济区、大陆架等管辖海域。《联合国海洋法公约》（*United Nations Convention on the Law of the Sea*）规定[5]，领海和内海都是有绝对主权的，包括水体、海底、上空的主权，和领土无异。2012年9月10日，中华人民共和国政府根据1992年2月25日《中华人民共和国领海及毗连区法》，宣布了中华人民共和国钓鱼岛及其附属岛屿的领海基线[6]（参见图2）。

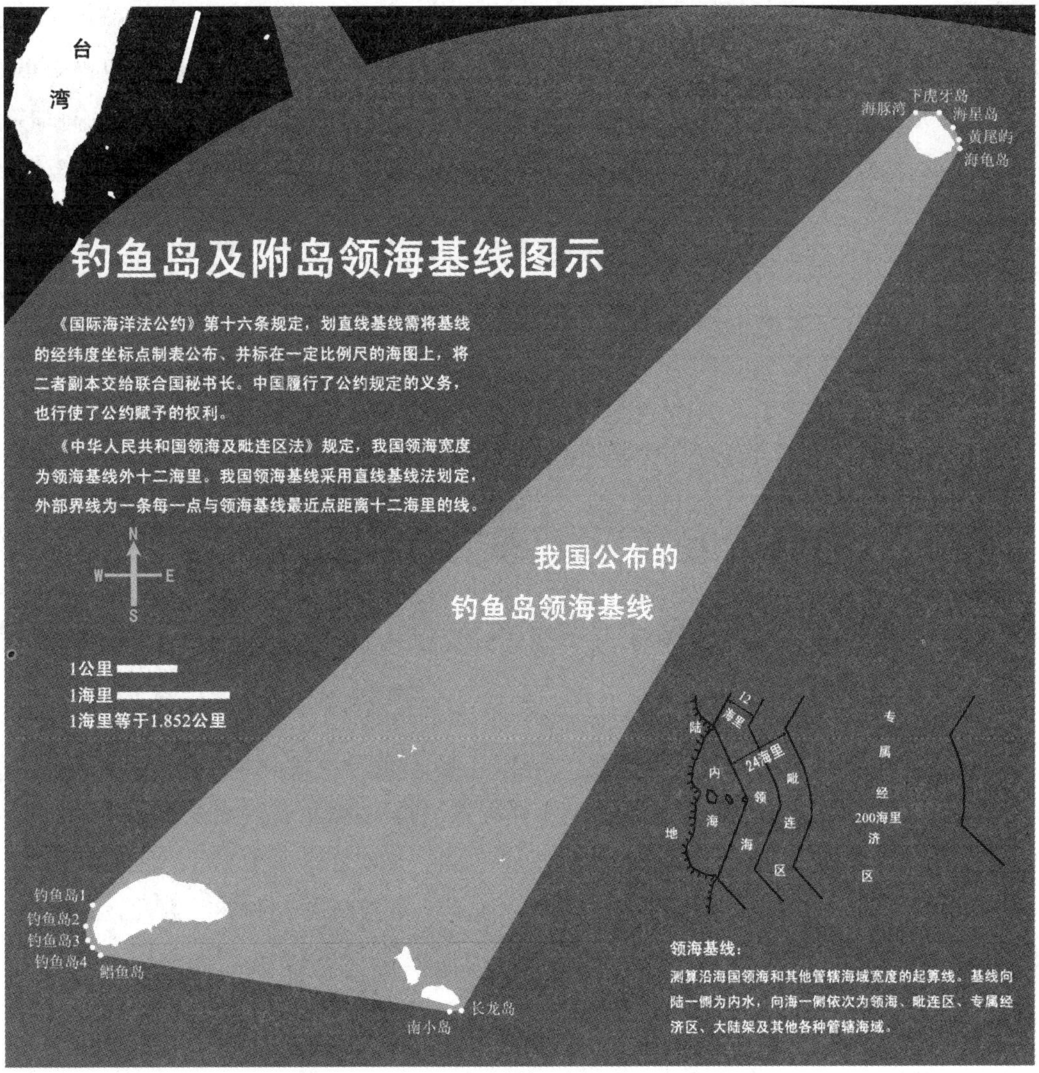


图 2　钓鱼诸岛领海基线

钓鱼岛及其附属岛屿领海基线的划定，为未来开展钓鱼诸岛及其附近海域自然资源调查和国土资源综合开发整治规划奠定了基础。

## 3　钓鱼诸岛及其附近海域的自然资源与经济开发价值

### 3.1　储量巨大的石油资源

钓鱼岛列岛的海底在地质特征上属于新生代第三纪的沉积盆地，也就是说，这一片海底具有最理想的生成和储藏石油的地质条件，富藏石油。1966 年，联合国亚洲及远东经济委员会通过对包括钓鱼岛列岛在内的我国东部海底资源的勘察，得出结论：东海大陆架可能是世界上最丰富的油田之一，钓鱼岛附近水域可能成为“第二个中东”。

另据报道，1970年12月除夕，美国18位官员聚集在一起专门开会，就美国海洋学家埃默里等人所著《东海黄海的地质构造和水文特征》一文进行了4小时的争论，但仍未得出结论。该文提出在东海中日韩大陆架交界处存在着世界上最有希望的尚未勘探的海底石油资源，作者甚至把它称为“另一个波斯湾”[7]。数据统计显示，钓鱼岛周边海域石油储量可达30亿～70亿t，甚至100亿t。据我国科学家1982年估计，钓鱼岛周围海域石油储量在737亿～1574亿桶。可见，深藏在钓鱼岛地区海底的经济价值十分惊人。

## 3.2 蕴藏丰富的海洋渔业资源

钓鱼诸岛及其附近海域，不仅蕴藏着大量石油资源，在海洋渔业资源方面也有巨大的经济价值。钓鱼诸岛是台湾暖流（黑潮）必经海域，受从太平洋而来的台风影响，是台风通道，每年多次台风通过。因台湾暖流具有高水温、高盐度的特点，因而钓鱼岛海域的表层水温夏季为27～30℃，冬季也不低于20℃，比邻近海水高5～6℃。这种水温环境使钓鱼诸岛海域成为鱼类栖息、成长和繁殖的优良场所，成为我国东海的著名渔场。所以，我国浙江、福建和台湾等地的渔民经常到这一带捕鱼。在钓鱼岛与东南方的北小岛、南小岛之间，有一条宽达1000多米的“蛇岛海峡”，风平浪静，成为渔民的天然避风港湾。在这个海峡港湾中，还盛产飞花鱼，台湾省基隆、苏澳两地渔民常靠此渔区生存。

钓鱼诸岛周边海域的渔业资源很丰富，据统计，年捕捞量可达15万t。每年渔季，从中国台湾省的基隆、宜兰等地和福建省出发前往作业的渔船有3000多艘。渔民在赤尾屿上还建有土寮。一些渔民一年有2～3个月在岛上居住。

据统计，钓鱼岛海域产鱼量超过了全国海洋水产品捕捞产量的1/10，因此，钓鱼岛海域在中国的海洋渔业中占据重要地位。

## 3.3 其他资源

其他矿物资源，如锰、钴、镍、天然气等，储量亦较大。据报道，日本近年对东海的调查投入了大量资源，按日本前国土交通大臣扇千景的说法，这些海域中埋藏着足够日本消耗320年的锰、1300年的钴、100年的镍、100年的天然气，以及其他矿物资源。

其他生物资源亦较多，如上所述，岛上海鸟长期栖息，鸟类资源极其丰富；岛上还盛产山茶、棕榈、仙人掌、海芙蓉等作物及药材，我国沿海采药者有不少人祖祖辈辈在钓鱼台诸岛采摘中草药。

## 3.4 自然资源的经济开发价值

曹丰良[8]根据网络上的零散信息分析了钓鱼岛的经济价值，认为钓鱼诸岛资源价值达145万亿元人民币。包括以下两个部分。

（1）石油价值：按照理论平均储量1156亿桶计算，2012年9月10日国际油价为每桶96.54美元，因而钓鱼诸岛及其附近海域石油储量价值为11.16万亿美元，按照2012年9月

10日公布的外汇中间价6.3375计算，折合人民币70.72万亿元。

（2）其他资源价值：如锰、钴、镍、天然气、渔业资源等，初步估算在50万亿～100万亿元人民币，取其中间值为75万亿元。

据《中国统计年鉴（2011）》[9]统计，2010年全国GDP为40.12万亿元，因此，钓鱼岛资源价值145万亿元相当于3.6个全中国的年GDP值。北京市2010年GDP为1.41万亿元，因而钓鱼岛资源价值相当于北京市103年的GDP值。

从石油进口来看，中国2011年石油进口2.525亿t，相当于35.31亿桶，钓鱼岛的石油储量相当于中国33年的进口量。日本每天进口石油450万桶，每年进口量为16.43亿桶，钓鱼岛的石油储量相当于日本70年的进口量。

# 4 钓鱼岛地区的特殊区位与国家安全战略价值

## 4.1 钓鱼诸岛的特殊区位

钓鱼诸岛位于台湾岛东北最远端，直接与琉球诸岛相对。在地理位置上，正处于中国大陆与琉球群岛之间，东西各距200海里。其前沿位置不仅对台湾岛的军事防御意义重大，而且对中国东南沿海方向的安全也有重要影响[10]。

从国土防卫的角度来说，岛屿是大陆的前沿，在战争中具有重要的屏障作用。因此，从军事地理学的角度来看，钓鱼诸岛有着十分重要的军事价值。打开世界地图即可明显看出，在我国大陆国土的海洋方向，分布着一串岛屿，天然地形成一道大陆外缘的屏障。在这一串岛屿的中段，也就是我国东海方向的正面，刚好是琉球群岛和台湾岛，再加上日本九州岛，使我国东海海区与太平洋分隔。这串岛屿也就是美国国务卿杜勒斯在1951年首次明确提出的“第一岛链（The first island chain）”（参见图3）①。钓鱼诸岛正处于台湾东北约100海里，介于琉球群岛和中国大陆及台湾本岛之间，是中国面临的“第一岛链”上的重要节点，其区位十分独特，其潜在的军事价值令世人瞩目。

有识之士已明确指出[11]：在地缘政治上，钓鱼列岛位于台湾和冲绳之间，处于西太平洋“第一岛链”一线，是外海进入中国的跳板，也是制约中国海军向太平洋纵深地区进出的屏障。如果日本完全控制了这片海域，不仅中国海军被扼住了咽喉，而且日本将获得进攻中国的一个理想前进基地。

---

① 所谓“岛链”，系由美国国务卿杜勒斯在1951年首次明确提出的一个特定概念，既有地理上的含义，又有政治军事上的内容，其用途是围堵亚洲大陆，对亚洲大陆各国特别是中国形成威慑之势。共3条岛链：第一岛链指北起日本群岛、琉球群岛，中接台湾岛，南至菲律宾、大巽他群岛的链形岛屿带，涵盖了中国的黄海、东海和南海海域；“第二岛链”源自南方诸岛（包括小笠原群岛、硫磺列岛）、马里亚纳群岛、雅浦群岛、帛琉群岛及哈马黑拉马等岛群；“第三岛链”则主要由夏威夷群岛基地群组成。对于美国而言，它既是支援亚太美军的战略后方，又是美国本土的防御前哨。在第一岛链的“封锁链条”中，最为关键的是台湾岛。它位于第一岛链的中间，具有极特殊的战略地位，掌握了台湾岛就能有效地遏制东海与南海的咽喉战略通道，也有了通向“第二岛链”内海域的有利航道及走向远洋的便捷之路。

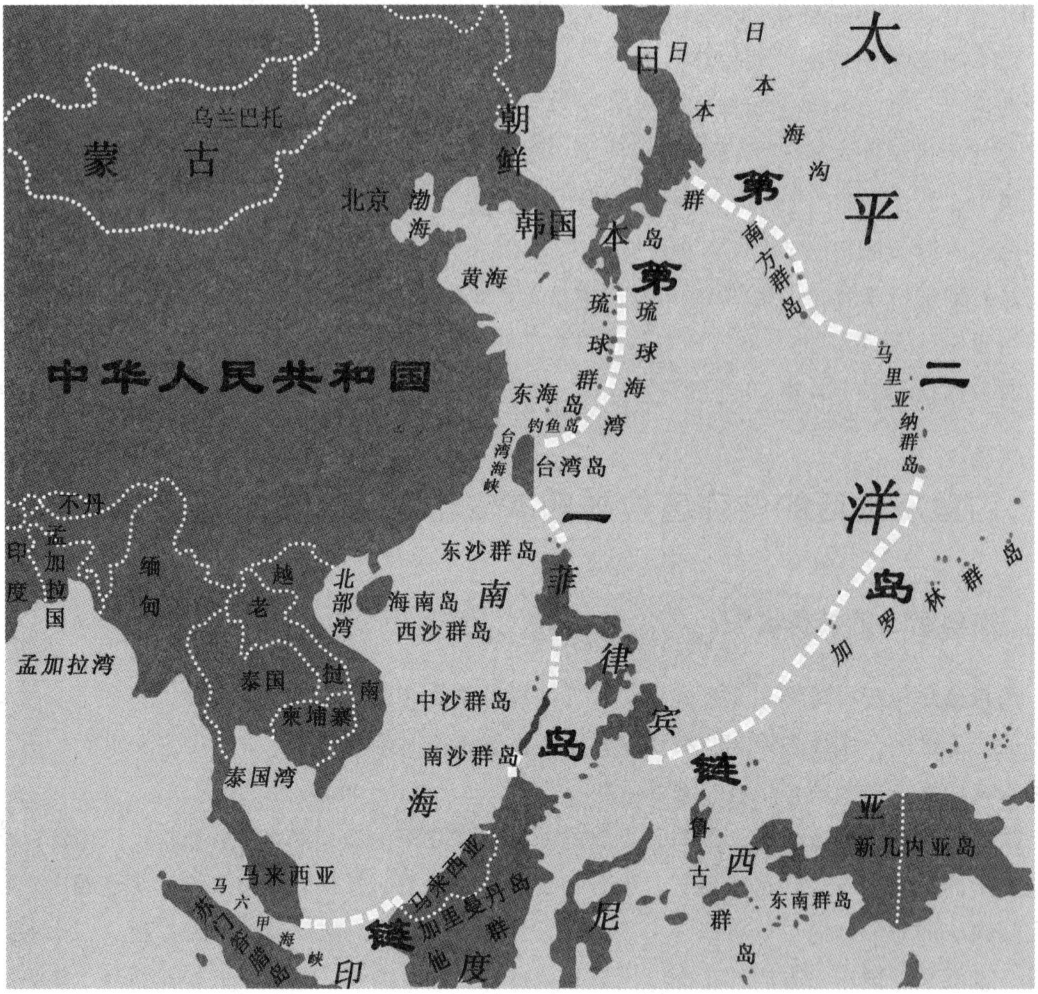


图 3　美国为军事封锁中国而设立的第一、第二岛链

## 4.2　钓鱼诸岛的国家安全战略价值

### 4.2.1　防护我国东部沿海地区的领土安全

琉球群岛距离我国东部沿海仅 300 ~ 500 海里，“二战”后，美国已将它建成美军西太平洋军事“岛屿锁链”的中心环节之一，战后美国海军一直在冲绳中城湾基地驻扎着太平洋舰队第一两栖大队。美国一直视这里为战争期间进攻远东地区的“桥头堡”，已经对我国东部沿海地区的安全构成巨大威胁。

琉球国曾与我国有 2000 年的历史渊源和 500 年的藩属关系。在 19 世纪 80 年代之前，琉球国一直向中国中央政府呈进贡品。但在 1879 年，一直企图实现海上南下扩张政策的日本实现了它对琉球觊觎已久的吞并野心。琉球失去之后，台、澎等岛完全暴露于日本南下扩张征途的正面，经过甲午之战后，台、澎成为日本的殖民地。尽管“二战”后日本将台湾归还给了中国，但时至今日，日本国内的一些右翼势力仍然叫嚷“台湾归属未定”。若日本军国主义势力全面复活，日本再次成为世界军事大国，台湾岛和中国大陆的东部必将首先受到威胁。因此，未来钓鱼岛的军事价值将日益突出。从战略意义分析，钓鱼诸岛若被日本侵占和利用，将成为日本再次侵略台湾的桥梁或前进基地；反之，中国守护好钓鱼诸岛，可以使之成为我国保卫国家东海方向安全、遏制日本扩张势力南下的前哨。

假如钓鱼岛被日本永久霸占，美日安保体制下迅速发展的日本军事力量将得以因此将其所谓的防卫范围从冲绳向西扩大 300 多 km，由此，日本军队可以对中国沿海地区和台湾岛的军事防御实施舰、机的抵进侦察与监视，从而使我国的防御活动陷入被动。此外，正如日本著名军事评论家小山内宏所指出，钓鱼岛既适合建立电子警戒装置，也可以设置导弹[12]。这意味着日本可在此建立一个本土以外的军事基地，这将对我国的安全构成重大威胁。

从国家利益的长远发展看，大陆与台湾一定会统一。台湾回归祖国之后，台湾海峡对我国国防建设所起的作用将会大大增强，我军将有可能利用台湾岛和台湾海峡优越的地理位置，加强国防实力，甚至将其作为中国沿海实施作战计划的依托。相反，若日本依托距台湾岛仅 120 海里的钓鱼岛对海峡进行监视，甚至对我国利用海峡进行军事行动实施干扰，将严重削弱海峡军事功能的发挥，也极不利于我国东南沿海的安全，同时也会对我国跨出“第一岛链”的未来海上发展形成更大的制约。

另外，钓鱼诸岛位于台湾和冲绳之间，距离台湾仅 120 海里，假如美日在钓鱼岛驻军，将会起到“支援台独桥头堡”的作用。

#### 4.2.2 维护我国东部领海、海洋经济区的正常范围及大陆架的合理划分

国土，“百度百科”给出的概念是“一个主权国家管辖下的地域空间，包括领土、领空、领海和根据《国际海洋法公约》规定的专属经济区海域的总称”[13]。这一概念是较为准确的，只是对“领土”的理解有些狭义化了，亦即把领土理解为“陆地”了。常说领土神圣不可侵犯，其中的“领土”应当是广义的，即包括领海、领空等。正如刘与任（1986）编著的《国土经济学》一书所指出：领土当然就是国土，国土也就是领土，只不过“领土”的政治属性和法律属性都比较浓而已[14]。所以，我们认为，刘与任给出的“国土”概念是合适的，即“国土就是受一个国家管辖的地球上某一部分空间，它包括一国的陆地、河流、湖泊、内海、领海、大陆架，以及它们的下层和它们（大陆架除外）的上空”[14]。

所谓的“领海”，也就是沿海国家邻接其陆地领土和内水的一带海域，领海的宽度从领海基线量起，为 12 海里（22.2 km）（参见图 4 和图 5）。1994 年 11 月 16 日正式生效的《联合国海洋法公约》规定，全球沿海国家除了拥有 12 海里的领海权以外，其海域面积可以向外延伸至 200 海里（370.4 km），作为这个国家的专属经济区。也就是说，专属经济区是指从领海基线量起 200 海里以内，在领海之外并邻接领海的一个区域（参见图 4 和图 5）。在这个专属经济区内，有关国家可以享有勘探、开发、利用、养护和管理海床上覆水域及底土自然资源的主权。这一区域既不属于领海，也不属于公海，而是一种独立的特定的法律地位。

大陆架是大陆向海洋的自然延伸，通常被认为是陆地的一部分。所谓“外大陆架”，就是指在 200 海里大陆架之外，不超过 350 海里（648.2 km）的水下大陆部分（参见图 4 和图 5）。《中华人民共和国专属经济区和大陆架法》[15]规定，我国对大陆架的人工岛屿、设施和结构的

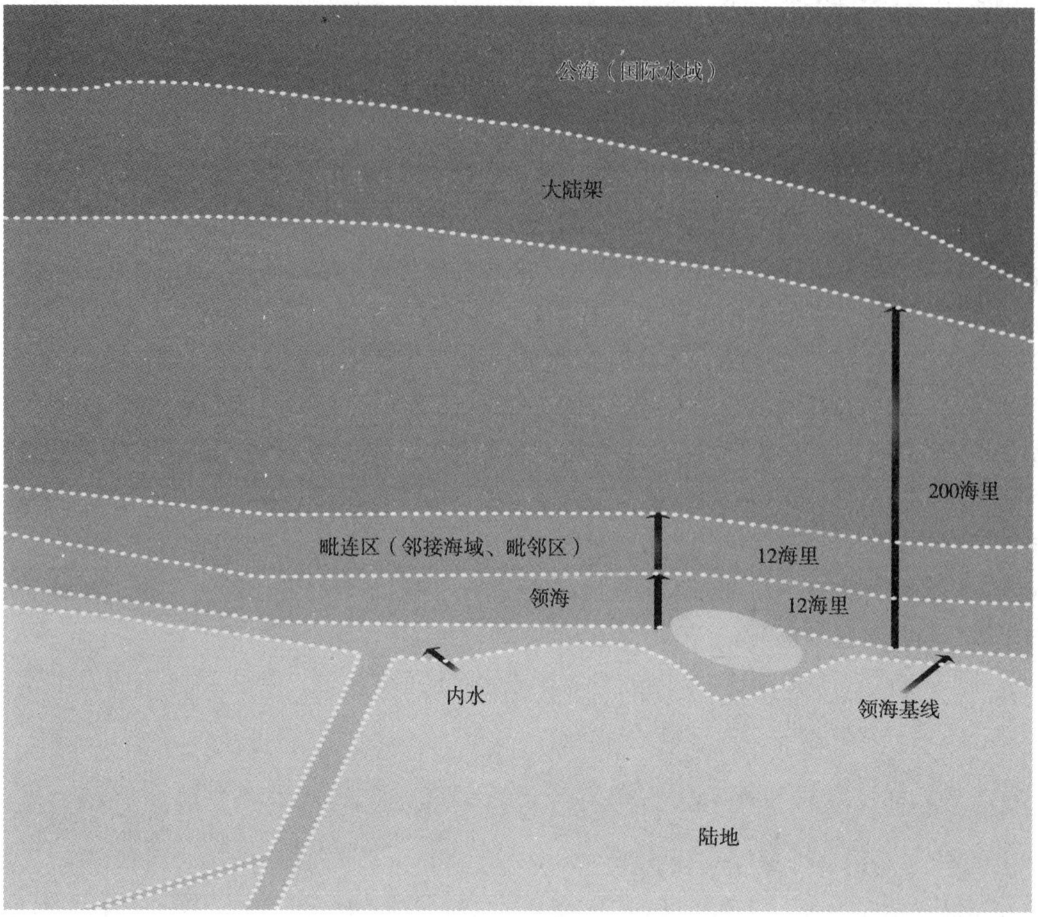


**图 4　领海、毗连区、专属经济区和大陆架划分**

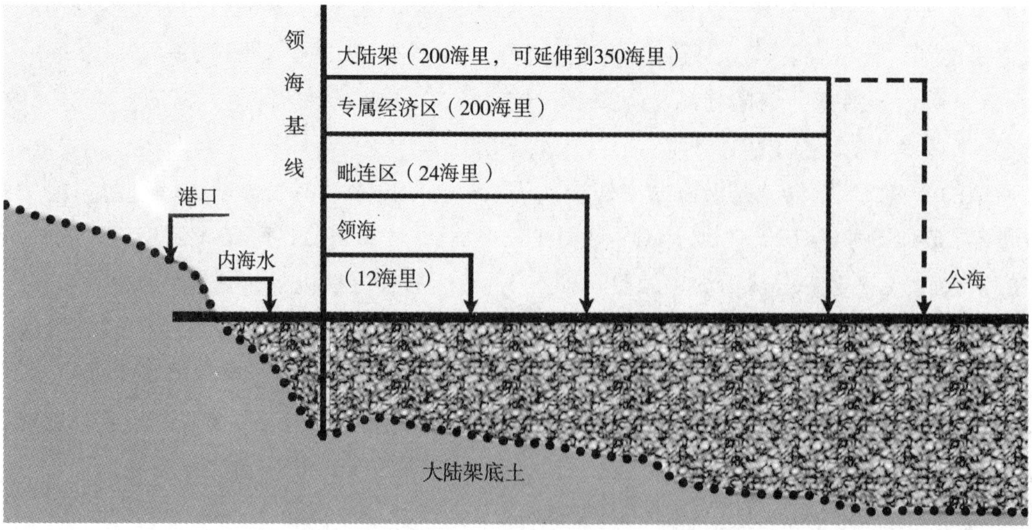


**图 5　领海、毗连区、专属经济区和大陆架横断面分布**

建造、使用和海洋科学研究、海洋环境的保护和保全行使管辖权。

1995 年以来，随着《联合国海洋法公约》的签订，200 海里专属经济区制度得以确立，于是，受钓鱼岛巨大经济价值和军事价值的驱动，日本海上扩张意识日益膨胀。日本实现扩张的策略就是占领岛屿从而获取岛屿拥有的海洋区域。日本海洋产业研究会编写的《迈向海洋开发利用新世纪》一书公然将包括钓鱼岛在内的一些有主权争议和位置重要的岛屿视为“对扩大与苏联、朝鲜、韩国、中国等邻国海洋经济区的边界线起到重要作用”的关键要冲，还露骨地提出，假如达不到对这些岛屿的主权要求，“日本海洋经济区只限于 4 个主岛海岸 200 海里水域内”，日本将减少 200 万 $km^2$ 海洋经济区域，仅拥有 250 万 $km^2$ 的管辖海域。据报道，日本外务省亦承认，若占有钓鱼岛，日本将大大增加专属经济区的管辖范围。以钓鱼岛为基础，日本才可以与中国共同划分东海大陆架，多 20 多万 $km^2$ 的海洋国土，并进而攫取中国东海油气资源的 1/2。鉴于此，有人把钓鱼岛视为日本染指东海大陆架丰富资源的唯一根据地。

## 5 钓鱼岛地区资源开发的主要方向

### 5.1 重点开发石油资源，发展能源产业

钓鱼岛附近水域蕴藏着巨大的石油资源，是国家能源战略的重要组成部分。巨大的石油储备，意味着在当下世界经济极度依赖于石油的前提下，钓鱼诸岛将成为我国掌握未来世界经济走向的钥匙。目前，我国是发展中的石油消费大国，但国内的油气资源在“人均”上又是相对贫乏的国家，按每平方公里国土面积的资源量、累计探明可采储量、剩余可采储量和产量值来看，中国都明显低于世界平均水平。特别是近 10 年来，我国年均石油消费增长率达 6% 左右，而国内石油供应的增长仅维持 1.7% 上下。这种供需矛盾，使中国迅速从石油出口国转为进口国，并且已经成为继美国之后最大的石油消费国以及继美日之后第三大石油进口国。中国的石油供应大半依赖进口，这使能源安全成为迫切需要解决的问题。因此，加强钓鱼岛地区石油资源的开发，稳步发展海洋能源产业，意义十分重大。

### 5.2 大力开发生物资源，发展海洋渔业等产业

如前所述，在钓鱼岛附近水域，以海洋渔业资源为主的生物资源非常丰富，特别适合发展海洋渔业等产业。近年来，钓鱼岛海域所产鱼量达全国海洋水产品捕捞产量的 1/10 以上，经济效益十分可观。因此，未来需要加大力度，进一步大力发展海洋渔业产业。这将极大地减轻陆地过度开发所带来的诸多压力。尤其在总人口日益增长的严峻形势下，解决 13 亿多人口的“吃饭”问题，不能仅仅盯着陆地上有限的耕地资源（当然，我国坚守“18 亿亩耕地红线”，保障国家粮食安全的政策和总体战略是正确的），而应当扩大视野，树立“大食物”观，将国土资源开发的空间逐渐转向待开发的海洋（尤其是领海、专属经济区海域），发挥其资源优势，全面推进全国国土资源的协调开发。

### 5.3 适度开发风景资源，发展海岛旅游业

海岛地区自然景观往往十分独特，“回归大自然”的海岛生态旅游，是旅游业发展的趋

势。尤其钓鱼诸岛风景优美，适于发展海岛旅游业。民间对日索赔第一人童增先生于2003～2004年组织了专业团队，开展钓鱼岛旅游开发的可行性研究，由王锦思等撰写了《关于钓鱼列岛利用和保护的可行性研究报告》，提出了“以休闲度假为主，综合资源利用”的开发方案[16]。该报告认为，钓鱼岛气候宜人，四季常青，大气环境质量属世界一流，具有迷人的景观和独具特色的海岛风情，旅游资源非常丰富。因此，可以成立钓鱼岛旅游观光公司和旅行社，整体构建一个独具海岛山水特色、田园风光、乡村气息的综合性生态旅游度假区。具体开辟三条旅游路线，即浙江省玉环县五日游路线、上海旅游路线、台湾基隆旅游路线。该报告分析了钓鱼列岛旅游开发项目的劣势与优势，认为“劣势”主要是：①钓鱼岛地理位置特殊，距离祖国大陆相对较远，开发难度和开发成本较大；②面积小，且分布区域既广泛又相对集中，生态系统十分脆弱；③空间有限，交通不便，自身调节和防抗灾害能力低；④淡水、电力、能源缺乏；⑤日本军舰长期巡逻，干扰我国渔民正常生产生活。开发的“优势”主要是：①钓鱼岛风光秀美，资源丰富；②具有深厚的历史文化底蕴；③知名度较高，在海内外华人、台港澳同胞和大陆人民心目中享有美誉度；④许多人渴望登上钓鱼岛，一睹芳容为快。

王锦思等还测算了投资与收益问题。在投资方面，除租金（向国家管理部门租赁钓鱼诸岛）外，前期开发保护钓鱼诸岛投资额不少于1000万元人民币。在经济收益方面，每年接待游客1万人次，人均消费2000元，年收入达2000万元人民币；结合资源开发和其他服务，保守估计还可多收入1000万元[16]。可见，钓鱼岛旅游开发的经济效益也是较为显著的。

## 5.4 建立军事基地，守卫国家领土安全

前述已表明，钓鱼岛地区有着巨大的军事价值。笔者的专业背景是地理学，而不是军事，对于“军事”是一个“门外汉”，但从“军事地理学”角度看，在钓鱼岛地区建立军事基地，全面控制钓鱼岛，对于守卫我国领土安全具有极其重大的战略意义，尤其是：①可以切实控制东海各种海洋资源；②阻止美军突破“第一岛链”；③遏制日本南下侵占台湾；④促进祖国统一。日本军事学者平松茂雄探寻了钓鱼岛的军事价值①[17]，可供我们今后进一步研究。

---

① 《日本新华侨报》2012年8月28日发表了萧萧的文章《日本学者探寻钓鱼岛的军事价值》，指出日本军事学者平松茂雄认为，一旦中国以军事力量全面控制钓鱼岛，即可获得东海南部的信息、情报优势和制海、制空权，进而可以切实控制东海各种海洋资源。平松茂雄认为钓鱼岛的军事价值主要体现在3个方面：

（a）如果中国人民解放军在钓鱼诸岛的5个主要岛屿上部署远程雷达、无线电监听装置等，可对日本占领的冲绳、先岛群岛及中国台湾岛东部等广阔海域实施有效警戒监视，特别是陆基传感器可全天候实时获取和传递多种精确数据，比侦察卫星更加稳定可靠。同时，在一定情况下，上述岛屿将进一步演变为近程陆基巡航导弹或近程弹道导弹的发射阵地，从而让中国能以更大火力优势打击冲绳、先岛群岛地区的日本军事目标（若没有这些基地，中国则只能以本土的中程弹道导弹和巡航导弹展开打击，降低行动的灵活性）。

（b）钓鱼岛与黄尾屿倾斜度大，地表遍布岩石与植被，可供修建直升机起降场，各岛屿的沿海地带也遍布适合渔船、登陆艇和巡逻艇停靠的锚地。钓鱼岛整体形似水饺，面积与日本横田空军基地相近，即便周边面积较小的黄尾屿、北小岛、南小岛等，面积也远大于日韩有争议的“竹岛”，具有在岛上驻兵的可能性，且岛上的水源可为小规模部队提供生存条件，据估计可保障一个步兵营（约500人）的规模。

（c）若中国未来决定以武力统一台湾岛，钓鱼岛可作为中国人民解放军从东部对台作战的战略中继点，以之为跳板，能有力配合从福建出发、渡海直取台湾岛西岸的主攻部队。相比之下，台军将陷入腹背受敌的不利境地。

# 6 保障钓鱼诸岛及海域资源开发利用的重大措施建议

## 6.1 行使领土主权，适时设立钓鱼岛开发特区

钓鱼诸岛及其附近海域是我国国土的重要组成部分之一。我国政府已宣布了钓鱼岛及其附属岛屿的领海基线，按照《联合国海洋法公约》的基本原则，陆地决定海洋，意味着钓鱼岛周边海域是中国领海，同时还享有领海外围的经济专属区、大陆架等相应的权益，这就为今后我国开发、利用、管理和治理钓鱼岛及其周边海域奠定了法律基础。基于这一法律基础，建议我国适时设立“钓鱼岛开发特区”，行使对钓鱼诸岛及其附近海域的领土主权（包括经济专属区、大陆架等权益），负责组织钓鱼岛地区资源综合开发利用、治理、保护和管理。

需要说明的是，鉴于台湾在1971年12月2日已有公文（台六十内字第11676号令）核定钓鱼岛及其附属岛屿隶属宜兰县，而宜兰县政府在1974年1月将钓鱼岛及其附属岛屿划归宜兰县头城镇大溪里，但台湾又难以单独守护和开发钓鱼诸岛，因此，建议“钓鱼岛开发特区”的设立和建设采用“大陆主导、两岸携手共建”的模式。这一模式的好处在于充分顾及两岸同胞的情感，使两岸同胞在民族大义面前忘却矛盾、超脱意识形态差异，携手共建中华民族的美好明天。

## 6.2 深入、系统地开展钓鱼诸岛及海域资源大调查

尽管本文第3部分描述了钓鱼诸岛及其附近海域的自然资源与经济开发价值，但这仅仅是根据网络上零星、分散的信息和数据资料所作的粗线条式的整理和阐述，总体上看，由于缺乏深入、细致、系统的调查，当前我国钓鱼诸岛及其附近海域的资源“家底”还不很清晰，难以为科学地制定钓鱼诸岛及海域资源综合开发整治规划及管理提供坚实的基础资料。因此，急需深入、系统地开展钓鱼诸岛及海域资源大调查。

### 6.2.1 调查内容

初步考虑，在调查内容上，钓鱼诸岛及海域资源大调查应当包括以下内容。

（1）自然地理要素调查。包括地质、地貌、气候、水文、植被与动物、土壤6个基本自然地理因素。形成6个自然地理要素专题调查报告和综合调查报告以及相应的图件及数据库。

（2）土地资源调查。在参照第二次全国土地调查方案的基础上，结合钓鱼诸岛及海域实际，从满足编制钓鱼诸岛及海域资源综合开发整治规划的需要出发，进行系统性的钓鱼岛地区土地资源调查。

（3）矿产资源调查。重点是石油资源的勘探，组织强有力的专业技术团队，运用一切先进技术、方法和手段，勘探清楚钓鱼诸岛海域的石油储量；同时，对于其他矿物资源（如锰、钴、镍、天然气等），亦需要展开同步勘察，弄清资源“家底”。

（4）渔业资源调查。渔业资源（fishery resources）是指具有开发利用价值的鱼、虾、蟹、贝、藻和海兽类等经济动植物的总体。钓鱼诸岛及海域渔业资源丰富，但“家底”还不清晰，迫切需要对钓鱼诸岛海域（包括领海、专属经济区等）中经济动植物个体或群体的繁殖、生长、死亡、洄游、分布、数量、栖息环境、开发利用的前景和手段等进行系统性调查，弄清该海域可捕鱼类和其他水生经济动植物的种群组成、种群在水域分布的时间和位置、可供捕捞种群的数量或已开发程度、进行开发的适宜技术和手段、必要的投产方式以及合理发展海洋渔业生产的措施等。

（5）旅游资源调查。通过调查和分析评价，摸清钓鱼诸岛及海域的风景旅游特征、旅游价值，提出旅游开发的可行性方案以及需要采取的措施和手段等。

### 6.2.2 调查类别及实施时序

从调查类别来看，鉴于钓鱼岛实际情况，建议先“概查”，后“详查”。也就是说，由于开展钓鱼诸岛及海域资源大调查是一项庞大、复杂的系统工程，绝非短期内能够完成，因此，根据开发利用钓鱼诸岛及海域资源的实际需要，首先开展粗线条式的“钓鱼诸岛及海域资源概查”项目，争取用3~5年的时间完成概查任务，为初步制定钓鱼诸岛及海域资源开发利用规划方案奠定基础。随着钓鱼诸岛及海域资源的逐渐开发，再开展系统性的“钓鱼诸岛及海域资源详查”项目，争取用5~10年的时间完成详查任务，为国家编制科学的钓鱼诸岛及海域资源开发整治规划提供翔实的基础资料。

## 6.3 科学编制钓鱼诸岛及海域资源开发整治规划体系

开发钓鱼岛，规划要先行。没有规划（或计划）的开发，将是盲目的、混乱的、无秩序的。因此，在完成钓鱼诸岛及海域资源调查任务之后，需要及时地制定钓鱼诸岛及海域资源开发整治规划，该规划是统筹钓鱼诸岛及海域综合开发整治的纲领性文件及行动计划，用以指导和规范钓鱼诸岛及海域资源开发整治行为，实现国家开发钓鱼诸岛及海域资源的宏伟蓝图。

从规划的类别来看，上述需要制定的钓鱼诸岛及海域资源开发整治规划并非一个单一的规划，而是一个完整的、系统的规划体系。包括：

（1）《钓鱼诸岛及海域资源综合开发整治规划》。

（2）单项资源开发利用规划。主要包括《钓鱼诸岛及海域土地资源开发利用规划》（参照国土资源部制定的土地利用总体规划相关规程来编制规划）、《钓鱼诸岛及海域矿产资源开发利用规划》（以石油开发为主体）、《钓鱼诸岛及海域生物资源开发利用规划》（以海洋渔业资源开发为主体）、《钓鱼诸岛及海域旅游资源开发利用规划》。

（3）其他相关规划。例如《钓鱼诸岛及海域生态环境保护与建设规划》等。

按照规划的时限，根据钓鱼岛诸岛及海域资源开发的需要，可以分别制定30~50年（甚至50年以上）的战略性规划、10~20年的开发整治总体规划和5年左右的中短期规划。

## 6.4 加大钓鱼诸岛及海域的国家安全建设，为开发钓鱼诸岛及海域保驾护航

钓鱼岛地区拥有丰富的自然资源、巨大的经济开发价值和特殊的军事价值，亟待合理地开发。然而，由于日本长期以来对我国钓鱼诸岛虎视眈眈，2012 年“9·11”还演出了“购岛”闹剧，企图侵占我国钓鱼诸岛，极大地影响和限制了我国对钓鱼岛诸岛及海域资源综合开发的进程。我国领导人和军方已多次强调，在主权和领土问题上，中国政府和人民绝不会退让半步。我国有一首歌唱得好：“朋友来了有好酒，若是那豺狼来了，迎接它的有猎枪”。为了推进钓鱼诸岛及海域资源的合理、有序开发，迫切需要加大钓鱼诸岛及海域的国家安全建设，科学地建立钓鱼岛军事基地，为开发钓鱼诸岛及海域保驾护航。

## 参考文献

[1] 蒙镭：《驳茅公知的钓鱼岛观点》[Z]，http：//www. haodaxue. net/html/19/n - 14619. html，2012 - 07 - 19。

[2] Baidu 百科：《钓鱼岛》[DB/OL]，http：//baike. baidu. com/view/2876. htm。

[3] Soso 百科：《钓鱼岛》[DB/OL]，http：//baike. soso. com/v5400. htm。

[4] 中华人民共和国国务院新闻办公室：《钓鱼岛是中国的固有领土》[M]，人民出版社，2012。

[5] 中华人民共和国海事局：《联合国海洋法公约》（*United Nations Convention on the Law of the Sea*）[M]，北京：人民交通出版社，2004。

[6] 国务院：《中华人民共和国政府关于钓鱼岛及其附属岛屿领海基线的声明》[Z]，http：//www. gov. cn，2012 - 09 - 10。

[7] 许一力：《钓鱼岛背后惊天的经济价值》[Z]，http：//bschool. hexun. com/2012 - 09 - 05/145491855_2. html，2012 - 09 - 05。

[8] 曹丰良：《钓鱼岛经济价值及其战略价值究竟有多大?》[Z]，http：//bbs. ifeng. com/viewthread. php?Tid = 14002809，2012 - 09 - 17。

[9] 国家统计局：《中国统计年鉴 2011》[M]，中国统计出版社，2011。

[10] 百度文库：《钓鱼岛位置的重大战略意义》[M]，http：//wenku. baidu. com/view/efeee20cf12d2af90242e616. html。

[11] 环球新军事网：《钓鱼岛战略价值巨大：解放军震撼表态宁死一战》[M]，http：//www. xinjunshi. com/article/rdgz/article_ 34488. html。

[12] 百度文库：《钓鱼岛在我国国家安全中的战略价值》[M]，http：//wenku. baidu. com/view/fb7bff2d647d27284b7351f0. html。

[13] Baidu 百科：《国土》[DB/OL]，http：//baike. baidu. com/view/218104. htm。

[14] 刘与任：《国土经济学》[M]，经济科学出版社，1986。

[15] 全国人大常委会：《中华人民共和国专属经济区和大陆架法》[L]，《人民日报》1998 年 6 月 30 日。

[16] 王锦思：《关于钓鱼岛利用和保护的可行性研究报告》[Z]，http：//www. crt. com. cn/news2007/News/wang jinsi/1271914613A35IJ3G8JK650JKG458. html，2012 - 07 - 19。

[17] 萧萧:《日本学者探寻钓鱼岛的军事价值》[N],《日本新华侨报》2012 年 8 月 28 日 (http: //www. jnocnews. jp/news /show. aspx? id = 57170)。

# Preliminary Study on Development and Utilization of Resources in Diaoyu Islands and It's Surrounding Sea Area of China

*Yang Zisheng*

(Research Office of Diaoyu Islands Development and Pacific Ocean Strategy, Institute of Land & Resources and Sustainable Development, Yunnan University of Finance and Economics)

**Abstract**: As a very important undeveloped area in the eastern China, Diaoyu Islands and it's surrounding sea area can be used as preferred area of islands resources development in the future for its unique location, abundant natural resources, huge exploitation and utilization potential. Based on a general introduction of Diaoyu Islands and it's surrounding sea area, this paper elaborated the natural resources and economic development value as well as the unique location and national security strategic value in the area, and reckoned that: ① The economic development value of Diaoyu Islands and adjacent sea area is tremendous, for its huge reserves of petroleum resources, abundant marine fishery resources and a vast variety of mineral resources and biological resources; ② Diaoyu archipelago locate between Taiwan and Okinawa, on the line of "first island chain" in western Pacific. This location is very unique, its potential military value shines the world's eyes, and it's of great strategic value for national security.

Furthermore, this paper preliminarily provided the following four main directions of exploitation and utilization of Diaoyu Islands and it's surrounding sea area: ① To lay emphasis on the exploitation of petroleum resources and develop energy industry; ② To exploit biological resources vigorously and develop marine fishery industry, etc; ③ To explore landscape resources moderately and develop island tourism; ④ To set up military base to defend the nation's territorial integrity and security.

Finally, some suggestions about major measures to securitify the development and utilization of Diaoyu Islands and it's surrounding sea area have been put forward: ① To exercise sovereignty on the nation's territory and establish Diaoyu Islands development zone timely; ② To carry out resources investigation of Diaoyu Islands and it's surrounding sea area deeply and systematically; ③ To formulate scientifically the planning system of resources development and management in Diaoyu Islands and it's surrounding sea area; ④ To intensify the national security construction for escorting the development of Diaoyu Islands and it's surrounding sea area.

**Keywords**: China; Diaoyu Islands; Surrounding Sea Area; Resources; Development and Utilization

# 综述：
# 中国水治理——两岸学术研讨会情况

**【主编按】** 水是生命的源泉！兴水利、除水害，直接关系到人类生存、经济发展和社会进步大计，是国家和区域可持续发展的基础。为了推进海峡两岸学术交流，服务于国家和区域可持续发展，从2012年1月开始，云南财经大学国土资源与持续发展研究所和台湾政治大学国家发展研究所共同策划了“2012’中国水治理与可持续发展——海峡两岸学术研讨会”。通过本次研讨和学术交流，展示了两岸师生在“水治理与可持续发展”这一重大问题上的学术成果，推进了中国水治理问题的深入探讨和研究，为国家可持续发展战略献计献策。为了让相关读者进一步了解本次两岸学术研讨会，这里组织了3篇文章，不仅综述了“2012’中国水治理与可持续发展——海峡两岸学术研讨会”的由来、会议简况、两岸专家学者学术报告题目、会议的五个特色和四大成果，同时，还整理了各位领导的讲话要点，与读者共同分享；此外，简要介绍了国内部分媒体对“2012’中国水治理与可持续发展——海峡两岸学术研讨会”及亮点问题的报道。

云南财经大学国土资源与持续发展研究所所长/教授

杨子生

# 水治理：可持续发展的基础*

## ——“2012’中国水治理与可持续发展——海峡两岸学术研讨会”综述

杨子生

（云南财经大学国土资源与持续发展研究所）

**摘　要**　水治理已成为可持续发展的重要基础，是当今国家和区域可持续发展战略中的重大问题。为了推进海峡两岸学术交流，服务于国家和区域可持续发展战略，云南财经大学与台湾政治大学于2012年7月5~6日在春城盘龙江畔的云南财经大学联合举办了“2012’中国水治理与可持续发展——海峡两岸学术研讨会”。海峡两岸60余位专家学者共同为中国水资源保护和综合开发利用建言献策。本次研讨会上，两岸专家学者通过26场报告会及互动方式，分享了水电开发与移民安置探索、湖泊水环境治理研究、中国水旱灾害研究、水资源评价与利用研究、城市水务与水政治研究、水哲学伦理及可持续发展相关问题研究6个学科领域的研究成果。

本次学术研讨会展现了5个方面的主要特色：①规模大，是滇台高校学术会议中规模较大的两岸学术会议；②档次较高，是一次高规格的两岸学术研讨会；③内容丰富，议题广泛，涉及我国水治理研究的主要领域，视野开阔；④学术讨论非常充分、热烈，观点甚至相互碰撞；⑤老中青结合，以老带新，后生可畏，青年学者涌现，展示了我国水治理研究队伍的兴旺。

会议的成果丰硕，也很宝贵，主要体现在4个方面：①学术成果丰硕，研讨会论文集《中国水治理与可持续发展研究》（60多万字），将于2012年12月由国家级出版社正式出版；②增进了滇台高校的相互了解和友谊，共同感受中国最普通的文化——亲情和食文化；③青年学子不仅充分展示了其学术能力，而且学习了国际上的学术交流惯例，开阔了视野；④通过本次学术会议，将为确立两校更为广泛的学术交流与研讨制度奠定较好的

---

* 作者简介：杨子生（1964~），男，白族，云南大理人，教授，博士后，所长。主要从事土地资源与土地利用规划、土壤侵蚀与水土保持、自然灾害与减灾防灾、国土生态安全与区域可持续发展等领域的研究工作。联系电话：0871-5023648，13888017450。E-mail：yangzisheng@126.com。

基础。

关键词 水治理；可持续发展；海峡两岸；学术研讨会

## 1 水治理的重要性与本次会议的由来

水是生命的源泉！云南财经大学校长熊术新教授在本论文集的“序”中指出：“水治理问题直接关系到中国人民的生存、生产和生活大计，关系到整个中国的可持续发展战略乃至中华民族的兴衰，以及世界发展战略的平衡与制约。”因此，水治理已成为可持续发展的重要基础，是当今国家和区域可持续发展战略中的重大问题。

为了推进海峡两岸学术交流，服务于国家和区域可持续发展战略，2011 年 12 月台湾政治大学中国大陆研究中心给熊术新校长来函提议，希望与云南财经大学确立定期的学术交流与研讨制度。为此，经两校协商，具体由云南财经大学国土资源与持续发展研究所和台湾政治大学国家发展研究所共同策划了“2012’中国水治理与可持续发展——海峡两岸学术研讨会”。通过研讨和学术交流，展示两校师生在这一重大问题上的学术成果，进一步探讨中国水治理问题，为可持续发展战略献计献策。

## 2 会议简况

由云南财经大学和台湾政治大学主办、云南财经大学国土资源与持续发展研究所和民革云南省委承办的“2012’中国水治理与可持续发展——海峡两岸学术研讨会”，于 2012 年 7 月5～6 日在美丽的春城盘龙江畔的云南财经大学隆重召开。来自台湾政治大学等台湾高校的 20 位专家学者、博士生和云南财经大学等大陆地区高校与科研单位的 40 多位专家和青年学子出席了本次学术会议。与会代表共计 60 多人，提交学术论文 42 篇。民革云南省委领导、云南省人民政府港澳台办公室领导和云南省水利厅领导应邀出席了此次学术盛会。会议由云南财经大学副校长周跃教授主持，云南财经大学校长熊术新教授致开幕词并发表学术演讲《水在中国的文化意象与现实境遇》，台湾政治大学中国大陆研究中心主任王振寰教授代表台湾团队致辞，民革云南省委副主委周跃（代表主委）、云南省人民政府港澳台办公室副主任周友亮和云南省水利厅水资源处处长李伯根对研讨会的成功召开表示祝贺并作了重要讲话。

来自海峡两岸的 26 位专家学者和青年学子作了学术报告。与会代表紧紧围绕“中国水治理与可持续发展”这一主题，展开了广泛的交流和讨论，内容涉及水电开发与移民安置探索、湖泊水环境治理研究、中国水旱灾害研究、水资源评价与利用研究、城市水务与水政治研究、水哲学伦理及可持续发展相关问题研究六个方面。学术报告采用了“报告＋提问＋辩论＋评述”的模式，强化了学术交流的互动性，收到了良好的效果。

## 3 两岸专家学者学术报告题目

在“2012’中国水治理与可持续发展——海峡两岸学术研讨会”上，台湾政治大学中国大陆研究中心主任王振寰教授、云南省水利水电科学研究院院长黄英教授级高级工程师、云南财经大学国土资源与持续发展研究所所长杨子生、台湾政治大学国关中心第四所研究员宋国诚教授、台湾政治大学政治学系特聘教授郭承天、云南农业大学研究生处处长张乃明教授、台湾政治大学台湾研究中心主任颜良恭教授、云南财经大学国土资源与持续发展研究所童绍玉教授、台湾政治大学社会科学院副院长汤京平教授、云南财经大学城市与环境学院副院长刘春学教授、台湾政治大学国家发展研究所所长吴德美教授、云南省林业科学研究院国家林业局重点实验室主任孟广涛研究员、台湾大学地理环境资源学系简旭伸副教授、云南师范大学哲学与政法学院李广良教授等两岸专家学者作了精彩的学术报告。各位专家学者的报告题目详见表1。

**表1　两岸专家学者学术报告**

| 序号 | 姓名 | 职称 | 工作单位/职务 | 报告题目 |
|---|---|---|---|---|
| 1 | 王振寰 | 教授 | 台湾政治大学顶大办公室执行长，台湾政治大学中国大陆研究中心主任，台湾政治大学国家发展所讲座教授 | 水力无限，制度有限：中国大陆小水电的治理 |
| | 曾圣文 | 助理教授 | 台湾育达商业科技大学休闲事业管理系助理教授，育达商业科技大学大陆经贸研究中心副主任、博士 | |
| 2 | 黄英 | 教授级高级工程师 | 云南省水利水电科学研究院院长 | 云南省水资源综合调控对策措施 |
| 3 | 杨子生 | 教授 | 云南财经大学国土资源与持续发展研究所所长，中国自然资源学会土地资源研究专业委员会副主任兼秘书长，中国地理学会农业地理与乡村发展专业委员会副主任 | 中国水旱灾害研究 |
| 4 | 宋国诚 | 教授 | 台湾政治大学国关中心第四所研究员 | 中国水电开发观点的论析 |
| 5 | 郭承天 | 教授 | 台湾政治大学政治学系特聘教授 | 永续发展与生态末日制度论 |
| 6 | 张乃明 | 教授 | 云南农业大学研究生处处长 | 云南农村生活污水污染特征与处理技术研究 |
| 7 | 颜良恭 | 教授 | 台湾政治大学台湾研究中心主任；台湾政治大学公共行政学系教授 | 森林监管委员会在中国之发展 |
| 8 | 童绍玉 | 教授 | 云南财经大学国土资源与持续发展研究所 | 云南省水资源短缺评价及其空间差异分析 |
| 9 | 汤京平 | 教授 | 台湾政治大学社会科学院副院长，台湾政治大学政治学系系主任、特聘教授 | 两岸少数民族的永续发展：政策介入与制度创意 |
| 10 | 刘春学 | 教授 | 云南财经大学城市与环境学院副院长 | 滇池水污染经济损失估计 |
| 11 | 吴德美 | 教授 | 台湾政治大学国家发展研究所所长 | 水务私有化与中国城市水务产业的发展：政策、趋势与影响 |
| 12 | 孟广涛 | 研究员 | 云南省林业科学研究院国家林业局重点实验室主任 | 云南省水土保持现状 |
| 13 | 简旭伸 | 副教授 | 台湾大学地理环境资源学系 | 土地开发项目化与中国地方政府企业行为（主义）——以大学城和生态城为例 |
| 14 | 李广良 | 教授 | 云南师范大学哲学与政法学院 | 中国水哲学与可持续发展 |

续表

| 序号 | 姓名 | 职称 | 工作单位/职务 | 报告题目 |
|---|---|---|---|---|
| 15 | 叶浩 | 助理教授 | 台湾政治大学政治学系助理教授 | 多研究些问题,也谈些主义——关于中国特色环境治理理论之初步思考 |
| 16 | 王杰 | 工程师/博士 | 云南省水利水电科学研究院 | 极端气候事件下云南水资源面临的挑战 |
| 17 | 黄书纬 | 博士后 | 台湾政治大学国家发展研究所 | 大坝·水库·发展:从中科抢水初探台湾水政治 |
| 18 | 李智国 | 讲师/博士 | 云南财经大学国土资源与持续发展研究所 | 国际河流开发与管理中水政治冲突与合作形成的理论基础及其启示 |
| 19 | 黄铭廷 | 博士生 | 台湾政治大学国家发展研究所 | 民主转型过程中的土地正义:以台湾新北市为例 |
| 20 | Sabrina Habich | 博士生 | 台湾政治大学国家发展研究所 | 水库建设与移民 |
| 21 | 邬志龙 | 硕士生 | 云南财经大学国土资源与持续发展研究所 | 保护"土壤水库"与雨水资源化——云南省防旱减灾的重要途径之一 |
| 22 | 施奕任 | 博士生 | 台湾政治大学国家发展研究所博士生 | 国际气候倡议与中国的组织因应 |
| 23 | 涂萍兰 | 博士生 | 台湾国立政治大学国家发展研究所博士研究生 | 非正式课责与环境治理:以保护区变更探讨都市成长联盟 |
| 24 | 张宇欣 | 硕士生 | 云南财经大学国土资源与持续发展研究所 | 中国水电建设移民安置方式初探 |
| 25 | Mag. Julia Ritirc | 博士生 | 台湾政治大学亚太研究英语博士学位学程博士研究生 | The Cadre Management System - A tool to rule? The Incorporation of the Concept of Scientific Development Concept into the Cadre Management System and its Implications for Sustainable Development |
| 26 | 邹金浪 | 硕士生 | 云南财经大学国土资源与持续发展研究所 | 云南省2008年以来水贫困状态分析 |

## 4 本次会议的五个特色

本次海峡两岸学术研讨会在云南财经大学成功举办，是云南省推进海峡两岸交流的重要活动，学术研讨会展现了五个方面的主要特色。

（1）规模大，是滇台高校学术会议中规模较大的两岸学术会议。本次参会代表达60多人，会议共收到论文42篇，经过编委会审定，收入本论文集出版的论文数达40余篇，总字数约达60多万字，这在滇台高校学术会议中是较为少见的。而且，为了扩大影响面，本次会议邀请了中科院地理资源所、北京师范大学、西南大学、云南省水利水电科学研究院等单位的部分专家和青年学者加盟，扩大了征文的范围，使论文集的规模更大、领域更广，在很大程度上反映了我国水治理研究的最新进展。

（2）档次较高，是一次高规格的两岸学术研讨会。这次学术研讨会得到了众多著名专家学者的支持和积极响应，台湾政治大学资深教授王振寰、宋国诚教授、汤京平教授、郭承天教授、颜良恭教授、吴德美教授等台湾知名专家以及云南省水利水电科学研究院院长黄英教授等大陆地区专家纷纷提交了创新性的学术论文，保证了论文集的整体质量和学术研讨会的学术水平。同时，为了进一步支撑本次会议，云南财经大学国土资源与持续发展研究所从2012年1月份开始就组织和动员全所师生，撰写了一批较好的论文，尤其是杨子生教授积极依托于中国科学院地理科学与资源研究所区域农业与农村发展研究中心主任刘彦随研究员新主持的国家自然科学基金重点项目“中国城乡发展转型的资源环境效应及其优化调控研究”（项目编号41130748），认真组织和撰写了5篇“中国水旱灾害研究”系列论文。此外，北京师范大学资源学院副院长李波教授依托于他主持的云南省国土资源厅委托项目“高原湖区城乡一体土地生态化利用调控研究”，组织和撰写了3篇论文，也使本次会议锦上添花。

（3）内容丰富，议题广泛，涉及我国水治理研究的主要领域，视野开阔。本次学术研讨会既涵盖水治理研究的传统优势领域，又涉及水治理研究的许多新内容。从不同的角度与侧面探讨了水资源利用、保护、管理以及水旱灾害防治、水电开发与移民安置等诸多重大问题，理论探索与实证分析结合，常规分析与新技术应用结合，对于进一步推进我国水治理研究，提高水资源开发、利用、保护与管理的科技水平，具有重要的意义和价值。由于参会人员来自不同的学科、不同的专业，基本上涵盖了自然科学、哲学与社会科学（其中包括经济学和管理学）以及工程技术，使本次研讨会讨论的问题视野非常广泛，代表们认为很多问题可以继续深入。

（4）学术讨论非常充分、热烈，观点甚至相互碰撞。研讨会上的任何一个问题，采取先报告、后提问、再答辩和评述的交流方式，使讨论很充分且热烈，有不少观点相互碰撞、交锋，因此，研讨时间一直难以控制，这是正常的学术争论与交流，问题讨论来自论坛，而实际超过了论坛，论坛之外的很多问题都有触及。

26位专家学者和青年学子的学术报告，既有资料性的，有分析性的（探究因果关系），也有探讨性的（对未知情景的预测等），还有建设性的（提出许多解决问题的措施建议）。在这些报告里，有令人感到欣慰的题目，有令人感到担忧的难题，有令人感到困惑的话题，还有让人想继续深思下去的问题，所以，讨论会给人一种意犹未尽的感觉。这是本次学术研讨会的成功之处和亮点之一。

（5）老中青结合，以老带新，后生可畏，青年学者涌现，展示了我国水治理研究队伍的兴旺。在参会代表和论文作者中，既有德高望重的老一辈专家，也有众多中青年教授、博导，以及在读的年轻博士生、硕士生，呈现老中青结合的特点。尤其是许多年轻的博士生、硕士生积极参与水治理学术研究，并踊跃撰写论文，表明我国水治理研究队伍不断壮大，水治理事业后继有人。本次研讨会对于促进云南省青年学子的成长也产生了一定的作用。例如，云南财经大学国土资源与持续发展研究所2011级硕士生郇志龙同学，在2012年1月份领受了导师杨子生教授安排的定题论文——保护“土壤水库”、雨水资源化与云南省防旱减灾之后，认真思考和探索，积极查阅国内外文献资料，一边撰写论文一边申报云南省教育厅科研课题，该同学主持申报的“云南省防旱减灾重要途径探讨——保护‘土壤水库’－雨水资源化”项目经过专家评审，被立项资助（项目编号2012J037），成为云南财经大学2012年获得的8项云南省教育厅科研基金研究生创新项目之一。研讨会上，有10多位两岸青年学子站在讲台上作了非常精彩的学术演讲，展现了两岸青年学子自信自强、努力工作、刻苦钻研、顽强拼搏崇尚科学的精神风貌。

## 5 本次会议的四大成果

2012’中国水治理与可持续发展——海峡两岸学术研讨会，是云南财经大学2012年主办的重要学术会议之一，也是云南省举办的为数不多的滇台学术会议之一。会议的成果丰硕，也很宝贵，主要体现在以下四个方面。

（1）学术成果丰硕。两岸专家和青年学子通过相互学习、相互交流、相互问答，对水治理与可持续发展的很多问题都有了明确的想法。会议的标志性学术成果——2012’中国水治理与可持续发展——海峡两岸学术研讨会论文集《中国水治理与可持续发展研究》（60余万字），在会后经过适当修改和编辑，将于下半年由国家级出版社正式出版，这将对推动我国水治理领域的研究和发展产生深远的影响，在两岸学术研讨会的发展史上也将留下厚重的一页。

（2）增进了滇台高校的相互了解和友谊，共同感受中国最普通的文化——亲情和食文化。通过本次两岸学术研讨会，使云南高校与台湾高校之间有了进一步的了解，既了解了省情（云南的省情和台湾的省情），又了解了人情、习俗，也了解了饮食文化。在研讨会中，通过一系列的活动，既宣传了台湾政治大学，也宣传了云南财经大学，宣传了负责承办会议的云南财经大学国土资源与持续发展研究所和民革云南省委。通过交流、接触和了解，增进了滇台高校的友谊。正如熊术新校长在开幕词中指出，本次学术研讨会让两岸专家和青年学子感受到云南财经大学积极、快乐的学术文化和生活文化，却未感到两岸的政治分歧和各自拥有的主义的价值取舍，尤其是共同感受中国最普通的文化——亲情和食文化，这是中国文化性格的核心。

（3）青年学子不仅充分展示了其学术能力，而且学习了国际上的学术交流惯例，开阔了视野。两岸青年学子（博士生、硕士生和本科生）提交的10多篇论文和会议学术报告都很有特色和创新性，体现了两岸青年学子勇于探索、坚持创新的科学精神，也展示了青年学子的学术水平、科研能力和综合素质。由于青年学子大部分没有出过国，不清楚国外是怎样进行学术交流和研讨的，而本次学术研讨会的交流过程是按照国际惯例来进行的，也就是与国际接轨，因此，通过良好的学术交流，使两岸青年学子用中文完整地完成了国际学术会议的流程——主持、演讲、提问、回答、辩论、评述，在将来出国参加学术会议时可以做到得心应手。

（4）本次学术会议将为两校确立更为广泛的学术交流与研讨制度奠定较好的基础。本次会议已经把云南财经大学和台湾政治大学的定期学术交流机制固定化。这次会议算是云南财大和台湾政大的第一届学术交流会，此后，第二届、第三届、第四届……将稳步跟进。2013年两校的学术交流会将移师台湾举行。为此，在7月6日的会间休息时，台湾政治大学国家发展研究所所长吴德美教授和云南财经大学国土资源与持续发展研究所所长杨子生教授进行了沟通和探讨，达成了初步共识：2013年海峡两岸学术研讨会，将紧紧围绕云南和台湾的两个共同点——“环境”和“民族”，来确定学术会议的主题和征文范围。

# Water Governance, the Basis of Sustainable Development: Review of "the Mainland and Taiwan Academic Seminar on China's Water Governance and Sustainable Development in 2012"

*Yang Zisheng*

(Institute of Land & Resources and Sustainable Development, Yunnan University of Finance and Economics)

**Abstract:** Already an important basis for sustainable development, "Water Control" is a major issue in current national and regional sustainable development strategies. To promote academic exchange across the Taiwan Straits and serve national and regional sustainable development strategies, Yunnan University of Finance and Economics (YUFE) and Taiwan's National Chengchi University (NCCU) jointly sponsored "the Mainland and Taiwan Academic Seminar on China's Water Governance and Sustainable Development in 2012" on July 5 and 6, 2012 at Yunnan University of Finance and Economics on the Panlong River bank of Kunming, the beautiful city of eternal spring. Over 60 experts and scholars from both sides across the straits gave proposals on China's water resources protection and comprehensive development and utilization. During the seminar, the experts and scholars, through 26 lectures and interactive activities, shared study results on six disciplines, including study on hydropower development and relocatee settlement, study on lake's water environment control, study on flood and drought disasters of China, study on water resources evaluation and utilization, study on urban water affairs and water politics, and study on water philosophy and ethics and issues concerning sustainable development.

The seminar shows the following five major features. ① Large scale: It is a relatively large-scale academic event of its kind between Yunnan and Taiwan universities. ② High standard: It is a high-standard academic seminar across the straits. ③ Rich contents and extensive topics: With a wide angle of view, it touches upon the major fields of water governance study in China. ④ Thorough and active academic discussion: Some viewpoints even clashed during the seminar. ⑤ Interaction of senior and junior scholars: The interaction and mutual promotion between old and young scholars indicates that China's water governance research team is thriving.

The seminar ends with rich and precious academic results, which can be seen in four aspects. ①The seminar symposium (over 600000 words), Research on China's Water Governance and Sustainable Development, will be officially published by a national-level publishing house by December

2012. ②The seminar has enhanced mutual understanding and friendship between Yunnan and Taiwan universities and given them a chance to experience together some commonest culture elements of China—kindred and food. ③The seminar not only provides a stage for university students to fully demonstrate their academic capability, but also widens their vision by exposing them to international academic exchange practice. ④The seminar will lay a good foundation for the two universities to establish a more extensive academic exchange and research system.

**Keywords**: Water governance; Sustainable development; The Mainland and Taiwan; Academic seminar

# 两岸领导在“2012’中国水治理与可持续发展——海峡两岸学术研讨会”上的讲话要点

云南财经大学国土资源与持续发展研究所

**摘　要**　云南财经大学与台湾政治大学于2012年7月5~6日在昆明联合举办了“2012’中国水治理与可持续发展——海峡两岸学术研讨会”。在开幕式上，云南财经大学校长熊术新教授致开幕词并发表学术演讲《水在中国的文化意象与现实境遇》，台湾政治大学中国大陆研究中心主任王振寰教授代表台湾学术团队致辞，民革云南省委副主委周跃、云南省人民政府港澳台办公室副主任周友亮和云南省水利厅水资源处处长李伯根对研讨会的成功召开表示祝贺并作了重要讲话。在闭幕式上，云南财经大学周跃副校长作了重要的总结讲话。这里将各位领导的讲话要点加以整理，与读者共同分享。

**关键词**　水治理；可持续发展；海峡两岸；领导讲话

## 1 云南财经大学熊术新校长开幕式讲话要点

感谢众多的台湾学者、大陆学者和两岸青年才俊来到云南财经大学！今天，我们两岸专家学者以两岸学术和文化交流的方式来思考水治理问题。我不是水方面的专家，但作为云南人，亲历了2009年下半年至今的三年严重连旱，深感水的宝贵、水治理的重要、水资源保护与水利建设的紧迫，因此，从这次会议确定召开之后，我就开始关注云南的干旱缺水问题，今天我自告奋勇来谈水问题。云南春季和初夏的确很干旱，让人真正地体会到了“春雨贵似油”，所以这两天虽然有阴雨，但我们的心情是阳光灿烂的，因为云南缺雨、缺水，这三年连续干旱已成为了云南社会的重大议题。

云南财经大学和台湾政治大学需要找到一个学术问题来开展我们学术的会餐，于是双方找到了“水治理”这个核心领域，它不是一个学科领域，而是一个问题领域，需要我们从综合且多学科的学术视野来思考、探索和研究，达成水治理问题领域的“昆明共识”，以此来思考人类社会存在的内因，探索中华民族的生存性危机。云南财经大学当然没有胆量来回答这个重大的问题，只是说，云南财经大学应从学科主导的角度对社会、对人类有所担当。今天，云南财经大学和台湾政治大学，已从纯学术的、狭隘的学科专业性研讨中转变过来，来关注一些问题领域，并转到问题领域的研究，这是云南财经大学的一个重要转向。

在本次会议召开前，我考虑了一下，准备自告奋勇地进行学术演讲《水在中国的文化意象与现实境遇》，当时想把“上善若水”当成一个学术的前提来展开，把水当成一个中国文化生命内核意象来阐述，有点浪漫的古典艺术情结。这两天认真地看了参会的论文，当看到郭承天先生的永续发展生态末日制度之后，才被深深地震撼。王振寰教授和曾圣文教授对中国大陆小水电的治理结构和研究，把中国小水电的治理政策应用在管理冲突中，分析非常清晰和深入。李智国博士谈到国际河流开发与管理中水政治冲突和合作形式的理论问题，提供了一个国际河流冲突与合作研究的方法论和分析范式。汤京平教授讲了两岸少数民族怎样永续发展的案例——广西的龙胜梯田红瑶模式和台湾的泰雅族模式，两岸有着不同的政治制度，但是所采取的治理方式、发展模式又恰好相反，台湾选择了泰雅族的共产主义模式来保持少数民族族系的永续，而广西龙胜的少数民族地区旅游开发采取了资本主义的模式，这是很有意义的一个话题。杨子生教授精心组织了5篇“中国水旱灾害研究”系列论文，成为本次研讨会很有分量的专题论文。

作为校长，同时也是一名文化学者，能做的是让今天来自两岸的专家学者和青年才俊感受到云南财大的学术文化和生活文化，并且喜欢和快乐，而不感到两岸在政治上的分歧，不感到各自拥有的主义的价值取舍。其实，中国生活文化的核心，是要找到那种亲情和食文化，所以希望两岸专家学者和青年学子共同感受中国最普通的文化——亲情和食文化。今天，台湾和大陆的诸多专家学者和青年学子来到了昆明，昆明这两天正好下雨了，这是一个社会的祈福，一种生态的恩泽。在云南，在现在，上善真的就是水，“上善若水”。

## 2 台湾政治大学中国大陆研究中心王振寰主任讲话要点

今天，真的非常感谢云南财大主办了这么大的一个盛会！回想去年，我们来到云南时，亲眼目睹和感受到，在环境议题里，水治理是一个非常重大的议题，因此，去年来云南其实是要寻求与云南财大合作的机会，当时也跟熊校长有过很多非正式的交流，觉得熊校长真的是一位人文气息非常浓厚的学者，他完全可以理解我们在做什么，所以当时希望我们双方有一个合作、交流的机会，今天终于见面了。非常感谢云南财大在各方面的筹备工作，包括杨子生教授与吴德美所长有非常多的信件来往和联络，把这个研讨会筹备起来。

在我们政治大学中国大陆研究中心，主要研究议题非常多，刚刚熊校长讲了很多，包括中国未来的发展，还有中国的具体模式，其实在政治大学中国大陆研究中心就有不同的团队在研究这些议题，包括经济学家、政治学家，还有外交学者。无论如何，水和环境的议题其实不仅关系到两岸，事实上还是全人类共同的议题，所以，今天水治理学术会议的举行，刚刚熊校长用了一个很好的比喻——“昆明共识”，希望未来“昆明共识”能够产生更多更好的成果，而不仅是学术上的论文和讨论，而且假如我们可以持续研究的话，有可能在国际上有相当的影响力。

去年在云南讨论之后，我们各自到不同的地方作了调研。经过一年多的研究，我们有了一些成果，希望有一个机会到云南财大来将我们的研究成果与大家分享。当然，在座的各位专家可以看到我们的研究成果，有些可能会隔靴搔痒，有摸不到痒处的地方，这也是我们来云南财大的一个非常重要的理由，我们希望与云南财大乃至大陆各位学者交流，以便未来我们的研究成果能够有更多、更深入的发现。刚才周副校长也说过，这是我们第一次共同的会议，明年我们政治大学会举办第二次我们共同的会议，昨天周副校长说我们还可以举行第三次，我也希望我们未来可以成功办下去。

最后，我代表我们政治大学非常感谢云南财大在各方面的精心筹办，非常欢迎各位专家学者明年来台湾参加学术交流！

## 3 民革云南省委周跃副主委讲话要点

今天，各位专家学者济济一堂，共同召开“2012’中国水治理与可持续发展——海峡两岸学术研讨会”。这次会议，是在国际国内经济形势发生重大变化、水利发展迅速的背景下召开的。

在中华文明的历史长河中，治水兴水历来是兴国安邦的大事。新中国成立以来，党和政府领导人民开展了大规模的水利建设，取得了举世瞩目的成就。特别是改革开放以来，针对我国经济社会快速发展与资源环境的矛盾日益突出的严峻形势，国家把解决水资源问题摆上重要位置，采取了一系列重大政策措施。

当前和今后一个时期，我国处于全面建设小康社会、加快推进社会主义现代化建设的重要时期。人多水少，水资源时空分布不均、与生产力布局不相匹配，既是现阶段我国的突出水情，也是我国将要长期面临的基本国情。严峻的水资源形势，要求我们必须实行最严格的水资源管理制度，进一步加强水资源管理。这不仅是解决我国日益复杂的水资源问题的迫切要求，也是事关经济社会可持续发展全局的重大任务。

此次会议集中了海峡两岸的知名专家学者，他们各自都在水资源治理与可持续发展领域做出了独特的专业成就，我希望，通过这次会议，可以全面提高我国水资源管理能力和水平，着力提高水资源利用效率和效益，以水资源的可持续利用支撑经济社会的可持续发展。逐步形成与全面建设小康社会相适应的现代化水资源管理体系，为我国的水资源治理与可持续发展做出新的贡献。

最后，我预祝本次会议圆满成功！

## 4 云南省政府台湾事务办公室周友亮副主任讲话要点

海峡两岸有关专家学者会聚一堂，共同就水治理与可持续发展问题进行学术探讨，这是水治理问题与研究领域的一次盛会，对促进海峡两岸水治理与可持续发展学术界的交流与合作，为进一步了解台湾水治理和可持续发展研究情况，推动大陆特别是云南的水治理及可持续发展战略的进步与发展将产生重要影响。在此，我谨代表云南省人民政府台湾事务办公室，对研讨会的举行表示热烈祝贺！对云南财经大学的精心筹备及辛勤努力表示衷心感谢！对出席今天研讨会的各位代表、各位嘉宾，特别是对远道而来的台湾代表和同胞们，表示诚挚的欢迎和亲切的问候！

水治理与可持续发展是一项带有全局意义的工作，是实现可持续发展的重要内容，是人与自然和谐相处的重要标志。云南境内分布着大小河流600多条，有诸如滇池、洱海等高原淡水湖泊，可以说，云南的水治理与有效开发利用关系着云南经济社会的发展。如何进一步加强水问题综合治理，充分利用我省丰富的水能资源，以此提高水资源开发利用效率是我省迫切需要解决的重大课题。

今天召开的研讨会为两岸水治理与可持续发展的研讨交流搭建了一个难得的、重要的平台，也为云南相关学者提供了一个难得的交流学习机会，衷心希望来自台湾政治大学的专家学者发表真知灼见，介绍台湾在水治理与可持续发展方面的成功做法及宝贵经验，为进一步探讨中国水治理问题，为可持续发展战略积极建言献策，努力为水资源综合治理和可持续发展提供坚实的科学基础和实施依据。

近年来，随着两岸关系“大交流、大合作、大发展”新局面的日趋形成，滇台人员往来不断增加，经贸、文化等各领域交流合作持续推进。滇台合作潜力无限，前景广阔。

此次研讨会的召开，是我省与台湾开展学术交流的又一个里程碑，希望能以这次会议为契机，进一步深化云南与台湾之间的往来与合作，我们也积极鼓励和支持云南财经大学等我省高校与台湾高校之间建立更多的联系与交流，举办更多高质量、高水平的交流活动。

有朋自远方来，不亦乐乎。热忱欢迎宝岛台湾的专家学者多来云南交流讲学，也希望你们会后能到云南各地走一走、看一看，对我省的水治理事业发展和相关方面工作多提宝贵意见。我相信，通过各位专家学者的共同努力，必将对我国水科学研究和水问题的解决起到重要的推动作用。

## 5 云南省水利厅水资源处李伯根处长讲话要点

水是人类赖以生存和发展的不可或缺的生命之源、经济资源、战略资源，是生态环境的基本要素。水资源作为大自然赋予人类的宝贵财富，人类对其早已高度关注。

然而，人类在利用水资源、开发水资源的过程中所造成的生态破坏、环境污染等长远影响，至今很多方面缺乏深入研究，知之甚少。当前及未来很长一段时期，中国将面临水资源短缺、洪旱灾害频繁、水污染严重和水土流失等水问题。正常年份每年缺水量近400亿 $m^3$，北方地区尤为突出。云南水资源丰富，位列全国各省（市、区）第三位，但由于时空分布不均，与土地、人口分布不匹配，开发利用难度大，工程性、资源性和水质性缺水并存，滇池等湖泊河流水污染严重，水功能退化，水问题已成为制约云南经济社会发展的重要因素。特别是近3年遭遇连续干旱，工程性缺水、水源保障能力不足问题突出，2012年上半年，旱灾导致云南近600万人、360万头大牲畜饮水困难，秋冬播种农作物受灾面积达85%以上，林地受灾面积达4300万亩，已造成全省农业直接经济损失超过100亿元。同时，用水结构不合理、用水效率低等问题依然存在；污水排放总量逐年增加、水土流失量大面广的问题仍然突出。目前全国仍有3亿多农村人口未能喝上洁净水，农业生产面临着不同程度的水利基础设施薄弱、老化和常年失修等严重问题。合理、有效、持续地开发利用水资源，使水资源利用与经济社会发展相协调，保障国家和区域水资源安全，保障国家和区域粮食安全、生态安全、社会和谐稳定，是各级政府部门和学术界面临的重大课题，这将极大地考验中国学术界的研究水平、各级政府部门的管理和决策能力、社会各界的参与能力。水治理与可持续发展是一项复杂的系统工程，内涵极其丰富，包括宏观层面的各级政府部门创新水治理理念、决策和措施，工程技术层面的发展、创新和合理运用，以及它们的多重交叉；中微观层面包括人畜饮用水工程、农田水利设施、水生态保护与修复、水环境治理、景观水体处理等诸多方面；涉及国家综合安全、区域稳定与可持续发展等重大问题。

时值云南遭遇3年连续干旱而大力推进“兴水强滇”战略之际，由云南财大国土资源与持续发展研究所与台湾政治大学国家发展研究所共同策划的“2012’中国水治理与可持续发展——海峡两岸学术研讨会”展示了两校师生在水治理与可持续发展这一重大问题上的学术成果，深入探讨了中国水治理的一系列相关问题，为可持续发展战略献计献策，对于促进滇台高校学术交流，推进云南财经大学建立起与台湾高校的学术交流平台，加深相互了解与合作，进一步提升云南财经大学的学术水平和影响力等方面具有重要意义。特别是本次会议即将出版的论文集，档次高，规格高，有40多篇文章，60多万字，内容丰富，从不同层面探讨了水资源利用、保护、管理以及水旱灾害防治、水电开发与移民安置等诸多重大问题，理论探索与实践分析结合，常规分析与新技术应用结合，对于推进水治理与可持续发展研究，提高水资源开发、利用、保护的决策、管理和科技水平，具有重要的理论与实践指导意义。

治水安邦是中华民族文明发展史上的永恒主题。云南遭遇3年连续特大干旱，供用水矛盾十分尖锐，但没有造成重大水危机，各级政府做到了“没有一个旱区老百姓喝不上水”的承诺，社会稳定，发展有序，还实现了粮食生产的“九连增”。这是云南已建成的治水工程发挥了重要作用，是大量山区民生“五小水利”工程发挥了重要作用。希望两岸专家学者给予关注、研究，为云南水治理与可持续发展提供更多良策。

祝贺会议论文集《中国水治理与可持续发展研究》出版面世，预祝“2012’中国水治理与可持续发展——海峡两岸学术研讨会”取得圆满成功！衷心感谢海峡两岸专家学者为水资源开发利用、管理、节约和保护，以及促进经济社会可持续发展研讨献策！

## 6 云南财经大学周跃副校长闭幕式讲话要点

这次两岸会议即将闭幕了，我认为会议是成功的、圆满的。先后有26个报告登场，涉及水电开发、河湖治理、水旱灾害、水资源评价与利用、水资源开发与保护、水政治与法律法规、气候与生态环境可持续发展等诸多议题，这些报告既有资料性的，有分析性的（探讨因果关系），也有探讨性的（对未知情景的预测），此外还有建设性的（提出许多解决问题的措施建议）。这些报告的题目各种各样，有令人感到欣慰的，有令人感到担忧的，有令人感到困惑的，还有让人想继续深思下去的。所以，与以往的研讨会相比，这次学术研讨会有其成功之处，大致有以下几个特点。

一是议题非常广泛，视野非常开阔。因为与会人员来自不同的学科、不同专业，基本上有自然科学的、哲学的、社会科学（包括经济学和管理学）的，兼有文、理、工多学科，使得讨论的问题角度非常广泛，给人一种意犹未尽的感觉，很多问题可以再继续深入，可惜时间太短，没来得及。

二是会议的讨论非常充分，观点甚至相互碰撞。就某一个问题，在报告完之后还进行了广泛的讨论，因此，研讨时间一直控制不了，这也是正常的，使得讨论来自论坛，实际超过了论坛，对论坛之外的很多问题都有接触。

三是以老带新，后生可畏。虽然学生们的学术报告排在后半部分，但这对于年轻的学生们而言是一个非常好的锻炼机会，很多年轻人也和教授们站在同一个讲台上，以同样的方式进行学术演讲，而且他们表现得非常自信，工作非常努力。

四是增进了滇台之间的了解和友谊。无论是在会场上还是会场外，很多问题经过讨论和交流后，原来不太清楚的变清楚了，原来从未听说过的现在听说过了。

这次学术会议的成果主要有以下几个方面：

一是学术交流成果丰硕。大家通过相互学习，相互交流，相互问答，对很多问题都有了明确的想法。

二是增进了了解。既了解了省情，也了解了人情。还通过一系列的活动，宣传了台湾政大，宣传了云南财大，宣传了财大国土所，也宣传了民革云南省委，还让大家品尝了滇菜。

三是青年学子充分展示了他们的能力，而且还学习了国际的学术交流惯例，按照大陆的说法就是与国际接轨。这两天的交流是按照国际上学术会议惯例来进行的，大陆学生大部分没有出过国，不清楚国外是怎么开展学术交流的。经过本次会议，用中文参与了整个国外学术会议的运作过程，以后出国参加学术会议就知道怎么做了，这点对年轻人是非常难得的。

四是把云南财大和台湾政大这种学术交流机制固化下来了。这次算是第一届，那么第二届、第三届、第四届……将随之推进，起码2013年的第二届已经跟进了。

总之，我感到这次会议成果确实很丰硕，实现了学术交流的目的，建立了双方交流的机制，加深了了解，增进了友谊，所以这次会议是成功的、圆满的。

# Gist of the Speeches Given by Leaders from Both Sides Across the Straits at "the Mainland and Taiwan Academic Seminar on China's Water Governance and Sustainable Development in 2012"

*Institute of Land & Resources and Sustainable Development,*

*Yunnan University of Finance and Economics*

**Abstract**: Yunnan University of Finance and Economics and Taiwan National Chengchi

University jointly sponsored "the Mainland and Taiwan Academic Seminar on China's Water Governance and Sustainable Development in 2012" in Kunming on July 5 and 6, 2012. During the opening ceremony, professor Xiong Shuxin, president of Yunnan University of Finance and Economics, gave an opening speech and an academic speech entitled the Cultural Image and Actual Condition of Water in China. Professor Wang Zhenhuan, chief of the China Mainland Research Center of Taiwan National Chengchi University, gave a speech on behalf of Taiwan academic team. Several other leaders, including Zhou Yao, vice chief of Yunnan Provincial Committee of the Revolutionary Committee of the Chinese Kuomintang, Zhou Youliang, vice chief of the Hong Kong, Macao, and Taiwan Affairs Office of the People's Government of Yunnan Province, and Li Bogen, chief of the Water Resources Office of the Water Resources Department of Yunnan Province, also congratulated on the success of the seminar and gave important speeches. During the closing ceremony, Zhou Yao, vice president of Yunnan University of Finance and Economics, gave an important summing-up speech. This book sorts out the gist of the speeches by these leaders for sharing with readers.

**Keywords:** Water governance; Sustainable development; The Mainland and Taiwan; Leader speech

# 国内部分媒体对“2012’中国水治理与可持续发展——海峡两岸学术研讨会”及亮点问题的报道简介

云南财经大学国土资源与持续发展研究所

**摘　要**　云南财经大学与台湾政治大学2012年7月5~6日在昆明联合举办了“2012’中国水治理与可持续发展——海峡两岸学术研讨会”，引起了国内部分媒体的关注。《国际日报》、中国新闻网、《云南日报》和《春城晚报》等媒体对研讨会作了综合报道。此外，《云南日报》和《生活新报》分别对云南财经大学国土资源与持续发展研究所所长杨子生教授及其硕士研究生邬志龙提出的保护“土壤水库”与防旱减灾问题进行了专题采访报道。

**关键词**　水治理；可持续发展；海峡两岸；媒体报道

## 1 《国际日报》2012年7月6日报道

新华社记者李怀岩以《两岸高校在滇研讨水治理与可持续发展》为题，综合报道了2012’中国水治理与可持续发展——海峡两岸学术研讨会，发表于2012年7月6日《国际日报》。

链接：http：//www. chinesetoday. com/big/article/637398

注：全文转载本篇新闻的主要网站还有：

新华网（http：//news. xinhuanet. com/tw/2012 -07/06/c_ 112380606. htm）；

凤凰网（http：//news. ifeng. com/taiwan/news/detail_ 2012_ 07/06/15842818_ 0. shtml）；等等。

## 2 中国新闻网2012年7月5日报道

中新网记者王艳龙2012年7月5日以《两岸学者聚首昆明　共商水治理与发展对策》为题，报道了2012’中国水治理与可持续发展——海峡两岸学术研讨会。详见：

链接：http：//www. chinanews. com/tw/2012/07 -05/4011979. shtml

注：转载中国新闻网报道《两岸学者聚首昆明　共商水治理与发展对策》的主要网站有：

人民网（http：//tw. people. com. cn/n/2012/0705/c104510 -18454718. html）；

中国台湾网（http：//www. chinataiwan. org/jl/qt/201207/t20120706_ 2779630. htm）；

大公网（http：//www. takungpao. com/sy/2012 -07/05/content_ 643585. htm）；

新华网（http：//news. xinhuanet. com/yzyd/gangao/20120705/c_ 112372238. htm? prolongation =1）；

中国网（http：//www. china. com. cn/news/tw/2012 -07/06/content_ 25830711. htm）。

## 3 《云南日报》2012 年 7 月 6 日第 2 版报道

《云南日报》记者罗霞 2012 年 7 月 6 日以《海峡两岸专家学者聚昆研讨水治理与可持续发展》为题，报道了云南财经大学与台湾政治大学联合主办的“2012’中国水治理与可持续发展——海峡两岸学术研讨会”，发表于《云南日报》2012 年 7 月 6 日第 2 版。

链接：http：//yndaily. yunnan. cn/html/2012 -07/06/content_ 594991. htm? div = -1

## 4 《春城晚报》2012 年 7 月 7 日第 A11 版报道

《春城晚报》首席记者刘超 2012 年 7 月 7 日以《海峡两岸学者聚昆研讨水资源利用　专家建议：实行区域用水总量控制》为题，深入报道了云南财经大学与台湾政治大学联合主办的“2012’中国水治理与可持续发展——海峡两岸学术研讨会”，尤其报道了童绍玉教授提出的缓解云南水资源短缺的问题、云南省水利水电科学研究院三位专家（黄英、段琪彩、王杰）提出的保障供水安全问题以及云南财经大学国土资源与持续发展研究所所长杨子生教授及其硕士研究生邬志龙提出的保护“土壤水库”问题，发表于《春城晚报》2012 年 7 月 7 日第 A11 版。

## 5 《云南日报》2012 年 7 月 17 日第 2 版报道

《云南日报》记者罗霞就“2012’中国水治理与可持续发展——海峡两岸学术研讨会”上的亮点问题——土壤水库保护与抗旱防灾问题采访了云南财经大学国土资源与持续发展研究所，撰写了报道稿《防旱减灾应重视保护土壤水库》，发表于《云南日报》2012 年 7 月 17 日第 2 版。

## 6 《生活新报》2012 年 7 月 16 日第 T06 版报道

在“2012’中国水治理与可持续发展——海峡两岸学术研讨会”上，云南财经大学国土资源与持续发展研究所所长杨子生教授及其硕士研究生邬志龙提出的保护“土壤水库”与防旱减灾问题引起了部分媒体的关注。在会后，《生活新报》记者袁野和实习生张杨专程来到杨子生教授的办公室，就土壤水库保护与抗旱防灾问题进行了较为深入、全面的采访，之后撰写了深度采访报道稿《土壤水库　滇旱“药方”》，作为《生活新报》的专版，发表于《生活新报》2012年7月16日第T06版。

# A Brief Introduction to the Reports of "the Mainland and Taiwan Academic Seminar on China's Water Governance and Sustainable Development in 2012" and Its Highlights by Some Chinese Media

*Institute of Land & Resources and Sustainable Development,*
*Yunnan University of Finance and Economics*

**Abstract**: Yunnan University of Finance and Economics and Taiwan National Chengchi University jointly sponsored "the Mainland and Taiwan Academic Seminar on China's Water Governance and Sustainable Development in 2012" in Kunming on July 5 and 6, 2012. The event attracted the attention of some Chinese media. They, including International Daily News, www. Chinanews. com, Yunnan Daily, and Spring City Evening, have made comprehensive report of the event. In addition, Yunnan Daily and Life News separately reported the ideas of protecting "soil reservoir", preventing drought, and reducing natural disasters put forward by professor Yang Zisheng, director of Institute of Land & Resources and Sustainable Development, Yunnan University of Finance and Economics, and Wu Zhilong, a Master Degree candidate under Yang's tutorship.

**Keywords**: Water governance; Sustainable development; The Mainland and Taiwan; Media report

# A:
# 水电开发与移民安置探索

**【专题述评】**水是创造人类文明的必要元素。自古以来各文明对于水的治理，都成为其社会文化进展的根本。中国古代大禹治水的故事，其实也就在说明中国文明的起源与治理和使用水资源之间的紧密关联。到了现代，水资源的使用和治理依然是各国的重大问题，特别是在当今全球气候变化快速的年代，如何有效治理水资源而又兼顾环境生态，对各国而言都是重大挑战。

作为全球经济大国的中国，在高速工业化的同时，也成为全球最大的二氧化碳排放国。因此，利用水资源开发电能，以降低煤炭发电造成的空气污染，成为中国政府的重要选项。虽然水电被认为是比较干净的能源，但是开发水资源，建立大小型水库，可能要付出环境破坏及大量水库移民的代价。而这些代价是否可以避免，还是必要之恶；或是可能因为制度设计的偏颇，原先以为的干净能源竟成为最大污染源，都是学术研究需要去面对的，也是政府相关部门需要正视的课题。因此，本书这个有关“水电与移民”的篇章，不只具有学术关怀，更具有政策建议的意涵，深具参考价值。

（台湾）国立政治大学中国大陆研究中心主任/教授

王振寰

# 水力无限，制度有限：中国大陆小水电的治理*

王振寰[①]　曾圣文[②]

（①国立政治大学国家发展研究所；②育达商业科技大学休闲事业管理系所）

**摘　要**　本文的目的在于探讨中国大陆小水电的治理架构机制为何，这样的治理架构是否能同时负担政府所赋予的多重任务。中国“厂网分开”的电力体制改革与建立“发电端的竞争性区域市场”的设计，使得无论是在国家电网公司（全区由国家电网垂直垄断输配售电），还是在南方电网公司（部分地区输配售电由独立地方电网垄断）所辖之区域电力市场，小水电在中国的治理模式皆呈现“侍从化”的治理模式。制度安排、地方政府利益，再加上流域资源的稀少性日益提高，使得小水电在部分地区（尤其是西南地区）的发展呈现混乱局面，小水电投资也很难兼顾农田水利、流域治理、生态环境保护与农村扶贫等“公益性”任务。最后，本文认为，中国政府需要建立比较全面的制度设计，以克服现今严重的小水电治理问题。

**关键词**　小水电；中国农村；水治理；电力市场

## 1　研究问题

“首要问题必须把云南中小水电做强，我们不能接受某些主体关于水电完全属于自然垄断说法的蛊惑，放纵一些缺乏远见的人将很重要的地方电力资源拱手相让。当然，也不能放任一些人拥抱中小水电地盘、垄断资源、屯货居奇、牟取暴利”[1]。

---

* 基金项目：国立政治大学迈向顶尖大学计划的部分支持。作者简介：王振寰（1956～），男，台湾彰化人，国立政治大学中国大陆研究中心主任，国立政治大学国家发展研究所讲座教授，博士。专长为政治社会学、发展社会学和经济社会学，现阶段主要从事中国台湾地区和东亚产业发展与创新、台湾企业史以及中国大陆的区域和产业发展等领域的研究工作。联系电话：+886－2－29393091 转 67525。E－mail：wangjh@ nccu. edu. tw。曾圣文（1974～），男，台湾苗栗人，育达商业科技大学休闲事业管理系所助理教授，育达商业科技大学大陆经贸研究中心副主任，博士。专长为经济社会学、产业组织、区域发展和文化经济，现阶段主要从事产业创新、区域发展、能源与环境治理、文化经济与节庆、企业史等领域的研究工作。联系电话：+886－37－651188 转 5571。E－mail：swtseng@ ydu. edu. tw。

中国大陆已成为全球碳排放最大的国家，在经济成长与节能减碳的双重考量下，发展水电成为替代或者减小火力发电比重，以减少碳排放的重要政策方案之一。然而，大型水电站的开发，除了会造成地质及生态环境上的冲击之外，也会衍生诸多移民安置、区域社会经济发展等社会经济问题。在开发大型流域的过程中，容易引起国际社会、环保团体针对生态、环境、区域社会经济等议题的诸多反弹或讨论，如在开发怒江水资源的议题上，环保团体对于“原生态河流”及“地震”等议题的关注与反馈[2~3]。由于小水电具有就近开发、就地成网、投资方式灵活、能源干净与永续供应等特性，因此被认为兼具发电、扶贫功能，而又环保的电力系统。特别是在偏远地区，小水电也可改善农村生活，作为生活材料替代薪材，改善农村生态环境，让农民远离烟熏，保护农民健康。在这些特性的考量下，小水电便成为中国政府积极重点发展的清洁能源产业之一[4]。

小水电在中国的角色在1978年以前较为单纯，主要是供应广大农村及西部地区的电力需求。自1979年起，小水电的角色开始呈现多元化，除了点亮农村之外，农村电气化与扶贫工作也成为小水电的任务。中国政府将解决三农（农业、农村、农民）问题与治水办电相结合，希望积极开发农村（小）水电，以实现农村电气化和现代化。近年来，应农村发展、国际减排要求及地方经济发展需求，中国政府赋予小水电的任务更是包罗万象，主要包括构建电力支柱产业、带动地方经济发展、保护自然生态环境及有效缓解三农问题四大使命。

1949年迄今，中国大陆2800多个县级行政区划中，约有1/2的县（市），占中国大陆一半以上的地域中设有小水电站（约4.5万座），装机容量从1949年的3634（千瓦）迅速增长至2009年的55121211（千瓦），年发电量更从1949年的523（$10^4$ 千瓦时）迅速增长至2009年的15672470（$10^4$ 千瓦时），占水电发电比重达30%左右，更累计促使1400多个县达成电气化（参见表1）。小水电迄今累计解决了3亿多无电人口的电力需求，并使上述有小水电农村地区的户通电率从改革开放初期的不到40%提升到现今的99%以上。

**表1　中国大陆小水电发展与农村电气化**

| 项　　目 | 1949年 | 1978年 | 1990年 | 2000年 | 2009年 |
|---|---|---|---|---|---|
| 装机容量(千瓦) | 3634 | 5266500 | 13180300 | 24851721 | 55121211 |
| 年发电量(100千瓦时) | 523 | 997300 | 3928300 | 7998249 | 15672470 |
| 小水电占水电发电比重(%) | N. A. | 22 | 31 | 33 | 30 |
| 期间 | “七五” | “八五” | “九五” | “十五” | “十一五” |
| 电气化县数目 | 109 | 209 | 335 | 409 | >400 |

资料来源：本研究整理自《中国水利统计年鉴2010》[5]。

就小水电发展所处的时空背景而言，对外，中国大陆面临全球节能减排的压力；对内，则处于电力市场自由化、电力体制改革、解决三农问题等客观环境。因此，小水电的发展并非全如官方统计数字那般美好，仍有许多亟待解决的问题，例如户通电率为99%不等于所有农民都负担得起电价，用得起电。即使在政府严厉查办下，仍有企业私盖违规水电站（例如2003年由各省级政府清查整改3400座违规水电站）。

小水电虽属于重要的清洁能源，且水资源一般被认为是无限的，但随着“跑马圈河”现象的持续发展，流域的稀少性愈加凸显，有偿使用的呼声日益高涨，但这些问题在既有的体制下为何仍持续发生？既有的文献不管是从官方还是民间的角度，抑或是从需求、供给的角度，都是片面去分析小水电的发展与成效，缺乏将问题放在治理架构的脉络中进行讨论的宏观视野。因此，本文关注的焦点在于：中国大陆小水电的治理架构运作机制为何？小水电的治理架构能否同时承担四大任务？

本文从制度论和公－私治理模式的角度，阐述电力市场自由化与管理体制的理论观点，接着探讨中国大陆电力管理体制的发展，进而分析中国大陆小水电治理的运作架构及问题，以说明当今中国气候政治的两难根源。

## 2 产业管理体制与市场自由化

对于大陆小水电管理体制和运作机制的转型，本文将采取制度论（institutionalism）的观点来讨论。制度论假设由于人或组织都是社会的产物，因此其行动必然受限于制度规范或引导；制度的诱因会引导人或组织的行为模式。因此，除非是革命的行动，否则即使是制度创新的行为，也经常是在既有的制度规范下，利用既有的资源和考量资源重组的方式来创新。在这样的观点里，任何政治经济的转型都会有路径依赖（path dependence）的效应。这是因为制度论假设，由于资讯不充分和有限理性，行动者在情况不确定的变动情境下，通常倾向于采取风险较小、依循既有习性和规范的方式来应对不确定的环境，这导致制度的演变有路径依赖的情况[6~8]。

不过，如果过于强调路径依赖，也会忽略制度的变迁和这个变迁对于创新的诱发或限制。Campbell（2004）[7]就指出，制度论的路径依赖论点，比较适合说明制度的维系，而无法说明制度的改变以及创新。因此，他提出了一个比路径依赖更适合于解释变迁的“拼装”（bricolage）概念——指既存的制度原则和做法，就已经提供了行动者创新的可能性或“剧本”（repertoire）。换言之，制度的变迁或路径依赖并非一成不变，而经常是在旧的体制中赋予新的元素。

我们对于中国水电政策以及由此引发的小水电管理体制的讨论，也将发现中国的水电改革和政策发展在面对新的环境时，经常是在旧有的框架里添加新的元素（如社会主义市场化），以强化策略产业的发展，但既有的管理框架并未有太多的改变（如条块协调问题），而这造成了旧有的和新的治理问题同时出现。

小水电是电力产业的一部分，电力产业主要包括发电、输电、配电及售电四个环节。其中，发电站的类型，按集中落差的方式可以分为堤坝式、引水式、混合式、潮汐式及抽水蓄能式五种水电站，按照径流调节的程度可以分为无调节式、可调节式两种水电站[9]。以云南为例，大部分的小水电站属于引水式径流水电站，但调节能力差或无调节能力的水电站较多，导致枯水期与汛期的电力悬殊[10]。电的不可储存及必需品等特性，使得电力产业的发电、输电、配电具有高度的协调性，以确保电力的稳定供应，这也是许多电力公司游说政府维持发电、输电、配电一体化的主因[11~12]。

电力产业的管理体制是否有效，其重点在于是否能兼顾市场效率与电力产业的准公共特性。在市场经济体制里，政府为达到避免市场失灵、提升产业技术、避免市场垄断、促进产业竞争等目的，通常以产业政策管制（regulation）市场活动，以促进公共利益。然而，政府的目标常常是多重的，在达成政策目的之过程中，实施特定的产业政策往往也会创造被保护或扶持产业的利益，而各种利益集团在寻租（rent-seeking）的过程中，与政府当局进行博弈，有可能使政府成为企业的俘虏，也有可能和政府成为共同的利害关系者[13]。在中国的社会主义体制下，在电力产业的各个层面，政府兼具主导分配利益、监管与受益者三重职能；而在电力产业的市场化过程中，这些不同的功能虽然逐渐分化出来，但是既有的利益团体，却也如影随形。

首先，中国从计划经济转轨到市场经济的过程中，“政企分开”是最主要的体制改革，也是市场自由化的基础。因为政府和企业的目标迥异，政府的功能主要在于维持社会稳定、促进经济社会发展，而企业的目的则是赢利，寻求以最小成本获得最大利益。中国电力改革逐渐将电力部下属企业分离出来，并分离发电和配电产业，逐步实施发电的市场化做法。不过，主要发电和输电集团仍属副部级国有企业，其企业目标虽仍受国家调控，但也兼具市场化的营利做法，使得这些企业既有国家级的控制和垄断能力，又可以主动追求企业利润，成为利益垄断者。

其次，中国经济改革的模式，释放了地方政府追求经济发展的能力。特别是 1993 年财税改革之后，地方政府追求预算外收入的动力愈来愈强[14]，主动招商引资，通过给予各项优惠政策来发展地方经济成为地方官员政绩工程的重要做法。因此，在电力改革“政企分开”之后，地方政府纷纷与各大发电集团签约，竞争西南河川水力资源丰富地区，包括大渡河、金沙江、岷江、怒江、澜沧江等，形成“跑马圈水”现象。在此过程中，大型水库也不断规划出来，有些甚至未审先建，严重破坏环境。尤有甚者，由于各自为政，分别投资规划建设大型水库，工程建设缺乏整体思考，水利开发缺乏整体规划。且由于上下游水电站之间分属于不同企业管理，缺乏统一的协调和调度，因此经常产生问题和利益冲突[15]。

再次，在小水电部分，除了大型国有集团外，也有大量民间集团盯上它们“圈”剩的中小河流。不过，由于大型发电和输电集团的企业组织涵盖纵向产业上下游（例如国家电网公司在其所辖区域涉足输电、配电与售电三个垂直的子产业），形成企业的垄断性，对发电厂形成买方独占，对售电企业造成卖方独占，强大的企业独占力量使得民间发电集团必须依赖于大型输配电集团的卖电和配电，成为电力产业链中最弱势的一环。

总之，现今中国电力产业的管理体制，是在国内、国外两种环境体制下所建构出来的模式，一方面对内要应对经济体制转型、市场自由化、保护生态环境的复杂情势，另一方面对外要应对节能减排、电力市场开放的压力。政府在寻求达成多重政策目标函数，小水电成为可靠又能在短期见效的工具，而且开放私人投资，寻求与产业界合作成为政府合理的选择。但如下所述，既有的体制和路径的改革方向，使得各目标之间时有冲突和相互矛盾。

## 3 上收与下放、重组与分拆：电力体制改革与市场自由化

中国的电力体制改革可分为三个阶段，第一阶段是1949～1978年，在此阶段电力政策的主要方针是“水主火从”，加快水电建设，同时电力企业全部归国家所有，垂直垄断经营，且电价由国家统一制定[15]。此时期的中央与地方政府在电力产业中的管理权力，历经三次的下放与上收，电力产业的政府管理部门也几经更迭，但可以看出在中国政府历次决策中，水电在电力产业中均具有重要的地位[11,15]。此时期由于管理权力的上收与下放，衍生出以下治理问题。

（1）管理权下放为分省管理体制时，便会出现地方建设盲目上马，片面追求高速度成长，形成区域壁垒市场；

（2）重电源轻电网，公有投资电厂分散，电网未能跨区联网，难以形成规模经济。

第二阶段，从1978年改革开放到2002年进行电力体制改革，中国政府对电力产业的改革，配合开放后的体制改革步伐，电力产业开始实施电力企业的政企分开，将省作为管理的主体，建立联合电网，同时也开放外资、民间资本进入发电市场，实施“集资办电”[11]。从1995年起，电力产业的行政管理完全移交国家机关，企业管理移交国家电力公司（1997年成立），行业管理移交中国电力企业联合会。政府持续鼓励集资办电，省级电网为独立主体，再加上大区电网统一调度。同时，为了实现城乡同网同价，也进行了农村电网改革与农电体制改革（两改一同价）[11,15]。此时期中国电力产业同步进行了许多管理制度与电价的改革，衍生出以下诸多的治理问题。

（1）集资办电与多种电价造成价格混乱、工业用电成本高，投资建设周期短、规模小的项目（小煤电、小油电）反而不利于水电与可再生能源发展；

（2）过分重视电源开发，输配电发展反而受到投资制约；

（3）缺乏对农电的投资，农电管理体制不顺，电网技术与建设落后，电价高且价格混乱。

第三阶段为2002年迄今，中国政府开始启动电力市场自由化改革，应对国际上对于节能减排的压力，现阶段电力政策的重点发展方针包括：①水主火优，发展核电，加大电网建设（西电东送，南北互供，全国联网）；②厂网分开，建立发电端的竞争性区域市场；③建立存在监管的竞争市场体系；④支持清洁能源发展；⑤形成市场竞价上网机制，新电价结构包括上网电价、输电电价、配电电价、销售电价；⑥电力交易以合约交易为主、现货交易为辅[11,15]。这种“厂网分开、竞价上网”和“强制上网”的电力体制改革，对农村小水电的发展造成极大的冲击。

电力市场自由化从发电端开始启动，中国政府将原国家电力公司拆分成华能、大唐、华电、国电、电力投资五大集团，故发电市场由五大集团和其他独立发电商组成。输电的部分则重组电网资产为国家电网（涵盖华北、东北、西北、华东、华中五大区域市场）及南方电网（涵盖云南、贵州、广西、广东、云南等区域市场）两大电网公司。国家电网下设华北、东北、西北、华东、华中五个区域电网公司，所辖区域输配售电由国家电网公司垂直垄断。但在南方电网所辖区域，由于原地方电网公司资产比重较高，形成路径依赖，各地方电网公司由南

方电网公司与地方电网公司按电网净资产比例成立董事会，输配售电主要由区域电网公司经营管理。

在管理体制方面，2003 年起，国家电监委负责电力运作监管，国家发改委负责电力项目投资和电价审批，国资委负责国有资产管理，中国电力企业联合会负责行业管理与协调，小水电的部分主要由水利部进行管理。在电力项目投资方面，则依据发电容量从中央发改委到地方政府分层审批[11,15]。经由重组与分拆的过程，中国电力市场现阶段形成如图 1 的市场结构。

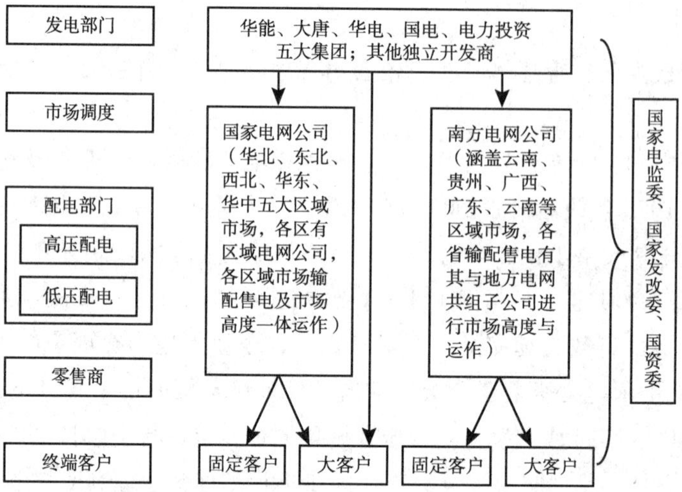


**图 1　现阶段中国大陆电力市场治理架构**

资料来源：本研究修正自刘建平（2006：132）[11]。

电力体制改革与市场自由化搭配发展，使得现阶段中国电力市场的治理出现诸多问题：例如，国有企业与地方政府合作“跑马圈水”形成环境问题；企业只在有利可图的地方投资，导致公益考量降低，农村电网设备落后，城市电网也未完全满足需求。对以民间投资为主的小水电而言，1990 年之后，虽然民间资本大量进入小水电建设领域，促进了小水电的发展，为缺电农村带来清洁能源，但也同样出现“跑马圈河”、下游断流、环境影响巨大的现象[16]。

## 4　电网霸权下的小水电：“侍从化”治理模式

如上所述，中国的小水电部分是由水利部进行管理的，小水电项目立项由省、市、县计划主管部门按分级许可权审批；而小水电工程项目立项后，其初步设计由水利部门按分级许可权审批。在上网部分，小水电站经由区域或地方电网挂电，上网电价按各省物价局、经贸委、财政厅所定原则收费。依规定，小水电的开发需要经过一定程序的环境影响评估，通过之后才能动工（小水电的管理体制如图 2 所示）。不过，在现实的案例中，厂商经常偷干，未立案就先建。

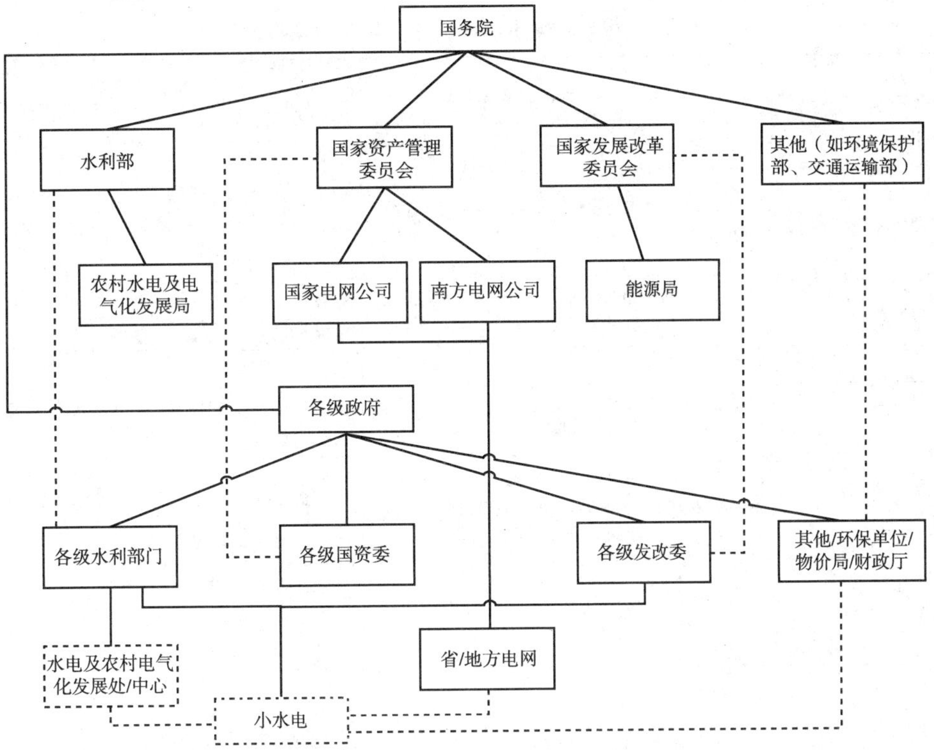


**图2 中国大陆小水电管理架构**

目前小水电在电力系统中的定位有两类：一类是直接并入国家/南方电网作为电网调峰的电量，另一类则以地方电网或孤立小电网自供区形式提供当地农村用电服务（参见图2）。不过未来国家/南方电网将延伸到离网区，因此都将面临与大电网连接问题[16]。但这二类小水电在面临上网问题时，皆呈现“侍从化”的治理模式。所谓的“侍从化”，指的是“小水电受制于电网公司所制定的电价而无从对抗”。

在国家电网公司所辖的华北、东北、西北、华东、华中等区域市场，国家电网公司对区域电网公司具有完全控制能力，在输配售电领域具有完全垂直垄断能力，加上区域内水电资源相对较少，因此减少了小水电的投资机会与积极性，更减弱降低了地方政府创造投资环境的能力，这导致小水电的开发与输电完全受制于国家电网，开发虽多，对于农村建设的贡献程度却相当有限（参见表2）。

在南方电网所辖云南、贵州、广西、广东、云南等区域市场，虽然部分地方电网公司有能力暂时对抗南方电网公司的垄断，部分小水电能在地方电网公司与南方电网公司的合作或对抗中找到成长的可能。但在这些区域，南方电网公司已逐步增强对区域电网公司的控制能力，受制于南方电网公司的小水电比例已相当高，仍然服从于南方电网公司所定的上网电价，呈现“侍从化”的治理模式，加上区域内水电资源较丰沛，因此投资机会与积极性较高，地方政府创造投资环境的能力也较强。但也因此造成水电开发失序，相对的，农村电网开发反而相对不足（参见表2）。

**表 2 中国大陆小水电“侍从化”治理模式**

| 电网公司 | 国家电网公司 | 南方电网公司 |
|---|---|---|
| 区域电力市场 | 国家电网所辖华北、东北、西北、华东、华中等区域市场 | 南方电网所辖云南、贵州、广西、广东、云南等区域市场 |
| 电网公司间关系 | 国家电网公司对区域电网公司具完全控制能力，输配售电完全垂直垄断能力 | 南方电网公司逐步增强对区域电网公司之控制能力，部分地方电网公司对抗南方电网公司的垄断能力 |
| 与电网公司关系 | 对抗能力弱，完全受制于国家电网公司所制定的电价 | 在地方电网公司与南方电网公司的合作或对抗中接受电网公司所定电价 |
| 流域资源 | ——水电资源相对较少 | ——水电资源较丰沛 |
| 对地方政府投资小水电的影响 | 降低投资机会与积极性，减弱地方政府创造投资环境的能力 | 投资机会与积极性较高，地方政府创造投资环境的能力较强 |
| 对农村发展与生态资源的影响 | ——农村电力短缺问题依然存在<br>——牺牲三农利益，水电开发与生态资源无法兼顾<br>——电气化县农民所得提高 | ——农村电力短缺问题依然存在<br>——牺牲三农利益，水电开发与生态资源无法兼顾<br>——电气化县农民所得提高 |
| 对小水电发展的影响 | 水电开发失序问题依然存在，小水电对国家电网呈现完全的“侍从性” | 水电开发失序，农村电网开发不足，大部分小水电对南方电网呈现高度的“侍从性”，或是对地方电网公司呈现出“侍从性” |

以上两个区域市场内的小水电皆呈现“侍从化”的治理模式，在小水电大力发展初期，治理上并未有太大问题。但随着高度竞争和治理体制的相对不足，逐渐出现诸多问题。首先，从资本投入的观点来看，民间资本投入小水电的模式包括四种：私有独资、私有股份制、私有资本联合国有资本共同投资（以减少风险）、私人租赁或承包（已建成的小水电站）。这些投资，带动了市场竞争，也为国有电站增加了利润的激励，或为无力整修既有水电站的乡镇政府或县级政府注入了财力、人力和活力。其次，小水电站的投资与营运，由于规模小，因此在行政程序上，只要地方政府核准即可，而地方政府为了鼓励投资，增加税收和就业机会，也纷纷提出各种优惠条件。因此从 1990 年代之后，民间投资小水电相当活跃，2003 年全国能源短缺，更是掀起民营企业投资小水电的热潮。

另外，由于小水电必须强制上网，且以下的制度原因，使得国有或地区电网公司，对于小水电缺乏兴趣，二者之间充满矛盾。这些矛盾表现在以下问题上。

（1）发电未必能送电

小水电站的发电受天然条件限制很多，因此发电不稳定，影响电网对其电力收购的意愿。在夏季丰水期，由于大型水库发电多，系统电力有余，无需提供更多电力，造成小水电站弃水弃电；在枯水期，电网负荷小，即使有电力市场，但河川缺乏足够的水来发电，许多小水电站属径流式电站，自身也发不出电，造成电网缺电；加上小水电站因其容量小，自身技术存在缺陷，输出电力质量较差，并网电压低，输出损耗大[17]。这些原因，使得国营电网公司对收购小水电的电力兴趣不高，甚至不愿接网[18]。

此外，大电网基于自身利益考量，比较有兴趣收购自家国营企业所发的电力，而且最好是大型水库或火力发电厂生产的大量质优且稳定的电力，而不愿收购小水电的发电量；由于强制上网，在一些小水电无自家输电网的地区，即使大电网缺电，小水电仍然不能建网上网发电，也造成即使附近有小水电站，但是邻近农村仍然用不到电的状况[16]。

（2）投资者利益风险问题

大量民间资本投入小水电，主要原因在于预期的高额利润。一般而言，小水电投资年回报率多为8%～10%，有些丰水上游的好河段可达20%[15]。2006年之前，政府管理松散，不太重视环保，因此当时只要有水，拿个施工方案，和某些领导打一声招呼，电站基本就可以动工了。2000～2004年，进入云南开发小水电的民间资金在百亿元级别，浙江商人在云南投资的小水电站装机容量在200万千瓦左右，如果按照平均每千瓦5000元投资计算，浙江民间资本投入云南小水电建设的资金接近100亿元。云南省2003年中小水电在建规模达216万千瓦，其中新开工185万千瓦，创下了云南省历史之最[17]。2006年之后，国家环保总局、国家发改委出台了《关于有序开发小水电　切实保护生态环境的通知》，要求小水电站保留一定的生态流量。国家开始清查无立项、无设计、无验收、无管理的所谓“四无”电站，各种问题纷纷出现，特别是利润问题。

利润问题首先就是收购电价过低。根据一项调查[16]，有多达12个省份地区，发电成本远高于收购电价，导致水电站严重亏损，这主要是由于电网的垄断。国家电网企业（或其关联企业）所属电站上网电价高，上网电量不受限制，电费逐月结清；相反的，农村水电站上网电价低，上网电量受到限制，电费不能及时结算。例如，贵州省农村水电上国家电网平均电价只有0.15元/千瓦时，低的仅有0.12元/千瓦时，而国家电网返供农村水电企业电量的下网目录电价达0.318元/千瓦时，上、下网价差实现的利润都归国家电网企业。甚至由于国营火力发电的电力稳定，可以得到较高的收购电价上网；清洁能源小水电却以较低的收购价格上网，而不利于节能减排的国家政策方针。如贵州某投资商说：“水电投资有七大优势，包括不需原料本钱、不愁卖、运输成本低、不变质和没有仓储费用等，而且还能得到国家政策扶持。但这七大优势，却抵不过一个劣势，即电网是一个高度垄断的行业，实行的是最低价格收购，涨1厘、2厘都不是我们说了算。”[19]2010年6月，贵州12家民营水电企业发起成立了贵州民营小水电行业商会，目的就是想聚集集体力量向政府要求公平待遇。

小水电力利润下跌的另一个原因，就是水电站需要肩负诸多的社会责任。水电前期开发投入巨大，除了电力之外，还有防洪、农业灌溉，以及供水的效益，但这些是公共利益；然而这样的“多家受益，一家还贷”的现象，也造成民营水电站的营运困扰。加上水电站主要处于经济不发达地区，电力市场承受能力有限，以及上网电价低于估计电价，如果经济不景气，电力可能卖不出去，财务必然恶化，造成经营困难[15]。

（3）环境问题

小水电开发被认为可以替代大型水库和火力发电，并且具有扶贫效果。但是实际的执行，并不像政府所宣称的那般美好。例如，岷江上游流域多达10个水电站，又缺乏大水库缓冲，大部分河水经过涵洞隧道进入水电站，其间多段水道完全脱水，造成鱼类消失，而通过隧道的鱼类，在水轮机械运转下，也完全不可能存活。而拦河坝下的小溪流，完全干枯，严重影响环境生态[15]。据报道，光是湖北神农架林区就已经建成90座小水电站，另有10座在建、2座拟建。林区堵河、南河、香溪河、沿渡河4大流域，多条河流因为引水式电站出现断流。更有资料显示，神农架所有已建和在建的水电站，环境评估通过率不足30%。由于滥垦和过度开发，小水电在中国各省已经造成严重的环境问题。《中国能源报》甚至以"'万恶'的小水电?"[20]来描述现今的乱象。

1980年代以后，中国政府曾制定了一些促进农村水电发展的方针政策，包括"自建、自管、自用""小水电要有自己的供电区""以电养电""6%增值税率"等一系列措施，但中国经济改革和电力改革，导致地方政府追求经济增长，国营企业追求利润，造成国营企业垄断，而民营电厂无法生存，也无法供应农村需求的电力。但另外，地方政府为追求经济增长，也经常不顾环境保护，让民营电厂随意开发，造成生态严重破坏。原先规划的小水电发展至今，似乎在预期目标的达到上，离规划越来越远。

## 5 结论与讨论

本文讨论中国政府为了减排，赋予水电逐步减少煤炭发电的重要任务。不过中国电力体制改革"厂网分开"与建立"发电端的竞争性区域市场"的设计，造成电网公司在所辖区域垄断输配售电，使得小水电在中国形成"侍从化"的治理模式。由于制度安排的不当，流域资源的稀少性日益突出（地盘有限）。中国政府对水电投资赋予兼顾农田水利、流域治理、生态环境保护与农村扶贫等"公益性"任务，而以私人利益投资为主的小水电，却无法兼顾多重任务，甚至由于利益驱动，圈水发电，环境被破坏。

我们认为，小水电现今得到大力发展，厂商却严重亏损、破坏环境，又无法兼顾扶贫任务的原因，主要来自中国政府路径依赖的水电制度改革。它一方面让国营发电和输电集团垄断电力配送，造成小水电需要依赖国营电网生存；另一方面又规定收购电力的价格，让厂商自负盈亏还负担社会公益责任，使得厂商有诸多不确定因素，造成亏损严重。此外，地方政府为了经济发展，以扶贫为名而大力发展小水电和开发河流区域，造成环境问题；另外，由于电力强制上网，电价由国营输电集团制定，贫穷农村经常付不起电费，甚至偶尔看到有发电厂却无供电的现象。路径依赖的改革，让各行动者各自为政，各取所需，这就是现今小水电无法达成多重目标的制度根源。

我们认为小水电如果要赋予其公益责任，并让民间经营，应该有比较完整的扶植可再生能源的政策和协调机制。在市场经济中，没有利润是很难让厂商从事公益行为的，必须通过诱导性政策给予一定的利润来引导厂商投资；此外，为了减排，政府部门也必须对替代性能源产业给予优惠，以强化产业替代效果。中国政府曾在1980年代，对于小水电产业制定了比较完整的扶植政策，例如"小水电要有自己的供电区""一般情况下，小水电电价要与大电网的电价相近""自建、自管、自用""以电养电""小水电上网电量与下网电量按月互抵""小水电上网电量按计划外电量对待，参加市场调节，地方自定电价"等政策，并设立小水电专项贷款，国家财政每年给予一定补贴资金，"以工代赈"、扶贫开发等资金可用于农村水电及其地方电网的建设，等等。不过这些方案并没有实施，2002年之后的电力改革只由市场力量主导，由国营电力和输电集团垄断，因此造成今日的状况。

虽然当今已经有广东、浙江、江苏、云南、四川、重庆等12个省市的小水电行业商协会要求"实现水电全额上网，同网同价"，以争取生存权利[19]，但这只是本行业的声音，只能解决局部问题，而并不是比较全面地从治理和可再生能源发展的角度来面对问题。从治理的角度看，现有的制度对国有和私有公司的发电和输电缺乏明确规范；在小水电开发上，也缺乏全省统一的水能资源开发权许可管理规定，各地在开发权许可上管理混乱。未来应有比较一致的许可管理制度，包括环境评估和有偿使用的原则。在可再生能源推广上，水电应被视为可再生能源，给予一定的制度优惠。虽然2006年中国公布《可再生能源法》，并于2009年修正，但在制度上所创造的诱因，如上所述，仍然有所不足，应适度给予优惠才能改变现有的乱象。不过，制度改革涉及诸多利益，应建构比较全面的治理架构，让小水电既能发电，又能扶贫，且兼具环保效果。

## 参考文献


[1] 陈文兴：《云南中小水电建设与云南地方经济发展》[J]，《中共云南省委党校学报》2006年第7（1）期，第105~109页。

[2] 郭慧光、云津：《保留怒江“原生态河流”质疑》[J]，《云南环境科学》2004年第23（增刊1）期，第1~3页。

[3] 晋军、何江穗：《碎片化中的底层表达——云南水电开发争论中的民间环保组织》[J]，《学海》2008年第4期，第39~51页。

[4] 中国工程院可再生能源发展战略研究项目组：《中国可再生能源发展战略研究丛书：综合卷》[M]，北京：中国电力出版社，2008。

[5] 中国水利年鉴编纂委员会：《中国水利年鉴2010》[M]，北京：中国水利水电出版社，2010。

[6] North, D. Institutions, Institutional Change and Economic Performance [M]. Cambridge: Cambridge University Press, 1990.

[7] Campbell, J.. Institutional Change and Globalization [M]. Princeton: Princeton University Press, 2004.

[8] Brinton, M. C., Nee, V. (eds.). The New Institutionalism in Sociology [M]. New York: Russell Sage Foundation, 1998.

[9] 朱书麟：《水力发电工程》[M]，台北：科技图书，1991。

[10] 王敏蓉、陈红坤：《云南省中小水电开发管理存在的问题及对策研究》[J]，《云南水力发电》2008年第24（2）期，第84~85页。

[11] 刘建平：《中国电力产业政策与产业发展》[M]，北京：中国电力出版社，2006。

[12] 杨凤：《经济转轨与中国电力监管体制构建》[M]，北京：中国社会出版社，2009。

[13] Stigler, G.. The Theory of Economic Regulation [J]. The Bell Journal of Economics and Management Science, 1971, 2 (1): 3-21.

[14] Oi, Jean C.. The Role of the Local State in China's Transitional Economy [J]. The China Quarterly, 1995, 144 (Dec): 1132-49.

[15] 周竞红：《走向各民族共同繁荣——民族地区大型水电资源开发研究》[M]，北京：中国水利水电出版社，2010。

[16] 曹丽军：《中国小水电投融资政策思考》[M]，北京：中国水利水电出版社，2008。

[17] 陈国阶：《西南水电一哄而上令人忧　澄清认识多问几个为什么》[N]，《科学时报》2004年12月20日。

[18] Zhou, S., Zhang, X., Liu, J.. The Trend of Small Hydropower Development in China [J]. Renewable

Energy, 2009, 34 (4): 1078 - 83.
[19] 管弦:《贵州民营小水电长期亏损遭生死劫》[EB/OL],《中华工商时报》, http://finance.sina.com.cn/roll/20120618/022012335567.shtml, 2012 - 06 - 18/2012 - 06 - 24。
[20]《"万恶"的小水电?》,载于《中国能源报》[EB/OL], http://xinhuanet.com/gate/big5/news.xinhuanet.com, 2011 - 08 - 25。

# Unlimited Waterpower and Limited Institutions: The Governance of Small Hydropower in Mainland China

*Jenn-Hwan Wang*[1], *Sheng-Wen Tseng*[2]

(1. Graduate Institute of Development Studies, National Chengchi University; 2. Department of Leisure Management, Yu Da University)

**Abstract**: This paper aims to answer the following questions: what is the governance system of small hydropower in China? Can the exiting governance system perform simultaneously multi-purpose missions? This paper argues that the Chinese state separated the grid sector from the power operating industry and established regional competition market would inevitably result in a "client-oriented" governance model. This governance pattern not only shows in the regional electricity market covered by State Power Grid but also occurs in areas offered by China South Power Grid. The chaotic problems in the South-Western area in China as our case shows mainly caused by conflicting institutional arrangements and local government's interests, which especially were exacerbated by the scarcity of rainfall in recent years. Under this situation, the small hydropower is not easy to perform multi-purpose missions, including farmland and water conservancy, watershed governance, environmental protection, and poverty alleviation at rural areas, for public welfare simultaneously. Finally, this paper suggests that the Chinese state needs to renovate its institutional arrangements in order to overcome the existing problems of small hydropower governance.

**Keywords**: Small hydropower; Rural China; Water governance; Electricity market

# 中国水电开发观点的论析*

宋国诚

（国立政治大学国际关系研究中心－中国社会暨经济研究所）

**摘　要**　“水坝”不只是一个“拦河筑坝”的硬件建设，还是经济发展与环境保护之间基于理念之争与政治较量所形成的利益竞逐网络；“水电”也不只是能源开发上“引水发电”的技术工程，还涉及（对外）国际减碳承诺、（对内）能源调整以及利益分配与社会公平等一系列问题。另外，中国大陆目前的“水电热”是一种基于发展战略、部门利益、企业利润所形成的具有强烈投资欲望与开发冲动的水电建设工程，但由于水电开发造成重大的环境破坏，其负面效应是明显而危险的，因而引起“反水坝运动”的批判和抵制。本文讨论水电开发正、反两派的争锋与辩论，借以反思中国发展战略与环境正义之间的矛盾与两难性。

**关键词**　水坝；水电；能源开发；生态灾难

## 1　前言：中国将走向世界水电强国

人类以化石能源为主的发展模式已走到尽头，水电、核电、风电等新能源正逐步取代传统的发电方式，近年来中国尤其重视新能源的开发。“十五”计划提出了：“加强电网建设，积极发展水电，优化火电结构，适当发展核电，因地制宜发展新能源发电”。为了实现以水电作为清洁、可再生能源，并取代燃煤发电以降低二氧化碳排放，中国政府确立了至2010年水电装机容量达到155GW（至少要达到145GW）的发展目标[1]。到了“十一五”规划期间，中国

* 作者简介：宋国诚，国立政治大学国际关系研究中心－中国社会暨经济研究所研究员，政治大学华语文教学博／硕学程兼任教授。基础研究领域：中国研究、两岸关系、马克思主义、文化研究、后殖民主义。目前研究主题：中国环境（河域）治理。地址：台北市文山区万寿路64号。联系电话：（02）8237－7266；cell：0955－758－827。E－mail：gcsong@ nccu. edu. tw。

政府提出“在保护生态基础上有序开发水电”。虽然生态保护开始受到重视乃至成为制约因素，但水电开发不仅没有停止脚步，反而加温、加速前进。2008～2009年，中国政府核准开工水电项目累计1000多万千瓦，其中没有一个大型水电项目。在“哥本哈根会议”中国承诺二氧化碳减排目标之后，在节能减排的压力下，“十二五”期间，中国的水电建设与发展开始大量启动。

2010年期间，澜沧江小湾水电站4号机组启动，中国水电装机容量正式突破了2亿千瓦。所谓“小湾奇迹”证明了水电在能源结构调整中的作用更加突出。经过短短一年（2011年），中国重点流域开发力度继续加大，水电开工规模超过2000万千瓦，总装机容量达到2.2亿千瓦。依据中国能源局的规划，到“十二五”末期，非化石能源在一次能源消费中的比重必须达到11.4%。其中，一半以上需要水电来完成，届时水电装机容量将达到2.9亿千瓦，水电比重占6.5%。预计到2015年，中国将成为世界第一水电强国。对此，国家能源局局长张国宝就明确表态，为了实现中国在“哥本哈根会议”所承诺2020年非化石能源占15%的节能减排目标，届时水电装机容量必须达到3.8亿千瓦，比目前新增1.8亿千瓦。

本文主要探讨，为什么在西方国家已先后进行大规模的“拆坝”行动，而中国却启动人类迄今为止最大强度的水能资源开发？近年来，对在澜沧江、金沙江、怒江建坝的反对声音，已引起人们对水坝建设的反思和检讨，未来在中国大力开发水电之际，可能面临越来越大的压力[2～6]。

## 2 中国的“水电热”及其“热因”分析

### 2.1 “水电热”

20世纪以来，“生态发展观”“可持续发展观”“稳态经济”（steady-state economics）皆主张发展中国家应改变西方工业化模式，改走“发展－治污－环保”同步发展的新道路[7～8]。水坝与水电开发对生态环境与文化保存的破坏已不是艰涩难懂的专业知识[9～10]，中国何以热衷于水坝建设与水电开发？是基于经济诱因的利益竞逐（媒体戏称为“跑马圈水”①），还是基于能源结构的转型无可替代战略选择？本文认为，上述两大因素以相互增强的态势，推动了中国21世纪以来的“水电热”。

根据1950年国际大坝委员会统计资料，当时全球5268座水库大坝中，中国仅有22座[11]，但截至2002年底，全世界已经修建了49700多座大坝（高于15m或库容大于100万$m^3$），其中几乎有一半（22000座）在中国[12～13]，比例达45%；换言之，中国大坝的数量几乎是世界其他国家大坝的总和；如表1所示，截至2008年，在世界前十大已建和在建的高坝中，中国占了3座，且分别排名在第1、3、5位。

① “跑马圈水”是指四处搜寻、无序开发、未经审批即违法开工兴建，主要以灌溉和饮水为目的的小水电。

表 1　世界前十大已建、在建高坝

| 序号 | 坝名 | 坝高(m) | 建坝目的 | 国家 |
|---|---|---|---|---|
| 1 | 锦屏一级(四川) | 305 | HC | 中　国 |
| 2 | Nurek | 300 | IH | 塔吉克斯坦 |
| 3 | 小湾(云南) | 292 | HCIN | 中　国 |
| 4 | Grande dixence | 285 | H | 瑞　士 |
| 5 | 溪洛渡(云南) | 278 | HCN | 中　国 |
| 6 | Inguri | 272 | HI | 格鲁吉亚 |
| 7 | Vajont | 262 | H | 意大利 |
| 8 | Manuel m. Torres | 261 | H | 墨西哥 |
| 9 | Tehri | 261 | IS | 印　度 |
| 10 | Alvaro Obregon | 260 | IS | 墨西哥 |

注：H 发电，I 灌溉，C 防洪，S 供水，N 航运。

再如表 2 所示，在世界前十大已建、在建水电站中，中国占了 4 座，并分别排名第 1、3、7、9 名，据此称中国是一个热衷于水坝建设和水电开发的国家，应无疑义。

表 2　世界前十大已建、在建水电站

| 序号 | 坝名 | 完工年 | 装机容量(兆瓦) | 年平均发电量(瓦时) | 国家 |
|---|---|---|---|---|---|
| 1 | 三峡(重庆－宜昌) | 2009 | 22500 | 84000 | 中　国 |
| 2 | Itaipu(伊泰普) | 1991 | 12600 | 90000 | 巴西/巴拉圭 |
| 3 | 溪洛渡(云南) | 2010 | 12600 | 57120 | 中　国 |
| 4 | Guri(古里) | 1986 | 10000 | 52000 | 委内瑞拉 |
| 5 | Tucurui(图库鲁伊) | 1984 | 8370 | — | 巴　西 |
| 6 | Sayano-Shushenskaya(萨扬舒申斯克) | 1990 | 6400 | 22800 | 俄罗斯 |
| 7 | 向家坝(云南－四川) | 2015 | 6000 | 30747 | 中　国 |
| 8 | Krasnoyarsk(克拉斯诺雅尔斯克) | 1967 | 6000 | 19600 | 俄罗斯 |
| 9 | 龙滩(广西) | 2001 | 5400 | 18710 | 中　国 |
| 10 | Bratsk(布拉茨克) | 1964 | 4500 | 22500 | 俄罗斯 |

21 世纪以来，中国的水电建设速度（装机与发电量）有如“急步攻顶”，2005～2010 年短短 5 年之间，水电发展翻了一番[14]（参见图 1 和图 2）。

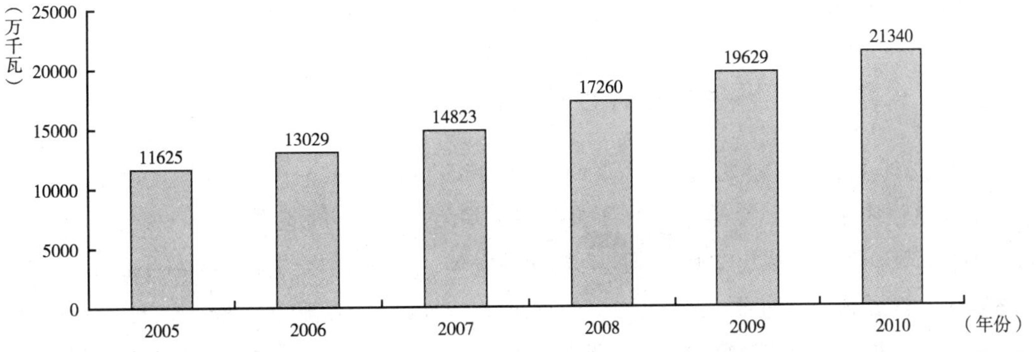


图 1　中国 2005～2010 年水电装机容量增长情况

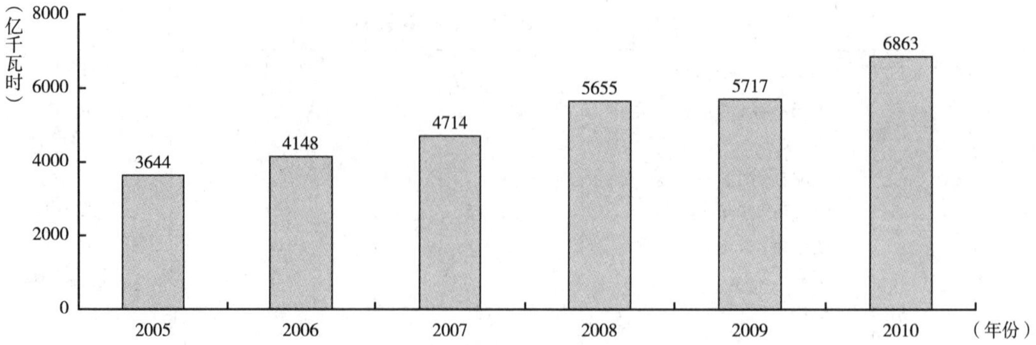


**图 2　中国 2005～2010 年水电发电量增长情况**

由于资源分布的不均衡，中国的水电开发主要集中于中国西南省份，特别是四川和云南。所谓“世界水电在中国，中国水电在西南，西南水电在四川”[15]（参见表 3）。中国知名地质专家杨勇以“西南水电百团大战图”加以形容，甚至有专家以“水电大跃进”称之。

**表 3　中国西南已建、拟建的水电站**

| 江河干流 | 开发级数 | 总装机量 |
|---|---|---|
| 岷江干流(四川) | 18 级 | 262.48 万千瓦 |
| 大渡河干流(四川) | 21 级 | 2211 万千瓦 |
| 雅砻江干流(四川) | 22 级 | 2628 万千瓦 |
| 金沙江(云南) | 20 级 | 7472 万千瓦 |
| 嘉陵江上游白龙江(甘肃、四川) | 8 级 | 80.2 万千瓦 |
| 涪江上游(四川) | 31 级 | 120 万千瓦 |
| 沱江上游(四川) | 23 级 | 均已基本建成 |
| 澜沧江干流(云南) | 15 级 | 2560 万千瓦 |
| 怒江干流(云南) | 13 级 | 2132 万千瓦 |
| 岷江上游干流(四川) | 规划 7 级 | |
| 乌江干流(贵州) | 规划 11 级开发 | |

## 2.2　“热因”分析

### 2.2.1　热因之一：能源转型的必然选择

2009 年“哥本哈根气候变化会议”（Copenhagen Conference on Climate Chang，COP15）达成了《哥本哈根协定》，尽管协定本身不具法律约束力，但中国签署了该项协议，并承诺到 2020 年单位 GDP $CO_2$ 排放比 2005 年下降 40%～45%，并通过大力发展可再生能源，到 2020 年实现非化石能源占一次能源消费的比重达到 15% 左右。为兑现这一承诺，中国采取的关键措施就是大力发展可再生能源和核能，于是水电开发成为中国兑现气候变化之“国家责任”的重要途径。

### 2.2.2 热因之二：利润竞逐

（1）电力体制改革的后遗症

从根源上来说，“跑马圈水”现象并非来自民间自发性的非法行为，它的形成具有历史与体制上的原因。2002 年国务院批准了《电力体制改革方案》，实行“厂网分开，竞价上网，打破垄断，引入竞争”的电力体制改革[16~28]。原先由电力工业部改组而成的国家电力公司分别进行资产、财务、人事重组，拆成五大发电集团、两大电网公司和四家辅业集团①)，国家电力公司除了保留 20% 的发电企业作为调峰使用之外，发电和输电业务分开经营。电力体制改革之后，政府垄断与投资制约的局面被一一打破，特别是引进市场竞争机制之后，很快掀起了竞相开发建设电厂的热潮。由于水电“本轻利重”，是社会各界竞相争夺投资的热点，“跑马圈水”现象乃应运而生。

电力体制改革原本旨在引入市场竞争，解决投资不足和电力短缺问题，但政府对资源的管制政策松绑之后，市场竞争的盲目性与无序性便快速蔓延，各个水电开发集团四处寻觅江河干流，拦河建坝、大兴水电。目前，长江从东到西的各大支流，从岷江、大渡河、雅砻江、金沙江到流出境外的澜沧江、怒江，均已被各个水电开发集团列入“势力范围”。

（2）竞逐水电高额利润

2011 年以来，据中央电视台与新华网以“聚焦水流困局”为专题所进行的系列报道，水电站是一个利润很高、营运稳定的行业，水电开发商的高额利润——水电毛利率达到 37%，仅次于被视为暴利行业的煤炭毛利率（39%）；与火电相比，由于近年煤炭价格持续上涨，水电与火电的利润差距越来越大，水电利润最高时甚至高出火电 8 倍之多（参见表 4）[29]。在暴利驱使下，水电站无证开工、未批先建、“跑马圈水”的现象遍地开花[30~31]。

**表 4　水电毛利率与火电毛利率**

单位：%

| 年份 | 火电毛利率 | 水电毛利率 |
|---|---|---|
| 2006 | 21.28 | 36.44 |
| 2007 | 20.05 | 38.32 |
| 2008 | 3.96 | 36.84 |
| 2009 | 16.41 | 37.71 |
| 2010 | 12.96 | 36.23 |

（3）地方政府竞逐“新能源”投资

依据国家能源局制定的“新兴能源产业发展规划”，在 2011～2020 年的 10 年间，国家对新兴能源产业（风能、太阳能、核能、生物质能、水能、煤炭的清洁化利用、智能电网）累

① 五大发电集团分别是中国华能集团、中国大唐集团、中国华电集团、中国国电集团、中国电力集团；两大电网公司分别是国家电网、中国南方电网；四家辅业集团分别是中国电力工程顾问集团、中国水电工程顾问集团、中国水利水电建设集团、中国葛洲坝集团。

计直接增加投资额将达到5万亿元（“十一”期间投资了1.73亿元），每年增加产值1.5万亿元。如此巨额的投入，使地方政府对新能源投资的竞争与追逐势不可当。

是否真的势不可当？“十一五”期间，水电在新兴能源的投资比重中独占鳌头（参见表5）[32]，未来，水电是否将让位于其他新能源？答案是否定的。依据清华大学气候政策研究中心主编的“低碳发展蓝皮书”《中国低碳发展报告（2011～2012）》一书所称，“十二五”规划明确提出2015年新能源和可再生能源占一次能源消费比重为11.4%的约束性目标，为实现该目标，中国势必要大力调整以煤为主的能源结构，发展新能源和可再生能源。但问题是，目前中国新能源和可再生能源占一次能源消费比重为11.4%的目标主要依靠水电完成。尽管水电站建设引发的生态环境问题堪忧，但是风电间歇性电源并网瓶颈不断凸显，智能电网建设与风电场建设难以同步完成，造成大量弃风和风电消纳困难等问题，至于光伏发展则“两头在外”①，国家政策仍不足以拉动国内光伏市场[32]。由此显示，中国未来的新能源发展，还是必须依赖水力发电，这意味着中国的水电开发不会停歇。

**表5 “十一五”期间中国新能源投资**

单位：亿元，%

| 新能源 | 投资额（总额17300） | 比例 |
|---|---|---|
| 水电 | 6218 | 35.9 |
| 核电 | 3668 | 21.2 |
| 风电 | 4699 | 27.1 |
| 太阳能光伏 | 1997 | 11.5 |
| 生物质能 | 749 | 4.3 |

（4）技术专家的鼓吹提倡

中国水电热潮的起因，还来自政府部门、学术机构（学会）、电力集团和个别科学家的鼓吹和提倡。这些意见领袖，包括能源、水利、水电专家，企业负责人和官员，构成了中国水电政治上的“决策社群”（policy communities）或政府智囊（think tank）（参见表6）。这种技术专家组成的团体可能公开扮演政策解说与护航的角色，也可能站在幕后起着幕僚咨询的作用，但并不因此减损其影响力，甚至构成一种具有实权的隐性阶层（hidden hierarchies），间接主导国家的重大经济决策[33～34]；这些技术官（幕）僚，往往具有排斥群众非专业意见的倾向，反对政客、社会运动家、媒体和一般群众介入专业治理的过程，质疑非专业人士的代表性与合法性，因为他们认为，群众意见只会增加非专业性的干扰因素，使决策与治理复杂化，这正是近年来技术专家与环保人士之间舌战论辩、针锋相对的主因。

① 所谓“两头在外”，一头是核心技术在外，中国的光伏组件和电池现已做到全球产能最大，但相关生产设备高度依赖进口，装备国产化率仅为10%，如太阳能热发电领域的集热管就一直被两家国外巨头所垄断；另一头就是应用市场在外，2010年中国太阳能光伏电池产量占全球的53%，但利用率只占世界的2%。中国在新能源产业中只占据了一个加工、生产的阶段。

表 6 中国水电技术专家决策社群

| 政府部门 | 学术机构（学会） | 大型电力（电网）集团 | 意见领袖 |
|---|---|---|---|
| 国家能源局 | 中国科学院 | 中国长江三峡集团 | 何祚庥[①] |
| 国家发改委 | 中国水科院 | 中国国电集团 | 周大地 |
| 国家电监会 | 中国水力发电工程学会 | 中国大唐集团 | 汪恕诚 |
| 国家电力公司 | 中国工程院 | 中国华电集团 | 潘家铮 |
| | 中国水力发电工程学会 | 中国电力集团 | 史玉波 |
| | 中国水利水电科学研究院 | 国家电网公司 | 史立山 |
| | 中国水电水利规划设计总院 | 中国南方电网 | 曹广晶 |
| | | 中国水利水电建设集团 | 何　璟 |
| | | 云南怒江电力集团 | 张博庭 |
| | | 中国电力企业联合会 | 晏志勇 |
| | | 中国水电工程顾问集团 | 刘　宏 |

注：①何祚庥为中科院物理院士，是一位备受争议的科学家，曾提出“人类不需敬畏自然”“炸喜马拉雅山”“中医是伪科学”“大力提倡克隆人”等主张，对于“南水北调”工程，他曾提出了“用原子弹炸开喜马拉雅山引水北上”的方案。

# 3 “水坝主建派”的论述分析

## 3.1 民族梦想论

对发展中国家或后殖民国家的领袖来说，“水坝”被看作本民族实现现代化与科技成就的象征。在中国，水电被视为“绿色长征”，把水坝视为“民族骄傲”者不在少数。当三峡、二滩、小浪底等具有代表性的水电工程完工投产时，中国大坝的技术水平由原先追赶世界达到了与世界同步的伟大成就，中国甚至成为世界水坝技术发展中心[35～36]。其中，三峡水利枢纽工程号称“全球一号水电工程”，财政投资之浩大、建筑外观之壮观、工程技术之复杂，堪称世界之最。包括水库移民工程在内，三峡工程预期总投资为1800亿元，建设工期为17年。如此庞大而复杂的工程，光靠“苦做硬扛”，搞“人海战术”，是行不通的，这样的水坝，既象征着中国工程技术领先于全球，也大幅度满足了中国人的民族自豪感与成就感。

## 3.2 经济效益论

主建派认为，世界上有1/5的电力供应来自水电，有24个国家的水电比重超过90%，有1/3以上的国家的电力供应以水电为主，75个国家主要依靠大坝控制洪水，全世界有近40%的农田依靠水库提供灌溉。有人认为，“大坝建设”构成了人类文明的重要组成部分。

开发水电可以增加税收、拉动GDP、增加就业机会，因此水电项目对地方政府来说具有很大的诱惑力。据云南省发改委编制的《怒江中下游水电开发规划报告书》，13梯级的电站开发，总投资896.5亿元，如果在2030年全部建成，平均每年投入30多亿元，国家税收年增加51.99亿元，地方税收年增加27.18亿元，而896.5亿元的总投资，可带来44万多个就业机会[37]。这对于水坝所在地——怒江自治州这个15年来年财政收入只有1亿元上下的“穷政府”来说，犹如久旱逢甘霖。

## 3.3 能源优化论

主建派认为，中国已面临能源结构调整的紧迫性[38~39]，而水电将在能源转型中扮演重要的角色，因为中国已不可能以“世界第一煤炭依赖国”的姿态，走向发达国家之林。煤炭在中国能源消费结构中占主导地位，导致火电在中国电源结构中的比重过大，占71.1%，水电、核电、风电所占比重较小，分别占23.1%、1.58%、0.16%。这样的结构使得电煤资源与运输之间的矛盾越来越突出，环境问题日趋严重[40~42]。因此，中国政府在“新兴能源产业发展规划”中，确立了以可再生能源的转化利用来推进能源结构的优化模式，可见，直到2050年，中国的能源结构中，水电开发仍然占有重要地位[43]。

## 3.4 剩余开发论

主建派认为，中国是全世界水能资源最为丰富的国家，但水能资源开发率仅有24%，根据世界银行的统计，发展中国家可开发水电蕴藏量超过19亿千瓦，其中70%（约13亿千瓦）尚未开发[14]，而全世界尚未开发的水能资源约有20%分布在中国，是世界上剩余水能开发潜力最大的国家[1,3,35,43~44]。依据中国大坝委员会统计，目前发达国家水电平均开发度在60%以上，而中国目前水电资源的开发利用程度还不到30%（参见表7），中国的人均发电量仅仅是美国的6%，远远落后于西方发达国家的水资源开发程度[45]。任职于国家电力公司的何璟认为，中国水电装机容量虽增长很快，但开发率仍很低，且东西差距极大。全国平均开发率以规划设计数计，常规水电以容量计的开发率约为14%，电量的开发率约为10%，排在世界第80位左右，远不及发达国家，也排在很多发展中国家如印度、越南、泰国、巴西、埃及等国之后[1]。换言之，中国还有充分的剩余水能可以大力开发，因此，为了调整电力结构，大力发展水电势在必行。

**表7　部分国家2008年水电开发情况**

| 国　　家 | 经济可开发年发电量(亿kWh/年) | 水电年发电量(亿kWh/年) | 水电年发电量占经济可开发量比例(%) | 水电装机(万kW) | 总装机(万kW) | 水库库容(亿$m^3$) |
|---|---|---|---|---|---|---|
| 中　　国 | 24740 | 5655 | 22.86 | 17260 | 79273 | 6924 |
| 美　　国 | 3760 | 2700 | 71.81 | 7820 | 68700a | 13500 |
| 加拿大 | 5360 | 3500 | 65.30 | 7266 | 11495a | 6500 |
| 巴　　西 | 7635 | 3316.8 | 43.44 | 8375.2 | 8862a | 5680 |
| 俄罗斯 | 8520 | 1700 | 19.95 | 4700 |  | 7930 |
| 印　　度 | 4420 | 1216.5 | 27.52 | 3700 | 11206a | 2130 |
| 日　　本 | 1143 | 924.64 | 80.90 | 2200 | 26828a | 204 |
| 法　　国 | 720 | 646 | 89.72 | 2520 | 11120a | 75 |
| 挪　　威 | 2051 | 1218 | 59.39 | 2904 | 2789a | 620 |
| 意大利 | 540 | 513 | 95.00 | 1746 |  | 130 |
| 西班牙 | 370 | 232.9 | 62.95 | 1845 | 6230a | 455 |

注：a为2005年数据。

当前，能源需求远大于供给是中国能源市场的基本格局，虽从外部大量进口油、气资源不可避免，但是总量有限，仍需充分挖掘自身潜力，主要是煤炭和水能资源。其中水能资源是最具潜力的可再生能源。如果按照70%的开发率计算，中国至少还有2亿千瓦可以开发，在电力结构中从目前的17%提高到25%～30%，是仅次于火电的第二大电力来源[46]。

### 3.5 清洁能源论

主建派认为发展绿色能源是各国未来经济发展的唯一选择，是目前最有效的、最经济的非化石能源，是应对气候变化、解决能源问题的重要途径[14,34]。水电开发不受燃料及其运输价格的影响，可以实现火电、核电等能源所没有的防洪、灌溉、供水、航运、养殖、旅游等综合经济效益[40]，相对于其他能源，水电具有一次投入终生受益的长期效益[47]，因而被视为支撑环境友好、社会和谐的低碳能源之一。

水是清洁能源，能够在低碳排放条件下使经济实现持续增长，一直是主建派的共同诉求。中国水利水电专家、国家水电部前副部长、中国大坝委员会主席陆佑楣指出，水力发电是利用江河源远流长的流量和落差形成水的势能发电，是一次性能源直接转换成电力的物理过程，它不消耗一立方水，不污染一立方水，不排放一立方有害气体，也不排放一公斤固体废物，只要地球上水循环不中止，江河就不会干涸，水资源是永恒的，是可再生的能源，水力发电获得的电量不会耗减资源总量[48]。

水电是可再生能源已经无可争辩。那么，水电与化石能源相比，减排作用到底有多大？水电专家潘家铮院士曾算了一笔账：1度电=0.5千克煤。一度电相当于355克标准煤释放的热量。但是中国原煤质量不一，平均热量为每千克20920千焦，低于标准煤每千克29288千焦。因此一度水电可以替代497克原煤，即一度水电约可节约0.5千克原煤。这对减轻中国和周边国家及地区的环境污染和酸雨等危害有巨大的作用（http：//www.sctuozhan.com/html/news/show_ news_ w2_ 1_ 265.html）。

### 3.6 脱贫致富论

根据国务院《大中型水利水电工程建设征地补偿和移民安置条例》和《国务院关于完善大中型水库移民后期扶持政策的意见》的要求，要强调水利水电工程建设、移民安置与生态保护并重，切实转变“重工程、轻移民”“重电站、轻库区”和“重搬迁、轻安置”的观念。简单地说，中国政府的政策思维是：水电可以帮助人民致富。国家发改委能源局史立山处长认为，水电建设能带动当地经济发展，将怒江保留为原始的生态河流，留给子孙后代，这是对的。但对当地的经济发展来说，这可能又是不公平的。他们将长期生活在远离现代文明的状态中。如果当地没有大量的资金投入，没有带动大量基础设施的建设，当地的经济发展就会长时间地滞后。大型水利工程可以带动当地经济发展，可以让当地居民脱贫致富[42]。

## 4 “反坝派”的论述分析

### 4.1 生态灾难论

中国知名地质专家杨勇在2008年5月12日汶川8级大地震后，对汶川所处地质构造断裂带的岷江干流进行实地调查，提出了“四川岷江上游29座水电站体检报告”，该报告提出警告，岷江上游干流大大小小29座电站和水库，地震后更是让人担心，其中，岷江最大的水电站——紫坪铺，下面13 km便是都江堰市区。水电站的安危关系到一座城市的命运，关系到1100万人的生死。另外，中国水利部抗震救灾指挥部最新统计显示，截至2008年5月27日，全国因地震出现危险的水库、水电站达到了2385座[49]。

## 4.2 非清洁能源论

### 4.2.1 生态协调原则

该观点认为，水电是否属于“清洁能源”是值得怀疑的，因为所谓“清洁”必须以生态和谐为前提，水电对全球和当地环境的影响只有达到最小或可控制的范围内，才能被称为绿色能源。全球水坝经验证明，水坝的实际发电效果常常低于预定的计划量，加上多数水坝都是“短命的”，所以视水电为可更新能源是错误的[13]。实际上，新近的研究证明，水坝（特别是热带地区的大型水坝）由于大量淹没植被而排放温室气体，某些情况下水库排出的温室气体，甚至等于或超过同等装机容量燃煤发电厂的排放量[50]。地球物理学家甚至估计，水库所导致地壳重量的重心分布，可能对地球自转速度、地轴倾斜、引力场形状产生影响，而对于这些毁灭性的影响，人类还缺乏足够的研究与认识[44]。

### 4.2.2 合理开发原则

反坝派指责主建派习惯于列举中国水资源蕴藏丰富但水能开发程度却低于发达国家（美国43.3%，日本、法国等欧洲国家90%，中国22.3%，印度23.1%，巴西25.6%），断章取义地以水电“技术可开发量”或“经济可开发量”为依据，极力鼓吹中国大力开发水电的可行性与必要性。反坝派认为，仅仅强调水资源的开发潜力，却忽视水电开发对不同地区、地质条件和环境等产生的影响。如果所谓“可开发”的思维忽视了环境制约因素，超越生态可容许的界限，那就必然走向“非合理开发”的地步。

### 4.2.3 水电既不清洁也不卫生

水力发电还涉及许多卫生问题。世界银行卫生顾问Robert Goodland在《土木工程施工》（*Civil Engineering Practice*，1997年春/夏）中指出，除了建筑时所用钢铁和水泥外，水力发电一般极少产生二氧化碳。但是，大型浅水水库，特别是在热带地区，由于生物体的腐烂会产生大量温室气体。《环境科学》所发表的一项由Manitoba University于1996年进行的研究就举证说明，即使在温带地区，沼泽地受淹后，也会释放出大量二氧化碳和甲烷气体，并且会进一步催化甲基汞的形成。甲基汞是一种神经毒素，由沉淀物中的无机汞化合而成。Robert Goodland在文章中指出：“最糟糕的水力发电项目产生的温室气体有可能比一个同等能力的煤电厂所产生的还要多。”[51]

## 4.3 水电：既不脱贫也不致富

据《中国青年报》报道，全国1000多万水库移民中，有不少人现在还生活在贫困线之下[52]。据《经济参考报》报道，中央党校课题组的一份调查报告显示，黄河上游青海河谷的水电开发不但没有造福当地群众，反而加剧了当地贫困。在黄河河谷地带，虽然已经进行了28年的水电开发，但农民整体收入水平依然很低。从整体和长远绩效来看，大坝科技难以维护义与利的平衡，它总是倾向于富人、富国、富裕的地区。穷人、穷国和穷地区，特别是弱势群体如老人、儿童、妇女的基本水权、水安全等难以保障，全球化中的边缘国家（地区）则连水资源、水能源的国权也无法维护。

大型水电设施的发电效益主要体现在城市地区，而不是农村地区，特别是偏远地区。换言之，高投入、高成本的水电项目主要的服务对象和受益者是高能耗地区，也只有这些地区才负担得起相应的费用。所谓建水坝有助于“脱贫致富”，给当地带来就业机会等，不过是以偏赅全的幌子[13,53~55]。

## 5 结论

本文展示了中国水电开发中“主建派”与“反坝派”的观点，展示了两派之间迥然不同、立场互异的论述。随着中国经济发展的深化，水电开发将更为积极，但同时，随着生态保护运动的兴起，反坝的声浪也不会停息。未来，水电争议将不是减少，而是逐渐增加。

## 参考文献

[1] 何璟：《21世纪中国水电发展战略探讨》[J]，《中国电力》2002年第35（1）期，第13~17页。

[2] 晋军、何江穗：《碎片化中的底层表达——云南水电开发中论中的民间环保组织》[J]，《学海》2008年第4期，第39~51页。

[3] 王亚华：《反坝，还是建坝？——国际反坝运动反思与我国公共政策调整》[J]，《中国软科学》2005年第8期，第33~39页。

[4] 沙亦强：《“水电大国”的隐忧——关于我国水电开发的论争与反思》[J]，《中国电力企业管理》2004年第7期，第8~11页。

[5] 杨小庆：《美国拆坝情况简介》[J]，《中国水利》2003年第13期，第15~20页。

[6] 丁品：《院士学者呼吁保护怒江》[N/OL]. http://www.envir.gov.cn/info/2003/9/99371.htm，2003-09-09。

[7] Daly, Herman. Steady-State Economics: Second Edition with New Essays [M]. Washington, DC: Island Press, 1991.

[8] Perroux, François. A New Concept of Development: Basic Tenets [M]. London & Canberra: Croomhelm, 1983.

[9] 梁武湖、王黎、马光文：《生态脆弱地区水电的可持续开发》[J]，《资源开发与市场》2005年第21（1）期，第22~24页。

[10] 章轲：《WWF：绿色水电认证制度仍存争议》[N/OL]，http://ditan360.com/HuanBao/Info-86445.html，2011-06-09。

[11] 贾金生、袁玉兰、郑璀莹、马忠丽：《中国2008水库大坝统计、技术进展与关注的问题简论》[J/OL]，http://www.chincold.org.cn/news/lin200911254534542.pdf，2012-06-01。

[12] 杨志勇：《水电：挥不去的生态之忧》[J]，《科学生活》2007 年第 3 期，第 32～33 页。
[13] 张晓：《大型水电工程设施（大坝）的经济学思考》[J]，《数量经济技术经济研究》2004 年第 7 期，第 66～75 页。
[14] 中国华电集团公司：《水电可持续发展报告》[R/OL]，http://202.60.112.17:8080/2010zeren/2010shzr.files/shuidiankechixufazhanbaogao.pdf，2011－04－26。
[15] 章轲：《水电疯狂背后：开发商为何“跑马圈水”?》[N/OL]，http://www.newenergy.org.cn/html/0118/841141907.html，2011－08－04。
[16] 水博：《跑马圈水、未批先建与体制改革》[N/OL]，http://www.china.com.cn/tech/txt/2009－06/28/content_ 18027641.htm，2009－06－28。
[17] 徐新桥、张金隆：《我国电力体制改革透析》[J]，《计划与市场》2002 年第 8 期，第 14～15 页。
[18] 王晓冰：《电力改革方案始末》[J]，《中国改革》2004 年第 4 期，第 58～60 页。
[19] 胡金华：《“电荒”呼唤我国电力投资体制改革》[J]，《黑河学刊》2004 年第 2 期，第 20～24 页。
[20] 刘纪鹏、黄烨丽：《理性思辨：电荒产生的深层次原因》[J]，《中国金融》2004 年第 19 期，第19～20 页。
[21] 黄铁苗、周小阳：《对我国“电荒”问题的经济学思考》[J]，《岭南学刊》2004 年第 3 期，第35～38 页。
[22] 徐志：《电力市场寡头竞争的方式研究和行为分析》[J]，《江淮论坛》2004 年第 1 期，第 44～46 页。
[23] 王骏：《令人沮丧的电业改革》[J]，《地方电力管理》2000 年第 10 期，第 11～13 页。
[24] 童建栋：《电力体制改革的关键在于打破垄断》[J]，《地方电力管理》2000 年第 10 期，第 14～20 页。
[25] 张平：《中国电力产业的垄断与政府管制体制的改革》[J]，《经济评论》2003 年第 6 期，第 110～114 页。
[26] 张立华：《电力工业体制反垄断的改革思路》[J]，《武汉电力职业技术学院学报》2006 年第 4（1）期，第 33～35 页。
[27] 马毅颖、王宏超：《电力投资体制如何走向市场主导的多元化?》[J]，《中国电力企业管理》2004 年第 4 期，第 15～17 页。
[28] 高梁：《垄断行业和国有企业改革》[J]，《政治经济学评论》2010 年第 3 期，第 64～71 页。
[29] 中央电视台（CCTV）：《水电毛利堪比煤老板，生态破坏谁埋单》[N/OL]，http://big5.china.com.cn/news/env/2011－08/04/content_ 23142975_ 2.htm，2011－08－04。
[30] 叶檀：《中国水电站背后的利益疯狂与骄狂》 [N/OL]，http://dsj.voc.com.cn/article/201106/201106021206233919.html，2011－06－02。
[31] 中央电视台、新华网：《揭开“跑马圈水”背后的秘密》[N/OL]，http://news.xinhuanet.com/video/2011－08/04/c_ 121812039.htm，2011－08－04。
[32] 齐晔：《低碳发展蓝皮书：中国低碳发展报告（2011～2012)》[M]，北京：社会科学文献出版社，2011。
[33] Fischer, Frank. Technocracy and the Politics of Expertise. Newbury Park, CA: Sage Publication, 1990.
[34] 冯炜：《保障足够的储水设施以应对气候变化的思考和建议中国大坝协会“水库大坝环境保护系列论坛：水库大坝与区域经济发展”演讲》[EB/OL]，http://www.chincold.org.cn/chincold/zt/dambbs/cd/ztbg/webinfo/2010/6/1281417031126094.htm，2010－07－01。
[35] 史玉波：《站在历史的新起点上，加快水电事业的发展》[J]，《水力发电》2004 年第 30（12）期，第 6～8 页。
[36] 潘家铮：《中国水利建设的成就——问题和展望》[J]，《中国工程科学》2002 年第 4（2）期，第 42～51 页。

[37] 魏纲：《谁是大坝背后的利益方》[J]，《中国投资》2005 年第 7 期，第 36 ~ 38 页。

[38] 贺恭：《中国水电的未来之路——加快开发与可持续发展》[J]，《水力发电》2004 年第 30（12）期，第 12 ~ 16 页。

[39] 刘丽波：《优先发展水电是中国能源发展的重要方针》[J]，《财经界》2007 年第 6 期，第 60 ~ 63 页。

[40] 曹新：《中国开发水电面临的问题与对策》[J]，《中国发展观察》2007 年第 7 期，第 28 ~ 30 页。

[41] 贾若祥、刘毅：《中国电力资源结构及空间布局优化研究》[J]，《资源科学》2003 年第 25（4）期，第 14 ~ 19 页。

[42] 孙丹平：《大坝之争：午后斜阳还是初升朝日》[J]，《绿色中国》2004 年第 1 期，第 22 ~ 26 页。

[43] 张超、陈武：《关于我国 2050 年水电能源发展战略的思考》[J]，《北京理工大学学报》（社会科学版）2002 年第 4（S1）期，第 63 ~ 66 页。

[44] 魏刚：《水电何去何从》[J]，《中国投资》2005 年第 7 期，第 39 ~ 41 页。

[45] 中国葛洲坝集团公司第五工程有限公司：《展望中国水电 2011：在争议中发展需稳健》[N/OL]，http://www.gzb5.com/news_show.asp?type=&UidA=6&UidB=49&id=1574，2011 - 01 - 11。

[46] 高季章：《建立生态环境友好的水电建设体系》[J]，《中国水利》2003 年第 13 期，第 6 ~ 9 页。

[47] 沈菊琴、周平根：《从电荒看水能资产的开发利用》[J]，《水利经济》2005 年第 23（2）期，第 20，22 ~ 32 页。

[48] 陆佑楣：《中国水电开发与可持续发展》[J]，《水利水电技术》2005 年第 36（2）期，第 1 ~ 4 页。

[49] 柯学东：《四川岷江上游 29 座水电站体检报告》[N/OL]，http://news.sohu.com/20080531/n257191411.shtml，2008 - 05 - 31。

[50] Khagram，Sanjecev. Neither Temples nor Tombs：A Global Analysis of Large Dams [J]. Environment，2003，45（4）：28 - 37.

[51] 张琳：《大坝时代已经结束》[J]《生态经济》2003 年第 11 期，第 31 ~ 35 页

[52] 张可佳：《澜沧江水电开发：富了电厂穷了百姓》[N/OL]，http://big5.china.com.cn/chinese/2004/Jun/583084.htm，2004 - 06 - 10。

[53] 于晓刚：《新的发展观呼吁参与式社会影响评估——漫湾电站的案例研究》[J/OL]，http://www.un.org/esa/sustdev/sdissues/energy/op/hydro_yu_chinese.pdf，2011 - 11 - 18。

[54] 晨风：《水电开发的“双面影响”均应纳入政绩考核》[J]，《环境经济杂志》2006 年第 30 期，第 65 页。

[55] 冀卫军：《对当前水电开发有关问题的认识和探讨》[J]，《陕西电力》2007 年第 35（6）期，第 72 ~ 75 页。

# Analysis of the Views of Hydropower Development in China

*Song Guocheng*

(National Chengchi University)

**Abstract**: “Dam” does not just a “river damming” of hardware construction, but economic development and environmental protection based on conflict of ideas and political contest by formed of interests compete of network, "hydropower" also not "diversion power" of technology engineering for the purpose of energy development, but involves international reduction carbon commitment, and energy adjustment and interests distribution and social fair and so on series of problem. The other hand, "hydro fever" of mainland China now is based on development strategies, sectoral interests, corporate profits are formed with a strong desire to invest and development impulse of hydropower construction project, but because of the hydropower development to cause significant environmental damage, its negative effects are obvious and dangerous, resulting in "campaign against dams" criticism and resistance.

This article discusses two factions of positive and negative contend for Hydropower development in order to introspect contradictions and dilemmas between development strategies and environmental justice in China.

**Keywords**: Dam; Hydropower; Exploitation of energy; Ecological disaster

# 中国水电建设移民安置模式初探*

张宇欣　杨子生

（云南财经大学国土资源与持续发展研究所）

**摘　要**　水电移民安置是水电工程建设的重要组成部分，是一项庞大复杂的系统工程。当今水电移民安置问题已成为水电事业发展的重要制约因素，而移民安置的成功又在于移民安置模式的合理选择。本文剖析了中国主要的3类水电移民安置模式，即农业安置、非农业安置和兼业安置，其中农业安置又细分为就地后靠安置和外迁移民安置两种模式，非农业安置则进一步分为农转非安置、小城镇安置和养老保险安置3种模式，并对比分析了这些模式的优点、缺点及适用地区或情形。在此基础上，经过综合分析，认为当前中国水电移民安置过程中普遍存在着4个方面的问题，即资源压力与环境恶化、贫困突出、文化情感冲突和补偿机制不合理。对此，本文逐一探讨、总结和提炼出解决这些问题的可行性对策，为今后因地制宜地选择水电移民安置模式提供依据，保障我国水电事业的可持续发展。

**关键词**　水力发电；移民安置；模式；中国

## 1　引言

中国大江大河众多，独特的气候和地形特征造就了丰富的水能资源。据勘察计算，全国水能资源理论蕴藏量为6.94亿千瓦，年发电量为60829亿千瓦时[1]。中国是世界上水能资源总量最多的国家，丰富的水能资源为我国水电建设的发展提供了有利条件。水电工程的建设一般

* 基金项目：国家自然科学基金重点项目（41130748）。

第一作者简介：张宇欣（1987～），女，辽宁抚顺人，硕士。主要从事国土资源开发利用与可持续发展领域的研究。联系电话：15288438136；E－mail：347678930@qq.com。通讯地址：昆明市龙泉路237号云南财经大学国土资源与持续发展研究所。

通信作者：杨子生（1964～），教授，博士后，所长，中国自然资源学会土地资源研究专业委员会副主任兼秘书长。主要从事土地资源与土地利用规划、区域规划与可持续发展等领域的研究。联系电话：0871－5023648（兼传真），13888964270。E－mail：yangzisheng@126.com。

在占地上具有一些共同特点，例如，数量大且集中连片，而且所占土地大多为江河两岸地势相对平坦、耕地集中、灌溉便捷、土壤肥沃、人口村镇集中的精华地带[2]，因此，这些水电工程的建设必然形成大量移民。

水电移民有其自身的特殊性，开发建设水电工程将导致移民赖以生存的耕地被淹没和永久性被占用，移民搬迁将导致安置区人口密度加大，人均资源占有量下降等问题[2]。在大规模的移民中，公平问题、发展问题、地区差距问题、社会稳定问题、生态问题等诸多问题往往交织在一起，极易引发矛盾的激化。因此，水电移民问题不单纯是水电工程建设中的附带问题，也不单纯是经济补偿问题，而是一个复杂的社会问题，是世界性难题，也是进行水电开发必然面临的共性问题。如何做到“建设一座电站，振兴一方经济，富庶一方人民，美化一方环境”而不是“水赶人走”，是一个值得深入探讨的问题。

解决水电移民安置问题，最主要的是要立足于国情，并找到符合地区特点的安置方式，结合安置地经济、社会的发展，走政府扶持与移民自力更生相结合之路。在避免水电移民中经常发生且亟待解决的难题的同时，也要把移民建设当作再次进行人地调节、促进土地节约集约利用的难得机会和重新建设、保护生态的好事，使移民不仅“吃饱”，更要“致富”，真正做到“天蓝、山青、水绿、人富”。鉴于此，本文拟在分析中国已有的水电移民安置的主要模式及其优缺点的基础上，根据移民过程中普遍存在的主要问题，进一步探讨、总结、归纳和提炼出相应的可行性对策，为我国水电移民安置方式的不断完善和水电建设事业的可持续发展提供基础依据。

## 2 中国水电移民安置的主要模式分析

水电建设工程成败的关键在于移民安置，而移民成败的关键又在于移民安置方式的选择[3]。水电移民安置方式多种多样，且各种安置方式在具体实践中大多是相互交织的，当今世界上也没有固定的成功模式。因此，在透彻分析各类移民安置方式的基础上，结合移民地实际情况因地制宜地选择移民安置模式十分重要。这里将水电移民模式按照安置后移民从事的产业划分为农业安置、非农业安置和兼业安置 3 大类，并对其进行具体分析和优缺点比较。

### 2.1 农业安置

农业安置，是指坚持以土地为根本，实行农业集中安置与分散安置相结合的大农业移民安置模式。主要是通过调剂土地，充分利用闲置土地，合理开发未利用地等手段，为库区移民提供一份能够满足其生存与发展需求的耕地。目前，我国大部分库区都采取这种以土地为依托的大农业安置方式，如著名的黄河小浪底工程。大农业安置按照搬迁距离的远近又可细分为就地后靠安置和外迁移民安置。

#### 2.1.1 就地后靠安置

就地后靠安置是指半淹没地区在淹没线以上通过开发土地、矿产等资源来直接安置移民。就地后靠安置易于管理和安置，投资较小，而且由于这种方式不需要远离祖居和故土，可以保持原有的生活习惯和风土人情。但随着我国耕地资源的日益紧缺，这种安置方式必然增加当地耕地资源的紧张程度，加大生态环境压力和水土流失程度，自然灾害频发，且就地后靠安置区一般基础设施条件差、生存环境较恶劣，这些必然导致地区经济发展缓慢，贫困问题加剧。

#### 2.1.2 外迁移民安置

外迁移民安置又称异地安置，是指在本乡（县、省）之外的地区安置。此模式可适当减轻库区人口压力、资源环境压力和经济上的压力，同时避免了盲目后靠安置造成的新贫困问题。但外迁的移民要重新适应全新的生活环境，可能与安置地居民的生活方式、风俗习惯、宗教信仰等方面存在差异，面临文化融入难的问题，极易出现矛盾和冲突，而且容易导致分散安置移民的返迁问题。

### 2.2 非农业安置

非农业安置，顾名思义，就是移民将不再占用农业土地资源，不再从事农业生产，而改为主要从事第二、第三产业。非农业安置涵盖的范围相当广泛，而且具体的安置方式多种多样，但被安置移民需要具有一定的知识文化水平和技能，具有承担一定社会风险的能力，同时还需要移民安置区具有相应的社会保障水平。非农业移民安置最大的好处是可有效减缓我国土地资源日益紧张的供需矛盾，而且在库区移民安置中起着日益重要的作用。非农业安置可进一步分为农转非安置、小城镇安置和养老保险安置 3 种模式。

#### 2.2.1 农转非安置

农转非安置是指将移民的农业户口转为非农业户口进行安置，这一安置方式是针对我国特定的社会、经济结构及户籍制度设立的。农转非安置方式有 2 种：一种是将规划移民安置区的原居民实行农转非，换取他们的土地资源来安置移民；另一种是将移民直接进行农转非，以减轻土地资源压力。农转非安置方式曾在水电移民安置中起到过一定的作用，但在我国社会保障机制尚不健全的情况下，失地移民仅靠城镇户口也难以摆脱贫困的局面[4]。随着我国经济社会的发展，该方式也势必会逐渐退出历史舞台。

#### 2.2.2 小城镇安置

小城镇安置较为灵活，既可将农村移民搬迁安置到已有的城镇，采取第二、第三产业安置方式来安置移民，又可根据具体的地理环境，合并村庄进而新建小城镇，发展扶植第二、第三产业，创造更多就业机会来解决移民就业问题。此安置模式极大地提高了移民的生活水平和安置区的隐性环境容量，促进了我国小城镇的发展，但对移民的素质要求较高，需要移民有一定的文化水平、技术能力和一定的经验，因而也存在一定的风险。

#### 2.2.3 养老保险安置

养老保险安置是指在征地补偿中，不再向被征地村集体和农民个人支付土地补偿和安置费用，而是待符合条件的移民达到退休年龄时按月发放养老金。养老保险安置方式首先解决的就是失地农民的后顾之忧，使之老有所养，并且可以释放部分土地资源需求，有效减缓人地矛盾。因此，这是一种具有一定优越性的安置模式。但我国劳动和社会保障制度尚不健全，尤其是针对农民的养老保险制度还需进一步完善，今后要在实践中不断摸索、创新、健全劳动和社会保障制度。

## 2.3 兼业安置

我国农民兼业比较普遍。据统计，农民家庭人均纯收入中的第二、第三产业收入约占1/3，而且逐年增长。水电工程农村移民兼业安置的基本方向就是向非农业转移，具体的实践中或者是移民以有土安置为主，兼营非农业，或者是移民获得一份“保命田”后，主要依靠非农业生产获得的收入来生存。兼业安置可以极大地拓展安置区容量，又可以土地为保障，降低非农业安置方式的风险。但是，兼业安置对组织者的管理水平和提供非农就业机会的要求较高，同时也存在潜在的不稳定因素。

综合上述三种水电移民安置模式的分析，总体而言，大农业安置模式在现阶段尚具有一定的优越性，但随着我国经济社会的快速持续发展，单纯的大农业安置势必会满足不了现实的需求。非农业安置方式有利于缓解人地矛盾，且可加快欠发达地区的城市化进程，但相关法律法规还需健全，同时需要注意移民就业压力带来的风险。兼业安置现阶段仍属于新型的安置方式，可使移民兼营农业和非农业两不误，虽然已经取得了一些成功的经验，但对其实施效果的实际调查和评估还不够，且缺少政策法规和技术规程。因此，在水电移民的安置过程中应根据我国的具体国情，针对各地方不同的自然环境和经济社会发展情况，结合实践中的具体问题，不断探索，因地制宜地采取不同的安置模式，使水电移民安置问题得到科学、合理、有效的解决。

为了便于实际应用，经过对比分析，本文总结了上述各种水电移民安置模式的优点、缺点以及适用地区或情形（见表1）。

**表1　中国水电移民安置模式的优缺点及适用地区或情形比较**

| 安置模式 | | 优点 | 缺点 | 适用地区或情形 |
|---|---|---|---|---|
| 1. 农业安置 | 1.1 就地后靠安置 | ①就近用地，易于安置、管理；②投资小，节省人力、财力；③保持原来生活习俗，移民易于接受 | ①资源紧张，人地矛盾加剧；②环境压力加大，生态更加脆弱；③水土流失严重、自然灾害频发；④生存环境恶劣、贫困问题突出 | ①后靠安置区有较充足的自然资源可供开发；②移民极度依赖库区特殊资源（如珍贵药材、特色植被等）；③少数民族聚居区 |
| | 1.2 外迁移民安置 | ①减轻库区资源、人口等压力；②有利于库区生态环境的保护；③安置地的生活生产条件较好 | ①易造成移民的心理问题；②不利于风俗习惯和宗教信仰等非物质遗产的保护与传承；③安置地移民与原居民易发生矛盾，不利于地区稳定，易造成移民“返流”现象 | ①资源极为贫乏地区；②自然灾害频发地区；③移民渴望改善生活现状，不排斥异地安置（注：尽量避免异地分散安置） |
| 2. 非农业安置 | 2.1 农转非安置 | ①适宜于我国特有户籍制度；②不再依赖土地，缓解资源环境压力；③有利于资源的有效配置与合理利用 | ①增加就业压力；②对农转非人员的就业能力有较高的要求；③依赖于我国特有户籍制度而存在 | 长期不依赖土地生存的农村地区（注：只适用于我国特殊的户籍制度，且随着市场经济发展完善有消失趋势） |
| | 2.2 小城镇安置 | ①有利于城镇化发展；②带动第二、第三产业发展；③提高移民生产、生活水平；④加速地区经济发展、社会稳定；⑤增加隐性环境容量 | ①对移民的文化水平、生产技能要求较高；②有一定的风险；③对社会保障水平要求较高 | ①人均资源较少地区；②具有发展第二、第三产业的优势；③生产生活的基础设施较为完善；④移民有一定的文化水平 |

续表

| 安置模式 | | 优点 | 缺点 | 适用地区或情形 |
|---|---|---|---|---|
| 2. 非农业安置 | 2.3 养老保险安置 | ①降低当地土地资源需求，缓解人地矛盾；②解决失地移民后顾之忧；③有效安置失去劳动能力的移民 | ①只能维持移民基本的生活，并不能提高其生活水平；②只适用于鳏寡孤独及老年者，并不具有普遍适用性；③对养老保险制度的完善及执行能力有较高的要求 | ①适用于鳏寡孤独者；②满一定年龄的老年人 |
| 3. 兼业安置 | | ①移民兼营农业与非农业两不误；②既发展第二、第三产业，又有土地作保障；③双重保障，降低风险 | ①对当地政府的管理水平和提供就业能力要求较高；②安置的稳定性尚不确定；③还处在探索实践阶段，评估与安置效果还有待考察 | 兼顾农业与非农业，具有普遍适用性 |

## 3 我国水电移民安置中存在的主要问题与对策

从20世纪初小型的石龙坝电站到21世纪初的长江三峡工程，中国水电站建设走过了100多年的历史，虽然水电工程的开发建设水平逐步提高，但以往水电移民安置一般采取“先搬迁、后建房，先腾地、后补偿”的方式，因而遗留下不少问题，给库区、移民以及当地的社会经济带来了诸多不利影响。水电移民涉及政治、社会、经济、资源、人口、环境以及工程技术等很多方面，是一项复杂且庞大的系统工程，是制约水利水电建设事业发展的主要因素[5]。要做到水利水电工程开发建设事业的可持续发展，必须要避免移民过程中可能存在的突出问题，妥善解决遗留的诸多问题。

### 3.1 资源压力与环境恶化问题及对策

我国一直是耕地资源紧张的国家，2008年全国土地变更调查结果表明我国耕地已经逼近了要死保的“18亿亩耕地红线”，而水利水电建设征地区域更是淹没大量良田，使耕地资源骤减，人地矛盾突出。且就地后靠的移民大部分是从土地肥沃、交通便利的地区搬迁到土地贫瘠的山坡或者自然条件相对恶劣的地区，为了保障生活和生产，势必忽视环境问题，不合理地开发利用土地资源使原本脆弱的环境更加恶化。因此，在资源环境紧张的地区，要特别重视水电移民安置用地的规划，根据地区的实际情况探索和创新规划移民安置用地，真正做到土地资源的节约集约利用和可持续利用，保证土地利用的经济效益、生态效益和社会效益的有机统一。例如，云南省人民政府就巧妙地将昌宁监狱、峨山监狱（化念农场）、景洪监狱（朴文农场）等监狱中的国有土地使用权移交地方使用，作为水电移民安置用地的一部分[2]，并对土地进行高效且合理的规划，此举可谓移民安置用地开源节流的好方法。

### 3.2 贫困问题及对策

移民多居于山区，长期处于封闭半封闭状态，文化素质相对较低，生产技能匮乏，市场竞争能力不强，从事第二、第三产业有一定的难度，这些劣势原本就严重制约着移民收入的提高。况且，安置区土地容量有限，人地矛盾突出，且部分安置地的地貌破碎，山高路险，交通不便，经济难以发展，使得移民的生活更加困苦。因此，要想从根本上解决移民的贫困问题，“授人以鱼，不如授之以渔”，除了加大补偿力度和完善基础设施建设外，更重要的是提高移民自身的致富能力。

## 3.3 文化情感冲突问题及对策

移民大多为极度依赖土地的农民，文化素质偏低，移民后生活环境发生了巨大变化，原有的地缘、血缘关系被打破，生活贫困，移民极易产生失落感。此外，山区固有的文化封闭性使得移民对其他文化产生排斥心理，移民与原居民很容易产生冲突，一旦处理不好，就会影响到整个社会的稳定和发展[6]。这就要特别注意移民的心理问题，进行心理疏导，并增加移民和原居民、政府间沟通交流的机会。对位于少数民族聚居区的水电工程，还需要考虑对其民族文化的保护。例如云南金沙江中游的水电建设，淹没区不仅聚居多个少数民族，而且还是纳西族特有的民族文化——东巴文化的主要承载地，其难点是在妥善安置移民的同时对我国珍贵文化遗产的保护与传承。

## 3.4 补偿机制问题及对策

长期以来，水电开发项目最大的失误就是把利益给了下游的发达地区，把困难留给了库区和移民。虽然《关于完善大中型水库移民后期扶持政策的意见》和《大中型水利水电工程征地补偿和移民安置条例》等文件明确规定要提高移民的补偿标准，实行“三原原则”，但始终都难以满足淹没区生产恢复和经济发展的需要，更难以解决移民长期存在的贫困问题。针对移民经济补偿问题，许多专家提出移民安置补偿应包含对水库建成后效益的分享，而不是单纯的一次性经济补偿[7]。因此，国家需要逐步完善补偿机制，保证移民补偿的公平与透明。对移民的补偿是一项长期的任务，在这个过程中应不断完善、灵活创新补偿机制，最终达到提高移民生活水平的目标。

针对移民过程中存在的上述主要问题，这里进一步探讨、总结、归纳和提炼出相应的可行性对策（见表2），为我国水电移民安置方式的不断完善和水电建设事业的可持续发展提供基础依据。

**表2 我国水电移民安置中存在的主要问题与相应的对策简表**

| 当前水电移民安置中存在的问题 | | 解决问题的主要对策 |
|---|---|---|
| 1. 资源压力与环境恶化问题 | 大片良田被淹没，移民失去土地，资源压力、人口压力巨大；为保障生活势必忽视环境问题，不合理的开发利用土地使原本脆弱的环境更加恶化 | (1)做好科学可行的移民安置用地规划和实行措施，确保规划真正落实；<br>(2)保证土地资源的节约集约利用；<br>(3)结合各地实际情况，“见缝插针”的挖掘可利用的土地；<br>(4)严格禁止毁林开荒、陡坡开垦、破坏天然湿地等行为 |
| 2. 贫困突出问题 | 移民多世代居于闭塞山区，生活条件艰苦，且文化素质较低，生产技能匮乏，贫困问题突出 | (1)加大补偿力度，完善基础设施建设；<br>(2)落实基础教育普及工作，从根本提高移民的文化素质；<br>(3)有针对性地培训移民的生产和就业技能，打开其闭塞的思想观念，提高其在市场中的竞争力 |

续表

| 当前水电移民安置中存在的问题 | | 解决问题的主要对策 |
|---|---|---|
| 3. 文化情感冲突问题 | 移民后生活发生极大变化，地缘、血缘均被打破，心理落差极大；移民与原居民易产生矛盾；少数民族特有的生活习俗信极易被破坏，很难传承 | (1)重视移民的心理健康问题，进行心理疏导，缓解移民由贫困、不安和陌生等带来的巨大心理落差，使之能用平稳的心态积极面对安置地的生活；<br>(2)政府多为移民和原居民提供沟通交流的机会，打通各自的封闭心理，避免双方因排斥心理而产生矛盾，增强移民的归属感；<br>(3)加强对民族文化的保护，各民族特有的风俗习惯和文化艺术是宝贵的精神财富和非物质遗产，是应当且必须保护的 |
| 4. 补偿机制问题 | 多采用一次性补偿，标准过低，不能保证移民的基本生活；补偿机制不合理，很难体现公平 | (1)国家应该逐步完善补偿机制，各地政府要真正落实相关补偿政策，提高移民的补偿标准，保证整个程序的公平与透明；<br>(2)制定切实可行的优惠政策扶持和鼓励移民就业，如宽松的创业条件、优惠的水电价格以及免费的技术扶植等；<br>(3)坚持移民安置与经济补偿有机结合，移民的补偿是长期性的任务，逐步提高移民的生活水平 |

## 4 结语

水电移民安置是一项非常复杂的系统工程，是世界性的难题。近年来我国水电建设发展迅速，水电移民的安置工作逐渐成为水电建设成败的制约因素，而移民安置的成功从根本上在于移民安置模式的合理选择。

中国主要有 3 类水电移民安置模式，即农业安置、非农业安置和兼业安置，其中农业安置又细分为就地后靠安置和外迁移民安置两种模式，非农业安置则进一步分为农转非安置、小城镇安置和养老保险安置 3 种模式。经过对比分析，这些模式各有其优点、缺点及适用地区或情形。

经过综合分析，当前中国水电移民安置过程中普遍存在着 4 个方面的问题，即资源压力与环境恶化、贫困突出、文化情感冲突和补偿机制。对此，本文逐一探讨、总结和提炼出解决这些问题的可行性对策，旨在为我国今后因地制宜地选择水电移民安置模式提供依据，保障国家水电事业的可持续发展。

## 参考文献


[1] 陆佑楣：《我国水电开发与可持续发展》[J]，《水力发电》2005 年第 2（31）期，第 1~4 页。

[2] 杨子生、刘彦随、胡珀等：《云南省大中型水电建设移民安置用地规划研究》[M]，北京：中国科技技术出版社，2006，第 1~222 页。

[3] 马巍、骆辉煌、禹雪中：《水电工程移民安置方式研究综述》[J]，《中国水能及电气化》2011 年第 4 期，第 33~40 页。

[4] 杨子生、杨咙霏、刘彦随等：《我国西部水电移民安置的土地资源需求与保障研究——以云南省为例》[J]，《水力发电学报》2007 年第 26（2）期，第 9~13 页。

[5] 吴世勇、申满斌、孙文良：《水电开发征地移民政策和管理环境分析》[J]，《水力发电学报》2011

年第 30（3）期，第 191 ~ 194 页。
[6] 张鹏、刘晶：《三峡库区外迁移民的心理问题分析及对策》[J]，《人民长江》2007 年第 12（12）期，第 109 ~ 110 页。
[7] 潘家铮：《水电开发漫谈》[J]，《水力发电学报》2009 年第 28（4）期，第 1 ~ 4 页。

# Discussion on the Modes of Relocating Land-losing Farmers in China's Hydroelectric Development

*Zhang Yuxin, Yang Zisheng*

(Institute of Land & Resources and Sustainable Development, Yunnan University of Finance and Economics)

**Abstract:** Relocating land-losing farmers arose from hydroelectric engineering is important and inseparable parts for the construction of hydropower projects, which is a big, complicated systematic works. Contemporarily, the problem on settling migrants arose from building hydroelectric stations has been the major factors restricting the development of hydropower industry, and success of settling migrants lies in the proper choice of the modes. This paper analyzed the major three sorts of modes on relocation for land-losing farmers, namely, agriculture settlement, non-agriculture settlement, and mixed settlement. Among them, agriculture settlement is further divided into two modes, namely settlement at the back of former address and settlement by migration, while the non-agriculture settlement is further divided into three modes, namely agriculture-to-non-agriculture settlement, small town settlement and pension settlement. The merits, demerits, applicable region or situations of all modes were demonstrated in this paper. On such basis, through comprehensive analysis, we found there were mainly four aspects of problems existed in the relocation for land-losing farmers arose from hydropower projects in China, which were resource pressure and environmental deterioration, worsening poverty, conflict of culture and feeling, and compensating mechanism. On these topics, feasible countermeasures have been summarized and obtained by deeply probing into them. The study has provided a basis for selecting a proper mode for settling migrants in the hydropower projects, and would ensure the sustainable development of hydropower industry in China.

**Keywords:** Hydroelectric engineering; Relocation for land-losing farmers; Mode; China

# 中国小水电可持续评价指标体系初探*

王兴振　杨子生

（云南财经大学国土资源与持续发展研究所）

**摘　要**　小水电是国际上公认的清洁可再生能源，在我国得到了迅速的发展。小水电可持续评价对促进小水电的合理、有序发展具有重要意义。本文在分析国内外小水电评价现状的基础上，探讨了中国小水电可持续评价的原则和框架，并借鉴联合国粮农组织（FAO）土地可持续利用评价五大原则的思路，构建了中国小水电可持续发展评价指标体系。

**关键词**　小水电；可持续评价；指标体系；中国

## 1 引言

小水电作为国际上公认的清洁可再生能源，以其覆盖面广、技术成熟、工程量小、见效快、环境影响相对较小等优点，在我国得到了快速的发展。目前我国已建有4.5万多座小水电站，装机容量达6000多万千瓦，年发电量超过2000多亿千瓦时，占我国电力工业的比重达30%之多。农村小水电的建设在解决农村居民用电、促进农村特别是边远地区农村社会经济发展、保护生态环境、推动节能减排和电力应急保障等方面发挥了重要作用[1]。然而随着大量小水电站的建设和投入运营，其负面影响日益显现，如上网电价低、管理体制与运营机制不健全、经营方式过于单一、峰枯矛盾突出、市场竞争力弱、融资困难等[2~4]。特别是工程建设中

* 第一作者简介：王兴振（1987～），男，山东临沂人，硕士生。主要从事国土资源开发利用与可持续发展领域的研究。联系电话：15288438151；E－mail：wxz30999@163.com。通讯地址：昆明市龙泉路237号云南财经大学国土资源与持续发展研究所。

通信作者：杨子生（1964～），教授，博士后，所长。主要从事土地资源与土地利用规划、区域规划与可持续发展等领域的研究。联系电话：0871－5023648（兼传真），13888964270。E－mail：yangzisheng@126.com。

的土体开挖、坝体建设、施工弃渣、废水排放和工程运营后对流域水文情势、水库水温水质、生物多样性、文物古迹以及景观和谐度等产生的流域生态破坏以及环境退化问题，对小水电综合效益的发挥造成了诸多不同程度的负面影响[5,6]。然而，当前我国在小水电建设与运行的效益评价方面，仍未建立起一套切实可行的评价体系，加之小水电开发的区域差异较为明显，现有评价方法在实际运用中仍存在诸多不足。因此，探讨建立一套科学合理的小水电可持续评价指标体系，以促进小水电在社会、经济、环境方面发挥其应有的作用，使其向更为理性、可持续方向发展具有重要意义。

# 2 小水电评价现状

## 2.1 国际小水电开发评价现状

早在 20 世纪 80 年代，欧美一些发达国家就开始围绕水电建设对河流生态产生的影响展开了研究，并促使有关国家相继颁布了水电认证标准，如美国的低影响水电认证、瑞士的绿色水电认证等。进入 21 世纪以后，西方发达国家对于水电开发影响的评价越来越严格，甚至在一定程度上限制了这些国家小水电建设的发展[7]。2000 年欧洲议会和欧盟理事会发布了旨在保护流域水体良好生态环境的《欧盟水框架指令》，其中的《流域管理计划》分别用生物学、水文形态学、理化三大因素 16 个描述量来评价水体状况，各成员国在审查小水电方案时，必须根据这 16 个方面内容进行研究和评估，以确保小水电建设对河流生态的影响减至最低[8]。2008 年欧洲复兴开发银行为配合世界银行对水电项目贷款条件的调整，颁布了详细的小水电环境评价准则，从行政许可、河流流量、水质、鱼道和保护、流域保护、濒危物种保护、休闲娱乐、文化遗产、社区等方面进行了详细规定，只有在各方面的评估达到要求的前提下才可以启动贷款程序[9,10]。由国际水电协会（IHA）颁布的《水电可持续发展指南》与《水电可持续性评价规范》两部文本，则是具有全球意义的水电可持续发展指导准则。前者属于纲领性文件，主要从水电可持续评价的基本原则和内容上加以确定，后者则是实现前者原则的具体方法和技术支撑，其内容针对水电的前期规划、工程规划和运行 3 个阶段分别对新的能源方案、新建水电项目和水电站运行进行评价，并在评分系统和评价方法及程序等方面都进行了详细的阐述[11,12]。可以说 IHA 制定的这两个文本是在水电开发领域实现可持续发展的重要前提，它综合考虑了环境、社会和经济方面的要求，形成了一种定量化、操作性较强的评价标准，具有广泛的指导意义。

总体来看，国际上（尤其是发达国家）对于小水电开发的评价越来越严格，其关注点已转向工程建设对生态环境的影响方面，并且建立了完善而详细的评价规范，这对于促进小水电的可持续开发与管理具有重要意义。然而由于小水电自身的特点及各个国家的资源条件与社会发展阶段不同，在进行小水电的有关评价时，完全采用发达国家的做法是不妥的。同时无论是欧盟的评价规范还是 IHA 的两部文本，其侧重点主要还是在大中型水电开发方面，其中很多评价内容、考虑因素并不完全适用于小水电评价。

### 2.2 国内小水电评价现状

我国对于小水电的开发建设虽已有60多年的历史，但相关方面的评价研究则起步较晚。从政策法规上看，最早的全国性水电工程影响评价规范是由水利水电规划设计总院于1989年制定的《水利水电工程环境影响评价规范》，该规范主要是针对工程开发的可行性研究阶段就工程可能造成的环境影响进行的预评价。其次是1995年由水利部农村电气化研究所编制的《小水电建设项目经济评价规程》，给该规程制定了一套较为详细的工程财务经济评价方法，以指导小水电建设经济方面的评价，此规程实际上也是针对小水电建设的前期阶段。2003年由水利部颁发的《农村水电技术现代化指导意见》则是力求以现代化的管理方法和技术促进小水电技术效益和经济效益的发挥，提高其市场竞争力。以上3份文件在规范小水电合理开发、促进我国小水电持续发展方面起到了重要的作用，但从评价的阶段上看都属于开发前的预评价，在内容上主要侧重于经济和环境方面，并且在环境评价方面主要针对的是大中型水利水电工程，而对于小水电建设的环境和社会效益评价以及工程运行后的后续评价却缺乏相关的规定。

相对应的，国内学术界对于小水电的评价研究也有相似的特点。大部分的实证性定量化研究集中于小水电的经济评价[13~16]，对于小水电环境影响和社会影响的评价大多停留在内容、方法等定性研究阶段[17~19]，而开展小水电综合效益与可持续发展评价等方面的研究，特别是通过建立指标评价体系进行量化研究的很少。这与我国小水电建设的发展速度极不相称，其原因有以下几点：一是我国是以经济建设为中心的发展中国家，且区域发展不平衡，在此背景下，小水电建设的首要目标是解决农村用电问题，以促进当地社会经济发展，因此较为注重小水电经济效益的发挥；二是小水电主要分布在农村地区，且坐落在流域面积较小的河流上，再加上相关部门缺乏应有的重视，因此，有关小水电社会效益和环境影响的准确数据较难收集，这就影响了小水电可持续评价的展开；三是学术界对小水电可持续发展评价的相关研究不足，目前学术界对大中型水电的评价投入了大量精力，而对小水电可持续发展评价却缺乏应有的关注。

## 3 中国小水电可持续评价的原则和框架

### 3.1 小水电可持续发展评价的概念

对于可持续发展概念的经典定义来自1987年世界环境与发展委员会的《我们共同的未来》报告，该报告将可持续发展定义为："既能满足当代人的需要，又不对后代人满足其需要的能力构成危害的发展。"此后，其他方面可持续发展的概念基本上都以此为出发点。IHA将水电可持续发展看作社会责任、完善的商业运营和自然资源管理的基本要素[11]。杨桐鹤在分析有关国际机构和组织对水电可持续发展的论述与水电可持续发展特征的基础上，将水电可持续发展概括为技术可靠、经济可行、环境友好、社会和谐的一种发展模式[20]。

上述水电可持续发展的定义主要是针对整个水电行业的概述，且侧重于大中型水电方面，对于小水电未必适用，其概念应在具体分析自身特点、开发目标和综合效应等的基础上加以界定。依据小水电多分布在农村且坐落于中小河流等特点，小水电可持续发展是指在充分进行区域经济、社会、生态可行性分析的基础上建立的，采取有效的运营模式和保护措施，在实现自身持续有效运行的同时，促进当地社会、经济、文化、环境长远和谐发展的一种发展状态。据此，小水电可持续评价是针对具体的小水电站，以可持续发展思想为指导，在充分考虑各种影响因子的基础上，通过建立科学的评价指标体系，运用先进的评价方法评价该水电可持续发展的状况、程度和效果的过程。

## 3.2 小水电可持续评价的原则

在进行综合可持续性评价时，一般遵循的评价原则通常是经济可持续、社会可持续、环境可持续三大原则。从大的方向上看这是对的，然而将其运用到我国小水电可持续评价时则显得过于宽泛和宏观，这是因为小水电本身的规模相对较小，再加上我国的小水电大多分布在农村地区。因此，针对我国小水电的可持续评价，其评价原则应在三大原则的基础上适当地加以细化。对此，联合国粮农组织（FAO）针对土地可持续利用采取的五大评价原则具有很好的指导和借鉴意义。在此，本文借鉴土地可持续利用评价五大原则[21]，认为小水电可持续评价应坚持以下原则[21]。

（1）保持和加强生产/服务（生产性）。即保证水力资源的充分利用，加强小水电工程应有的生产和服务功能，不能以牺牲人们的基本需求为代价来换取持续。

（2）降低生产风险程度（稳定性）。即要改善小水电站的生产和流域生态条件，维持生态平衡，从而保证小水电的功能和效益的稳定发挥。

（3）保护河流的生产与服务功能（保护性）。即防止小水电建设造成地质灾害与水质下降，并保护下游生产和生活用水的数量与质量。也即在满足水力发电的同时，充分协调好全流域水资源的利用与保护。

（4）具有经济活力（可行性）。即水电生产与当地社会经济要同步持续发展，其水电资源要首先满足当地群众的用电与社会经济的发展需求，为区域社会经济全面发展提供能源保障。

（5）社会可以接受（可接受性）。如要持续利用，则必须考虑当地的自然经济和社会结构现状。如在一些边远的农村地区，首先要解决的是基本用电问题，其次才是在资源开发过程中逐步加强其生态环境的保护，最后达到生产与生态的高度结合。

## 3.3 小水电可持续评价框架

小水电可持续发展评价的目的是通过评价找出影响小水电可持续发展的问题与因素，进而采取措施促进小水电可持续发展。它是一项系统性工程，其评价框架应包括评价目标的确定、系统要素分析与筛选、评价指标体系建立与方法选择、综合评价与分析、优化目标措施建议几部分，并由这几部分构成一个有序、相对封闭的循环回路系统（见图1）[22,23]。

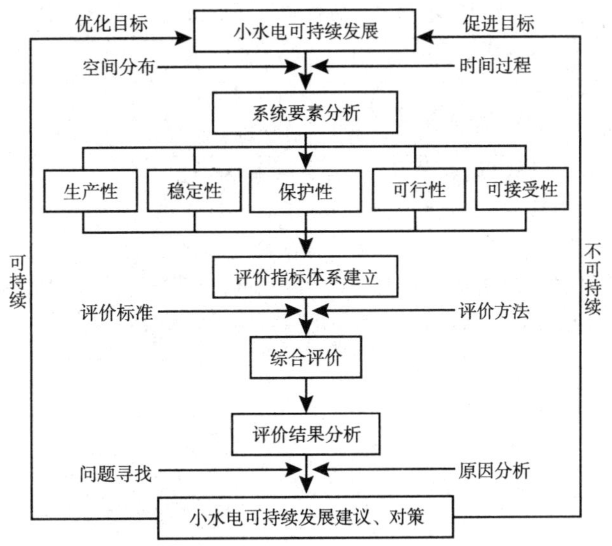


**图 1　小水电可持续评价框架**

本文主要目的在于构建小水电可持续评价指标体系，为此需要特别强调一下评价因素的分析与筛选。由于可持续性评价实际上就是评价事物在空间分布上的合理性与时间发展上的持续性，因此在分析评价要素时，要从空间与时间两方面着手，充分考虑小水电分布区域一定时间内的社会与环境因素，如区域经济发展阶段、人民生活水平状况、资源禀赋、区域内外环境等。然后再结合评价的原则，对相关因素进行筛选，去粗取精，去伪存真，选取最具代表性、可比性好、可操作性强的因素作为评价的指标因素，从而为评价结果的合理性、客观性打下基础。

## 4　中国小水电可持续评价指标体系的构建

可持续评价的关键在于评价指标体系的构建，它直接影响到评价的精度和结果。评价因素的选择取决于评价的目的、评价对象和选用的方法三方面。小水电可持续评价的目的与对象在此不必赘述，关于评价因素的选取方法，目前主要有列举法、综合法和列举综合相结合法三种[24]。列举法是将影响可持续的因素尽可能全部列出，根据其重要程度进行赋值来度量可持续度，综合法则只根据少数反映持续度的综合指标来进行评价，而不管系统的内部结构和机理。两种方法各有优缺点，将两种方法进行结合，取长补短是大多数学者倾向于使用的方法，目前列举综合相结合法在建立中小尺度土地可持续利用评价指标体系中得到了广泛的应用。小水电建设在一定程度上也是一种土地利用方式，并且属于小尺度的土地利用，土地持续利用评价指标因素的选取方法对小水电可持续评价指标因素的选取有很好的借鉴意义。本文借鉴列举综合相结合法，并考虑指标获取的可能性、针对性、可操作性，在遵循评价原则的基础上建立了我国小水电可持续发展评价指标体系（见表 1）。

**表 1　小水电可持续发展评价指标体系**

| 目标层 | 准则层 | 指标层 | 备　注 |
|---|---|---|---|
| 小水电可持续发展评价 | 生产性 | 年有效供电量 | 基本生产能力 |
| | | 潜在供电量 | 后续生产潜力 |
| | 稳定性 | 区域森林覆盖率 | 生态稳定性 |
| | | 景观和谐度 | |
| | | 流域生物多样性指数 | |
| | | 发电用水保证率 | 生产稳定性 |
| | | 年库底淤积率 | |
| | | 发电设备年折旧率 | |
| | | 坝体折旧率 | |
| | | 年发电利润 | 生存稳定性 |
| | | 政策支持度 | |
| | 保护性 | 年库区水土流失量 | 库区生态保护 |
| | | 年库区地质灾害发生率 | |
| | | 库区水质变化 | |
| | | 年流域径流量变化幅度 | 全流域用水与生态保护 |
| | | 减排效益（CDM） | |
| | | 防洪能力 | |
| | 可行性 | 区域 GDP 贡献率 | 水电生产与当地社会经济同步持续发展 |
| | | 基础设施建设贡献率 | |
| | | 年人均收入贡献率 | |
| | | 农业产值贡献率 | |
| | | 区域户通电率 | |
| | 可接受性 | 居民恩格尔系数 | 区域发展目标优先 |
| | | 居民收入结构 | |
| | | 区域需电指数 | |
| | | 群众满意度 | |

（1）生产性。小水电的基本功能就是水力发电，根据生产性原则，以年有效供电量来衡量小水电站基本生产能力，并考虑到随着当地社会经济的发展，其电力需求量会有所增加，以潜在发电量来衡量电站的持续供电能力。这两项为基本生产指标，必选。另外，由于很多小水电站同时具有发电、灌溉、航运等功能，建议在评价此类小水电站的生产能力时将这几项指标计入其中，以综合衡量电站的生产持续性。

（2）稳定性。小水电功能与服务的稳定发挥，要求有必要的生产条件予以支撑，依据稳定性原则，其最基本的内容包括生态稳定性、生产稳定性和生存稳定性。生态稳定性要求水电的开发不能对流域环境造成破坏性的干扰，拟以区域森林覆盖率、景观和谐度和流域生物多样性指数三个指标加以衡量。生产稳定性主要考虑与电力生产密切相关的因素，水电生产最基本的要素是水、水库容量和整个电站的寿命，这里以发电用水保证率来衡量现阶段电力生产的稳定性，以年库底淤积率、发电设备年折旧率和坝体折旧率来表征库容与电站寿命，以此衡量持续电力生产的稳定性。生存稳定性考虑的是该电站在经济上的持续性，没有经济效益的生产将难以为继，因此小水电生产必须有能维持其运行的资金来源，而这种资金来源应是其自身生产创造的利润。另外制度环境对小水电的生存也产生重要影响，任何行业的生存都应当有相应的法律制度加以规范和支撑，因此政策支持度也是衡量生存能力的重要指标。

（3）保护性。小水电的保护作用主要表现在生态保护、流域用水保护和防洪三方面。除减排效益作用于全流域外，生态保护作用主要体现在库区，由于大坝建设会对水位、水温、水流等产生影响，而这些影响表现在库区水土流失、地质灾害发生率、水质变化方面，因此可以以这三个指标衡量库区的生态保护性。全流域用水与生态保护，主要是协调发电用水与下游人们的生产生活用水，在综合考虑评价结果的客观性、准确性与数据的可获取性等几方面情况的基础上，采用年流域径流量变化幅度、减排效益（CDM）两个指标来衡量。至于防洪方面，以水库设计防洪能力为标准即可。

（4）可行性。可行性要求水电生产与当地社会经济同步持续发展，因此其指标的选取应首先考虑表征当地经济发展的有关指标，然后来计算小水电建设对这些指标的贡献程度。结合小水电的分布区域，其对当地经济发展的贡献，在宏观上表现为对国内生产总值（GDP）的贡献率，在微观上表现为对基础设施建设、人均收入、农业产值（主要是种植业）和居民用电需求方面的贡献率。需要强调的是，此部分评价指标的数据要根据小水电的功能来进行选取，如有些小水电在水产养殖、航运等方面发挥重要作用，那么对于这类综合功能强的小水电站，其评价数据的获取一定要周全考虑。

（5）可接受性。区域社会经济发展的实际状况是评价区域经济发展行为的出发点，也是确定区域发展目标优先级的依据。为区域社会经济发展提供能源支持是小水电建设的意义所在。因此，小水电可持续评价必须结合当地的发展需求与目标来进行。通过居民恩格尔系数与居民收入结构可以体现当地的生活水平状况，区域需电指数（注：区域需电指数 = 区域需电总量/区域供电量，该值 >1 表示供不应求，越大需电指数越大；该值 ≤1 表示供需平衡或供过于求，越小需电指数越小）则衡量区域经济发展对电力能源的需求程度，三者结合就可以判断小水电建设是否符合并服务于当地社会经济发展的实际与优先发展目标。群众满意度则是表征小水电的建设是否在区域内得到认可和社会舆论支持，特别是在边远的少数民族地区，由于生活习惯与文化习俗的差异，处理不当极有可能引发社会矛盾，进而影响小水电的持续运营。

## 5 结语

小水电的可持续发展对优化农村能源结构、改善农村水利基础设施状况、促进区域社会经济发展具有重要作用。加强对小水电发展的可持续评价对改善小水电的建设运营与功能发挥具有重要的指导意义。当前小水电评价中的实证量化研究主要侧重于经济效益方面，对小水电的社会效益、环境影响评价还停留在定性研究阶段，相关的量化研究还很少，进行综合性的可持续评价则更少。针对这些问题，本文主要从小水电可持续性评价的理论基础、原则出发，构建了小水电可持续发展的评价指标体系。由于小水电开发区域自然环境条件和社会经济发展的差异性较大，在实际运用中，需要针对不同的区域，合理地选取量化指标体系，以实现小水电可持续评价结果的客观性、合理性、准确性。

## 参考文献


[1] 田中兴：《肩负新使命 实现新发展》[J]，《中国水能及电气化》2011 年第 10 期，第 1 ~ 4 页。

[2] 姜富华、杜孝忠：《我国小水电发展现状及存在的问题》[J]，《中国农村水利水电》2004 年第 3 期，第 82 ~ 83、86 页。

[3] 姜美武：《小水电发展问题浅析》[J]，《小水电》2008 年第 1 期，第 5 ~ 7 页。

[4] 戴双凤：《农村小水电站的困境与出路》[J]，《大众用电》2011 年第 8 期，第 5 ~ 7 页。

[5] 丁恒兀、葛继稳：《山区水电工程建设对区域生物多样性影响及对策分析》[J]，《安徽农业科学》2010 年第 38（14）期，第 7481 ~ 7483 页。

[6] 黄茁、李青云：《小水电环境影响关键问题及保护对策探讨》[J]，《小水电》2011 年第 6 期，第 47 ~ 49 页。

[7] 赵建达：《欧洲小水电困境中寻求新的机遇》[J]，《中国农村水利水电》2009 年第 11 期，第 147 ~ 150 页。

[8] 姜莉萍、冯顺新、廖文根：《欧洲小水电发展态势及对我国的启示》[J]，《中国水能及电气化》2010 年第 7 期，第 14 ~ 23 页。

[9] 赵建达：《欧洲复兴开发银行小水电项目审贷环境影响评价准则》[J]，《小水电》2009 年第 1 期，第 11 ~ 13 页。

[10] 赵建达：《小水电站与环境的结合在欧洲的新近发展》[J]，《中国农村水利水电》2007 年第 9 期，第 109 ~ 111、113 页。

[11] 国际水电协会：《水电可持续发展指南》[M]，水利水电出版社，2007。

[12] 杨静、禹雪中：《IHA 水电可持续发展指南和规范简介与探讨》[J]，《水利水电快报》2009 年第 30（2）期，第 1 ~ 5，20 页。

[13] 曹丹：《小水电工程的经济评价——以永兴二级水电站为例》[J]，《湖南水利水电》2003 年第 1 期，第 51 ~ 52、54 页。

[14] 杨晓江：《优化小水电经济评价指标的途径》[J]，《贵州水力发电》2007 年第 21（1）期，第 60 ~ 62 页。

[15] 沈秋池：《白沙潭电站经济评价分析》[J]，《小水电》2010 年第 6 期，第 18 ~ 20、42 页。

[16] 李俊艳、李飞：《小水电工程项目经济评价实例分析》[J]，《中国水能及电气化》2011 年第 12 期，第 55 ~ 58 页。

[17] 葛建新、谌清华、蒋智梅：《关于宜黄县农村小水电项目环境影响评价的思考》[J]，《江西能源》2007 年第 2 期，第 19 ~ 21 页。

[18] 叶焕森、叶金芳：《浅析小水电社会效益的评价》[J]，《内蒙古水利》2008 年第 5 期，第 46 ~ 48 页。

[19] 赵淑杰、唐德善、曹静：《FAHP 在农村小水电生态效益评价中的应用》[J]，《水电能源科学》2010 年第 1 期，第 130 ~ 132 页。

[20] 杨桐鹤、禹雪中、冯时：《水电可持续发展的概念、内容及评价》[J]，《中国水能及电气化》2010

年第 8 期，第 9 ~ 14、2 页。

[21] FAO. An International Framework Evaluating Sustainable and Management [R]. World Soil Resource Report 73, 1993.

[22] 王巍、赵国杰、毕星：《工程项目可持续发展测评体系研究》[J]，《天津大学学报》（社会科学版）2008 年第 10（2）期，第 122 ~ 125 页。

[23] 贾立敏、曾露：《DPSIR 模型下小水电可持续发展评价指标体系研究》[J]，《中国农村水利水电》2010 年第 10 期，第 113 ~ 114、117 页。

[24] 刘桂芳、卢鹤立：《土地利用系统可持续性评价指标体系研究进展》[J]，《宝鸡文理学院学报》（自然科学版）2011 年第 31（1）期，第 67 ~ 72 页。

# Study on Indicator System for Evaluating the Sustainable Development of Small Hydropower in China

*Wang Xingzhen*, *Yang Zisheng*

(Institute of Land & Resources and Sustainable Development, Yunnan University of Finance and Economics)

**Abstract:** Small hydropower is internationally recognized as the clean, renewable energy, which has developed rapidly in China. Sustainable evaluation of small hydropower is of great significance in promoting the development of small hydropower reasonably and orderly. Based on the analysis of evaluation situation of both domestic and international small hydropower, the paper discussed the principles and framework of evaluating the sustainability of small hydropower, and constructed the evaluation index system for sustainable development of small hydropower by referencing to the thought of the five sustainable land use principles from the Food and Agriculture Organization of the United Nations (FAO).

**Keywords:** Small hydropower; Sustainable evaluation; Index system; China

# B:
# 湖泊水环境治理研究

**【专题述评】**水脏，亦即水污染，是中国水问题中最重大的问题之一，属于水资源在“质”方面的根本问题，直接影响到水资源的开发利用大计。“九五”以来，国家将“三河三湖”（即辽河、海河、淮河和太湖、巢湖、滇池）作为水污染治理的重点，表明我国的水污染以湖泊和河流最为突出，其治理难度极大。近20年的治理实践表明，湖泊水环境治理已成为世界性难题，需要长期、艰苦的探索、研究和实践。本专题以滇池水污染治理为主体，组织了7篇相关论文：杨子生教授基于国内外典型城郊型湖泊（美国伊利湖、日本琵琶湖、中国太湖）治理经验，探讨了滇池水污染治理中的土地利用与生态建设措施；袁睿佳博士分析了滇池流域非点源污染驱动力特征，并提出了防治措施；谭嘵硕士、刘春学教授等应用时空地质统计学方法，估算了滇池水污染经济损失；李波教授及其学生们分析了滇池水质的演变过程、滇池湖滨带不合理土地利用方式对生态影响和滇池湖滨地区土地利用变化对湖泊生态的影响。此外，李兆亮硕士等以湖北省洪湖流域为例，探讨了长江流域蓄调型湖区湿地生态环境保护与恢复中的土地利用对策。尽管这些论文还有待完善之处，但都有着一定的特色和可读性，相信能给读者带来一定的启迪和参考、借鉴价值。

云南财经大学国土资源与持续发展研究所所长/教授
杨子生

# 基于国内外典型城郊型湖泊治理经验的滇池水污染治理中土地利用与生态建设措施之探讨*

杨子生

（云南财经大学国土资源与持续发展研究所）

**摘　要**　水环境污染与土地利用关系密切。滇池是昆明人的“命根子”，治理滇池的最终目标是要让滇池水能喝。滇池与美国伊利湖、日本琵琶湖、中国太湖类似，都是影响较大、污染严重的城郊型富营养化湖泊，其周围都是城市（镇）众多、人口密集、工农业生产发达的重点经济区。到目前为止，国际上对于湖泊污染的治理还没有成熟的模式和经验，也未见到对严重污染的湖泊区土地利用战略与规划的专门研究。鉴于此，本文从国内外有关文献中发现并总结出伊利湖、琵琶湖、太湖等典型城郊型湖泊区土地利用上的一些经验，在此基础上，根据对滇池流域自然与社会经济特点以及滇池污染主要原因的分析，提出在滇池水污染治理中应尽快实施十大土地利用与生态建设措施，以保障新昆明发展战略的顺利实现和滇池流域的可持续发展。

**关键词**　城郊型湖泊；水污染治理；土地利用；生态建设；滇池

## 1 引言

湖泊富营养化是全球各国面临的严重问题之一。在自然状态下，湖泊由贫营养→中营养→富营养阶段的演化过程极其缓慢，往往需要几千年甚至更长的时间才能完成，而在人类活动的影响下，这种演化过程将大大缩短，常常只需几十年甚至更短的时间就能完成[1]。

“五百里滇池，奔来眼底。披襟岸帻，喜茫茫空阔无边”，这是清代文人孙髯翁 200 多年

* 基金项目：国家自然科学基金资助项目（40861014）。

作者简介：杨子生（1964～），男，白族，云南大理人，教授，博士后，所长。主要从事国土资源开发整治、水土保持、自然灾害、生态安全与区域可持续发展等领域的研究工作。联系电话：0871－5023648，13888017450。E－mail：yangzisheng@126.com；1262917546@qq.com。

前在昆明大观楼看到的滇池壮丽景色。然而，短短的200多年之后，“五百里滇池”已缩小至300 $km^2$，而且水污染极其严重，水质多为V类或劣V类，原本清澈的湖水不仅浑浊不堪，还散发着恶臭。“九五”以来，滇池被国家列为需要重点治理的三大湖泊（太湖、巢湖、滇池）之一[2]。

环境问题在总体上可归纳为两类[3]：一是生态环境破坏，二是环境污染。这两类环境问题都直接或间接与土地利用密切相关[4]。滇池水污染治理是一个十分复杂的系统工程，需要多学科、多部门协同攻关。本文主要从地理学和生态学（尤其是土地生态学）的角度来探讨滇池水污染治理中需要采取的土地利用与生态建设措施，为滇池水污染治理规划和科学决策提供一份参考。

综观世界的主要污染湖泊状况，总体上，滇池与美国伊利湖（Lake Erie）、日本琵琶湖（Lake Biwa）、中国太湖类似，都是影响较大、污染严重的城郊型富营养化湖泊，其周围都是城市（镇）众多、人口密集、工农业生产发达的重点经济区。尽管到目前为止，国际上对于湖泊污染的治理还没有成熟的模式和经验，也未见到对严重污染的湖泊区土地利用战略与规划专门研究的报道，但可以从国内外的有关文献（包括网站文献资料）中发现并总结出伊利湖、琵琶湖、太湖等类似污染湖泊区土地利用上的一些经验和好做法，以供滇池流域制定土地利用战略措施和规划时参考、借鉴。

## 2 伊利湖污染及其治理中的一些土地利用经验

### 2.1 伊利湖污染及其治理概述

伊利湖位于北美五大湖区南部，南临美国的纽约、宾夕法尼亚、俄亥俄三州，西临密歇根州，北临加拿大的安大略省。伊利湖东西长358 m，南北最宽处为92 km，面积为25700 $km^2$，在五大湖中居第四位；湖水平均深度为18 m。伊利湖地区自然资源丰富，一直是一个富庶的地区，分布着6个大城市，人口达1300多万人，有着各种各样的大规模工业、茂密的农田和经济效益较高的渔业。由于伊利湖蓄水量小，而其附近地区的工业城市每年向湖中排放大量含氮、磷等营养元素的生活污水和工业废水，加之农区流失的农业肥料和杀虫剂等亦大量流入湖中，使湖中养分过多，伊利湖一度成为五大湖中污染最严重的一个富营养湖，活鱼残余无几，以致有“死湖”之称，许多湖滩和游览胜地亦因污染而被迫关闭。1960年左右，伊利湖的污染达到了高峰，之后，美国和加拿大开始治理，经过10多年的努力，到20世纪80年代才初见成效，湖中重新出现了一些鱼类。但是，总的来看，美国治理受污染的伊利湖，虽然采取了多种措施，经过10多年的大量投资，尤其是污水处理和清理，并严格管制沿岸城市与工业的排污，然而依然收效甚微。正如美国著名学者巴里·康芒纳（Barry Commoner）教授在其名著《封闭的循环——自然、人和技术》（*The Closing Circle: Nature, Man and Technology*）[5]中坦言，即使在一夜之间把所有倾入伊利湖中的污染物都制止了，在湖底仍然还会留有多年来积攒起来的大量污染物，因此，从整体来看，伊利湖将永远不会回到50年前的状态。另据估计，对于伊利湖的富营养化问题，即便切断所有的外来营养物，也需百年之后才有望好转。美国的一些环境研究者认为，伊利湖已提前“老化”，面临“死亡”的危机。

2001年，美国和加拿大的科学家对包括伊利湖在内的“五大湖”进行了多方面调查，得出了惊人的结论：“五大湖”业已开始自发地向大气中呼出体内的污染物。自1992年以来，大量的多氯化联（二）苯（PCB）、氧桥氯甲桥萘等有害物质被湖水排放到大气中。科学家们欣喜地惊呼，“五大湖在自我洗肺”[6]。过去备受污染的“五大湖”出人意料地开始“自疗”，这不仅引起了美、加环保专家的重视，而且也引起了世界环保界的关注。这一现象为美、加两国乃至世界环境保护和研究提供了新的范例。不过，两国科学家仍警告说，“五大湖”地区的环保目标还未达到，须继续努力治理，否则“五大湖”过去水污、鱼毒的现象还会死灰复燃。

### 2.2 伊利湖区土地利用的一些经验和做法

从土地利用与产业布局的角度看，伊利湖区近几十年来的一些经验和做法有利于污染防治、生态环境保护和经济发展，值得我们借鉴。归纳起来，主要是以下几方面。

（1）修建了四通八达的公路网络，使流域产业和城市的布局分散化以及向支流和内陆辐射，这不仅有利于开发内陆腹地，带动农村的经济发展，而且对增强环境自净能力、防治污染、保护水资源和生态环境很有好处。

（2）一些地方近10多年来越来越多的农民在实行土壤“保护式”耕作措施，尤其是在易侵蚀性土壤上更注重保护性耕作方式，使土壤侵蚀得到基本控制。“保护式”耕作方式是指用先前的农作物残留物（根、茎、叶）覆盖30%的田地。而在传统或常规的耕作中，农民常常把农作物整体收割走，留下光秃秃的土地极易受到侵蚀。美国俄亥俄州西北地区1985年仅有5%～14%的农场采用这种“保护式”耕作方式，而到了1995年，这种耕作方式的采用率已达到了50%。据《世界科技译报》2001年5月9日报道，美国近来的一项研究表明，耕作方式的改变在美国伊利湖水质的改善中充当着非常重要的角色，减少了对土壤的侵蚀，降低了河水中污染物的含量，使该地区由农业生产造成的污染降低了50%，同时这也有助于增加农业收入。另据报道，美国1930年以前的耕地土壤侵蚀量达65～90吨/平方公里·年，而采用保护性耕作措施后，20世纪后期土壤侵蚀量减少为约2吨/平方公里·年。这从根本上大大减少了泥沙和土壤养分的入湖沉积量。

（3）湖区部分地方把沿岸的一些农田改造成湿地，以过滤从农田中流失的肥料，减少水体污染物数量。

（4）一些农民特别重视环保手段的运用，在种植农作物的地块边增加了隔离带，以阻止化肥的流失；在施用除草剂和氮肥时，也有自己的一套技术，以确保在产量不受损失的前提下减少氮肥的用量，相应的，“精确施肥技术”已开始出现。

## 3 琵琶湖污染及其治理中的一些土地利用经验

### 3.1 琵琶湖污染及其治理概述

琵琶湖地处日本列岛中央，位于滋贺县内，因其北宽南窄、形状似琵琶而得名[7]。琵琶湖南北长63.5 km，东西最宽处为22.8 km，最窄处只有1.35 km，湖水面积为674 $km^2$，蓄水量为275亿 $m^3$。琵琶湖按水的深浅分为南北两部分，南湖平均水深仅4 m，而北湖平均水深达43 m，最深处则达103.6 m。周围有460多条大小河流注入琵琶湖，而湖的出口只有一个，即从南湖流出的濑田川（濑田川到了京都叫宇治川，到了大阪叫淀川），最后流入太平洋。

琵琶湖是日本最大的淡水湖，也是世界上第三个最古老的天然淡水湖，湖龄达400万年以上[7]。古代湖一般具有许多固有的生物资源，琵琶湖养育繁衍着600多种水生动物和500多种水生植物。琵琶湖的水量可以满足琵琶湖流域内1400万人口的用水需要。琵琶湖的地理位置十分重要，邻近日本古都京都、奈良，横卧在经济重地大阪和名古屋之间，是日本近年来经济发展速度最快的地区之一。琵琶湖曾孕育了日本民族，不仅培育了京都、奈良的古代文化，还培育出大阪、名古屋等城市的现代繁荣，因而被称为滋贺县的母亲湖、关西的母亲湖、日本的母亲湖。

然而，在“二战”后日本经济发展过程中，琵琶湖曾遭受过巨大的损害：湖周地区用围湖造田的方法把许多内湖和湖滩开发成了水田，破坏了湖畔的大片芦苇[7]，天然湿地的净化功能丧失；同时，在琵琶湖周围修建了人工大堤、混凝土河床等建筑，使湖泊景观和生态系统发生了巨大变化，导致湖泊富营养化失控，生物多样性锐减，自然和生态景观遭到破坏[8]。经济的繁荣加大了工业污水、生活污水的排放，湖水的污染负荷日益沉重，琵琶湖水富营养化，水质逐渐变坏，终于在1970年暴发了第一次“赤潮”。湖水的污染，使湖内盛产的香鱼（Pleooglossus altivelis，Sweet fish）等日益减少，而外来的鱼种蓝腮鱼却多了起来。生活在湖岛上的鱼鹰也从吃香鱼改成了吃蓝腮鱼。数万只鱼鹰食量很大，排泄大量粪便，把岛上的树都糊死了，于是土也变松了，沙土、鸟粪随着雨水和径流进入琵琶湖，严重污染着湖水，使昔日母亲湖的美丽风貌遭到损毁。

赤潮和绿藻的暴发，促使滋贺县民开始注意琵琶湖的净化问题，将每年7月1日定为“琵琶湖日”[9]，每年的这一天，民众都来这里清理琵琶湖和周围河流。日本政府对琵琶湖治理也很重视，点源治理和面源治理同时抓，近30年来，共计投入了185亿美元（约折合人民币1500亿元），目前水质已达到3~4类水标准，成为国际上控制湖泊水质较为成功的范例。

## 3.2 琵琶湖区土地利用和水环境治理的一些经验和做法

20世纪60年代日本经济高速增长，使琵琶湖的水环境遭到严重的污染与破坏，水质下降，赤潮、绿藻时有发生，浅水区更是堆满了漂浮来的各种生活垃圾。从1970年代起，当地政府开始加强对琵琶湖的综合整治和公害防治工作，使水环境治理和湖区土地生态建设取得明显成效，值得我们借鉴的治理经验主要有以下几条。

### 3.2.1 依法进行环境整治和开发利用

水环境治理和土地生态建设需要法制保障。20世纪60年代末，滋贺县政府先后制定了一系列法规和条例，对琵琶湖周围地区的生活污水和工业废水排放、湖泊与河流的堤防建设等作了明确的规定[10]。1972 年，该县制定了琵琶湖综合开发计划，对琵琶湖的环境治理和国土开发利用作出了中期规划。1987 年、1993 年和 1997 年制定了 3 期湖沼水质保全计划以及琵琶湖未来发展规划[11]。据此规划，到 2020 年琵琶湖的水质有望恢复到 20 世纪 70 年代的水平，到 2050 年可恢复到日本经济高速增长之前的水平[12]。

#### 3.2.2 全面规划和建设，保障湖区土地生态环境与开发

滋贺县政府把流入琵琶湖的数十条河流及其支流以及以琵琶湖为供水之源的下游地区加以全面考虑和规划，并根据不同地区的不同特点分别制定不同的生态建设和开发对策。上游地区植树造林，封山固土，防止水土流失；中游地区疏浚河道，减少各种污染；湖泊周围地区由政府投资收购农民土地，实行退田还湖，恢复湿地，加强水质检测，防止环境污染；下游用水地区重点是节约用水。

#### 3.2.3 不仅抓好点源治理，还很重视农村面源治理

湖区水环境污染多为点源与面源共同污染，两者都需要努力治理[13~15]。相对而言，点源治理容易一些。日本通过实施清洁水法，对点源污染进行了严格的控制，做到达标排放，某些指标甚至做到零排放。在控制点源污染的同时，逐步把重点转向加大面源污染治理力度上，这是很英明的做法。研究实践表明，当点源污染治理达到一定程度后，水质难以进一步提高，原因在于化肥、农药、暴雨径流以及土地耕作方式等因素都对水质产生影响，而这些因素面广量大，有时是水质的主要污染因素，管理和控制难度很大。在控制农村面源污染上，日本很注意利用植物和微生物来提高水体净化能力，其中一些做法值得我们深思，尤其是耕地的水处理工程，大体上 2~4 公顷耕地就建有一处水质处理工程，种了芦苇，放了石头，发挥水生植物的净化能力和卵石表面膜对污垢的吸附能力，水经过这一工程后就变好了，成本为 60 万~75 万元/$hm^2$[16]。这无疑是琵琶湖水环境得以有效治理的根本原因。

#### 3.2.4 提高全民参与意识，全社会共同保护湖区生态环境

滋贺县政府重视对民众的宣传教育工作，组织当地居民参与各种环保活动，引导民众参加保护琵琶湖生态环境的活动。该县政府将每年的 7 月 1 日和 12 月 1 日定为环境保护日，组织区域内的居民参与清扫琵琶湖周围环境的活动。近 20 多年来，滋贺县一直坚持学生的环境教育，从儿童抓起，每年都投入相当数量的环保教育资金，使孩子们真正认识了养育自己的母亲湖，了解了母亲湖的历史和现状，知道了保护母亲湖的重要性，培养了保护母亲湖的责任感，使母亲湖的生态环境有了保障。

#### 3.2.5 重视与世界各国的交流，提升水环境保护的科技水平

为了加强与世界各国在湖泊水环境保护方面的经验交流，滋贺县于 1984 年在琵琶湖畔召开了第一届世界湖泊会议。滋贺县还在联合国环境规划署的支持下，分别于 1986 年和 1992 年设立了国际湖泊环境委员会和国际环境技术中心，着力提升自己在湖泊水环境保护领域的科技实力和水平，为琵琶湖水环境防治和国土开发提供科技支撑。

# 4 太湖污染及其治理中的一些土地利用经验

## 4.1 太湖污染及其治理概述

太湖流域位于东经119°11′~121°53′、北纬30°28′~32°15′，土地总面积为36895 $km^2$，在行政区划上分属江苏、浙江、上海、安徽3省1市，其中江苏19399 $km^2$，占52.6%；浙江12093 $km^2$，占32.8%；上海5178 $km^2$，占14%；安徽225 $km^2$，占0.6%。流域内分布有特大城市上海市，江苏省的苏州、无锡、常州、镇江4个地级市，浙江省的杭州、嘉兴、湖州3个地级市，共有30县（市）。太湖流域属亚热带季风气候区，年均温度为15~17℃，年均降雨量为1180 mm。流域内河道总长12万km，河流纵横交错，湖泊星罗棋布，俗称“江南水乡”。流域内大小湖泊共计189个，大型水库有7座，太湖位于流域的中心。太湖流域是我国经济最发达、投资增长和社会发展最具活力的地区之一，虽然土地面积仅占全国的0.4%，人口占全国的2.8%，但国内生产总值却占全国的11%（2000年），工农业生产在全国占有重要地位。流域内人口密集，人口密度约达1000人/平方公里，是全国平均水平的7倍，城市化率高达50%以上，流域内现有城乡工业企业6万多家。2000年全流域总用水量已达293亿 $m^3$，其中工业用水和生活用水量占63%。

太湖流域长期以来一直是举世闻名的“鱼米之乡”，尤其是烟波浩渺的太湖和盛产鱼虾的清澈太湖水，常常成为优美民歌的吟唱主题。“太湖美，美就美在太湖水……水是丰收酒，湖是碧玉杯”，凡到过太湖的人，无不被那里的湖光山色所征服，不禁感叹“上有天堂，下有苏杭”。进入20世纪80年代以来，太湖地区是我国经济发展速度最快的地区之一，随着沿湖地区工农业的蓬勃发展和人口的剧增，无长远规划的掠夺式生产和经营，使污染湖泊的因素不断增多，尤其是未经处理的城市和工业污水直排入湖，农田大量施用化肥和使用农药，城乡含磷洗涤剂广泛使用，湖面水产养殖规模无节制地扩大，使太湖遭到了严重的污染，到处散发着腥臭的气味，已逐渐失去了昔日的美丽容颜，行将变成一个大型臭水塘，直接威胁到沿湖数百万人的饮水和健康安全，影响生活环境质量和地区社会经济的可持续发展。2000年太湖水质达到和超过Ⅳ类的被严重污染（即富营养化）的水体占太湖水面的87%，也就是说，太湖可作为自来水厂水源地的水面已经只剩17%。据载，无锡有一段民谣：“（20世纪）五六十年代，房子是旧的，口袋是空的，衣服是破的，水是清的，命是长的；八九十年代，房子是新的，口袋是满的，衣服是时髦的，水是脏的，命是短的。”表明当地人民在生产发展、收入增加、生活富裕起来之后，已清醒地察觉到了环境污染所带来的危害，并深受其苦，深情地追忆昔日清新美好的生存环境，表达了渴望治理污染和改善环境的迫切心情。

前几年，虽然采取了许多措施来治理太湖，但效果不大。据2003年3月各湖区水质及营养状况监测结果，太湖93.30%达富营养水平，6.70%为中营养水平。近年来，通过控源截污、调水引流、打捞蓝藻、生态清淤、“湖泛”防控以及实行“双河长制”和区域环境补偿等措施，对太湖进行综合治理，收到明显成效。不仅蓝藻发生强度远远低于往年，而且湖体水质明显改善[17]。水利部太湖流域管理局表示，2011年太湖大部分水质指标已达到总体方案确定的2012年目标要求，富营养化程度有所缓解，水源地水质保持良好，全面实现了2011年太湖流域水环境综合治理省部际联席会议提出的“两个确保，一个下降”目标，即确保饮用水安全、确保不发生大面积黑臭、流域主要污染物排放量进一步下降[18]。

## 4.2 太湖流域污染治理与土地利用的一些经验和做法

### 4.2.1 实施“引江济太”工程，改善水环境和增加水资源量，解决周边地区生活用水和工农业用水问题，推进土地可持续利用

水是土地利用、各行业生产和人民生活的基本条件。太湖流域过去是“鱼米之乡”，如今水资源问题已十分严重，由水污染引起的水质性缺水已成为流域经济社会可持续发展的制约因素[19]。目前太湖流域河网约有80%受到污染，湖泊富营养化严重，太湖富营养化的湖区面积已达93%。随着流域经济社会的迅猛发展，流域水资源污染加剧，水环境恶化，太湖已变为水质性缺水的地区，当地水源量不足，但太湖背靠长江，常年过境水量约达1万亿 $m^3$，因此，引长江水入太湖，将太湖水换一遍，尽力解决太湖周边地区生活用水和工农业用水问题，实现“静态河网、动态水体、科学调度、合理配置”的战略目标，是一项有效改善流域水环境的重要措施。从2001年开始，太湖流域积极开展“引江济太”调水试验工程，将长江的优质水调入太湖和流域河网，以增加流域水资源量，加快流域水体流动，提高流域水环境容量，改善太湖和流域水体水质，并增加向太湖周边地区供水。从监测资料看，调水对改善太湖流域水环境效果明显，既增加了水资源量和水环境容量，又改善了太湖和流域河网水质，主要受水区水质明显改善。

### 4.2.2 退耕还林，构筑绿色屏障

“十五”期间，江苏省在环太湖地区实施退耕还林，建起太湖湖滨防护林带：在沿太湖的湖岸种植50 m宽的防护林带，在9条主要出入太湖的河流两侧各建成20米宽的林带，并建成一批湿地。其目的是减少农田带来的面源污染。因为太湖流域内大量农田带来的面源污染（尤其是氮和磷）是造成太湖水体富营养化的主要因素之一，而林木具有很好的吸收农药和化肥的作用。据测算，一棵树可以吸收85%的氮和磷，因而植树造林将成为防治污染的一条有效途径。

### 4.2.3 实施退田（渔）还湖，抓好湖滨带建设工程、前置库和湿地建设工程、水生植被恢复和重建工程

太湖治理中光靠控制污染物排放量、建立污水处理厂、实施河道清淤和湖泊污泥底泥疏浚是远远不够的，难以从根本上治理太湖污染。正如国家计委刘江（2002）指出，太湖水浅，重点污染区应该要挖，但太湖疏浚不能解决水质差的根本问题。因此，在《太湖水污染防治“十五”计划》中，很重视生态工程治理，已将退田（渔）还湖、湖滨带建设、前置库和湿地建设、水生植被恢复和重建等列为太湖“十五”生态恢复工程计划的基本内容。这对于推进太湖流域水污染防治和土地利用是重要举措。

值得关注的是，为了从源头上控制太湖水体污染，还太湖“万顷碧波”，由杨林章先生主持的国家“十五”重大科技项目——“太湖水污染控制与水体修复技术及工程示范”项目中的“河网

区面源污染控制成套技术”已于2003年开始实施。这项水环境治理技术包括三步措施体系。

第一个步骤是“减源”，也就是从源头上减少污染物向河湖排放，被比喻为“关闸门”。运用农村分散式生活污水高效处理技术、农田氮磷减排技术等措施，对农村生活污水、生活垃圾以及农田化肥和农药进行处理和控制，从而把污染源挡在第一级控制的“闸门”之内。

第二个步骤是“截留”。对于第一级控制中的“漏网之鱼”，通过河床生物和生态工程技术对河湖中的污染物和养分元素进行“拦截”，承担“拦截”任务的主要是水生植物（包括水芹、茭白、空心菜、莲藕、菱角等）。由于第一级控制后污染物已显著减少，加之污染物本身的主要成分是富营养的氮、磷等养分，金属污染较少，因而既为这些水生植物提供养料，又达到进一步净化水质的目的，可谓一举两得。这一步骤中，还建立了面源污染控制的前置库工程，使农村地表径流引起的污染得到有效遏制。

第三个步骤是“修复”。漫流过第二道“生物栅栏”的河水来到最后一站——河口湖滨湿地，在这里，将应用生态学原理和生态工程技术恢复河水的生态功能，使其成为“达标”水汇入太湖。为达到修复效果，将大力建设河口湖滨湿地，形成岸边芦苇丛生、柳树婆娑，水中游鱼历历、螺蚌肥美的天然疗养院，加速水体修复。

这项水环境治理技术为我国湖泊水环境治理探索出新的模式，值得滇池流域水污染防治和土地利用生态建设借鉴。

# 5 滇池污染及其治理中应采取的土地利用与生态建设措施

## 5.1 滇池污染及其治理概述

滇池是我国的第六大淡水湖泊，被誉为云南高原上的一颗明珠，是昆明的一大象征。古称滇南泽，从前曾有“五百里”，近千年来，人类不断扩大滇池出水口，经涸湖、围湖，“五百里滇池”已大大缩减，今天的滇池水面仅为古滇池的24.7%，蓄水量不足古滇池的2%。目前滇池南北长约40 km，东西宽约8 km，湖岸线长163.2 km，滇池水面面积在高水位时为309 $km^2$，平均水深5.3 m，湖容量为15.6亿 $m^3$。当今的滇池不仅变小、变浅，而且已变臭，尤其是20世纪80年代中期以来，滇池日益成为国内外闻名的富营养化湖泊。

滇池水体在20世纪80年代初期还是清澈的，滇池水质污染突出化只是近10多年的时间。据居住在滇池岸边的人们回忆，过去拿上篮子就可到湖中捕鱼捉虾，捞上海菜花就能回家做菜，担上水回家就能喝，比现在的矿泉水还甜。滇池污染最早始于20世纪70年代的围湖造田；80年代随着沿湖社会经济的发展、人口的急剧增加、城市化和工业化的加快，滇池的污染愈演愈烈；到了90年代，进入了污染的高峰期，草海水域的水质变为只能行舟的V类水，外海的水质变成了难以利用的Ⅲ类水。当地百姓有句顺口溜——“滇池水，五六十年代，淘米洗菜；七十年代，鱼虾绝代；八十年代，只能洗马桶盖；九十年代，不可想象”，很形象地描述了滇池污染的历史过程。曾有一段时间，滇池水黑如墨汁，到处散发着腥臭气，水葫芦疯长，有的甚至高达1 m多。

滇池的严重污染对湖泊生态系统造成了严重影响，生物多样性受到严重破坏：一是水生植物大幅度减少。50年前的滇池水面波光粼粼，云南特有的海菜花将草海装点成了白色的花海，游人乘船出游如在花上行，然而，几经沧桑，海菜花群落今已消失殆尽。20 世纪 50～60 年代滇池草海东岸和外海晖湾一带的芦苇较为茂盛，到了 80 年代后期，只有滇池东岸的宝丰浅水区还有少许幸存，而目前已荡然无存。据统计，20 世纪 50 年代滇池水生植物有 28 科 44 种，到 70 年代时有 22 科 30 种，目前仅有 15 科 20 种。菰尾藻、水葫芦、篦齿眼子菜、荄草、苦草、金鱼藻、茨藻、马来眼子菜、微齿眼子菜、穿叶眼子菜等原先茂盛生长于滇池湖滨带的水生植物，现多已消失或只有零星分布。二是许多特有的名贵鱼类几近灭绝。由于滇池中藻类恶性繁殖，已不适合鱼类生存，造成大量死鱼事件。严重富营养化的水体，使滇池中特有的裂腹鱼、龟鱼、金线鱼等 22 种名贵鱼类几近灭绝，浮游生物种类亦大量减少。

滇池污染的原因是多方面的，大体上可归结为两大方面、六个主要原因[20]（见表 1）。其中，人类社会因素起着很重要的作用。滇池位于昆明城市下游，是滇池盆地最低凹地带，是昆明城市唯一的纳污水体，长期以来各种污染物大量排入滇池，使湖水严重富营养化。同时，由于滇池水量补给不足，水体滞留时间过长，加之历史上形成的围湖造田、侵占滇池水面、修筑堤坝等问题，湖滨生态和湿地系统遭到严重破坏，滇池水体已失去了自净和生态调节能力，使滇池水污染防治难度极大。近 10 多年来，政府虽然投入了大量的资金进行治理，但收效甚微。

**表 1　滇池污染原因及治理中应采取的土地利用与生态建设措施简表**

<table>
<tr><th colspan="2">滇池污染主要原因</th><th>治理中应采取的土地利用与生态建设措施</th></tr>
<tr><td rowspan="3">自然因素</td><td>1. 属半封闭型湖泊，缺乏充足的洁净水对湖水进行置换，水生态环境本身很脆弱。滇池位于金沙江、珠江、红河三大河流的分水岭地带，属于金沙江水系，因而入湖河流短，来水量少，没有外流域大江大河补充水源，水体交换慢、效率低，一旦污染就很难治理</td><td rowspan="6">1. 实施退田（房、塘）还湖工程，建设、恢复与保护湖滨区湿地生态带。滇池沿岸带防浪堤应加以拆除，实在不能拆除防浪堤的地方，则在堤的外侧（靠陆地一侧）兴建“人工经济湿地系统”；<br>2. 盆地区除加强排污限制、建立污水处理厂、实施河道清淤和湖底污泥疏浚等措施外，尽快实施环湖截污工程，截断污水，确保不新增污染物；<br>3. 矿山区实施废弃地复垦与植被恢复工程，最大限度控制泥沙入湖沉积；<br>4. 实施山区坡耕地综合整治利用工程，<25°坡耕地全部实行“坡改梯”，发展“三保”（即保水、保土和保肥）型梯田农业；>25°坡耕地全部退耕还林（最好实行封山育林进行生态自我修复）；<br>5. 农业区实施生态农业工程，推广使用有机肥和生物防治病虫害，大幅度减少化肥和农药施用量，控制面源污染；<br>6. 强化山区荒山荒坡绿化工程，实施生态修复措施进行地面绿化（而非“空中绿化”），最大限度增加地面植被覆盖率；<br>7. 实施水源涵养区土地生态保护工程，建设优良的水源涵养区生态系统；<br>8. 实施“引金（金沙江水）济滇（滇池）”工程，用金沙江清洁生态水置换滇池污水，促进滇池水体动态循环，同时满足滇池流域生活用水和各业生产用水的需求；<br>9. 实施新城区绿化与生态风景林工程，建设现代新昆明生态城市，改善人居环境；<br>10. 实施滇池水生态修复工程，建立和推广与目前滇池水环境相适应，并有利于减少内源污染的水生生物系统，促进滇池水生态的恢复</td></tr>
<tr><td>2. 滇池地处昆明城市下游，是滇池盆地最低凹地带，致使在无措施或措施不力的情况下生活污水和工业废水等全部进入滇池，易遭污染</td></tr>
<tr><td>3. 在自然演化过程中已进入老龄化阶段，湖面缩小，湖盆变浅，内源污染物堆积，污染严重</td></tr>
<tr><td rowspan="3">人类<br>社会因素</td><td>1. 围湖造田等违背自然规律的土地开发利用活动使湖滨带严重破坏，水体的净化功能丧失；防浪堤的修建又人为地隔开了滇池水体与陆地的交错联系，如同把滇池水体装进了“水桶”，破坏了滇池的“肾脏”，导致滇池自净功能大大丧失</td></tr>
<tr><td>2. 流域城镇化、工业化迅速发展，大量的工业废水和生活污水（包括粪便污水、洗涤污水、废弃食物和垃圾形成的污水）进入滇池，点源污染严重</td></tr>
<tr><td>3. 广大农村地区产生的生活垃圾与生活污水、牲畜粪便、乡镇企业废水、农田区的土壤流失和化肥农药流失、山区不合理的开发利用方式（盲目开采石、矿，毁林开荒、陡坡垦殖等）带来的水土流失等，经入湖河道几乎全部带进了滇池，造成强烈的面源污染</td></tr>
</table>

据《2010 云南省环境状况公报》[21]，2010 年滇池主要污染指标仍较高，营养状态基本上属于重度富营养（见表 2）。2006 ~ 2010 年，滇池草海和外海的水质均一直处于劣Ⅴ类（见表 3）。

**表 2　滇池 2010 年主要污染指标值（mg/L，营养状态指数除外）**

| 湖泊名称 | 高锰酸盐指数 | 生化需氧量 | 总磷 | 总氮 | 营养状态指数 |
|---|---|---|---|---|---|
| 滇池草海 | 8.7 | 10.9 | 0.605 | 11.1 | 71.0 |
| 滇池外海 | 10.9 | 3.8 | 0.200 | 2.6 | 69.7 |

注：营养状态指数（TLI）的分级标准为：TLI < 30 贫营养，TLI≤50 中营养，50 < TLI≤60 轻度富营养，60 < TLI≤70 中度富营养，TLI > 70 重度富营养。

资料来源：《2010 云南省环境状况公报》。

**表 3　滇池 2006 ~ 2010 年水质类别状况**

| 湖泊名称 | 水质类别 | | | | | 水功能类别 |
|---|---|---|---|---|---|---|
| | 2006 年 | 2007 年 | 2008 年 | 2009 年 | 2010 年 | |
| 滇池草海 | 劣Ⅴ | 劣Ⅴ | 劣Ⅴ | 劣Ⅴ | 劣Ⅴ | Ⅳ |
| 滇池外海 | 劣Ⅴ | 劣Ⅴ | 劣Ⅴ | 劣Ⅴ | 劣Ⅴ | Ⅲ |

资料来源：《2010 云南省环境状况公报》。

如何才能把滇池污染治理好，何时才能还滇池碧水清波？“高原明珠”的未来是什么样？是绿水青山和世人向往的生态旅游胜地，还是一个巨大的排污处？这是昆明人民最为关注的。

前副省长陈勋儒如是说：滇池是昆明人的“命根子”，没有它就没有昆明；滇池是面镜子，通过它，人类可以看见自己是如何污染了这一池清水；滇池是把尺子，它衡量着滇池治理的力度。

据统计，“十一五”期间滇池治理实际完成投资 171.77 亿元，是“十五”期间完成投资的 7.7 倍，是“九五”、“十五”期间总投资的 3.6 倍[22]。2011 年 5 月 6 日，云南省政府召开的“十二五”滇池治理工作会议提出，“十二五”是滇池治理的攻坚期和关键期，滇池治理力争取得实质性突破，使湖体总体水质稳定达到Ⅴ类，退出国家“三湖三河”重点污染治理名单。在“十二五”规划预算中，将投入 420 多亿元治理滇池。昆明市副市长王道兴指出，治理滇池的最终目标是要让滇池水能喝[23]。

## 5.2　滇池治理中应采取的十大土地利用与生态建设措施

分析滇池流域自然与社会经济特点和滇池污染主要原因，并借鉴国内外的治理经验，经过反复分析和探索，我们认为，在滇池治理中应尽快实施退田（房、塘）还湖工程，建设、恢复与保护湖滨区湿地生态带等十大土地利用与生态建设措施（详见表 1），以保障昆明发展战略的顺利实现和滇池流域的可持续发展。

## 参考文献

[1] 高俊峰：《拯救湖泊》，《百科知识》2010 年第 12 期。

[2] 黄豁、陈明昆：《救救滇池》，《瞭望新闻周刊》2000 年第 36 期，第 53 ~ 55 页。

[3] 孙汝泳、李博、诸葛阳等：《普通生态学》，北京：高等教育出版社，1993。

[4] 杨子生、刘彦随：《中国山区生态友好型土地利用研究——以云南省为例》，北京：中国科学技术出版社，2007。

[5] Barry Commoner：《封闭的循环：自然、人和技术》，侯文蕙译，长春：吉林人民出版社，1997。

[6] 王如君：《北美五大湖自我“洗肺”》，《环球时报》2001 年 10 月 26 日（第 14 版）。

[7] 吴仲国：《日本滋贺县母亲湖“琵琶湖”上的环保课堂》，《科技日报》2002 年 10 月 31 日。

[8] 刘鸿志：《水资源开发利用要综合考虑社会和环境效益》，http：//news. h2o - china. com，2002 - 02 - 23。

[9] 吴兴人：《琵琶湖今昔》，http：//pinglun. eastday. com/p/20120129/u1a6330989. html，2012 - 01 - 29。

[10] 钟和：《日本琵琶湖治理经验》，《中国环境报》2003 年 7 月 2 日。

[11] 伍立、张硕辅、王玲玲等：《日本琵琶湖治理经验对洞庭湖的启示》，《水利经济》2007 年第 25（6）期，第 46 ~ 48 页。

[12] 陈志江：《再造琵琶湖秀美环境》，《光明日报》2001 年 2 月 12 日（第 B04 版）。

[13] 汪易森：《日本琵琶湖保护治理的基本思路评析》，《水利水电科技进展》2004 年第 24（6）期，第 1 ~ 5 页。

[14] 张兴奇、秋吉康弘、黄贤金：《日本琵琶湖的保护管理模式及对江苏省湖泊保护管理的启示》，《资源科学》2006 年第 28（6）期，第 39 ~ 45 页。

[15] 陈静：《日本琵琶湖环境保护与治理经验》，《环境科学导刊》2008 年第 27（1）期，第 37 ~ 39 页。

[16] 汪恕诚：《水环境承载能力分析与调控》，http：//www. yrwr. com. cn，2001 - 10 - 30。

[17] 陆桂华：《太湖治理的启示》，《人民日报海外版》2009 年 12 月 5 日（第 3 版）。

[18] 徐维欣：《太湖水环境治理已显成效》，《文汇报》2012 年 2 月 4 日（第 3 版）。

[19] 索利生：《在水资源水环境承载能力研讨会的讲话》，http：//www. tba. gov. cn，2002 - 08 - 30。

[20] 杨子生、贺一梅、李笠等：《城郊污染型湖区土地利用战略研究——以滇池流域为例》，见倪绍祥、刘彦随、杨子生主编《中国土地资源态势与持续利用研究》，昆明：云南科技出版社，2004，第 280 ~ 292 页。

[21] 云南省环境保护厅：《2010 云南省环境状况公报》，http：//www. 7c. gov. cn，2011 - 06 - 02。

[22] 谢炜：《力争使滇池退出国家重点污染治理名单》，《云南日报》2011 年 5 月 7 日（第 1 ~ 2 版）。

[23] 管弦、张明：《治理目标：让滇池水能喝（推进滇池治理专题之六）——本报记者专访昆明市副市长王道兴》，《春城晚报》2012 年 2 月 13 日（第 A12 版）。

# Study on Countermeasures of Land Use and Ecological Construction in Water Pollution Governance of Dianchi Lake Based on the Experiences of Domestic and Foreign Typical Suburban Lake Governance

*Yang Zisheng*

(Institute of Land & Resources and Sustainable Development, Yunnan University of Finance and Economics)

**Abstract:** Pollution of water environment is closely related to land use. The Dianchi Lake is the lifeblood of Kunming people. The final goal of its improvement is to make its water drinkable. Similar to Lake Erie of the US, Lake Biwa of Japan, and the Taihu Lake of China, the Dianchi Lake is also a suburban eutrophic lake suffering from serious pollution. Around it are key economic areas full of towns, people, and industrial and agricultural activities. So far, there has been no internationally mature mode and experience in lake pollution control. Neither has there been special study on land use strategy and planning for the areas around the seriously polluted lakes. This paper thus sumed up from the relevant domestic and overseas literature some experience and advisable methods in land use in areas around some typical suburban lakes such as Lake Erie, Lake Biwa, and the Taihu Lake. Based on these findings, considering the natural, social, and economic features of the Dianchi Lake Basin, and taking into account the analysis of the major causes behind the pollution of the Dianchi Lake, this paper suggested early implementation of ten major countermeasures in land use and ecological construction during water pollution control for the Dianchi Lake. This is to guarantee the smooth implementation of new Kunming's development strategy and the sustainable development of the Dianchi Lake Basin.

**Keywords:** Suburban lake; Water pollution governance; Land use; Ecological construction; Dianchi Lake

# 长江流域蓄调型湖区湿地生态环境保护与恢复中的土地利用对策探讨*

## ——以湖北省洪湖流域为例

李兆亮　杨子生

（云南财经大学国土资源与持续发展研究所）

**摘　要**　当今生态环境的恶化与人类不合理的土地利用有着密切的联系。洪湖是世界闻名的湿地保护区，其生态环境退化问题日益突出。本文分析了洪湖流域土地开发利用的历史与生态环境演变状况，探讨了土地利用中存在的主要问题及其在洪湖湿地生态环境变化中所起的作用，认为围湖造田、围网养殖、不合理的用地规划和水利工程建设以及流域上游的毁林开荒等诸多不合理的土地开发利用方式已使洪湖的湿地生态环境遭到了严重的破坏，并形成了恶性循环，其生态环境的保护和生态功能的恢复已刻不容缓。本文从该地区经济社会可持续发展的要求出发，提出了基于改变不合理的土地利用状况来恢复洪湖流域生态环境的5个对策：①科学编制洪湖流域土地利用总体规划，对农地和非农地实施严格的控制；②加强基础设施建设，推行科学的水利调度机制；③实施“退田还湖”工程，重新划定基本农田保护区，正确处理好生态建设与耕地保护的关系；④实施保障洪湖流域湿地资源可持续利用的生态恢复工程；⑤合理控制湖区耕地利用强度，综合立体开发水域资源。

**关键词**　湖区湿地；生态环境退化；土地利用；生态环境保护；对策

## 1　引言

湿地被誉为地球的“肾”，它有着重要的生态功能。湿地的环境污染和生态功能的退化已

---

* 基金项目：国家自然科学基金资助项目（41261018）。

第一作者简介：李兆亮（1986～），男，湖北武汉人，硕士生。研究方向为土地资源与土地利用规划。联系电话：15587125083；E－mail：tigerlihuayi@ yahoo. com. cn。通信地址：昆明市龙泉路237号云南财经大学国土资源与持续发展研究所。

通信作者：杨子生（1964～），教授，博士后，所长。主要从事土地资源与土地利用规划、土地生态与可持续发展等领域的研究。联系电话：0871－5023648，13888964270。E－mail：yangzisheng@ 126. com。

成为全球各国关注的焦点，而人类活动在湿地生态环境的变化中起了重要的作用。

洪湖位于湖北中南部，属于江汉平原四湖流域，横跨湖北东南部的洪湖、监利 2 个县级市，隶属于鄂中南的中心城市荆州市，是四湖地区的总排水口。洪湖东西长 23.4 km，南北宽 20.88 km，面积为 348.2 $km^2$。以浅水湖泊为中心，周缘为湖滨沼泽[1]，是一个以蓄调为主，兼具灌溉、渔业、航运、调节气候、控制土壤侵蚀、降解环境污染、城镇建设和居民用水等多种生态功能的长江流域蓄调型湖泊[2]。洪湖周边城镇众多，人口密集，社会经济较为发达，是我国重要的商品粮、商品棉及速生丰产林生产基地，自古就有“鱼米之乡”的美称。洪湖流域自然资源丰富，不但动物、植物种类多、分布广，还是多种水鸟的重要越冬栖息地和迁徙的“驿站”。洪湖湿地对保持长江中下游地区生物的多样性具有重要作用，在长江中下游地区蓄调型湖泊中具有代表意义。

今天的洪湖已经变成一个由人工系统控制着水体交换且生态功能严重退化的半封闭型湖泊。由于江湖阻隔，湖水很难宣泄，水体交换速度变慢。湖泊本身又较浅，蓄水量有限，洪湖固有的湿地生态环境变得十分脆弱，易遭环境污染和生态破坏。而且一旦破坏，便很难恢复。

洪湖湿地生态功能的退化与水环境的污染都或多或少与该地区不合理的土地利用方式有关，改变不合理的土地利用方式，保护洪湖的生态环境已势在必行。

本文拟从洪湖流域土地开发利用的历史与现状出发，分析围湖造田等不合理的土地开发利用方式对洪湖流域生态环境的破坏，探讨洪湖湿地的生态环境保护与恢复中的土地利用问题，并提出通过改变不合理的土地利用方式恢复洪湖湿地生态环境的相关措施，为洪湖地区的可持续发展提供依据，也为长江流域相似湖区的生态建设提供参考和借鉴。

## 2 洪湖流域土地开发利用简史与现状分析

洪湖流域土地开发利用的历史悠久。据考证，远在新石器时代，洪湖流域就有人类生息、居住。《史记》中就有“楚越之地，地广人稀，饭稻羹鱼”的描述，这说明了洪湖流域早期的居民已经能进行原始的农业生产，稻谷是主要的粮食来源，并且在湖泊中捕鱼捞虾作为食物的补充。秦汉时期，洪湖地区的经济作物种植也已经较为普遍，主要有橘、麻、棉等。由于洪湖流域的土地肥沃，气候适宜，水热资源丰富，为湖区动植物的生存繁衍及农业生产创造了优越的自然条件。历代统治者和湖区人民一直十分重视对土地的开发利用，历史上人们对洪湖流域的土地开发主要有以下 3 个方面。

### 2.1 砍伐森林，开拓农田

秦汉以后，铁制农具迅速推广，人们砍伐森林、开拓农田的活动得到了迅速发展。据文献记载，从西周初期的楚君熊铎开始就一直“辟在荆山，以事天子”[3]，可见当时江汉平原的林木资源还是十分丰富的；唐宋时期，经济社会发展加快，人口也快速增长，垸田和梯田的大面积发展，使该地区的原始森林基本上开发殆尽[4]；到了明清时代，由于经济繁荣，人口剧增，城市的规模也得到空前的扩大，洪湖流域对森林资源的开发力度进一步加大，作为“天下粮仓”的江汉平原，其森林面积的大幅减少不可避免。到近代，人类对森林的开发更是进入一个空前的阶段，多数亚热带林区已不复存在[4]，森林覆盖率仅剩约21%（《湖北地理志》，1997）。据统计，仅1977～1979年毁林开荒的面积就达到1.33万公顷（湖北省计委，1995）。

## 2.2 围湖造田

江汉平原洪湖流域的围湖造田活动可以追溯到先秦时期。在楚庄王时，楚国令尹孙叔敖就推行了“宣导川谷，陂障清泉，堤防湖涌，收九泽之利”的政策，使楚国成为春秋五霸之一。说明在春秋战国时期，随着农耕的发展，洪湖流域人民已经开始了对河湖滩涂的垦殖。魏晋南北朝时期，由于北方战乱不休，大量北方人口南迁，不但促进了江南地区的经济社会发展，也进一步加速了洪湖流域的土地开发。到南宋时期，宋朝皇室南迁，大量北方人口再次涌入湖广地区，屯田垦殖、开荒拓土的活动十分兴盛，据史书记载，南宋朝廷鼓励开垦水域周围的土地，当时产生了屯田和营田，成为了江汉平原垸田的初期形式[5]。

垸田经过近300年的发展，到了明代已经达到高潮，开始有了“湖广熟，天下足”的说法。清代以来，经过康熙、雍正、乾隆三朝的数十年经营，生产力有了很大发展，加上一些水利工程的修建，也为湖区垸田的发展创造了有利的条件。乾隆时期（1736～1795年），该地区的围垦已到了“无土不辟”的过度垦殖的程度[4]。

近代以来，围湖垦殖的面积继续扩大，尤其是1959年以来洪湖流域的围湖造田运动达到高潮。从20世纪50年代开始，在“以粮为纲”的政策指引下，提出“插秧插到湖中央，向湖心要粮”的口号，分别在1957～1962年、1963～1971年和1971～1976年进行了三次大规模的围湖造田，围垦的面积达到洪湖总面积的近1/3，使洪湖本身的面积从700 $km^2$ 缩小到现在的340余 $km^2$ [6]。

围湖造田活动中也包括了围湖养殖。洪湖流域水域广阔，气候适宜，水资源丰富，湖区人民对洪湖水产资源的开发利用由来已久。今天的洪湖已成为我国重要的淡水鱼养殖基地之一，洪湖地区的劳动人民在洪湖四周建起了一个个渔场，在湖中拉起了围栏网，进行围湖养殖，1980年代以前，洪湖的水产养殖还局限于子湖群和低洼地，1990年代初开始进入大湖养殖[7]；由于经济利益的驱动，到2004年洪湖的主湖养殖面积已达2.51万公顷，占湖泊总面积的近80%，全湖常年产鱼量在30万公斤以上，占湖北省渔业总产量的1/2，水产收入已占农民收入的65%以上。

## 2.3 水利工程的兴建

各种水利工程的建设也是洪湖地区土地开发利用的一个重要方面。历朝历代对洪湖流域水利工程的修建都十分重视，早在宋代就初步完成了荆江大堤的修建，明清时期为保障垸田的稳定生产，政府极其重视建设洪湖流域的水利设施和修建堤防，使得当时对大小湖泊的围垦面积极大地增加，受水旱灾害的影响较小，垸田的生产较为稳定。

新中国成立以后，洪湖流域水利工程的建设取得了前所未有的成就，1955年就开始修筑洪湖围堤，1958年建成了新滩口节制闸，1970年修建新堤排水闸，阻断了洪湖与长江的天然联系，限制了长江的倒灌，为洪湖流域的大面积围垦创造了条件[8]。20世纪70年代还相继修筑了洪湖隔堤、螺山电排闸等大型水利工程，最终使江湖完全阻隔，湖滨四周大片滩涂沼泽被围垦分割成了17个子湖，主湖的面积也进一步缩小，成为一个半封闭型的淡水湖泊。近年来，洪湖地区配套兴建了一系列的水利基础设施，农田水利工程基本上年年都有“大手笔”，1998年长江特大洪水以来，洪湖投资近5.3亿元，全面加固了长江干堤，确保了湖区人民的安全。据统计，新中国成立以来，洪湖兴建了大小节制涵闸2688座，兴建了高潭口、新滩口等一、二级电排站200座，水利设施用地面积已达3000多公顷，极大地促进和保障了该地区的农业生产，全市农业旱涝保收面积达到了8.70万公顷（含复种面积）。

## 3 洪湖湿地生态环境现状概述

洪湖是中国第七大淡水湖，是我国重要的湿地之一，被誉为“生命的湖泊”。由于自然因素和人类活动的影响，洪湖的面积逐渐减小，尤其是经过20世纪50年代开始的几十年的围垦和各种水利建设，不但使江湖联系被阻断，还使得原本广阔的水域面积急剧下降，到2002年洪湖的水域面积只剩下1949年前的1/2，蓄水量还不到原来的1/5。目前的洪湖不仅变小、变浅，而且水质也严重下降，已呈中营养水平，并有向富营养化发展的趋势，水体遭到了不同程度的污染，其生态环境现状堪忧。

### 3.1 水质严重下降，饮用水功能基本丧失

洪湖的水体在过去是十分清澈的，其水质下降、污染加剧只是近10多年的事。20世纪80年代开始，经济社会高速发展，其水体污染越来越严重，湖面也开始被密密麻麻的渔网所取代，其流域内大部分湖水已不能饮用，湖区人民的日常生活用水只能靠自来水厂供应。从20世纪90年代开始，总体上洪湖的水质以Ⅲ类和Ⅳ类为主，2005年甚至还一度达到了只能行船的劣Ⅴ类（见表1）。综合营养状况也不稳定，有由中营养向富营养化发展的趋势，甚至洪湖周边的一些区域水质已经变成了污染严重的臭水，水葫芦疯长，不少因缺乏供水仍饮用洪湖水的区域有了“春饮泥水，夏饮药水，秋饮脏水，冬饮臭水”的说法。洪湖的水体污染虽然从2006年开始申报国家自然保护区以来得到了一定的治理，水质有所好转，到2008年恢复到了Ⅲ类，但由于多数的治理只是单纯地从恢复水质着手，而未从流域整体生态环境的角度考虑，因此对整个洪湖流域的水环境改善作用有限，直至今日，也没有恢复到国家规定的Ⅱ类水质标准。

**表1 洪湖1990～2009年水质类别[9]**

| 年份 | 1990 | 1991 | 1992 | 1993 | 1994 | 1995 | 1996 | 1997 | 1998 | 1999 |
|---|---|---|---|---|---|---|---|---|---|---|
| 水质类别 | Ⅱ | Ⅳ | Ⅲ | Ⅲ | Ⅳ | Ⅲ | Ⅲ | Ⅲ | Ⅱ | Ⅲ |
| 年份 | 2000 | 2001 | 2002 | 2003 | 2004 | 2005 | 2006 | 2007 | 2008 | 2009 |
| 水质类别 | Ⅳ | Ⅲ | Ⅳ | Ⅳ | Ⅳ | 劣Ⅴ | Ⅳ | Ⅵ | Ⅲ | Ⅳ |

### 3.2 湿地生态功能退化

洪湖的湖泊生态环境的破坏不仅体现在水体的污染，其湿地的生态功能也有很大程度的退

化。洪湖作为一个大型平原蓄调型湖泊，其湿地的生态功能是十分重要的。然而，今天的洪湖水域的面积不及原来的1/2，且泥沙严重淤积，湖床升高，湖滨滩地缩减迅速。据胡学玉等[10]（2006）研究，洪湖滩地到2001年时已主要集中于洪湖西南角，面积约36.54 $km^2$，其余地区只有零星的分布，于是，洪湖的蓄调功能严重下降，再加上20世纪洪湖隔堤和新滩口节制闸等水利工程的修建，彻底改变了江湖关系，洪湖已成为一个被人工控制的半封闭型水体，其水体置换的频率下降；天然的径流减少，也影响了水体的自我净化功能，被称为“地球之肾”的湿地的自我净化功能遭到了极大破坏。这种环境的变化也同时影响了其湖区生物的多样性，加速了洪湖的沼泽化演变。从1960年代到2004年，洪湖鱼类已从114种减少到了40种，野生大型淡水鱼类也越来越少。在洪湖越冬的候鸟的种群数，也由133种、数百万只下降到仅12种、不足1万只，尤其是国家重点保护鸟类，如白鹳、黑鹳、天鹅等种群的数量也在逐年减少。据考证，洪湖1960年代水生优势种如菱角、竹叶眼子菜、莲等到了1980年代就已大为减少，而近年来，湖内野生的芦苇、茭、白菱等经济植物已逐渐消失[11]。生物多样性的降低不仅造成了湿地基因库价值的不断丧失，也破坏了生物的分布结构。据尹发能[12]（2008）的研究，由于湖区自然环境的演变，挺水植物菰群丛逐步向湖心发展，是致使洪湖水体沼泽化加剧、湖泊老龄化速度加快的主要因素。

### 3.3 流域自然灾害加剧

洪湖生态功能的退化还使得洪湖流域的水旱灾害更加频繁。其中1954年的特大洪水使长江大堤决口，洪湖全县被淹没；1969年江堤决口，被淹农田达553 $km^2$，受灾人口达26万人。1980年7月中旬开始连续20多天大雨，四湖地区的渍水直泄洪湖，沙口、螺山先后挖堤分洪，被淹农田达9000公顷，受灾人口达5.8万人。1996年7～8月，持久大雨与长江高水位的顶托作用，使洪湖水位创21.18 m的历史新高，形成严重内涝，受灾人口达32万人。近年来，自然灾害愈演愈烈，2010年洪湖遭遇了百年不遇的内涝，导致荆州地区158.98万人受灾，直接经济损失达12.17亿元。到2011年4月，洪湖又遇到70年一遇的大旱，历来降水丰足的鱼米之乡，居然持续高温干旱，整个洪湖湖区大面积枯涸，湖底干裂。水旱灾害给洪湖的生态环境造成了严重的打击，加剧了水生植物的萎缩、野生鱼类的大量死亡，还破坏了候鸟的栖息地，给候鸟的迁徙和繁衍带来了严重影响，遭到破坏的生态环境10年也难以恢复。

洪湖流域的生态环境恶化是多方面原因造成的，大致可以归结为自然和人为两大因素，其中人类的活动起了主要作用。洪湖属于浅水型湖泊，其湖水较浅，又是上游四湖流域总干渠的排水口，也是荆州地区主要的纳污水体，长期以来各种污染物大量排入洪湖，使其湖水严重富营养化，各种水利工程的兴建又阻隔了江湖的联系，其水体的置换频率降低，再加上历史上的一些不合理的土地开发，使湖区的生态系统遭到了严重破坏，生态功能严重下降，恢复难度极大。近几年来，政府投入了大量资金进行治理，状况虽有所好转，但依然未能从根本上解决问题，其生态环境的恢复依然任重而道远。

## 4 不合理的土地开发利用方式对洪湖的生态环境造成的影响

生态环境的破坏和污染问题，一般都直接或间接地与土地利用有关。洪湖地区的湿地生态环境问题从根本上看是由种种不合理的土地利用方式引起的，如滥伐森林、围湖垦殖、不合理的水利建设等盲目、过度的开发利用方式。因此，要彻底解决洪湖的生态环境恶化问题，恢复其生态功能，归根结底是要解决洪湖流域不合理的土地利用问题。

### 4.1 洪湖流域的毁林开荒、湖滨滩地的垦殖等过度开发，造成了洪湖流域水土流失严重，入湖泥沙量增大，使洪湖的湖床升高，加重了洪湖水体的富营养化，加速了蓄调功能的下降

洪湖流域隶属于江汉平原，自古就是经济发达、人口众多的地区，当地人民为了生存，大面积地进行毁林开荒，使洪湖流域上游地区周围的山区梯田、垸田遍布，洪湖湿地的植被受到了严重的毁坏。这种毁林开荒、破坏湿地的结果，使湖滩的湿生植物面积逐渐缩小，地表水的截留和下渗量减小，一旦发生强降水，洪灾或内涝就很容易形成；同时也会加大、加快流域内河流洪峰的流速和流量，给防洪抗灾增加压力。另外，上游的水土流失还带来了大量的泥沙，淤积于湖泊、河道内，严重损害了它们的自然调蓄功能，使洪湖流域的河、湖日渐淤塞，河水、湖水也逐渐浑浊，最终导致流域土壤肥力下降和水源枯竭、水体污染等一系列问题，极大地破坏了湖区的生态环境，流域生态恢复问题亟待解决。

对湖滨滩地、沼泽地的垦殖也是洪湖生态环境恶化的因素之一。洪湖流域遍布着人们多年以来开垦出的垸田，这些低产田很多都是由洪湖的湖滨带滩地和沼泽地开发而来的，沼泽地有其独特的生态功能，它不但可以调节气候、净化空气，也是越冬候鸟的重要栖息地。对沼泽的不当开发，严重地破坏了洪湖地区生物的生存环境，而湖滨沼泽同时也是蓄调洪水时的一个重要缓冲地带，对沼泽的破坏必将大大削弱洪湖的蓄水防洪功能，使自然灾害更加频繁。正如前文所述，在洪湖越冬的候鸟数量已越来越少，流域生态环境呈恶性发展。

毁林开荒、垦殖湖滨沼泽和破坏地被物等诸多的过度开发和不合理的土地利用行为，加剧了洪湖的沼泽化，使其老龄化的速度加快。20 世纪 50 年代洪湖年均新增沼泽化土地面积为 10.7 $km^2$，到 60 年代年均增加 16.5 $km^2$，70 年代年均增加 13.8 $km^2$，目前洪湖年均增加沼泽化面积估计保持在 10 $km^2$ 左右（见表 2）。可见，由于人口持续增长和粮食生产的压力，人们对开垦土地相对肥沃的湖滨沼泽的热情一直高涨，人类对湖滨沼泽的开发本来是一个湖泊脱沼化的过程，但洪湖是一个浅水型湖泊，其水位变换较为频繁，因此，洪湖周边的土地极易沼泽化，而人们对湖滨沼泽的开发必然会使洪湖形成新的沼泽缓冲带，并逐步向湖中心发展，这样最终会使洪湖越变越小、越变越浅。这些都充分表明了洪湖地区上游的砍伐森林以及对湖滨带不合理的开发、破坏在洪湖生态环境恶化中起到了十分重要的作用。

**表 2　20 世纪 50 年代以来洪湖沼泽化土地的增加数**[12]

单位：$km^2$

| 时间段 | 1950～1959 年 | 1960～1973 年 | 1973～1979 年 |
|---|---|---|---|
| 增加数 | 107 | 215 | 83 |
| 年　均 | 10.7 | 16.5 | 13.8 |

## 4.2 围湖造田、围网养殖等过度开发行为，导致洪湖湖面变小，水体污染，天然沼泽已消失殆尽，从而加速了洪湖生态环境的恶化

如上文所述，洪湖地区围湖垦殖的历史十分悠久。早在春秋战国时期，该区域就已经开始了围湖造田、围湖造地的活动。尤其是到了20世纪50～70年代，洪湖流域一共经历了三次大的围湖造田运动，使洪湖的面积从1950年的760 $km^2$ 减小到1979年的355 $km^2$，面积缩小了1/2以上。不可否认，围湖造田的确起到了一定的增加耕地面积、促进区域经济发展的作用，但其对生态环境造成的破坏也同样不可忽视。首先，围湖造田是人类过度开发湿地资源的一种不合理的土地利用方式，毫无疑问也是湖泊面积减小、湖水变浅的重要原因之一。其次，这种开发方式改变了其流域的水系格局，农民在湖滨围出一块农田后，为防止农田在汛期被淹，必然会修建高于洪湖高水位的防浪堤，这样就使得洪湖被分割成一块一块，原有的天然水系格局被打乱，造成流水不畅，一旦发生汛情，则必然无力泄洪，从而加剧了灾害的破坏程度，大大降低了洪湖蓄水调水的生态功能，使得近年来水旱灾害频发，对湖区人民的生命财产安全造成了严重的威胁。再次，湖泊的变小、变浅也使其对污水的净化作用遭到了破坏，如同破坏了洪湖的“肾”，更加剧了洪湖水体的富营养化，也增加了其治污的难度。最后，湖泊的这种变化还改变了洪湖水生生物的生存环境，缩小了生物的生存空间，导致了生物的多样性降低，引起其种群的变化和种类的减少，如前文所述，洪湖的野生鱼类已从20世纪60年代的114种下降到了2004年的40种。

除了围湖造田之外，围网养殖亦不容忽视。俗话说“靠山吃山，靠水吃水”，因洪湖地区得天独厚的水域环境，围网养殖已成为该地区一项重要的农业生产方式。围网养殖使得洪湖的一部分水草变成了鱼类的食物，这不仅在一定程度上控制了其沼泽化的进程，而且也在很大程度上增加了农民的收入。可是，近年来，由于经济利益的驱动，洪湖的周围围网的面积不断扩大，在其大湖上的围网面积就已从1998年的8.7 $km^2$ 增加到了2004年的251.3 $km^2$，已占湖泊总面积的近80%，大大超过了洪湖自身的生物承载力[7]。如此高强度的资源利用方式所带来的必然是一系列的生态环境问题，首先便是水体的污染，过度的养殖，会使圈养的鱼、虾、蟹的排泄物直接大量地排入湖中，而这些排泄物中含有大量的有机污染物和氮、磷等富营养化因子，再加上一些未被鱼类吸收的饵料，使得洪湖的水质已呈现较为严重的富营养化。从调查中可以得知水产养殖已成为洪湖地区污染排放的主要来源（见表3）。其次，这种大面积的围网养殖也同样威胁到了湿地的生物多样性，一方面使洪湖的水域被大大小小的渔网分割成许多小块水面，湿地中自然生长的植被也不断地被分割，在洪湖湿地中生存的野生鱼类和水鸟受到了严重干扰；另一方面也使得洪湖中生物的种类变得相对单一，种类的减少较为明显。另外，水中植物种类的减少还会加剧洪湖水体的内源污染，根据胡学玉（2006）等人的研究[10]，洪湖天然水草的覆盖率由过去的98.6%减少到现在的只在零星水域生长，且入湖的氮、磷等富营养元素不能被生物吸收利用，水体自净能力下降，这些元素随着未被分解的饵料和排泄物一起沉积到湖底，当氧化还原环境发生变化时，底泥将成为水体的主要污染源，最终形成了外源营养物质的输入与内源营养元素的连续释放共同构成的洪湖水体富营养化物质基础。

表3 洪湖各污染源污染物排放量统计[9]

单位：吨/年

| 污染源分类 | COD | 氨氮 | 总磷 |
|---|---|---|---|
| 工业生产废水排放量 | 478.8 | 11.8 | 0 |
| 城镇综合污水排放量 | 8472.4 | 847.2 | 484.1 |
| 农村生活污水排放量 | 8441.7 | 844.2 | 211 |
| 畜禽养殖污水排放量 | 8022.1 | 1604.4 | 1091 |
| 水产养殖污水排放量 | 47874.4 | 6839.2 | 980.1 |
| 农业种植面源污染排放量 | 978.2 | 680.6 | 47.2 |
| 合　计 | 74267.6 | 10827.4 | 2813.4 |

## 4.3 不合理的土地利用规划和不适宜的水利工程的兴建改变了洪湖的江湖关系，加剧了其湿地的生态功能退化，加重了洪湖水体的污染

从表3可以看出，洪湖水体的污染源除了水产养殖外，主要还有工业生产废水、城镇综合污水、畜禽养殖污水和农业种植的面源污染等方面。这些污染源的产生从根本上讲都与不合理的土地利用有关。由于洪湖地区湖泊众多、河网交织，人们自古以来就采取建堤为垸的方式增加土地面积，以满足人口增长产生的对土地的需求。这种利用方式从历史上看对促进该地区的经济发展与农业生产起到了一定作用，但是，不论是围湖造田，还是对湖滨滩地的不当开垦，都会使湖泊的面积大幅萎缩，加速湖泊的老化和消亡，破坏湖区的生态环境。仔细分析，人们热衷于开垦湖滨的土地有以下3个原因：其一，湖滨的土地多为沼泽，土壤的腐殖层较厚，肥力较强，易于开垦为耕地，围湖形成的土地也有同样的特点；其二，随着经济社会的发展，城市的规模越来越大，规划部门在进行城市规划时往往会将工厂、企业逐步迁离市中心，在城郊建立工业园、开发区等，而洪湖地区由于有着水域面积大、湖泊众多的特点，所以开发区往往就建在了湖区，将这些靠近湖泊的土地规划为建设用地，供工厂、企业使用，这无疑是考虑了其丰富的水生资源以及便利的交通，因此对湖滨土地的大量侵占也是不可避免的；其三，近年来，由于规划部门在划定基本农田时，一味追求耕地“占一补一”，而对区域内城市发展、耕地质量和空间布局等关键问题缺乏深入研究，将大量开阔地规划成了农田，其中不少是湖滨的裸地和沼泽，有的还是历史上围湖得来的耕地，这些湖田在汛期较易转化为洪泛平原（见表4）。这种重数量、轻质量的规划，并没有真正达到保护耕地的目的。

这样，由于不合理的土地利用规划而划定的湖滨耕地表面上看起来易于耕作，实际上一旦到了汛期，极易被洪水淹没。从表4可以看出，1993～1998年的农田转为洪泛平原的转移率高达48.36%，这样的农田根本无法保证全年的产量，其经济价值十分有限；再加上市场经济导向使洪湖地区的农业从传统的有机农业转向了化肥农业，农业结构的调整也使得蔬菜、瓜果等经济作物迅速推广，这就造成了大量化肥和农药的施用，其中所含的大量有机物和有毒成分，随着雨水的冲刷，大量排放到洪湖中，形成了严重的农业面源污染；它和洪湖周边农村向洪湖中排放的未经有效处理的生活污水一起构成了农业综合污染，使洪湖的水质进一步恶化。并且洪湖作为荆州地区的总排污口，大量城镇生活污水和工业废水通过其上游的四湖总干渠排

入洪湖，其中还包括由于不合理用地规划造成的污染型企业，如化工、生物医药等行业被配置到不当区域，其排入洪湖的部分工业污水未经有效的处理，这些都造成了洪湖水体的污染和富营养化的加剧。

**表4　洪湖湖区两个时段（1987～1993年和1993～1998年）土地覆盖类型的转移概率[13]**

单位：%

| 土地覆盖类型 | 水　体 | 湖滩植被 | 洪泛平原 | 农　田 | 开阔地 |
|---|---|---|---|---|---|
| 1987～1993年 | | | | | |
| 水　体 | 82.84 | 11.03 | 3.15 | 2.98 | 0.00 |
| 湖滩植被 | 29.58 | 25.60 | 30.74 | 13.37 | 0.71 |
| 洪泛平原 | 7.58 | 15.53 | 41.59 | 31.98 | 3.32 |
| 农　田 | 23.30 | 15.12 | 30.93 | 27.74 | 2.91 |
| 开阔地 | 30.97 | 9.73 | 21.24 | 34.51 | 3.55 |
| 1993～1998年 | | | | | |
| 水　体 | 74.38 | 17.90 | 5.71 | 1.90 | 0.11 |
| 湖滩植被 | 27.75 | 38.92 | 27.75 | 4.86 | 0.72 |
| 洪泛平原 | 10.30 | 31.38 | 49.1 | 8.14 | 1.08 |
| 农　田 | 7.77 | 24.18 | 48.36 | 19.00 | 0.69 |
| 开阔地 | 1.92 | 21.15 | 57.69 | 17.31 | 1.93 |

洪湖地区的部分水利工程的修建也存在一些不合理或已不合时宜的问题，间接地造成了洪湖生态环境的恶化。人类治水的历史十分悠久，在“向大自然宣战”的口号的鼓舞下，洪湖流域从1950年代起就开始修建防浪堤、节制闸等水利工程，这些水利工程无疑具有一定的人工蓄调功能，在一定程度上起到了防洪抗旱的作用，但是，一些不合理的水利工程的兴建对洪湖生态环境造成的负面影响也是显而易见的。水利工程的修建使湖滨的滩地更容易开垦，间接地促进了围湖造田等不合理的开发行为。开垦出新的湖滨土地后，人们为防止土地被湖水淹没，往往会修建防浪堤或垸堤，且逐年加高，有的地段洪湖水位已高于堤内地面，使洪湖变成了“悬湖”，也阻止了洪湖的排渍，使洪湖地区一到汛期，常常“外洪内渍”，如同将洪湖装进了一个“水袋子”，使湖水进出不得；更严重的是，这些水利工程改变了原有的江湖关系，使原本与长江相连的洪湖变成了一个由人工调节的半封闭型湖泊，这种改变让洪湖的天然蓄调功能几乎完全丧失。上游排入的污水和泥沙得不到稀释，只得大量沉积于湖底，造成内源污染，湖床也逐渐升高。到了汛期，排入洪湖的洪水得不到宣泄，长期保持着高水位；干旱之时又由于上游节制闸的层层堵截，来水量也大幅减少，湖水极易干涸，2010年的大旱就使得洪湖水域干涸了3/4，灾害发生的频率也越来越高。未经合理规划与布局的大大小小的水利工程也改变了洪湖流域的水系格局，尤其是阻隔了洪湖与长江的联系，使一些回游型鱼类无法回到洪湖中繁衍，使洪湖的水生生物种群变得单一，严重地破坏了洪湖湿地的生态平衡。

不合理的土地利用规划与不适宜的水利工程建设都直接或间接地造成了洪湖生态功能的退

化，尤其是湖滨带湿地的消失和江湖关系的改变，使洪湖失去了天然的屏障，基本失去了天然的蓄水调水的功能和自我净化的功能，最终使其生态环境变得更加脆弱，已无力抵御上游的泥沙和各种污水的排放，洪湖的“肾功能”被破坏，其结果只能是水旱灾害频发，洪湖越变越小、越变越脏。

综上所述，可以认为，在洪湖生态环境恶化和生态功能下降的过程中，人为的因素发挥了很大作用，尤其是1950年以来，围湖造田、围网养殖、不合理的用地规划和水利工程建设以及流域上游的砍伐森林等诸多不合理的土地开发利用方式已使洪湖的湿地生态环境遭到了严重的破坏，并形成了恶性循环（见图1），其生态环境的保护和生态功能的恢复已刻不容缓。

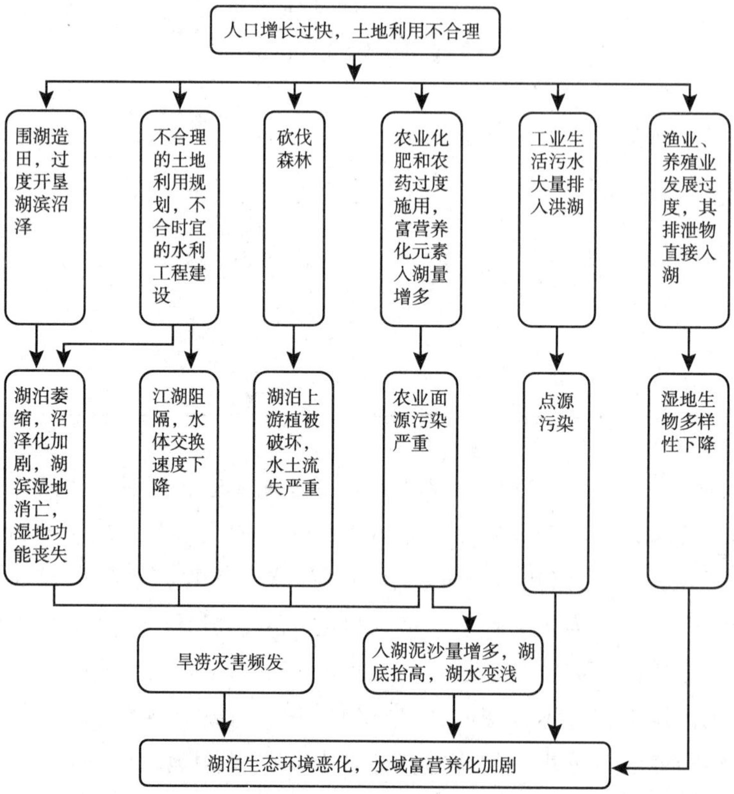


**图1 洪湖流域不合理的土地利用导致湖泊生态环境恶化并恶性循环**

## 5 改变不合理的土地利用方式，恢复洪湖湿地的生态功能

近年来，人们对环境保护的问题已越来越重视。尤其是2006年洪湖开始申报国家级湿地自然保护区后，相关部门对洪湖的水环境进行了一系列的治理，也开展了相应的“退田还湖”工程，但并没有从根本上改变洪湖的湿地生态环境，其水体依然未能恢复到国家规定的Ⅱ类标准，水旱两灾发生的频率还有愈演愈烈的趋势。为彻底改变洪湖湖区的生态环境现状，恢复洪湖湿地的生态功能，必须从改变不合理的土地利用方式着手，从根源上进行整治，实施可持续土地利用战略，使洪湖湿地的生态环境得到有效恢复，实现洪湖地区的可持续发展。

### 5.1 科学编制洪湖流域土地利用总体规划，对农地和非农地实施严格的控制

土地利用规划被誉为土地利用管理的“龙头”[14]。洪湖流域是全省乃至全国的重要粮食和渔业生产基地，人口众多，“人多地少”的矛盾本已十分突出，工业园及各项基础设施的建设还要占用大量耕地；洪湖又是一个重要的湿地保护区，其生态恢复的工程也将占用不少土地，这种矛盾必将更加突出。急切需要编制科学合理的土地利用总体规划，并对规划的土地用途实施严格的管制制度，国土、林业、农业、水利等相关部门应建立一个高效的协调管理机构，相互协调、配合，通过行政的手段共同对洪湖湿地的土地利用依法进行科学管理[8]，应做到：①在统筹兼顾各类用地的基础上，优先保障合理的重点建设用地；②对湖区重点行业的用地需求进行深入的分析，确保其不会破坏湖区的生态环境，对已经造成湖区生态环境破坏的行业，要坚决予以迁并，并重新进行规划（如污染型企业应迁离洪湖的上游水域）；③节约每一寸土地，在现有的土地上实行深度开发，着力提高土地集约利用程度，提升土地利用的综合效益。

### 5.2 加强基础设施建设，推行科学的水利调度机制

基础设施建设是保障洪湖地区生态建设的必要条件，也影响着湖区土地资源的合理开发利用。洪湖流域基础设施的建设要重点做好以下两个方面。

（1）“洪湖截污”工程。即应在洪湖流域的上游、四湖总干渠的排污口处建设相应的污水处理设施，将排入洪湖的污水集中起来进行统一治理，经过有效的处理后方可排入洪湖，从而截断洪湖的外源污染，阻止或尽可能地减少污水未经处理直接排入洪湖，降低经济发展和城市规模的扩大对洪湖生态环境的威胁。

（2）“洪湖通江”工程。即借鉴与洪湖情况相似的太湖“引江济太”的治理经验，推行科学的水利调度制度，通过对洪湖与长江之间的节制闸的控制，采取“灌江纳苗”的办法[15]，使洪湖能定期通江，加快洪湖水体的交换频率，提高其自我净化的功能，并通过这种对已有水利工程的调控，恢复洪湖与长江的联系，提高洪湖的生物多样性，逐渐恢复其原有的生态功能，最终实现洪湖湿地生态环境的恢复。

### 5.3 实施“退田还湖”工程，重新划定基本农田保护区，正确处理好生态建设与耕地保护的关系

根据洪湖流域土地利用中存在的主要问题以及洪湖流域可持续发展的基本要求，正确处理好洪湖流域经济建设、耕地保护和生态建设间的关系，要因地制宜地规划出符合该地区特点的基本农田保护区。规划部门在落实耕地“占一补一”这一政策时，一定不能只注重数量上的平衡，而忽视了耕地的质量，将湖滨一些并不适宜开垦的开阔地规划为耕地，而应该进行科学的评估，将湖滨一定面积的开阔地规划为生态环境安全控制区，为洪湖留下一定的缓冲地带，禁止对其进行开发。对于已经开垦的，要坚决“退田还湖”，以逐步恢复洪湖的天然蓄调能力，也能有效地减少污染，降低湖区的自然灾害发生频率，切实保障湖区人民的生命和财产安全。另外，对规划出的基本农田保护区，应制定严格的保护措施，坚决禁止乱占滥用耕地的行

为。并通过增加投入，提高农业生产的技术水平，加快低产田的改造步伐，提高现有耕地的复种指数，保证粮食的产量和农民的生活水平，最终实现洪湖地区土地开发利用中社会效益、经济效益、生态效益的有机统一。

## 5.4 实施保障洪湖流域湿地资源可持续利用的生态恢复工程

要实现洪湖湿地生态系统的良性发展和建设湿地自然保护区的目标，必须加大对生态建设的投入，科学系统地实施湿地的生态恢复工程，从而彻底地改变洪湖湿地的生态环境恶化局面。具体而言，需要实施以下五大生态建设工程：①湖滨带湿地的恢复工程；②湖区生态农业工程；③退耕还湖工程；④湖区环湖植被恢复工程；⑤流域河道清淤治理工程。

## 5.5 合理控制湖区耕地利用强度，综合立体开发水域资源

洪湖地区是重要的农产品和淡水鱼生产基地，对湖区耕地的高强度利用（主要指化肥和农药的施用）及大面积的围网养殖所造成的农业面源污染已成为洪湖水体的主要污染源。而高强度利用土地和开发水域所带来的经济效益是其主要的驱动因素，要控制洪湖的富营养化，就必须减少湖区土地资源过度开发所带来的农业面源污染。为此，需要做好以下两个方面。

（1）控制湖区农用地的利用强度，尽可能地减少化肥和农药的施用，大力发展生态农业。一些对化肥和农药要求较高的经济作物所占用的园地应规划至离水域较远的地带或下游地区；对水域的开发要采取综合立体开发的模式，大湖、子湖、小塘堰同时开发利用，扩大精养水面，优化养殖模式，发展特优品种；对湖中超面积的围网，一律予以拆除，严格控制围网密度和养殖区域，尽可能地减少对水域的污染。

（2）调整湖区相对单一的产业结构，转变湖区农业发展方式。建立“自然养殖 + 生态旅游 = 低密度、高效率”的发展方式，取代“高密度、低产出”模式；鼓励农民发展环保渔业、生态农业；对农产品进行深度加工，提高有限资源利用的集约程度，以补贴农民因退耕还湖、退渔还湖所损失的收入[8]；以集约型利用替代粗放型利用，以“又好又快”的发展方式代替“重数量，轻质量”的发展模式，最终实现发展方式的转变，保障洪湖地区建设“两型”社会目标的顺利实现和洪湖湿地生态系统的良性发展。

## 参考文献


[1] 杜耘、陈萍、Kieko SA TO 等：《洪湖水环境现状及主导因子分析》[J]，《长江流域自然资源与环境》2005 年第 14（4）期，第 481 ~ 485 页。

[2] 肖飞、蔡术明：《洪湖湿地变化研究》[J]，《华中师范大学学报》（自然科学版）2003 年第 37（2）期，第 266 ~ 272 页。

[3]《左传·昭公十二年》，岳麓书社，1988。

[4] 赵艳、吴宜进、杜耘：《人类活动对江汉湖群环境演变的影响》[J]，《华中农业大学学报》（社会科学版）2000 年第 1 期，第 31 ~ 33 页。

[5]《宋书》（卷 54），中华书局，1974。

[6] 黄应生、陈世俭、吴后建等：《洪湖演变的驱动力及其生态保护对策分析》[J]，《长江流域自然资

源与环境》2007 年第 16（4）期，第 504～508 页。

［7］卢山、王圣海、袁为柏等：《洪湖湖泊环境演变与湿地生态产业发展的思考》［J］，《生态经济》2009 年第 11 期，第 157～159 页。

［8］卢山、李世杰、王学雷：《洪湖的环境变迁与生态保护》［J］，《湿地科学》2004 年第 2（3）期，第 234～237 页。

［9］胡丹：《洪湖水质及污染源调查与分析》［J］，《大众科技》2011 年第 2 期，第 80～99 页。

［10］胡学玉、陈德林、艾天成：《1990～2003 年洪湖水体环境质量演变分析》［J］，《湿地科学》2006 年第 4（2）期，第 115～120 页。

［11］卢山、姜加虎：《洪湖湿地资源及其保护对策》［J］，《湖泊科学》2003 年第 15（3）期，第 281～284 页。

［12］尹发能：《洪湖自然环境演变研究》［J］，《人民长江》2008 年第 39（5）期，第 19～22 页。

［13］赵淑清、方精云、唐志尧等：《洪湖湖区土地利用/土地覆盖时空格局研究》［J］，《应用生态学报》2001 年第 12（5）期，第 721～725 页。

［14］杨子生、贺一梅、李笠等：《城郊污染型湖区土地利用战略研究——以滇池流域为例》［A］，见倪绍祥、刘彦随、杨子生主编《中国土地资源态势与持续利用研究》［C］，昆明：云南科技出版社，2004，第 280～292 页。

［15］陈宜瑜、许蕴玕：《洪湖水生生物及其资源开发》［M］，北京：科学出版社，1991，第 129～139 页。

# A Probe into Land Use Countermeasures for Ecological Environment Protection and Recovery of Storage-regulating Lake-area Wetland in the Yangtze River Basin: A case study in Honghu Lake Basin, Hubei Province

*Li Zhaoliang*, *Yang Zisheng*

(Institute of Land & Resources and Sustainable Development, Yunnan University of Finance and Economics)

**Abstract**: In the contemporary era, the deterioration of eco-environment is closely linked to unreasonable land use. Honghu Lake is a world famous preserve of wetland, and its degeneration of eco-environment is ever increasing. This paper analyzed the history for land exploitation and utilization as well as the evolvement of eco-environment in the Honghu Lake Basin, and probed into the major problems for land use as well as the role of the eco-environment changes in the Honghu Lake Basin. The wetland eco-environment of Honghu lake has been suffering serious destroy by the numerous unreasonable exploitations such as making fields from lake, breed aquatics by circling a net area, unreasonable land planning and hydro-works construction, as well as deforestation and wasteland exploitation in the upper stream etc, and a vicious circulation has been formed. Therefore, there is no time to delay for the protection of eco-environment and recovery of eco-functions. Seen from the requirements for sustainable development of economy and society in this region, the paper put forward five countermeasures for improving the unreasonable status of land use and recovering the eco-environment of Honghu Lake Basin: ① to formulate scientifically the general land use planning of Honghu Lake Basin, and conduct strict control over agricultural land and non-agricultural land; ② to strengthen the infrastructure construction, and carry out the scientific mechanism of water conservancy dispatching; ③ to implement the program of converting farmland to lake, re-divide the basic farmland protection area, and correctively tackle the relations between eco-construction and farmland protection; ④ to implement the eco-recovery works for conservation of the sustainable wetland resources utilization in Honghu Lake Basin; ⑤ to control reasonably the extent for utilization of farmland, and exploit the resources of water area comprehensively and stereoscopic.

**Keywords**: Lake-area wetland; Degeneration of eco-environment; Land use; Eco-environment protection; Countermeasure

# 滇池流域非点源污染驱动力特征与防治措施研究*

袁睿佳

（云南财经大学国土资源与持续发展研究所）

**摘　要**　滇池水污染问题严重，已在连续三个五年计划中被纳入国家“三河三湖”重点治理范围，非点源污染一直是滇池水环境治理工作的重点和难点。本文通过查阅大量资料，在分析滇池流域非点源污染驱动力特征的基础上，针对人为驱动因素，归纳出防治农业农村非点源污染、推进城乡一体化发展、修复湖滨带、控制磷矿开采等相应的防治措施，以期能降低入湖污染量，加速恢复水体自净能力，使滇池流域返回良性循环的轨迹。

**关键词**　滇池流域；非点源污染；驱动力；防治措施

滇池是我国第六大淡水湖泊，是我国西南地区最大的高原湖泊，对西南地区经济和社会发展起着至关重要的作用。流域内常住人口达300多万人，是云南省居民最密集、人为活动最频繁、经济最发达的地区，对昆明市乃至云南省的社会经济发展以及昆明怡人气候的形成起着至关重要的作用。近四十年来，随着流域经济快速发展和城市规模急剧扩大，各类环境负荷剧增与环保设施建设滞后的矛盾日趋突出，水体污染严重，其使用功能消失殆尽。党中央、国务院十分重视滇池的保护治理，从“九五”以来，在连续三个五年计划中将滇池纳入国家“三河三湖”重点治理范围，并成为“三湖”治理中的难点[1~3]。

20世纪70年代以来，中国的重要湖泊和河流水域，如太湖、滇池、巢湖、洞庭湖、白洋淀、异龙湖、三峡库区等，氮、磷富营养化问题严重[4]。近年来，随着各地方政府对点源污染控制的重视，工业点源和城市生活点源污染在包括滇池在内的许多流域已得到较好的控制和治理。有研究表明，中国水体污染严重的流域，农田生产、农村畜禽养殖和城乡接合部的生活排污等非点源污染是造成水体氮、磷富营养化的主要原因，其贡献率大大超过来自城市生活污水和工

* 基金项目：云南省应用基础研究基金面上项目（2010ZC096）。

作者简介：袁睿佳（1980~），女，云南昆明人，博士，副教授。从事景观生态学、土地资源管理与GIS应用研究。

业生产的点源污染。鉴于形成非点源污染的不确定因子较多，过程复杂多变，空间上具有广域性，时间上又具有瞬时性，非点源污染一直是水污染防治工作中技术与工程的重大挑战。

滇池流域非点源污染物的产生与分布，因其特定的自然特征和社会经济状况，与“三湖”（太湖、巢湖、滇池）中其他两个湖不同，故相应对策也应不同。本文通过大量收集相关资料[5~10]，从自然和人为两方面分析流域非点源污染驱动力特征，进而有针对性地归纳整理出治理建议，以期为减少污染源，提高湖体纳污、自净能力，治理滇池水体富营养化，增强流域生态系统功能这一滇池流域水环境治理目标提供参考。

# 1 自然地理概况

滇池流域位于云贵高原中部，属于长江流域金沙江水系，地处长江、珠江和红河三大水系分水岭地带。滇池流域位于东经102°29′~103°01′，北纬24°29′~25°28′，南北长约109km，东西宽约52km[11]。综合自然区划中，属东部季风区、中亚热带、云南高原——察隅区的滇中高原及滇东湖盆小区。

滇池流域受北亚热带湿润季风气候制约，形成了四季温差小、冬干、夏湿、干湿季分明、垂直变异显著的低纬山原季风气候。

滇池是一个因断陷而成的构造湖，由于构造作用不均，高原面上有相对隆起的山丘，有海拔较低的湖积平原及湖泊，又因受到河流切割及地下水的溶蚀，形成了多种小地貌类型。受地形影响，山地降雨量相对较多，温度稍低，坝区降雨量相对较少，北部和西部降雨量相对较多，东部降雨量相对较少。

滇池流域南部，磷矿资源储量巨大，已建成云南省磷化工工业区。滇池盆地周围，工业和建材用石料、风化石英砂以及工业用黏土资源也十分丰富，开采规模也较大。

# 2 非点源污染驱动力特征[12]

## 2.1 自然驱动因素

（1）滇池位于昆明市主城区下游，地处流域最低点。流域内主要入湖河流穿过人口密集的城镇，沿途接纳工农业生产和居民生活污水，携带大量污染物最终流入滇池，使滇池成为昆明市污水唯一的汇集地，形成严重的外源污染。长期以来，大部分污染物滞留于湖内，加之滇池水体面积不断缩小，环境容量随之迅速下降，水体质量急剧恶化。

（2）滇池水流自北向南，而流域内的盛行风向为西南风，形成湖水“有似倒流”的特点。风向与水流方向相反使得污染物很难被输送出湖泊；相反，漂浮物往往被送至湖泊源头，污染物沉积的底泥堆积日益严重，加之滇池湖盆宽浅，湖区西南风强劲，湖水搅动强烈，底泥中的污染物向水中扩散，形成严重的内源污染。

（3）滇池地处磷矿区，除生活污水带来磷污染外，流经磷矿区而带入湖泊中的磷矿碎屑在湖底沉积是富营养化的重要原因。滇池南、西、东三面分布着大量寒武纪磷矿岩，每年有大量磷通过物理、化学和生物作用进入滇池，河流带入的不溶性磷酸盐矿物——钙结合态磷和铁结合态磷在乳酸杆菌的作用下分解，从沉积物中释放出来，致使磷矿物中的磷转为可溶性磷释放到水体中，造成湖水的二次污染。

（4）滇池与国内外一些平原湖泊相比，具有以下高原湖泊的典型特点：入湖河流距源头近，流程短，入湖29条河流总长约350km，除盘龙江外，河长均在27km以内，最短的乌龙河河长仅为3.68km。来水量少而不均，水体置换周期较长，湖水多年存蓄积累，已演变成半封闭湖泊。水体滞留时间长，流速缓慢，大量湖水被重复利用，导致湖内物质出入不平衡，加速了水体污染和污染物在湖内的累积。

## 2.2　人为驱动因素

近几十年来人类的经济活动对滇池湿地生态系统产生了巨大的破坏性影响。围湖造田、破坏草海沼泽以及滇池外海修建防洪堤，致使天然湿地消失殆尽；湖带植被遭到破坏，导致水体中大量动植物物种灭绝。失去了天然屏障的滇池，难以抵御上游面山、农村及城镇带来的农业生产和生活污水、磷污染和水土流失等非点源污染。

（1）20世纪80年代以后，滇池流域与我国其他重要流域一样，由于耕地资源的不断流失，为缓解人口不断增长对粮食需求的压力，大大增加了流域内蔬菜、水果、花卉的种植面积，尤其在地形、区位条件优越的官渡、呈贡和晋宁三个区县内的湖滨区和部分台地区，开始了大规模果蔬、花卉的大棚种植。农户们为了追求经济效益，加之湖滨区农业正处于由传统种植业向现代集成农业、设施农业发展的阶段，农药和化肥施用量剧烈上升，远远超过了农田可承载的安全负荷，同时，农耕区的沟渠和固体废弃物缺乏科学的管理和有效处理，农业生产成为滇池水体富营养化的主要非点源污染源。

（2）农田非点源污染加剧的同时，农村养殖业的发展，使得部分地区的氮、磷元素外排量剧增，成为滇池流域的非点源污染源之一。

（3）至2007年，滇池流域内所涉及7个县区、近340个村委会、1300多个自然村的农村人口约达到735000人，众多的农村人口产生了大量的生活污染物，由于村落、集镇普遍缺乏集中收集、处理污染物的意识和能力，为流域的非点源污染做出了不小的“贡献”。

（4）城乡接合部由于缺少排污管网等基础设施，加之此类地带快速扩张，成为城区非点源污染的主要来源。

（5）近几十年来滇池流域南部磷矿开采量的持续增大，加上一些磷化工企业废物的不规范排放，导致进入滇池的磷元素急剧增加。

（6）经过长期的人为干扰、破坏，滇池流域大部分植被结构、林种单一，多为云南松次生林，水土保持能力低下，水土流失严重。虽经过多年的植被恢复，水土流失状况也得到一定程度的控制，但磷矿、土石开采区的植被大面积被破坏，致使地表完全裸露，生物生产力丧失，蓄水保土能力降低，形成大面积采空区和塌陷区，富磷地区的水土流失愈发加重了水体磷污染。另外，公路建设等不间断的人为干扰使水土流失成为不得不重视的问题。

（7）滇池流域的第三产业（特别是旅游业）飞速发展，旅游人口的剧增给滇池流域的环境也带来了相当大的压力，而滇池流域大部分的旅游景点不存在污水处理系统或仅存在比较简单的污水处理系统，无法缓解由旅游业飞速发展带来的大量非点源污染。

（8）据相关部门推测，至2020年，昆明市城区人口将由现在的260多万人增至约450万人；城建面积将由现在的200多$km^2$扩大到约460 $km^2$。城市化进程的加快，城市面积的增加，人口的持续增长，将带来越来越多的污染物排放，同时，滇池流域的污水处理系统却不够完善，这将进一步加剧污染物对环境的压力。

# 3 非点源污染防治措施研究

## 3.1 防治农业、农村非点源污染

应积极响应政府号召，以建设资源节约与环境友好型新农村为重点，以“农村废弃物资源化利用”为突破口，以生态村建设为着眼点，治理滇池流域农业、农村非点源污染。具体措施如下。

（1）以村为单元，农户为基础，通过配套建设人畜粪便和生活污水净化处理设施、农村废弃物分类收集与处理利用设施、农田有害废弃物收集设施，综合集成推广各类资源节约与环境友好型生产技术，推进农药化肥减施，人畜粪便、农作物秸秆、生活垃圾和污水的综合治理与转化利用。把“三废”（粪便、秸秆、垃圾污水）变“三料”（肥料、燃料、饲料），以“三节”（节水、节肥、节能）促“三益”（生态效益、社会效益、经济效益）。实现“田园清洁、家园清洁、水源清洁”的目标。

（2）滇池流域农业、农村非点源污染中，总氮（TN）、总磷（TP）主要来源于农业生产中化肥的盲目施用。2001～2005年，昆明市土肥站曾在流域内官渡、西山、呈贡与晋宁四县区推广平衡施肥技术，对于减少化肥用量，提高土壤肥力，改善作物生长，降低病虫害发生概率，增加作物产量均有显著作用。相反的，呈贡大渔乡施肥对作物产量、品质影响的田间实验结果表明，某些农作物产量与施肥量显著负相关，施肥量的增加不仅不能增产，还有减产效果。因此，有必要在滇池流域全面推广应用测土配方、平衡施肥技术，以建设少废农田。

（3）对于官渡、呈贡和晋宁三个蔬菜、水果、花卉种植大区的湖滨区和部分台地区，除注意合理施肥外，还应改善农田景观结构，发展循环农业，并适当加入植被缓冲带和人工坑塘，将沟－渠－河－塘与村－田－路－林进行整合，构建成“点－线－面”一体的优化景观格局以提高水网体系的自净能力，减少农田径流中的污染物。

（4）大力开展建设沼气池，以解决污水和人畜粪便污染问题。同时，沼气池产生的沼渣和沼液还可成为培肥地力、改善作物品质、缓释速效兼备的有机肥料，对推广测土配方、平衡施肥技术也是一种有力的保证措施。

（5）科学划定畜禽饲养区，推进畜牧业科学合理布局，鼓励建设规模化、规范化、工厂化生态养殖场和养殖小区，不断提高养殖规模化、集约化、生态化水平。同时，在流域中城区范围内、滇池环湖路内侧、入湖河道两岸与集中式饮用水源地等重要区域全面禁养。

（6）建设秸秆气化厂（站）和堆沤池，在对秸秆加以利用的同时，大力推广生物菌剂处理技术，加速秸秆还田进度。

### 3.2 推进城乡一体化发展

为了消除和减少农业非点源污染，滇池流域核心区可逐步减少和取消农耕活动。根据滇池流域城镇化和城乡人口结构变化趋势，坚持适度聚集、节约土地、保护环境的原则，推动人口向城镇集中，实现土地的集约经营和提高污水的收集处置率。

### 3.3 开展集镇与城乡接合部的生产生活污染物收集设施建设

在流域中集镇与城乡接合部中生产生活不能进入城市污水收集管网的区域，建设集镇污水收集管道和处理设施，采用分散式污水收集处置方式，开展农村与城乡接合部生产生活污水收集处理设施建设。

在流域中所有乡镇所在地建设垃圾收集及转运设施，开展农村生活垃圾收集设施建设，尤其应优先建设水源保护区范围内的村镇生活垃圾收集处理设施。提高生活垃圾无害化处理率和资源化率；配套建设垃圾渗滤液处理站，防止垃圾渗滤液对水体的污染；加强对垃圾填埋场的监管力度，提高填埋场运营管理水平。

### 3.4 修复和优化湖滨带

湖滨带湿地是陆地和湖泊水体的缓冲区，也是控制滇池污染的最后一道防线。故应在滇池水体一级保护区内实施“退耕、退塘、退房、退人”措施，以植被修复为核心，以恢复生物多样性为目的，以提高生态系统稳定性为重点，强化湖滨湿地廊道带的自净功能，重建湖滨带湿地生态结构。

根据滇池水体周边的具体情况，在有条件的湖岸带，结合基底修复，逐步拆除防浪堤，通过植物引种，从陆地到水体形成乔木防护林带、挺水湿生带等完整系列植物群落结构的湖滨湿地，力求恢复完整的水陆过渡带生物群落结构，使流域经济活动与滇池湖泊之间形成一条生态隔离带，逐步还原滇池湖泊的自然属性，恢复流域湖滨区的生态良性循环。

对不能拆除防浪堤的地段，在堤外侧，结合不同地段情况，建设人工经济湿地系统，或建设生态防护林带。

### 3.5 不断强化植被修复

继续加强城市绿地和森林公园建设，尤其以面山植被修复为重点，对宜林荒山进行统一规划，通过大力实施退耕还林还草、植树造林、封山育林、低效林份改造，提高植被覆盖率，完成水土流失的综合治理。

### 3.6 控制磷矿开采

加强流域富磷地区的磷矿开采监管，控制开采强度与范围，提高开采加工技术，以减轻磷元素的流失。对磷矿开采导致地表完全裸露的区域，不但应大力组织植树造林，绿化荒山，还应在各河流的滇池入水口附近设置前置塘－人工湿地－湖滨林的复合景观作为缓冲带，截留、过滤径流中的泥沙和污染物，搞好磷化工生产的“三废”治理工作，防止未经处理的含磷废水流入滇池。

## 4 结语

滇池作为高原湖泊，有着其独有的特点，这使得其非点源污染治理的长期性、复杂性和艰巨性较平原湖泊、水域更为突出。十多年的治理虽未使滇池水体污染状况出现根本性好转，但对遏制污染进一步恶化起到了不小的作用。因此，只有将滇池非点源污染治理作为一项长期任务，统筹城乡发展，从生态治理的角度，采用点面结合、多措施修复、加强科技示范与监管能力等综合治理方法，才能有效减少非点源污染源，提高湖体纳污能力，增强流域生态系统功能。

### 参考文献


[1] 国家环境保护总局:《“三河”“三湖”水污染防治计划及规划》[M]，北京：中国环境科学出版社，2000。

[2] 薛选世:《中国可持续发展水资源战略研究综合报告》(网络版)，《中国水利报》，2000年10月11日。

[3] 解振华:《求真务实地完成重点流域“十五”水污染防治任务》[J]《环境保护》，2004，(5)：第3~9页。

[4] 张昕:《关于我国重点流域水污染防治问题的思考》[J]，《环境保护》，2001，(1)：第35~38页。

[5] 段永惠、张乃明:《滇池流域农村面源污染状况分析》[J]，自然生态保护，2003，(7)：第28~30页。

[6] 郭慧光、阎自申:《滇池富营养化及面源污染问题思考》[J]，环境科学研究，1999，12 (5)。

[7] 郝晓蕾、杨常亮、魏勤等:《滇池污染现状的综合评价及分析》[J]，云南大学学报（自然科学版），1998，20（生物学专辑)：第589~592页。

[8] 吴德玲、钱彪、何琳珲:《滇池富营养化成因分析》[J]，《环境科学研究》，1992，5 (5)：第26~28页。

[9] 张荣社、周琪、史云鹏:《滇池流域农业区的暴雨径流特征研究》[J]，《中国给水排水》，2003，19 (2)：第13~16页。

[10] 张维理等:《中国农业面源污染形式估计及控制对策1：21世纪初期中国农药面源污染的形势估计》[J]，《中国农业科学》2004，37 (7)：第1008~1017页。

[11] 杨树华、贺彬:《滇池流域的景观格局与面源污染控制》[M]，昆明：云南科技出版社，1998。

[12] 袁睿佳:《滇池流域“源”“汇”景观格局与非点源污染负荷研究》[M]，北京：中国科学技术出版社，2012。


# Research on the driving force characteristics and prevention measures of non-point source pollution in Dianchi watershed


*Yuan Ruijia*

(Institute of Land & Resources and Sustainable Development; Yunnan University of Finance and Economics)

**Abstract**: The water pollution problem of Dianchi Lake is fearful. And it had been brought into the key repair range of China's national plane "three rivers and three lakes" for 15 years continuously. Non-point source pollution is always the difficulty and keystone of Dianchi water environment repairing task. In this paper, some prevention measures were summed up for reducing pollution, for speeding recovering water self-purification capability, for returning to virtuous circle, based on analysis the driving force characteristics of Non-point source pollution in Dianchi watershed. The measures are such as controlling Non-point source pollution in agriculture and village, promoting urban-rural integration, repairing lakeshore, controlling intensity of mining of phosphate, and so on.

**Keywords**: Dianchi watershed; Non-point source pollution; Driving force; Prevention measures

# 基于时空地质统计学的滇池水污染经济损失估算*

谭　哓[①]　刘春学[①]　杨树平[②]　李发荣[②]

（①云南财经大学城市与环境学院；②昆明市环境监测中心）

**摘　要**　滇池的水污染问题已经严重影响昆明经济社会的可持续发展。为估算因水污染造成的经济损失，首先利用滇池外海8个观测点的水质监测数据，应用时空地质统计学模拟滇池水体各污染因子浓度的分布，并用两种方法对滇池水体进行区域划分，然后从饮用水、渔业、旅游、灌溉四种水体功能入手，结合詹姆斯"浓度－价值曲线"模型和污染损失率法分别对滇池水污染经济损失进行估算。计算结果表明，2010年滇池水污染经济损失总计72.75亿元。从各区域的污染损失率来看，滇池水资源饮用水源功能已丧失，渔业功能部分丧失（损失率>90%），目前滇池水资源主要用于旅游和灌溉。

**关键词**　时空地质统计学；滇池；水污染；经济损失

## 1　引言

滇池南北长39 km，东西宽7.65 km，湖面面积为309 $km^2$，平均水深5 m，现由人工闸将其分隔成"草海"和"外海"两部分，湖面面积分别约占总面积的2.7%和97.3%。此外滇池具有城市供水、农业用水、旅游、水产养殖、调节气候等多项功能，对昆明的经济社会持续发展具有重要的保障作用。近年来随着经济的快速发展、城市化进程的加快、人口的不断增加，入湖污染负荷也随之加大，滇池水质不断恶化，加剧了滇池流域水环境污染和水资源短

---

* 基金项目：云南省社会发展科技计划项目（2008ZC064M）；教育部人文社会科学研究一般项目（09XJC790020）资助。

第一作者简介：谭哓（1987～），女，重庆万州人，主要研究方向为环境经济学和生态经济学。E-mail：tl371107815@sina.com。

通信作者简介：刘春学（1975～），男，教授，主要研究方向为资源环境经济学。E-mail：chunxueliu@hotmail.com。

缺。目前滇池草海水质为超Ⅴ类，外海水质为Ⅴ类，已经严重制约着滇池流域经济的可持续发展，急需对滇池水污染的经济损失进行测算，为滇池水体污染治理和防治提供可靠的参考依据。

目前，国内外关于水污染损失的计算方法很多，国外较早开展了研究，有大量的研究成果。约翰 A. 狄克逊[1]（1989）运用恢复费用法、防护费用法研究了水污染的经济损失。而国内在近些年也对此进行了研究，孙俊[2]（2000）认为虽然加权总和指数法、灰色理论方法、模糊数学方法、层次分析法等可以估算水污染损失的经济价值，但是研究结果缺乏明确的物理意义，难以直接为环境整治规划提供科学依据。王丽琼[3]（2005）运用分解求和方法以及恢复费用法等方法，来估算水污染造成的福建省泰宁县金湖水库的经济损失。国内一些学者也对水资源的功能分类作了很多研究。朱发庆[4]（1993）从养鱼、饮用水源、游泳、旅游、沿湖居民生活、灌溉等方面对武汉东湖水污染经济损失进行了系统的研究。李锦秀[5]（2003）则将水资源的功能分为农业、工业、旅游业、公用事业、人体健康、家庭消费、事故型损失七个方面，综合研究了无锡市太湖流域因水污染造成的经济损失。虽然国内关于水污染损失的研究很多，但其中未见关于滇池的研究，本文在此进行了一些探索，通过将滇池水资源的功能进行分类，运用相应的方法对其损失进行估算。

## 2 滇池水资源经济损失估算方法

### 2.1 滇池水资源功能分类

通过前期调研所得，滇池水体具有农业、旅游、饮用水源三种功能。滇池沿湖的官渡、西山、呈贡、晋宁4个县区和滇池旅游度假区共12个乡（镇）、59个行政村，人口共计约为2.5万人，周边几乎所有的农田、鱼塘均是引用滇池水灌溉或养殖，此外滇池湖滨有若干湿地公园，是本地居民休闲的地方。

农业生产对水资源具有较强的依赖性。随着滇池富营养化日益严重，滇池周边农作物的产量和质量均下降。虽然农业生产是水环境污染的主要制造者，但也是环境污染的直接受害者，随着农用灌溉水质的日益下降，农业经济受到极大影响。通过几次实地调研获悉，滇池周边用于鱼类养殖和农田灌溉的水均是引自滇池，此外，每年政府都会定期向滇池投放鱼苗。由于滇池水资源富营养化严重，一方面水中的溶解氧降低，恶化了鱼类生存的生态环境，导致鱼类总量减少；另一方面水中的营养物质可以充当鱼类的饵料，减少了饵料的投放量，节省了养鱼的开支，因此污水养殖对渔业产生的正负效益应估算后才可评价。污灌亦是同理，当污水中的COD浓度过高时，会引起不同程度的作物减产和品质损失，但是污灌对农作物的生长也有贡献，污水中的氮和磷为农田提供了养分，减少了化肥的施用，故污灌有其积极意义。然而国家规定用于渔业水域的水质为Ⅲ类水，用于农业灌溉的水质为Ⅴ类水，因此本文将农业分为渔业和灌溉两个方面进行分析。

水域宽阔及水质的优良是湖泊开发旅游资源和开展游泳等运动的基本条件。近年来为了治理滇池的水污染，政府已在滇池湖滨建成若干人工湿地公园，然而滇池水质仍未得到明显改善，富营养化加剧，致使蓝藻、水葫芦等水生植物恶性繁殖，湖水的透明度很低，同时产生异味，影响了滇池的旅游功能。

滇池曾经被本地人誉为“母亲河”，以前是其周边居民的日常饮用水源。但是随着城市经济的发展，污染物源源不断地注入滇池，滇池水质中的有机营养物质和重金属物质增多，直接饮用被污染的水会对人体健康造成危害，目前滇池已不能作为饮用水源。但由于水污染造成人体健康的经济损失无法估算，因此本文仅考虑滇池丧失饮用水源功能的经济损失。

## 2.2 水污染经济损失模型

根据詹姆斯“浓度-价值曲线”模型，分析水体环境质量对水环境功能特性的影响特点，如图1所示，横坐标代表污染物浓度，纵坐标代表水污染经济损失或危害[6]。水质对经济活动的影响过程大体呈 $S$ 形上升曲线形态，即污染物的浓度越高，水污染造成的损失就越大。当水体中的污染物浓度达到或者超过 $C_1$ 时，水体环境将会丧失其功能。但是根据我国通用的水质分类标准和评价方法，水体不同功能丧失时浓度均不相同。本文将以上模型结合污染损失率法

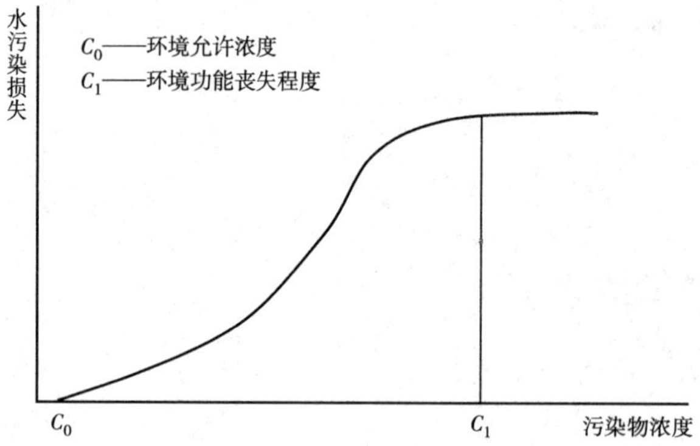


**图1　水污染损失与污染物浓度关系**

估算滇池水污染的经济损失，其计算公式如下：

$$S = Q_{水} \times P_{水} \times R_{综} \tag{1}$$

式中，$S$ 表示因水污染造成的灌溉损失（万元）；$Q_{水}$ 表示水量（$km^3$）；$P_{水}$ 表示水价（万元/ $km^3$）；$R_{综}$ 表示水质指标的综合污染损失率，其表达式：

$$R_{综} = 1 - \prod_{j=1}^{N}(1 - R_{ij})^{[7]} \tag{2}$$

其中 $N$ 表示水质指标的类别；$R_{ij}$ 表示第 $i$ 种水质指标对第 $j$ 种水体功能的污染损失率，

其计算公式为 $R_{ij} = \dfrac{1}{1 + A_{ij} \cdot \exp(-B_{ij} \cdot X_{ij})}$，其中 $\begin{cases} A_{ij} = 99^{\frac{X_{iji}+1}{X_{iji}-1}} \\ B_{ij} = \dfrac{2\ln 99}{X_{iji} - 1} \end{cases}$，$X_{iji} = \dfrac{C_{iji}}{C_{ij0}}$，$C_{ij0}$ 表示第 $j$ 种水体功能相应的水质标准，$C_{iji}$ 为实测的背景浓度[4]。$A_{ij}$、$B_{ij}$ 应由实测数据估出，但因实测数据估算出的值并不一定能准确反映各污染物的毒性，只能大概估算，本文选取高锰酸盐指数（COD）、总磷（TP）、总氮（TN）、生物需氧量（BOD）四种水质指标。

# 3 滇池水质污染经济损失计算

## 3.1 滇池水污染分区

本项目研究对滇池水污染分区有两种方法：第一种方法是利用各个指标的浓度分布，按照浓度的高低将滇池分为若干小区域，每个区域内的指标浓度用平均浓度代替参与计算，在此简称为区域法；第二种方法是把滇池按照300m×300m的规格栅格化，根据每个格子各种水质指标的浓度，估算其造成的经济损失，简称为栅格法。

### 3.1.1 区域法

由于滇池的水质观测点均分布在外海区域内，故本文仅考虑外海水质污染的经济损失。为了掌握滇池水污染的时空分布变化，提高水污染经济损失估算的精度，本文收集了滇池外海8个观测点上2010年每月的COD、TP、TN、BOD水质指标数据，应用时空地质统计学分别计算了其时空变异函数，并用普通克里格方法计算了各水质指标的时空分布（见图2）。综合来看，根据水质指标的分布，可将滇池分为北部（标号为①，面积为64km$^2$）、中部（标号为②，面积为155km$^2$）和南部（标号为③，面积为81km$^2$）3个区域。北部区域靠近昆明主城区，该区域经济发达，排放的污染物最多，污染物浓度最高；中部区域的东岸为经济较好的呈贡县，污染物浓度较高；南部区域因毗邻经济发展较弱的晋宁县，污染物浓度较低。

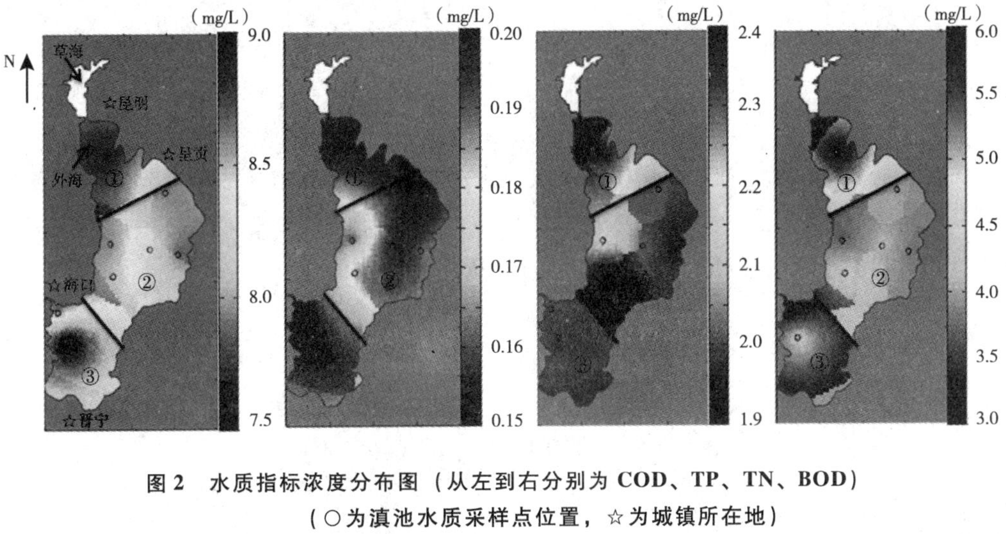


**图2 水质指标浓度分布图（从左到右分别为COD、TP、TN、BOD）**
**（○为滇池水质采样点位置，☆为城镇所在地）**

### 3.1.2 栅格法

为了更加精确地估算滇池水体污染造成的经济损失，利用计算将滇池水域分为更小的栅格进行分析和估值。根据目前一般常用计算的性能配置和计算能力，兼顾计算效率和精度，考虑

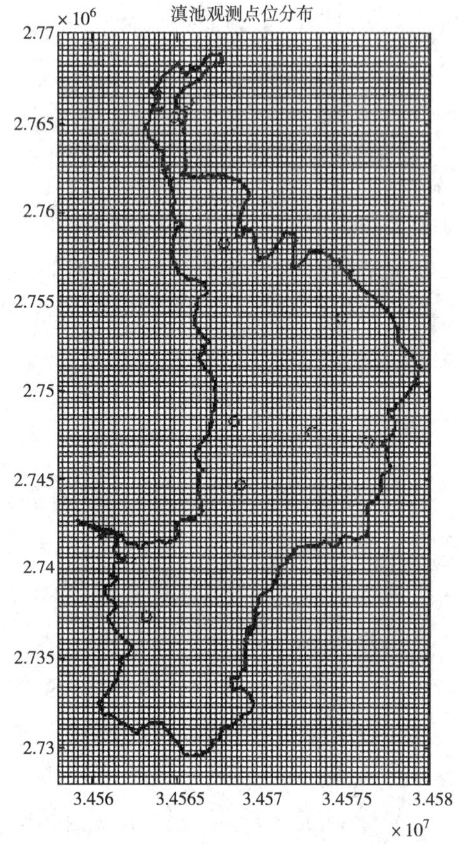


**图 3　滇池水域栅格化**

到滇池实际，在东西长约 20km、南北长约 40km 的矩形区域内，将估值栅格大小确定为300m × 300m。将滇池水域进行栅格化后，共划分为 3305 个格子，每一个格子的浓度即代表该格子内水体的水质指标平均浓度（见图 3）。

## 3.2　滇池水污染估算

### 3.2.1　滇池水污染经济损失的综合估算

运用区域法可以对滇池水体污染经济损失进行综合估算。根据地表水环境质量标准（GB 3838 - 2002）水体功能分类的要求，滇池水质属于劣 V 类，因此每一项水质指标 $C_{ij0}$ 均选择地表水环境质量标准中 V 类水的标准，并结合滇池水质中各区域（北部、中部、南部）水质中污染因子的本体浓度，分析得出参数 A、B、R 的参考取值（见表 1）。

从表 1 可以看出，目前滇池水质的各项指标对于饮用水源的污染损失率均接近 1，这说明滇池的水资源已经完全丧失了饮用水的功能；对于渔业来说，COD 和 TP 的污染损失率较高，即耗氧有机物的降解增加和富营养化程度加剧，导致水中的溶解氧降低，恶化了鱼类生存的生态环境，最终使鱼类总产量减少，说明水质污染对于鱼类养殖是不利的，此外 TN 和 BOD 对渔业的污染损失率较低；在旅游功能方面，COD、TP 指标参数污染率较高，促使水体中的藻类植物繁殖，影响水体的透明度和美观性，而 TN、BOD 对其影响较小；滇池水质中只有 COD 的参数对灌溉有影响，其污染损失率没有超过 0.01，说明水质污染对于灌溉是有利的，因此本文忽略其污染损失。将表 1 的 $R$ 数据代入公式（2）可得水质指标的污染损失率（见表 2）。

**表 1　各区域各水体功能参数 A、B、R 的参考取值（mg/L）**

| 使用功能 | | 北部区域 | | | | 中部区域 | | | | 南部区域 | | | |
|---|---|---|---|---|---|---|---|---|---|---|---|---|---|
| | | COD | TP | TN | BOD | COD | TP | TN | BOD | COD | TP | TN | BOD |
| 饮用水源 | A | 855331 | 2182 | 2014 | 164175 | 797013 | 2014 | 2182 | 134325 | 738695 | 1735 | 2182 | 104475 |
| | B | 10.211 | 1.767 | 3.169 | 55.141 | 8.753 | 1.482 | 2.965 | 18.380 | 7.659 | 1.352 | 1.767 | 11.028 |
| | R | 0.997 | 0.963 | 0.991 | 0.990 | 0.987 | 0.955 | 0.989 | 0.990 | 0.966 | 0.956 | 0.963 | 0.990 |
| 渔业 | A | 2546 | 952 | 952 | 607 | 2948 | 879 | 879 | 496 | 3164 | 757 | 757 | 386 |
| | B | 6.252 | 2.130 | 2.130 | 3.612 | 6.745 | 2.260 | 2.260 | 3.939 | 7.239 | 2.426 | 2.426 | 4.284 |
| | R | 0.790 | 0.810 | 0.135 | 0.191 | 0.774 | 0.795 | 0.085 | 0.145 | 0.752 | 0.709 | 0.160 | 0.099 |

续表

| 使用功能 | | 北部区域 | | | | 中部区域 | | | | 南部区域 | | | |
|---|---|---|---|---|---|---|---|---|---|---|---|---|---|
| | | COD | TP | TN | BOD | COD | TP | TN | BOD | COD | TP | TN | BOD |
| 旅游 | A | 245 | 398 | 443 | 760 | 228 | 368 | 368 | 622 | 211 | 339 | 386 | 483 |
| | B | 5.637 | 2.782 | 2.782 | 1.822 | 5.566 | 2.747 | 2.747 | 1.838 | 5.373 | 2.452 | 2.452 | 1.846 |
| | R | 0.368 | 0.363 | 0.150 | 0.007 | 0.296 | 0.276 | 0.088 | 0.006 | 0.219 | 0.116 | 0.069 | 0.006 |
| 灌溉 | A | 172 | — | — | — | 160 | — | — | — | 148 | — | — | — |
| | B | 0.973 | — | — | — | 0.484 | — | — | — | 0.357 | — | — | — |
| | R | 0.010 | — | — | — | 0.008 | — | — | — | 0.008 | — | — | — |

**表2　各种水质指标的污染损失率**

| 区　域 | 饮用水源 | 渔业 | 旅游 | 灌溉 | 综合污染损失率 |
|---|---|---|---|---|---|
| 北　部 | 0.999 | 0.972 | 0.660 | 0.010 | 0.99999 |
| 中　部 | 0.999 | 0.964 | 0.538 | 0.008 | 0.99998 |
| 南　部 | 0.999 | 0.945 | 0.361 | 0.008 | 0.99997 |

由表2可以看出，2010年滇池水资源饮用水源功能已经完全丧失，渔业功能部分丧失（损失率>90%），滇池的水体旅游功能和灌溉功能还未丧失，仍可以使用。在此基础上可以计算得出，各个区域所有水质指标的综合污染损失率分别为0.99999、0.99998、0.99997，结合滇池北部、中部、南部区域面积以及平均水深5m，水价为4.85元/$m^3$，滇池北部、中部、南部区域水污染的经济损失分别为15.52亿、37.59亿、19.64亿元，总计72.75亿元。

### 3.2.2　滇池各种水质指标污染经济损失估算

运用栅格法能够针对滇池各种水质指标污染对四种水体功能造成的经济损失进行估算。结合Matlab软件，设置相应参数，即可得到COD、TP、TN、BOD四种水质指标对饮用水、渔业、旅游、灌溉四种水体功能造成的经济损失。以2010年为例，各种水质指标对滇池水体造成的经济损失见表3。

值得说明的是各种水质指标之间相互影响，因此滇池水体污染经济损失总价值不等于各种指标的价值之和。

**表3　2010年水质指标对水体功能的经济损失表**

单位：万元

| 指标＼功能 | 饮用水源 | 渔　业 | 旅　游 | 灌　溉 |
|---|---|---|---|---|
| COD | 1.3452 | 299.7557 | 3481.866 | 4506.274 |
| TP | 672737.1 | 557745.9 | 209794.4 | — |
| TN | 508505.8 | 52132.12 | 51975.8 | — |
| BOD | 674374.1 | 83575.56 | 3947.247 | — |

## 4 结语

本文在詹姆斯“浓度－价值曲线”模型和污染损失率法的基础上，应用地质统计学方法模拟了各水质指标的空间分布，并以此为依据划分了区域，估算出滇池 2010 年水污染造成的经济损失总计 72.75 亿元。就分析结果而言，目前滇池水资源饮用水源功能已丧失，渔业功能部分丧失（损失率 >90%），主要用于旅游和灌溉。然而本文所估算的水污染经济损失偏低，主要因为：①数据缺乏，水资源的市政工业、人体健康等功能无法估算；②只选取了 COD、BOD、TN、TP 四种水质指标，同时由于估算方法上的局限，无法进行全面的估算；③由于数据不全，没有统计到草海内的各种污染因子，无法将其水污染损失估算在内；④选取的水价为昆明市二类用水标准，因有政府财政补贴，所以价格偏低；⑤水污染对社会经济的影响过程十分复杂，现有水质评价和监测方法等尚有不完善之处。

### 参考文献


[1] 约翰 A. 狄克逊等：《环境的经济评价方法——实例研究手册》［M］，北京：中国环境科学出版社，1989。

[2] 孙峻、柯崇宜：《污水水质综合评价的污染损失率法》［J］，《工业水处理》2000 年第 20（1）期，第 35～37 页。

[3] 王丽琼、张江山：《水污染损失的经济评价方法》［J］，《福建师范大学学报》（自然科学版）2005 年第 3 期，第 84～87 页。

[4] 朱发庆、高冠民：《东湖水污染经济损失研究》［J］，《环境科学学报》1993 年第 13（2）期，第 214～222 页。

[5] 李锦秀、徐崇龄：《流域水污染经济损失计量模型》［J］，《水利学报》2003 年第 10 期，第 68～74 页。

[6] 程红光、杨志峰：《城市水污染损失的经济计量模型》［J］，《环境科学学报》2001 年第 21（3）期，第 318～322 页。

[7] 刘晨、伍丽萍：《水污染造成的经济损失分析计算》［J］，《水利学报》1998 年第 8 期，第 45～47 页。


## Based on Space-time Geo-statistics to assess the Economic Loss Caused by Water Pollution of Dianchi Lake


*Tan Liang*[1], *Liu Chunxue*[1], *Yang Shuping*[2], *Li Farong*[2]

(1. School of Urban and Environment, Yunnan University of Finance and Economics; 2. Kunming Environmental Monitoring Center)

**Abstract:** Water pollution, one of the most serious environmental problems of Dianchi lake, severely influences the sustainable development of social and economy in Kunming city. For a more detail assessment on the water pollution economic loss, space-time geo-statistics is used to simulate the concentration distribution of each water pollution factor based on the water quality data obtained from 8 observations stations in Dianchi lake, and Dianchi lake is divided into subareas according to the concentration distribution of water quality indicators in Two ways. Based on Jame's concentration-value curve and the rate of pollution loss method, the water pollution economic loss in each subarea is calculated respectively from four types of water resource functions (drinking water, fishery, tourism, and irrigation). From the calculation, the total water pollution economic loss of Dianchi lake is 7.275 billion yuan in 2010. Form the rates of pollution loss in every subarea, the water resource function in Dianchi lake has been lost in drinking water entirely, and the fishery partly (loss rate > 90%). Now the main water resource functions of Dianchi lake are tourism and irrigation.

**Keywords:** Space-time geo-statistics; Dianchi Lake; Water pollution; Economic loss

# 滇池水质的演变过程*

杨琳琳　李　波　南　箔　卢书兵

（北京师范大学资源学院）

**摘　要**　为探究近几年滇池水质变化，本文通过文献阅读、对比研究、总结归纳等方法对已有数据进行深入分析，总结出了滇池水质的监测因子、水质级别和富营养化的变化过程。结果表明，无论是草海还是外海，滇池水质各监测因子浓度大、指标高，导致近几年水质级别仅为劣Ⅴ类，草海处于重度富营养状态，外海目前处于中度富营养状态。总体来说，滇池水质不容乐观，亟待治理。

**关键词**　滇池；水质；指标；变化过程

## 1　引言

我国湖泊众多，不仅起到调节气候、支撑区域生态系统的特殊作用，湖滨区域也是人类文明的摇篮和社会经济发展的主要地区之一。我国湖泊大多被污染，呈现不同程度的富营养化，滇池尤为典型：蓝藻水华频繁暴发，水质性缺水日益严重，由此引发淡水资源短缺、洪涝和干旱灾害增多，严重制约着区域发展并影响着人们生活。根据2009年全国湖泊水质环境月报，滇池水质综合评价为劣Ⅴ类，水功能类别仅为Ⅴ类；太湖水质为Ⅲ类，局部湖区已处于Ⅴ类或劣Ⅴ类；巢湖水质为Ⅴ类，局部湖区为劣Ⅴ类。湖泊污染已成为国家重大生态经济问题，受到中央领导的高度重视。滇池不但被列为国家重点治理的“三河三湖”之一，而且是云南省九大高原湖泊水污染防治之首，备受国家、省、市领导的高度重

* 基金项目：云南省国土资源厅委托项目“高原湖区城乡一体土地生态化利用调控研究”。

第一作者简介：杨琳琳（1990～），女，黑龙江省哈尔滨市人，北京师范大学资源学院本科生。

通信作者简介：李波（1965～），男，教授，博士生导师。主要从事生态系统管理、土地资源管理、资源承载力评价、流域生态环境系统工程等方面的研究。E-mail：libo@ bnu. edu. cn。

视和社会各界的关注。自20世纪80年代至今，滇池治理已有二三十年的历史，投入了大量人力、财力，虽然有效地缓解了滇池生态环境的恶化，却未根治滇池污染[1]。滇池水质演变过程研究是探寻高原湖泊演变机理、治理机制、管理体制的重要依据，具有重要的实践参考价值。

## 2 滇池流域的概况

滇池位于云南省昆明市的西南，由草海和外海两部分组成，人称“高原明珠”。它呈南北向分布，湖体略呈弓形，弓背向东。目前滇池南北最长约40 km，东西最宽为12.5 km，湖岸线长130 km，滇池水面面积在高水位时为309 $km^2$，平均水深5.3 m，湖容量为15.6亿 $m^3$，属水资源缺少地区。流域面积为2920 $km^2$，占云南省总面积的0.78%，集中了全省4.5%的人口、9.8%的农业产值、82%的工业产值、40%的大中型企业。

滇池流域是云南省省会昆明市的所在地，是全省的政治、文化中心，也是云南省人口最稠密、社会经济最发达的地区。随着国民经济和社会的迅速发展，以及人口的快速增长和城市规模的不断扩大，流域内的水资源情势发生了很大的变化（见表1），水资源供需矛盾突出，入湖河流水量锐减，水质下降，滇池生态环境恶化，湖中凤眼兰、蓝藻等大量繁殖，湖泊富营养化严重，景观及供水等功能下降，已成为全省乃至全国水资源严重短缺的地区。同时，水污染严重[2]。滇池属于富营养型湖泊，部分呈异常营养征兆，水色暗黄绿，内湖有机有害污染严重且发展较快，外湖部分水体已受有机物污染，有毒有害污染（主要是指重金属污染）尚不突出，氮、磷、砷等大量沉积于湖底，致使底质污染严重，滇池近百年来已凸显“老年型湖泊”的状态。

**表1 滇池水域不同历史时期的变化[3]**

| 时代 | | 公元(年) | 历史时期水域 | | | 下降值 | | |
|---|---|---|---|---|---|---|---|---|
| | | | 水位(m) | 水域面积($km^2$) | 蓄水(亿 $m^3$) | 水位(m) | 水域面积($km^2$) | 蓄水(亿 $m^3$) |
| 古滇池 | | | | | | | | |
| 旧石器时代 | | | 1920 | 804 | 226 | 60 | 456 | 620 |
| 新石器时代 | | | 1895 | 565 | 52 | 25 | 239 | 174 |
| 明代 | | 1638 | 1890 | 513 | 28.8 | 5 | 52 | 23.2 |
| 20世纪 | 围堤内 | 1938 | 1887.5 | 336 | 16.5 | 2.5 | 177 | 12.3 |
| | 围堤内 | 1983 | 1887.5 | 311 | 15.9 | | 25 | 0.6 |
| | 围堤外 | 1983 | 1887.5 | 426 | 17.1 | | | |

根据2011年11月云南省环境水质月报数据，滇池水质综合评价为劣Ⅴ类，水功能类别为Ⅳ类，营养状况是中度富营养。其中草海主要污染物为总氮，外海主要污染物为总磷和总氮。20世纪70年代以来，随着城市化的迅速发展，滇池水体的富营养问题日益加重，每年4~11月水华频繁暴发，草海呈现黄绿色，外海呈现褐绿色，水体透明度均小于1m，常有大面积水华形成，严重破坏了滇池水体的景观和使用功能，威胁着流域内人们的健康和社会经济的发

展。20 世纪 80 年代后，随着经济社会的快速发展，人口增长、环境污染、引种不慎、围湖造田、酷渔滥捕等众多问题接踵而至，给滇池带来的压力远远超过其环境容量阈值，从而导致滇池水位下降，湖面缩小，水质富营养化日趋加剧，生物资源锐减，滇池湖泊生态系统逐渐遭到破坏，加速了滇池的老化和消亡，功能退化严重，严重阻碍了滇池周边地区经济社会的发展。近年来，滇池北部、东北部与东部城镇面积迅速膨胀，居住人口增多，而这些区域位于滇池的供水源头，这样就造成了滇池水资源环境的巨大压力。

## 3 监测因子的变化

水质参数的空间分布特征是进行湖泊水质评价的重要前提，对湖泊水质各个因子时空分布规律的研究，是湖泊及其流域污染机理研究的重要基础[4]。本文选取了中国环保部数据中心的监测因子 DO、CODMn 和 $NH_3-N$，以三个主要指标来研究滇池水质的变化。根据《地表水环境质量标准》（GB 3838－2002）Ⅲ类水质标准（DO≥5，CODMn≤6，$NH_3-N\leq1$），就2004～2010 年各指标平均值来看，只有 DO 和外海 $NH_3-N$ 未超标，具体指标分析如下。

### 3.1 溶解氧（DO）

水中 DO 的含量与空气中氧的分压、水的温度都有密切关系。在自然情况下，空气中的含氧量变动不大，故水温是主要的因素。水温越低，水中溶解氧的含量越高。水中溶解氧的多少是衡量水体自净能力的一个指标。

2004～2011 年，滇池流域 DO 浓度有效均值最高的是 2007 年的外海（云南昆明观音山），为 8.63mg/L；最低的是 2009 年的草海（云南昆明西苑隧道），为 2.6mg/L。从图 1 中可以看出，外海 DO 浓度总体高于草海，水体污染严重，自净能力弱，甚至失去自净能力。草海平均值为 5.77 mg/L，经历了两次上升和两次下降，2009 年下降到近几年最低值，2010 年大幅上升；外海 DO 浓度平均值为 8.05 mg/L，相比 2004 年、2005 年浓度稍下降，但在随后的两年持续上升达到近几年滇池 DO 峰值，2008～2011 年逐渐下降(见图 1)。

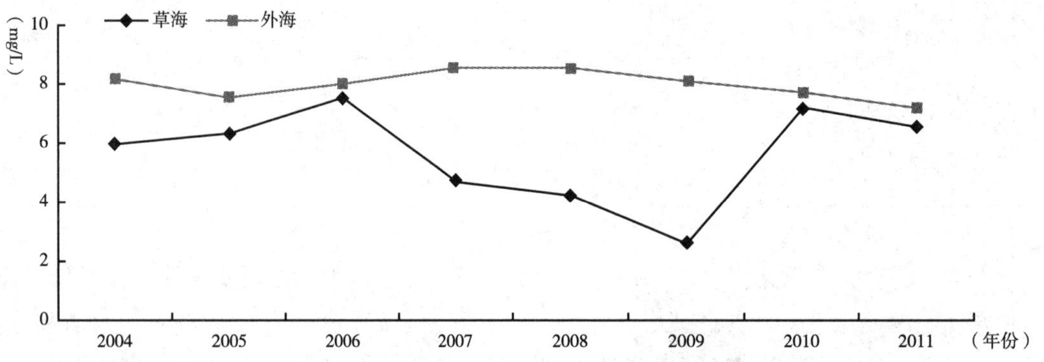


**图 1　2004～2011 年滇池 DO 浓度有效均值的变化**

资料来源：中华人民共和国环境保护部数据中心环境质量地表水监测因子年度分析。

2012 年 22 周内滇池草海和外海水中的 DO 为 2.21 ~ 9.31mg/L。草海平均值为 6.02mg/L，比前几年平均值高。浓度上下波动不稳定，整体有下降趋势，第 9 周出现最低值 2.21 mg/L。外海平均值为 8.04mg/L，与前几年基本保持一致，浓度呈明显下降趋势，第 1 周到第 22 周，从 9.23 mg/L 下降到 6.36 mg/L（见图 2）。

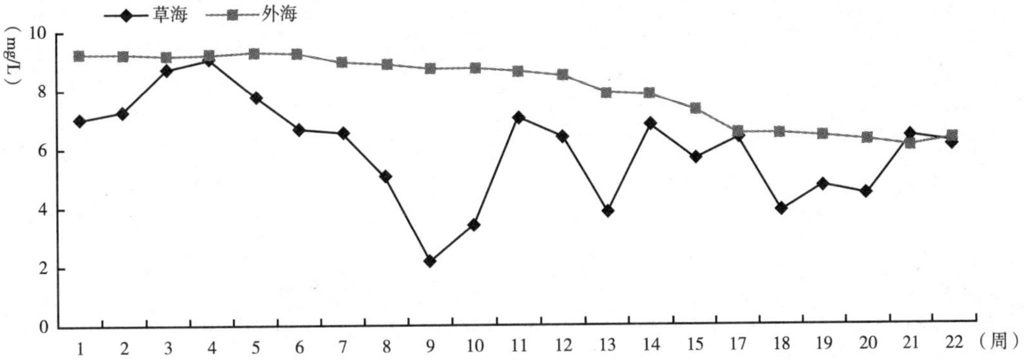


**图 2　2012 年 22 周内滇池 DO 浓度变化**

注：第 16 周数据缺失，以下同。

资料来源：中华人民共和国环境保护部数据中心全国主要流域重点断面水质自动检测周报。

## 3.2　高锰酸盐指数（CODMn）

2004 ~ 2011 年，滇池流域 CODMn 浓度有效均值最高的是 2004 年的草海，为 13.16mg/L；最低的是 2010 年的外海，为 6.2mg/L。无论草海还是外海，CODMn 浓度都呈现波动下降趋势，其中草海下降趋势较为明显和稳定。草海平均值为 9.47 mg/L，外海为 8.94 mg/L（见图 3）。

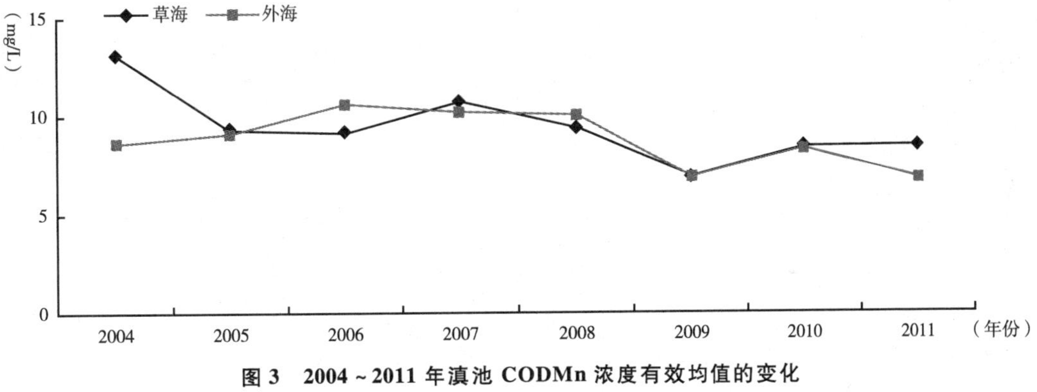


**图 3　2004 ~ 2011 年滇池 CODMn 浓度有效均值的变化**

资料来源：中华人民共和国环境保护部数据中心环境质量地表水监测因子年度分析。

2012 年 22 周内，CODMn 为 6.4 ~ 18.7mg/L，草海平均值为 10.55mg/L，较前几年有所下降；外海平均值有所升高，为 8.28mg/L。草海和外海 CODMn 浓度变化趋势大体一致，草海波动较平缓，但较年初整体有下降趋势，但 17 周出现峰值而后逐渐下降；外海则缓慢波动上升（见图 4）。

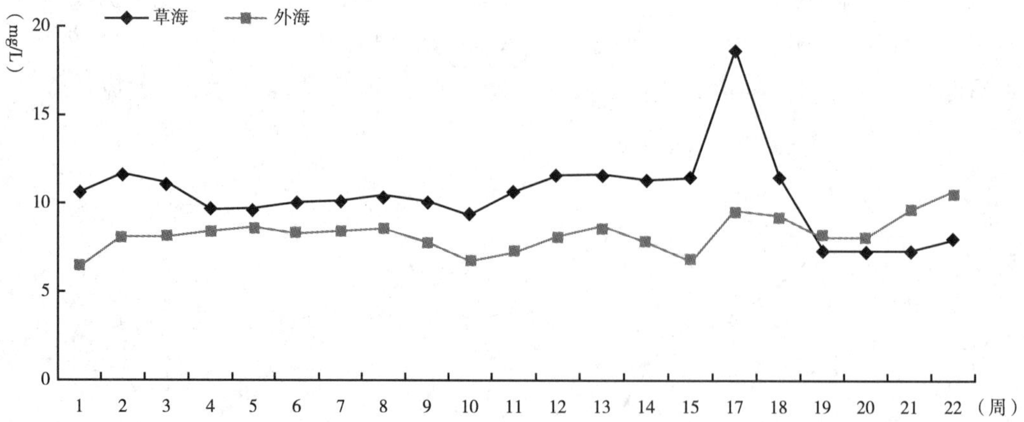


**图 4　2012 年 22 周内滇池 CODMn 浓度变化**

资料来源：中华人民共和国环境保护部数据中心全国主要流域重点断面水质自动检测周报。

## 3.3　氨氮（$NH_3-N$）

2004～2011 年，滇池流域 $NH_3-N$ 浓度有效均值最高的是 2009 年的草海，为 2.26mg/L；最低的是 2006 年的外海，为 0.13mg/L。总体来看，草海浓度明显高于外海，其平均值为 1.18 mg/L，2005～2009 年呈波动上升趋势，最近两年才有所下降，基本与 2004 年持平；外海平均值为 0.31 mg/L，只有 2004 年浓度异常，达到 1.31 mg/L，2005～2011 年保持稳定，没有较大的起伏（见图 5）。

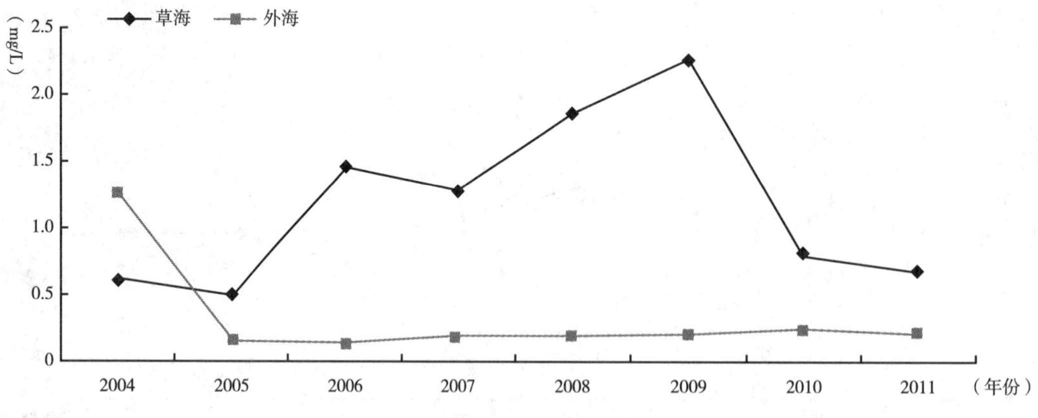


**图 5　2004～2011 年滇池 $NH_3-N$ 浓度有效均值的变化**

资料来源：中华人民共和国环境保护部数据中心环境质量地表水监测因子年度分析。

2012 年 22 周内 $NH_3-N$ 为 0.08～1.31 mg/L，草海平均值较前几年明显降低，为 0.53mg/L；外海为 0.28mg/L，变化幅度较小。总体看来，草海 $NH_3-N$ 浓度略高于外海，但变化没有大的起伏；外海变化幅度不大，只有在第 8 周出现一个峰值，随后缓慢下降（见图 6）。

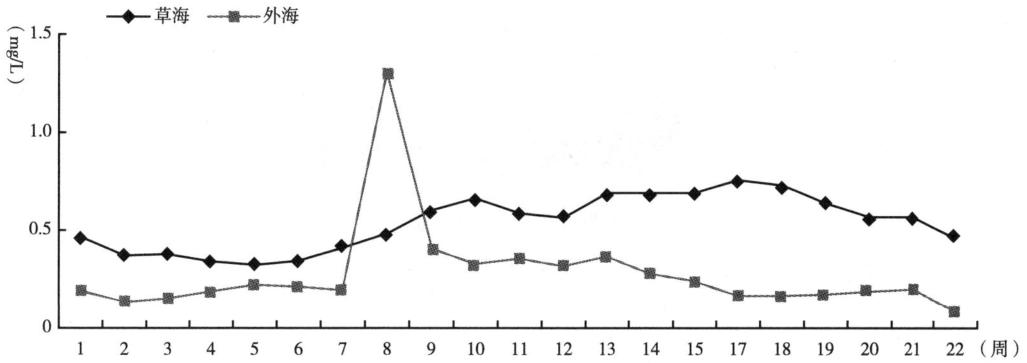


**图6　2012年22周内滇池 $NH_3-N$ 浓度变化**

资料来源：中华人民共和国环境保护部数据中心全国主要流域重点断面水质自动检测周报。

## 4　水质级别的变化

水质是流域生态环境及经济活动的一种反映，也是流域脆弱性、敏感性和稳定性生态环境的反映[5]。19世纪50年代，滇池水质良好，属Ⅱ类水体。20世纪60年代的滇池无论草海还是外海水质均为Ⅱ类，70年代为Ⅲ类，70年代后期水质开始恶化，草海水质80年代变为Ⅴ类，90年代变为劣Ⅴ类；外海水质80年代为Ⅳ类，90年代为Ⅴ类。滇池水质恶化，草海异常富营养化，局部沼泽化；外海严重富营养化，全湖水质为劣Ⅴ类。90年代后期滇池由于水质污染严重，已被列为国家重点治理的三大湖泊之一。2000～2010年，无论是草海还是外海，滇池综合水质基本是劣Ⅴ类，只有2000年、2004年和2005年外海综合水质为Ⅴ类。水功能级别大多是Ⅴ类，但2010年转好，草海为Ⅳ类，外海为Ⅲ类。

图7中反映出2011年的滇池水质，无论是草海还是外海，都以Ⅳ类为主，Ⅴ类和劣Ⅴ类为辅。其中草海监测到Ⅳ类和Ⅴ类水质的周数多于总监测周数的3/4。外海情况较为恶劣，监测到劣Ⅴ类水质的周数占30.77%，水体环境严重污染，不容乐观。

根据《重点流域水污染防治规划（2011～2015）》规划目标：滇池草海湖体水质明显改善，基本达到Ⅴ类；外海湖体水质基本达到Ⅳ类；湖体消除由大规模水华暴发引起的水体黑臭现象；主要河流水质基本消除劣Ⅴ类；松华坝水库水质稳定达到Ⅱ类，宝象河水库、柴河水库、大河水库、自卫村水库、双龙水库及洛武河水库水质稳定达到Ⅲ类。但如表2所示，截止到2012年第22周，草海水质基本达到Ⅴ类，外海水质还没有达到要求，监测到水质仍有很多是劣Ⅴ类。就滇池整体而言，水质污染的状况仍不容乐观。虽然草海和外海水质的受污染程度不同，有轻有重，但水质均为污染级，没有一个水区的水质是清洁级的。

**表2　2012年22周内滇池水质的变化**

| 周期 | 1 | 2 | 3 | 4 | 5 | 6 | 7 | 8 | 9 | 10 | 11 | 12 | 13 | 14 | 15 | 17 | 18 | 19 | 20 | 21 | 22 |
|---|---|---|---|---|---|---|---|---|---|---|---|---|---|---|---|---|---|---|---|---|---|
| 草海 | Ⅴ | Ⅴ | Ⅴ | Ⅳ | Ⅳ | Ⅴ | Ⅴ | Ⅴ | Ⅴ | Ⅳ | Ⅴ | Ⅴ | Ⅴ | Ⅴ | Ⅴ | 劣Ⅴ | Ⅴ | Ⅳ | Ⅳ | Ⅳ | Ⅳ |
| 外海 | 劣Ⅴ | 劣Ⅴ | 劣Ⅴ | Ⅳ | Ⅳ | Ⅳ | Ⅳ | Ⅳ | Ⅳ | Ⅳ | Ⅳ | Ⅳ | Ⅳ | Ⅳ | Ⅳ | Ⅳ | 劣Ⅴ | Ⅳ | Ⅳ | Ⅳ | 劣Ⅴ |

资料来源：中华人民共和国环境保护部数据中心全国主要流域重点断面水质自动检测周报。

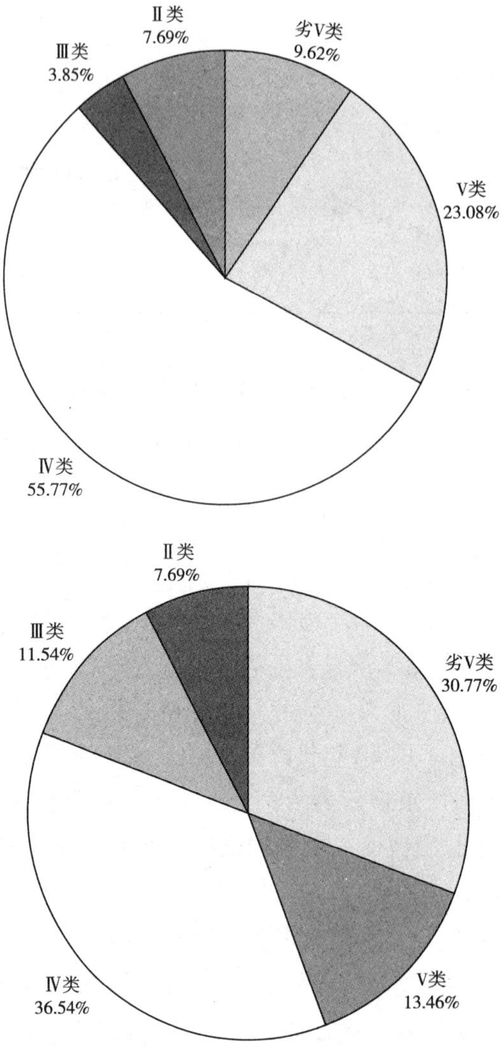


**图 7　2011 年滇池草海、外海水质级别监测情况**

资料来源：中华人民共和国环境保护部数据中心环境质量地表水水质级别年度分析。

# 5　富营养化的变化

水体富营养化过程与氮、磷的含量及氮磷含量的比率密切相关。近年来的研究表明，滇池的主要污染为富营养化和重金属污染，主要污染物有氮、磷、砷、铅、镉等。以有机物总磷为例，滇池草海中总磷含量由 1980 年的 0.2mg/L 上升到 21 世纪的 2.4mg/L，平均年增长率 > 11%。草海和外海的总磷和总氮均超标，从 20 世纪 80 年代中期到 2002 年，二者平均每年的超标率都在 90% 以上。

## 5.1　综合营养状态指数

综合营养状态指数是根据总氮、总磷、叶绿素 a、透明度和化学需氧量等指标综合考虑后得出的结果，在同一营养状态下，指数值越高，其营养程度越重。

从图 8 可以看出，在2000～2010 年，滇池草海营养化状态一直处于重度富营养级，营养化状态指数虽然在2000～2005 年呈波动式下降趋势，但在 2005～2007 年，却出现明显的上升趋势，最近几年上下波动，这表明整个滇池草海以氮、磷为表征的湖泊富营养化程度有逐年加重的趋势。2000～2010 年滇池外海的湖泊富营养化状态一直处于中度富营养级，营养化状态指数2000～2002 年呈逐渐下降趋势，2003～2010 年呈波动式上升趋势，所以虽然近 11 年来整个滇池外海水体中磷的浓度得到一定程度的控制，但水体中总氮的浓度仍在缓慢上升，湖泊富营养化的程度仍然有逐年加重的趋势，特别是 2005～2007 年滇池外海富营养化的程度出现明显加重的趋势。2010 年以来，滇池草海、滇池外海水质为劣Ⅴ类，与上年相比基本保持稳定。由于受特大干旱影响，滇池外海营养状态指数有所上升。滇池草海水体中主要污染指标高锰酸盐指数、总磷、总氮的年均值比 2009 年分别下降31%、58.4%、33.9%；营养状态指数由 82.4 下降到 67.4，有 5 个月的营养状态改善为中度富营养。

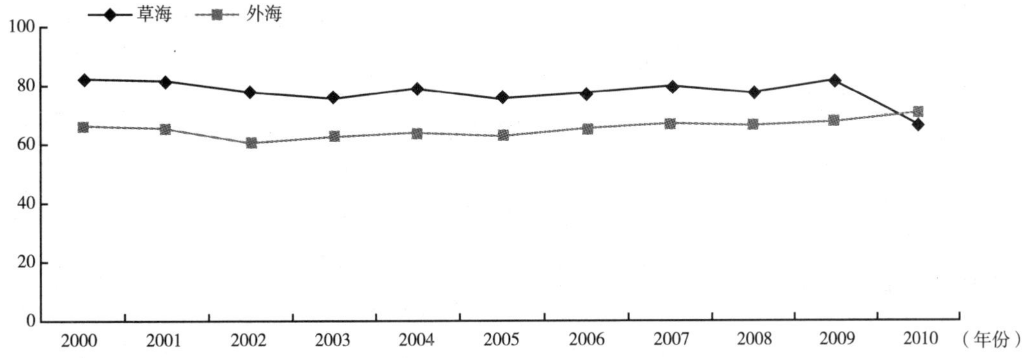


**图 8　2000～2010 年滇池综合营养状态指数的变化**

资料来源：根据《滇池富营养化治理障碍及对策研究》《云南省（2005～2009 年）环境状况公报》《云南省九大高原湖泊 2007、2010 年水质状况及治理情况公告》《2006 年滇池水质状况及治理情况》整理。

总体来看，近 12 年滇池水质为劣Ⅴ类（见表 3），外海水质稍好于草海，基本处于中度富营养状态；草海污染较严重，处于重度富营养状态。滇池外海的主要污染指标总氮自 2007 年后逐步下降，2009 年已接近Ⅴ类，2010 年受干旱影响有所回升。滇池草海主要污染指标高锰酸盐指数、总磷、总氮年均值有较大幅度下降，营养状态有所改善。2011 年与 2010 年相比，滇池外海、滇池草海主要超标水质指标年均监测值有所下降，滇池草海由重度富营养下降为中度富营养；草海水质类别为劣Ⅴ类，水质重度污染，未达到水环境功能要求（Ⅳ类），主要超标水质指标为总磷、总氮，分别超标 1.4 倍和 3.1 倍。全湖平均营养状态指数为 69.7，处于中度富营养状态。滇池外海水质类别为劣Ⅴ类，水质重度污染，未达到水环境功能要求（Ⅲ类）。主要超标水质指标为化学需氧量、总氮，分别超标 2.7 倍和 1.8 倍。全湖平均营养状态指数为 69.3，处于中度富营养状态。

表 3　2000～2011 年滇池富营养化的变化

| 年份 | 流域 | 水质级别 | 主要污染物 | 富营养状态 |
|---|---|---|---|---|
| 2011 | 草海 | 劣 V 类 | 总磷、总氮 | 中度富营养 |
| | 外海 | 劣 V 类 | 化学需氧量、总氮 | 中度富营养 |
| 2010 | 草海 | 劣 V 类 | 高锰酸盐指数、总磷、总氮 | 中度富营养 |
| | 外海 | 劣 V 类 | 总氮 | 重度富营养 |
| 2009 | 草海 | 劣 V 类 | 生化需氧量、氨氮、总磷、总氮 | 重度富营养 |
| | 外海 | 劣 V 类 | 总氮 | 中度富营养 |
| 2008 | 草海 | 劣 V 类 | 生化需氧量、氨氮、总磷、总氮 | 重度富营养 |
| | 外海 | 劣 V 类 | 总氮 | 中度富营养 |
| 2007 | 草海 | 劣 V 类 | 氨氮、总磷、总氮 | 重度富营养 |
| | 外海 | 劣 V 类 | 总氮 | 中度富营养 |
| 2006 | 草海 | 劣 V 类 | 氨氮、总磷、总氮 | 重度富营养 |
| | 外海 | 劣 V 类 | 总氮 | 中度富营养 |
| 2005 | 草海 | 劣 V 类 | 氨氮、总磷、总氮 | 重度富营养 |
| | 外海 | V 类 | 生化需氧量、氨氮、总磷 | 中度富营养 |
| 2004 | 草海 | 劣 V 类 | 生化需氧量、氨氮、总磷、总氮 | 重度富营养 |
| | 外海 | V 类 | 生化需氧量、氨氮、总氮 | 中度富营养 |
| 2003 | 草海 | 劣 V 类 | 总氮、总磷、氨氮、生化需氧量、高锰酸盐指数 | 重度富营养 |
| | 外海 | 劣 V 类 | 生化需氧量、氨氮、总氮 | 中度富营养 |
| 2002 | 草海 | 劣 V 类 | 总氮、总磷、氨氮、生化需氧量、高锰酸盐指数 | 重度富营养 |
| | 外海 | 劣 V 类 | 生化需氧量、氨氮、总氮 | 中度富营养 |
| 2001 | 草海 | 劣 V 类 | 总氮、总磷、氨氮、生化需氧量、高锰酸盐指数 | 重度富营养 |
| | 外海 | 劣 V 类 | 生化需氧量、氨氮、总氮、高锰酸盐指数 | 中度富营养 |
| 2000 | 草海 | 劣 V 类 | 总氮、总磷、氨氮、生化需氧量、高锰酸盐指数 | 重度富营养 |
| | 外海 | V 类 | 生化需氧量、氨氮、总氮、高锰酸盐指数 | 中度富营养 |

注：评价执行《地表水环境质量标准》（GB3838－2002）。

资料来源：《云南省环境状况公报（2000～2011）》。

## 参考文献


[1] 苏涛：《“十一五”期间滇池水质变化及原因》[J]，《环境科学导刊》2011 年第 30（05）期，第 33～36 页。

[2] 郭有安：《滇池流域水资源演变情势分析》[J]，《水资源研究》2003 年第 24（04）期，第 11～14 页。

[3] 冯均伀：《滇池流域环境遥感研究》[M]，昆明：云南科技出版社，1991。
[4] 李波、濮培民、韩爱民：《洪泽湖水质的因子分析》[J]，《中国环境科学》2003年第23（1）期，第70～74页。
[5] 李波、濮培民：《淮河流域及洪泽湖水质的演变趋势分析》[J]，《长江流域资源与环境》2003年第12（1）期，第67～73页。

# Changing Process of Water Quality in Dianchi Lake

*Yang Linlin, Li Bo, Nan Bo, Lu Shubing*

(College of Resources Science and Technology, Beijing Normal University)

**Abstract**: In order to investigate the changing process of water quality in Dianchi Lake in recent years, this article has deeply analyzed the data obtained in Dianchi Lake through literature review, comparative study, summarizing method and so on. We reached the changing process of monitoring factors, water quality, comprehensive nutrition state and eutrophication. The results show that the water quality of Dianchi Lake on either Caohai or Waihai, the monitoring factors concentration and index are high, so that the water level is only V in recent years. Caohai is in severe eutrophication while Waihai is in the medium level of eutrophication. In general, the water quality of Dianchi Lake is not optimistic, which needs to be solved urgently.

**Keywords**: Dianchi Lake; Water quality; Index; Changing process

# 滇池湖滨带不合理土地利用方式对生态影响分析*

南 箔 李 波 杨琳琳 卢书兵

（北京师范大学资源学院）

**摘 要** 湖滨带是内陆水生生态系统与陆地生态系统之间的功能界面，是健全的湖泊生态系统不可缺少的有机组成部分。本文以滇池流域为背景，以滇池湖滨带为主要研究区域，分析了滇池湖滨带生物多样性锐减、水体富营养化、生物栖息地破坏的现状，阐述了导致生态退化的不合理的土地利用方式，包括围湖造田、围网养殖、土地性质改变、点面源污染等，并在此基础上提出了滇池湖滨带生态修复的对策和建议。

**关键词** 滇池；湖滨带；土地利用方式；生态退化；对策

## 1 引言

湖滨带是水陆生态交错带的简称，是内陆水生生态系统与陆地生态系统之间的功能界面[1]。该区域有很高的生产力及生物多样性，具有显著的生态边缘效应[2]。湖滨带在湖泊生态环境保护方面具有特殊功能，如拦截污染物、净化水体、消浪防蚀、维持生物多样性等。因此，湖滨带是湖泊的一道天然保护屏障，也是健全的湖泊生态系统不可缺少的有机组成部分。

湖滨带的功能主要包括三个方面：一是环境功能，即湖滨带的截污、过滤、改善水质、控制沉积和侵蚀等功能；二是生态功能，包括湖滨带保持生物多样性，提供鱼类繁殖、鸟类栖息的场所，调蓄洪水，稳定相邻生态系统的功能；三是经济和美学价值，包括资源再生、教育科研、美学、经济价值等[3]。

---

* 基金项目：云南省国土资源厅委托项目“高原湖区城乡一体土地生态化利用调控研究”。

第一作者简介：南箔（1988～），女，硕士生。E-mail：number@ mail. bnu. edu. cn。

通信作者简介：李波（1965～），男，教授，博士生导师。主要从事生态系统管理、土地资源管理、资源承载力评价、流域生态环境系统工程等方面的研究。E-mail：libo@ bnu. edu. cn。

随着经济的发展和人口的膨胀，人类不断地对湖滨带进行开发利用和干扰，围垦、侵占、养殖等不合理的土地资源利用方式大大扰乱了湖滨带的生态系统结构和功能的正常发挥，导致了湖滨带生态环境退化。

根据2009年全国湖泊水质环境月报数据，滇池水质综合评价为劣V类，水功能类别仅为V类。滇池污染已成为国家重大生态经济问题，滇池已被国务院列为全国重点整治的三大湖泊之一[4]。滇池流域大面积生态区域被生产生活用地侵占，造成了流域整体生态环境恶化，湖滨带城乡一体化特别是对湖滨湿地的不合理利用使原有湖滨湿地被改作耕地、鱼塘，造成滇池水质不断恶化，湖滨大量农用土地被“蚕食”用于建设建筑物，完全丧失了固有的阻截、消纳污染物的环境及生态功能。湖滨带生态退化，严重影响了滇池的生态功能。本文以滇池流域为背景，以滇池湖滨带为主要研究区域，在分析滇池湖滨带不合理的土地利用方式生态效应的基础上，提出了湖滨带生态修复的对策和建议。

## 2 研究区简介

滇池位于云南省省会昆明市南郊的昆明城区下游，流域面积约为2920km$^2$，整个流域为南北长、东西窄的湖泊盆地，地形可分为山地丘陵、冲积平原和水域三个层次，其中山区丘陵居多，约占69.5%，平原占20.2%，水域占10.3%。

根据《滇池保护条例》，滇池湖滨带为滇池水域的变化带和保护滇池水域的过渡带，是滇池水体不可分割的水陆交错地带，其具体范围是正常高水位1887.4m水位线向陆地延伸100m至湖内1885.5m之间的地带[5]。昆明主城区的发展主要依赖于滇池盆地，且不断向湖滨带蔓延发展。

## 3 湖滨带生态退化现状

随着昆明人口增加、工农业生产的发展及人类不合理的开发和干扰，滇池湖滨带生态功能严重退化，直接影响了湖泊流域生态、经济和社会的可持续发展。

### 3.1 水生植物衰亡，生物多样性降低

湖滨带自然群落的生态结构破坏严重，水生植物种类加速减少，单一种逐渐扩大，水生植物单一化发展，生物多样性降低。

由表1可以看出，滇池20世纪70、80年代以来，水生植物种类大幅度减少，对水环境敏感的种类如黑藻、石龙尾和一些轮藻科植物在近20～30年迅速减少或消失。

表1 滇池水生植物种数及覆盖率统计对比[6]

| 年 代 | 植物种数(种) | 覆盖率(%) |
|---|---|---|
| 20世纪80年代初 | 34 | 70 |
| 20世纪80年代末 | 21 | 12.6 |
| 2000年 | 15 | 6.8 |

### 3.2　水质富营养化，浮游藻类浓度增高

随着大型水生植物数量的减少甚至迅速消失，以及生产生活用水不断向滇池排放，水质趋于富营养化，湖滨带水域浮游藻类数量剧增，生物状况亦随之发生了剧烈变化，开始从草型湖泊向藻型湖泊转变。

从表2可以看出，滇池从20世纪80年代到90年代，藻类数量增至原来的21.3倍，藻类数量的激增，导致水体透明度锐减，水体富营养化明显，从而影响水中植物的光合作用，导致大量鱼类死亡。

**表2　滇池浮游藻类数量对比[7]**

| 年　份 | 种　类 | 藻类细胞数 |
| --- | --- | --- |
| 1983 | 205种 | 1643万个/L |
| 1998 | 64种 | 34994.91万个/L |
| 2002 | 106种 | 11885.60万个/L |

### 3.3　鱼类数量减少，生物栖息地遭到破坏

湖滨带的一个重要生态功能是为鱼类提供产卵生存场所，为湖滨鸟类等陆生生物提供优良的栖息地。然而近年来，滇池遭到严重污染，水质恶化，影响到了鱼类的生长和繁殖，鱼类种群大量减少甚至消亡，如滇池原有的特殊鱼类小鲤、云南光唇鱼、黑尾鈌、黑斑条鳅等12种鱼类已绝迹[8]。同时，由于生态环境的恶化，栖息于湖滨带的鸟类昆虫的数量也日渐减少，破坏了生态系统原有的自然结构和景观，威胁着陆地生物的生存。

## 4　湖滨带不合理的土地利用方式

随着社会的持续发展、人口的不断增长、工业的迅猛进步和城市的急剧扩张，滇池湖滨带在近20年的时间内不断遭到人为的侵占和污染，围湖造田、围网养殖、修建环湖大堤、沟渠等水利工程屡见不鲜，改变了湖滨带的土地利用结构，导致流域的产污以及径流和污染物的汇出速率增长，污染物的输出量加大，输出速度加快，对湖滨带水环境产生了严重影响，破坏了原始和谐的湖滨带环境。

### 4.1　大规模的围湖造田

由于滇池湖滨带的土地相对肥沃，片面追求大量良田，经常采取围垦的措施。围垦湖滨湿地可以造就大量良田，带来一定的经济效益，但是，它缩小了湖盆面积和容积，降低了湖泊的环境容量；减小了湖滩湿地面积，削弱了湖滨带对入湖径流携带污染物的净化能力；破坏了湖泊生态系统，使湖泊周围的大型水生植物减少，湖泊鱼类栖息基地丧失，湖泊生物资源的再生循环过程受到严重影响。另外，围垦也使湖滨带蓄洪滞水的功能大大减弱，使洪涝灾害发生的可能性大大增加。

## 4.2 围网养殖盛行

滇池湖滨带围网养殖在近 20 年中迅猛发展。在养殖期间，渔民为求经济效益达到高产、稳产的目的，大量投放饵料，使残饵、鱼类排泄物以及死亡鱼类的残体成为养殖区主要污染物，致使湖滨带有机污染负荷明显增加。据研究，就 7500～11250kg/hm$^2$ 网围养鱼模式而言，流入水体中的氮、磷量分别相当于投入量的 64.96% 和 64.81%，因此，每吨鱼要向湖中排放氮 141.25kg，磷 14.14kg[9]。围网养鱼对局部水域的环境影响，主要表现为因投饵导致的营养盐增加、浮游藻类增多、表层沉积物污染加重，且鱼类的捕食导致水草和大型贝类减少，喜好有机污染环境的水生昆虫幼虫迅速增加，等等。可见，围网养殖使湖滨带的生物多样性下降，生态系统受到一定的影响。

## 4.3 大量湖滨农用土地变为建设用地

滇池湖滨带是滇池流域自然资源、人文资源和区位条件较好的地区，近年来昆明城市经济的发展对滇池湖滨带乡镇的发展产生了强大的辐射带动作用，然而，由于受地形条件的限制，昆明主城区的发展过分局限于滇池盆地，形成了逐渐向滇池湖滨蔓延发展的城市格局，大量湖滨农用土地被“蚕食”，耕地转变为建设用地、交通用地，兴建了许多住宅小区、旅游休闲度假区、培训基地等，造成大量土地属性发生改变，违章违法建筑也很多。昆明市主城区的占地规模从 1990 年的不足 70km$^2$ 扩大到 2004 年的 160km$^2$，城市土地人口可承载量超过 62.6%，1990 年滇池流域耕地总面积为 1315.90km$^2$，2004 年仅剩 461.90km$^2$，耕地总面积减少 65%，年均减少率为 5.7%。滇池生态环境容量日趋饱和，滇池盆地的人口、土地、水资源的环境承载力早已不堪负重，且这种趋势仍在日益恶化，成为昆明市社会、经济可持续发展的制约因素。

## 4.4 水利工程的不合理修建

河流渠化、修建大堤等水利工程确实改善了滇池湖滨带的灌排条件，增加了泄流能力，提高了对洪水的防御标准，但是河流的渠化、修建大堤等水利工程对湖滨带生态环境的影响不容忽视。河流渠化将导致入湖泥沙量的增加，输出的污染物量也有所增加。环湖大堤的兴建，阻断了湖滨带水陆物质交换的通道。自然湿地的大面积消失，导致水生生态系统严重退化，其应具有的生态和水环境净化功能几近丧失，同时也破坏了部分陆生生物栖息地。一些水利设施切断了亲鱼上溯产卵和幼鱼入湖索饵的洄游通道，威胁着鱼类的繁殖和生长。此外，大量的刚性堤坝建筑使得两栖物种如蛙类丧失了有效的栖息生存空间，而最终趋于绝灭。

## 4.5 点面源的严重污染

工业的快速发展，导致大量未经处理的工业废水排入滇池；湖滨流域内人口的增加，使城镇生活污水排放量和含磷洗涤剂使用率大幅上升；农业上，农民为追求高产，加大了化肥、农药的使用量，过量的化肥通过地表径流和土壤渗透作用流入湖泊河流，使大型水生植物死亡。湖水营养负荷上升，引起蓝藻暴发，湖滨带水质污染严重。其中化肥农药的大量使用是水体氮、磷营养物质迅速增加的主要原因。

# 5 湖滨带生态修复对策及建议

## 5.1 合理利用土地，退耕还林还草、退田还湖

在湖滨带的核心区和保护区内停止有污染的人类活动和干扰，调整不合理的土地利用方式，实施退耕还林还草、退田还湖政策。同时加强湖滨带植被的恢复与重建，即使在农业区域附近，也至少保持一定宽度的湖滨植被缓冲带[10]。通过恢复湖滨生态湿地和湖滨林带，逐步恢复湖滨带生态系统的良性循环[11]。可以适当地在湖滨带建立环湖保护带，设定一级保护区，严格控制土地利用方式和人为活动，以达到保护的目的。

此外，湿地建设与农业产业结构调整相结合，尽量少占农田。滇池沿湖生态湿地作为保护水体的最后一道防线，生态环境脆弱，环境容量有限，土地利用和经济开发活动应在发展循环经济、保证滇池水质和湖岸带生态服务功能的前提下，整合当地资源优势，进行产业结构调整，尽量少占农田。将耕地变更为湿地或防护林，政府可考虑每年给予适当的补助或租用农民土地，鼓励农民发展生态农业与湿地农业。寻找到政府能够承受、村民能够满意的平衡点，合理解决土地利用问题，是确保生态湿地建设工程按照既定的设想完成的先决条件。

## 5.2 限制围网养殖，调整养殖结构

限制围网养殖，对沿岸围垦区内原有的鱼塘可以实行排污达标控制，并收取一定的排污费，大力发展高效低污染渔业；同时在养殖期间，尽可能多地利用湖泊内的天然饵料资源，限制使用外源饲料，使养殖区氮、磷的投入与产出相平衡，减少污染。

## 5.3 提高污水处理率，控制点源污染

减少工业污染，提高城市污水处理率是减少污染物流入、改善湖滨水生态环境的关键之一。对造成严重污染的企业，坚持“谁污染，谁治理”原则，并限期治理达标排放，对于非法排放不达标的企业要严格取缔，从源头上控制污染物的排放。同时，要加速技术改造和工艺改革，把污染物消灭在生产过程中，压缩排污量。此外，应当在昆明市全面征收污水处理费，逐步提高污水处理收费标准，以减少各种工业生活污水排放，促进节约用水及加快水污染的治理，同时也可以进一步吸引社会资本参与污水处理设施的建设和运营。

## 5.4 发展生态农业，控制面源污染

应当大力发展生态农业，加大生物农药、生物肥的使用量，从而减少并逐步杜绝高毒高残留农药的使用，减少化肥的施用量，提高肥料利用率，从源头上控制农业污染。对乡镇居民产生的生活垃圾，采取集中收集、集中处理的方式；对家禽养殖业排放的污水，可采用人工湿地与氧化塘相结合的实用处理技术。对于其他面源污染，如旅游业产生的生活污水，采取禁磷措施等其他有效措施，遏制湖泊总氮、总磷严重超标的趋势，缓解湖滨水体富营养化情况。

## 5.5 改善水文条件，防止水质恶化

水位的涨幅变化、风浪大小是决定和影响湖滨带人工生态恢复成败的关键因素。水位是水生植物生长控制因子之一。水深的变化，会导致水生植物群落沿环境梯度形成不同的群落。强烈的风浪容易导致沉积物的再悬浮，影响水质的改善，同时还会导致植物表面形成附着层，并造成水生植物的机械损伤[12]。因此，选择一个较长的低水位时段实施生物工程或者控制水位的涨幅变化，使生物工程实施后有一个较长时间的植物生长适应期和生态恢复过程。采取围隔、防波堤、消浪带等工程控制措施，可以有效控制植被恢复区风浪、水质等环境因子的影响。

## 5.6 实施水生植被恢复工程，增加生物多样性

根据滇池湖盆形态和底质条件，结合滇池湖滨带具体的气候、水文条件等因素，综合配置不同生活型植物，提高生物多样性，增强群落的稳定性和适应性。逐步在水深小于5m的沿岸带浅水区恢复水生植被，形成30%的湖面水生植物覆盖率[11]。提高各类植物的收获量和利用率，拦截净化入湖径流，抑制湖岸侵蚀和底泥再悬浮，澄清湖水，抑制蓝藻，提高湖水透明度。

## 5.7 合理规划治理，加强环境监测

由于生态恢复工作的长期性及演替的不确定性，需要建立一系列生态评测指标体系，随时掌握生态工程作用以及生态恢复状况。在与滇池湖滨带生态修复项目实施有关的农田、湿地、河流设置断面与监测点，定期进行采样分析，掌握土壤、水环境的变化规律，实时评估工程设计的合理性，为工程的实施和管理及时提供信息，以便调整和指导湖滨带生态恢复和重建工作的发展动态，保证规划目标的实现。

## 5.8 制定有关法律法规，完善管理体制

应当把滇池湖滨带作为一个特殊的环境区域，制定特定的管理条例，如在生态评价的基础上划定滇池湖滨带保护区，确定湖滨带宽度，制定湖滨带缓冲区设计标准及其管理要求，为湖滨带生态治理提供理论依据。同时，要进一步完善滇池湖滨带管理体制，成立专门的组织管理机构，使滇池湖滨带形成专业化保护的格局，形成有管理法规、有执法机构、违法处罚有尺度的完整的执法体系。

## 5.9 实施参与式环保政策，提高民众环保意识

在生产生活中自觉的环保行为是防治湖滨带生态退化的根本途径，因为公众的支持是生态系统良性发展的重要保证。利用各种媒体，广泛宣传保护滇池湖滨带的重要意义；实现环境信息公开化，揭露污染环境的不法行为，完善环境公益诉讼制度；举办环境科普讲座和图片展览，在沿湖区域及其他公共场所的醒目位置增设宣传画和警示牌，规范公众行为，提高全社会的环境保护意识，尤其是提高乡镇、企事业单位和居民保护湖滨带生态环境的自觉性，实现湖滨带管理的公众参与。

## 参考文献

[1] 尹澄清：《内陆水－陆地交错带的生态功能及其保护与开发前景》，《生态学报》1995 年第 5（3）期。

[2] 王庆锁、冯宗炜等：《生态交错带与生态流》，《生态学杂志》1997 年第 16（6）期。

[3] 颜昌宙、金相灿、赵景柱等：《湖滨带的功能及其管理》，《生态环境》2005 年第 14（2）期。

[4] 李波等：《“高原湖区城乡一体土地生态化利用调控研究”中期进展报告》（第Ⅰ、Ⅱ课题），北京师范大学资源学院，2011－11。

[5] 陈静、和丽萍、李跃青等：《滇池湖滨带生态湿地建设中的土地利用问题探析》，《环境保护科学》2007 年第 33（1）期。

[6] 杨赵平、张雄、刘爱荣：《滇池水生植被调查》，《西南林学院学报》2004 年第 1 期。

[7] 钱澄宇、邓新晏、王若南等：《滇池藻类植物调查研究》，《云南大学学报》（自然科学版）1985 年第 7（增刊）期。

[8] 齐素华、艾萍、王趁义：《滇池的富营养化现状分析及其防治对策》，《江苏环境科技》2000 年第 13（4）期。

[9] 许朋柱、秦伯强：《太湖湖滨带生态系统退化原因以及恢复与重建设想》，《水资源保护》2002 年第 3 期。

[10] 邓红兵、王青春、王庆礼等：《河岸植被缓冲带与河岸带管理》，《应用生态学报》2001 年第 12（6）期。

[11] 杨红军、祝松鹤、申哲民等：《湖滨带生态恢复与重建的理论与技术研究》，《农业环境科学学报》2006 年第 2 期。

[12] 金相灿：《湖泊富营养化控制和管理技术》，北京：化学工业出版社，2001。

# Analysis on the Ecological Affection of Unreasonable Land Use Manners along Lake Aquatic-Terrestrial Ecotone of Dianchi Lake

*Nan Bo*, *Li Bo*, *Yang Linlin*, *Lu Shubing*

(College of Resources Science and Technology, Beijing Normal University)

**Abstract**: Lake aquatic-terrestrial ecotone is a natural protective barrier and the essential part of healthy lake ecosystems. This paper takes the Dianchi Lake Basin as a background, sets the Dianchi lake aquatic-terrestrial ecotone is the main study area. Analysis the present situation of Dianchi lake aquatic-terrestrial ecotone, include biodiversity loss, water eutrophication, habitat destruction; elaborate the unreasonable land use manners which lead to ecological degradation, such as reclaiming land from lake, pulse net culture, nature of land changes, point source pollution and so on. Then this paper proposes the countermeasures and suggestion of lake aquatic-terrestrial ecotone ecological restoration.

**Keywords**: Dianchi Lake; Lake aquatic-terrestrial ecotone; Land use manners; Ecological degradation; Countermeasures

# 滇池湖区土地利用变化对湖泊生态环境的影响研究*

卢书兵　孙特生　李 波　南 箔

（北京师范大学资源学院）

**摘　要**　本文以滇池湖区为研究对象，以1989年、1995年、2000年三个时期的TM遥感影像为数据基础，结合图像处理、地理信息系统软件，对研究区土地利用动态变化进行了分析，同时研究了该区域土地利用变化对湖泊生态环境的影响。结果表明：①滇池流域近11年来土地利用状况发生了明显的变化，其中耕地、园地、林地和城乡工矿用地变化幅度较大，其他地类变化不明显。②土地利用变化导致滇池湖区自然生态系统失去平衡，入湖非点源污染负荷显著增加，导致滇池湖区水质污染加剧。今后应注意合理布局和优化调整城市和产业空间布局，加强城市绿地景观生态建设和基础设施建设。

**关键词**　滇池湖区；土地利用变化；生态环境；非点源污染

湖泊湖滨区域也是人类文明的摇篮和社会经济发展的主要地区之一，湖泊也起到调剂气候、支撑区域生态系统的特殊作用。随着湖滨区域经济增长与城市化发展，湖泊污染日益严重，湖滨地区也是生态脆弱区域。全国政协人口资源环境委员会主任陈邦柱指出，中国目前江河湖泊有70%被污染，75%的湖泊出现不同程度的富营养化。同时蓝藻水华频繁暴发，水质性缺水日益严重，由此引发淡水资源短缺，洪涝和干旱灾害增多，严重制约着区域发展并影响着人们的生活。

云南高原湖区的旅游资源密集，同时也是重要的生态功能区和环境敏感区，湖泊生态系统封闭程度高，抵抗外力干扰及破坏能力弱。越来越多的地产投资商把目光投向云南风景资源优

* 基金项目：云南省国土资源厅委托项目“高原湖区城乡一体土地生态化利用调控研究”。

第一作者简介：卢书兵（1985～），男，河南濮阳人，博士研究生，主要从事生态系统管理、土地利用变化与生态安全研究。E-mail：lushubing2005@163.com。

通信作者简介：李波（1965～），男，教授，博士生导师，主要从事生态系统管理、流域生态环境系统工作。E-mail：libo@bnu.edu.cn。

质的部分高原湖泊，在一定程度上促进了当地经济的发展。但由于未认真研究湖泊区域承载能力，未能很好地处理被征地农民生存、经济与环境保护协调发展的问题，不断上马的旅游地产项目已对湖泊生态造成影响，引发了社会各界的质疑和不满[1]。

## 1 研究区概况

滇池湖区位于云贵高原中部，地跨24°29′~25°28′N、102°29′~103°01′E，地处长江、红河、珠江三大水系分水岭地带，是云南省政治、经济、文化中心和交通枢纽，也是云南省经济最发达、人口最集中、城市化水平最高的区域。滇池湖区具有流域面积小、降雨集中、气候温和、日照时间长、蒸发量大等特点，气候属亚热带季风气候，地带性植被为半湿润常绿阔叶林。木研究范围主要包括昆明市的4区2县（西山区、五华区、盘龙区、官渡区、呈贡区和晋宁县），即包括滇池流经的所有县级行政区[2]。

## 2 数据来源与处理

以1989年、1995年和2000年三期TM影像、昆明市行政区划图，以及实地调查和社会经济相关资料为基础数据。遥感影像数据质量良好，无明显云层分布，易于分辨地物光谱，且研究时间上跨度较大，能较好地反映出滇池湖滨地区土地利用格局变化。运用ARC/INFO、ENVI等地理信息系统（GIS）和遥感图像处理软件，对1989年、1995年、2000年三期TM图像进行图像镶嵌、几何纠正、判读解译等工作，根据解译标志把空间栅格数据矢量化并且进行地类编码，在ARC/INFO中建立拓扑关系，最终生成土地利用图形库和属性数据库[3]。

根据研究区土地利用现状和土地资源特点，并结合我国土地利用现状分类系统，把土地利用类型分成林地、草地、水体、城乡工矿用地、耕地、园地等。

## 3 滇池湖区土地利用变化特征及问题

### 3.1 土地利用总体变化

根据三期TM遥感影像解译的数据，利用ArcGIS 9.3软件中的面积统计功能，得到各研究时期的土地利用类型、面积和比例变化，见表1。

从表1可以看出，从20世纪80年代至2000年，各时期各土地利用类型中，林地所占比重最大，这与滇池湖区的地质地貌特点有很大关系。研究区的耕地、园地和林地面积明显减少，分别减少了4138.72 $hm^2$、2020.39 $hm^2$、1140.97 $hm^2$，而城乡工矿用地面积增加了6978.58 $hm^2$，增幅达30.5%。

表1 滇池湖滨地区土地利用变化

| 地类 | 1989年 | | 1995年 | | 2000年 | | 1989－2000年 |
|---|---|---|---|---|---|---|---|
| | 面积($hm^2$) | 比率(%) | 面积($hm^2$) | 比率(%) | 面积($hm^2$) | 比率(%) | 面积($hm^2$) |
| 林地 | 165442.55 | 41.25 | 168589.95 | 42.04 | 164301.57 | 40.97 | －1140.97 |
| 草地 | 89459.94 | 22.31 | 88545.80 | 22.08 | 89476.33 | 22.31 | 16.39 |
| 水体 | 34809.08 | 8.68 | 34932.70 | 8.71 | 35113.12 | 8.75 | 304.04 |
| 城乡工矿用地 | 22874.73 | 5.70 | 28467.20 | 7.10 | 29853.31 | 7.44 | 6978.58 |
| 耕地 | 46117.55 | 11.50 | 42680.94 | 10.64 | 41978.83 | 10.47 | －4138.72 |
| 园地 | 42366.64 | 10.56 | 37852.97 | 9.44 | 40346.25 | 10.06 | －2020.39 |

## 3.2 建设用地总体变化

从解译好的三期TM遥感影像数据中提取出建设用地（见表2），可以看出，20世纪80年代至2000年，城镇用地和农村居民点用地面积快速增长，分别从9138.60$hm^2$、5640.62$hm^2$增加到15256.83$hm^2$、11319.67$hm^2$，增长率分别为66.95%、100.68%；独立工矿用地增长率不高，但面积也净增加1269.87 $hm^2$。滇池湖滨地区城－镇－村用地在空间上主要向昆明主城区的西边、东北、东南三个方向以及晋宁县县城的东边扩张。在未来的近10年时间里，根据昆明市城市建设的总体规划，晋宁县的建设用地还会有较大幅度的增加。

表2 滇池湖滨地区建设用地变化

| 地类 | 1989年 | | 1995年 | | 2000年 | | 1989－2000年 | |
|---|---|---|---|---|---|---|---|---|
| | 面积($hm^2$) | 比率(%) | 面积($hm^2$) | 比率(%) | 面积($hm^2$) | 比率(%) | 面积($hm^2$) | 比率(%) |
| 城镇用地 | 9138.60 | 54.44 | 13316.96 | 61.11 | 15256.83 | 51.11 | 6118.23 | 0.67 |
| 农村居民点 | 5640.62 | 33.60 | 6579.54 | 30.19 | 11319.67 | 37.92 | 5679.05 | 1.01 |
| 独立工矿用地 | 2006.95 | 11.96 | 1895.79 | 8.70 | 3276.82 | 10.98 | 1269.87 | 0.63 |

## 3.3 各区（县）城乡建设用地

根据滇池湖区各区（县）土地利用总体规划（2006～2020）资料，提取出城乡建设用地部分，对其进行分析。结果表明，西山区、五华区、盘龙区、官渡区、呈贡县和晋宁县的城乡建设用地在未来的近10年时间里都将明显增加。其中，根据新昆明建设规划目标，到2020年晋宁县将接收大约100万移民，因此城乡建设用地还将大量增加。

## 3.4 土地利用存在的问题

### 3.4.1 建设用地结构和布局不尽合理，违法用地现象突出

滇池湖区在用地布局上，尚没有形成合理的城镇体系布局，城镇化水平偏低，缺少具有一定规模的次级城镇构成来分担主城功能，截留外来人口，促进区域经济的均衡发展。

主城区范围内一些中心地段商业用地的地价高达7000元/$m^2$，一般亦达3000元/$m^2$左右，

这样寸土寸金的黄金地段却被一些经济效益及用地效益差甚至污染企业所占据。此外，市内还存在大量的旧城区，由于拆迁费用高，政府缺乏资金，改造十分困难，区域内居住条件恶劣，生活环境极差。

在小城镇、农村居民点和乡镇企业的建设发展中，用地缺乏统一规划，村庄零星分散，空间布局混乱，村庄规划执行缺乏严肃性，贯彻落实难。建设发展方式多为外延扩张或沿路建设，规模难以控制。农村居民点多以低层建筑为主，建筑容积率低，村内空闲地较多，“空心村”现象严重，村内居住条件极差，造成了大量的土地闲置。乡镇企业由于受地方经济保护主义思想的制约，大都分布十分零散，用地集约程度普遍偏低[4]。

#### 3.4.2 乱砍滥伐严重，水土流失加剧

滇池湖区森林覆盖率仅为24.96%，比全省33.46%的森林覆盖率低8.5%。由于陡坡开荒、采矿、乱砍滥伐等原因，滇池流域面山植被严重破坏，水土流失和工矿废弃地损坏情况较为严重，面山土壤侵蚀面积占全流域的27%以上，流域内年均侵蚀模数高达1233t/km$^2$，年泥沙流失量达38万t。近年来，面山的绿化工作虽有较大进展，但森林大部分处于中幼林期，森林郁闭度较低，滇池南部的大河柴河流域仍有大片的荒山。

#### 3.4.3 农业用地规划不合理，导致滇池水质富营养化

滇池湖区有3.2万hm$^2$农田，花卉作为云南省的特色经济产业，种植面积也有很大规模，复种指数高，施肥量大，大量未吸收、未降解化肥随回归水和雨水冲刷进入沟渠和湖泊；流域内农村每年还产生大量固体废物和废水，绝大部分未经处理就直接排进河道；滇池地处磷矿区，大量磷质不可避免地进入滇池水体，这些都是造成滇池水质富营养化的重要原因[5]。

## 4 滇池湖区土地利用变化对湖泊生态环境的影响

### 4.1 湖滨地带受到显著破坏，湖泊自然生态系统失去平衡

从滇池湖区1989～2000年土地覆被动态变化看出，11年来滇池湖区的土地覆被变化主要特征是：在大面积植树造林、草地锐减的同时，城镇用地迅速扩大，农田大幅度减少，湖滨带显著破坏。城镇用地的增加，大都发生在湖滨带地区，这一地区是湖泊重要的缓冲区，对湖泊生态环境防护有重要意义。在城镇用地比例高的区域和交通干线附近，大气污染、水污染严重，固体废物容易进入湖泊。城镇用地的大幅增加，在增加非点源污染负荷的同时，破坏了湖泊缓冲保护区，使得残留在地面的非点源污染物更容易被汇集到河道，进入湖泊，直接导致自然生态系统不堪重负而失去自我调节能力。

滇池湖滨土地开垦过度，天然湿地已消失殆尽，不合理的土地开发利用进一步加剧了滇池湖区生态环境恶化的趋势。

国内曾一度认为“天然湿地就是荒地”，而将其列为农业生产的后备资源，加上滇池湖滨

带的开发建设有良好的经济效益，前几十年间，滇池流域进行了大规模的围垦、采掘和建设开发，尤其是滇池水体周边的天然湿地范围内，开垦出了大量的耕地，修建了众多的各类旅游度假场所，天然湿地已消失殆尽。

与此同时，为了确保滇池周边的土地不被淹没，1982～1984 年人们在滇池沿岸带 1886.0 m 处修建了一道防浪堤，而且逐年加高，有的地段滇池水位已明显高于防浪堤内的地平面，在这些地段，滇池已成为一个“悬湖”。防浪堤的修建，人为地隔开了滇池水体与陆地的交错联系，如同把滇池水体装进了“水桶”，使滇池沿岸带生物多样性丧失，破坏了滇池的“肾脏”，导致滇池自净功能大大丧失，加速了滇池水环境的恶化。

过度开垦使滇池生态环境系统遭到了进一步破坏。滇池失去了天然屏障，生态环境已极度脆弱，无法抵御上游面山、城镇及农业区的水土流失及生活污水、生活垃圾和肥料流失等污染。

## 4.2 入湖非点源污染负荷显著增加

滇池湖区非点源污染物流失量随植被覆盖、土地利用方式的不同而差异很大。按照“七五”科技攻关成果，滇池湖区不同土地覆盖类型非点源污染负荷系数如表 3，结合 1989 年和 2000 年土地覆盖的解译结果，计算得到两个时期滇池湖区不同土地覆盖类型的总氮（TN）、总磷（TP）、化学需氧量（COD）及污水中悬浮物浓度（SS），见表 4。从测算结果得出，1988～2000 年这一时期内滇池湖区的土地利用最突出的变化就是昆明城区周边的大片耕地变成城镇用地，而这一城市化的进程直接导致了 TN、TP 和 COD 产生量的增加，城市化的结果使 SS 产生量大幅度下降。20 世纪 90 年代以来，昆明市的植树造林成绩显著，林地、草地对 TN、TP、COD 和 SS 的负荷量起到削减作用。总体上，流域生态工程实施产生的环境效益与城市化及湖滨带破坏造成的影响相抵消[6]。

**表 3　滇池湖区不同土地覆盖类型非点源污染负荷系数**

单位：$kg/km^2$

| 土地类型 | TN | TP | COD | SS |
|---|---|---|---|---|
| 城　镇 | 1955 | 241 | 3536 | 47 |
| 耕　地 | 1357 | 203 | 1268 | 298 |
| 荒草地 | 848 | 200 | 1182 | 753 |
| 林　地 | 560 | 97 | 760 | 291 |

**表 4　滇池湖区不同时期污染物产生量动态变化表**

单位：t/a

| 年份 | 土地类型 | TN | TP | COD | SS |
|---|---|---|---|---|---|
| 1988 | 城　镇 | 416.2 | 51.3 | 752.8 | 10006.7 |
| | 耕　地 | 1061.0 | 158.7 | 991.4 | 232989.7 |
| | 荒草地 | 474.2 | 111.8 | 661.0 | 421086.6 |
| | 林　地 | 578.5 | 100.2 | 785.1 | 300601.5 |
| | 合　计 | 2529.9 | 422.0 | 3190.3 | 964684.5 |

续表

| 年份 | 土地类型 | TN | TP | COD | SS |
|---|---|---|---|---|---|
| 2000 | 城　镇 | 553.1 | 68.2 | 1000.3 | 13296.3 |
| | 耕　地 | 966.8 | 144.6 | 903.4 | 212307.9 |
| | 荒草地 | 452.5 | 106.7 | 630.8 | 401831.5 |
| | 林　地 | 592.0 | 102.5 | 803.4 | 307615.7 |
| | 合　计 | 2564.4 | 422.0 | 3337.9 | 935051.4 |

### 4.3 社会经济快速发展，排污量迅速增长

伴随滇池湖区城镇用地快速增加过程的是流域人口的快速增长与经济的迅速发展，整个流域的总人口数从1988年的214.8万人发展到1999年的250.9万人，在1988～1999年的11年中保持了2.65%的年增长率。滇池湖区1988年工农业生产总值为66.03亿元，2000年工农业生产总值为501.54亿元。12年来，工业总产值增长率达20.37%，农业总产值增长率达17.48%。昆明市属缺水区，年人均水资源量仅为350 $m^3$。滇池湖区年平均水资源量只有5.7亿 $m^3$，平水年缺水1亿 $m^3$，枯水年缺水2亿 $m^3$。伴随着社会经济的迅速发展，水资源需求日益增长与湖泊河流污染负荷加重及湖泊生态环境破坏所引起的可利用水资源不断减少的矛盾越来越突出。与1988年相比，1999年污水排放量增长了16.81%，径流与污水的比例从1988年的4.6∶1减少到1999年的3.2∶1，污水全部处理排放要达到环境质量标准，仍需40∶1的径污比，相差近12倍。显然湖泊水质恢复十分困难。

### 4.4 滇池水环境质量改善困难

滇池污染最早始于20世纪70年代的围湖造田；80年代随着沿湖社会经济的发展、人口的急剧增加、城市化和工业化的加快，滇池的污染愈演愈烈；到了90年代，进入了污染的高峰期，草海水域的水质变为只能行舟的Ⅴ类水，外海的水质变成了难以利用的Ⅲ类水。据2005年监测结果（见表5）[7]，滇池草海综合营养状况为重度富营养状态，水质为劣Ⅴ类，主要污染指标为氨氮、总磷、总氮；外海综合营养状况为中度富营养状态，水质为Ⅴ类，主要污染指标为总磷、总氮。

**表5　2005年滇池水质状况**

| 湖　区 | 水域功能 | 水质综合评价 | 透明度(m) | 营养状态指数 | 主要污染指标 | 污染程度 |
|---|---|---|---|---|---|---|
| 滇池草海 | Ⅴ | 劣Ⅴ | 0.64 | 76.1 | 氨氮、总磷、总氮 | 重度污染 |
| 滇池外海 | Ⅴ | Ⅴ | 0.53 | 62.5 | 总磷、总氮 | 中度污染 |

## 5 结论

1989～2000年，滇池流域土地利用和土地覆被发生了很大的变化，导致整个滇池湖区

发生了严重的环境退化问题，具体表现在水环境的退化、水质富营养化等方面，从而影响了该流域的可持续发展。今后，为了防止湖区环境退化，滇池流域应在“发展、治污、循环、节能、高效”的控制原则下，合理布局和优化调整城市和产业空间布局，提高土地的集约化利用程度。应严格遵循城市功能组团定位，加强城市绿地景观生态建设和基础设施建设，完善和提高城市综合服务功能。加强小城镇优化建设与提升，分散滇池流域城市化发展的压力。

## 参考文献

[1] 李波等：《“高原湖区城乡一体土地生态化利用调控研究”中期进展报告》（第Ⅰ、Ⅱ课题）[R]，北京师范大学资源学院，2011－11。

[2] 刘杰、叶晶、杨婉等：《基于GIS的滇池流域景观格局优化》[J]，《自然资源学报》2012年第27（5）期，第802～805页。

[3] 杨国安、甘国辉：《基于分形理论的北京市土地利用空间格局变化研究》[J]，《系统工程理论与实践》2004年第10期，第131～137页。

[4] 杨子生、贺一梅、李笠等：《城郊污染型湖区土地利用战略研究——以滇池流域为例》[C]，见中国土地资源态势与持续利用研究，昆明：云南科技出版社，2004。

[5] 何鹏、肖伟华、李彦军等：《变化环境下滇池水污染综合治理与对策研究》[J]，《水科学与工程技术》2011年第1期，第5～7页。

[6] 郑丙辉、郅永宽、郑凡东等：《滇池流域生态环境动态变化研究》[J]，《环境科学研究》2002年第15（2）期，第16～65页。

[7] 谭露、李满春、刘永学等：《生态环境保护约束下的土地利用变化模拟——以昆明市滇池流域为例》[J]，《南京林业大学学报》（自然科学版）2009年第33（5）期，第60～64页。

# Analysis on Land Use Dynamic Change and Its Impact on the Ecological Environment in Dianchi Lake Region

*Lu Shubing, Sun Tesheng, Li Bo, Nan Bo*

(College of Resource Science and Technology, Beijing Normal University)

**Abstract**: The ENVI remote sensing image processing software and the ArcGIS geographic information system software were used to calibrate, match and enhance the TM remote sensing satellite images of three periods of 1989, 1995and 2000. The study area was divided into 6 big categories according to Class One Classification: forest land, grassland, water body, industrial and mining sites of cities, arable land, garden plot. Analyzed the dynamic change of land use, and studied on the affect of land use change on the eco-environment in this area. The results showed that: ①The land-use landscape pattern had been great changes in Dianchi Lake Region form 1989 to 2000, in which the changes of the arable land, garden plot and forest land changes were extremely great, While the changes of the other types of lands were not so obvious; ② land use changes resulting in lost ecological balance of Dianchi Lake natural ecosystems, a significant increase in non-point source Lead to water quality worsening pollution in Dianchi Lake. In the future, the highest priority measure to improve water quality of Dianchi Lake Region should be controlling Nonpoint pollution resources. We should pay attention to the reasonable layout and the optimization and adjustment of spatial layout for city and industrial, enhance landscape ecological construction of urban green space and infrastructure construction.

Keywords: Dianchi Lake Region; Land use change; Ecological environment; Non-point source

# C:
# 中国水旱灾害研究

【**专题述评**】中国水资源在时空上有着较大的差异性，形成多水与少水的现象交替出现，多水易导致水灾，而少水则往往造成干旱灾害。多水与少水、水灾与旱灾时常形影相随，频繁发生，危害大，损失重。研究表明，水旱灾害已成为中国最为严重的两种自然灾害。为了从宏观上揭示我国旱灾和水灾的时空变化基本特征和规律，因地制宜地制定水旱灾害防治规划及减灾防灾措施，本专题的4篇主体论文在分析与确定旱灾和水灾基本指标及其分级体系基础上，分别分析了中国1950~2010年旱灾和水灾的时空变化特征，并分别进行了中国旱灾区划和中国水灾区划。此外，本专题还测算和分析了中国1950~2010年水旱灾害减产粮食量。另外，西南大学夏秀芳硕士和徐刚教授进行的“基于GIS的嘉陵江沙坪坝段洪灾风险评价”亦有特色。尽管我们对中国水旱灾害的研究仅仅是初步的、粗线条的，但相信这些研究会进一步深入推进我国的水旱灾害研究工作，为中国水治理与可持续发展提供基础依据和技术支撑。

云南财经大学国土资源与持续发展研究所所长/教授

杨子生

# 中国1950～2010年旱灾的时空变化特征分析*

杨子生[①]　刘彦随[②]

(①云南财经大学国土资源与持续发展研究所；②中国科学院地理科学与资源研究所)

**摘　要**　为从宏观上揭示我国旱灾的时空变化基本特征和规律，本文在分析和确定旱灾基本指标（因旱受灾面积比率 $R_{AC}$ 和因旱成灾面积比率 $R_{AA}$）及其分级体系的基础上，根据国家有关部门的历年调查与统计资料，对全国1950～2010年旱灾灾情的变化特征以及旱灾的地域差异性进行了分析和研究。结果表明：①旱灾频繁，年年均有不同程度的干旱灾害发生。全国61年因旱受灾面积合计达130344.62万 $hm^2$，年均因旱受灾面积达2136.80万 $hm^2$，因旱受灾面积比率达14.39%。②旱灾强度较大，我国总体上属于“强度旱灾”的国家，61年来出现“强度”级（含）以上旱灾年数约占3/4，旱灾强度有逐渐增大之势。③全国旱灾基本灾情的地域差异性较大，14年（1997～2010年）年均 $R_{AC}$ 和 $R_{AA}$ 的高值区集中于西北和东北地区，华北地区、西南地区、长江中游和华南部分省份的旱灾亦较为突出。这一研究可为今后科学地制定全国防旱减灾建设规划和战略决策提供基础依据。

**关键词**　干旱灾害；灾害强度；受灾面积比率；时空变化；中国

## 1　引言

我国是世界上自然灾害最严重的国家之一，而旱灾是我国主要的自然灾害之一[1]。相较于其他自然灾害，旱灾遍及的范围广、历时长，对农业生产的影响较大。严重的旱灾还影响到工业生产、城乡人民生活和生态环境，给国民经济造成重大损失。因此，旱灾的研究和防旱减

---

* 基金项目：国家自然科学基金重点项目（41130748）。

作者简介：杨子生（1964～），男，白族，云南大理人，教授，博士后，所长。主要从事土地资源与土地利用规划、土壤侵蚀与水土保持、自然灾害与减灾防灾、国土生态安全与区域可持续发展等领域的研究工作。联系电话：0871－5023648（兼传真），13888017450。E-mail：yangzisheng@126.com。

灾建设一直受到政府部门和科技界的广泛重视。尤其自1987年第42届联合国大会通过第169号决议，将1990~2000年的10年定名为“国际减轻自然灾害10年”（IDNDR）以来，我国对包括旱灾在内的自然灾害研究蓬勃兴起。在旱灾研究方面，对于旱灾害指标、干旱成因、农业干旱灾害区划、防旱减灾等诸多方面进行了较为广泛的研究，产出了丰硕成果。与此同时，民政、水利等相关部门每年都对旱灾灾情进行调查和统计，使我国灾情资料日益丰富和完善。近10多年来，不少学者对我国干旱灾害的时空变化进行了有意义的分析，如王静爱等[2,3]（2002，2006）分析了近50年中国旱灾的时空变化状况和特点，李茂松等[4]（2003）分析了中国1950~2000年旱灾灾情的变化特点，张强等[5]（2004）分析了中国1949~2003年旱灾的时空变化，顾颖等[6]（2010）分析了中国1949~2007年干旱灾害特点和情势，等等。为了进一步从宏观上揭示我国旱灾的时空变化基本特征和规律，本文拟在分析和确定旱灾基本指标及其分级体系的基础上，根据我国有关部门的历年调查与统计资料，对全国61年（1950~2010年）旱灾的变化特征以及各地旱灾的地域差异性进行分析和研究，为今后科学制定全国防旱减灾建设规划和战略决策提供基础依据。

# 2 研究内容和研究方法

## 2.1 研究内容

根据研究工作需要和可能条件（尤其是基础资料状况），本文在分析和确定旱灾基本指标及其分级体系的基础上，主要进行两个方面的分析。

（1）全国1950~2010年旱灾的变化特征分析。采用全国1950~2010年旱灾灾情资料，分析近61年来我国旱灾在时间变化上的基本特征。

（2）基于省级单元的全国1997~2010年旱灾的地域差异性分析。采用各省（市、自治区）1997~2010年旱灾灾情资料，分析14年我国旱灾在地域空间上的差异性特征。

## 2.2 研究方法

### 2.2.1 旱灾分析的基本指标及其计算方法

旱灾指标是许多学者一直关注的重要问题，从不同的角度来研究干旱灾害，可以提出不同的旱灾指标。近20多年来，国内外有关文献中出现的旱灾指标多种多样，依其指标性质，大致可以归纳为自然方面的旱灾指标和社会经济方面的旱灾指标两类。前者的最大特点是具有自然的性质，常见的如降水量、降水变率、大气干旱指数、农田干燥度等；后者的最大特点则是具有社会经济的性质，反映干旱对社会经济领域的影响程度，常见的有受灾面积和成灾面积及其占农作物总播种面积的比例、减产粮食量、经济损失、人畜饮水困难数量等。

从灾害学角度来看，灾情分析选用反映灾害程度的指标（亦即社会经济方面的灾害指标）为宜。就定义而言，自然灾害一般是指地球上出现的对人类社会造成灾祸或损失的自然现象，如地震、火山、海啸、泥石流、滑坡、水土流失、干旱、洪涝、低温、霜冻、大风、冰雹等。

据此定义，自然灾害有主体和客体之分，主体是灾害现象本身，而客体则是受灾或遭受影响、损失和破坏的人类社会。任何灾害现象，若未给人类社会的生产和生活带来影响、损失或灾祸，便不能称之为灾害。因此，干旱灾害可以理解为：因降水偏少或干旱缺水而对人类生产和生活造成影响、损失和危害的一种灾害。目前，衡量旱灾程度的常见指标是农业受旱程度指标、因旱造成人畜饮水困难程度以及饮水困难的人口和牲畜数量、干旱对工业等其他产业的影响程度指标（如城市干旱影响工业产值）等。从实际来看，中国干旱灾害影响范围最广、影响程度最大、损失最严重的莫过于农业生产。因此，对旱灾的研究和调查统计资料亦多为农业生产领域。从现有调查和统计资料的可获得性出发，本文对旱灾的分析实际上为农业干旱灾害。

对于农业生产来说，所谓干旱灾害，就是指由于干旱而导致的对农作物生长发育的影响和危害。从此概念出发，对农业干旱灾害的分析必然要选择反映农业受灾程度的指标。只有选择农业经济方面的旱灾指标，才能客观地反映出干旱对农业生产的影响和危害程度。至于降水量、降水变率等自然方面的指标，则难以正确地反映干旱对农作物的危害程度，因为农业生产除了受自然因素的影响和制约之外，还受到人类因素的积极作用，如开展农田水利建设、发展旱作农业、推广耐旱作物品种、研制和应用节水抗旱保苗种植技术等。因此，降水量较少的地区并不一定就是农作物遭受旱灾最严重的地区。例如，宾川县是云南著名的干热少雨地区之一，多年平均降雨量仅为559.4 mm，该县1986～1991年6年平均农作物因旱受灾面积占农作物总播种面积的比例为16.26%；而位于滇东北的昭通市昭阳区，多年平均降雨量为739.4 mm，比宾川县多了32.18%，而其1986～1991年6年平均农作物因旱受灾面积占农作物总播种面积的比例达30.02%，接近宾川县的2倍[7]。因此，我们认为，自然方面的干旱指标不宜作为衡量干旱灾害的基本指标，而只能视为形成干旱灾害的因素。

已有的农业受旱程度指标主要有因旱受灾面积和成灾面积、因旱受灾减产粮食量、农作物因旱受灾的经济损失等具体指标。由于减产粮食量和经济损失数据往往较为缺乏，而受灾面积和成灾面积的调查和统计数据较全，因此，本文对旱灾的分析主要以因旱受灾面积和成灾面积为基础，引申出以下两个分析指标。

（1）因旱受灾面积比率（Ratio of areas covered by drought disaster，$R_{AC}$）。指农作物因旱受灾面积占农作物总播种面积的比例。其计算公式为：

$$R_{AC} = \frac{A_C}{A_{TO}} \times 100\% \qquad (1)$$

式（1）中，$A_C$为因旱受灾面积，我国一般是指因旱造成作物产量比正常年减产1成（10%）以上的面积[8]；$A_{TO}$为农作物总播种面积。

（2）因旱成灾面积比率（Ratio of areas affected by drought disaster，$R_{AA}$）。指农作物因旱成灾面积占农作物总播种面积的比例。其计算公式为：

$$R_{AA} = \frac{A_A}{A_{TO}} \times 100\% \qquad (2)$$

式（2）中，$A_A$为因旱成灾面积，在我国，一般是指因旱造成作物产量比正常年减产3成（30%）以上的面积[8]；$A_{TO}$为农作物总播种面积。

### 2.2.2 旱灾强度分级体系与指标

为了分析各地的旱灾程度，需要对干旱灾害进行等级划分。李克让（1993）根据降水距平百分率将干旱分为一般旱、重旱和极端旱3个等级[9]。当前，我国最常用的是气象部门的《气象干旱等级》和国家防汛抗旱总指挥部办公室的《干旱评估标准》两种干旱分级法。国家质量监督检验检疫总局和国家标准化管理委员会2006年8月28日发布的《中华人民共和国国家标准GB/T 20481－2006气象干旱等级》，依据降水距平百分率、相对湿润度指数、标准化降水指数、土壤相对湿度干旱指数、帕默尔干旱指数和综合气象干旱指数等气象指标，将干旱分为无旱、轻旱、中旱、重旱和特旱5个等级[10]。国家防汛抗旱总指挥部办公室2006年4月5日颁布的《干旱评估标准（试行）》，根据土壤墒情、降水距平百分率、连续无雨日数、缺水率和断水天数等指标，将旱情分为轻度干旱、中度干旱、严重干旱和特大干旱4个等级；同时，依据受旱面积比率（即受旱作物的面积占耕地面积的比率）的大小，将区域综合旱情等级分为轻度干旱、中度干旱、严重干旱和特大干旱4个等级，但全国、省级、市（地）级和县级的划分标准不同[11]。相对而言，以因旱受灾面积比率（$R_{AC}$）为指标的旱灾等级划分，在以往的文献中较为少见，云南省曾作出规定：当$R_{AC}\geqslant4$时，视为旱灾年。这显然是粗略的，难以反映各地农业干旱受灾程度的差异性。杨子生等[7]（1995）在进行云南省干旱灾害区划时，将旱灾等级划分为5级，即极强度干旱灾害、强度干旱灾害、中度干旱灾害、轻度干旱灾害和微度干旱灾害，所对应的$R_{AC}$值分别为：≥20，10～20，4～10，1～4，<1。笔者（2002）进行云南省金沙江流域干旱灾害区划时，考虑到金沙江流域实际，将该流域干旱灾害强度细分为7个等级[12]。

通过对全国各省（市、自治区）10多年的因旱受灾面积、成灾面积及$R_{AC}$和$R_{AA}$值进行综合分析，本文在上述旱灾等级划分基础上，以$R_{AC}$为基本指标（或主导指标），以$R_{AA}$为辅助指标，将全国旱灾等级划分为6级，即微度旱灾（Slight drought disaster）、轻度旱灾（Low-level drought disaster）、中度旱灾（Medium-level drought disaster）、强度旱灾（High-level drought disaster）、极强度旱灾（Ultra-high-level drought disaster）和剧烈旱灾（Acute drought disaster）。其划分标准详见表1。

**表1 干旱灾害强度分级体系与指标**

| 旱灾等级体系 | | 分级指标(%) | |
|---|---|---|---|
| 代号 | 名称 | 因旱受灾面积比率($R_{AC}$) | 因旱成灾面积比率($R_{AA}$) |
| 1 | 微度旱灾 | <1 | <0.5 |
| 2 | 轻度旱灾 | 1～5 | 0.5～2.5 |
| 3 | 中度旱灾 | 5～10 | 2.5～5 |
| 4 | 强度旱灾 | 10～20 | 5～10 |
| 5 | 极强度旱灾 | 20～30 | 10～15 |
| 6 | 剧烈旱灾 | ≥30 | ≥15 |

注：当$R_{AC}$和$R_{AA}$的分级标准有矛盾时，以$R_{AC}$（主导指标）为准。

### 2.2.3 基础数据及其来源

根据《中国统计年鉴（1996～2011）》[13]、《新中国五十年统计资料汇编》[14]、《中国水旱灾害公报 2006》[8] 和《中国水旱灾害公报 2010》[15]，我们已系统地搜集和整理了中国 1950～2010 年（共 61 年）干旱灾害的受灾面积和成灾面积以及农作物总播种面积数据。需要说明的是，灾情数据一般以国家统计局编的《中国统计年鉴》和《新中国五十年统计资料汇编》为准，1980 年以前的干旱灾害数据参考了《中国水旱灾害公报》，尤其因《新中国五十年统计资料汇编》缺乏 1967～1969 年灾情数据，故其干旱灾害数据以《中国水旱灾害公报》为准。另外，因台湾、香港和澳门统计数据暂缺，因此，本文的全国数据均未包括台湾、香港和澳门。

## 3 全国 1950～2010 年旱灾的变化特征分析

统计和计算结果表明，近 61 年来，中国干旱灾害具有 2 个明显的特征。

（1）旱灾频繁，年年均有不同程度的干旱灾害发生

我国是旱灾非常频繁的国家，基本特点是出现频率高，基本上年年都发生不同程度的旱灾，年年需要抗旱。在 1950～2010 年 61 年里，尽管每年的因旱受灾面积与成灾面积、因旱受灾面积比率（$R_{AC}$）与成灾面积比率（$R_{AA}$）有一定的差异（见图 1、图 2），但每年都遭受了一定程度的干旱灾害。

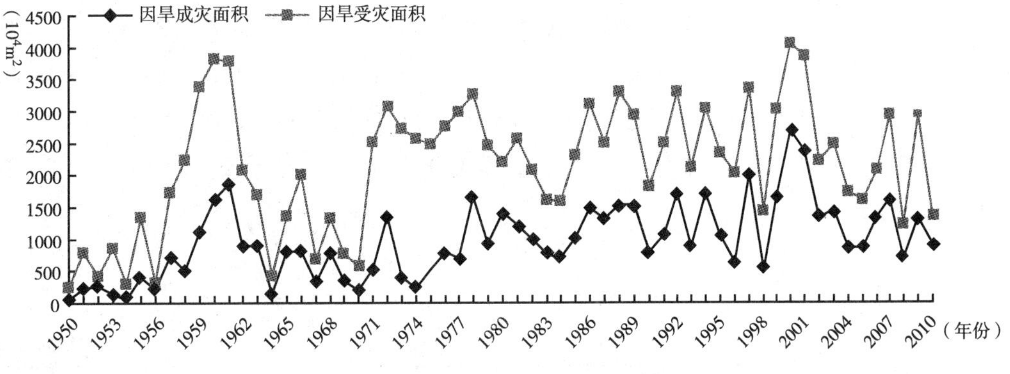


**图 1　中国 1950～2010 年因旱受灾面积与因旱成灾面积的变化**

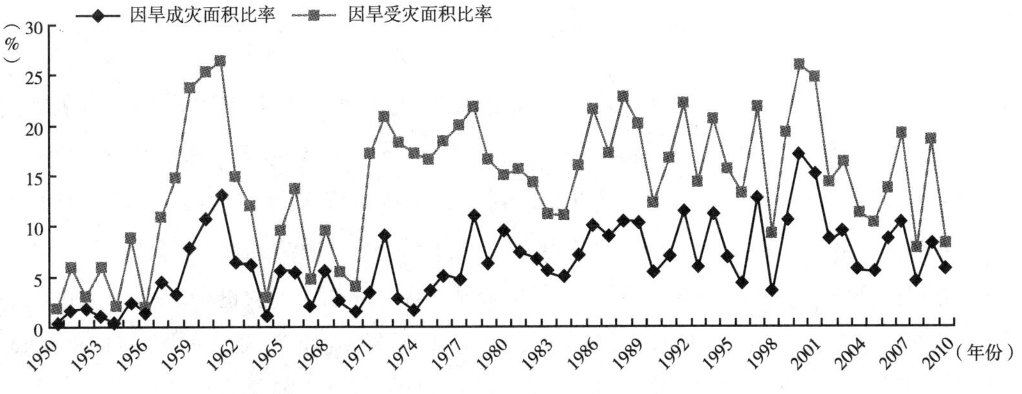


**图 2　中国 1950～2010 年因旱受灾面积比率（$R_{AC}$）与因旱成灾面积比率（$R_{AA}$）的变化**

对于中国的自然灾害，历来有“旱灾一大片，水灾一条线”之说，说明了我国旱灾具有范围广、规模大的特点。统计表明，这61年合计全国因旱受灾面积达130344.62万$hm^2$，年均因旱受灾面积达2136.80万$hm^2$。最小年（1950年）的因旱受灾面积为239.80万$hm^2$，而最大年（2000年）的因旱受灾面积达4054.10万$hm^2$，是最小年（1950年）的16.9倍。从因旱成灾面积看，全国61年合计达58718.72万$hm^2$，年均因旱成灾面积达962.60万$hm^2$。最小年（1954年）的因旱成灾面积为56.00万$hm^2$，而最大年（2000年）的因旱成灾面积达2678.40万$hm^2$，是最小年（1950年）的47.8倍。再从因旱受灾面积比率（$R_{AC}$）来看，这61年合计全国因旱受灾面积比率达14.39%，最小年（1950年）的因旱受灾面积比率为1.86%，而最大年（1961年）的因旱受灾面积比率达26.43%，是最小年（1950年）的14.2倍。就因旱成灾面积比率（$R_{AA}$）来看，这61年合计全国因旱成灾面积比率达6.48%，最小年（1954年）的因旱成灾面积比率为0.38%，而最大年（2000年）的因旱成灾面积比率达17.14%，是最小年（1954年）的45.1倍。

（2）旱灾强度较大，总体上属于“强度旱灾”的国家，旱灾强度有逐渐增大之势

由于旱灾发生频繁，且范围广、规模大，全国旱灾强度也较大。按照表1的分级标准，全国1950~2010年总计$R_{AC}$值为14.39%，因而平均旱灾强度属于“强度旱灾”级。这61年里，全国共出现轻度旱灾年数为7年，中度旱灾年数为9年，强度旱灾年数为32年，极强度旱灾年数达13年（即1959、1960、1961、1972、1978、1986、1988、1989、1992、1994、1997、2000、2001）。也就是说，全国出现中度（含）以上旱灾年数达54年，占统计总年数（61年）的88.52%；其中，出现强度（含）以上旱灾年数达45年，占统计总年数（61年）的73.77%（见表2）。

**表2　中国1950~2010年各旱灾等级出现年数**

单位：年

| 微度旱灾年数 | 轻度旱灾年数 | 中度旱灾年数 | 强度旱灾年数 | 极强度旱灾年数 | 剧烈旱灾年数 | 中度(含)以上旱灾年数 | 强度(含)以上旱灾年数 |
|---|---|---|---|---|---|---|---|
| 0 | 7 | 9 | 32 | 13 | 0 | 54 | 45 |

从全国各时期的$R_{AC}$和$R_{AA}$值及旱灾等级来看，旱灾强度有逐渐增大之势。由表3可见，1950~1960年全国年均$R_{AC}$值为9.59%，平均旱灾等级为“中度旱灾”级；到了1961~1970年，年均$R_{AC}$值增至10.29%，平均旱灾等级达到了“强度旱灾”级；再到1971~1980年，年均$R_{AC}$值增至18.18%，约为1950~1960年平均值的2倍。1980年代，全国年均$R_{AC}$值为16.16%，虽比1970年代略有下降，但其$R_{AC}$值明显大于1960年代。进入1990年代，全国年均$R_{AC}$值又增至17.87%。到了2001~2010年，尽管年均$R_{AC}$值降至14.39%，但依然明显大于1960年代，仍属于“强度旱灾”级。

表3　中国各时期 $R_{AC}$ 和 $R_{AA}$ 值及旱灾等级

| 年份 | 因旱受灾面积（万 $hm^2$） | 因旱成灾面积（万 $hm^2$） | 农作物总播种面积（万 $hm^2$） | $R_{AC}$（%） | $R_{AA}$（%） | 旱灾等级 |
|---|---|---|---|---|---|---|
| 1950～1960年 | 15412.50 | 5321.00 | 160737.50 | 9.59 | 3.31 | 中度旱灾 |
| 1961～1970年 | 14679.00 | 7036.90 | 142651.30 | 10.29 | 4.93 | 强度旱灾 |
| 1971～1980年 | 26986.70 | 8537.40 | 148434.60 | 18.18 | 5.75 | 强度旱灾 |
| 1981～1990年 | 23768.60 | 11293.80 | 147070.03 | 16.16 | 7.68 | 强度旱灾 |
| 1991～2000年 | 27147.10 | 13843.10 | 151918.16 | 17.87 | 9.11 | 强度旱灾 |
| 2001～2010年 | 22350.72 | 12686.52 | 155296.55 | 14.39 | 8.17 | 强度旱灾 |
| 1950～2010年总计 | 130344.62 | 58718.72 | 906108.14 | 14.39 | 6.48 | 强度旱灾 |

# 4　基于省级单元的全国1997～2010年旱灾的地域差异性分析

中国地域辽阔，地貌、气候等自然环境条件的区域差异较大，同时，各地的农业生产、水利建设等社会经济条件亦千差万别，因而全国干旱灾害的地域差异性非常显著。为了揭示全国旱灾的地域差异性，进而因地制宜地进行抗旱减灾，限于基础资料等条件，这里以省级行政区作为分析和评价单元，以各省（市、自治区）1997～2010年（共14年）的因旱受灾面积比率和因旱成灾面积比率为依据，对各省（市、自治区）1997～2010年旱灾的差异性进行分析。

## 4.1　旱灾基本灾情的地域差异性

各省（市、自治区）1997～2010年因旱受灾面积比率（$R_{AC}$）和因旱成灾面积比率（$R_{AA}$）的差异较大。总体上看，14年（1997～2010年）年均 $R_{AC}$ 的高值区集中于西北和东北地区。全国有灾情统计资料的31个省（市、自治区）中，西北地区的甘肃、青海、山西和内蒙古以及东北地区的吉林和辽宁6个省（自治区）年均 $R_{AC}$ 值均达30%以上，因而其旱灾强度等级均达“剧烈旱灾”级；此外，西北的陕西省和宁夏回族自治区、东北的黑龙江省年均 $R_{AC}$ 值分别达26.66%、24.78%和24.30%，是全国年均 $R_{AC}$ 的次高值省份，这3个省（自治区）旱灾强度等级均达“极强度旱灾”级。

华北地区、西南地区、长江中游和华南部分省份的旱灾亦较为突出。华北地区的北京、天津、河北、山东，西南地区的四川、重庆、云南，长江中游的湖北，以及华南的广西、海南10个省（市、自治区）年均 $R_{AC}$ 值均在10%～20%，因而其旱灾强度等级均达“强度旱灾”级。

其余12个省（市、自治区）的旱灾程度较轻一些，其年均 $R_{AC}$ 值均在10%以下，尤以浙江省和上海市最低，分别为3.78%和0。相应的，除了上海为无旱灾或微度旱灾、浙江属于“轻度旱灾”级之外，其余10个省（市、自治区）（即江苏、安徽、福建、江西、河南、湖南、广东、贵州、西藏和新疆）的旱灾强度等级均为“中度旱灾”级（见图3）。

从14年（1997～2010年）年均 $R_{AA}$ 来看，其基本的地域差异特征与 $R_{AC}$ 相似。内蒙古、山西、辽宁、吉林、甘肃、青海和陕西7个省（自治区）$R_{AA}$ 值较高，均达15%以上，其中，内蒙古、山西和辽宁则达20%以上；其次为宁夏、黑龙江、河北和天津4个省（市、自治区），

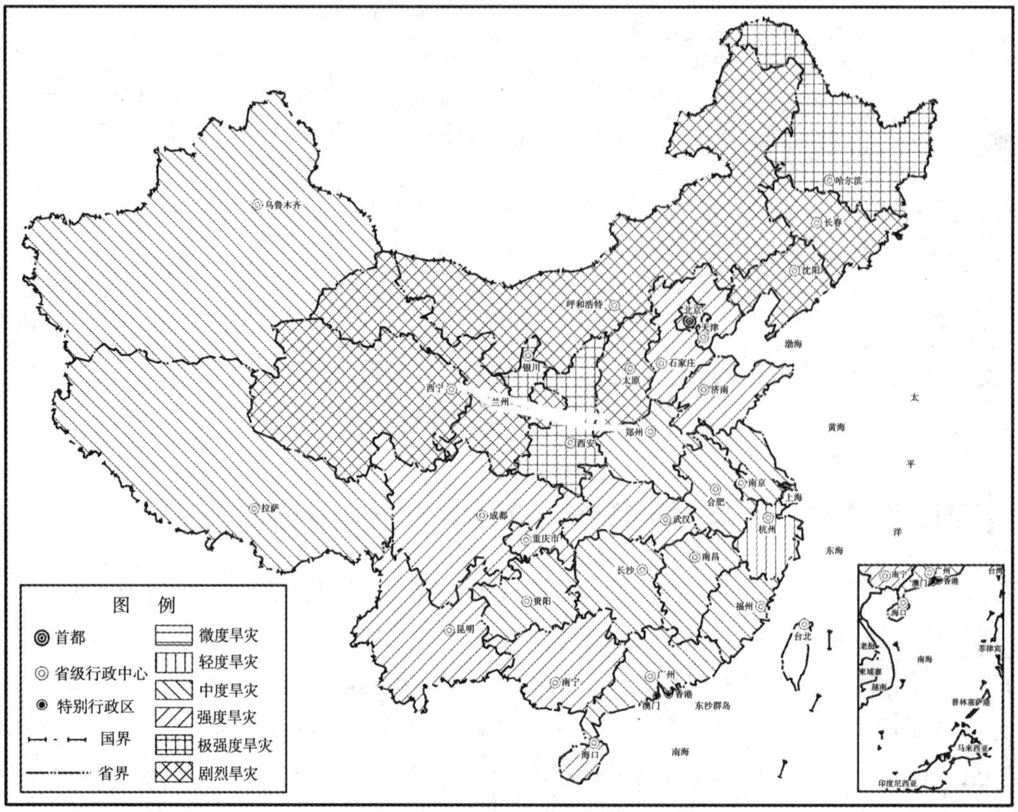


**图 3　中国 1997～2010 年平均旱灾强度分级**

其年均 $R_{AA}$ 值在 10%～14%；而以江苏、广东、福建、浙江、西藏和上海 6 个省（市、自治区）较低，其年均 $R_{AA}$ 值均在 4% 以下；其余 14 个省（市、自治区）年均 $R_{AA}$ 值处于中等水平，在 4%～9%。

## 4.2　$R_{AC}$ 极大值和 $R_{AA}$ 极大值的地域差异性

从 14 年（1997～2010 年）$R_{AC}$ 极大值来看，除了上海之外，各省（市、自治区）的 $R_{AC}$ 极大值均显得很大：全国 $R_{AC}$ 极大值以东北的辽宁、吉林和西北的青海、山西为最大，分别达 76.92%（2000 年）、68.29%（2000 年）、72.96%（2000 年）和 68.25%（1999 年）；其次为西北的内蒙古、东北的黑龙江和华北的天津，其 $R_{AC}$ 极大值分别达 57.10%（1999 年）、54.63%（2007 年）和 56.27%（2000 年）；再次为西北的陕西、宁夏和甘肃，华北的北京和西南的云南，其 $R_{AC}$ 极大值分别达 48.84%（1997 年）、45.41%（2006 年）、42.86%（1997 年）、48.54%（2002 年）和 45.94%（2010 年）；浙江和广西最低，其 $R_{AC}$ 极大值分别为 19.12%（2003 年）和 18.30%（2010 年）；其余 16 个省（市、自治区）的 $R_{AC}$ 极大值在 21%～40%。

$R_{AA}$ 极大值的地域差异性亦有类似的特点。除了上海之外，全国 1997～2010 年 $R_{AA}$ 极大值以东北的辽宁、吉林和西北的青海、山西为最大，分别达 51.35%（2000 年）、54.82%

（2000 年）、56.53%（2000 年）和 48.10%（1999 年）；其次为西北的内蒙古、华北的天津、西北的陕西和宁夏、西南的云南，其 $R_{AA}$ 极大值分别达 37.20%（2000 年）、33.76%（2000 年）、32.56%（1997 年）、31.48%（2000 年）和 31.86%（2010 年）；西藏最低，其 $R_{AA}$ 极大值为 8.83%（2010 年）；其余 20 个省（市、自治区）的 $R_{AA}$ 极大值在 10% ~30%。

## 4.3 各旱灾等级出现年数的地域差异性

各省（市、自治区）不仅年均 $R_{AC}$ 和 $R_{AA}$ 值及其极大值、平均旱灾强度等级有着较大差异，而且 14 年来各旱灾等级出现年数亦有很大差别（见表 4）。大体而言，西北和东北的多数省（自治区）基本上年年都发生中度（含）以上的干旱灾害，华北和西南各省（市、自治区）多数年份都发生中度（含）以上的旱灾，而长江中下游和华南多数省（自治区）14 年中发生中度（含）以上旱灾的年数为 3 ~11 年。

从 14 年中发生强度（含）以上旱灾的年数来看，全国依然以西北和东北为最多，其中陕西和甘肃达 14 年，即年年都出现强度（含）以上旱灾；西北的青海、宁夏、内蒙古、山西，东北的辽宁、吉林、黑龙江以及华北的河北 14 年中发生强度（含）以上旱灾的年数均达 10 ~13 年；西北的新疆，华北的北京、天津，西南的四川、重庆、云南，长江中游的湖北，以及华南的广西 8 个省（市、自治区）14 年中发生强度（含）以上旱灾的年数亦达 7 ~8 年，即出现强度（含）以上旱灾年数占 50% 以上；除了上海之外，浙江和广东最少，分别为 1 年和 2 年；其余 10 个省（自治区）近 14 年中发生强度（含）以上旱灾的年数为 3 ~6 年。

从旱灾强度最大的“剧烈旱灾”出现年数来看，同样以西北和东北为最多（见表 4）。西北的青海、甘肃、山西、内蒙古以及东北的吉林 14 年中发生剧烈旱灾的年数达 7 ~10 年，即这 5 个省（自治区）出现剧烈旱灾的年数占 50% ~71%；其次为东北的辽宁和黑龙江、西北的陕西和宁夏、华北的天津，14 年中发生剧烈旱灾的年数亦达 4 ~6 年；再次为华北的北京、河北、山东和西南的重庆、云南，14 年中发生剧烈旱灾的年数为 2 年；此外，安徽、福建、湖北、海南、四川和西藏 6 个省（自治区）在 14 年中均出现了 1 年的剧烈旱灾；其余 10 个省（市、自治区）则未出现剧烈旱灾。

**表 4　中国 1997 ~2010 年各省（市、自治区）各旱灾等级出现年数**

单位：年

| 序号 | 地区 | 微度旱灾年数 | 轻度旱灾年数 | 中度旱灾年数 | 强度旱灾年数 | 极强度旱灾年数 | 剧烈旱灾年数 | 中度（含）以上旱灾年数 | 强度（含）以上旱灾年数 |
|---|---|---|---|---|---|---|---|---|---|
| | 全　国 | 0 | 0 | 3 | 8 | 3 | 0 | 14 | 11 |
| 1 | 北京市 | 1 | 3 | 3 | 4 | 1 | 2 | 10 | 7 |
| 2 | 天津市 | 2 | 0 | 5 | 1 | 2 | 4 | 12 | 7 |
| 3 | 河北省 | 0 | 0 | 4 | 4 | 4 | 2 | 14 | 10 |
| 4 | 山西省 | 0 | 0 | 2 | 2 | 0 | 10 | 14 | 12 |
| 5 | 内蒙古自治区 | 0 | 0 | 1 | 0 | 4 | 9 | 14 | 13 |
| 6 | 辽宁省 | 1 | 1 | 1 | 1 | 4 | 6 | 12 | 11 |
| 7 | 吉林省 | 0 | 1 | 3 | 2 | 1 | 7 | 13 | 10 |

续表

| 序号 | 地区 | 微度旱灾年数 | 轻度旱灾年数 | 中度旱灾年数 | 强度旱灾年数 | 极强度旱灾年数 | 剧烈旱灾年数 | 中度(含)以上旱灾年数 | 强度(含)以上旱灾年数 |
|---|---|---|---|---|---|---|---|---|---|
| 8 | 黑龙江省 | 0 | 2 | 2 | 3 | 2 | 5 | 12 | 10 |
| 9 | 上海市 | 14 | 0 | 0 | 0 | 0 | 0 | 0 | 0 |
| 10 | 江苏省 | 4 | 3 | 4 | 2 | 1 | 0 | 7 | 3 |
| 11 | 浙江省 | 5 | 6 | 2 | 1 | 0 | 0 | 3 | 1 |
| 12 | 安徽省 | 3 | 3 | 3 | 3 | 1 | 1 | 8 | 5 |
| 13 | 福建省 | 5 | 5 | 1 | 2 | 0 | 1 | 4 | 3 |
| 14 | 江西省 | 2 | 6 | 2 | 3 | 1 | 0 | 6 | 4 |
| 15 | 山东省 | 0 | 4 | 4 | 2 | 2 | 2 | 10 | 6 |
| 16 | 河南省 | 1 | 4 | 3 | 4 | 2 | 0 | 9 | 6 |
| 17 | 湖北省 | 1 | 3 | 2 | 6 | 1 | 1 | 10 | 8 |
| 18 | 湖南省 | 0 | 5 | 3 | 5 | 1 | 0 | 9 | 6 |
| 19 | 广东省 | 0 | 9 | 3 | 1 | 1 | 0 | 5 | 2 |
| 20 | 广西壮族自治区 | 1 | 2 | 3 | 8 | 0 | 0 | 11 | 8 |
| 21 | 海南省 | 2 | 3 | 3 | 3 | 2 | 1 | 9 | 6 |
| 22 | 重庆市 | 0 | 2 | 5 | 3 | 2 | 2 | 12 | 7 |
| 23 | 四川省 | 0 | 4 | 3 | 5 | 1 | 1 | 10 | 7 |
| 24 | 贵州省 | 1 | 4 | 4 | 4 | 1 | 0 | 9 | 5 |
| 25 | 云南省 | 0 | 2 | 4 | 6 | 0 | 2 | 12 | 8 |
| 26 | 西藏自治区 | 4 | 3 | 2 | 4 | 0 | 1 | 7 | 5 |
| 27 | 陕西省 | 0 | 0 | 0 | 5 | 5 | 4 | 14 | 14 |
| 28 | 甘肃省 | 0 | 0 | 0 | 3 | 4 | 7 | 14 | 14 |
| 29 | 青海省 | 0 | 0 | 4 | 3 | 0 | 7 | 14 | 10 |
| 30 | 宁夏回族自治区 | 0 | 1 | 2 | 2 | 5 | 4 | 13 | 11 |
| 31 | 新疆维吾尔自治区 | 0 | 3 | 3 | 7 | 1 | 0 | 11 | 8 |

## 5 基本结论

本文在分析和确定旱灾基本指标（$R_{AC}$ 和 $R_{AA}$）及其分级体系的基础上，对全国 61 年（1950～2010 年）旱灾的变化特征以及基于省级单元的全国 1997～2010 年旱灾的地域差异性进行了分析和研究。主要结论是以下几点。

（1）旱灾频繁，年年均有不同程度的干旱灾害发生。全国 61 年合计因旱受灾面积达 130344.62 万 $hm^2$，年均因旱受灾面积达 2136.80 万 $hm^2$。最小年（1950 年）的因旱受灾面积为 239.80 万 $hm^2$，而最大年（2000 年）的因旱受灾面积达 4054.10 万 $hm^2$，是最小年（1950 年）的 16.9 倍。从因旱受灾面积比率（$R_{AC}$）来看，全国 61 年合计因旱受灾面积比率达 14.39%，最小年（1950 年）的因旱受灾面积比率为 1.86%，而最大年（1961 年）的因旱受灾面积比率达 26.43%，是最小年（1950 年）的 14.2 倍。

（2）旱灾强度较大，总体上属于“强度旱灾”的国家，旱灾强度有逐渐增大之势。这 61

年里，全国共出现轻度旱灾年数为7年，中度旱灾年数为9年，强度旱灾年数为32年，极强度旱灾年数达13年。出现强度（含）以上旱灾年数约占统计总年数（61年）的3/4。

（3）全国旱灾基本灾情的地域差异性较大。14年（1997～2010年）年均 $R_{AC}$ 和 $R_{AA}$ 的高值区集中于西北和东北地区，华北地区、西南地区、长江中游和华南部分省份的旱灾亦较为突出。

（4）14年来，西北和东北的多数省（自治区）基本上年年都发生中度（含）以上的干旱灾害，华北和西南各省（市、自治区）多数年份都发生中度（含）以上的旱灾，而长江中下游和华南多数省（自治区）14年中发生中度（含）以上旱灾的年数为3～11年。从旱灾强度最大的“剧烈旱灾”出现年数来看，同样以西北和东北为最多。

## 参考文献


［1］国家防汛抗旱总指挥部办公室、水利部南京水文水资源研究所：《中国水旱灾害》［M］，北京：中国水利水电出版社，1997，第1～509页。

［2］王静爱、孙恒、徐伟等：《近50年中国旱灾的时空变化》［J］，《自然灾害学报》2002年第11（2）期，第1～6页。

［3］王静爱、史培军、王平等：《中国自然灾害时空格局》［M］，北京：科学出版社，2006。

［4］李茂松、李森、李育慧：《中国近50年旱灾灾情分析》［J］，《中国农业气象》2003年第24（1）期，第7～10页。

［5］张强、高歌：《我国近50年旱涝灾害时空变化及监测预警服务》［J］，《科技导报》2004年第7期，第21～24页。

［6］顾颖、刘静楠、林锦：《近60年来我国干旱灾害特点和情势分析》［J］，《水利水电技术》2010年第41（1）期，第71～74页。

［7］谢应齐、杨子生：《云南省农业自然灾害区划》［M］，北京：中国农业出版社，1995，第1～54页。

［8］国家防汛抗旱总指挥部、中华人民共和国水利部：《中国水旱灾害公报2006》［R］，北京：中国水利水电出版社，2007，第1～35页。

［9］李克让：《中国干旱灾害的分类分级和危险度评价方法研究》［A］，见王劲峰等：《中国自然灾害影响评价方法研究》［C］，北京：中国科学技术出版社，1993，第58～86页。

［10］中华人民共和国国家质量监督检验检疫总局、中国国家标准化管理委员会：《中华人民共和国国家标准GB/T 20481－2006气象干旱等级》［S］，2006－08－28。

［11］国家防汛抗旱总指挥部办公室：《干旱评估标准（试行）》［S］，国家防汛抗旱总指挥部办公室文件，办旱［2006］18号，2006－04－05。

［12］杨子生：《云南金沙江流域干旱灾害区划》［J］，《山地学报》2002年第20（增刊）期，第49～56页。

［13］国家统计局：《中国统计年鉴（1996～2011）》［M］，北京：中国统计出版社，1996～2011。

［14］国家统计局国民经济综合统计司：《新中国五十年统计资料汇编》［M］，北京：中国统计出版社，1999，第31～35页。

［15］国家防汛抗旱总指挥部、中华人民共和国水利部：《中国水旱灾害公报2010》［R］，http://www.mwr.gov.cn，2011－10－13。

# Study on Spatio-temporal Change of Drought Disaster in China from 1950 to 2010

*Yang Zisheng*[1], *Liu Yansui*[2]

(1. Institute of Land & Resources and Sustainable Development, Yunnan University of Finance and Economics; 2. Institute of Geographic Sciences and Natural Resources Research, CAS)

**Abstract:** To reveal the basic spatio-temporal change characteristics and pattern of the drought disaster in China at the macro scale, this paper, based on the analysis and determination of the basic drought disaster indices ( $R_{AC}$, ratio of areas covered by drought disaster, and $R_{AA}$, ratio of areas affected by drought disaster) and its grading system, and by adopting the investigation and statistics data of the relevant governmental departments over the years, analyzed the change characteristics of the drought disaster in China from 1950 to 2010 and its regional difference. The result shows: ① Drought happened frequently. Each year, droughts of different magnitudes took place in China. During the aforesaid 61 years, a total area of 1, 303. 4462 million hectares in the whole country had suffered from drought disaster, indicating an annual average areas covered by drought disaster of 21. 3680 million hectares and the value of $R_{AC}$ of 14. 39% ; ② China suffers from relatively serious droughts. Of the aforesaid 61 years, three fourths had seen "high-level, ultra-high-level and acute drought disaster", and the drought disaster magnitude shows a gradual increase. ③ There is relatively large regional difference in drought disaster magnitude nationwide. During the past 14 years (1997 – 2010), the high values of annual $R_{AC}$ and $R_{AA}$ occur mainly in Northwest and Northeast China. Some provinces in North China, Southwest China, middle reaches of the Yangtze River, and South China have also suffered from serious drought. This study can offer fundamental basis for later scientific stipulation of national plan and strategic policies on drought control and disaster alleviation.

**Keywords:** Drought disasters; Disasters intensity; Ratio of areas covered by drought disaster; Spatio-temporal change; China

# 中国干旱灾害区划研究*

杨子生① 刘彦随②

（①云南财经大学国土资源与持续发展研究所；②中国科学院地理科学与资源研究所）

**摘 要** 我国干旱灾害较为严重，但各地灾害强度有所不同，主要致灾因子亦有别，使旱灾的区域差异大。本文选取10个指标，包括5个灾害程度指标〔年均因旱受灾面积比率、年均因旱成灾面积比率、$R_{AC}$极大值、$R_{AA}$极大值和出现“强度旱灾”级以上（含“强度旱灾”级）的旱灾年数〕和5个致灾因子指标（年均降水量、干季降水比率、年均单位国土面积水资源量、农田有效灌溉率和单位农作物播种面积用水量），以省级行政区域为单元，运用模糊聚类与综合分析相结合的方法进行了全国干旱灾害区划，将我国划分为6个干旱灾害区，即Ⅰ东北极强度旱灾区、Ⅱ华北强度旱灾区、Ⅲ长江中下游中度旱灾区、Ⅳ华南中强度旱灾区、Ⅴ西北剧烈旱灾区和Ⅵ西南强度旱灾区，从而揭示了全国干旱灾害的地域差异性，为因地制宜地制定干旱灾害防治规划及减灾防灾措施提供了基础依据。

**关键词** 干旱灾害；区划；模糊聚类法；综合分析法；中国

## 1 引言

旱灾是我国主要的自然灾害之一[1]。相较于其他自然灾害，旱灾遍及的范围广、历时长，对农业生产的影响特别巨大。我国地域辽阔，各地天然的降水条件和水资源量迥然不同；此外，受季风气候的影响，大部分地区的干湿季非常明显，每年的大部分雨量集中在5~10月的雨季，而11月到次年的4月则多为旱季，降水少且蒸发量大，极易形成季节性干旱。水资源在时空上分布的较大差异，使得我国水资源不仅利用率低下，而且水旱灾害频繁发生，危害大，

---

* 基金项目：国家自然科学基金重点项目（41130748）。

作者简介：杨子生（1964~），男，白族，云南大理人，教授，博士后，所长。主要从事国土资源开发整治、水土保持、自然灾害、生态安全与区域可持续发展等领域的研究工作。联系电话：0871-5023648，13888017450。E-mail：yangzisheng@126.com；1262917546@qq.com。

损失重。总体上看，我国多数地区干旱灾害均较严重，但灾害强度有所不同，主要致灾因子亦有别。因此，干旱分区或旱灾区划方面的研究与探索，近10多年来受到了学者们的重视。例如，李克让等[2]（1995）在《中国自然灾害区划——灾害区划·影响评价·减灾对策》一书的第三章“中国干旱区划”中，将全国分为5个干旱区，即黄淮海干旱区、华南沿海干旱区、西南干旱区、东北干旱区和西北干旱区；倪深海等[3]（2005）根据各地水资源的特点、农业受旱成灾的情况及水利设施抗旱能力，进行了中国农业干旱脆弱性分区。此外，省域尺度的旱灾区划成果亦不断出现，例如，杨子生等（1995）在《云南省农业自然灾害区划》中开展的云南省干旱灾害区划研究[4]等。从我国61年（即1950~2010年）灾情变化来看，旱灾强度有逐渐增大之势[5]。因此，深入开展我国干旱灾害区划研究，揭示全国干旱灾害状况的地域差异性，弄清各区域旱灾的基本特征和成因，可为国家因地制宜地制定抗旱防旱措施提供科学依据。

## 2 研究方法

任何一种区划研究，其最关键、最基本的问题有4个：①区划原则的确定；②区划指标的选择；③分区系统的制定；④区划方法的运用。四者紧密联系，表现在：区划原则是基础，区划指标是区划原则的具体体现，也是制定分区系统的基础和依据，区划方法决定着分区系统的科学合理与否。四者从根本上决定了区划的科学性和区划成果的应用性，并反映出区划研究的深度和水平。因此，科学地确定区划原则、客观地选取区划指标、合理地制定分区系统、适当地运用科学的区划方法，便显得十分必要和重要。

### 2.1 区划原则的确定

区划原则取决于区划目的。干旱灾害区划的主要目的在于揭示农作物因旱受灾状况在空间上的区域差异性，为各地因地制宜地制定抗旱防旱措施，减少和减轻干旱灾害，促进农业生产的高产稳产提供科学依据。为此，现提出以下4条原则。

#### 2.1.1 干旱灾害对农作物影响和灾害程度的相对一致性

这一原则特别重要，它可以说是实现干旱灾害区划的基本原则。因为这里所说的干旱灾害区划属于农业自然灾害区划的一个部分，它不是一般目的的区划，而是具有特定目的的区划，亦即它是为减轻农业干旱灾害、促进农业生产水平的提高和发展服务的。干旱对农作物的影响和灾害程度是由多种因素决定的，不仅取决于降水量、降水变率等自然因素，还取决于种植制度、作物种类、土地利用方式、农田水利建设水平等多种社会经济因素。因此，这是一条综合性的原则。

#### 2.1.2 抗旱防旱难易程度和对策措施的相对一致性

这一原则也很必要，它可作为上述基本原则的补充，两者可谓相辅相成。一地的干旱灾害对农作物的影响和灾害的强度，从根本上决定了该地抗旱防旱的难易程度，以及所应该采取的抗旱防旱对策与措施。例如，农作物遭受旱灾严重的地区，如金沙江干热河谷区等，抗旱防旱的难度必然较大。因此，所应采取的抗旱防旱措施也应是多方面的，除了大力发展农田水利建设、逐步提高保灌能力外，还应积极发展节水型农业，进行合理的作物布局，科学地推广耐旱作物品种和栽培技术；坡耕地比例较大的山区还应侧重于水土保持，实施“坡改梯”，减少水和土的流失，建设“土壤水库”。只有这种多方位的抗旱防旱，才能逐步减轻农业干旱灾害。

#### 2.1.3 集中连片性

集中连片是所有区划的共性和基本要求，它实际上也就是地理学上常说的区域共轭性原则。这一原则强调地域的整体性，每一个区划单位都必须且必然是空间上连续的地域个体，一个地域单元个体不能包括地域空间上不相连续的若干部分，这也是分区和分类（类型划分）的主要区别所在。

#### 2.1.4 照顾到省级行政界线的完整性

在农业区划、土地利用区划、经济区划等许多区划中，一般都要求照顾到某一级行政界线的完整性，其基本目的是为了便于有关生产、规划、管理等部门的实际应用。此外，保持行政界线的完整，也有利于有关基础资料的搜集和整理。至于照顾到哪一级行政界线的完整，则主要由研究区域的范围大小来定。就全国性区划而言，由于我国地域辽阔，国土总面积约达 960 万 $km^2$，行政上包括了 34 个省级行政区（即 4 个直辖市、23 个省、5 个自治区、2 个特别行政区），考虑到目前资料情况，这里将全国干旱灾害区划照顾到省级行政界线的完整，即不打破省级行政界线。需要说明的是，台湾、香港和澳门因缺乏相关基础数据，本文的分区单元实际上为 31 个省（直辖市、自治区）。

以上 4 条原则中，前 2 条原则是为了实现区划目的而提出的，而后 2 条原则是为了取得区划界线而必须加以遵守的。

### 2.2 区划指标的选取与计算

区划指标可以说是区划原则的实际应用和具体体现。确定了区划原则之后，如何对上述原则进行科学的应用以及采用什么指标加以体现，这是进行区划的关键所在。

干旱灾害指标是许多学者一直关注的问题。从不同的角度来研究干旱，可以提出不同的指标，10 多年来有关文献中出现的干旱指标各式各样。按指标的性质，大致可分为自然方面的指标和社会经济方面的指标两大类。前者主要有降水偏小指标、降水距平百分率指标、相对年降雨量距平指标等，后者主要有干旱受灾面积比率、成灾面积比率等。此外，农田保灌率、单位农作物播种面积用水量等也是反映干旱灾害致灾因素中人类活动因素的主要指标。根据区划工作需要和可能得到的基础资料等条件，经过反复优选，确定了全国干旱灾害区划的 5 个灾害程度指标（年均干旱受灾面积比率、年均成灾面积比率、$R_{AC}$极大值、$R_{AA}$极大值和出现“强度旱灾”级以上旱灾年数，分别用 $I_1$、$I_2$、$I_3$、$I_4$、$I_5$ 表示）和 5 个致灾因子指标（年均降水量、干季降水比率、年均单位国土面积水资源量、农田有效灌溉率和单位农作物播种面积用水量，分别用 $I_6$、$I_7$、$I_8$、$I_9$、$I_{10}$表示）。各指标的含义和计算方法如下。

#### 2.2.1 灾害程度指标的计算及数据来源

$I_1$：年均干旱受灾面积比率（Ratio of areas covered by drought disaster，$R_{AC}$）。即年均干旱

受灾面积占农作物总播种面积的百分比。这既是基本的区划指标，也是后文划分干旱灾害强度等级的基本指标。其计算公式为：

$$R_{AC} = \frac{A_C}{A_{TO}} \times 100\% \tag{1}$$

式（1）中，$R_{AC}$为年均干旱受灾面积比率（%）；$A_C$ 为干旱受灾面积，在我国，一般是指因旱造成作物产量比正常年减产 1 成（10%）以上的面积[6]；$A_{TO}$为农作物总播种面积。采用 1997～2010 年（共计 14 年）平均值。干旱受灾面积和农作物总播种面积来自《中国统计年鉴（1998～2011）》[7]。

$I_2$：年均成灾面积比率（Ratio of areas affected by drought disaster，$R_{AA}$）。即年均干旱成灾面积占农作物总播种面积的比例。其计算公式为：

$$R_{AA} = \frac{A_A}{A_{TO}} \times 100\% \tag{2}$$

式（2）中，$R_{AA}$为年均成灾面积比率（%）；$A_A$ 为干旱成灾面积，在我国，一般是指因旱造成作物产量比正常年减产 3 成（30%）以上的面积[6]；$A_{TO}$为农作物总播种面积。采用 1997～2010 年（共计 14 年）平均值。干旱成灾面积和农作物总播种面积来自《中国统计年鉴（1998～2011）》[7]。

$I_3$：$R_{AC}$极大值。即式（1）计算得出的 14 年（1997～2010 年）干旱受灾面积比率中的最大值。该指标反映了极端干旱年份旱灾对农业生产的直接影响和损失程度。

$I_4$：$R_{AA}$极大值。即式（2）计算得出的 14 年（1997～2010 年）干旱成灾面积比率中的最大值。该指标进一步反映了极端干旱年份旱灾对农业生产的直接影响和损失程度。

$I_5$：出现“强度旱灾”级以上旱灾年数。本文对全国各省（市、自治区）14 年的因旱受灾面积、成灾面积及 $R_{AC}$值和 $R_{AA}$值进行了综合分析。为了进一步反映各地的旱灾程度，同时为了便于具体的干旱灾害区划工作，本文在以往干旱灾害分级研究[4,8～11]的基础上，以 $R_{AC}$为基本指标（或主导指标），以 $R_{AA}$为辅助指标，将全国旱灾等级划分为 6 级，即微度旱灾、轻度旱灾、中度旱灾、强度旱灾、极强度旱灾和剧烈旱灾。其划分标准详见表 1。这里出现的“强度旱灾”级以上旱灾年数，也就是以式（1）和式（2）计算得出的 14 年（1997～2010 年）$R_{AC}$值和 $R_{AA}$值为依据，按照表 1 的分级标准，统计得出 14 年间出现“强度旱灾”级以上（含“强度旱灾”级）的旱灾年数。

**表 1　干旱灾害强度分级体系与指标**

| 旱灾等级体系 | | 分级指标（%） | |
|---|---|---|---|
| 代号 | 名　称 | 因旱受灾面积比率（$R_{AC}$） | 因旱成灾面积比率（$R_{AA}$） |
| 1 | 微度旱灾（Slight drought disaster） | <1 | <0.5 |
| 2 | 轻度旱灾（Low-level drought disaster） | 1～5 | 0.5～2.5 |
| 3 | 中度旱灾（Medium-level drought disaster） | 5～10 | 2.5～5 |
| 4 | 强度旱灾（High-level drought disaster） | 10～20 | 5～10 |
| 5 | 极强度旱灾（Ultra-high-level drought disaster） | 20～30 | 10～15 |
| 6 | 剧烈旱灾（Acute drought disaster） | ≥30 | ≥15 |

注：当 $R_{AC}$和 $R_{AA}$的分级标准有矛盾时，以 $R_{AC}$（主导指标）为准。

### 2.2.2 致灾因子指标的计算及数据来源

$I_6$：年均降水量。年降水总量的多少，在一定程度上决定着一地的旱灾程度，是形成农业干旱灾害的因素。通常，降水较少的地区，干旱往往较为突出；反之，降水较多的地区，则旱情大多较轻。为了与上述5个灾害程度指标相对应，这里的年均降水量亦取1997～2010年（共计14年）的平均值。省的年均降水量以省会城市为代表。各省会城市各年降水量数据来自《中国统计年鉴（1998～2011）》[7]。

$I_7$：年均干季降水比率（Ratio of precipitation in dry season，$R_{PD}$）。我国受季风气候的影响，一年之中明显地分出雨季和干季。绝大多数地区的雨季为4～10月，干季为11月～次年3月，因此，许多地区的冬旱和春旱较为突出。为了进一步反映降水条件在旱灾形成中的作用，这里选择"干季降水比率"为指标，指年均干季（11月～次年3月）降水量占多年平均年降水量的百分比。其计算公式为：

$$R_{PD} = \frac{P_D}{P_A} \times 100\% \tag{3}$$

式（3）中，$R_{PD}$为年均干季降水比率（%）；$P_D$为年均干季（11～次年3月）降水量（mm）；$P_A$为年平均降水量（mm）。采用1997～2010年（共计14年）平均值。各省会城市各年月降水量数据来自《中国统计年鉴（1998～2011）》[7]。

$I_8$：年均单位国土面积水资源量（Water resources quantity per unit land area，$W_{UL}$）。一地的水资源总量（包括地表水资源和地下水资源）的多少，对于旱灾的形成以及旱灾的轻重程度有着明显的影响。在致灾因子指标中，本文选取"年均单位国土面积水资源量"，并将其定义为一地的水资源总量与该地土地总面积的比率，其计算公式为：

$$W_{UL} = \frac{W_T}{A_L} \tag{4}$$

式（4）中，$W_{UL}$为年均单位国土面积水资源量（万$m^3/km^2$）；$W_T$为水资源总量（万$m^3$）；$A_L$为土地总面积（$km^2$）。采用2002～2010年（共计9年）平均值。各省（市、自治区）水资源总量数据来自《中国统计年鉴（2003～2011）》[7]；土地总面积基本上来自各省（市、自治区）网站。

$I_9$：农田有效灌溉率（Effective irrigation ratio of farmland，$R_{EI}$）。我国多数地区气候上的干湿季很分明，农田大多需要灌溉，因而我国多数地区的农业基本上是灌溉农业。灌溉在近千年的农业发展历史中一直占有重要地位。可以说，有效灌溉就可保增长，无灌溉则减产。干旱之所以给农业生产造成严重影响，与长期以来农田水利设施建设不足、耕地有效灌溉程度低下密切相关。因此，在干旱灾害区划中，"农田有效灌溉率"这一指标显得非常重要，它能够反映人类因素在防治农业干旱灾害中的积极作用。这里的农田有效灌溉率是指农田有效灌溉面积（包括水田和水浇地）占耕地总面积的百分比值。其计算公式为：

$$R_{EI} = \frac{A_{EI}}{A_F} \times 100\% \tag{5}$$

式（5）中，$R_{EI}$为农田有效灌溉率（%）；$A_{EI}$为农田有效灌溉面积（=水田+水浇地）；$A_F$为耕地总面积。限于基础数据条件，农田有效灌溉面积采用2007~2010年（共计4年）平均值，耕地总面积为2008年全国土地变更调查数。各省（市、自治区）农田有效灌溉面积和耕地面积数据来自《中国统计年鉴（2008~2011）》[7]。

$I_{10}$：年均单位农作物播种面积用水量（Agricultural Water Consumption per Unit Sown Areas of Farm Crops，$AW_{US}$）。为了进一步反映致灾因子中的人类活动因素，这里提出“单位农作物播种面积用水量”这一指标，并将其定义为一地的农业用水量与该地农作物总播种面积的比率，其计算公式为：

$$AW_{US} = \frac{W_{AC}}{A_S} \tag{6}$$

式（6）中，$AW_{US}$为年均单位农作物播种面积用水量（万$m^3/hm^2$）；$W_{AC}$为农业用水量（万$m^3$）；$A_S$为农作物总播种面积（$hm^2$）。采用2002~2010年（共计9年）平均值。各省（市、自治区）农业用水量和农作物总播种面积数据来自《中国统计年鉴（2003~2011）》[7]。

各分区单元（省、直辖市、自治区）的上述10个指标值经计算整理成表2。

**表2　中国干旱灾害区划指标**

| 分区单元 | | $I_1$ | $I_2$ | $I_3$ | $I_4$ | $I_5$ | $I_6$ | $I_7$ | $I_8$ | $I_9$ | $I_{10}$ |
|---|---|---|---|---|---|---|---|---|---|---|---|
| 编号 | 地区 | | | | | | | | | | |
| | 全国 | 15.69 | 8.97 | 25.94 | 17.14 | 11 | — | — | 27.89 | 48.19 | 2330.30 |
| 1 | 北京 | 15.64 | 8.08 | 48.54 | 23.68 | 7 | 449.5 | 7.18 | 13.88 | 91.22 | 3886.13 |
| 2 | 天津 | 19.72 | 10.51 | 56.27 | 33.76 | 7 | 475.0 | 5.57 | 9.65 | 78.75 | 2571.43 |
| 3 | 河北 | 18.36 | 11.88 | 34.12 | 22.39 | 10 | 485.6 | 9.48 | 7.04 | 72.18 | 1709.05 |
| 4 | 山西 | 37.44 | 22.99 | 68.25 | 48.10 | 12 | 399.7 | 8.13 | 6.03 | 31.10 | 911.18 |
| 5 | 内蒙古 | 37.70 | 23.62 | 57.10 | 37.20 | 13 | 391.7 | 6.88 | 3.37 | 40.80 | 2237.58 |
| 6 | 辽宁 | 32.24 | 20.54 | 76.92 | 51.35 | 11 | 680.4 | 11.53 | 19.49 | 36.90 | 2321.53 |
| 7 | 吉林 | 32.19 | 19.86 | 68.29 | 54.82 | 10 | 562.5 | 8.20 | 21.31 | 30.29 | 1429.84 |
| 8 | 黑龙江 | 24.30 | 12.65 | 54.63 | 26.89 | 10 | 503.6 | 9.05 | 15.59 | 28.22 | 1883.29 |
| 9 | 上海 | 0.00 | 0.00 | 0.00 | 0.00 | 0 | 1185.6 | 28.09 | 50.82 | 86.47 | 4086.06 |
| 10 | 江苏 | 6.78 | 3.35 | 23.93 | 17.12 | 3 | 1113.4 | 24.16 | 39.20 | 80.22 | 3643.44 |
| 11 | 浙江 | 3.78 | 1.90 | 19.12 | 10.97 | 1 | 1387.6 | 32.71 | 92.51 | 75.03 | 3844.98 |
| 12 | 安徽 | 9.89 | 5.11 | 33.20 | 24.98 | 5 | 1001.1 | 26.77 | 53.93 | 60.47 | 1471.11 |
| 13 | 福建 | 5.87 | 2.66 | 35.97 | 15.44 | 3 | 1417.9 | 24.61 | 92.37 | 72.10 | 4241.99 |
| 14 | 江西 | 6.81 | 4.14 | 21.15 | 17.07 | 4 | 1674.5 | 30.14 | 89.42 | 65.21 | 2618.59 |
| 15 | 山东 | 13.75 | 7.68 | 34.28 | 23.29 | 6 | 745.7 | 7.51 | 20.24 | 65.02 | 1496.88 |
| 16 | 河南 | 9.80 | 4.84 | 23.38 | 15.17 | 6 | 661.5 | 11.48 | 26.60 | 63.27 | 919.94 |
| 17 | 湖北 | 11.84 | 7.04 | 31.55 | 22.74 | 8 | 1253.4 | 23.78 | 53.99 | 49.07 | 1893.58 |
| 18 | 湖南 | 8.95 | 4.87 | 21.68 | 13.87 | 6 | 1450.0 | 29.64 | 82.79 | 71.68 | 2519.02 |
| 19 | 广东 | 6.12 | 2.69 | 24.41 | 11.35 | 2 | 1876.6 | 12.24 | 98.23 | 61.11 | 4993.79 |
| 20 | 广西 | 10.53 | 5.55 | 18.30 | 12.68 | 8 | 1260.0 | 15.06 | 77.25 | 36.09 | 3442.36 |

续表

| 分区单元 | | $I_1$ | $I_2$ | $I_3$ | $I_4$ | $I_5$ | $I_6$ | $I_7$ | $I_8$ | $I_9$ | $I_{10}$ |
|---|---|---|---|---|---|---|---|---|---|---|---|
| 编号 | 地区 | | | | | | | | | | |
| 21 | 海南 | 10.76 | 4.87 | 33.41 | 23.65 | 6 | 1806.9 | 10.70 | 93.98 | 31.03 | 4318.34 |
| 22 | 重庆 | 15.59 | 8.09 | 39.37 | 25.39 | 7 | 1121.4 | 14.06 | 63.99 | 29.63 | 588.32 |
| 23 | 四川 | 11.58 | 5.95 | 31.13 | 15.73 | 7 | 810.7 | 7.34 | 49.43 | 42.39 | 1281.67 |
| 24 | 贵州 | 9.24 | 5.06 | 26.00 | 20.96 | 5 | 1085.8 | 12.99 | 55.08 | 21.43 | 1088.38 |
| 25 | 云南 | 15.45 | 8.80 | 45.94 | 31.86 | 8 | 1018.4 | 9.19 | 50.09 | 25.55 | 1756.54 |
| 26 | 西藏 | 8.15 | 1.41 | 33.57 | 8.83 | 5 | 472.8 | 1.61 | 36.76 | 58.71 | 12517.63 |
| 27 | 陕西 | 26.66 | 15.38 | 48.84 | 32.56 | 14 | 548.8 | 11.43 | 18.95 | 31.89 | 1311.59 |
| 28 | 甘肃 | 30.61 | 18.95 | 42.86 | 29.54 | 14 | 353.0 | 3.41 | 4.57 | 26.08 | 2533.82 |
| 29 | 青海 | 31.19 | 17.75 | 72.96 | 56.53 | 10 | 429.5 | 5.04 | 9.54 | 42.91 | 4327.66 |
| 30 | 宁夏 | 24.78 | 14.02 | 45.41 | 31.48 | 11 | 182.2 | 5.88 | 1.96 | 40.56 | 5790.61 |
| 31 | 新疆 | 9.80 | 7.11 | 23.40 | 12.49 | 8 | 307.8 | 28.21 | 5.54 | 87.50 | 11669.43 |

## 2.3 区划方法的运用

区划的方法很多，较为常用的是综合分析法和分区单元归并法，也可以是这两种方法的综合。综合分析法是在综合分析和研究区域基本情况、干旱灾害特征和成因（致灾因子）等的基础上，划分不同的干旱灾害区。这种方法是定性的，大多带有主观经验的特点，因而亦称主观经验法。分区单元归并法，是将各个分区单元归并成不同的干旱灾害区，分区单元可以是行政单元，如以省（市、自治区）为分区单元，选取一定的指标，可以采用模糊聚类分析法，将分区单元归类，确定分区单元的归属，划分各类干旱灾害区。

任何一种区划，其理论基础是区域分异理论，干旱灾害区划也是如此，它就是以区内相似性与区间差异性特征为基础，采用归纳相似性与区分差异性这一原理，划分不同级别的干旱灾害区。这种分区的过程，实际上就是聚类的过程[12]，即将那些在干旱灾害强度（危害度）、防治措施、致灾因子等方面大致相同或相似的分区单元（本文为省级行政单位）聚为一类（归并为一个干旱灾害区），而将差异较大的分区单元聚为不同的类（区分为不同的干旱灾害区）。因此，模糊聚类方法将在干旱灾害区划工作中具有良好的应用前景。其方法步骤是：

（1）区划指标的选取。见表1。

（2）指标数据的处理。为便于分析、比较，通常需要进行数据标准化。采用以下公式[13]（极差标准化公式）：

$$x_{ij} = \frac{x_{ij} - \min\limits_{j}\{x_{ij}\}}{\max\limits_{j}\{x_{ij}\} - \min\limits_{j}\{x_{ij}\}}(i = 1,2,\cdots,m;\ j = 1,2,\cdots,n) \tag{7}$$

式（7）中，$m$ 为分区单元数（省数）；$n$ 为指标数。经过这种标准化所得的新数据，各要素的极大值为1，极小值为0，其余的数值均在0与1之间。

（3）模糊相似矩阵 $\overline{R}(r_{ij})_{\max}$ 的建立

进行聚类，首先需要选择一个能衡量对象间相似性与差异性的分类统计量，即分类对象间

的相似程度系数 $r_{ij}$，从而确定论域上的模糊相似矩阵 $\overline{R}$：

$$\overline{R}=\begin{bmatrix} r_{11} & r_{12} & \cdots & r_{1m} \\ r_{21} & r_{22} & \cdots & r_{2m} \\ \cdots & \cdots & \cdots & \cdots \\ r_{m1} & r_{m2} & \cdots & r_{mm} \end{bmatrix}（其中,0\leqslant r_{ij}\leqslant 1,i=1,2,\cdots,m;\ j=1,2,\cdots,m）$$

本研究由31个省（直辖市、自治区）构成一个相似矩阵：$\overline{R}(r_{ij})_{31\times31}(i=1,2,\cdots,31;\ j=1,2,\cdots,31)$。

（4）相似系数 $r_{ij}$ 的计算

$r_{ij}$ 的确定方法多达10余种，这里选用"夹角余弦法"来计算，其公式为：

$$r_{ij}=\frac{\sum_{k=1}^{n}x_{ik}x_{jk}}{\sqrt{(\sum_{k=1}^{n}x_{ik}^2)(\sum_{k=1}^{n}x_{jk}^2)}} \tag{8}$$

式（8）中，$x_{ik}$ 表示标准化后第 $i$ 个分区单元的第 $k$ 个指标值，$x_{jk}$ 表示标准化后第 $j$ 个分区单元的第 $k$ 个指标值。

（5）模糊聚类

模糊聚类有多种方法[14]，本研究采用模糊等价矩阵聚类法。该法是把上述处理后得到的模糊相似关系矩阵，根据传递闭包方法改造成模糊等价关系矩阵，然后选定适当的 λ（∈［0，1］）值，利用模糊等价关系矩阵，在 λ 水平集上进行分类。根据我们编制的程序，可以输入多个 λ 值进行动态聚类，以便反复优选聚类结果。

## 3 分区结果

在运用模糊聚类方法反复优选的基础上，再经综合分析、归并和局部调整，将全国划分为6个干旱灾害区，其命名采用"地理区位（或大流域）＋平均旱灾强度＋区"来进行，即东北极强度旱灾区、华北强度旱灾区、长江中下游中度旱灾区、华南中强度旱灾区、西北剧烈旱灾区和西南强度旱灾区（见表3）。"区"的代号分别用罗马字母Ⅰ、Ⅱ、Ⅲ、Ⅳ、Ⅴ、Ⅵ表示。总体而言，这一干旱灾害分区的结果符合全国的客观实际，基本上反映了我国干旱灾害状况的地域差异性规律，因而是合理的、可行的。

**表3　中国干旱灾害分区方案**

| 代号 | 名　称 | 区域范围 |
|---|---|---|
| Ⅰ | 东北极强度旱灾区 | 共计3个省：辽宁省、吉林省、黑龙江省 |
| Ⅱ | 华北强度旱灾区 | 共计5个省（市）：北京市、天津市、河北省、山东省、河南省 |
| Ⅲ | 长江中下游中度旱灾区 | 共计7个省（市）：上海市、江苏省、浙江省、安徽省、江西省、湖北省、湖南省 |
| Ⅳ | 华南中强度旱灾区 | 共计4个省（自治区）：福建省、广东省、广西壮族自治区、海南省 |

续表

| 代号 | 名　称 | 区域范围 |
|---|---|---|
| Ⅴ | 西北剧烈旱灾区 | 共计7个省(自治区)：山西省、内蒙古自治区、陕西省、甘肃省、青海省、宁夏回族自治区、新疆维吾尔自治区 |
| Ⅵ | 西南强度旱灾区 | 共计5个省(市、自治区)：重庆市、四川省、贵州省、云南省、西藏自治区 |

根据上述干旱灾害分区方案，运用GIS技术编制了中国干旱灾害分区图（见图1），直观地反映了全国干旱灾害的区域差异性，为因地制宜地防治干旱灾害提供了依据。

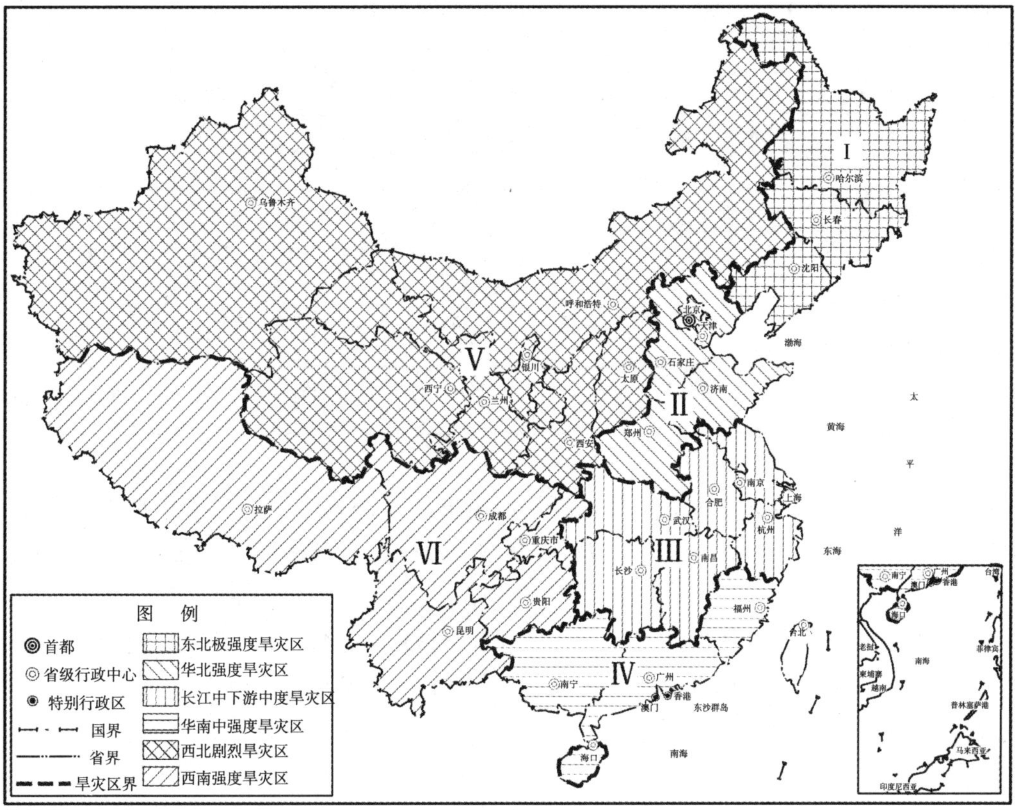


**图1　中国干旱灾害区划**

## 4　分区简析及防治措施

为了节省篇幅以及便于比较，这里将6个旱灾区的基本情况和灾害特征列于表4。

总体而言，我国西北和东北地区干旱灾害普遍较为严重，华北地区、西南地区、长江中游和华南部分省份的旱灾也较为突出。在防治措施上应特别注意以下4个方面。

（1）切实加强农田水利建设，在重视大型水利工程的同时，着力发展各类投资少、见效快的小型水利工程，尤其广大山区要着重发展“五小”水利工程（小水窖、小水池、小泵站、小塘坝、小水渠），努力提高农田保灌率，提高广大坡旱地的抗旱防旱水平。

**表 4　中国 6 个区域干旱灾害状况**

| 项目 | Ⅰ区 | Ⅱ区 | Ⅲ区 | Ⅳ区 | Ⅴ区 | Ⅵ区 | 全国 |
|---|---|---|---|---|---|---|---|
| 土地总面积（万 $km^2$） | 79.03 | 54.12 | 91.49 | 57.59 | 443.75 | 233.98 | 960.00 |
| 占全国国土总面积的百分比（%） | 8.23 | 5.64 | 9.53 | 6.00 | 46.22 | 24.37 | 100.00 |
| 1997～2010 年年均农作物总播种面积（万 $hm^2$） | 1885.75 | 3416.59 | 4098.92 | 1448.43 | 2351.73 | 2371.52 | 15572.94 |
| 1997～2010 年年均干旱受灾面积（万 $hm^2$） | 525.34 | 460.82 | 348.55 | 119.14 | 688.28 | 299.35 | 2443.12 |
| 1997～2010 年年均干旱受灾面积比率（%） | 27.86 | 13.49 | 8.50 | 8.23 | 29.27 | 12.62 | 15.69 |
| 1997～2010 年年均干旱成灾面积（万 $hm^2$） | 302.34 | 262.62 | 190.81 | 58.42 | 423.93 | 160.00 | 1397.48 |
| 1997～2010 年年均干旱成灾面积比率（%） | 16.03 | 7.69 | 4.66 | 4.03 | 18.03 | 6.75 | 8.97 |
| 平均旱灾等级 | 极强度 | 强度 | 中度 | 中度 | 极强度 | 强度 | 强度 |
| 2002～2010 年年均水资源总量（亿 $m^3$） | 1397.05 | 929.47 | 6378.51 | 5072.64 | 2712.26 | 10288.32 | 26778.22 |
| 2002～2010 年年均单位国土面积水资源量（万 $m^3/km^2$） | 17.68 | 17.17 | 69.72 | 88.08 | 6.11 | 43.97 | 27.89 |
| 2007～2010 年年均有效灌溉面积（万 $hm^2$） | 652.27 | 1501.99 | 1578.74 | 443.67 | 1097.53 | 590.79 | 5864.98 |
| 2008 年耕地变更调查数（万 $hm^2$） | 2145.00 | 2243.18 | 2393.94 | 910.59 | 2568.65 | 1910.23 | 12171.59 |
| 农田有效灌溉率（%） | 30.41 | 66.96 | 65.95 | 48.72 | 42.73 | 30.93 | 48.19 |
| 2002～2010 年年均农业用水量（亿 $m^3$） | 364.82 | 463.94 | 1006.36 | 580.54 | 887.23 | 327.59 | 3630.49 |
| 2002～2010 年年均单位农作物播种面积用水量（万 $m^3/km^2$） | 1854.08 | 1353.34 | 2499.47 | 4148.82 | 3729.97 | 1376.71 | 2330.30 |

（2）积极实施“坡改梯”工程，建设较高质量的水平梯田梯地，以有效地拦蓄降水，实现雨水资源化，做到水不出田、土不下坡，控制水土流失，建设良好的“土壤水库”，减少和减轻干旱灾害。

（3）改革种植制度，发展旱作农业，培育耐旱作物品种，推广抗旱耕作技术和方法。

（4）试验、示范和推广保水剂等新型节水保水栽培农业技术，增强作物抵御干旱的能力，实现高产稳产。

## 参考文献


[1] 国家防汛抗旱总指挥部办公室、水利部南京水文水资源研究所：《中国水旱灾害》[M]，北京：中国水利水电出版社，1997，第 1～509 页。

[2] 王劲峰等：《中国自然灾害区划——灾害区划·影响评价·减灾对策》[M]，北京：中国科学技术出版社，1995，第 61～75 页。

[3] 倪深海、顾颖、王会容：《中国农业干旱脆弱性分区研究》[J]，《水科学进展》2005 年第 16（5）期，第 705～709 页。

[4] 杨子生：《云南金沙江流域干旱灾害区划》[J]，《山地学报》2002 年第 20（增刊）期，第 49～56 页。

[5] 杨子生、刘彦随：《中国 1950～2010 年旱灾的时空变化特征分析》[A]，见《中国水治理与可持续发展研究》[C]，北京：社会科学文献出版社，2012。

［6］国家防汛抗旱总指挥部、中华人民共和国水利部：《中国水旱灾害公报2006》［R］，北京：中国水利水电出版社，2007，第1～35页。
［7］国家统计局：《中国统计年鉴（1996～2011）》［M］，北京：中国统计出版社，1998～2011。
［8］李克让：《中国干旱灾害的分类分级和危险度评价方法研究》［A］，见王劲峰等《中国自然灾害影响评价方法研究》［C］，北京：中国科学技术出版社，1993，第58～86页。
［9］杨子生：《云南金沙江流域干旱灾害区划》［J］，《山地学报》2002年第20（增刊）期，第49～56页。
［10］中华人民共和国国家质量监督检验检疫总局、中国国家标准化管理委员会：《中华人民共和国国家标准GB/T 20481－2006气象干旱等级》［S］，2006－08－28。
［11］国家防汛抗旱总指挥部办公室：《干旱评估标准（试行）》［S］，国家防汛抗旱总指挥部办公室文件　办旱［2006］18号，2006－04－05.。
［12］杨子生、杨绍武：《模糊聚类方法在四川省土地利用区划中的应用》［A］，见中国自然资源学会等编《土地资源与土地资产研究论文集》［C］，长沙：湖南科学技术出版社，1996，第513～519页。
［13］徐建华：《现代地理学中的数学方法》［M］（第2版），北京：高等教育出版社，2002，第69～335页。
［14］毛禹功、何湘藩、戴正德等：《现代区域规划模型技术》［M］，昆明：云南大学出版社，1991，第262～265页。

# Study on Drought Disaster Regionalization in China

*Yang Zisheng*[1], *Liu Yansui*[2]

(1. Institute of Land & Resources and Sustainable Development, Yunnan University of Finance and Economics; 2. Institute of Geographic Sciences and Natural Resources Research, CAS)

**Abstract**: China suffers from relatively serious drought disaster, but the gradation of drought disaster intensity varies in different parts of the country. The major disaster-causing factors are also different from place to place. And so, drought disaster in China there is large regional difference. This paper adopted ten indices for regionalizing drought disaster in China, including five disaster intensity indices (namely annual average ratio of areas covered by drought disaster, annual average ratio of areas affected by drought disaster, maximum of $R_{AC}$, maximum of $R_{AA}$, and number of years with drought disaster at "high level" and over) and five disaster-causing factor indices (namely annual average precipitation, ratio of precipitation in dry season, annual average water resources quantity per unit land area, effective irrigation ratio of farmland and agricultural water consumption per unit sown areas of farm crops). Taking provincial administrative area as unit, this paper made drought disaster regionalization of China by combining fuzzy cluster method with comprehensive analysis method. It divided China into six drought zones, namely I. northeast ultra-high-level drought disaster zone; II. north China's high-level drought disaster zone; III. medium-level drought disaster zone in middle and lower reaches of the Yangtze River; IV. south China's medium and high-level drought disaster zone;

V. northwest acute drought disaster zone; and VI. southwest high-level drought disaster zone. In this way, it has revealed the regional difference nationwide in drought disaster and offered fundamental basis for the stipulation of the practical plan on drought prevention and control and the measures for disaster alleviation and prevention.

**Keywords:** Drought disaster; Regionalization; Fuzzy cluster method; Comprehensive analysis method; China

# 中国1950~2010年水灾的时空变化特征分析*

杨子生[①] 刘彦随[②]

（①云南财经大学国土资源与持续发展研究所；②中国科学院地理科学与资源研究所）

**摘　要**　为从宏观上揭示我国水灾的时空变化基本特征和规律，本文在分析和确定水灾基本指标（水灾受灾面积比率 $R_{AC}$ 和水灾成灾面积比率 $R_{AA}$）及其分级体系的基础上，根据国家有关部门的历年调查与统计资料，对全国1950~2010年水灾灾情的变化特征以及水灾的地域差异性进行了分析和研究。结果表明：①水灾频繁，年年均有不同程度的水灾发生。全国61年水灾受灾面积合计达57529.04万 $hm^2$，年均水灾受灾面积达943.10万 $hm^2$，因水受灾面积比率达6.35%。②水灾强度较大，我国总体上属于“中强度水灾”的国家，61年来出现“强度”级（含）以上水灾年数占了16.39%，水灾强度有逐渐增大之势。③全国水灾基本灾情的地域差异性较大，14年（1997~2010年）年均 $R_{AC}$ 和 $R_{AA}$ 的高值区集中于长江中下游地区，华南沿海、西南、黄河中下游和东北地区的水灾亦较为突出。这一研究可为今后科学地制定全国水灾防治规划和战略决策提供基础依据。

**关键词**　水灾；灾害强度；受灾面积比率；时空变化；中国

## 1　引言

长期以来，水灾一直是我国最严重的自然灾害之一[1]。水灾对农业生产的影响较大，并威胁着人民的生命安全，造成巨大财产损失，对社会经济发展产生不良影响。因此，水灾的研究和防灾减灾建设一直受到政府部门和科技界的广泛重视。尤其自1987年第42届联合国大会

---

* 基金项目：国家自然科学基金重点项目（41130748）。

作者简介：杨子生（1964~），男，白族，云南大理人，教授，博士后，所长。主要从事土地资源与土地利用规划、土壤侵蚀与水土保持、自然灾害与减灾防灾、国土生态安全与区域可持续发展等领域的研究工作。联系电话：0871-5023648（兼传真），13888017450。E-mail：yangzisheng@126.com。

通过第169号决议，将1990～2000年间的10年定名为“国际减轻自然灾害10年”（IDNDR）以来，我国对包括水灾在内的自然灾害研究蓬勃兴起，产出了丰硕成果。与此同时，民政、水利等相关部门每年都对水灾灾情进行调查和统计，使我国灾情资料日益丰富和完善。近10多年来，不少学者对我国水灾的时空变化进行了有意义的分析，如王静爱等[2]（2001）分析了中国18世纪中叶以来不同时段的水灾格局，周俊华等[3]（2001）分析了中国1736～1998年洪涝灾害的持续时间，刘会玉等[4]（2005）进行了中国1949年以来洪涝灾害成灾面积变化的小波分析，方修琦等[5]（2007）分析了1644～2004年中国洪涝灾害主周期的变化，尹义星等[6]（2008）开展了基于复杂性测度的中国洪灾受灾面积变化研究，陈莹等[7]（2011）分析了中国19世纪末以来洪涝灾害变化及影响因素，等等。为了进一步从宏观上揭示我国水灾的时空变化基本特征和规律，本文拟在分析和确定水灾基本指标及其分级体系的基础上，根据我国有关部门的历年调查与统计资料，对全国61年（1950～2010年）水灾的变化特征以及各地水灾的地域差异性进行分析和研究，为今后科学制定全国水灾防治规划和战略决策提供基础依据。

## 2 研究内容和研究方法

### 2.1 研究内容

根据研究工作需要和可能条件（尤其是基础资料状况），本文在分析和确定水灾基本指标及其分级体系的基础上，主要进行两个方面的分析。

（1）全国1950～2010年水灾的变化特征分析。采用全国1950～2010年水灾灾情资料，分析近61年来我国水灾在时间变化上的基本特征。

（2）基于省级单元的全国1997～2010年水灾的地域差异性分析。采用各省（市、自治区）1997～2010年水灾灾情资料，分析14年我国水灾在地域空间上的差异性特征。

### 2.2 研究方法

#### 2.2.1 水灾分析的基本指标及其计算方法

一般所说的水灾，主要是指洪涝灾害。但在山地丘陵区所发生的洪水灾害，亦即山洪灾害，常常随洪水的发生而伴随着滑坡、泥石流灾害，因此，《中国水旱灾害公报》将山洪灾害定义为“在山丘区由降雨引起的洪水灾害、泥石流灾害和滑坡灾害”[8]。相应的，国家相关部门在统计水灾的受灾面积、成灾面积和绝收面积时，将洪涝灾害、滑坡灾害和泥石流灾害合起来统计为水灾面积。例如，据国家统计局网站资料，全国2010年自然灾害总计受灾面积为3742.59万$hm^2$，其中洪涝、山体滑坡和泥石流（即水灾）受灾面积为1752.46万$hm^2$（不含港澳台），这一数据与《中国统计年鉴（2011）》[9]中的2010年水灾受灾面积1752.5万$hm^2$（保留1位小数）一致，占自然灾害总受灾面积的46.82%。

水灾指标是许多学者关注的重要问题，从不同的角度来研究水灾，可以提出不同的水灾指标。从灾害学角度来看，灾情分析选用反映灾害程度的指标（亦即社会经济方面的灾害指标）

为宜[10]。为此，考虑到反映灾情的实际需要和基础资料的可获得性，本文对水灾的分析主要以水灾受灾面积和成灾面积为基础，引申出以下两个分析指标。

（1）水灾受灾面积比率（Ratio of areas covered by flood disaster，$R_{AC}$）。指农作物因水灾受灾面积占农作物总播种面积的比例。其计算公式为：

$$R_{AC} = \frac{A_C}{A_{TO}} \times 100\% \tag{1}$$

式（1）中，$A_C$ 为水灾受灾面积，我国一般是指水灾造成作物产量比正常年减产 1 成（10%）以上的面积[8]；$A_{TO}$为农作物总播种面积。

（2）水灾成灾面积比率（Ratio of areas affected by flood disaster，$R_{AA}$）。系指农作物因水灾成灾面积占农作物总播种面积的比例。其计算公式为：

$$R_{AA} = \frac{A_A}{A_{TO}} \times 100\% \tag{2}$$

式（2）中，$A_A$ 为水灾成灾面积，在我国，一般是指水灾造成作物产量比正常年减产 3 成（30%）以上的面积[8]；$A_{TO}$为农作物总播种面积。

### 2.2.2　水灾强度分级体系与指标

为了分析各地的水灾程度，需要对水灾进行等级划分。本文在以往水灾分级研究[10,11]的基础上，以 $R_{AC}$为基本指标（或主导指标）、$R_{AA}$为辅助指标，将全国水灾等级划分为 7 级，即微度水灾、轻度水灾、中度水灾、中强度水灾、强度水灾、极强度水灾和剧烈水灾。其划分标准详见表 1。

**表 1　水灾强度分级体系与指标**

| 水灾等级体系 | | 分级指标(%) | |
|---|---|---|---|
| 代号 | 名　称 | 水灾受灾面积比率($R_{AC}$) | 水灾成灾面积比率($R_{AA}$) |
| 1 | 微度水灾(Slight flood disaster) | <1 | <0.5 |
| 2 | 轻度水灾(Low-level flood disaster) | 1~3 | 0.5~1.5 |
| 3 | 中度水灾(Medium-level flood disaster) | 3~5 | 1.5~2.5 |
| 4 | 中强度水灾(Medium-high-level flood disaster) | 5~10 | 2.5~5 |
| 5 | 强度水灾(High-level flood disaster) | 10~15 | 5~7.5 |
| 6 | 极强度水灾(Ultra-high-level flood disaster) | 15~20 | 7.5~10 |
| 7 | 剧烈水灾(Acute flood disaster) | ≥20 | ≥10 |

注：当 $R_{AC}$和 $R_{AA}$的分级标准有矛盾时，以 $R_{AC}$（主导指标）为准。

### 2.2.3　基础数据及其来源

根据《中国统计年鉴（1996~2011）》[9]、《新中国五十年统计资料汇编》[12]、《中国水旱灾害公报 2006》[8]和《中国水旱灾害公报 2010》[13]，我们已系统地搜集和整理了中国 1950~

2010 年（共 61 年）水灾的受灾面积和成灾面积以及农作物总播种面积数据。需要说明的是，灾情数据一般以国家统计局编的《中国统计年鉴》和《新中国五十年统计资料汇编》为准，1980 年以前的水灾数据参考了《中国水旱灾害公报》，尤其因《新中国五十年统计资料汇编》缺乏 1967～1969 年灾情数据，故其水灾数据以《中国水旱灾害公报》为准。另外，因台湾、香港和澳门统计数据暂缺，因此，本文的全国数据均未包括台湾、香港和澳门。

## 3 全国 1950～2010 年水灾的变化特征分析

统计和计算结果表明，近 61 年来，中国水灾具有两个明显的特征。

（1）水灾频繁，年年均有不同程度的水灾发生

我国是水灾非常频繁的国家，基本特点是出现频率高，基本上年年都发生不同程度的水灾，年年需要抗洪治涝。在 1950～2010 年的 61 年里，尽管每年的水灾受灾面积与成灾面积、水灾受灾面积比率（$R_{AC}$）与成灾面积比率（$R_{AA}$）有一定的差异（见图 1、图 2 和表 2），但每年都遭受了一定程度的水灾。

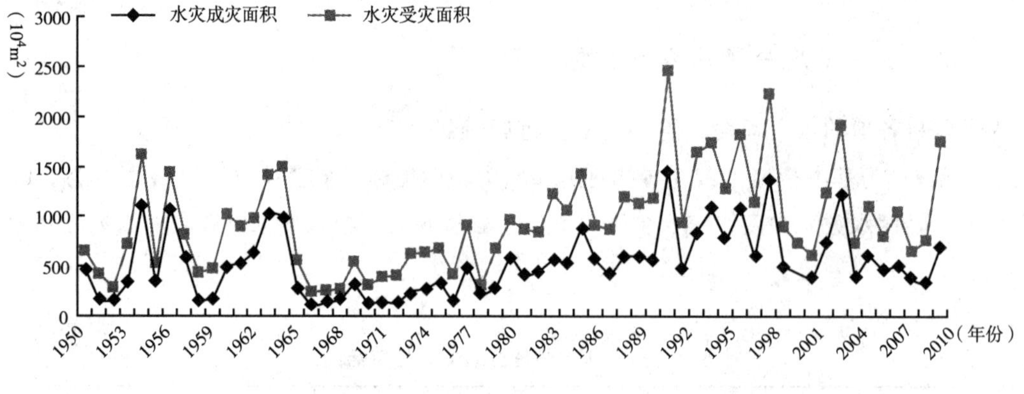


**图 1　中国 1950～2010 年水灾受灾面积与成灾面积的变化**

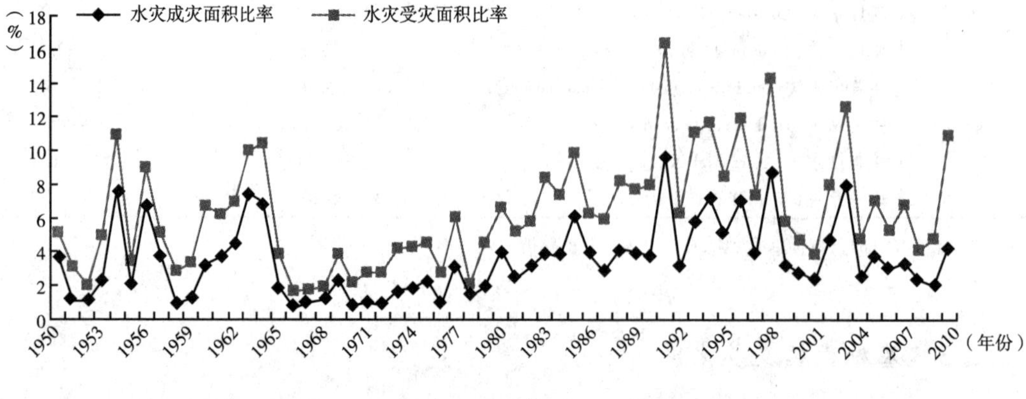


**图 2　中国 1950～2010 年水灾受灾面积比率（$R_{AC}$）与成灾面积比率（$R_{AA}$）的变化**

**表 2　中国 1950～2010 年各水灾等级出现年数**

单位：年

| 微度水灾年数 | 轻度水灾年数 | 中度水灾年数 | 中强度水灾年数 | 强度水灾年数 | 极强度水灾年数 | 剧烈水灾年数 | 中度(含)以上水灾年数 | 强度(含)以上水灾年数 |
|---|---|---|---|---|---|---|---|---|
| 0 | 10 | 15 | 26 | 9 | 1 | 0 | 51 | 10 |

统计表明，这 61 年合计全国水灾受灾面积达 57529.04 万 $hm^2$，年均水灾受灾面积达 943.10 万 $hm^2$。最小年（1966 年）的水灾受灾面积为 250.80 万 $hm^2$，而最大年（1991 年）的水灾受灾面积达 2459.60 万 $hm^2$，是最小年（1950 年）的 9.8 倍。从水灾成灾面积看，全国 61 年合计达 32122.14 万 $hm^2$，年均水灾成灾面积达 526.59 万 $hm^2$。最小年（1966 年）的水灾成灾面积为 95.00 万 $hm^2$，而最大年（1991 年）的水灾成灾面积达 1461.40 万 $hm^2$，是最小年（1966 年）的 15.4 倍。再从水灾受灾面积比率（$R_{AC}$）来看，这 61 年合计全国水灾受灾面积比率达 6.35%，最小年（1966 年）的水灾受灾面积比率为 1.71%，而最大年（1991 年）的水灾受灾面积比率达 16.44%，是最小年（1966 年）的 9.6 倍。就水灾成灾面积比率（$R_{AA}$）来看，这 61 年合计全国水灾成灾面积比率达 3.55%，最小年（1966 年）的水灾成灾面积比率为 0.65%，而最大年（1991 年）的水灾成灾面积比率达 9.77%，是最小年（1966 年）的 15.0 倍。

（2）水灾强度较大，总体上属于“中强度水灾”的国家，水灾强度有逐渐增大之势

由于水灾发生频繁，且范围较广、规模较大，使全国水灾强度也较大。按照表 1 的分级标准，全国 1950～2010 年总计 $R_{AC}$值为 6.35%，因而平均水灾强度属于“中强度水灾”级。这 61 年里，全国共出现轻度水灾年数为 10 年，中度水灾年数为 15 年，中强度水灾年数为 26 年，强度水灾年数达 9 年（即 1954、1963、1964、1993、1994、1996、1998、2003、2010 年），极强度水灾年数 1 年（即 1991）。也就是说，全国出现中度（含）以上水灾年数达 51 年，占统计总年数（61 年）的 83.61%；其中，出现强度（含）以上水灾年数达 10 年，占统计总年数（61 年）的 16.39%（见表 2）。

**表 3　中国各时期 $R_{AC}$和 $R_{AA}$值及水灾等级**

| 年份 | 水灾受灾面积（万 $hm^2$） | 水灾成灾面积（万 $hm^2$） | 农作物总播种面积(万 $hm^2$) | $R_{AC}$(%) | $R_{AA}$(%) | 水灾等级 |
|---|---|---|---|---|---|---|
| 1950～1960 年 | 8379.80 | 5056.00 | 160737.50 | 5.21 | 3.15 | 中强度水灾 |
| 1961～1970 年 | 6966.00 | 4351.90 | 142651.30 | 4.88 | 3.05 | 中度水灾 |
| 1971～1980 年 | 6040.30 | 2879.10 | 148434.60 | 4.07 | 1.94 | 中度水灾 |
| 1981～1990 年 | 10689.93 | 5584.80 | 147070.03 | 7.27 | 3.80 | 中强度水灾 |
| 1991～2000 年 | 14866.65 | 8590.35 | 151918.16 | 9.79 | 5.65 | 中强度水灾 |
| 2001～2010 年 | 10586.36 | 5659.99 | 155296.55 | 6.82 | 3.64 | 中强度水灾 |
| 1950～2010 年总计 | 57529.04 | 32122.14 | 906108.14 | 6.35 | 3.55 | 中强度水灾 |

从全国各时期的 $R_{AC}$和 $R_{AA}$值及水灾等级来看，水灾强度有逐渐增大之势。由表 3 可见，1950～1960 年全国年均 $R_{AC}$值为 5.21%，平均水灾等级为“中强度水灾”级；到了 1961～

1970年，年均 $R_{AC}$ 值略降至4.88%，平均水灾等级为"中度水灾"级；再到1971～1980年，年均 $R_{AC}$ 值虽降至4.07%，但平均水灾等级仍为"中度水灾"级。20世纪80年代，全国年均 $R_{AC}$ 值增至7.27%，显著高于50～80年代。进入90年代，全国年均 $R_{AC}$ 值又增至9.79%，尽管平均水灾等级依然属于"中强度水灾"级，但 $R_{AC}$ 值已达50～80年代的2倍。到了2001～2010年，尽管年均 $R_{AC}$ 值降至6.82%，但依然明显大于50～80年代，仍属于"中强度水灾"级。

## 4 基于省级单元的全国1997～2010年水灾的地域差异性分析

中国地域辽阔，地貌、气候等自然环境条件的区域差异较大，同时，各地的农业生产、水利建设等社会经济条件亦千差万别，因而全国水灾的地域差异性很显著。为了揭示全国水灾的地域差异性，进而因地制宜地进行水灾防治，限于基础资料等条件，这里以省级行政区作为分析和评价单元，以各省（市、自治区）1997～2010年（共14年）的水灾受灾面积比率和水灾成灾面积比率为依据，对各省（市、自治区）1997～2010年水灾的差异性进行分析。

### 4.1 水灾基本灾情的地域差异性

各省（市、自治区）1997～2010年水灾受灾面积比率（$R_{AC}$）和水灾成灾面积比率（$R_{AA}$）的差异较大。总体上看，14年（1997～2010年）年均 $R_{AC}$ 的高值区主要集中于长江中下游地区。全国有灾情统计资料的31个省（市、自治区）中，长江中下游地区的江西、湖北、湖南、安徽和重庆5个省（市）年均 $R_{AC}$ 值均达10%以上，其中湖北省达15%以上，因而江西、湖南、安徽和重庆4个省（市）水灾强度等级均达"强度水灾"级，而湖北省达"极强度水灾"级。

华南沿海地区、西南高原山地区、黄河中下游、东北地区大部分省份以及长江下游部分省份的水灾亦较为突出。华南沿海地区的福建、广东、广西和海南，西南高原山地区的四川、贵州、云南和西藏，黄河中下游地区的山东、河南和陕西，东北地区的辽宁和黑龙江，以及长江下游的江苏、浙江等15个省（市、自治区）年均 $R_{AC}$ 值均在5%～10%，因而其水灾强度等级均达"中强度水灾"级。

其余11个省（市、自治区）的水灾程度较轻一些，其年均 $R_{AC}$ 值均在5%以下。尤以北京和天津最低，分别为0.85%和0.90%，属于微度水灾；河北、新疆和宁夏3个省（自治区）年均 $R_{AC}$ 值均在1%～3%，其水灾强度等级为"轻度水灾"级；吉林、山西、内蒙古、甘肃、青海和上海6个省（市、自治区）年均 $R_{AC}$ 值均在3%～5%，其水灾强度等级为"中度水灾"级（见图3）。

从14年（1997～2010年）年均 $R_{AA}$ 来看，其基本的地域差异特征与 $R_{AC}$ 相似。长江中下游地区的江西、湖北、湖南、安徽和重庆5个省（直辖市）年均 $R_{AA}$ 值较高，均达6%以上，其中湖北省达8.94%以上；其次为广西、福建、四川、黑龙江、海南、江苏、浙江、陕西、河南、贵州、西藏和内蒙古12个省（自治区），其年均 $R_{AA}$ 值在3%～5%；而以北京、天津和河北3个省（直辖市）较低，其年均 $R_{AA}$ 值均在1%以下；其余11个省（自治区）年均 $R_{AA}$ 值在1%～3%。

### 4.2 $R_{AC}$ 极大值和 $R_{AA}$ 极大值的地域差异性

从14年（1997～2010年）$R_{AC}$ 极大值来看，大部分省（市、自治区）的 $R_{AC}$ 极大值均显得很

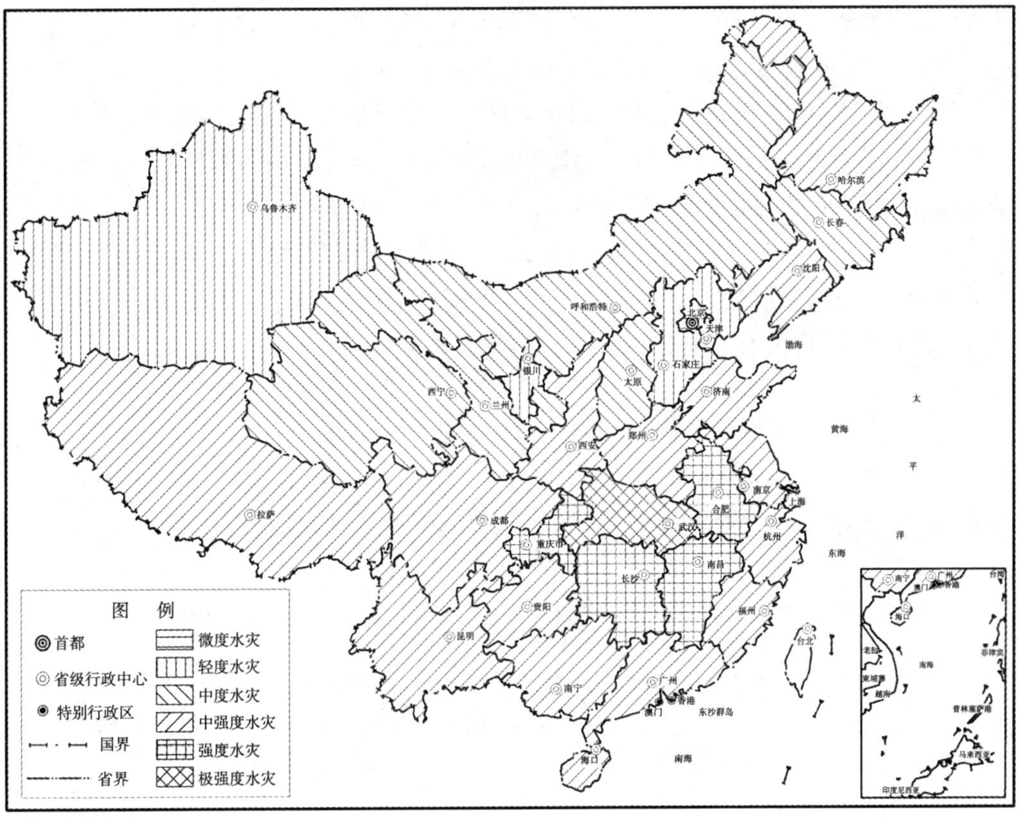


**图 3　中国 1997～2010 年平均水灾强度分级**

大：全国 $R_{AC}$ 极大值以长江中下游的江西、江苏、湖北以及华南沿海地区的海南为最大，分别达 41.63%（1998 年）、34.84%（2003 年）、33.00%（1998 年）和 32.78%（2000 年）；其次为长江中下游的湖南、安徽、重庆，东北的辽宁、吉林、黑龙江，华南沿海的福建，黄河中下游的陕西、河南，北部的内蒙古和西南部的西藏，这 11 个省（市、自治区）的 $R_{AC}$ 极大值在20%～30%；再次为广东、四川、上海、广西、浙江、山东、山西、贵州、云南和新疆，这 10 个省（市、自治区）$R_{AC}$ 极大值在 10%～20%；其余 6 个省（市、自治区）的 $R_{AC}$ 极大值在 3%～10%。

$R_{AA}$ 极大值的地域差异性亦有类似的特点。全国 1997～2010 年 $R_{AA}$ 极大值以长江中下游的江西、湖北和江苏为最大，分别达 33.36%（1998 年）、21.96%（1998 年）和 20.76%（2003 年）；其次为长江中下游的安徽、湖南、重庆、上海，北部的内蒙古，东北的辽宁、吉林、黑龙江，黄河中下游的陕西、河南，华南沿海的海南和西南部的西藏，这 12 个省（市、自治区）的 $R_{AA}$ 极大值在 10%～20%；再次为广西、福建、四川、浙江、广东、山东、天津、贵州和云南，这 9 个省（市、自治区）$R_{AA}$ 极大值在 5%～10%；其余 7 个省（市、自治区）的 $R_{AA}$ 极大值在 1%～5%。

## 4.3　各水灾等级出现年数的地域差异性

各省（市、自治区）不仅年均 $R_{AC}$ 和 $R_{AA}$ 值及其极大值、平均水灾强度等级有着较大差异，而且 14 年来各水灾等级出现年数亦有很大差别（见表 4）。大体而言，长江中下游、华南沿海和西南地区的多数省（市、自治区）多数年份都发生中度（含）以上的水灾，而北方多数省（自治区）14 年中发生中度（含）以上水灾的年数为 4～10 年。

从 14 年中发生强度（含）以上水灾的年数来看，全国依然以长江中下游和华南沿海为最多，其中长江中下游的湖北省达 11 年，重庆和江西均达 8 年，安徽和湖南均达 6 年；华南沿海的福建省达 7 年，广西达 5 年；此外，东北的黑龙江省亦达 5 年。其余省（市、自治区）则均不超过 4 年。其中，四川、海南和浙江均为 4 年，西藏和贵州均为 3 年，陕西、广东、河南、山东、江苏、上海、吉林、辽宁均为 2 年，新疆、云南、内蒙古和山西均为 1 年，其余 6 个省（自治区）则在 14 年中未发生强度（含）以上水灾。

从水灾强度最大的“剧烈水灾”出现年数来看，同样以长江中下游、华南沿海等地区为最多。由表 4 可见，14 年中，湖北省发生“剧烈水灾”的年数达 4 年，湖南达 3 年，江西、安徽和海南均达 2 年，重庆、江苏、福建、辽宁、吉林、黑龙江、陕西、河南、内蒙古和西藏均出现过 1 年的剧烈水灾；其余 16 个省（市、自治区）则未出现剧烈水灾。

**表 4　中国 1997～2010 年各省（市、自治区）各水灾等级出现年数**

单位：年

| 序号 | 地　区 | 微度水灾年数 | 轻度水灾年数 | 中度水灾年数 | 中强度水灾年数 | 强度水灾年数 | 极强度水灾年数 | 剧烈水灾年数 | 强度(含)以上水灾年数 |
|---|---|---|---|---|---|---|---|---|---|
| | 全　国 | 0 | 0 | 5 | 6 | 3 | 0 | 0 | 3 |
| 1 | 北京市 | 10 | 3 | 1 | 0 | 0 | 0 | 0 | 0 |
| 2 | 天津市 | 12 | 1 | 0 | 1 | 0 | 0 | 0 | 0 |
| 3 | 河北省 | 5 | 5 | 3 | 1 | 0 | 0 | 0 | 0 |
| 4 | 山西省 | 2 | 7 | 1 | 3 | 1 | 0 | 0 | 1 |
| 5 | 内蒙古自治区 | 2 | 4 | 4 | 3 | 0 | 0 | 1 | 1 |
| 6 | 辽宁省 | 3 | 5 | 2 | 2 | 0 | 1 | 1 | 2 |
| 7 | 吉林省 | 3 | 6 | 1 | 2 | 0 | 1 | 1 | 2 |
| 8 | 黑龙江省 | 2 | 5 | 1 | 1 | 4 | 0 | 1 | 5 |
| 9 | 上海市 | 9 | 1 | 0 | 2 | 1 | 1 | 0 | 2 |
| 10 | 江苏省 | 1 | 6 | 0 | 5 | 0 | 1 | 1 | 2 |
| 11 | 浙江省 | 1 | 6 | 0 | 3 | 3 | 1 | 0 | 4 |
| 12 | 安徽省 | 0 | 2 | 2 | 4 | 2 | 2 | 2 | 6 |
| 13 | 福建省 | 1 | 4 | 1 | 1 | 5 | 1 | 1 | 7 |
| 14 | 江西省 | 0 | 1 | 1 | 4 | 5 | 1 | 2 | 8 |
| 15 | 山东省 | 1 | 3 | 3 | 5 | 2 | 0 | 0 | 2 |
| 16 | 河南省 | 4 | 3 | 0 | 5 | 1 | 0 | 1 | 2 |
| 17 | 湖北省 | 0 | 0 | 2 | 1 | 4 | 3 | 4 | 11 |
| 18 | 湖南省 | 0 | 0 | 1 | 7 | 3 | 0 | 3 | 6 |
| 19 | 广东省 | 2 | 2 | 3 | 5 | 1 | 1 | 0 | 2 |
| 20 | 广西壮族自治区 | 0 | 0 | 2 | 7 | 4 | 1 | 0 | 5 |
| 21 | 海南省 | 4 | 4 | 0 | 2 | 2 | 0 | 2 | 4 |
| 22 | 重庆市 | 0 | 2 | 1 | 3 | 4 | 3 | 1 | 8 |
| 23 | 四川省 | 0 | 2 | 1 | 7 | 2 | 2 | 0 | 4 |
| 24 | 贵州省 | 0 | 1 | 6 | 4 | 3 | 0 | 0 | 3 |

续表

| 序号 | 地　区 | 微度水灾年数 | 轻度水灾年数 | 中度水灾年数 | 中强度水灾年数 | 强度水灾年数 | 极强度水灾年数 | 剧烈水灾年数 | 强度(含)以上水灾年数 |
|---|---|---|---|---|---|---|---|---|---|
| 25 | 云南省 | 0 | 4 | 2 | 7 | 1 | 0 | 0 | 1 |
| 26 | 西藏自治区 | 0 | 7 | 1 | 3 | 1 | 1 | 1 | 3 |
| 27 | 陕西省 | 0 | 3 | 5 | 4 | 1 | 0 | 1 | 2 |
| 28 | 甘肃省 | 1 | 3 | 7 | 3 | 0 | 0 | 0 | 0 |
| 29 | 青海省 | 1 | 4 | 7 | 2 | 0 | 0 | 0 | 0 |
| 30 | 宁夏回族自治区 | 2 | 8 | 1 | 3 | 0 | 0 | 0 | 0 |
| 31 | 新疆维吾尔自治区 | 4 | 5 | 3 | 1 | 1 | 0 | 0 | 1 |

## 5 基本结论

本文在分析和确定水灾基本指标（$R_{AC}$和 $R_{AA}$）及其分级体系的基础上，对全国 61 年（1950～2010 年）水灾的变化特征以及基于省级单元的全国 1997～2010 年水灾的地域差异性进行了分析和研究。主要结论是以下几点

（1）水灾频繁，年年均有不同程度的水灾发生。全国 61 年合计水灾受灾面积达 57529.04 万 $hm^2$，年均水灾受灾面积达 943.10 万 $hm^2$。最小年（1966 年）的水灾受灾面积为 250.80 万 $hm^2$，而最大年（1991 年）的水灾受灾面积达 2459.60 万 $hm^2$，是最小年（1966 年）的 9.8 倍。从水灾受灾面积比率（$R_{AC}$）来看，这 61 年合计全国水灾受灾面积比率达 6.35%，最小年（1966 年）的水灾受灾面积比率为 1.71%，而最大年（1991 年）的水灾受灾面积比率达 16.44%，是最小年（1966 年）的 9.6 倍。

（2）水灾强度较大，总体上属于“中强度水灾”的国家，水灾强度有逐渐增大之势。这 61 年里，全国共出现轻度水灾年数为 10 年，中度水灾年数为 15 年，中强度水灾年数为 26 年，强度水灾年数达 9 年，极强度水灾年数 1 年。出现强度（含）以上水灾年数占统计总年数（61 年）的 16.39%。

（3）全国水灾基本灾情的地域差异性较大。14 年（1997～2010 年）年均 $R_{AC}$和 $R_{AA}$的高值区主要集中于长江中下游地区，华南沿海地区、西南高原山地区、黄河中下游、东北地区的水灾亦较为突出。

（4）14 年来，长江中下游、华南沿海和西南地区的多数省（市、自治区）多数年份都发生中度（含）以上的水灾，而北方多数省（自治区）近 14 年中发生中度（含）以上水灾的年数约为 4～10 年。14 年中发生强度（含）以上水灾和剧烈水灾的年数依然以长江中下游和华南沿海为最多。

## 参考文献

[1] 国家防汛抗旱总指挥部办公室、水利部南京水文水资源研究所：《中国水旱灾害》[M]，北京：中国水利水电出版社，1997，第 1～509 页。

[2] 王静爱、王瑛、黄晓霞等：《18 世纪中叶以来不同时段的中国水灾格局》［J］，《自然灾害学报》2001 年第 10（1）期，第 1～7 页。
[3] 周俊华、史培军、方伟华：《1736～1998 年中国洪涝灾害持续时间分析》［J］，《北京师范大学学报》（自然科学版）2001 年第 37（3）期，第 409～414 页。
[4] 刘会玉、林振山、张明阳：《建国以来中国洪涝灾害成灾面积变化的小波分析》［J］，《地理科学》2005 年第 25（1）期，第 43～48 页。
[5] 方修琦、陈莉、李帅：《1644～2004 年中国洪涝灾害主周期的变化》［J］，《水科学进展》2007 年第 18（5）期，第 656～661 页。
[6] 尹义星、许有鹏、陈莹：《基于复杂性测度的中国洪灾受灾面积变化研究》，《地理科学》2008 年第 28（2）期，第 241～246 页。
[7] 陈莹、尹义星、陈兴伟：《19 世纪末以来中国洪涝灾害变化及影响因素研究》，《自然资源学报》2011 年第 26（12）期，第 2110～2120 页。
[8] 国家防汛抗旱总指挥部、中华人民共和国水利部：《中国水旱灾害公报 2006》［R］，北京：中国水利水电出版社，2007，第 1～35 页。
[9] 国家统计局：《中国统计年鉴（1996～2011）》［M］，北京：中国统计出版社，1996～2011。
[10] 谢应齐、杨子生：《云南省农业自然灾害区划》［M］，北京：中国农业出版社，1995，第 1～54 页。
[11] 杨子生：《云南金沙江流域洪涝灾害区划研究》［J］，《山地学报》2002 年第 20（增刊）期，第 57～62页。
[12] 国家统计局国民经济综合统计司：《新中国五十年统计资料汇编》［M］，北京：中国统计出版社，1999，第 31～35 页。
[13] 国家防汛抗旱总指挥部、中华人民共和国水利部：《中国水旱灾害公报 2010》［R］，http://www.mwr.gov.cn，2011－10－13。

# Study on Spatio-temporal Change of Flood Disaster in China from 1950 to 2010

*Yang Zisheng*[1], *Liu Yansui*[2]

(1. Institute of Land & Resources and Sustainable Development, Yunnan University of Finance and Economics; 2. Institute of Geographic Sciences and Natural Resources Research, CAS)

**Abstract**: To reveal the basic spatio-temporal change characteristics and pattern of the flood disaster in China at the macro scale, this paper, based on the analysis and determination of the basic flood disaster indices ($R_{AC}$, ratio of areas covered by flood disaster, and $R_{AA}$, ratio of areas affected by flood disaster) and its grading system, and by adopting the investigation and statistics data of the relevant governmental departments over the years, analyzed the change characteristics of the flood disaster in China from 1950 to 2010 and its regional difference. The result shows: ① Flood happened frequently. Each year, floods of different magnitudes took place in China. During the aforesaid 61 years, a total area of 575. 2904 million hectares in the whole country had suffered from flood disaster, indicating an annual average areas covered by flood disaster of 9. 4310 million hectares and the value of $R_{AC}$ of 6. 35% ; ② China suffers from relatively serious floods. Of the aforesaid 61 years, number of years with flood disaster at "high level" and over was ten years, accounted for 16. 39% of the statistical total years, and the flood disaster magnitude shows a gradual increase. ③There is relatively large regional difference in flood disaster magnitude nationwide. During the past 14 years (1997 – 2010), the high values of annual $R_{AC}$ and $R_{AA}$ occur mainly in middle and lower reaches of the Yangtze River. Some provinces in South Coastal China, Southwest China, middle and lower reaches of the Yellow River, and Northeast China have also suffered from serious flood. This study can offer fundamental basis for later scientific stipulation of national plan and strategic policies on flood control and disaster alleviation.

**Keywords:** Flood disasters; Disasters intensity; Ratio of areas covered by flood disaster; Spatio-temporal change; China

# 中国水灾区划研究*

杨子生[①]　刘彦随[②]

（①云南财经大学国土资源与持续发展研究所；②中国科学院地理科学与资源研究所）

**摘　要**　水灾是我国最严重的自然灾害之一，但各地灾害强度有所不同，主要致灾因子亦有别，使水灾的区域差异大。本文选取10个指标，包括5个灾害程度指标〔年均水灾受灾面积比率、年均水灾成灾面积比率、$R_{AC}$极大值、$R_{AA}$极大值和出现“强度水灾”级以上（含“强度水灾”级）的水灾年数〕和5个致灾因子指标（年均降水量、雨季降水比率、森林覆盖率、水土流失面积比率和土壤侵蚀模数），以省级行政区域为单元，运用模糊聚类与综合分析相结合的方法进行了全国水灾区划，将我国划分为6个水灾区，即Ⅰ东北中强度水灾区、Ⅱ北方中轻度水灾区、Ⅲ黄河中下游中强度水灾区、Ⅳ长江中下游强度水灾区、Ⅴ华南沿海中强度水灾区和Ⅵ西南高原山地中强度水灾区，从而揭示了全国水灾的地域差异性，为因地制宜地制定水灾防治规划及减灾防灾措施提供了基础依据。

**关键词**　水灾；区划；模糊聚类法；综合分析法；中国

## 1 引言

水灾历来是我国最严重的自然灾害之一[1]。通常，水灾可以定义为洪水泛滥、暴雨积水和土壤水分过多对人类社会造成的灾害。一般所说的水灾，主要是指洪涝灾害。但在山地丘陵区所发生的洪水灾害，亦即山洪灾害，常常随洪水发生而伴随着滑坡、泥石流灾害，因此，《中国水旱灾害公报》将山洪灾害定义为“在山丘区由降雨引起的洪水灾害、泥石流灾害和滑坡灾害”[2]。相应的，国家相关部门在统计水灾的受灾面积、成灾面积和绝收面积时，

---

* 基金项目：国家自然科学基金重点项目（41130748）。

作者简介：杨子生（1964～），男，白族，云南大理人，教授，博士后，所长。主要从事国土资源开发整治、水土保持、自然灾害、生态安全与区域可持续发展等领域的研究工作。联系电话：0871－5023648，13888017450。E-mail：yangzisheng@126.com；1262917546@qq.com。

将洪涝灾害、滑坡灾害和泥石流灾害合起来统计为水灾面积。例如，据国家统计局网站统计资料，全国2010年自然灾害总计受灾面积为3742.59万$hm^2$，其中洪涝、山体滑坡和泥石流（即水灾）受灾面积为1752.46万$hm^2$（不含港澳台地区）（见 http：//www.stats.gov.cn/tjsj/qtsj/hjtjzl/hjtjsj2010/），这一数据与《中国统计年鉴（2011）》[3]中的2010年水灾受灾面积1752.5万$hm^2$（保留1位小数）基本一致，占自然灾害总受灾面积的46.82%。

总体上看，我国水灾较为严重，但各地的灾害强度有所不同，主要致灾因子亦有别。因此，水灾分区或水灾区划方面的研究与探索，近10多年来受到了学者们的重视，已进行了不少有意义的研究工作。例如，汤奇成等[4]（1995）在《中国自然灾害区划——灾害区划·影响评价·减灾对策》一书的第二章"中国洪水灾害区划"中，根据灾险的自然和社会因素进行中国洪灾危险程度评价，将全国划分为洪灾危险的东部地区、洪灾比较危险的西北水灾半水灾地区和洪灾不太危险的青藏高原地区3大区域，在此基础上按洪灾所属流域和地区进行了二级划分，共9个二级区，从而得到中国洪灾类型区划图；杨子生等[5]（1995）在《云南省农业自然灾害区划》中，以县级灾情资料为主要依据，进行了云南省洪涝灾害区划；李吉顺等[6]（1996）根据历史暴雨洪涝灾害分省灾情资料，通过构建"综合危险度"和"相对危险度"两种无量纲指标，对全国暴雨洪涝灾害进行了区划；赵士鹏[7]（1997）根据综合分析原则、发生学原则和为减灾服务原则，对全国山洪灾害进行了定性区划；张行南等[8]（2000）从气象、径流和地形3个因素考虑，采用成因分析的方法，对中国洪水灾害危险程度进行区划研究，制成了洪水危险程度区划图；周成虎等[9]（2000）提出基于地理信息系统的洪灾风险区划指标模型，得出辽河流域洪灾风险综合区划；杨子生[10]（2002）选取11个指标，运用模糊聚类方法进行了云南金沙江流域洪涝灾害区划，将该流域划分为3个洪涝灾害区、8个洪涝灾害亚区；刘敏等[11]（2002）综合评价了湖北省雨涝灾害风险程度的地域差异，将湖北省雨涝灾害分为极重度、重度、中度和轻度4个风险区；刘建芬等[12]（2004）进行了中国洪水危险程度区划；谭徐明等[13]（2004）进行了区域洪水风险分析及全国洪水风险区划图的绘制，全国共分为重点风险区、一般风险区、低风险区和无风险区4个区；田国珍等[14]（2006）采用水灾成因分析法和经验系数法，进行了中国洪水灾害风险区划。从我国61年（1950～2010年）灾情变化来看，水灾强度有逐渐增大之势[15]。因此，深入开展我国水灾区划研究，揭示全国水灾状况的地域差异性，弄清各区域水灾的基本特征和成因，可为国家因地制宜地制定水灾防治措施提供科学依据。

## 2 研究方法

### 2.1 区划原则的确定

水灾区划的目的在于揭示水灾状况在空间上的区域差异性，为各地因地制宜地制定水灾防治规划及对策措施，减少和减轻水灾，促进经济社会可持续发展和生态系统良性循环提供科学依据。为此，经初步考虑，拟提出以下5条原则。

（1）水灾对农业生产影响和灾害程度的相对一致性。

（2）水灾防治难易程度和对策措施的相对一致性。

（3）水灾主要致灾因子的相对一致性。

（4）集中连片性。

（5）照顾到省级行政界线的完整性。

## 2.2 区划指标的选取与计算

按照上述区划原则，根据需要和可能条件，经过反复优选，确定了全国水灾区划的5个灾害程度指标（年均水灾受灾面积比率、年均水灾成灾面积比率、$R_{AC}$极大值、$R_{AA}$极大值和出现“强度水灾”级以上水灾年数，分别用$I_1$、$I_2$、$I_3$、$I_4$、$I_5$表示）和5个致灾因子指标（年均降水量、雨季降水比率、森林覆盖率、水土流失面积指数，分别用$I_6$、$I_7$、$I_8$、$I_9$、$I_{10}$表示）。各指标的含义和计算方法如下。

### 2.2.1 灾害程度指标的计算及数据来源

$I_1$：年均水灾受灾面积比率（Ratio of areas covered by flood disaster，$R_{AC}$）。即年均水灾受灾面积占农作物总播种面积的百分比。这既是基本的区划指标，也是后文划分水灾强度等级的基本指标。其计算公式为：

$$R_{AC} = \frac{A_C}{A_{TO}} \times 100\% \tag{1}$$

式（1）中，$R_{AC}$为年均水灾受灾面积比率（%）；$A_C$为水灾受灾面积，在我国，一般是指水灾造成作物产量比正常年减产1成（10%）以上的面积；$A_{TO}$为农作物总播种面积。采用1997～2010年（共计14年）平均值。水灾受灾面积和农作物总播种面积来自《中国统计年鉴》（1998～2011）[3]。

$I_2$：年均成灾面积比率（Ratio of areas affected by flood disaster，$R_{AA}$）。即年均水灾成灾面积占农作物总播种面积的比例。其计算公式为：

$$R_{AA} = \frac{A_A}{A_{TO}} \times 100\% \tag{2}$$

式（2）中，$R_{AA}$为年均成灾面积比率（%）；$A_A$为水灾成灾面积，在我国，一般是指水灾造成作物产量比正常年减产3成（30%）以上的面积[2]；$A_{TO}$为农作物总播种面积。采用1997～2010年（共计14年）平均值。水灾成灾面积和农作物总播种面积来自《中国统计年鉴》（1998～2011）[3]。

$I_3$：$R_{AC}$极大值。即式（1）计算得出的14年（1997～2010年）水灾受灾面积比率中的最大值。该指标反映了极端水灾年份水灾对农业生产的直接影响和损失程度。

$I_4$：$R_{AA}$极大值。即式（2）计算得出的14年（1997～2010年）水灾成灾面积比率中的最大值。该指标进一步反映了极端水灾年份水灾对农业生产的直接影响和损失程度。

$I_5$：出现“强度水灾”级以上水灾年数。本文对全国各省（市、自治区）14年的水灾受灾面积、成灾面积及$R_{AC}$值和$R_{AA}$值进行了综合分析。为了进一步反映各地的水灾程度，同时为了便于具体的水灾区划工作，本文在以往水灾分级研究[5,10]的基础上，以$R_{AC}$为基本指标

（或主导指标），以 $R_{AA}$为辅助指标，将全国水灾等级划分为7级，即微度水灾、轻度水灾、中度水灾、中强度水灾、强度水灾、极强度水灾和剧烈水灾。其划分标准详见表1。这里出现的“强度水灾”级以上水灾年数，也就是以式（1）和式（2）计算得出的14年（1997～2010年）$R_{AC}$值和 $R_{AA}$值为依据，按照表1的分级标准，统计得出14年间出现“强度水灾”级以上（含“强度水灾”级）的水灾年数。

**表1　水灾强度分级体系与指标**

| 水灾等级体系 | | 分级指标(%) | |
|---|---|---|---|
| 代号 | 名称 | 水灾受灾面积比率($R_{AC}$) | 水灾成灾面积比率($R_{AA}$) |
| 1 | 微度水灾(Slight flood disaster) | <1 | <0.5 |
| 2 | 轻度水灾(Low-level flood disaster) | 1～3 | 0.5～1.5 |
| 3 | 中度水灾(Medium-level flood disaster) | 3～5 | 1.5～2.5 |
| 4 | 中强度水灾(Medium-high-level flood disaster) | 5～10 | 2.5～5 |
| 5 | 强度水灾(High-level flood disaster) | 10～15 | 5～7.5 |
| 6 | 极强度水灾(Ultra-high-level flood disaster) | 15～20 | 7.5～10 |
| 7 | 剧烈水灾(Acute flood disaster) | ≥20 | ≥10 |

注：当 $R_{AC}$和 $R_{AA}$的分级标准有矛盾时，以 $R_{AC}$（主导指标）为准。

### 2.2.2　致灾因子指标的计算及数据来源

$I_6$：年均降水量。年降水总量的多少，在一定程度上决定着一地的水灾程度，是形成水灾的因素。通常，降水较多的地区，水灾往往较为突出；反之，降水较少的地区，则水灾大多较轻。为了与上述5个灾害程度指标相对应，这里的年均降水量亦取1997～2010年（共计14年）的平均值。各省的年均降水量以省会城市为代表。各省会城市各年降水量数据来自《中国统计年鉴》（1998～2011）[3]。

$I_7$：年均雨季降水比率（Ratio of precipitation in rainy season，$R_{PR}$）。我国受季风气候的影响，一年之中明显地分出雨季和干季。绝大多数地区的雨季为4～10月，干季为11月～次年3月。为了进一步反映降水条件在水灾形成中的作用，这里选择“雨季降水比率”为指标，该指标指年均雨季（4～10月）降水量占多年平均年降水量的百分比。其计算公式为：

$$R_{PR}=\frac{P_R}{P_A}\times 100\% \tag{3}$$

式（3）中，$R_{PR}$为年均雨季降水比率（%）；$P_R$ 为年均雨季（4～10月）降水量（mm）；$P_A$ 为年平均降水量（mm）。采用1997～2010年（共计14年）平均值。各省会城市各年月降水量数据来自《中国统计年鉴（1998～2011）》[3]。

$I_8$：森林覆盖率（Forest-coverage Rate，$R_{FC}$）。一地的森林覆盖率的大小，对于水灾的形成以及水灾的轻重程度有着明显的影响。该指标指森林面积占土地总面积的百分比，其计算式为：

$$R_{FC}=\frac{A_F}{A_L}\times 100\% \tag{4}$$

式（4）中，$R_{FC}$为森林覆盖率（%）；$A_F$ 为森林面积（$hm^2$）；$A_L$ 为土地总面积（$hm^2$）。采用最新的第七次全国森林资源（2004～2008）资料，数据来自《2011 中国环境统计年鉴》[17]。

$I_9$：水土流失面积比率（Ratio of soil loss area，$R_{SLA}$）。水土流失面积比例指水土流失面积占土地总面积的百分比。按照水利部（1997）颁布的《土壤侵蚀分类分级标准》[18]，这里的水土流失面积是指轻度以上（含轻度）侵蚀面积。其计算公式为：

$$R_{SLA} = \frac{A_{SL}}{A_L} \times 100\% \tag{5}$$

式（5）中，$R_{SLA}$为水土流失面积比率（%）；$A_{SL}$为轻度以上（含轻度）水土流失（土壤侵蚀）面积（$km^2$）；$A_L$ 为土地总面积（$km^2$）。各省（市、自治区）各等级水土流失面积采用国家水利部 2002 年 1 月发布的《全国水土流失公告》和《全国土壤侵蚀遥感调查工作报告》[19]，包括水蚀和风蚀面积，但不含冻融侵蚀面积（下同）。

$I_{10}$：年均土壤侵蚀模数（Soil erosion modulus，$M_{SE}$）。土壤侵蚀模数指某一区域（或流域）内单位土地面积的多年平均土壤侵蚀量，它是表征水土流失强度的主要指标。其计算公式为：

$$M_{SE} = \frac{A_{SE}}{A_L} \tag{6}$$

式（6）中，$M_{SE}$为年均土壤侵蚀模数（$t/km^2 \cdot a$）；$A_{SE}$为年均土壤侵蚀量（t）；$A_L$ 为土地总面积（$km^2$）。各省（市、自治区）年均土壤侵蚀量的测算方法如下：

$$A_{SE} = A_1 \times M_1 + A_2 \times M_2 + A_3 \times M_3 + A_4 \times M_4 + A_5 \times M_5 + A_6 \times M_6 \tag{7}$$

式（7）中，$A_{SE}$为年均土壤侵蚀量（$t$）；$A_1$、$A_2$、$A_3$、$A_4$、$A_5$、$A_6$ 分别代表微度、轻度、中度、强度、极强度、剧烈 6 个侵蚀等级的面积，数据来自《全国土壤侵蚀遥感调查工作报告》[19]；$M_1$、$M_2$、$M_3$、$M_4$、$M_5$、$M_6$ 分别代表微度、轻度、中度、强度、极强度、剧烈 6 个侵蚀等级的土壤侵蚀模数，以《土壤侵蚀分类分级标准》为基本依据，参考已有做法[5,20,21]，本文取值为：微度侵蚀 300 $t/km^2 \cdot a$，轻度侵蚀 2000 $t/km^2 \cdot a$，中度侵蚀 4000 $t/km^2 \cdot a$，强度侵蚀 7000 $t/km^2 \cdot a$，极强度侵蚀 12000 $t/km^2 \cdot a$，剧烈侵蚀 32000 $t/km^2 \cdot a$。

各分区单元（省、直辖市、自治区）的上述 10 个指标值经计算整理成表 2。

**表 2　中国水灾区划指标**

| 分区单元 | | $I_1$ | $I_2$ | $I_3$ | $I_4$ | $I_5$ | $I_6$ | $I_7$ | $I_8$ | $I_9$ | $I_{10}$ |
|---|---|---|---|---|---|---|---|---|---|---|---|
| 编号 | 地　区 | | | | | | | | | | |
| | 全　国 | 7.16 | 3.93 | 14.32 | 8.85 | 3 | — | — | 20.36 | 37.42 | 2858.9 |
| 1 | 北　京 | 0.85 | 0.32 | 3.06 | 1.12 | 0 | 449.5 | 92.82 | 31.72 | 26.75 | 913.9 |
| 2 | 天　津 | 0.90 | 0.71 | 8.65 | 6.92 | 0 | 475.0 | 94.43 | 8.24 | 3.98 | 388.7 |
| 3 | 河　北 | 1.94 | 0.95 | 5.68 | 3.14 | 0 | 485.6 | 90.52 | 22.29 | 33.51 | 1231.6 |
| 4 | 山　西 | 3.38 | 1.26 | 14.23 | 3.22 | 1 | 399.7 | 91.87 | 14.12 | 59.31 | 4120.3 |
| 5 | 内蒙古 | 4.59 | 3.07 | 21.64 | 17.87 | 1 | 391.7 | 93.12 | 20.00 | 65.15 | 5838.1 |

续表

| 分区单元 | | $I_1$ | $I_2$ | $I_3$ | $I_4$ | $I_5$ | $I_6$ | $I_7$ | $I_8$ | $I_9$ | $I_{10}$ |
|---|---|---|---|---|---|---|---|---|---|---|---|
| 编号 | 地　区 | | | | | | | | | | |
| 6 | 辽　宁 | 5.46 | 2.99 | 23.99 | 13.04 | 2 | 680.4 | 88.47 | 35.13 | 34.56 | 1193.3 |
| 7 | 吉　林 | 4.89 | 2.76 | 27.01 | 15.93 | 2 | 562.5 | 91.80 | 38.93 | 17.57 | 796.4 |
| 8 | 黑龙江 | 6.64 | 3.81 | 26.42 | 17.47 | 5 | 503.6 | 90.95 | 42.39 | 21.09 | 838.9 |
| 9 | 上　海 | 3.64 | 1.89 | 15.41 | 10.19 | 2 | 1185.6 | 71.91 | 9.41 | 0.00 | 300.0 |
| 10 | 江　苏 | 6.95 | 3.56 | 34.84 | 20.76 | 2 | 1113.4 | 75.84 | 10.48 | 3.97 | 370.0 |
| 11 | 浙　江 | 6.75 | 3.50 | 15.17 | 8.62 | 4 | 1387.6 | 67.29 | 57.41 | 17.75 | 772.8 |
| 12 | 安　徽 | 10.50 | 6.35 | 26.48 | 19.14 | 6 | 1001.1 | 73.23 | 26.06 | 13.39 | 624.2 |
| 13 | 福　建 | 9.30 | 4.39 | 23.88 | 8.72 | 7 | 1417.9 | 75.39 | 63.10 | 12.18 | 770.1 |
| 14 | 江　西 | 13.17 | 7.90 | 41.63 | 33.36 | 8 | 1674.5 | 69.86 | 58.32 | 21.03 | 1408.4 |
| 15 | 山　东 | 5.48 | 2.71 | 14.28 | 8.53 | 2 | 745.7 | 92.49 | 16.72 | 22.90 | 1382.4 |
| 16 | 河　南 | 5.82 | 3.28 | 23.41 | 16.14 | 2 | 661.5 | 88.52 | 20.16 | 18.16 | 702.4 |
| 17 | 湖　北 | 15.72 | 8.94 | 33.00 | 21.96 | 11 | 1253.4 | 76.22 | 31.14 | 32.72 | 1409.1 |
| 18 | 湖　南 | 12.33 | 7.41 | 27.74 | 17.80 | 6 | 1450.0 | 70.36 | 44.76 | 19.07 | 887.8 |
| 19 | 广　东 | 6.14 | 2.89 | 17.27 | 8.59 | 2 | 1876.6 | 87.76 | 49.44 | 6.14 | 471.5 |
| 20 | 广　西 | 8.32 | 4.39 | 15.29 | 9.75 | 5 | 1260.0 | 84.94 | 52.71 | 4.39 | 406.3 |
| 21 | 海　南 | 7.91 | 3.70 | 32.78 | 14.57 | 4 | 1806.9 | 89.30 | 51.98 | 1.60 | 333.0 |
| 22 | 重　庆 | 11.12 | 6.11 | 23.77 | 13.67 | 8 | 1121.4 | 85.94 | 34.85 | 63.17 | 3134.5 |
| 23 | 四　川 | 8.26 | 4.08 | 15.91 | 8.67 | 4 | 810.7 | 92.66 | 34.31 | 32.36 | 1600.9 |
| 24 | 贵　州 | 6.26 | 3.22 | 11.47 | 6.17 | 3 | 1085.8 | 87.01 | 31.61 | 41.55 | 1563.7 |
| 25 | 云　南 | 5.48 | 2.80 | 11.09 | 6.15 | 1 | 1018.4 | 90.81 | 47.50 | 37.21 | 1342.8 |
| 26 | 西　藏 | 6.71 | 3.10 | 20.92 | 10.03 | 3 | 472.8 | 98.39 | 11.91 | 9.37 | 607.6 |
| 27 | 陕　西 | 6.56 | 3.40 | 23.32 | 12.92 | 2 | 548.8 | 88.57 | 37.26 | 62.61 | 5285.6 |
| 28 | 甘　肃 | 3.73 | 2.12 | 5.80 | 4.25 | 0 | 353.0 | 96.59 | 10.42 | 64.59 | 6990.1 |
| 29 | 青　海 | 3.63 | 2.16 | 8.23 | 4.73 | 0 | 429.5 | 94.96 | 4.57 | 25.41 | 1700.8 |
| 30 | 宁　夏 | 2.93 | 1.78 | 7.47 | 4.66 | 0 | 182.2 | 94.12 | 9.84 | 71.16 | 3278.5 |
| 31 | 新　疆 | 2.82 | 1.35 | 10.44 | 4.17 | 1 | 307.8 | 71.79 | 4.02 | 63.18 | 5788.2 |

### 2.3 区划方法的运用

与干旱灾害区划[16]一样，水灾区划也是以区内相似性与区间差异性特征为基础，采用归纳相似性与区分差异性这一原理，划分不同级别的水灾区。这种分区的过程，实际上就是聚类的过程，即把那些在水灾状况、特点、致灾因子和防治措施上大致相同或相似的分区单元（本文为省级行政单位）聚为一类（归并为一个水灾区），而将差异较大的分区单元聚为不同的类（区分为不同的水灾区）。因此，模糊聚类方法将在水灾区划工作中具有良好的应用前景。本文以模糊聚类为基础，运用模糊聚类与综合分析相结合的方法进行全国水灾区划。

## 3 分区结果

在运用模糊聚类方法反复优选的基础上，再经综合分析、归并和局部调整，将全国划分为

6个水灾区，其命名采用“地理区位（或大流域）+平均水灾强度+区”来进行，即东北中强度水灾区、北方中轻度水灾区、黄河中下游中强度水灾区、长江中下游强度水灾区、华南沿海中强度水灾区和西南高原山地中强度水灾区（见表3）。“区”的代号分别用罗马字母Ⅰ、Ⅱ、Ⅲ、Ⅳ、Ⅴ、Ⅵ表示。总体而言，这一水灾分区的结果符合全国的客观实际，基本上反映了我国水灾状况的地域差异性规律，因而是合理的、可行的。

**表3　中国水灾分区方案**

| 代号 | 名　称 | 区域范围 |
|---|---|---|
| Ⅰ | 东北中强度水灾区 | 共计3个省：辽宁省、吉林省、黑龙江省 |
| Ⅱ | 北方中轻度水灾区 | 共计8个省(市、自治区)：北京市、天津市、河北省、内蒙古自治区、甘肃省、青海省、宁夏回族自治区、新疆维吾尔自治区 |
| Ⅲ | 黄河中下游中强度水灾区 | 共计4个省：山西省、山东省、河南省、陕西省 |
| Ⅳ | 长江中下游强度水灾区 | 共计8个省(市)：上海市、江苏省、浙江省、安徽省、江西省、湖北省、湖南省、重庆市 |
| Ⅴ | 华南沿海中强度水灾区 | 共计4个省(自治区)：福建省、广东省、广西壮族自治区、海南省 |
| Ⅵ | 西南高原山地中强度水灾区 | 共计4个省(市、自治区)：四川省、贵州省、云南省、西藏自治区 |

根据上述水灾分区方案，运用GIS技术编制了中国水灾区划图（见图1），直观地反映了全国水灾的区域差异性，为因地制宜地防治水灾提供了依据。

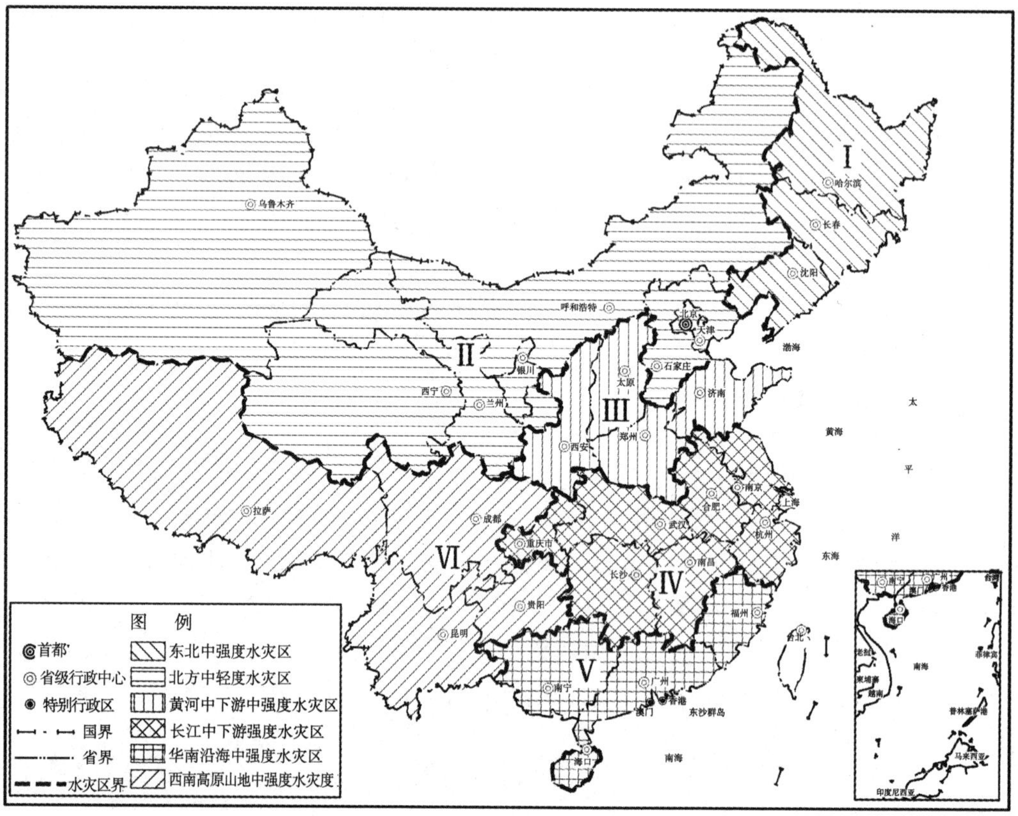


**图1　中国水灾区划**

# 4 分区简析及防治措施

为了节省篇幅以及便于比较，这里将6个水灾区的基本情况和灾害特征列于表4。

**表4　中国6个区域水灾状况**

| 项　目 | Ⅰ区 | Ⅱ区 | Ⅲ区 | Ⅳ区 | Ⅴ区 | Ⅵ区 | 全国 |
|---|---|---|---|---|---|---|---|
| 土地总面积（万 $km^2$） | 79.03 | 429.28 | 68.59 | 99.73 | 57.59 | 225.74 | 960.00 |
| 占全国国土总面积的百分比（%） | 8.23 | 44.72 | 7.15 | 10.39 | 6.00 | 23.52 | 100.00 |
| 1997～2010年年均农作物总播种面积（万 $hm^2$） | 1885.75 | 2512.51 | 3255.81 | 4443.11 | 1448.43 | 2027.33 | 15572.94 |
| 1997～2010年年均水灾受灾面积（万 $hm^2$） | 112.53 | 76.40 | 179.56 | 494.51 | 111.99 | 141.54 | 1114.30 |
| 1997～2010年年均水灾受灾面积比率（%） | 5.97 | 3.04 | 5.52 | 11.13 | 7.73 | 6.98 | 7.16 |
| 1997～2010年年均水灾成灾面积（万 $hm^2$） | 63.79 | 44.16 | 93.41 | 285.12 | 55.60 | 70.95 | 612.16 |
| 1997～2010年年均水灾成灾面积比率（%） | 3.38 | 1.76 | 2.87 | 6.42 | 3.84 | 3.50 | 3.93 |
| 平均水灾等级 | 中强度 | 中度 | 中强度 | 强度 | 中强度 | 中强度 | 中强度 |
| 水土流失面积（$km^2$） | 179574 | 2329078 | 287727 | 229585 | 36849 | 484899 | 3555556 |
| 水土流失面积比率（%） | 22.73 | 55.82 | 42.00 | 22.91 | 6.44 | 21.60 | 37.42 |
| 年均土壤侵蚀量（亿t） | 7.06 | 206.36 | 20.66 | 11.51 | 2.86 | 22.94 | 271.68 |
| 年均土壤侵蚀模数（$t/km^2 \cdot a$） | 894.2 | 4945.8 | 3016.0 | 1149.2 | 500.2 | 1022.2 | 2858.9 |

注：计算土壤侵蚀模数时所用的全国土地总面积为9502714 $km^2$，见《全国土壤侵蚀遥感调查工作报告》[19]。

总体而言，我国东北、黄河中下游、长江中下游、华南沿海和西南地区水灾普遍较为严重，尤其是长江中下游较为突出。在今后水灾防治上，应突出重点，因地制宜地切实抓好两个方面：其一是积极维修和改造现有的各种水利工程，并大力兴修中、小型水库和排水沟，提高抗洪（涝）防洪（涝）能力；其二是科学地搞好陡坡耕地退耕还林、缓坡耕地“坡改梯”和荒山荒坡绿化造林工程，努力提高植被覆盖率和水土保持水平，大力保护好“土壤水库”，大幅度减少地表径流，从而有效减少和减轻洪涝灾害。

## 参考文献

[1] 国家防汛抗旱总指挥部办公室、水利部南京水文水资源研究所：《中国水旱灾害》[M]，北京：中

国水利水电出版社，1997，第1~509页。

[2] 国家防汛抗旱总指挥部、中华人民共和国水利部：《中国水旱灾害公报2006》[R]，北京：中国水利水电出版社，2007，第1~35页。

[3] 国家统计局：《中国统计年鉴（1996~2011）》[M]，北京：中国统计出版社，1998~2011。

[4] 王劲峰等：《中国自然灾害区划——灾害区划·影响评价·减灾对策》[M]，北京：中国科学技术出版社，1995，第61~75页。

[5] 谢应齐、杨子生：《云南省农业自然灾害区划》[M]，北京：中国农业出版社，1995，第56~252页。

[6] 李吉顺、冯强、王昂生：《我国暴雨洪涝灾害的危险性评估》[A]，见85-906-09课题组《台风、暴雨预报警报系统和减灾研究》[C]，北京：气象出版社，1996，第1~354页。

[7] 赵士鹏：《山洪灾情评估的系统集成方法研究》[M]，长春：东北师范大学出版社，1997，第1~281页。

[8] 张行南、罗健、陈雷等：《中国洪水灾害危险程度区划》，《水利学报》2000年第3期，第1~7页。

[9] 周成虎、万庆、黄诗峰等：《基于GIS的洪水灾害风险区划研究》，《地理学报》2000年第67（1）期，第15~24页。

[10] 杨子生：《云南金沙江流域洪涝灾害区划研究》[J]，《山地学报》2002年第20（增刊）期，第57~62页。

[11] 刘敏、杨宏青、向玉春：《湖北省雨涝灾害的风险评估与区划》，《长江流域资源与环境》2002年第11（5）期，第476~781页。

[12] 刘建芬、张行南、唐增文等：《中国洪水灾害危险程度空间分布研究》，《河海大学学报》（自然科学版）2004年第6期，第614~617页。

[13] 谭徐明、张伟兵、马建明等：《全国区域洪水风险评价与区划图绘制研究》，《中国水利水电科学研究院学报》2004年第2（1）期，第50~60页。

[14] 田国珍、刘新立、王平等：《中国洪水灾害风险区划及其成因分析》，《灾害学》2006年第21（2）期，第1~6页。

[15] 杨子生、刘彦随：《中国1950~2010年水灾的时空变化特征分析》[A]，见《中国水治理与可持续发展研究》[C]，北京：社会科学文献出版社，2012。

[16] 杨子生、刘彦随：《中国干水灾害区划研究》[A]，见《中国水治理与可持续发展研究》[C]，北京：社会科学文献出版社，2012。

[17] 国家统计局、环境保护部：《2011中国环境统计年鉴》[M]，北京：中国统计出版社，2011，第1~200页。

[18] 水利部：《中华人民共和国行业标准SL190-96：土壤侵蚀分类分级标准》[S]，北京：中国水利水电出版社，1997，第2~26页。

[19] 水利部水土保持监测中心：《全国土壤侵蚀遥感调查工作报告》[EB/OL]，http://www.swcc.org.cn/new/20021.22-10.htm，2002-1-22。

[20] YANG Zisheng and LIANG Luohui, "Soil Erosion under Different Land Use Types and Zones in Jinsha River Basin in Yunnan Province", China. *Journal of Mountain Science*, 2004, 1 (1): 46-56.

[21] YANG Zisheng, HAN huali, ZHAO Qiaogui, "Soil Erosion Control Degree of the Project of Converting Farmland to Forest in Mountainous Areas at China's Southwest Border: A Case Study in Mangshi", *Yunnan Province. Journal of Mountain Science*, 2011, 8 (6): 845-854.

# Study on Flood Disaster Regionalization in China

*Yang Zisheng*[1], *Liu Yansui*[2]

(1. Institute of Land & Resources and Sustainable Development, Yunnan University of Finance and Economics; 2. Institute of Geographic Sciences and Natural Resources Research, CAS)

**Abstract:** China suffers from relatively serious flood disaster, but the gradation of flood disaster intensity varies in different parts of the country. The major disaster-causing factors are also different from place to place. And so, flood disaster in China there is large regional difference. This paper adopted ten indices for regionalizing flood disaster in China, including five disaster intensity indices (namely annual average ratio of areas covered by flood disaster, annual average ratio of areas affected by flood disaster, maximum of $R_{AC}$, maximum of $R_{AA}$, and number of years with flood disaster at "high level" and over) and five disaster-causing factor indices (namely annual average precipitation, ratio of precipitation in rainy season, forest-coverage rate, ratio of soil loss area, and annual average soil erosion modulus). Taking provincial administrative area as unit, this paper made flood disaster regionalization of China by combining fuzzy cluster method with comprehensive analysis method. It divided China into six flood zones, namely I. northeast medium -high-level flood disaster zone; II. north low-medium-level flood disaster zone; III. medium-high-level flood disaster zone in middle and lower reaches of the Yellow River; IV. high-level flood disaster zone in middle and lower reaches of the Yangtze River; V. south China's coastal medium-high-level flood disaster zone; and VI. southwest medium-high-level flood disaster zone. In this way, it has revealed the regional difference nationwide in flood disaster and offered fundamental basis for the stipulation of the practical plan on flood prevention and control and the measures for disaster alleviation and prevention.

**Keywords:** Flood disaster; Regionalization; Fuzzy cluster method; Comprehensive analysis method; China

# 中国1950～2010年水旱灾害减产粮食量研究*

杨子生[①] 贺一梅[②]

(①云南财经大学国土资源与持续发展研究所；②云南财经大学旅游与服务贸易学院)

**摘 要** 因灾减产粮食量是衡量水旱灾害强度的重要指标，也是影响区域粮食安全的重要因素。本文探索了水旱灾害减产粮食量测算的思路和方法，具体测算了中国1950～2010年水旱灾害减产粮食总量和各单项灾害减产粮食量，以及水旱灾害减产粮食量相当于丧失的耕地量，并分析了我国水旱灾害减产粮食量的特点。结果表明：①近61年来，全国1/5以上的农作物总播种面积均遭受过不同程度的水旱灾害，1950～2010年全国水旱灾害减产粮食总量达155615.34万t，年均达2551.07万t，占年均实际粮食总产量的7.71%。②在1950～2010年全国水旱灾害减产粮食总量中，旱灾减产粮食量达105557.32万t，占67.83%；水灾减产粮食量达50058.02万t，占32.17%。③因灾减产粮食量在时间变化上呈现逐渐增加之势。④全国1950～2010年水旱灾害减产粮食量相当于丧失的耕地总量达42138.36万 $hm^2$，年均690.79万 $hm^2$，占统计年报耕地数的7.02%。⑤水旱灾害减产粮食量相当于丧失的耕地量在时间变化上亦呈现逐渐增加之势。这一研究为科学制定水旱灾害防治规划和防灾减灾提供了基础依据。

**关键词** 水旱灾害；受灾面积；成灾面积；因灾减产粮食量；中国

## 1 引言

我国是世界上水旱灾害频繁且严重的国家之一，水旱灾害对我国社会经济造成的损失居各项自然灾害之首位[1]。因灾减产粮食量是反映农业自然灾害强度的重要指标，也是影响区域粮食安

* 基金项目：国家自然科学基金重点项目（41130748）。本文英文稿“Study on Grain Yield Reduction of China Due to Flood and Drought Disasters from 1950 to 2010”将在*Advanced Science Letters* 2013年第19卷第14期发表。

作者简介：杨子生（1964～），男，白族，云南大理人，教授，博士后，所长。主要从事土地资源与土地利用规划、土壤侵蚀与水土保持、自然灾害与减灾防灾、国土生态安全与区域可持续发展等领域的研究工作。联系电话：0871－5023648（兼传真），13888017450，E－mail：yangzisheng@126.com。

全的重要因素[2]。它既与受灾面积、成灾面积等灾害指标密切相关，又与当地农业生产水平等因素相关，因而是衡量一地农业自然灾害大小（灾损程度）的一项综合性指标。测算因灾减产粮食量（包括因灾减产粮食总量和各单项灾害减产粮食量）是一项很复杂的工作，目前尚未见到成熟的方法。为此，本项研究拟根据研究工作需要和现有基础资料，通过分析和探索，得出一种测算水旱灾害减产粮食量（总量和单项灾害减产量）的实用方法，并具体测算中国1950～2010年水旱灾害减产粮食总量和各单项灾害减产粮食量，以及水旱灾害减产粮食量相当于丧失的耕地量。

# 2 水旱灾害减产粮食量的研究方法

## 2.1 水旱灾害减产粮食量的测算方法

以往民政部门在统计灾情时，所采用的最基本指标是受灾面积和成灾面积。受灾面积是指自然灾害使农作物产量受到不同程度影响的面积。一般来说，凡因灾减产10%（通常所说的一成）以上的面积均计为受灾面积；其中，因灾减产30%（通常所说的三成）以上的面积称为成灾面积。因此，根据一地受灾面积、成灾面积和作物产量水平可大致估算出因灾减产粮食量[3]。

从理论上说，因灾减产粮食量等于正常年（无灾或少灾年）粮食产量与受灾年实际产量之差值[1,2]。这是基于这样的认识：农作物年产量的多少，取决于当年自然灾害状况和人为条件两个方面，农作物产量（总产或单产）高的年份被认为是这两个方面均较好的年份。若用农业技术与管理水平来反映人为条件，则高产年份就意味着在该年农业技术与管理水平条件下的风调雨顺年（无灾或少灾年）；反之，自然灾害严重的年份就是低产或减产年，其产量多少（或高低）与自然灾害严重程度密切相关。而且可以这样认为，农业技术与管理水平在短期内一般不会有很大的突破或飞跃，而是随着时间推移逐渐向前发展或分阶段上升，也就是说，在一定时期内，农业技术与管理水平是相对稳定的。在研究期限内，可以根据历年统计实际产量，采用有关数学方法来推算正常年（无灾或少灾年）粮食产量。

在按上述思路建立模型和测算因灾减产粮食量时，所用的基础产量数据有总产和单产两类，本文建议采用单产指标，因为总产量的多少同时取决于单产和播种面积两个因素，而粮食作物播种面积年际变化较大，用总产量为基础数据来测算因灾减产粮食量必然造成误差偏大。

根据上述认识，经反复推敲，得出测算水旱灾害减产粮食量的公式或模型如下：

$$Y_D = [(A_C - A_A) \times C_1 + A_A \times C_2] \times Y_N \tag{1}$$

式（1）中，$Y_D$为水旱灾害减产粮食量（t）；$A_C$和$A_A$分别为受灾面积（$hm^2$）和成灾面积（$hm^2$）；$C_1$和$C_2$分别为因灾减产10%～30%（一至三成）的那部分受灾面积的平均减产系数和因灾减产30%以上（三成以上）的成灾面积的平均减产系数；$Y_N$为正常年景粮食单产（$t/hm^2$）。

式（1）中各计算参数的确定方法和数据来源简述如下。

### 2.1.1 $A_C$和$A_A$的数据来源

根据《中国统计年鉴》（1996～2011）[4～19]、《新中国五十年统计资料汇编》[20]、《中国水旱灾害公报 2006》[21] 和《中国水旱灾害公报 2010》[22]，我们已系统地搜集和整理了中国 1950～2010 年（共 61 年）水旱灾害的受灾面积和成灾面积（见表 1）。需要说明的是，灾情数据一般以国家统计局编的《中国统计年鉴》和《新中国五十年统计资料汇编》为准，1980 年以前的水旱灾害数据参考了《中国水旱灾害公报》，尤其因《新中国五十年统计资料汇编》缺乏 1967～1969 年灾情数据，故其水旱灾害数据以《中国水旱灾害公报》为准。另外，因台湾、香港和澳门统计数据暂缺，因此本文的全国数据均未包括台湾、香港和澳门。

**表 1　中国 1950～2010 年水旱灾害面积调查统计**

单位：万 $hm^2$

| 年　份 | 水　灾 | | 旱　灾 | | 合　计 | |
|---|---|---|---|---|---|---|
| | 受灾 | 成灾 | 受灾 | 成灾 | 受灾 | 成灾 |
| 1950 | 655.90 | 471.00 | 239.80 | 58.90 | 895.70 | 529.90 |
| 1954 | 1613.10 | 1130.50 | 298.80 | 56.00 | 1911.90 | 1186.50 |
| 1958 | 427.90 | 144.10 | 2236.10 | 503.10 | 2664.00 | 647.20 |
| 1960 | 1015.50 | 497.50 | 3812.50 | 1617.70 | 4828.00 | 2115.20 |
| 1964 | 1493.30 | 1003.80 | 421.90 | 142.30 | 1915.20 | 1146.10 |
| 1970 | 312.90 | 123.40 | 572.30 | 193.10 | 885.20 | 316.50 |
| 1974 | 643.10 | 273.70 | 2555.30 | 229.60 | 3198.40 | 503.30 |
| 1978 | 310.93 | 201.20 | 3264.07 | 1656.40 | 3575.00 | 1857.60 |
| 1980 | 968.67 | 607.00 | 2190.13 | 1417.40 | 3158.80 | 2024.40 |
| 1985 | 1419.73 | 894.93 | 2298.93 | 1006.27 | 3718.66 | 1901.20 |
| 1990 | 1180.40 | 560.47 | 1817.47 | 780.53 | 2997.87 | 1341.00 |
| 1994 | 1732.80 | 1074.40 | 3042.30 | 1705.00 | 4775.10 | 2779.40 |
| 1998 | 2229.20 | 1378.50 | 1423.60 | 506.00 | 3652.80 | 1884.50 |
| 2000 | 732.30 | 432.10 | 4054.10 | 2678.40 | 4786.40 | 3110.50 |
| 2005 | 1093.18 | 604.70 | 1602.81 | 847.92 | 2695.99 | 1452.62 |
| 2010 | 1752.46 | 702.42 | 1325.86 | 898.65 | 3078.32 | 1601.07 |
| 61 年合计 | 57529.04 | 32122.14 | 130344.62 | 58718.72 | 187873.66 | 90840.86 |
| 年平均 | 943.10 | 526.59 | 2136.80 | 962.60 | 3079.90 | 1489.19 |

注：因篇幅所限，这里仅列出具有代表性的 16 年数据。

### 2.1.2　$C_1$ 和 $C_2$ 的确定

鉴于 $C_1$ 为因灾减产 10%～30%（一至三成）的那部分受灾面积的平均减产系数，经综合分析全国实际减产情况，这里将 $C_1$ 值确定为 0.16。

$C_2$ 为因灾减产 30% 以上（三成以上）的成灾面积的平均减产系数。根据有关部门调查统计的典型年份成灾面积中减产 30%～50%（三成至五成）面积、减产 50%～80%（五成至八成）面积和减产 80%～100%（八成至绝收）面积推算，本文将 $C_2$ 值确定为 0.32。

### 2.1.3　$Y_N$ 的确定方法

正常年粮食单产（$Y_N$）的确定方法有多种，这里采用“外包线法”（Method of Enveloping

Curve）来推算中国1950～2010年正常（无灾或少灾）年单产量。其方法是：点绘单产量逐年过程线图，按各时期变化趋势绘制外包线（见图1）；查图求得各年份的正常（无灾或少灾）年景单产量（见表2）。

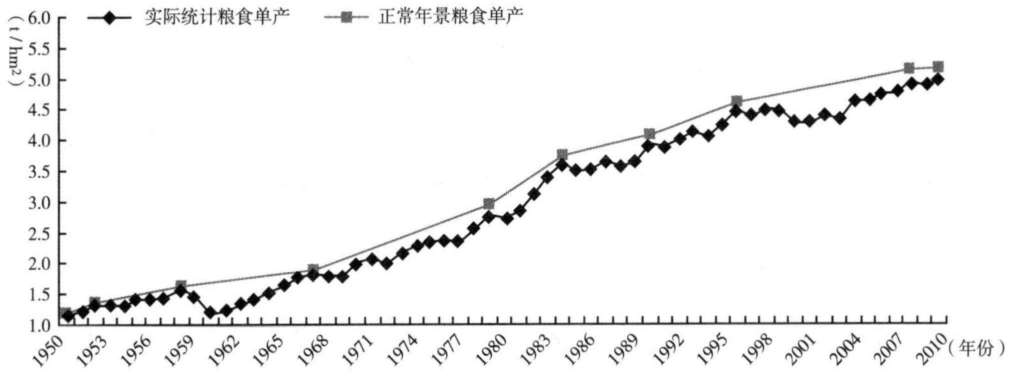


**图1　中国1950～2010年实际粮食单产量和正常年景单产量逐年过程**

**表2　中国1950～2010年实际粮食单产和正常年单产值**

| 年　份 | 实际粮食单产 | | | 正常年单产推算值（t/hm²） |
|---|---|---|---|---|
| | 粮食作物播种面积（万hm²） | 粮食总产量（万t） | 实际粮食单产（t/hm²） | |
| 1950 | 11440.60 | 13213.00 | 1.155 | 1.186 |
| 1954 | 12899.50 | 16952.00 | 1.314 | 1.447 |
| 1958 | 12761.30 | 20000.00 | 1.567 | 1.620 |
| 1960 | 12242.90 | 14350.00 | 1.172 | 1.681 |
| 1964 | 12210.30 | 18750.00 | 1.536 | 1.802 |
| 1970 | 11926.70 | 23996.00 | 2.012 | 2.156 |
| 1974 | 12097.60 | 27527.00 | 2.275 | 2.505 |
| 1978 | 12058.70 | 30476.50 | 2.527 | 2.854 |
| 1980 | 11723.40 | 32055.50 | 2.734 | 3.102 |
| 1985 | 10884.50 | 37910.80 | 3.483 | 3.798 |
| 1990 | 11346.59 | 44624.30 | 3.933 | 4.090 |
| 1994 | 10954.37 | 44510.10 | 4.063 | 4.430 |
| 1998 | 11378.74 | 51229.53 | 4.502 | 4.687 |
| 2000 | 10846.25 | 46217.52 | 4.261 | 4.773 |
| 2005 | 10427.84 | 48402.19 | 4.642 | 4.990 |
| 2010 | 10987.61 | 54647.71 | 4.974 | 5.160 |

注：因篇幅所限，这里仅列出代表性的16年数据。

确定了式（1）中的各项计算参数后，就可以按式（1）测算中国各年度的水旱灾害减产粮食量和单项灾害减产粮食总量。

## 2.2　水旱灾害减产粮食量相当于丧失耕地量的测算方法

粮食的因灾减产，从根本上说，也就是相当于丧失了“无形”粮田。从我国实际看，因灾减产粮食量相当于丧失的耕地量，既与因灾减产粮食量密切相关，同时还与粮食平均单产、耕地复种指数、粮食播种面积比例等因素有关。其计算方法可表示为：

$$F_D = \frac{Y_D}{Y_U \times I_{MC} \times R_{FA}} \tag{2}$$

式（2）中，$F_D$ 为水旱灾害减产粮食量相当于丧失的耕地量（$hm^2$）；$Y_D$ 为水旱灾害减产粮食量（t），由式（1）计算而得；$Y_U$ 为粮食平均单产量（$t/hm^2$），系采用历年统计年报数；$I_{MC}$为耕地平均复种指数（%），系采用历年统计年报数（其中 1996～2010 年为根据年度耕地增减变化的推算值）；$R_{FA}$为粮食作物播种面积占农作物总播种面积的比例（%），系采用历年统计年报数。

# 3 中国 61 年因灾减产粮食量测算结果与分析

## 3.1 测算结果

根据我们调查和收集到的各项灾害面积（见表 1）、粮食单产（见表 2）等数据，按上述方法测算并得到了以下 3 份基本成果表。

（1）中国 1950～2010 年（共计 61 年）水旱灾害减产粮食量（见表 3）；

（2）中国 1950～2010 年水旱灾害减产粮食量占实际粮食总产量的百分比（见表 4）；

（3）中国 1950～2010 年水旱灾害减产粮食量相当于丧失的耕地数量（见表 5）。

**表 3 中国 1950～2010 年水旱灾害减产粮食量**

单位：万 t

| 年 份 | 水旱灾害减产粮食总量 | 水 灾 | 旱 灾 |
|---|---|---|---|
| 1950 | 270.52 | 213.84 | 56.68 |
| 1954 | 717.34 | 635.20 | 82.14 |
| 1958 | 858.26 | 148.26 | 710.00 |
| 1960 | 1867.45 | 406.94 | 1460.51 |
| 1964 | 882.63 | 719.96 | 162.67 |
| 1970 | 414.54 | 150.51 | 264.03 |
| 1974 | 1483.64 | 367.45 | 1116.19 |
| 1978 | 2480.74 | 233.86 | 2246.88 |
| 1980 | 2572.53 | 782.04 | 1790.49 |
| 1985 | 3415.07 | 1406.57 | 2008.50 |
| 1990 | 2839.36 | 1139.23 | 1700.13 |
| 1994 | 5354.63 | 1989.74 | 3364.89 |
| 1998 | 4152.54 | 2705.49 | 1447.05 |
| 2000 | 6030.71 | 889.23 | 5141.48 |
| 2005 | 3312.25 | 1355.59 | 1956.66 |
| 2010 | 3863.31 | 2026.75 | 1836.56 |
| 61 年合计 | 155615.34 | 50058.02 | 105557.32 |
| 年平均 | 2551.07 | 820.62 | 1730.45 |

注：因篇幅所限，这里仅列出代表性的 16 年数据。

**表 4　中国 1950～2010 年水旱灾害减产粮食量占实际粮食总产量的百分比**

| 年　份 | 实际粮食总产量（万 t） | 水旱灾害减产粮食总量占实际粮食总产量的百分比（%） | 单项灾害减产粮食量占实际粮食总产量的百分比（%） | |
|---|---|---|---|---|
| | | | 水　灾 | 旱　灾 |
| 1950 | 13213.00 | 2.05 | 1.62 | 0.43 |
| 1954 | 16952.00 | 4.23 | 3.75 | 0.48 |
| 1958 | 20000.00 | 4.29 | 0.74 | 3.55 |
| 1960 | 14350.00 | 13.02 | 2.84 | 10.18 |
| 1964 | 18750.00 | 4.71 | 3.84 | 0.87 |
| 1970 | 23996.00 | 1.73 | 0.63 | 1.10 |
| 1974 | 27527.00 | 5.38 | 1.33 | 4.05 |
| 1978 | 30476.50 | 8.14 | 0.77 | 7.37 |
| 1980 | 32055.50 | 8.03 | 2.44 | 5.59 |
| 1985 | 37910.80 | 9.01 | 3.71 | 5.30 |
| 1990 | 44624.30 | 6.36 | 2.55 | 3.81 |
| 1994 | 44510.10 | 12.03 | 4.47 | 7.56 |
| 1998 | 51229.53 | 8.10 | 5.28 | 2.82 |
| 2000 | 46217.52 | 13.04 | 1.92 | 11.12 |
| 2005 | 48402.19 | 6.84 | 2.80 | 4.04 |
| 2010 | 54647.71 | 7.07 | 3.71 | 3.36 |
| 61 年合计 | 2017907.44 | 7.71 | 2.48 | 5.23 |
| 年平均 | 33080.45 | 7.71 | 2.48 | 5.23 |

注：因篇幅所限，这里仅列出代表性的 16 年数据。

**表 5　中国 1950～2010 年水旱灾害减产粮食量相当于丧失的耕地数量**

| 年　份 | 因灾减产粮食量（万 t） | 耕地复种指数（%） | 粮食播种面积比例（%） | 粮食平均单产（t/hm²） | 相当于丧失的耕地数量（万 hm²） | 占统计年报耕地总面积的百分比（%） |
|---|---|---|---|---|---|---|
| 1950 | 270.52 | 128.37 | 88.81 | 1.155 | 205.46 | 2.05 |
| 1954 | 717.34 | 135.27 | 87.20 | 1.314 | 462.75 | 4.23 |
| 1958 | 858.26 | 142.18 | 83.96 | 1.567 | 458.76 | 4.29 |
| 1960 | 1867.44 | 143.59 | 81.31 | 1.172 | 1364.63 | 13.01 |
| 1964 | 882.63 | 138.93 | 85.07 | 1.536 | 486.33 | 4.71 |
| 1970 | 414.54 | 141.88 | 83.12 | 2.012 | 174.71 | 1.73 |
| 1974 | 1483.64 | 148.77 | 81.39 | 2.275 | 538.50 | 5.39 |
| 1978 | 2480.74 | 151.03 | 80.34 | 2.527 | 808.97 | 8.14 |
| 1980 | 2572.53 | 147.40 | 80.09 | 2.734 | 796.96 | 8.03 |
| 1985 | 3415.08 | 148.30 | 75.78 | 3.483 | 872.47 | 9.01 |
| 1990 | 2839.36 | 155.07 | 76.48 | 3.933 | 608.75 | 6.36 |
| 1994 | 5354.63 | 156.20 | 73.90 | 4.063 | 1141.66 | 12.03 |
| 1998 | 4152.53 | 163.32 | 73.08 | 4.502 | 772.77 | 8.11 |
| 2000 | 6030.70 | 168.07 | 69.39 | 4.261 | 1213.53 | 13.05 |
| 2005 | 3312.25 | 178.91 | 67.07 | 4.642 | 594.69 | 6.84 |
| 2010 | 3863.30 | 185.72 | 68.38 | 4.974 | 611.65 | 7.07 |
| 61 年合计 | 155615.34 | 57.35 | 78.00 | 2.855 | 42138.36 | 7.02 |
| 年平均 | 2551.07 | 0.96 | 78.00 | 2.855 | 690.79 | 7.02 |

注：因篇幅所限，这里仅列出代表性的 16 年数据。

## 3.2 水旱灾害减产粮食量特点

由计算结果（见表3和表4）可以看出，我国水旱灾害减产粮食量具有以下3个显著特点。

### 3.2.1 水旱灾害严重，因灾减产粮食量巨大

我国水旱灾害发生频繁，影响范围广，灾害强度大，因灾损失重。1950～2010年全国水旱灾害受灾面积共计达187873.66万$hm^2$，年均受灾面积达3079.90万$hm^2$，占年均农作物总播种面积的20.73%；其中成灾面积共计达90840.86万$hm^2$，年均成灾面积达1489.19万$hm^2$，占农作物总播种面积的10.03%。也就是说，61年来，全国1/5以上的农作物总播种面积均遭受不同程度的水旱灾害。如此严重的农业自然灾害，给中国农业生产和耕地利用造成了严重的影响：1950～2010年全国水旱灾害减产粮食总量达155615.34万t，年均水旱灾害减产粮食总量达2551.07万t，占年均实际粮食总产量的7.71%。这无疑是中国一些地区至今仍未完全解决温饱问题的重要原因之一。

### 3.2.2 单项灾害以旱灾减产粮食较多，水灾次之

水旱灾害是我国各种自然灾害中发生最频繁、影响面最大、损失最严重的两种自然灾害。从单项灾害减产粮食量来看，旱灾减产粮食量最大，水灾次之。测算结果表明，全国1950～2010年（共计61年）水旱灾害减产粮食总量（155615.34万t）中，旱灾减产粮食量达105557.32万t，年均因旱灾减产粮食量达1730.45万t，占水旱灾害年均减产粮食总量的67.83%；水灾减产粮食量达50058.02万t，年均因水灾减产粮食量达820.62万t，占水旱灾害年均减产粮食总量的32.17%。

### 3.2.3 因灾减产粮食量在时间变化上呈现逐渐增加之势，尤其1980年以来增幅很大

由表3可见，中国水旱灾害减产粮食量具有日益增加的趋势和特点（见表6和图2）：1950～1960年的11年间，全国水旱灾害减产粮食总量为8436.93万t，年均水旱灾害减产粮食766.99万t，占年均实际粮食总产量的4.53%；而1961～1970年的10年间，全国水旱灾害减产粮食总量增至9645.13万t，年均水旱灾害减产粮食达964.51万t，占年均实际粮食总产量的比例增至4.94%；到了1971～1980年，中国水旱灾害减产粮食总量又增至18956.42万t，年均水旱灾害减产粮食达1895.64万t，占年均实际粮食总产量的比例为6.67%；20世纪80年代的10年（1981～1990年），全国水旱灾害减产粮食总量猛增至31091.95万t，年均水旱灾害减产粮食达3109.20万t，占年均实际粮食总产量的比例也相应地增至7.98%。而90年代的10年（1991～2000年），中国水旱灾害减产粮食总量又迅速增至46545.98万t，年均水旱灾害减产粮食总量达4654.60万t，占年均实际粮食总产量的比例达9.85%，这一比例约为50年代（1950～1960年）的2.2倍、60年代（1961～1970年）的2.0倍、70年代（1971～1980年）的1.5倍和80年代（1981～1990年）的1.2倍。21世纪的头10年（2001～2010年），全国水旱灾害减产粮食总量达40938.91万t，年均水旱灾害减产粮食达4093.89万t，占

年均实际粮食总产量的比例达 8.36%，这一比例虽然稍低于 90 年代（1991～2000 年），但相当于 50 年代（1950～1960 年）的 1.8 倍、60 年代（1961～1970 年）的 1.7 倍、70 年代（1971～1980 年）的 1.3 倍，也比 80 年代（1981～1990 年）净增加 0.38 个百分点。这足以说明，1980 年以来，中国水旱灾害已呈越来越严重的趋势，因灾减产粮食量越来越大，应当引起有关部门的重视。

**表 6　中国各时期水旱灾害减产粮食量**

| 年　份 | 合计(万 t) | 年平均(万 t) | 占实际粮食总产量的百分比(%) |
|---|---|---|---|
| 1950～1960 年 | 8436.93 | 766.99 | 4.53 |
| 1961～1970 年 | 9645.13 | 964.51 | 4.94 |
| 1971～1980 年 | 18956.42 | 1895.64 | 6.67 |
| 1981～1990 年 | 31091.95 | 3109.20 | 7.98 |
| 1991～2000 年 | 46545.98 | 4654.60 | 9.85 |
| 2001～2010 年 | 40938.91 | 4093.89 | 8.36 |
| 1950～2010 年总计 | 155615.34 | 2551.07 | 4.39 |

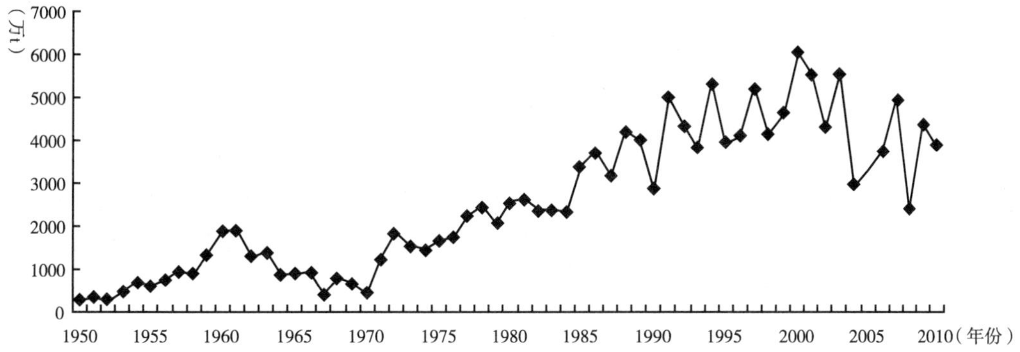


**图 2　中国 1950～2010 年水旱灾害减产粮食量变化**

## 3.3　水旱灾害减产粮食相当于丧失的耕地数量特点

根据计算结果可以看出（见表 5），中国水旱灾害减产粮食量相当于丧失的耕地数量具有以下两个显著特点。

### 3.3.1　因灾减产粮食量相当于丧失的耕地数量较大

由于中国水旱灾害的频率高、范围广、强度大，因此因灾减产粮食量很大。相应的，因灾减产粮食量相当于丧失的耕地数量亦很大。1950～2010 年全国水旱灾害减产粮食量相当于丧失的耕地总量达 42138.36 万 $hm^2$，年均水旱灾害减产粮食量相当于丧失的耕地量达 690.79 万 $hm^2$。按历年统计年报耕地数计算，这 61 年平均水旱灾害减产粮食量相当于丧失的耕地量占统计年报耕地数的 7.02%，这给中国的耕地利用增加了很大的压力。

### 3.3.2 水旱灾害减产粮食量相当于丧失的耕地量在时间变化上呈现逐渐增加之势，尤其是1980年以来增幅很大

由表5和表7可见，中国水旱灾害减产粮食量相当于丧失的耕地量具有日益增加的趋势和特点：1950~1960年的11年间，全国水旱灾害减产粮食量相当于丧失的耕地量为5381.16万$hm^2$，年均489.20万$hm^2$，占统计年报耕地数的4.56%；而1961~1970年的10年间，全国水旱灾害减产粮食量相当于丧失的耕地量增至5529.04万$hm^2$，年均552.90万$hm^2$，占统计年报耕地数的比例增至5.39%；1971~1980年，我国水旱灾害减产粮食量相当于丧失的耕地量达6623.78万$hm^2$，年均662.38万$hm^2$，占统计年报耕地数的6.64%；20世纪80年代的这10年（1981~1990年），全国水旱灾害减产粮食量相当于丧失的耕地量进一步增至7740.11万$hm^2$，年均774.01万$hm^2$，占统计年报耕地数的比例增至7.98%。而90年代的10年（1991~2000年），中国水旱灾害减产粮食量相当于丧失的耕地量又迅速增至9389.24万$hm^2$，年均938.92万$hm^2$，占统计年报耕地数的比例增至9.89%，这一比例约为50年代（1950~1960年）的2.2倍、60年代（1961~1970年）的1.8倍、70年代（1971~1980年）的1.5倍和80年代（1981~1990年）的1.2倍。21世纪的头10年（2001~2010年），全国水旱灾害减产粮食量相当于丧失的耕地量达7475.02万$hm^2$，年均747.50万$hm^2$，占统计年报耕地数的比例为8.51%，这一比例虽然稍低于90年代（1991~2000年），但却相当于50年代（1950~1960年）的1.9倍、60年代（1961~1970年）的1.6倍、70年代（1971~1980年）的1.3倍，也比80年代（1981~1990年）净增加0.53个百分点。这充分表明，1980年以来，中国水旱灾害已呈现日益严重化的趋势，因灾减产粮食量越来越大，对耕地利用的影响越来越突出，基于耕地资源的粮食安全压力越来越大。

**表7 中国各时期因灾减产粮食量相当于丧失的耕地数量**

| 年　份 | 合计（万$hm^2$） | 年平均（万$hm^2$） | 占统计年报耕地总面积的百分比（%） |
|---|---|---|---|
| 1950~1960年 | 5381.16 | 489.20 | 4.56 |
| 1961~1970年 | 5529.04 | 552.90 | 5.39 |
| 1971~1980年 | 6623.78 | 662.38 | 6.64 |
| 1981~1990年 | 7740.11 | 774.01 | 7.98 |
| 1991~2000年 | 9389.24 | 938.92 | 9.89 |
| 2001~2010年 | 7475.02 | 747.50 | 8.51 |
| 1950~2010年总计 | 42138.36 | 690.79 | 7.02 |

## 4 主要结论

本文在探索测算水旱灾害减产粮食量（总量和单项灾害减产粮食量）的思路和实用方法的基础上，具体测算了中国1950~2010年水旱灾害减产粮食总量和各单项灾害减产粮食量以

及水旱灾害减产粮食量相当于丧失的耕地量。结果表明：

（1）水旱灾害严重，因灾减产粮食量巨大。61 年来，全国 1/5 以上的农作物总播种面积均遭受过不同程度的水旱灾害。1950 ~ 2010 年全国水旱灾害减产粮食总量达 155615.34 万 t，年均达 2551.07 万 t，占年均实际粮食总产量的 7.71%。

（2）单项灾害中旱灾减产粮食较多，水灾次之。全国 1950 ~ 2010 年旱灾减产粮食量达 105557.32 万 t，占水旱灾害年均减产粮食总量的 67.83%；水灾减产粮食量达 50058.02 万 t，占水旱灾害年均减产粮食总量的 32.17%。

（3）因灾减产粮食量在时间变化上呈现逐渐增加之势，尤其是 1980 年以来增幅很大，1991 ~ 2000 年全国水旱灾害减产粮食总量达 46545.98 万 t，年均达 4654.60 万 t。

（4）全国 1950 ~ 2010 年水旱灾害减产粮食量相当于丧失的耕地总量达 42138.36 万 $hm^2$，年均为 690.79 万 $hm^2$，占统计年报耕地数的 7.02%，这给中国的耕地利用增加了很大的压力。

（5）水旱灾害减产粮食量相当于丧失的耕地量在时间变化上亦呈现逐渐增加之势，尤其是 1980 年以来增幅很大，1991 ~ 2000 年全国水旱灾害减产粮食量相当于丧失的耕地量达 9389.24 万 $hm^2$，年均为 938.92 万 $hm^2$。

致谢：云南财经大学国土资源与持续发展研究所张博胜硕士帮助绘制图件，特此表示感谢！

## 参考文献

［1］国家防汛抗旱总指挥部办公室、水利部南京水文水资源研究所：《中国水旱灾害》［M］，北京：中国水利水电出版社，1997，第 1 ~ 509 页。

［2］贺一梅：《中国 1952 ~ 2006 年因灾减产粮食量研究》［J］，《云南财贸学院学报》（社会科学版）2007 年第 22（6）期，第 109 ~ 113 页。

［3］李云辉、贺一梅、杨子生：《云南金沙江流域因灾减产粮食量分析》［J］，《山地学报》2002 年第 20（增刊）期，第 43 ~ 48 页。

［4］国家统计局：《中国统计年鉴（1996）》［M］，北京：中国统计出版社，1996，第 360 ~ 400 页。

［5］国家统计局：《中国统计年鉴（1997）》［M］，北京：中国统计出版社，1997，第 361 ~ 402 页。

［6］国家统计局：《中国统计年鉴（1998）》［M］，北京：中国统计出版社，1998，第 360 ~ 405 页。

［7］国家统计局：《中国统计年鉴（1999）》［M］，北京：中国统计出版社，1999，第 362 ~ 403 页。

［8］国家统计局：《中国统计年鉴（2000）》［M］，北京：中国统计出版社，2000，第 365 ~ 404 页。

［9］国家统计局：《中国统计年鉴（2001）》［M］，北京：中国统计出版社，2001，第 362 ~ 405 页。

［10］国家统计局：《中国统计年鉴（2002）》［M］，北京：中国统计出版社，2002，第 364 ~ 408 页。

［11］国家统计局：《中国统计年鉴（2003）》［M］，北京：中国统计出版社，2003，第 363 ~ 402 页。

［12］国家统计局：《中国统计年鉴（2004）》［M］，北京：中国统计出版社，2004，第 361 ~ 403 页。

［13］国家统计局：《中国统计年鉴（2005）》［M］，北京：中国统计出版社，2005，第 364 ~ 405 页。

［14］国家统计局：《中国统计年鉴（2006）》［M］，北京：中国统计出版社，2006，第 362 ~ 408 页。

［15］国家统计局：《中国统计年鉴（2007）》［M］，北京：中国统计出版社，2007，第 363 ~ 405 页。

［16］国家统计局：《中国统计年鉴（2008）》［M］，北京：中国统计出版社，2008，第 362 ~ 403 页。

［17］国家统计局：《中国统计年鉴（2009）》［M］，北京：中国统计出版社，2009，第 364 ~ 405 页。

[18] 国家统计局：《中国统计年鉴（2010）》[M]，北京：中国统计出版社，2010，第365～406页。
[19] 国家统计局：《中国统计年鉴（2011）》[M]，北京：中国统计出版社，2011，第360～402页。
[20] 国家统计局国民经济综合统计司：《新中国五十年统计资料汇编》，北京：中国统计出版社，1999，第31～35页。
[21] 国家防汛抗旱总指挥部、中华人民共和国水利部：《中国水旱灾害公报2006》[R]，北京：中国水利水电出版社，2007，第1～35页。
[22] 国家防汛抗旱总指挥部、中华人民共和国水利部：《中国水旱灾害公报2010》[R]，http://www.mwr.gov.cn，2011－10－13。

# Study on Grain Yield Reduction of China Due to Flood and Drought Disasters from 1950 to 2010

*Yang Zisheng*[1], *He Yimei*[2]

(1. Institute of Land & Resources and Sustainable Development, Yunnan University of Finance and Economics; 2. Tourism and Service & Trade School, Yunnan University of Finance and Economics)

**Abstract**: Grain yield reduction due to natural disasters is an important indicator for measuring the intensity of flood and drought disasters as well as an important factor affecting regional food safety. This paper has probed into the thinking mode and method for measuring the grain yield reduction due to flood and drought disasters, and actually calculated the total amount of grain yield reduction of China due to flood and drought disasters from 1950 to 2010, estimated the amount of the lost farmland which is equivalent to the grain yield reduction due to flood and drought disasters, and analyzed the characteristics of the grain yield reduction in China due to flood and drought disasters. The result revealed: ①During the last 61 years, over one fifth of the total sown areas of farm crops in China has suffered from flood and drought disasters to different extents. From 1950 to 2010, the grain yield reduction in the whole country due to flood and drought disasters amounted to 1556.1534 million tons, or 25.5107 million tons per year on average, accounting for 7.71% of the annual average actual total grain yield. ②Of the total grain yield reduction in the whole country due to flood and drought disasters from 1950 to 2010, the reduction due to drought amounted to 1055.5732 million tons, accounting for 67.83%, and that due to flood amounted to 500.5802 million tons, accounting for 32.17%. ③ The grain yield reduction due to disasters showed the tendency of gradual increase in time sequence. ④The grain yield reduction in the whole country due to flood and drought disasters from 1950 to 2010 was equivalent to the loss of a total of 421.3836 million $hm^2$ of farmland, or an annual average loss of 6.9079 million $hm^2$, accounting for 7.02% of the annually reported amount of farmland.

⑤The amount of the lost farmland equivalent to the grain yield reduction due to flood and drought disasters also showed the tendency of gradual increase in time sequence. This study has offered foundation for disaster-alleviation planning and for preventing and alleviating flood and drought disasters.

**Keywords**: Flood and drought disaster; Areas covered by disaster; Areas affected by disaster; Grain yield reduction due to natural disasters; China

# 基于GIS的嘉陵江沙坪坝段洪灾风险评价*

夏秀芳　徐　刚

（西南大学地理科学学院）

**摘　要**　本文将洪灾危险性作为其自然属性的体现，将承灾体单位面积上的价值作为其社会经济属性的体现，构建研究区洪灾风险评价模型，进行研究区不同重现期洪灾的风险评价。应用ArcGIS的空间分析功能，先分别对研究区不同重现期洪灾危险性和易损性进行评价，并得到各自相应的评价图；然后根据已构建的洪灾风险评价模型，在ArcGIS中对研究区洪灾危险性评价图和易损性评价图进行栅格计算，得出特定重现期洪水的风险值，根据拟定的分级原则，对风险值进行重分类，得到研究区不同重现期的洪灾风险图。

**关键词**　嘉陵江沙坪坝段；洪灾；危险性评价；易损性评价；风险评价

## 1　引言

在全球，不管是从发生频率、受灾人口数量，还是从造成的直接经济损失等指标来看，洪灾都是一种十分严重的自然灾害[1]。从自然灾害发生的时空强度和对人类生存与发展的威胁程度来看，洪灾居于所有自然灾害之首[2~4]。我国地处亚欧大陆东部、太平洋西岸，独特的地理位置加上季风气候的影响，使我国成为世界上洪灾发生最频繁、损失最严重的国家之一。

随着社会经济的迅速发展，洪灾带来的各种损失与日俱增。洪灾已严重威胁和制约着人类社会经济的可持续发展。近年来，人们在总结经济发展及与洪灾斗争的历史经验中提出了新的防洪减灾策略，即对洪灾进行管理，调整人类与洪水的关系，从“防御洪水”转向“洪水管理”[5]，因而非工程措施日益被摆在重要位置。洪灾风险评价作为洪水管理的重要工作之一，

* 第一作者简介：夏秀芳（1986～），女，甘肃陇西人，硕士生，研究方向为灾害学与区域可持续发展。E－mail：xiaxiufang68@163.com。

通信作者简介：徐刚（1959～），男，教授，主要从事地貌学、自然灾害研究。

受到了国内外众多学者的重视，成为目前洪灾研究中的热点问题。

嘉陵江为长江上游最大的支流，历年来洪灾频发，其下游的沙坪坝区是重庆市主城区和都市经济圈的重要组成部分，经济较发达，人口众多，建筑物、厂矿企业密集。对于这样的地段，一旦有洪灾发生，损失是惨重的。因此，本文基于 GIS 技术，开展嘉陵江沙坪坝段的洪灾风险评价，旨在为嘉陵江洪灾防治提供依据。

## 2 研究区概况

本文选取嘉陵江流域沙坪坝段高程在 165～250m 的区域作为研究范围，面积共53.39 $km^2$。此段地貌以丘陵为主，河谷较宽。气候属于亚热带季风性湿润气候，具有冬温夏热、降水充沛、四季分明的特点。嘉陵江从北碚童家溪镇流出进入沙平坝区井口镇，研究区嘉陵江右岸流经的地区依次是沙坪坝区的井口镇、詹家溪街道、磁器口街道、童家桥街道、沙坪坝街道、小龙坎街道、土湾街道，嘉陵江左岸流经的地区依次是渝北区的礼嘉镇和大竹林街道、江北区的石马河街道和大石坝街道。研究区河道长约 21 km，此段嘉陵江右岸接纳的较大支流主要有南溪口溪、詹家溪、凤凰溪、清水溪，嘉陵江左岸接纳的较大支流主要有廖家溪、白溪、盘溪河。

## 3 研究区洪灾风险评价方法与研究内容

本文主要采用野外考察法、GIS（地理信息系统）方法、定性与定量相结合的分析方法，对嘉陵江沙坪坝段的洪灾风险进行评价，以揭示研究区洪灾风险的分布情况。其基本内容主要包括：①建立所需的地理信息系统空间和属性数据库；②选取评价指标并构建评价模型；③研究区洪灾危险性评价；④研究区洪灾易损性评价；⑤研究区洪灾风险综合评价。

## 4 研究区洪灾危险性评价

### 4.1 研究区洪灾危险性评价指标

洪灾危险性的影响因素很多，但主要包括天气因素（降水、台风等）和下垫面因素（地貌、土地利用类型、河网、湖泊和水库分布等）。虽然理论上洪灾危险性评价的强度指标应包括淹没水深、洪峰流量、淹没历时、洪峰流速等，但考虑到洪灾对研究区造成的威胁与破坏主要是因为洪水的淹没深度，并且该区域洪水准确的流量、流速、历时等数据难以获取，故本文以淹没深度为强度指标对研究区洪灾危险性进行评价。根据重庆市水利局提供的主城区嘉陵江各断面不同频率洪水水位，选择研究区洪水断面上不同频率洪水水位值来模拟 5 种典型频率（1%、2%、5%、10%、20%）的洪水水面，并估算每种频率下可能淹没的范围及淹没深度。

### 4.2 数据来源与数据处理

本文根据研究区 1∶10000 地形图建立所需的 DEM 数据库，涉及的 1∶10000 地形图共有 5

幅，分别是同兴幅［H－48－81－（84）］、井口幅［H－48－93－（6）］、石子山幅［H－48－93－（16）］、沙坪坝幅［H－48－93－（24）］、重庆幅［H－48－94－（17）］。这些地形图均采用1954年北京坐标系和1956年黄海高程系，后者等高距均为5m。在ArcGIS 9.3中，将这些原始图件经过地理坐标配准、附加投影、分幅矢量化、图幅拼接、DEM的生成、数据裁切等步骤后得到所需的研究区DEM数据。

## 4.3 研究区洪水淹没分析

洪水淹没是一个很复杂的过程，受很多因素的影响，其中洪水特征与受淹区的地形地貌是主要影响因素[6]。洪水淹没是一个动态变化直至水位达到平衡的过程，机理是因为水源区和洪水淹没区之间有通道和存在水位差，才会产生淹没过程，洪水淹没的最终结果应该是水位达到平衡的状态，这时的淹没区才是最终的淹没区。

采用水动力学的洪水演进模型可模拟这一洪水淹没过程，即能模拟出不同时间洪水的淹没范围、持续时间与淹没深度等，并得到了较为理想的结果。但由于该模型建模过程相对复杂，耗时较长，故在实际应用中存在不足。例如遭遇洪灾时，决策支持系统能够快速确定洪灾可能影响的范围，而采用水动力学的洪水演进模型则需要更多时间，这显然对决策者是不实用的。基于GIS的洪水淹没分析，可以解决洪水最终淹没范围与水深分布的问题，此方法因简便、快速而得到了广泛的应用。GIS方法需要地面数字高程模型的支持，水面高程与地面高程相减即为淹没水深，见下式：

$$D = E_w - E_g \ (E_w > E_g) \tag{1}$$

其中$D$为洪水淹没深度（$m$）；$E_w$为水面高程（$m$）；$E_g$为地面高程（$m$）。

研究区的洪水主要是过境洪水，多是嘉陵江上游暴雨造成下游河道水位上涨。这种情形下的洪水淹没与滩地型洪水淹没相类似，故本文采用滩地型淹没区的研究方法来获取研究区不同频率洪水最终造成的淹没范围与淹没水深。所谓滩地型淹没区是河水泛滥溢出河道，淹没平水位以外的滩地、低洼地所形成的淹没区[7]。这种情况下，河道中水体和泛滥洪水混为一体。尽管整个水体形态有很大变化，但河水若仍按主流方向流动，则水位主要沿水流方向变化。在忽略河水侧向运动的情况下，可以近似地认为水面高程仅沿主流方向变化，垂直于主流方向，其变化很小甚至无变化[7,8]。故可以将河流主流线作为表面插值的方向控制，采用最邻近分析和插值方法获取主流线水面高程与横断面线。然后根据横断面线所控制的方向与水面高程采样进行插值，得到水面高程表面，再与DEM复合获取淹没水深[7]。具体计算过程从略。

本文研究区范围相对较大，再加上地形的影响，使得河流纵比降较大，所以此段的洪水水面不能近似为水平面来处理，而应该将洪水水面近似为倾斜的平面来处理。故按照本研究得出的流程来获取不同频率洪水的淹没范围并计算淹没水深是一种较合理的选择。

运用上述洪水淹没分析方法与淹没水深计算原理，根据重庆市水利局提供的研究区嘉陵江各断面设计频率水位值，进行不同重现期洪水水面模拟。在ArcGIS 9.3中分别模拟出不同重现期的洪水水面，用得到的洪水水面图层减去研究区的DEM图层，得到相应重现期洪水的淹没范围和淹没水深，再对图层进行修饰与处理，最后输出研究区不同重现期的洪水淹没深度图（略）。

### 4.4 研究区洪灾危险性评价结果

对研究区洪灾危险性进行评价时，参考刘希林等[9,10]在进行泥石流危险性评价时运用的转换函数赋值法，利用函数求出不同淹没深度下的危险度（危险度值在0~1）。采用如下公式：

$$H = a \cdot \lg D \tag{2}$$

式中，$H$ 为危险度；$a$ 为系数；$D$ 为洪水淹没深度。

对于某一重现期的洪水，$a$ 值是一个常数。$a$ 值的确定：洪水淹没深度越大，危险度就越大。对于特定重现期的洪水，通过上面的水深计算公式可求出最大淹没深度，在最大淹没深度下洪灾的危险度最高，其值为1，代入（2）式便可得出 $a$ 值计算公式如下：

$$a = 1 \div \lg D \tag{3}$$

根据不同重现期洪水的最大淹没深度，利用公式（3）得出不同重现期洪水的 $a$ 值：

（1）5年一遇洪水，$a = 0.72$；

（2）10年一遇洪水，$a = 0.70$；

（3）20年一遇洪水，$a = 0.68$；

（4）50年一遇洪水，$a = 0.67$；

（5）100年一遇洪水，$a = 0.66$。

根据已确定的 $a$ 值，得到不同重现期洪灾的危险度计算公式：

（1）5年一遇洪水，$H = 0.72 \cdot \lg D$；

（2）10年一遇洪水，$H = 0.70 \cdot \lg D$；

（3）20年一遇洪水，$H = 0.68 \cdot \lg D$；

（4）50年一遇洪水，$H = 0.67 \cdot \lg D$；

（5）100年一遇洪水，$H = 0.66 \cdot \lg D$。

根据研究区不同重现期洪水的淹没深度，利用上面的公式计算出不同重现期洪灾的危险度，以危险度为依据，根据拟定的分级原则，进行洪灾危险性分级，并赋予相应的属性值（见表1），从而获得研究区不同重现期洪灾危险性评价图（略）。

**表1 研究区洪灾危险性评价等级**

| 危险性级别 | 低危险性 | 较低危险性 | 较高危险性 | 高危险性 |
|---|---|---|---|---|
| 危险度 | 0.00~0.25 | 0.25~0.50 | 0.50~0.75 | 0.75~1.00 |
| 属性值 | 1 | 2 | 3 | 4 |

## 5 研究区洪灾易损性评价

### 5.1 研究区洪灾易损性评价指标

洪灾易损性分析就是研究建立不同种类承灾体易损性与其主要影响因子之间的关系，揭示不同种类承灾体抵御洪水的能力。区域易损性评价主要包括承灾体属性特征和社会承灾能力两方面的内容，前者与承灾体类型有关，较为具体，包括物质易损性、经济易损性、环境易损性及社会易损性；后者与防灾标准、救灾决策等有关，相对抽象，难以量化，如抗灾能力。如何根据研究区实际情况，选择既能代表易损性的主要内容，又能反映研究区特征的评价指标体系，并且使其易于定量化，是使研究区洪灾易损性评价具有科学性、合理性和可操作性的关键。

为了概括研究区易损性的空间分布与大小，本文在承灾体属性特征分析方面，采用承灾体物质价值核算法，即以单位面积上承灾体的实际货币价值量近似代表承灾体的易损性[10]。很明显，一个地区固定资产价值越大，遭受自然灾害时该地区总的物质损失就越大，即易损性就越大[11]。对于研究区易损性的社会承灾能力，理论上应从区域防洪减灾的工程措施与非工程措施两方面作定性分析，但考虑到这些工程措施和非工程措施的有效度难以度量，故本文不作研究。本文在假设影响研究区洪灾风险的其他因素均相同，单位面积上价值大的承灾体，其荷载的洪灾易损性也大这一前提下，主要对研究区的农业用地、建筑物和道路进行易损性的定量评价。

## 5.2 数据来源与数据处理

目前，用谷歌地图下载器 V4.2 软件可下载 4～20 级的卫星图像，级别越高图像越清晰。高级别的卫星图像能够迅速对研究区居民住宅、公共基础设施、水域、农业用地、工业用地、公共用地等用地类型进行准确统计，为统计不同类型承灾体数量提供了高效的手段，为构建相应的 GIS 属性数据库提供了方便。本文以在谷歌地图下载器 V4.2 中下载的 18 级的研究区 2009 年卫星图像为数据源，进行研究区承灾体类型解译。

参考现行的土地利用分类方案和城市建设用地分类方案，针对研究区土地利用的主要类型，并结合研究区地物类型特征，重点选取耕地（水田和旱地）、园地、林地、城镇住宅用地（低层住宅用地和高层住宅用地）、农村居民点、工业用地、商服用地（批发零售用地、住宿餐饮用地）、公共用地（机关团体用地、科教用地、医卫慈善用地、文体娱乐用地、公园、风景名胜设施用地）、绿化用地、交通用地（铁路和公路用地）、水域（嘉陵江和坑塘水面）、未利用土地（荒地）等共 7 大类 14 小类土地利用类型进行卫星地图的目视解译。具体解译时参照研究区地形图中的地物标注，并以卫星图像中的颜色、形状、大小、阴影、位置、纹理等要素作为判读标志，结合目判与实地调查，提取研究区的承灾体类型、数量与空间分布信息，最终得到满足需求的 GIS 空间数据。

## 5.3 研究区洪灾易损性评价结果

对研究区洪灾易损性进行评价时，参考刘希林等[9,10]在进行泥石流易损性评价时运用的转换函数赋值法，利用函数求出研究区不同承灾体的易损度（其值在 0～1）。采用如下公式：

$$V = a \cdot \lg A \tag{4}$$

其中 $V$ 为易损度；$a$ 为系数；$A$ 为不同承灾体单位面积上的价值。研究区各种用地类型平面面积上的单价主要是根据沙坪坝城管局提供的数据确定的。对研究区的楼房，在计算单位面积上的价值时还考虑了平均楼层数。多层楼房单价的计算方法如下：

$$承灾体平均单价 = 建筑面积单价 \times 平均楼层数 \quad (5)$$

建筑面积单价与平面面积上的单价一致；根据研究区的实际情况，本文将涉及的多层楼房平均层数定为：城镇住宅用地十层、农村居民点两层、工业用地四层、商服用地十层、公共用地六层。研究区的交通用地（铁路和公路），其单价是根据研究区道路的宽度和造价确定的，铁路平均宽度是20m，造价为50000元/m；公路平均宽度是30m，造价为30000元/m。

$a$ 值的确定：承灾体单位面积上的价值越大，易损度就越高。我们认为对单位面积上价值最大的承灾体而言，易损度最高，其值为1，据此可计算出 $a$ 值。在研究区的14种承灾体中，商服用地单位面积上的价值最大，代入 $A$ 值可得出 $a$ 值：

$$a = 0.22$$

这样，易损度计算公式可确定为：

$$V = 0.22 \cdot \lg A \quad (6)$$

根据式（6），计算出研究区不同承灾体的易损度。分别以研究区遭遇5年一遇、10年一遇、20年一遇、50年一遇、100年一遇洪水的淹没范围为界，对不同重现期洪水淹没范围内的承灾体以易损度为依据，进行洪灾易损性分级，并赋予相应的属性值（见表2），得出研究区不同重现期洪灾易损性评价图（略）。

**表2　研究区洪灾易损性评价等级**

| 易损性级别 | 低易损性 | 较低易损性 | 较高易损性 | 高易损性 |
|---|---|---|---|---|
| 易损度 | 0.00～0.25 | 0.25～0.50 | 0.50～0.75 | 0.75～1.00 |
| 属性值 | 1 | 2 | 3 | 4 |

# 6　研究区洪灾风险综合评价

## 6.1　研究区洪灾风险评价模型与风险分级

灾害风险评价中的风险，包括三方面的含义，即灾害造成的损失、不利事件发生的概率及其可能产生的后果。联合国将风险定义为危险性与易损性的乘积，这一定义较全面地反映了风险的本质特征，并已得到国内外众多学者与国际组织机构的认可[12]。

洪灾风险评价中，前提是危险度评价，基础是易损度评价，结果则是风险评价。洪灾风险既具有自然属性又具有社会属性，其自然属性主要通过洪灾的危险性评价来反映，社会属性则主要通过洪灾的易损性评价来反映，洪灾危险性和社会经济易损性的综合才是洪灾风险。本文对研究区洪灾风险进行评价时采用以下模型：

$$R = H \cdot V \quad (7)$$

其中 $R$ 是风险度；$H$ 是危险度；$V$ 是易损度。

运用 ArcGIS 中的栅格计算器，采用上述评价模型，对研究区遭遇不同重现期洪水时对应的危险性和易损性进行栅格计算，得到研究区不同重现期洪灾风险评价值，再对其进行风险分级（见表3），得到研究区不同重现期洪灾风险评价图（略）。

表3　研究区洪灾风险评价等级

| 风险级别 | 低风险 | 较低风险 | 较高风险 | 高风险 |
|---|---|---|---|---|
| 风险值 | 0～1 | 1～4 | 4～9 | 9～16 |
| 属性值 | 1 | 2 | 3 | 4 |

### 6.2　结果验证

为了进一步检验嘉陵江沙坪坝段洪灾风险评价结果的准确性，我们进行了实地验证，结果表明，研究区实际的风险区分布与本文得出的风险分区图基本是吻合的。因此，我们认为本文研究得出的嘉陵江沙坪坝段洪灾风险分区图符合该地区的实际情况，反映出该地区在遭遇不同重现期洪灾时风险的分布状况，可为该地区的洪灾风险管理和风险决策提供科学的依据。

## 7　结论

（1）研究区不同重现期洪灾危险性评价结果表明，随着洪水重现期的增长，研究区受洪水威胁的范围在不断地扩大；但研究区无论遭遇何种重现期的洪灾，危险性分布都具有以下的规律：离嘉陵江河道越近的地方，遭遇洪水袭击的可能性就越大，洪水的冲击力也越强，所以洪灾的危险性就越高。高危险性区域主要是沿嘉陵江河道的区域，较高危险性区域主要是靠近嘉陵江沿岸地势低洼的区域。

（2）研究区不同重现期洪灾易损性评价结果表明，研究区在不同重现期洪水淹没模拟情景下，易损性大小具有如下规律：易损性低的是嘉陵江和荒地；易损性较低的是耕地、园地、林地和坑塘水面；易损性较高的是绿化用地、农村居民点和公路；易损性高的是城镇住宅用地、工业用地、商服用地、公共用地和铁路。

（3）研究区不同重现期洪灾风险评价结果表明，从 5 年一遇洪水到 100 年一遇洪水，洪水风险区的总面积逐渐增大。较高风险区、高风险区的面积逐渐增大；较低风险区面积也呈现增加的趋势；低风险区的面积基本保持不变。

## 参考文献

[1] The International Federation of Red Cross and Red Crescent Societies, *World Disaster Report 2002* [EB/OL], http: / / www. ifrc . org/Publi - cat / Wdr2002.

[2] 王劲峰:《中国自然灾害影响评价方法研究》[M], 北京: 中国科学技术出版社, 1993, 第 38～57 页。

[3] 周成虎：《洪水灾害评价信息系统研究》[M]，北京：中国科学技术出版社，1993，第1~32页。
[4] 贺军、谈为雄：《基于GIS的水电规划决策支持系统框架设计》[J]，《河海大学学报》（自然科学版）2000年第28（2）期，第75~80页。
[5] 程晓陶：《中国防洪形势的演变与治水方略的调整》[J]，《水利发展研究》2002年第2（12）期，第2~6页。
[6] 丁志雄、李纪人、李琳等：《基于GIS格网模型的洪水淹没分析方法》[J]，《水利学报》2004年第6期，第56~60页。
[7] 陈德清、杨存建、黄诗峰：《应用GIS方法反演洪水最大淹没水深的空间分布研究》[J]，《灾害学》2002年第17（2）期，第1~5页。
[8] 万庆：《洪水灾害系统分析与评估》[M]，北京：科学出版社，1999，第1~162页。
[9] 唐川、张军、周春花等：《城市泥石流易损性评价》[J]，《灾害学》2005年第20（2）期，第11~16页。
[10] 刘希林、王小丹：《云南省泥石流风险区划》[J]《水土保持学报》2000年第14（3）期，第104~107页。
[11] 刘希林、莫多闻、王小丹：《区域泥石流易损性评价》[J]，《中国地质灾害与防治学报》2001年第12（2）期，第7~11页。
[12] 朱静：《城市山洪灾害风险评价——以云南省文山县城为例》[J]，《地理研究》2010年第29（4）期，第654~662页。

# Flood Risk Assessment in the Shapingba Reach of the Jialing River based on GIS

*Xia Xiufang, Xu Gang*

(School of Geographical Sciences, Southwest University)

**Abstract:** This paper regards the breakage of flood as the embodiment of its natural attributes, and the value in per unit area of the hazard-bearing object as the embodiment of its socio-economic attributes. Based on this, we has build a flood hazard evaluation model in the research districts, and assessed the hazard in various epochs when the flood reappears in the pertinent districts. At the very beginning, based on the spatial analysis functions of ArcGIS, we assessed hazard and vulnerability in different epochs when the flood reappears in the related districts, and got relevant assessment chart. And then, we worked out the risk value of specific epoch based on the grid computing of vulnerability assessment chart and hazard assessment chart with the ArcGIS, according to the constructed flood risk assessment model. In the end of the study, we classified the risk value again and traced out the flood risk zoning chart in variously reappearing epochs in the associated areas on the basis of proposed principles of classification.

**Keywords:** The Shapingba Reach of the Jialing River; Flood disaster; Hazard assessment; Vulnerability assessment; Risk evaluation

# D:
# 水资源评价与利用研究

**【专题述评】** 云南水资源总量丰富，但多水与缺水一直困扰着云南的社会、经济发展。为此，本专题的论文着重探讨了针对云南水资源及其利用特征的水资源丰缺程度评价方法、水资源丰缺程度的空间差异及各地区水资源短缺的成因，对水资源利用程度、缺水原因及其空间差异进行了探讨，并从工程技术、土壤水文、减灾、水管理制度等方面提出了综合利用和治理云南水资源的思路与措施。不同评价方法下的评价结果都表明滇中地区资源性缺水严重，已接近利用上限，周边地区水资源丰沛，工程性缺水突出，工程性缺水和管理性缺水在全省都较普遍。从适应气候变化的角度看，近期缓解云南水资源短缺的主要方法应是雨水充分资源化、蓄引提调工程系统水资源配置、水电站水资源综合利用、城市非常规水源利用、发展节水技术及调整农业结构，重建水管理制度；从长远来看，首次提出“土壤水库”蓄水能力建设和应对水资源短缺的社会适应能力建设才是应对水资源短缺及干旱的关键。

云南财经大学国土资源与持续发展研究所教授

童绍玉

# 云南省水资源综合调控对策措施*

黄 英　王 杰　段琪彩　刘杨梅

（云南省水利水电科学研究院）

**摘　要**　云南省水资源总量较为丰富，但人均水资源量分布差异较大，水、土资源匹配极不均衡，水资源分布与经济发展需求极不相称。本文在分析2009年云南六大流域以及各州市水资源利用现状的基础上，论述了云南水资源综合调控的必要性和水资源综合调控的对策。结果表明，2009年云南省水资源开发利用率、单位GDP用水量、人均用水量、工业万元增加值取水量、城镇居民生活用水定额、农村居民生活用水定额与全国平均水平相比还有一定差距；面对云南水资源开发利用现状，以及受极端气候事件的影响，本文提出了要加强蓄引提调工程系统水资源配置、水电站水资源综合利用和城市非常规水源利用的水资源综合调控对策，从而为云南经济社会的发展提供基本保障。

**关键词**　水资源调控；对策措施；云南省

## 1 引言

水是生命之源。水资源是基础性的自然资源和战略性的经济资源。预计到2025年，全球有40个国家和地区的30亿人口缺水。水资源问题成为21世纪全球资源环境的首要问题[1]。中国水资源安全形势严峻，水资源供需矛盾突出，导致区域生态环境严重恶化，水资源短缺已成为制约国家经济可持续发展和社会长治久安的重大瓶颈之一。中国目前有近7亿人得不到安全饮用水，日趋增加的对水的需求正使水资源承受巨大的压力。数以百计的城市希望通过流域

---

* 基金项目：云南省政府决策咨询项目；水利部公益性行业专项经费项目（201001058）。

第一作者简介：黄英（1959～），女，云南普洱人，院长，主要从事水文水资源方面研究。E-mail：swhhyy@126.com。通信地址：昆明市西山区新闻路下段伍家堆云南省水利水电科学研究院。

内或流域间的水资源调控来满足用水需求[2]。尽管从水资源总量来说，云南是水资源较为丰富的省份，但人均水资源量分布差异较大，水、土资源匹配极不均衡，水资源分布与经济发展需求极不相称。同时由于山区河谷深切，开发利用困难；坝区水资源贫乏而需水量大；城镇用水供需矛盾突出，水短缺及污染严重；岩溶地区分布较广，地表水严重不足。云南水资源条件的诸多特点与由此派生出的矛盾和问题是制约云南省经济社会发展的重要因素[3]，因此研究云南水资源调控显得十分必要。本文在分析云南省水资源利用现状的基础上，阐述了云南省水资源综合调控的对策。

## 2 云南省自然概况

云南省面积为39.46万$km^2$，分属青藏高原和云贵高原。地形以元江谷地和云岭山脉南段宽谷为界，分为东西两大地形区。全省盆地、河谷、丘陵、低山、中山、高山、高原相间分布，其中山地占84%，高原、丘陵约占10%，坝子（盆地、河谷）仅占6%[4]。

除金沙江河谷和元江河谷外，全省多年平均气温在5～24℃，南北气温相差达19℃。各地年温差小，日温差大，无霜期较长。全省多年平均降雨量为1278.8mm，时空分布不均。地区分布规律为西部最大，南部次之，东部较少，中部和北部最少；降雨年际变化不大，但年内分配不均，主要集中在汛期，一般可占全年雨量的80%以上[5,6]。

全省地表径流主要由降水产生，西部少数地区初春有融雪补给，多年平均地表水资源量为2210亿$m^3$，约占全国的1/13。全省多年平均径流深为576.7mm，多年平均产水模数为57.7万$m^3/km^2\cdot a$。总体来说自西向东排列着西部多水带、中部少水带、南部多水带、东部中水带、东北部多水带[7]。

## 3 云南省水资源开发利用现状分析

### 3.1 云南省六大流域水资源开发利用现状

2009年各流域水资源开发利用情况表明（见图1），澜沧江流域水资源总量最大，而珠江流域水资源总量最小。就人均水资源量来看，伊洛瓦底江流域最大，人均水资源量达14180$m^3$；而珠江流域人均水资源量最小，为2148$m^3$。各流域水资源开发率表明，珠江流域水资源开发利用率最高，为15.05%；长江流域次之，为11.46%；其余依次为澜沧江流域、红河流域、伊洛瓦底江流域、怒江流域。各流域供水量表明，长江流域最大，伊洛瓦底江流域最小。

各流域中，澜沧江、怒江、伊洛瓦底江流域人均用水量指标在372～542$m^3$/人，主要是这些流域是省内降水量的高值区，水资源丰富，人少地多，经济和技术水平较低，用水粗放，以至于人均用水量指标处于全省较高的水平。长江流域、珠江流域人均用水量分别为292$m^3$/人、323$m^3$/人，主要是这两个流域经济较发达，农业生产条件相对较好，水利设施较齐备，供水量大，水利化程度高，用水水平相对也较高，其人均用水量指标略低于全省平均水平。

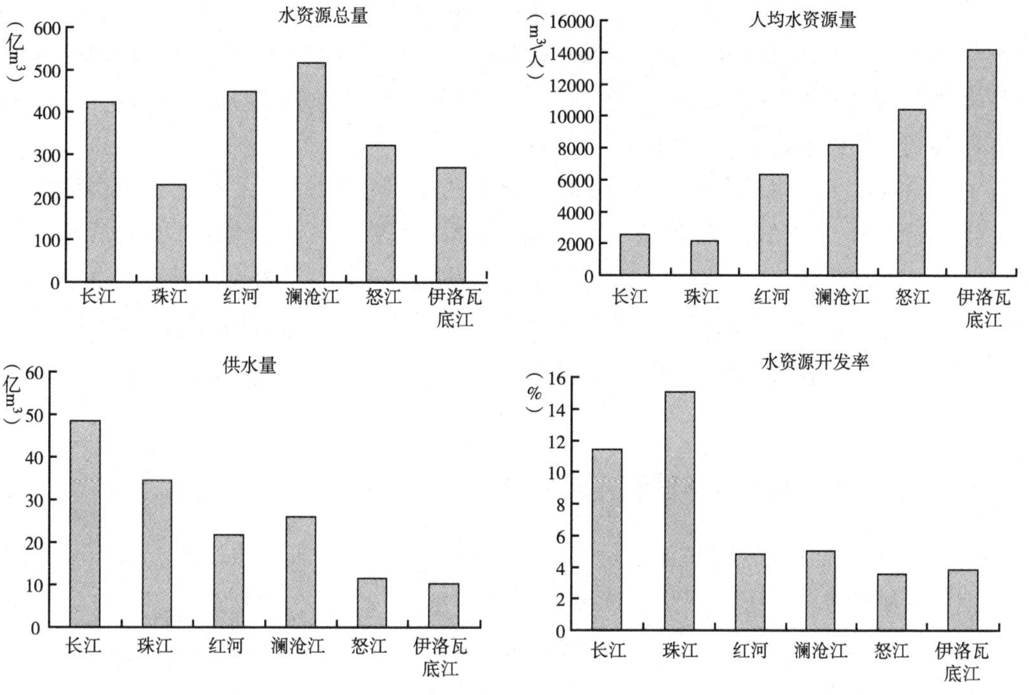


**图 1　云南省 2009 年六大流域水资源开发利用情况**

各流域农田灌溉综合定额以伊洛瓦底江的独龙江的 10119.94$m^3/hm^2$ 为最大（见图 2）。一方面该区域大多属光、热、水、土资源丰富地区，种植业以水稻和甘蔗等高用水作物为主，是主要的产粮基地和甘蔗基地。另一方面，该地区水利投入少，灌水粗放，节水水平低。长江和珠江较为接近，低于全省平均水平，两流域水资源较贫乏，供用水紧张，节水意识强，节水措施力度大，大部分地区为云南省经济发达的高原盆地，渠道衬砌率高，用水定额小。

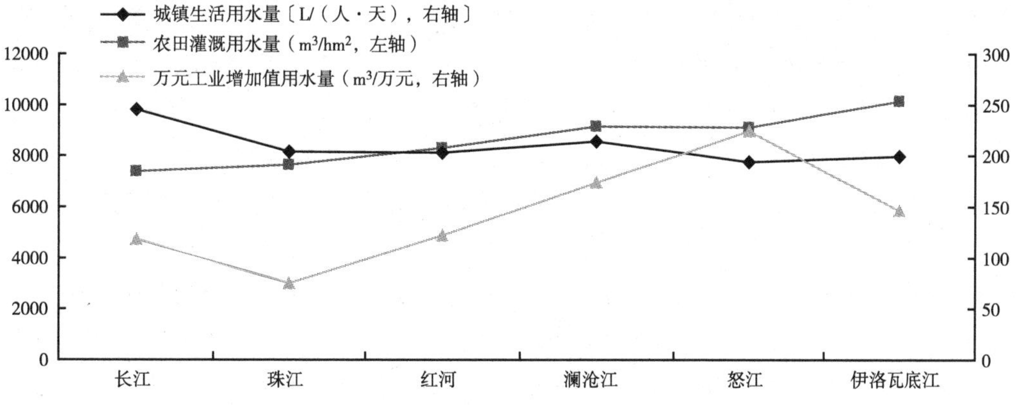


**图 2　云南省各流域 2009 年农业、工业、城镇生活用水指标**

注：万元工业增加值用水量为扣除水电工业增加值后的用水量，为当年价。

万元工业增加值用水定额从大到小依次是怒江、澜沧江、伊洛瓦底江、红河、长江、珠江。怒江、澜沧江、伊洛瓦底江水资源条件丰富，这些流域是省内工业发展水平落后地区，节水水平低，用水粗放，工业结构较单一，以高用水的榨糖业、水泥制造业、造纸业为主，故用水定额较高。珠江流域是云南省经济最发达的地区，工业门类齐全，以烟草加工业、采掘业、机械制造业、石化为主，特别是低用水、高产出的烟草加工业发达，玉溪卷烟厂、曲靖卷烟厂、红河卷烟厂都位于流域内，因此，用水定额较低。

各流域的城镇生活用水定额从大到小依次是长江、澜沧江、珠江、红河、伊洛瓦底江、怒江。这主要是因为，一方面长江和澜沧江流域内分布着云南省主要的大中城市和旅游城市，如昆明市、楚雄市、景洪市、大理市，城市发达，生活水平高，公共设施配套好，第三产业较发达，公共用水量大；另一方面，两大流域大部分地区气候炎热，居民用水定额相对于其他地方更大，所以用水定额较高。怒江流域是经济欠发达的地区，生活水平低，城镇化率低，仅为21.1%。

## 3.2 云南省各州市水资源开发利用现状

2009年云南省各州市水资源开发利用现状表明，昆明市、玉溪市、楚雄州、大理州、曲靖市等滇中主要经济区水资源开发程度较高，其值介于12.64%~30.97%，其中昆明为全省最高，开发利用率为30.97%；而怒江州水资源开发程度最低，开发利用率仅为0.74%，全省水资源开发利用率为6.9%。

2009年各州（市）人均用水量指标在450 $m^3$/人以上的州（市）有丽江市、德宏州、西双版纳州、迪庆州，这些地区水资源总量丰富，但人少地多，经济和技术水平较低，用水粗放，故人均用水量指标处于全省较高的水平。人均用水量指标在300~450 $m^3$/人的州（市）有昆明市、玉溪市、保山市、普洱市、临沧市、楚雄州、红河州、大理州、怒江州。人均用水量指标在300$m^3$/人以下的州（市）有曲靖市、昭通市、文山州。特别是昭通市地处滇东北地区，农业以山区旱作物种植为主，经济落后，水利基础设施极其薄弱，供水量少，同时人口密度大，故人均用水量指标处于全省较低的水平。

2009年各州市城镇生活用水表明，全省城镇生活用水定额在全省平均水平以上的有昆明市、玉溪市、西双版纳州，昆明市是全省的政治、经济、文化中心，属特大型城市，生活水平高，行政事业单位多，公共设施配套较完善，城镇绿化率高，第三产业发达，无论是居民用水还是公共用水均高于省内其他地区，其城镇生活用水定额在全省最高。西双版纳州旅游业发达，气候炎热，用水定额也较高。玉溪市是云南省经济发达地区，生活水平高，公共设施配置好、第三产业较发达，用水定额也相对较高。城镇生活用水定额在190~220L/（人·天）的州（市）有曲靖市、保山市、丽江市、临沧市、楚雄州、红河州、文山州、大理州、德宏州，其中红河州、楚雄州、曲靖市经济发展水平较高，城镇化率在31%~35%，节水水平较高，而丽江市、大理州、德宏州旅游业发达，外来人口多，公共用水量大，气候温热，城镇生活用水定额处于云南省中等水平。城镇生活用水定额在190L/（人·天）以下州（市）有昭通市、怒江州、迪庆州，这些州（市）为经济发展欠发达地区，生活水平低，城镇公共设施配套差，气候温凉，城镇生活用水定额处于云南省较低水平。

2009年农村居民用水表明，全省农村居民用水定额在50~70L/（人·天），平均为61 L/（人·天），其中经济发达的滇中地区较高，在65~68L/（人·天）；而经济欠发达的其余各州（市）在50～65L/（人·天）。

2009年各州（市）中，万元工业增加值用水定额在150$m^3$/万元以上的州（市）有保山市、昭通市、丽江市、普洱市、临沧市、西双版纳州、怒江州、迪庆州，这几个州（市）水资源丰富，节水水平低，工业结构单一，以高用水的榨糖业、水泥制造业、造纸业为主，工业产品附加值低，为工业用水量定额的高值区。位于滇中地区的昆明市、曲靖市、玉溪市、楚雄州、红河州、大理州，经济比较发达，工业用水定额在44～139$m^3$/万元，滇中地区集中了全省主要的卷烟、钢铁、纺织、石化、机械、电子、磷化工等行业的大中型工业企业，是省内经济发达地区，同时也是水资源紧缺地区，节水水平较省内其他州（市）高，低用水、高产出的烟草加工业绝大部分位于滇中地区，机械、电子及其他高新技术产业也主要位于该区，因此，用水定额处于全省较低的水平。

2009年各州（市）中，农田灌溉综合定额在8995.5$m^3/hm^2$以上的有普洱市、临沧市、西双版纳州、德宏州4个州（市），由于该区水资源丰富，种植业以水稻和甘蔗为主，又位于滇西南的热带、亚热带地区，节水水平低，是全省农田灌溉用水量的定额高值区；农田灌溉用水定额在8205～9000$m^3/hm^2$的州（市）有玉溪市、保山市、楚雄州、大理州、怒江州、迪庆州，处于云南省中等水平；农田灌溉用水定额低于全省平均水平8200.9 $m^3/hm^2$的州（市）有昆明市、曲靖市、昭通市、红河州、文山州，包含农业经济发达和贫困两种极端情况。昆明市、曲靖市、大理州、红河州为全省农村经济最发达的地区，用水水平高，有一定的节水意识；而昭通市、丽江市、文山州则属于全省主要贫困区域，水利设施薄弱，为贫困性的用水水平低的地区。

总之，2009年，与全国用水水平相比，云南省人均用水量为334 $m^3$/人，只是全国平均水平的75%；云南省工业万元增加值用水定额为117$m^3$/万元，略高于全国平均水平的103$m^3$/万元，但这并非说明云南省工业用水水平已达到全国平均水平。从云南省的工业产业结构来看，烟草工业增加产值占了全省工业增加值的36.2%，而烟草工业的万元增加值用水量却很小，仅为2～4$m^3$/万元，总用水量约为0.1亿$m^3$，仅占全省工业用水总量的0.5%。烟草工业取水量很少而占工业增加值的比重却很大，使得云南省万元工业增加值用水量较低。在一定程度上影响了云南省与全国工业用水水平的可比性。和邻近省（自治区、直辖市）相比，云南省全部工业万元增加值用水定额与四川省相近，低于广西和贵州。云南省城镇生活人均综合用水量为221 L/人·天，比全国平均水平212L/人·天略高，与国内发达地区相比，仅为上海市的60%，广州的43%。从城镇居民生活用水指标来看，全省平均水平为123L/人·天，低于同期全国平均水平138L/人·天，且低于规范用水标准。云南省农田灌溉实际用水定额为8205$m^3/hm^2$，高于全国6465$m^3/hm^2$的水平，一方面反映出云南省农业节水水平低，另一方面反映出云南省降雨年内分布极不均匀，有效降雨利用少，农田灌溉对水利工程的依赖程度高。

## 4 云南水资源综合调控的必要性

云南省国民经济发展不平衡，整体经济条件落后，水利建设相对滞后且落后于经济发展的速度，全省水源工程基础设施薄弱，水资源开发利用率不高，可供水量小，工程性缺水依然是主要问题，用水水平低。随着经济社会的高速发展，以及工业化和城镇化的推进，全省的城镇生活和工业用水增长使城市水资源供需矛盾日益突出。水资源已成为制约经济发展的主要瓶颈。滇中地区是云南省的核心区域，但经济社会布局与水土资源分布极度不匹配，区内国土面积约占全省的24.1%，人口占全省总人口的2/5，国内生产总值占全省的2/3以上，但区域水资源只占全省总量的12.5%，人均水资源量仅为700$m^3$左右，80%的城镇存在缺水问题。其中滇池流域人均水资源量低于300$m^3$，处于极度缺水状态，而平均水资源利用程度已达47%。资源性缺水已成为制约区域经济社会可持续发展的主要瓶颈之一。因此，进行合理的水资源综合调控是保障经济社会可持续发展的必要条件。

另外，自2009年以来，云南连续3年干旱，总体表现出降水少、蓄水少、损失严重的特征，3年连旱对云南省经济社会发展造成了严重影响。2009～2012年3月累计造成全省16个州市2144万人、1215万头大牲畜饮水困难；作物受灾面积达423.73万$hm^2$，粮食因旱损失557万t。2010年5月旱情最重时有736条中小河流断流，520座小型水库和7380个小坝塘干涸。全省河道平均来水量较常年整体偏少4成，水电发电量急剧下降，工业企业生产经营受到影响。全省因灾直接损失达252亿元。为此进行水资源综合调控是适应极端气候事件的必要举措。

## 5 云南水资源综合调控的目标

云南水资源的综合调控要紧紧围绕西部大开发、中国面向西南开放重要“桥头堡”建设、兴边富民战略和滇中城市群发展对水利的要求，针对流域和区域水利发展现状和特点，合理布局，因地制宜，突出重点，加大重点领域、重点地区和薄弱环节的建设力度，强化水利管理，推进水利改革创新，建立水资源安全保障体系，全面提升水利保障能力，2020年基本建成云南省水资源合理配置和高效利用体系，形成与国家经济社会发展相适应的水利发展格局，促进区域协调发展，为经济社会又好又快发展提供有力支撑。

## 6 云南水资源综合调控对策措施

一方面云南经济社会在不断发展，另一方面受近年来持续干旱气候事件的影响，再加上人为活动加剧等作用，水资源系统的结构发生改变，水资源的数量减少，水的质量降低，由此引发的水资源供给、需求、管理发生了变化，旱、涝等自然灾害的发生程度也发生了变化。本节内容主要从工程措施和保障措施两方面对云南水资源综合调控进行探讨，由于云南地下水埋藏较深，只有在极端事件和突发性事件下才作为调控的备用水源，因此不再论述。

### 6.1 蓄引提调工程系统水资源配置

特殊的地形条件使云南省少有兴建大型水库的水源和地形条件（大江干流水电项目除外）；而小型蓄水工程的调节能力有限，抵御自然灾害的能力低；中型水库就成为适合云南省情的骨干水利工程，也一直是云南省水利建设的重点。在地域上，目前经济社会发达的地区基本上是云南省的缺水地区，区内水利基础设施有一定规模，开发利用程度高，经济发展快，供需矛盾尖锐，严重影响着经济社会的持续发展。因此，现有工程挖潜、灌区续建配套与新建工程相结合，节水与开源并重；蓄引提结合，以蓄为主；大中小结合，以中小为主；对资源性缺水的重点地区实施跨流域调水工程。以骨干蓄水工程解决水资源的时间分配不均问题，以区域性调水工程解决水资源空间分配不均问题，以小型水利工程解决"三农"问题。其中各工程的主要目标如下。

"润滇"工程：以灌溉、防洪为主，同时兼顾城乡生活供水、发电、生态功能的近200件大中型水库工程。至2020年增加兴利库容24.8亿万 $m^3$，年增生活供水量为1.8亿 $m^3$。

西南五省云南省重点水源工程：工程建成后将新增水库总库容46.57亿 $m^3$，年供水量为49.75亿 $m^3$。

百件骨干水源工程：是2010～2012年的近期重点实施项目，100件水库工程项目是"西南五省云南省重点水源工程"中的首期工程。

区域性调水工程：滇中调水工程，解决滇中地区缺水问题。

百万件"五小"水利工程建设："十二五"期间，规划建设206万件山区"五小水利"工程。解决或缓解无骨干水源覆盖、水利化程度低、工程性缺水严重、影响山区农村人畜饮水安全和农作物灌溉需水要求等问题。

## 6.2 水电站水资源综合利用

自2009年秋以来的三年连旱，充分暴露了云南省工程性缺水问题的严峻性。为解决供水能力不足对全省经济社会发展的制约，进一步加快水利发展，根据省政府工作安排，云南省开展了"充分发挥水电站综合利用效益"的工作，到2020年左右将建成97座大中型水电站，总库容达1640亿 $m^3$。大中型水电站水库具有来水量大、水库调节能力强、供水保证率高、抗御干旱灾害能力强的特点。大中型水电站水资源综合利用是云南省水资源配置的重要组成部分。将水电站水库纳入全省水资源管理，充分发挥其综合利用效益是支撑全省经济社会发展用水需求，尤其是工程性缺水问题的重要途径。目前纳入供水工程方案的项目共有44个，总供水量达30.39亿 $m^3$，其中有20个自流供水方案，总供水量达11.84亿 $m^3$，有24个提水方案，总供水量达18.55亿 $m^3$。受水区涉及省内67个县（市、区）、13个重点中型灌区。44个供水工程项目中有7个供水项目为纯灌溉项目。可见进行水电站水资源综合利用是全面推进"兴水强滇"战略的具体行动，是增强水保障能力，推动云南省科学发展、和谐发展、跨越发展的重要支撑。

## 6.3 城市非常规水源利用

随着云南城市化建设的不断发展，预计2015年中等干旱年景（P＝75%）条件下，云南城市生活缺水量为2.08亿 $m^3$，占总缺水量的11.2%。因此，充分挖掘城市中水、雨水等非常规资源的利用潜力，是解决城市水资源短缺的有效途径。昆明主城区8个污水处理厂平均每天处理的污水量近110.5万 $m^3$，年处理量超过4亿 $m^3$，为城市中水回用提供了巨大的潜力。昆明市多年平均降水量在1000mm/a左右，雨水量约为3亿 $m^3/a$，目前雨水资源化利用率仅为0.063%。城市雨水资源的利用潜力极大。其中云南雨水利用的主要措施有如下几条。

（1）建立雨水回收处理生态小区。配套建立雨水收集及回用设施，处理后的雨水用于对水质要求不高的生活杂用水和城市景观用水、人工湖区补充用水等。

（2）建设以城市绿地为主的下渗系统。改变绿化带的模式，推广下凹式绿地建设，提高绿地草坪的雨水入渗能力，使雨水尽可能下渗回补地下水。

（3）构建城市立体人工湿地。在城市集水区建立湿地群，在存储雨水的同时净化水质，营造亲水景观。

（4）构建雨洪蓄滞带。兴建滞洪和储蓄雨水的蓄洪池，积蓄的雨水用作绿化景观、道路喷洒、居民冲厕、车辆冲洗、水景观等城市公共用水。

## 6.4 云南水资源综合调控保障措施

为保障云南水资源综合调控的工程措施得以顺利实施，还需要以下支撑保障体系作支持。

（1）加快构建实行最严格的水资源管理制度。把严格的水资源管理作为加快转变经济发展方式的战略举措，加快建立最严格的水资源管理制度，明确水资源开发利用红线，严格实行用水总量控制；明确水功能区限制纳污红线，严格控制入河排污总量；明确用水效率控制红线，坚决遏制用水浪费。加快建立“三条红线”控制指标考核体系，落实以提高用水效率为核心的水资源需求管理，保障水资源可持续利用。

（2）理顺管理体制，强化统一管理。加快城乡水务一体化进程，实行水资源的优化配置、高效利用和有效保护一体化管理的模式，统筹配置地表地下、城市农村、区外区内水源，实现地表水、地下水、空中水以及城市非常规水资源统一管理，加快供水、排水、节水、治污等方面的全面管理，全面提升水资源综合调控能力。

（3）完善制度体系，建立调控机制。建立健全水电－水利优势互补政策。建立对大中型水电站综合利用的补偿和调节机制，制定对综合利用有关水电站企业的电价适当补偿机制，以及实行税费减免等补偿措施。统筹兼顾防洪、灌溉、供水、发电、航运、水产养殖等功能，将水电站综合利用统一纳入全省水资源配置管理。已建成、在建水电站可根据周边供需水情况补建综合利用输配水工程，拟建水电站审批或核准时要统筹考虑，充分发挥综合利用效益。建立和完善城市非常规水源回用的相关政策体系和投入机制；完善节水政策法规体系，研究制定合理的水价政策与机制，建立综合水价、阶梯水价、超计划超定额累进加价制度，充分发挥价格杠杆在抑制水资源需求、水资源配置和节约用水方面的作用。

（4）强化科技支撑，完善监控体系。加快全省水资源监控能力与管理系统建设，建立与国家、流域机构一致的省、州（市）、县（市、区）三级水资源监控管理平台，实现数字化、网络化管理，完善相关监测监控体系，提高水资源监控、预警、应急和综合调控管理能力。加强气候变化对水资源及各行业用水安全、水相关生态环境的影响研究，以及水利调控关键技术的科学研究，为科学制定水资源调控措施提供决策支撑。

（5）加快推进节水型社会建设。节水型社会建设必须从制度层面、管理模式、投入机制等各方面全面推进。要建立健全节水工作管理机构，加强对节水工作的领导与管理；要尽快完善节水的政策法规体系，加大水行政执法力度；要建立多元化的稳定的节水投入机制，逐步建立多层次、多渠道、多元化节水型社会建设的资金投入保障机制，加强对节水措施的投入扶持和节水技术的推广应用。加大节水宣传力度，建立节水公众参与和社会激励机制。

# 7 主要结论

（1）各流域水资源开发利用率按珠江流域、长江流域、澜沧江流域、红河流域、伊洛瓦底江流域、怒江流域依次减小，全省水资源开发利用率为6.9%；单位GDP用水量、人均用水量、工业万元增加值用水量、城镇居民生活用水定额、农村居民生活用水定额与全国平均水平相比还有一定差距。

（2）云南省水资源时空分布不均与城市、人口、耕地等经济社会发展要素极不协调，水源工程建设能力滞后，且调控能力小；实际可利用的水资源有限，水源性缺水等问题比较突出。

（3）加强蓄引提调工程系统水资源配置、水电站水资源综合利用和城市非常规水源利用，从而提高云南水资源的综合调控能力，为云南经济社会的发展提供基本保障。

致谢：本文中的部分数据来自《云南省水资源公报》《云南省"十二五"水资源可持续开发利用保护专项研究》《云南省水资源综合调控研究》（初稿），在此一并感谢。

## 参考文献

[1] Falkenmark M.，"Forward to the Future：A Conceptual Framework for Water Dependence"，AMBIO，1999，28 (4).

[2] 陈锐：《基于生态重建的西部流域尺度水资源调控模式初探》[J]，《科技与社会》2005年第20（1）期，第37~41页。

[3] 伍立群：《云南省河流与水资源》[J]，《人民长江》2004年第35（5）期，第48~50页。

[4] 黄英、杨自坤、刘新有：《水电开发及其对水文水资源特性的潜在影响——以云南省为例》[J]，《云南师范大学学报》（哲学社会科学版）2009年第41（3）期，第37~41页。

[5] 彭贵芬、刘瑜、张一平：《云南干旱的气候特征及变化趋势研究》[J]，《灾害学》2009年第24（4）期，第40~44页。

[6] 陶云、何华、何群等：《1961~2006年云南可利用降水量演变特征》[J]，《气候变化研究进展》2010年第6（1）期，第8~14页。

[7] 王树鹏、张云峰、方迪：《云南省旱灾成因及抗旱对策探析》[J]，《中国农村水利水电》2011年第9期，第39~41页。

# The Comprehensive Countermeasures of Regulating Water Resources in Yunnan Province

*Huang Ying*, *Wang Jie*, *Duan Qicai*, *Liu Yangmei*

(Yunnan Institute of Water Resources and Hydropower Research)

**Abstract**: Yunnan is one of the water resources abundant region, but the average person possession of water at each city is more different. Water and soil resource spatial distribution are very imbalance, also water resource spatial distribution were not meet the need of economy development. In this paper, the six basin and 16 states water utilization station in 2009 were analysised. Then, the necessity and countermeasure of Yunnan water resource were discussed. The result showed, the utilization ratio of water resources, the quantity of using water per 10000 Yuan's GDP, water consumption per capita, water consumption per 10000 yuan of value-added by industry and living water for urban and rural residents were all lower nationwide average level. Facing to the current water utilization and exploit situation in Yunnan and influence of extreme climate incident, we should strengthen water shortage and diversion and transfer engineering system in water resource allocation, water resources comprehensive utilization of hydropower station and unconventional water source utilization. Sequentially, improve the comprehensive control ability, and provide the basic security for economy development for Yunnan.

**Keywords**: Water resources regulate; Countermeasure; Yunnan Province

# 云南省水资源短缺评价及其空间差异分析*

童绍玉

（云南财经大学国土资源与持续发展研究所）

**摘　要**　云南水资源总量丰富，但缺水一直是困扰云南省经济社会发展的重大问题。选择人均水资源量、单位面积土地上可用的最大水资源量、人均供水量和万元GDP用水量四个变量构建云南水资源综合指数，用该指数评判云南省水资源丰缺程度、缺水原因，并据此分析水资源短缺的空间格局。结果表明：资源性缺水在滇中地区最突出，其次是喀斯特地貌区；管理性缺水在水资源量大、经济发展水平低的地区表现明显；工程性缺水普遍存在；全省16市（州）中，除人口密度小、人均水资源量巨大的怒江州、迪庆州和德宏州不缺水外，其余13市（州）都表现为综合性缺水，其中，金沙江沿岸的楚雄州、大理州、昆明市、昭通市、丽江市为严重缺水。提高对水资源短缺的社会适应性能力是缓解云南水资源短缺的关键。

**关键词**　水资源短缺；云南水资源综合指数；空间差异；社会适应性能力；云南省

## 1　引言

云南省的水资源总量丰富，多年平均河川径流量为2212亿 $m^3$（指云南省域内产水，下同），占降雨量的46%左右（径流深580mm），约占全国水量的7.4%；多年平均河川径流量与过境水量共有4165.0亿 $m^3$，人均水资源量为全国人均水资源量的2.3倍[1]，单位面积土地水资源占有量是全国平均水平的1.92倍[2]。2010年云南省需水量预测[3]为200.56亿 $m^3$。据云南省2010年水资源公报，即使是遭遇大旱，2010年全省地表水资源量也达到1941亿 $m^3$，

* 基金项目：国家重点基础研究发展计划项目（2012CB955903），国家自然科学基金项目（40761009）。

作者简介：童绍玉（1966～），女，云南梁河人，教授，硕士生导师，主要从事区域自然地理、土地资源管理等领域的研究。E－mail：tongsy@ cxtc. edu. cn；电话：0871－5023647。

远大于预测需水量。从水资源的数量来看，云南属于水资源丰富区，但是，云南水资源时空分布不均，水资源与土地资源、耕地、经济发展水平及人口的分布不匹配，水资源开发利用难度大，水利工程控水能力低及利用效率低，使全省范围内资源性、工程性、水质性、管理性等多种缺水形式并存。水多与缺水并存一直是困扰云南省社会、经济发展的重大问题，水资源供需矛盾日益成为云南省经济社会发展中的制约因素[4~5]。

因此，沿用常用的单要素指标来评价云南省的水资源，如用人均水资源量或水资源总量[6]来表示云南水资源的多寡，往往不能反映云南真实缺水状况。云南省各地区的缺水原因，除了与当地人均水资源量的大小有关外，还与当地水资源的空间分布、供水能力、耗水量大小、经济发展状况、用水效率和社会适应能力有关。为研究云南省各地水资源的丰缺及其空间差异，需要一个水资源综合指数来全面衡量云南省内各地区的水资源的综合状态，为云南省水资源利用决策提供依据。

目前我国水资源评价研究已经在区域水资源可持续利用途径评价、水资源承载力评价、水安全及风险评价、水质恢复能力评价及水资源可再生性评价、水量与水质水资源开发利用综合评价、水污染及生态环境综合评价方面取得了长足进步[7~14]，水资源综合评价体系日趋完善。但是，在水资源综合评价中缺少一个简单易行的综合评价指数和方法，来全面、宏观描述某地区的缺水状况及缺水原因[15]。英国生态与水文研究所的研究人员提出的水贫乏指数[16]（Water Poverty Index，WPI），用多个自然、社会、经济及环境指标来度量水资源的贫乏程度，从而使对比分析不同地区或国家间水资源的相对稀缺性成为可能。WPI计算方法虽然简单，但它由潜在水资源状况、供水设施状况、利用能力、使用效率及环境状况5个要素组成，每个要素又包括若干个变量，所需数据量大，其实际的测算过程依然显得复杂，而且变量的选择也会因人而异。因此，本研究要构建一个操作性强且简便的水资源综合指数，来判断云南省各地区水资源的丰缺度及水资源短缺原因。

## 2 云南省水资源的特点

云南水资源总量十分丰富，出入境水量多，人均及单位土地面积水资源量大；但水资源的时空分布极不均匀，水土资源不匹配、水资源与人口分布也不匹配；由于地形复杂，云南水资源开发利用比较困难，水资源开发利用难度大，水利建设速度受到技术、经济条件的限制。

云南特殊的地形条件，决定了云南水资源空间分布极不均匀，且垂直分布十分明显。从全省来看，地表水资源分布的规律与降水的分布规律大致相同，西部、南部、东部边缘地带多，中部和北部较少；东部少西部多，北部少南部多。从局部来看，是坝区少，山区多；在山区内，是深切沟谷水量多，而山地水量十分少。从各州市的水量分布情况看，位于云南中部地区的昆明、玉溪、楚雄和位于中西部的大理和丽江水资源较少[17]。

云南水资源与土地资源、耕地资源及人口、经济的分布不匹配。首先，云南的西部、南部、东部边缘地区的土地面积少，但水资源量大，而云南广大的中部地区和滇东北地区，土地面积大，人口多，城市多，耕地多，工业较发达，水资源却十分贫乏。云南中部、东北部及东部地区耕地集中，约占全省的55.3%，而水资源量只占全省的28.5%；西部、西南部耕地较分散，占全省耕地面积的44.7%，水资源却占全省的71.5%，形成了水土资源很不相适应的情况。其次，水资源山区多坝区少。占全省土地面积6.71%的坝区，集中了约2/3的人口和1/3的耕地，但水资源量只有全省的5%；滇中重要经济区的人均水资源量仅有700$m^3$左右，特别是滇池流域不足300 $m^3$，处于极度缺水状态；70%的水资源却分布在山区，山区水资源大多集中于深切河谷中，而人口、耕地相对集中于高原面或山地上，形成云南“人（耕地）在高处、水在低处”的现象[17]。

由于水资源开发难度大及受到经济条件的限制，云南水利工程年供水能力仅占云南水资源总量的6.24%。云南的大型骨干水利工程不多，蓄水调节、调度能力相对较差，全省水的供需缺口达42亿$m^3$（2005年），工程性缺水严重。水利工程供水能力不足，已成为云南省一些地区工农业发展的制约因素。

# 3 云南省缺水程度判定及其空间差异

## 3.1 云南水资源综合指数的构建

### 3.1.1 指标体系构建与云南水资源综合指数模型构建

为简便、快捷地综合评判云南省各地区的水资源丰缺程度，要选择能表征云南水资源实际状态且数据容易获得的变量来构建一个云南水资源综合指数。经过对比研究，确定云南水资源综合指数由潜在水资源量、水资源利用能力和水资源利用效率三个要素组成。其中，选择人均水资源量、单位面积土地上可用的最大水资源量两个指标来刻画当地潜在水资源量，选择人均供水量来描述当地的水资源的利用能力，选择万元GDP用水量来表征生产技术水平与水资源管理水平，即水资源利用效率。单位面积土地上可用的最大水资源量是单位面积土地水资源占有量与单位面积土地最小生态需水量的差值。在计算中，由于单位面积土地上的最小生态需水量计算十分复杂，因此用河道最小生态需水量来替代土地最小生态需水量（见表1）。

**表1 云南水资源综合指数指标体系**

| 要素层 | 潜在水资源量 | | 水资源利用能力 | 水资源利用效率 |
|---|---|---|---|---|
| 指标层 | 人均水资源量 | 单位面积土地上可用的最大水资源 | 人均供水量 | 万元GDP用水量 |
| 变　量 | $X_1$ | $X_2$ | $X_3$ | $X_4$ |
| 权　重 | $w_1$ | $w_2$ | $w_3$ | $w_4$ |

因此，云南水资源综合指数可表示为：

$$H = \sum_{i=1}^{4} w_i X_i \tag{1}$$

式（1）中，$H$是某地区的水资源综合指数，$X_1$、$X_2$、$X_3$、$X_4$分别是人均水资源量、单位面积土地上可用的最大水资源量、人均供水量、万元GDP用水量；$w_i$是各指标的权重。

#### 3.1.2　指标数值的归一化方法

确定指标后，要对各指标变量的数值进行归一化处理。对各指标进行归一化处理时，不同的指标有不同的处理方法。对于越大越好的指标，归一化方法为[18]：

$$X_i = \frac{D_i - \min D_i}{\max D_i - \min D_i} \tag{2}$$

对越小越好的指标，归一化的方法为[18]：

$$X_i = \frac{D_i - \max D_i}{\min D_i - \max D_i} \tag{3}$$

式（2）和式（3）中，$X_i$ 是第 $i$ 项指标的归一化值，$D_i$ 是第 $i$ 项指标原始值，$\max D_i$ 是第 $i$ 项指标的最大值，$\min D_i$ 是第 $i$ 项指标的最小值。

#### 3.1.3　权重的确定

本研究选用变异系数方法来确定各指标的权重，方法[19]如下：

（1）计算各指标的标准差：

$$\sigma_i = \sqrt{\frac{1}{n}\sum_{i=1}^{n}(X_i - \overline{X_i})} \tag{4}$$

（2）计算各指标的变异系数：

$$V_i = \frac{\sigma_i}{\overline{X}} \tag{5}$$

（3）计算各指标的权重 $w_i$：

$$w_i = \frac{V_i}{\sum_{i=1}^{n} V_i} \tag{6}$$

其中 $\sigma_i$ 代表标准差，$\overline{X}$ 代表各指标算术平均数，$V_i$ 代表各单项指标变异数。

### 3.2　云南水资源综合指数的计算

表 2 是云南省各市州的人均水资源量、单位面积土地水资源占有量、人均供水量、万元 GDP 用水量、单位面积土地上河道最小生态需水量及指标 $X_1$、$X_2$、$X_3$、$X_4$ 的归一化值。表 2 中，人均水资源量取云南省多年平均水资源总量（云南区域产水量）与 2010 年总人口的商，单位面积土地水资源占有量取云南省多年平均水资源总量（云南区域产水量）与云南省土地面积的商，人均供水量取 2010 年云南省各市州供水量与当年总人口的商，万元 GDP 用水量取 2010 年的总耗水量与当年 GDP（当年价）的商，以上数据来源于《云南统计年鉴 2011》《云南省水资源公报 2010》及《云南省水资源可持续利用战略研究》[17]。胡波等人计算了云南省澜沧江上、中、下三段的河道生态需水量占澜沧江多年平均径流量的比例[20]，本文以其计算

的澜沧江上、中、下三段的最小河道生态需水量占多年平均径流量的比例，来分别代替云南省北部、中部和南部的河道最小生态需水量占当地多年平均径流量的比例，由此计算出云南各市州单位土地面积上的河道最小生态需水量。

**表 2　云南省各市州水资源现状**

| 地　区 | 人均水资源量（$m^3$/人） | 单位面积土地水资源占有量（$m^3/km^2$） | 人均供水量（$m^3$/人） | 万元 GDP 用水量（$m^3$/万元 GDP） | 单位面积河道最小生态需水量（$m^3/km^2$） |
|---|---|---|---|---|---|
| 昆明市 | 798 | 238115 | 325 | 99 | 19241 |
| 曲靖市 | 2678 | 525741 | 219 | 128 | 45702 |
| 玉溪市 | 2055 | 310043 | 319 | 100 | 25446 |
| 保山市 | 6035 | 771095 | 402 | 386 | 54750 |
| 昭通市 | 2659 | 602841 | 149 | 205 | 32940 |
| 丽江市 | 6670 | 391677 | 491 | 426 | 22528 |
| 普洱市 | 12740 | 714685 | 409 | 420 | 54874 |
| 临沧市 | 6676 | 663493 | 404 | 453 | 86750 |
| 楚雄州 | 2642 | 242634 | 335 | 223 | 21662 |
| 红河州 | 4893 | 669582 | 350 | 242 | 83792 |
| 文山州 | 4811 | 525606 | 187 | 199 | 72555 |
| 版纳州 | 9077 | 538681 | 600 | 424 | 61656 |
| 大理州 | 2949 | 346380 | 377 | 275 | 29444 |
| 德宏州 | 11356 | 1195124 | 527 | 455 | 144190 |
| 怒江州 | 32826 | 1194450 | 357 | 349 | 69338 |
| 迪庆州 | 30504 | 512442 | 406 | 211 | 27536 |

利用式（1）至式（6）和表 2 的数据，计算各指标的权重系数、归一化值和各地区的综合水资源综合指数，结果如表 3、表 4、表 5 所示。

**表 3　云南省水资源综合指数各指标的权重值**

| 指　标 | 人均水资源量 | 单位面积土地上可用的最大水资源量 | 人均供水量 | 万元 GDP 用水量 |
|---|---|---|---|---|
| | $X_1$ | $X_2$ | $X_3$ | $X_4$ |
| 权　重 | 0.47 | 0.21 | 0.14 | 0.19 |

注：单位面积土地上可用的最大水资源量为单位面积土地水资源占有量与单位面积河道最小生态需水量之差。

**表 4　云南省水资源综合指数各指标的归一化值**

| 地　区 | $X_1$ | $X_2$ | $X_3$ | $X_4$ | 地　区 | $X_1$ | $X_2$ | $X_3$ | $X_4$ |
|---|---|---|---|---|---|---|---|---|---|
| 昆明市 | 0.00 | 0.00 | 0.39 | 1.00 | 楚雄州 | 0.06 | 0.00 | 0.41 | 0.65 |
| 曲靖市 | 0.06 | 0.29 | 0.16 | 0.92 | 红河州 | 0.13 | 0.40 | 0.45 | 0.60 |
| 玉溪市 | 0.04 | 0.07 | 0.38 | 1.00 | 文山州 | 0.13 | 0.26 | 0.08 | 0.72 |
| 保山市 | 0.16 | 0.55 | 0.56 | 0.19 | 版纳州 | 0.26 | 0.28 | 1.00 | 0.09 |
| 昭通市 | 0.06 | 0.39 | 0.00 | 0.70 | 大理州 | 0.07 | 0.11 | 0.51 | 0.51 |
| 丽江市 | 0.18 | 0.17 | 0.76 | 0.08 | 德宏州 | 0.33 | 0.92 | 0.84 | 0.00 |
| 普洱市 | 0.37 | 0.49 | 0.58 | 0.10 | 怒江州 | 1.00 | 1.00 | 0.46 | 0.30 |
| 临沧市 | 0.18 | 0.39 | 0.57 | 0.01 | 迪庆州 | 0.93 | 0.29 | 0.57 | 0.69 |

**表 5　云南省各市州水资源综合指数、缺水程度与缺水原因类型**

| 地　区 | 潜在水资源量 | 水资源利用能力 | 水资源利用效率 | 水资源综合指数 | 缺水程度 | 缺水类型 |
|---|---|---|---|---|---|---|
| 昆明市 | 0.00 | 0.05 | 0.19 | 0.24 | 严重缺水 | 资源性缺水①、工程性缺水② |
| 曲靖市 | 0.09 | 0.02 | 0.17 | 0.28 | 缺水 | 资源性缺水、工程性缺水 |
| 玉溪市 | 0.03 | 0.05 | 0.19 | 0.28 | 缺水 | 资源性缺水、工程性缺水 |
| 保山市 | 0.19 | 0.08 | 0.04 | 0.31 | 缺水 | 工程性缺水、管理性缺水③ |
| 昭通市 | 0.11 | 0.00 | 0.13 | 0.24 | 严重缺水 | 资源性缺水、工程性缺水 |
| 丽江市 | 0.12 | 0.11 | 0.02 | 0.24 | 严重缺水 | 资源性缺水、管理性缺水 |
| 普洱市 | 0.28 | 0.08 | 0.02 | 0.38 | 缺水 | 工程性缺水、管理性缺水 |
| 临沧市 | 0.17 | 0.08 | 0.00 | 0.25 | 缺水 | 工程性缺水、管理性缺水 |
| 楚雄州 | 0.03 | 0.06 | 0.12 | 0.21 | 严重缺水 | 资源性缺水、工程性缺水 |
| 红河州 | 0.15 | 0.06 | 0.11 | 0.32 | 缺水 | 工程性缺水 |
| 文山州 | 0.12 | 0.01 | 0.14 | 0.26 | 缺水 | 资源性缺水、工程性缺水 |
| 版纳州 | 0.18 | 0.14 | 0.02 | 0.34 | 缺水 | 管理性缺水 |
| 大理州 | 0.06 | 0.07 | 0.10 | 0.22 | 严重缺水 | 资源性缺水、工程性缺水 |
| 德宏州 | 0.35 | 0.12 | 0.00 | 0.47 | 平水 | 管理性缺水 |
| 怒江州 | 0.68 | 0.06 | 0.06 | 0.80 | 丰水 | 工程性缺水、管理性缺水 |
| 迪庆州 | 0.50 | 0.08 | 0.13 | 0.71 | 多水 | 工程性缺水 |

注：①潜在水资源量要素的分值 $<0.15$ 时，属于资源性缺水；②供水能力与水资源利用能力要素的分值 $<0.1$ 时，属于工程性缺水；③水资源利用效率要素的分值 $<0.1$ 时，属于管理性缺水。

从表 3 来看，在各指标中，人均水资源量的权重最大，然后依次是单位面积土地上可用的最大水资源量、万元 GDP 用水量和人均供水量，这与国际、国内的相关评价所采用的权重指标大致相同[1]。

## 3.3　云南水资源短缺程度及其空间差异分析

根据云南省各市州水资源综合指数的计算结果，按丰水（$H \geqslant 0.80$）、多水（$0.80 > H \geqslant 0.65$）、平水（$0.65 > H \geqslant 0.45$）、缺水（$0.45 > H \geqslant 0.25$）和严重缺水（$H < 0.25$）的标准，把云南 16 市州的水资源划分成丰水、多水、平水、缺水、严重缺水 5 大类，如表 5 所示。

从表 2、表 5 可看出，云南省虽然水资源总量及人均水资源总量巨大，但全省 16 州市中，除人口密度小、人均水资源量巨大的怒江州、迪庆州和德宏州不缺水外，其余 13 市州都表现为综合性缺水，综合性缺水地区的数量，占全省 16 市州的 81.25%，其中，楚雄州、大理州、昆明市、昭通市、丽江市 5 个市州为严重缺水，曲靖、玉溪等 8 市州为缺水。从评价结果看，人均水资源丰富及单位面积土地水资源占有量大的地区，并不表示其生产、生活不缺水，如图 1 所示。从空间上看，云南的缺水程度从云南中北部金沙江流域向四周逐渐减弱（图 1a），这与云南降水空间分布总趋势、云南河川径流总量空间分布总趋势大体一致，与云南人口分布总趋势、云南经济发展水平分布总趋势大致相反。

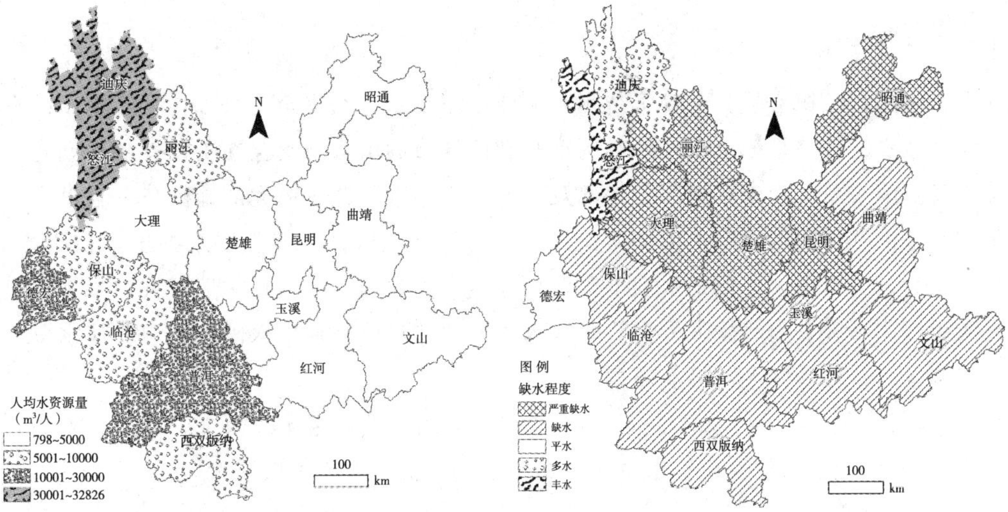


a）云南省各市州人均水资源　　b）用云南水资源综合指数判定的缺水程度

**图 1　云南省各市州缺水程度分布**

# 4　云南各市州水资源短缺原因类型及其空间格局

云南水资源综合指数的三个要素分别表征区域水资源的资源量大小、工程利用能力、管理效力，因此，云南水资源综合指数构成可反映云南各地区的缺水原因及缺水类型，结果见表 5。

## 4.1　资源性缺水

云南的水资源总量大，但水资源的空间分布不均，许多地区常处于资源性缺水状态。从表 5 可知，云南有 8 个市州属于资源性缺水地区，即全省一半的地区存在资源性缺水。资源性缺水主要出现在两类地区，一是滇中红层高原分水岭地带，二是喀斯特地貌区。楚雄州、大理州、昆明市、曲靖市、玉溪市正处于滇中红层高原上金沙江、珠江、红河、澜沧江四大水系的分水岭地带，资源性缺水表现最显著，其人均水资源量远小于云南省的平均人均水资源量，只有全省人均水资源量的 16.53% ~61.07%，仅为世界人均水资源量的 10.64% ~39.32%；滇池流域人均水资源量仅为 276 $m^3$/人，玉溪曲靖湖泊群区、泸江流域的人均水资源量也不足 700 $m^3$/人，南盘江的沾－曲－陆河段、普渡河、龙川江、达旦河、蒙－开－个等流域片区的人均水资源量都低于水资源供需平衡下限（1700 $m^3$/人）[17]。昆明、曲靖、玉溪、楚雄、大理等滇中主要经济区及红河的部分地区还是云南人口、耕地和工业最集中的地区，需水量大，因此，水资源十分紧缺，春旱几乎年年出现，只是干旱程度及范围不同而已。在未考虑生态环境需水的情况下，中等干旱年缺水 7.9 亿 $m^3$，但目前滇中地区的水资源开发程度已超过 40% 的合理开发上限[17]。昭通市、曲靖市、文山州、玉溪市及红河州的东部地区是云南喀斯特地貌成片分布的区域，西部的迪庆州、丽江市和大理州东部有一条南北向的石灰岩分布带，喀斯特地貌区的保水性差，地表水资源一般都十分短缺。

### 4.2 工程性缺水

从表 5 可知，除德宏州、西双版纳州和丽江市三个地区外，其余 13 个地区都存在不同程度的工程性缺水；即使是德宏州、西双版纳州和丽江市的山区，也存在工程性缺水问题。

从全省范围来看，云南东南部、南部及西部的人均水资源量较大的地区——普洱市、西双版纳州、临沧市、保山市、昭通市、文山州、红河州等地区，工程性缺水突出。在这些地区，农业的比重大，需水量大，但是水利工程较少，供水能力弱。尤其是耕地、人口、工业集中的滇中地区和一些坝区，用水需求量大，本区水资源往往难以满足用水需求，但要从水资源丰富区跨流域调水，工程量巨大，目前还难以实现。

从局部地区看，山区在总体上水资源丰富，但由于山区耕地、人口十分分散，“水低田高”，工程性缺水突出。解决山区水资源供给不足问题的难度比坝区还大。

### 4.3 管理性缺水

2010 年，云南省平均万元 GDP 用水量为 $204m^3$，是全国的 1.35 倍，这说明云南省生产水平和管理水平低于全国平均水平，经济发展耗水量大。从表 2 中可见，除昆明市、曲靖市和玉溪市的万元 GDP 用水量低于全国平均水平外，其他 13 个市州的万元 GDP 用水量都高于全国平均值，是全国平均值的 1.36 ~ 3.01 倍。从表 5 中可见，全省有 7 个市州存在管理性缺水问题。这些地区的共同特征是水资源总量大，但经济发展水平偏低，管理水平低，第一产业在经济结构中的比重较大。管理性缺水地区基本上都伴有工程性缺水问题，资源性缺水问题在这些地区表现不明显。

## 5 缓解云南水资源短缺的对策

从近期看，应合理布局大、中、小、微水利工程，提高供水能力。滇中地区降水量偏少，且 85% 的降水量集中在 5 ~ 10 月；同时滇中地区属于红层高原，降水下渗弱，地表径流形成快，因此，应合理布局大、中、小、微水利工程，充分截留降水。在人口、耕地分散的资源性缺水或工程性缺水山区，应以建设截留降水的微型水利工程为主。

从中期来看，应在滇中资源性缺水区规划建设跨流域调水工程，增加供水能力。滇中地区是云南经济最发达的地区，也是人口最集中的资源性缺水区，需水量大。目前，该区的水资源开发利用率已达 40% 的上限，本区水资源已不能保证经济、城市发展的需要，必须通过跨流域调水来增加供水能力。

从长期来看，提高水资源的管理能力，降低万元 GDP 用水量，提高全社会对水资源短缺的适应能力，才是缓解云南不断增加的水资源短缺压力的关键。水资源管理可划分为供给管理、技术性节水、结构性节水和社会化管理四个阶段[21]，目前，云南省对水资源的管理主要是处于以增加水资源供给为目标的供给管理阶段，有些地区已向以技术节水为目标的需求管理阶段过渡；在资源性缺水地区，水资源管理应尽快向技术性节水、结构性节水管理阶段过渡；经济发展水平高的区域，如昆明、玉溪的部分地区，应向强调从每滴水中生产更高价值的水资源社会化管理阶段过渡。面对水资源的稀缺，人们习惯于用提高水利工程供水能力来缓解水资源短缺，往往忽略了社会适应能力的建设问题。社会适应能力是指为适应自然资源稀缺所必需的可调用的社会资源数量，是一个社会在面对日益增加的自然资源稀缺压力时的调整能力[22]。因此，当一些传统的经济和技术措施不再适合当地的水资源稀缺形势时，从社会适应能力角度来提供应对措施就变得越来越迫切。

## 6 结论与讨论

（1）本文用潜在水资源数量、供水能力与水资源利用能力、水资源利用效率三个要素，人均水资源量、单位面积土地上可用的最大水资源量、人均供水量和万元 GDP 用水量四个变量来构建用于综合描述云南水资源丰缺程度的云南水资源综合指数。在指标选择上综合考虑了水资源的数量、分布，经济社会发展对水资源的影响及环境生态用水需求对水资源的影响，同时考虑到了数据的可得性和计算方法的简便性。

（2）用云南水资源综合指数来评判水资源丰缺程度，结果表明：云南省虽然水资源总量丰富，但有一半的市州存在资源性缺水问题，有 13 个市州存在不同程度的工程性缺水问题，有 7 个市州存在管理性缺水问题；资源性缺水在滇中地区最突出，其次是喀斯特地貌区；管理性缺水在水资源量大、经济发展水平低的地区表现明显；工程性缺水现象普遍，山区尤其突出；综合来看，云南省除人口密度小、人均水资源量巨大的怒江州、迪庆州和德宏州不缺水外，其余 13 市州都表现为综合性缺水，占全省 16 市州的 81.25%，其中，云南中北部金沙江沿岸的楚雄州、大理州、昆明市、昭通市、丽江市 5 个市州为严重缺水，而且本区水资源量已难以满足需水要求，跨流域调水的工程量又过于巨大，目前还难以实现。

（3）近期缓解云南水资源短缺的方法是通过增加水利工程和跨流域引水来提高水利工程供水能力，在山区应主要建设截留降水的微水利工程，并发展节水技术，提高水资源利用效率。从长远来看，提高对水资源短缺的社会适应能力才是关键。

（4）在云南水资源综合指数计算过程中，一个关键的因素是单位土地面积上可用的最大水资源量，该指标变量需要估算当地的环境最小生态需水量或河道最小生态需水量，而环境最小生态需水量的估算方法还很不成熟，这会影响云南水资源综合指数的精度。

## 参考文献


[1] 李梦荣、李作洪、何春培：《云南水资源及其开发利用》［M］，昆明：云南人民出版社，1983，第 235 ~ 237 页。

[2] 王晓青：《中国水资源短缺地域差异研究》［J］，《自然资源学报》2001 年第 16（6）期，第 516 ~ 520 页。

[3] 张先起、刘慧卿：《云南省水资源基本状况及供需水预测研究》［J］，《人民长江》2008 年第 12 期，第 30 ~ 32 页。

[4] 滇中调水工程办公室：《滇中调水是云南可持续发展的战略工程》，《人民长江》2006 年第 37（4）期，第 1 ~ 2 页。

[5] 顾世祥、谢波、周云等：《云南水资源保护与开发研究》［J］，《水资源保护》2007 年第 23（1）期，第 91 ~ 94 页。

[6] 陈家琦、钱正英：《关于水资源评价和人均水资源量指标的一些问题》[J]，《中国水利》2003 年第 11（1）期，第 42～46 页。

[7] 黄初龙、章光新、杨建锋：《中国水资源可持续利用评价指标体系研究进展》[J]，《资源科学》2006 年第 28（2）期，第 33～39 页。

[8] 夏军、朱一中：《水资源安全的度量水资源承载力的研究与挑战》[J]，《自然资源学报》2002 年第 17（3）期，第 262～269 页。

[9] 陈守煜、胡吉敏：《可变模糊评价法及其在水资源承载能力评价中的应用》[J]，《水利学报》2006 年第 37（3）期，第 265～271 页。

[10] 张翔、夏军、贾绍凤：《干旱期水安全及其风险评价研究》[J]，《水利学报》2006 年第 37（3）期，第 265～271 页。

[11] 夏星辉、沈珍瑶、杨志峰：《水质恢复能力评价方法及其在黄河流域的应用》[J]，《地理学报》2003 年第 58（3）期，第 458～463 页。

[12] 夏军、王中根、刘昌明：《黄河水资源量可再生性问题及量化研究》[J]，《地理学报》2003 年第 58（4）期，第 534～541 页。

[13] 王浩、王建华、贾仰文等：《现代环境下的流域水资源评价方法研究》[J]，《水文》2006 年第 26（3）期，第 18～21 页。

[14] 李春晖、杨志峰：《水资源评价进展与存在的几个问题》[J]，《水土保持学报》2004 年第 18（5）期，第 189～192 页。

[15] 邵薇薇、杨大文：《水贫乏指数的概念及其在中国主要流域的初步应用》[J]，《水利学报》2007 年第 38（7）期，第 866～872 页。

[16] Sullivan C.,"Calculating a Water Poverty Index"[J], *World Development*, 2002, 30 (7): 1195－1210.

[17] 闫自申：《云南省水资源可持续利用战略研究》[M]，昆明：云南科学技术出版社，2007。

[18] 叶正波：《可持续发展评估理论及实践》[M]，北京：中国环境科学出版社，2004。

[19] 刘馨：《统计学》[M]，成都：四川大学出版社，2006。

[20] 胡波、崔保山、杨志峰等：《澜沧江（云南段）河道生态需水量计算》[J]，《生态学报》2006 年第 26（1）期，第 163～173 页。

[21] 徐中民、龙爱华：《中国社会化水资源稀缺评价》[J]，《地理学报》2004 年第 59（6）期，第 982～988 页。

[22] Ohlsson L.,"Water Conflicts and Social Resource Scarcity"[J], *Physical Chemistry Earth* (B), 2000, 25 (3): 213－220.

# An Evaluation of Deficit of Water Resource and Research into Its Spatial Discrepancy in Yunnan Province

*Tong Shaoyu*

(Land Resources and Sustainable Development Institute, Yunnan University of Finance and

Economics)

**Abstract**: An aggregate of water resource in Yunnan Province is rich. However, the shortage of water always remains as a significant and serious problem which perplexes the social and economic development of Yunnan. Hence, it is valuable for the construction of a composite index to water resource in Yunnan through rendering the four variables of the consumption of water resource per person, the maximum water resource which can be used in land per unit area, water supply per person and water consumption per ten thousand GDP to evaluate the consumption of water. As a result, it is a valuable and workable method to judge the extent of richness and deficit of water resource in Yunnan, to investigate the reason of shortage of water, and also study the spatial pattern of shortage of water. As a result of research, a resource shortage of water is prominent in middle area of Yunnan, and next comes to the Karst areas; administrational shortage of water becomes outstanding in those areas of low level of economic development; and engineering shortage of water exists throughout the whole province. Overall, except these three prefectures of Nujiang, Diqing and Dehong, that are low in population density and rich in water resource per person, the other 13 cities and prefectures all reveal a composite shortage of water among 16 cites in Yunnan. Among them, these 5 cities of Chuxiong, Dali, Kunming, Zhaotong and Lijiang are extremely shortage of water. Finally, as a sum, it plays as a key method of relief of shortage of water resource in Yunnan by promotion of the social adaptability of shortage of water resource.

**Keywords**: Deficit of water resource; Composite index of water resource in Yunnan; Spatial discrepancy; Social adaptablity; Yunnan Province

# 环境变化下云南省供水安全保障对策*

段琪彩　黄英　王杰

（云南省水利水电科学研究院）

**摘　要**　淡水是人类社会发展不可或缺的重要资源，近年来云南省持续干旱，供水安全面临严峻考验。本文分析了云南省供用水量现状，根据经济社会发展和工程建设规划预测了不同水平年的供需水量，并进行了水资源供需平衡分析。结果显示，2009 年云南省总缺水量为 78.11 亿 $m^3$，2015 年缺水量为 10.46 亿 $m^3$，2020 年缺水量为 5.82 亿 $m^3$。表明未来 10 年云南省缺水现象仍然突出。针对云南省水资源开发利用和管理现状，以及经济社会发展对水资源的需求，提出保障供水安全应采取加强水资源统一管理、加快水源工程建设、推进节水型社会建设和完善水资源管理政策法规等主要对策建议。

**关键词**　水资源；供水安全；保障对策；云南省

云南省位于西南边陲，水资源总量位居全国第三位。进入 21 世纪以来，在全球气候变化的大环境影响下，降水量一直处于低值期，特别是 2009 年秋季至 2012 年夏季，降水量持续偏少，水资源锐减，供水安全面临严峻考验。2012 年 1 ~ 4 月，云南省大部分地区降水量不到 10mm，局部地区甚至滴雨未降，截至 4 月底，全省 40% 以上地区发生中度以上干旱，大理、昆明、玉溪、红河等州市发生严重干旱[1]，已有 539 条中小河流断流，647 座小型水库干涸[2]。充分认识云南水资源状况及其开发利用现状，以及抗旱面临的形势，采取积极的应对措施，是目前云南省人民肩负的重任。

---

* 基金项目：水利部公益性行业专项经费项目（201001058、201001044）、云南省科技计划项目社会事业发展专项（2010CA013）和云南省政府系统决策咨询研究项目资助。

作者简介：段琪彩（1965 ~），女，盈江县人，高级工程师，主要研究方向为水文水资源，昆明市新闻路下段五家堆村 111 号，联系电话：0871 - 4139022，E - mail：duanqicai@ 126. com。

# 1 云南省水资源概况

## 1.1 水资源概况

云南省多年平均降水量为4900亿 $m^3$，多年平均径流量为2210亿 $m^3$，降水量中的蒸发消耗占54.9%，径流占45.1%[3]。加入省外、国外入境水量后，云南省总径流量为3859.6亿 $m^3$，其中省内利用损耗水量为25.17亿 $m^3$，占总水量的0.7%；出境水量为3834.5亿 $m^3$，占总水量的99.3%[3]。

云南省水资源分布不均匀，雨季5～10月降水量占全年降水量的80%～95%；径流量的年内分配过程与降水基本对应，5～10月径流量占全年径流量的61.3%～87.0%，连续最大4个月径流量占全年径流量的49.3%～83.0%。

云南省水资源空间分布与人口、耕地创面极不协调，人口密集的滇中地区人口接近全省的50%，生产总值占全省的70%，多年平均自产水量仅占全省的24%，而且该区域位于金沙江支流、南盘江和红河的上游或源头地带，外水流入较少；滇西北和滇西、滇南、滇东南地区人口密度小，生产总值不到全省的20%，多年平均自产水量超过全省的60%。

## 1.2 供用水概况

### 1.2.1 供水工程现状

截至2010年底，云南省已建成水库5555座，塘坝45850座，引水工程190227处，已配套机电井3040眼，取水泵站12435处[4]，小水窖、小水池300余万件，调水工程5处。与1990年比较，水库增加1105座，塘坝增加132座，引水工程增加15322处，机电井增加210眼。1990年大型水库仅有2座，至2010年大型水库增加到7座，总库容增加16.11亿 $m^3$。各类水利工程不断增加，为云南省供水提供了基本保障。

2010年，云南省水利工程设计供水能力为202.51亿 $m^3/a$[4]。云南省供水工程以渠道引水和中型水库为主，从设计供水能力来看，引水工程设计供水能力占45.1%，中型水库设计供水能力占21.4%，小型水库设计供水能力占17.2%，其余类型工程设计供水能力均不到10%（见图1）。

### 1.2.2 供水量

云南省供水包括供河道内的水力发电用水和供河道外的生产生活生态环境用水，本文供用水量指河道外供用水量。2010年，云南省总供水量为147.47亿 $m^3$，其中地表水源供水量为139.01亿 $m^3$，地下水源供水量为4.78亿 $m^3$，其他水源（污水处理回用及雨水利用）供水量为3.68亿 $m^3$[5]。

从供水组成来看，云南省供水以地表水源为主，占总供水量的94.3%，地下水源供水量占3.2%，污水处理回用及雨水积蓄利用等其他水源供水量占2.5%。云南省16个州（市）中，地下水源供水所占比例最大的是红河州，供水量为1.37亿 $m^3$，占总供水量的8.7%；其

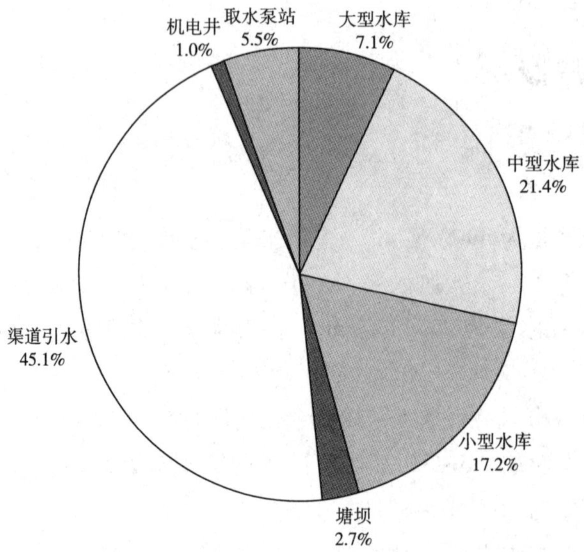


**图1 云南省供水工程设计供水能力组成**

次是曲靖市，供水量为0.81亿$m^3$，占总供水量的6.3%。其他水源供水所占比例最大的是昆明市，供水量为2.84亿$m^3$，占总供水量的13.6%；其次是红河州，供水量为0.37亿$m^3$，占总供水量的2.4%。

### 1.2.3 用水量

2010年，云南省河道外总用水量为147.47亿$m^3$，比上年减少3.4%。总用水量中，生产用水量为129.17亿$m^3$，比上年减少4.2%；生活用水量为14.42亿$m^3$，比上年减少2.1%；生态环境用水量为3.88亿$m^3$，比上年增加23.1%[5]。

云南省总用水量中，生产用水占总用水量的87.6%，生活用水量占总用水量的9.8%，生态环境用水量占总用水量的2.6%。生产用水量中，第一产业用水量占77.8%，第二产业用水量占20.5%，第三产业用水量占1.7%。生活用水量中，城镇居民生活用水量占48.4%，农村居民生活用水量占51.6%。生态环境用水量中，城镇环境用水量占97.5%，农村生态用水量占2.5%[5]。

### 1.2.4 用水水平和用水效率

云南省是少数民族聚居的西部边疆省份，经济发展相对缓慢，用水水平和用水效率低于全国平均水平。2010年，云南省水资源开发利用率为6.7%，比全国平均19.5%要低[5~6]。人均综合用水量为320$m^3$/a，城镇生活人均用水量为119L/d，农村生活人均用水量为68L/d，均低于全国平均值，可见云南省用水水平较低。万元GDP（当年价格，下同）用水量为204$m^3$，农田灌溉亩均用水量为448$m^3$/a，万元工业增加值（当年价格，不含火电）用水量为98$m^3$，均高于全国平均值，云南省用水效率仍然不高。

最近10年，云南省人均综合用水量基本维持在320~341$m^3$/a，呈缓慢下降的趋势，10年下降了6.2%；万元GDP用水量和万元工业增加值用水量均呈显著下降的趋势，10年来分别下降了70.5%和60.6%；农田灌溉亩均用水量和城镇生活人均用水量、农村生活人均用水量呈缓慢下降的趋势，10年来分别下降了22.4%、18.5%和4.2%（见图2）。

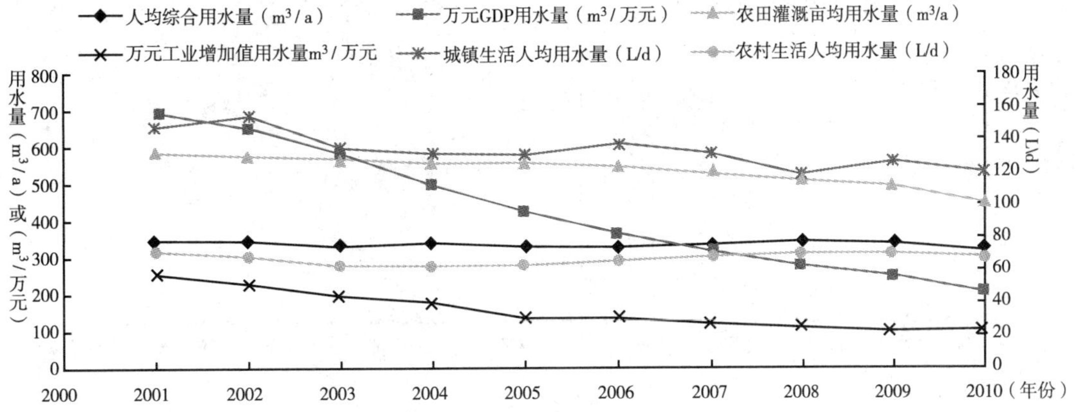


**图2　最近10年云南省用水指标变化过程**

## 1.3　经济社会发展所需水量预测

随着经济社会发展，生产生活需水量将随之增加。需水预测采用定额法，按居民生活、工业、农业、建筑业、第三产业、农村牲畜、城镇生态分项预测。需水定额参照《城市给水工程规划规范》（GB50282－98）、《城市居民生活用水量标准》（GB/T50331－2002）及《云南省地方标准（用水定额）》（DB53/T168－2006）等规程规范和《云南省水资源综合规划》《滇中引水工程规划修编》《云南省节水型社会建设"十二五"规划》等成果分析确定。现状年社会经济发展指标来源于各州市统计年鉴，未来发展相关指标来源于相关规划。

按平水年（P＝50%，下同）来水条件计算，2009年云南省经济社会总需水量为208.89亿$m^3$，其中生活需水量为15.00亿$m^3$，生产需水量为184.33亿$m^3$，生态需水量为9.55亿$m^3$，分别占总需水量的7.2%、88.2%和4.6%[7]。从全省16个州（市）的需水量分布上看，地处滇中的昆明、曲靖、红河等州（市）需水量最大，分别为31.40亿、21.89亿、20.28亿$m^3$，分别占全省总需水量的15.0%、10.5%、9.7%；地处滇西北欠发达地区的怒江、迪庆两州需水量分别为1.69亿、1.58亿$m^3$，均占全省总需水量的约0.8%。

到2015年，全省需水量增加到227.32亿$m^3$，其中生活需水量为17.82亿$m^3$，生产需水量为199.29亿$m^3$，生态需水量为10.21亿$m^3$，分别占总需水量的7.4%、88.4%和4.2%[7]。与2009年比较，城镇居民生活需水、工业需水、第三产业需水和林牧渔畜需水所占比重有所增加，农田灌溉需水所占比重有所下降，其余类型需水所占比重则基本持平，与云南省城镇化进程和工业发展不断加快、人民生活水平逐渐提高的发展趋势一致。

到2020年，全省需水总量增加到235.80亿$m^3$，其中生活需水量为19.71亿$m^3$，生产需水量为206.98亿$m^3$，生态需水量为9.11亿$m^3$，分别占总需水量的8.4%、87.8%和

3.9%[8]。与2015年比较，农田灌溉需水量所占比重有所增加，工业需水所占比重略有下降，其余类型需水所占比重增减幅度不大，与云南省农田水利建设投入加大、全社会普遍采取节水措施的社会发展方向相符。需水量见图3。

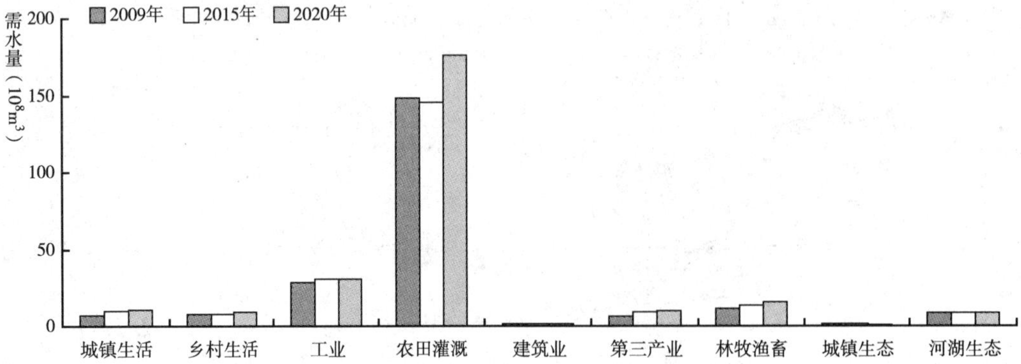


**图3　云南省分行业需水量**

## 1.4　水资源供需平衡分析

随着经济社会的发展，各行业用水需求将持续增长，而水量是有限的。在气候变化和人类活动的双重压力下，云南省水资源形势越来越严峻，特别是2009~2012年的持续干旱，给云南省水资源供求提出了更大挑战。根据降水情况分析，2009年接近特枯水年（P=95%），全省需水量为234.15亿$m^3$，可供水量为156.04亿$m^3$，缺水量为78.11亿$m^3$，缺水率为33.4%[7]。全省16个州（市）中，缺水量最大的是昆明、保山和大理，缺水量分别为12.56亿、7.99亿、7.56亿$m^3$；缺水最为严重的是文山、保山和昆明，缺水率分别为50.0%、46.4%和37.1%，缺水情况见图4。

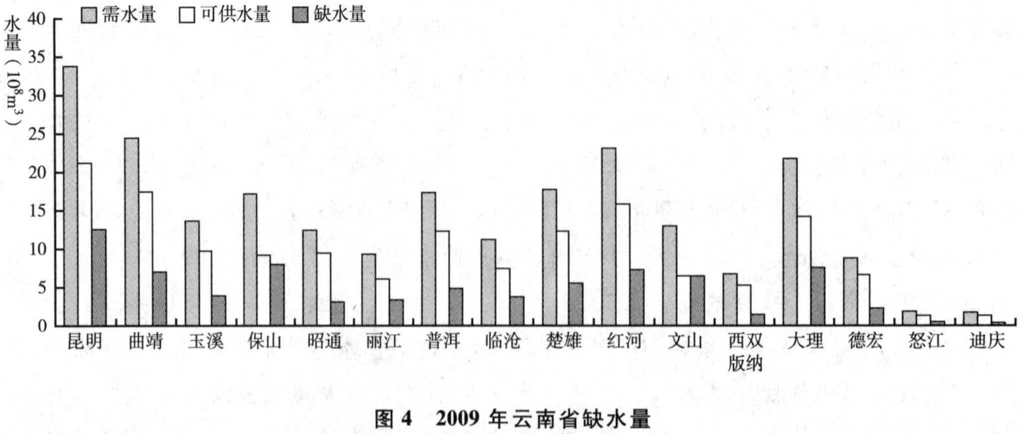


**图4　2009年云南省缺水量**

为了缓解水资源供求矛盾，近期以“润滇工程”“重点水源工程”和山区“五小水利工程”为重点，中期和远期考虑以跨流域调水等措施来保障供水。至2015年，全省需水量将增加到 227.32 亿 $m^3$，可供水量将增加到 216.86 亿 $m^3$，缺水量降低到 10.46 亿 $m^3$，缺水率降低到 4.6%；2020 年全省需水量将增加到 235.80 亿 $m^3$，可供水量将增加到 229.98 亿 $m^3$，缺水量降低到 5.82 亿 $m^3$，缺水率降低到 2.5%。

分析表明，随着经济社会发展，需水量随之大幅度增加，同时只要规划的供水工程能够按期建成投入使用，水资源供需矛盾就会得到合理缓解。

### 1.5 水环境状况

2010 年，云南省河流水质符合《地表水环境质量标准》（GB3838－2002）中Ⅰ～Ⅲ类水质标准的河道占 72.0%，符合Ⅳ类水质的河道占 11.5%，符合Ⅴ类水质的河道占 5.3%，劣于Ⅴ类水质的河道占 11.2%[5]。水功能区水质达标率为 41.9%。

2010 年，云南九大高原湖泊中水质差异较大，按《地表水环境质量标准》（GB3838－2002）评价，泸沽湖为Ⅰ类，抚仙湖为Ⅰ～Ⅱ类，洱海为Ⅱ～Ⅲ类，水质优良，其余 6 个湖泊水质为劣Ⅴ类[5]。

2010 年，云南省 57 座大中型水库中，按《地表水环境质量标准》（GB3838－2002）评价，水质符合Ⅰ～Ⅲ类的占 68.4%，符合Ⅳ类的占 17.5%，符合Ⅴ～劣Ⅴ类的占 14.1%[5]。

2010 年，云南省集中式供水水源地水质合格率为 83.3%，未合格的水源地主要超标项目为总氮[5]。

可以看出，云南省水环境状况不容乐观，江河湖库水质受到不同程度的污染，部分水体已失去了使用功能，严重影响供水。

## 2 云南省供水安全面临的形势

### 2.1 水资源供需矛盾突出

云南省水资源总量居全国第三位，多年平均水资源量为 2210 亿 $m^3$[3]，以 2010 年人口计算，人均占有水资源量为 8403$m^3$，高于全国平均水平。从总量来看云南省属水资源丰沛的省份，但是因为水资源时空分布不均匀，水资源分布与人口、经济发展不协调，水资源供需形势非常严峻。2009 年，云南省水利工程设计供水能力为 198.21 亿 $m^3/a$，因干旱少雨导致产水量大幅度下降，全省实际供水量仅为 144.23 亿 $m^3$[4]，供水量仅占设计供水能力的 72.8%。按来水、供水条件和经济社会发展等因素计算，2009 年全省需水量为 234.15 亿 $m^3$，可供水量为 156.05 亿 $m^3$，缺水量为 78.11 亿 $m^3$[8]，缺水率为 33.4%。

云南省现有的供水工程有限，设计供水能力仍小于全社会对水资源的需求，特别是持续干旱期，水资源供需矛盾仍然突出。

### 2.2 多类型缺水并存

云南省地处云贵高原，总体以山地为主，水资源分布与人口、耕地、经济发展极不协调，占全省 6% 的坝区集中了全省 2/3 的人口和 1/3 的耕地，水资源量却仅占全省的 5%。另外，因受季风气候的影响，云南省水资源年内分配不均匀，5～10月雨季降水量占全年的72%～85%。虽然云南省水资源总量排全国第三位，但是时空分布极不均匀，滇中主要经济区水资源紧缺，资源性缺水现象仍然突出，特别是近年来持续干旱少雨，资源性缺水已成为云南省的主要水资源问题。

云南省地形地貌较为复杂，滇中主要经济区以岩溶地貌为主，水利工程建设成本高，技术难度大，工程性缺水严重。而广大山区则山高水低，人口、耕地分散，现阶段水利工程建设难以满足点多面广的供水需求，工程性缺水仍然较为普遍。

2010年，云南省废污水排放量为17.98亿 $m^3$[5]，对河流、湖泊水质造成不同程度的影响，河流水功能区水质达标率不到一半，九大高原湖泊中已有6个受到污染。因水质受到污染，流经人口密集区的河流、湖泊水质大部分达不到使用标准，缺水现象更加突出。

云南省资源性、工程性和水质性缺水并存，是经济社会可持续发展的主要制约因素之一，特别是近年来的持续干旱，云南的严重缺水问题更加突出。

## 2.3 供水保障能力薄弱

截至2010年，云南省水利工程设计供水能力为202.51亿 $m^3/a$[5]，其中具有调节能力的蓄水工程（大、中、小型水库和塘坝）设计供水能力占48.4%，无调节的渠道引水工程供水能力占45.1%，提水工程设计供水能力6.5%。云南省供水工程以无调节能力的引水工程为主，调节能力强的大中型水库设计供水能力仅占28.3%，如遇2009～2012年这样的持续干旱，绝大部分小塘坝、部分小型水库和河流支流干涸，供水能力显著下降，2010年实际供水量仅占设计供水能力的72.8%，供水保障能力较为薄弱。

## 2.4 用水效率有待提高

云南省是少数民族聚居的西部边疆省份，经济发展相对缓慢，用水效率受到一定的影响。以2009年为例，全省人均用水量为334 $m^3$/人，低于全国平均水平448$m^3$/人[5～6]。与用水效率处于国内领先水平的天津市相比，万元GDP用水量约是天津市的8.0倍，农田灌溉亩均用水量约是天津市的1.7倍，万元工业增加值用水量约是天津市的8.3倍，城镇人均用水量约是天津市的1.6倍，农村人均用水量约是天津市的1.1倍[9]。与全国平均水平相比，万元GDP用水量约是全国平均值的1.4倍，农田灌溉亩均用水量是全国平均值的1.1倍，城镇人均用水量约是全国平均值的0.6倍，万元工业增加值用水量和农村人均用水量与全国平均值接近[5]，用水指标见表1。

**表1 2009年云南省用水指标**

| 项 目 | 人均综合用水量($m^3$/a) | 万元GDP用水量($m^3$/万元) | 农田灌溉亩均用水量($m^3$/亩·a) | 万元工业增加值用水量($m^3$/万元) | 城镇人均用水量(L/人·d) | 农村人均用水量(L/人·d) |
|---|---|---|---|---|---|---|
| 云南省 | 334 | 247 | 492 | 100 | 125 | 70 |
| 天津市(国内领先) | 194 | 31 | 293 | 12 | 80 | 65 |
| 全国平均 | 448 | 178 | 431 | 103 | 212 | 73 |

从表 1 可以看出，云南省用水效率较低，特别是工业用水和农田灌溉用水有很大的节水空间。

### 2.5 管理体制仍不完善

限于历史原因，云南省水资源管理中“多龙管水”“城乡分割”“部门分割”等不合理管理现象仍然存在，制度上“政出多门”仍未完全理顺。此外，一些城市的地下水和地热水资源开发利用管理体制尚未理顺，不仅影响资源合理利用，而且可能因过度开采引发次生灾害。

云南省水资源管理体制尚不健全，管理水平仍然较低，工程维护力度不够，水价机制不尽合理，供水工程管理机制不健全，地方配套的政策法规、协调机制等不够完善，有法不依、执法不严、各自为政的现象还不同程度地存在，城乡生活及工业用水浪费仍然得不到有效遏制，直接影响水资源的合理开发利用与管理，加剧了用水紧张局面，同时也不利于水生态环境的有效保护。

## 3 保障供水安全的对策建议

云南省水资源丰富，同时水资源问题也极为突出，供水安全是经济社会可持续发展的重要前提。

### 3.1 实现城乡水务一体化管理

积极推进城乡水务一体化管理，实现由农村水利管理向统筹城乡水务管理转变，由工程水利管理向资源水利管理转变，实行水资源的优化配置、高效利用和有效保护一体化管理的模式，实现地表水、地下水、空中水以及城市非常规水资源统一管理，加快供水、排水、节水、治污等方面的全面管理。

加强水务管理队伍建设，努力提高管理技能、科研能力、技术创新能力等，扩展专业知识结构，培养有知识、懂技术、善经营的水务管理队伍，为水务管理体制改革提供人力资源保障。

建立多元化的水务投资与市场化运作机制，按照国家、集体、社会投入相结合的原则，调动社会各方面的积极性，建立多元化、多渠道、多层次的水务投资机制，确保水务投入的总体规模显著增加。鼓励运用市场化手段发展城乡供水业，逐步建立起政府宏观调控、企业自主经营、用水户参与管理的新型运行模式。

### 3.2 实行最严格的水资源管理制度

尽快建立用水总量控制和监测考核指标体系，制定流域和区域的水量分配方案，严格取水许可审批，加强取水计量监管，实行行政区域年度用水总量控制。积极推进国民经济和社会发展规划、城市总体规划和重大建设项目布局的水资源论证工作，从源头上把好水资源开发利用关。严格执行水资源费征收、使用和管理相关规定，充分发挥水资源费在水资源配置中的经济调节作用。

建立用水效率考核指标体系，提高用水效率，实现水资源的高效利用和优化配置，缓解水资源供需矛盾。根据国家制定的用水效率等级强制性国家标准和用水效率标识管理办法，对产品的用水效率进行分级并对节水水平进行标识，建立用水效率标识管理制度。

严格控制入河湖污染物总量，提出限制排污总量的分解指标，对排污量已超出水功能区限制排污总量的地区，明确其污染物允许排放量。严格执行入河排污口设置审批、登记及监督管理制度，入河排污口设置应满足水功能区管理目标和限制排污总量要求，对排污量已超出水功能区限制排污总量的地区，限制审批入河排污口。

## 3.3 加快水源工程建设

云南省水资源时空分布极不均匀，水土资源分布不匹配，水资源开发利用难度大，必须依靠水利工程，尤其是骨干蓄水工程对水资源进行时空再分配，通过蓄水工程的调节作用，改变水资源的时间分配不均，逐渐缓解供需水矛盾。

滇中是云南省的主要经济区，同时也是云南省水资源最为紧缺的区域，本区水资源和小区域调水很难从根本上解决水资源供需矛盾，因此必须依靠较大规模的调水来改变水资源的空间分配不均，以此解决缺水问题。

云南是边疆少数民族聚居的省份，广大山区人口、耕地分散，应因地制宜地采取小型水利工程，来解决人畜饮水、乡镇供水、农田灌区的供水。

## 3.4 推进节水型社会建设

云南省用水效率不高，节水空间仍然很大。为此，采取各种节水措施，加强节约用水是缓解缺水问题的重要手段之一。一是健全以总量控制与定额管理为核心的社会取用水管理体系；二是推进用水方式转变，完善与水资源承载能力相适应的经济结构体系；三是大力发展高效节水设施，完善水资源优化配置和高效利用的工程技术体系；四是全面加强节水宣传教育，完善公众自觉节水的行为规范体系。

节水型社会建设的重点领域是农业节水、工业节水、城镇生活节水的非常规水源利用。要稳步推进大中型灌区和重点小型灌区节水改造与续建配套工程建设，因地制宜地大力发展喷灌、微灌、管道输水等先进的高效节水灌溉设施和技术，推进灌区节水示范区建设。要重点抓好火力发电、钢铁、造纸、化工、食品等高耗水工业行业、高耗水服务业的节水减排和循环用水工程建设，做好水平衡测试，严格计划用水管理，提高水重复利用率。要加快城市供水老旧管网技术改造，降低管网漏损率。加强公共建筑、社区和住宅小区节水设施建设，促进中水回用，推进节水型器具普及及工程建设。昆明等滇中缺水城市，要科学利用再生水、雨洪水等非常规水源，增加可供水量，缓解水资源瓶颈。

## 3.5 完善政策法规体系

建立用水总量控制指标和监测考核体系，强化建设项目水资源论证制度、规划水资源论证制度、取水许可管理和监督制度、计划用水制度、取用水计量与统计制度等制度建设，加强河道管理、水能资源管理、水利工程管理相关立法工作，出台地方性法规，加大水行政执法力度，依法查处取用水管理、水资源保护、水土保持、河道管理、水工程管理等领域的违法行为。落实行政执法责任，严格执行水行政许可制度，加强水行政许可事项管理，推进水利政务公开。健全水事纠纷调处机制，加强行政执法队伍建设。

## 4 结语

云南省水资源总量丰富，但时空分布不均匀，资源性、工程性、水质性缺水并存，水资源供需矛盾突出。同时，水资源开发利用程度和用水效率偏低，管理体制、机制有待完善，供水工程建设亦需加强。随着人口增长、经济社会发展和城镇化速度的加快，特别是在气候变化和极端气候事件频繁的外环境胁迫下，云南省水资源形势将日益严峻。为此，加强水资源统一管理、加快水源工程建设、推进节水型社会建设和完善政策法规体系等是保障云南省供水安全应采取的主要对策。

## 参考文献


[1] 云南省水文水资源局：《云南省旱情简报》[Z]，2012.11。

[2] 张伟：《云南曲靖连续三年大旱 81 条河流断流》[EB/OL]，http：//info. water. hc360. com/2012/05/070932368684. shtml2012 -7 -5。

[3] 云南省水利厅：《云南省水资源综合规划水资源调查评价专题报告（水资源四级区）》[R]，2007.9。

[4] 云南省水利厅：《云南省水利统计年鉴 2010》[Z]，2010。

[5] 云南省水利厅：《云南省水资源公报 2010》[Z]，2011。

[6] 中华人民共和国水利部：《中国水资源公报 2010》[Z]，2001。

[7] 云南省水利水电勘测设计研究院：《云南省节水型社会建设“十二五”规划》[R]，2011.10。

[8] 云南省水利厅：《云南省水资源综合规划水资源配置阶段报告（水资源三级区）》[R]，2008.4。

[9] 云南省水利厅：《云南省水资源公报 2009》[Z]，2010。

[10] 天津市水利局：《天津市水资源公报 2010》[Z]，2011。


# The Countermeasure of Safety Water Supply Under Variance Environment


*Duan Qicai，Huang Ying，Wang Jie*

(Yunnan Institute of Water Resources and Hydropower Research)



**Abstract：** The freshwater resource is necessity for human social development. In recent years, continuous drought happened in Yunnan, so safety water supply facing severe test. We analysed the present situation of the water supply and consumption. Based on economic and social development and engineering construction, the amount of water supply and consumption were projected under different level years. The result shows, the amount of water deficit in 2009, 2015 and 2020 is 78.11 ×

$10^8 m^3$, $10.46 \times 10^8 m^3$, $5.82 \times 10^8 m^3$, respectively. Water deficit is still outstanding in next 10 years. Facing to the current situation of management and development and utilization of water resource, economic and social development requirement for water resource, we present some advice. ① Intensifing the integrated management and rational use of water resources; ② Accelerating the water source engineering construction; ③ Promoting the construction of water- conservation society; ④ Consummating the policy laws and regulations system of water resource management.

**Keywords**: Water source; Safety water supply; Countermeasure; Yunnan province

# 持续干旱事件下云南水资源面临的挑战*

王杰　黄英　段琪彩　刘杨梅

（云南省水利水电科学研究院）

**摘　要**　云南省水资源总量位列全国第三，但水资源开发利用率低，水资源分布与经济发展需求极不适应，用水水平低下。干旱是云南的主要自然灾害之一。本文在分析2009年以来持续干旱事件对地表水资源、库塘蓄水、九大高原湖泊水资源影响的基础上，从用水安全保障、生态和农业用水受到挤占、地下水过量开采问题、河道断流、湖泊萎缩、功能丧失、潜在的水事纠纷几个方面简要地阐述了持续干旱事件下云南水资源面临的挑战。

**关键词**　持续干旱；水资源；挑战；云南省

## 1　引言

近年来，气候变化已经成为影响人类社会未来发展的重大问题并受到了全世界的关注。全球各地的极端气候事件层出不穷，由此带来的各种自然灾害给世界各国带来了巨大的损失[1]。IPCC 第4次评估报告[2]指出："随着全球气候变暖，极端天气气候事件发生的频率或强度可能改变，某些极端事件可能增加或增强。"伴随全球变暖，中国近些年来确实出现了一些罕见的高温、干旱、暴雨强降水事件，产生了一些新的气候极端值，对生产、生活造成很大的影响[3]。而干旱是我国的主要自然灾害，近年来的几次异常干旱灾害都发生在西南地区，如2005年春季云南异常干旱、2006年夏季川渝地区特大干旱以及2009年秋到2012年的连旱。可见，干旱发生频率正在不断增加，并且从我国北方开始向西南地区蔓延[4]。三年连旱对云南经济社会发展造成了严重影响，2009年至今累计造成全省16个

* 作者简介：王杰，男，博士，云南省水利水电科学研究院工程师。

州市2700多万人受灾，2144万人、1215万头大牲畜饮水出现困难；作物受灾面积达423.73万 $hm^2$，粮食因旱损失557万t，2010年5月旱情最重时有736条中小河流断流、520座小型水库和7380个小坝塘干涸。全省河道平均来水量较常年整体偏少四成，水电发电量急剧下降，工业企业生产经营受到影响。为此，本文以云南三年连旱对水资源的影响，探讨连旱事件下云南水资源面临的主要挑战。

## 2 云南省自然概况

云南省面积为39.46万 $km^2$。全省盆地、河谷、丘陵、低山、中山、高山、高原相间分布，坝子（盆地、河谷）仅占6%[5]。

全省南北气温相差达19℃。各地年温差小、日温差大，无霜期较长。全省多年平均降雨量为1278.8mm，时空分布不均。降雨年际变化不大，但年内分配不不均，主要集中在汛期，一般可占全年雨量的80%以上[6~7]。

全省地表径流主要由降水产生，多年平均地表水资源量为2210亿 $m^3$，约占全国的1/13。总体来说自西向东排列着西部多水带、中部少水带、南部多水带、东部中水带、东北部多水带[7]。全省分布着长江、澜沧江、红河、珠江、怒江、伊洛瓦底江6大水系，其径流分别占总径流的19.19%、23.26%、20.32%、10.36%、14.61%、12.17%。全省水资源开发利用率仅为6.9%。在水土资源配置方面，平坝区地多水少，水资源开发利用程度较高，水利基础设施条件相对较好，而山区地少水多，水资源开发利用程度较低，水利基础设施差；大江干流水资源丰富，但河谷深切，开发利用十分困难；而人口稠密、工业集中、耕地连片、需水量大的区域多处于支流地带，河流短且汇水面积小，水资源贫乏，水土资源不匹配；受人类活动影响，局部水环境容量降低。

## 3 三年连旱对云南水资源的影响

### 3.1 近年来降水变化

自2001年以来，云南省降水量持续偏少，干旱呈加剧的趋势（见图1）。在2002~2011年的10年中，仅2007年和2008年两年的降水量略高于多年平均值，其余均低于平均值，而且降水量总体呈下降的趋势。在云南省近年的持续干旱中，2009~2011年连续3年的干旱最为严重，降水量较多年平均值分别偏少24.7%、7.3%和23.0%。从区域分布情况来看，2009年昆明、保山、文山、楚雄、曲靖降水量偏少30%~40%，其他州市偏少15%~30%；2010年红河、文山两州降水量分别偏少20.4%和23.0%，玉溪、普洱、临沧、昭通、西双版纳、楚雄、昆明7个州（市）偏少10.8%~19.9%，大理、丽江、曲靖3个州市偏少2.3%~9.8%；2011年全省大部分地区降水量偏少超过20%，其中昆明、曲靖、大理局部地区偏少超过50%。

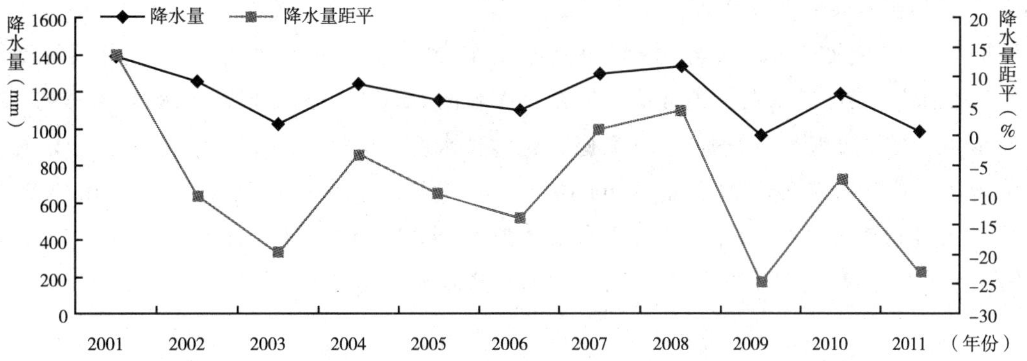


**图 1　云南 2001～2011 年降水变化**

## 3.2　三年连旱对地表水资源的影响

自 2001 年以来，云南地表水资源量呈减少趋势（见图 2），2009～2011 年地表水资源量较多年平均值分别偏少 28.7%、7.3%和 33.0%。2009 年楚雄州地表水资源量偏少 50.0%，曲靖、昆明两市分别偏少 48.2%和 40.6%，玉溪、保山、昭通、文山 4 个州（市）偏少 38.5%～31.2%，丽江市偏少 16.9%，其余州（市）偏少 27.8%～22.1%。2010 年红河、曲靖、玉溪、楚雄 4 个州（市）地表水资源量偏少 30.8%～37.3%，文山、临沧、昆明、西双版纳 4 个州（市）偏少 22.9%～29.5%，德宏州、大理州分别偏少 4.0%和 5.1%，丽江、普洱、昭通 3 个市偏少 12.1%～15.5%，其余州（市）略偏多；2011 年河道平均来水量偏少 37%，其中昆明、曲靖、玉溪、红河等州（市）大部分地区偏少超过 50%。2010 年全省 7443 条中小河流出现断流；2011 年 9 月上旬，全省河道平均来水量较常年偏少 58%，144 条中小河流断流；2012 年 1～4 月，云南省大部分地区降水量不到 10mm，局部地区甚至滴雨未降，干旱仍在继续，截至 4 月底，全省已有 539 条中小河流断流。

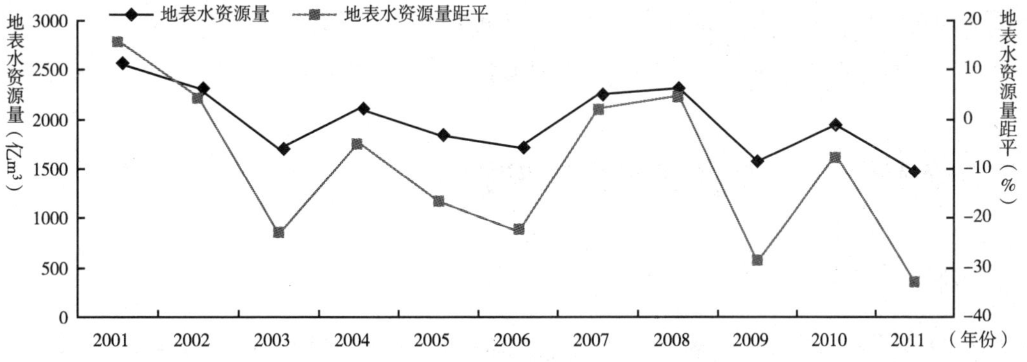


**图 2　云南 2001～2011 年地表水资源变化**

## 3.3　三年连旱对库塘需水的影响

随着云南水利的投入，蓄水工程不断增多，对应的蓄水能力也增强，但是由于河道来水大幅度减少，2009～2011年水库蓄水明显不足（见图3）。2009年，全省已建成大、中、小型水库5514座，正常蓄水位相应库容为84.29亿 $m^3$，计划蓄水量为68.00亿 $m^3$，年末实际蓄水量为54.81亿 $m^3$，实际蓄水量占正常蓄水位相应库容的65.0%，占计划蓄水量的80.6%。2010年，全省大、中、小型水库增加到5555座，正常蓄水位相应库容为85.79亿 $m^3$，计划蓄水量为75.00亿 $m^3$，年末实际蓄水量为64.42亿 $m^3$，实际蓄水量占正常蓄水位相应库容的75.1%，占计划蓄水量的85.9%，其中有564座小型水库和7599个小坝塘干涸，2011年有490座小型水库干涸，2012年1～4月有647座小型水库干涸。

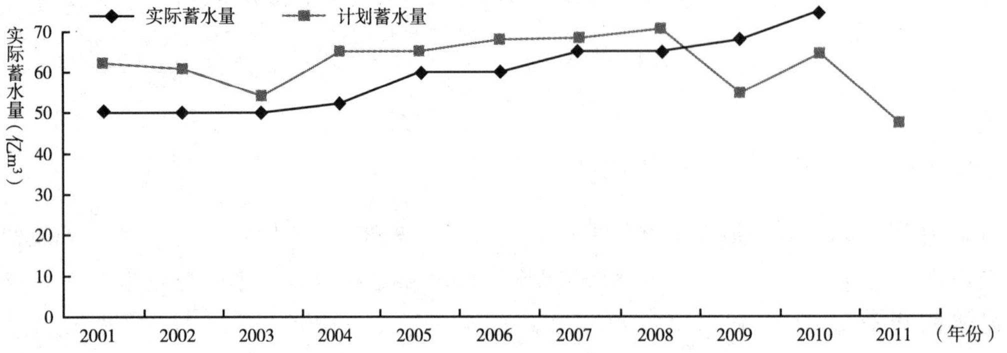


**图3　云南2001～2011年库塘蓄水变化**

### 3.4　三年连旱对九大高原湖泊水量的影响

近年来的持续干旱，高原湖泊的入湖水量也相继减小，加之气温偏高，空气湿度减小，湖面蒸发量增加，从而导致湖泊容水量减少，水位呈下降趋势。经分析，云南省九大高原湖泊2009年末容水量为283.81亿 $m^3$，比上年减少1.7%；2010年为283.69亿 $m^3$，比上年减少0.04%。2009年除程海、泸沽湖和洱海外，其余六大湖泊的容水量明显减少；2010年除泸沽湖、滇池和洱海外，其余六大湖泊的容水量明显减少。特别是位于南盘江流域的阳宗海、星云湖、杞麓湖和异龙湖的容水量明显小于历年湖泊容水量，减幅超过总湖容量的10%。

## 4　持续干旱下云南水资源面临的挑战

### 4.1　供水安全问题

以2009年为例，在多年平均情况下全省总需水量为208.89亿 $m^3$，生活、生产、生态需水分别占总需水量的7.2%、88.2%和4.6%。而2009年各类水利工程供水设施的实际供水量为171.13亿 $m^3$，缺水37.76亿 $m^3$，缺水率为18.8%。据估算，到2020年，多年平均情况下全省经济社会需水总量为235.80亿 $m^3$，其中生活需水占总需水量的8.4%，生产需水占总需水量的87.8%，生态需水占总需水量的3.9%。预测到2020年，多年平均情况下全省可供水量为229.98亿 $m^3$，中等干旱年份（P=75%）全省缺水总量为15.3亿 $m^3$，缺水率为6.25%，特枯年份（P＝95％）全省缺水总量为37.83亿$m^3$，缺水率为14.92％。可见，在2009以来的这种干旱态势下，云南供水缺口较大，供水安全将受到极大挑战。

## 4.2 生态和农业用水受到影响

随着工业化和城镇化的推进，全省的城镇生活和工业用水增长使城市水资源供需矛盾日益突出，近70％的城镇不同程度地存在缺水问题，近1/3城镇缺水严重，昆明已成为全国14个严重缺水城市之一。城市用水主要靠挤占农业和生态环境用水解决。如昆明市松华坝水库原设计灌溉1800 $hm^2$农田，目前已被城市用水挤占，农业和生态环境用水只能靠滇池水来解决。2009年全省实际生态用水占2.1％，仅为需水预测的1/2。即将完成的牛栏江－滇池补水工程，其水量主要用于改善滇池水环境，但在连续三年特大干旱中，部分水量也被挤占为城市用水。可见在持续干旱事件下，生态和农业用水受到挤占，农业生产和生态环境将面临较大的挑战。

## 4.3 地下水过量开采问题

地下水是水循环中相对不活跃的要素，其恢复更新期可长达几十年到上千年。地下水作为一种储备资源，深藏于地下，是特殊条件下（如战争、干旱等）的重要水源，可保障应急之需。

2010年云南各州市地下水开采量列于前六位的是红河、昆明、曲靖、大理、丽江和昭通，6个州市的地下水开采量之和占到全省2010年地下水实际开采总量的85.7％。2009年大旱期间，全省共打井599眼，其中最深井为472 m。曲靖市是云南省抗旱中打井最多的地区。2010年特大干旱，曲靖市临时打井2500多眼，解决人畜饮水困难。但若盲目无序长期开采地下水，将出现生态平衡遭到破坏、河流水量逐年下降、地下水位持续下降、地面下陷等现象。

## 4.4 河道断流，湖泊萎缩，功能丧失

受旱情的影响，2010年全省7443条中小河流断流，564座小型水库和7599个小坝塘干涸。2011年9月上旬，全省河道平均来水量较常年偏少58％，144条中小河流断流，490座小型水库干涸。2012年1～4月，云南省大部分地区降水量不到10mm，局部地区甚至滴雨未降，干旱仍在继续。截至4月底，全省已有539条中小河流断流，647座小型水库干涸。高频次的河道断流，将导致河道内及两岸生态系统恶化。

湖泊方面，2009年、2010年、2011年阳宗海平均水位分别为1768.18m、1766.94m、1766.22m，至2012年5月1日水位下降至1764.94m，为2010年以来最低值。2009年、2010年、2011年抚仙湖平均水位分别为1722.06m、1721.47m、1721.19m，至2012年5月1日水位下降至1720.50m，也是2010年以来最低值。湖泊水位下降，水动力减弱，水循环迟缓，而水体中的污染物相对浓度增加，因此水质更易恶化。

## 4.5 潜在的水事纠纷

持续的干旱，导致人民用水紧张，引发一些水事纠纷。如2010年地处滇东南红土深山区中的砚山县维摩彝族乡迷底邑村村民到邻寨幕菲勒村去拉水，遭到幕菲勒村村民的阻止，引发水事纠纷。2012年1～3月大姚县城发生水事纠纷37起。尽管这些水事纠纷很快得到调解。但是随着一些

跨地区调水工作的开展，在持续干旱态势下，势必引发水事主体间因开发利用水资源发生分歧而产生的争议。可见如何有效地避免争水、抢水、霸水事件的发生也是持续干旱事件下值得深思的问题。

## 5 结语

云南水资源丰富，但年内分配不均，雨季水量有余，而旱季水源不足；空间分布也十分不均匀，与全省经济社会发展格局不匹配。全省水源工程基础设施薄弱，调蓄能力小，节水意识不强，管理水平低，用水效率和用水水平不高，加剧了水资源供需矛盾，造成局部地区严重缺水；随着人口增长、经济社会发展和城镇化速度的加快，水资源短缺、供水不足等问题日益凸显，水资源形势将日益严峻。尤其2009年以来的持续干旱给云南的生产、生活带来极大的损失，也对生态环境造成较大影响。面临持续的干旱，如何保障供水安全、提高用水水平、合理高效配置水资源、合理开采地下水是我们值得深入研究的课题。

致谢：本文中的部分数据来自《云南省水资源公报》《云南省“十二五”水资源可持续开发利用保护专项研究》《云南省水资源综合调控研究》（初稿），在此一并感谢。

## 参考文献

[1] 刘冰、薛澜：《“管理极端气候事件和灾害风险特别报告”对我国的启示》[J]，《中国行政管理》2012年第3期，第92~95页。

[2] IPCC, *Climate Change*2007:*the Physical Science Basis* [M]. Cambridge, United Kingdom and New York, NY, USA: Cambridge University Press, 2007: 996.

[3] 张德二：《全球变暖和极端气候事件之我见》[J]，《自然杂志》2010年第32（4）期，第213~216页。

[4] 贺晋云、张明军、王鹏等：《近50年西南地区极端干旱气候变化特征》[J]，《地理学报》2011年第66（9）期，第1179~1190页。

[5] 黄英、杨自坤、刘新有：《水电开发及其对水文水资源特性的潜在影响——以云南省为例》[J]，《云南师范大学学报》（哲学社会科学版）2009年第41（3）期，第37~41页。

[6] 彭贵芬、刘瑜、张一平：《云南干旱的气候特征及变化趋势研究》[J]，《灾害学》2009年第24（4）期，第40~44页。

[7] 陶云、何华、何群等：《1961~2006年云南可利用降水量演变特征》[J]，《气候变化研究进展》2010年第6（1）期，第8~14页。

## The Challenge to Water Resource under Continued Drought Events in Yunnan

*Wang Jie, Huang Ying, Duan Qicai, Liu Yangmei*

(Yunnan Institute of Water Resources and Hydropower Research)

**Abstract:** The total water resource of Yunnan is the third position in China. But the water resources development and utilization rate is low. The distribution of water resources and the economic development needs are unfit, and water utilization level is low. The drought is one of the main natural disasters in Yunnan. In this paper, the continued drought events which since from 2009 impacted on surface water resources, reservoir and pond water storage, and 9 plateau lakes water resources were analysed. Then, the six main problems, which are water security, ecological and agricultural water is diverted, groundwater excessive exploit, river was setting off for a long-term and Lake withering result in function is lost, and potential water dispute, were brief stated under continued drought events.

**Keywords:** Continued drought; Water resource; Challenge; Yunnan Province

# 保护“土壤水库” 与雨水资源化

## ——云南省防旱减灾的重要途径之一*

邬志龙　杨子生

(云南财经大学国土资源与持续发展研究所)

**摘　要**　云南省原本是水资源丰富大省，然而近几年来却连遭大旱，究其原因在于生态环境恶化，土壤水库受损，土壤截流蓄水功能减弱。本文以云南省为研究范围，首先在ArcGIS软件支持下，运用GIS空间叠加分析法分析2009～2012年云南省旱情空间分布情况，将云南省划分为重旱易发区、中旱易发区、一般轻旱区、基本无旱区4个等级；同时，运用GIS技术从整体上测算和分析了云南省土壤水库持水能力。在此基础上，辩证地分析云南干旱与土壤水库的内在关系，并提出在全省范围内建立保护土壤水库，提高土壤入渗拦蓄能力，树立雨水资源化的理念，并探讨了保护土壤水库、合理利用雨水资源、推进防旱减灾的具体措施。

**关键词**　防旱减灾；土壤水库；雨水资源化；措施；云南省

## 1 引言

受地形地貌与季风气候影响，我国从来都是“小旱不断、大旱常有”，干旱对农业生产与经济发展有着很大制约作用。因此，我国部分专家学者一直致力于防旱减灾的研究与探讨，分别在水利工程基础设施建设[1～4]、水源开发与节水灌溉的开源节流工程[5]、发展旱作农业的结构调整[6]、建立抗旱机制[5]等方面提出了很好的建议。尽管这些措施对防旱减灾、缓解旱情

---

* 基金项目:云南省教育厅科学研究基金研究生项目（编号2012J037）。

第一作者简介：邬志龙（1988～），男，江西丰城人，硕士研究生。主要从事土地资源与土地利用规划、国土生态安全与区域可持续发展等领域的研究工作。E－mail：yncjtdzygl@163.com。联系电话：15587052977。

通信作者简介：杨子生（1964～），男，白族，云南大理人，教授，博士后，所长。主要从事土地资源与土地利用规划、水土保持与国土生态安全、自然灾害与减灾防灾、土地生态学、区域可持续发展等领域的研究工作。联系电话：0871－5023615，13888964270。E－mail：yangzisheng@126.com。

有着重要的作用，但从长远看，要从根本上防旱抗旱还需要从保护土壤水库着手，重视利用土壤水库的调蓄功能，同时将雨水资源化，提高雨水资源利用率。

土壤水库巨大的调蓄功能与不可替代的维持生态环境的功能早就得到论证。2000 年，朱显谟院士指出，土壤水库在生态环境的演变中具有不可替代的活力，是陆地生态发展的关键和动力，只要维护土壤水库的正常发展就能更好地保护生态环境[7]，并指出抢救土壤水库是黄土高原生态环境综合治理与可持续发展的关键[8]。史学正等（1999）也指出土壤水库具有库容量大、下泄快等特点，陆地土壤水库的调蓄功能不亚于三峡水库，应引起充分重视[9]。此外，还有不少学者对土壤水库的调蓄能力作了充分的分析和论证[10~13]。另外，雨水是土壤水库最直接、最重要的补给水源，而且雨水利用是一种经济、实用的小型技术，可以产生巨大的环境和生态效益[14]，在充分发挥土壤水库调节作用的同时，应该提高雨水资源利用率[15]。

云南地处高原山区，地势西北高东南低，山地面积占总面积的 84%。受高原季风气候和地势影响，省内降水充沛，但干湿分明，分布不均。省内流域面积达 1000 $km^2$ 以上，河流有 672 条，分属于长江、澜沧江、红河、珠江、怒江及伊洛瓦底江 6 大水系，水资源总量达 2233 亿 $m^3$，占全国总量的 8.4%，仅次于西藏、四川，属水资源丰富大省。然而，云南却经常发生重大干旱，据近百年统计，云南平均 9 年一大旱，近 3 年来更是持续大旱，涉及范围很大，给云南省农业生产和经济发展带来很大制约。云南干旱表面上其直接原因在于近几年降雨偏少，时空分布不均，冬春连旱，然而更深层次的原因在于近年来云南省生态退化，土壤水库严重受损，土壤截流蓄水能力下降，土壤水分蒸发量长期大于入渗量。如何在全省范围内保护土壤水库、调用土壤水库防旱抗旱是当前云南省的重大关注点。

鉴于此，本文拟以云南省为研究范围，在 ArcGIS 软件支持下，运用 GIS 空间叠加分析法分析 2009 ~ 2012 年云南省旱情空间分布情况，并从整体上测算和分析云南省土壤水库持水能力，进而辩证地分析云南干旱与土壤水库的内在关系，并探讨保护土壤水库、合理利用雨水资源、推进防旱减灾的具体措施。

# 2 研究方法

## 2.1 数据来源

2009 ~ 2012 年云南省各月份干旱情况分布数据来源于云南省气象局发布的资料，主要有云南 2009 年 3 月 25 日 OCT 气象干旱综合指数分布图、2009 年 12 月 20 日气象旱涝分布图、2010 年 1 月 11 日云南旱情分布图、2010 年 2 月 23 日云南旱情分布图、2010 年 3 月 20 日气象干旱监测图、2010 年 5 月 26 日云南气象干旱分布图、2011 年 12 月云南旱情分布图、2012 年 2 月云南干旱检测分布图和云南省行政区划图 9 份图形数据。

“云南土壤”数据截取于中国 1∶100 万土壤图，数据来源于国家自然科学基金委员会中国西部环境与生态科学数据中心。

### 2.2 技术方法

#### 2.2.1 GIS空间叠加分析法

利用GIS技术分析近几年来云南省干旱空间分布状况，其技术过程主要是通过数据输入→空间校正→数据矢量化→空间叠加计算→干旱级别划分，将云南省划分为重旱易发区、中旱易发区、一般轻旱区、基本无旱区4个等级。空间叠加分析以统计表格、统计图、地图等形式输出用户需要的成果，可提高云南旱情综合性评价的准确性。

#### 2.2.2 定性分析与定量研究相结合

定性分析与定量研究相结合是常用的研究方法之一，具有较强的逻辑性和科学性。本文主要是从整体上对云南省土壤水库有效库容量及各州（市）土壤水库有效库容量进行定量估算研究，并辅之以定性描述，综合探讨其调蓄能力。

#### 2.2.3 辩证分析法

辩证法观点认为，任何事物之间都是辩证统一的、不可分割的，不能“头疼医头，脚疼医脚”，将事物之间的内在联系割裂开来。云南省的三年连旱，表面上是降水偏少、时空分布不均导致，但如果单纯地停留在这一表层原因上来着手防旱减灾，其实际效果将不会很大。因此，本文拟运用辩证分析法，深入分析探讨云南省干旱的更深层诱因——生态退化、土壤水库严重受损，从而进一步揭示云南干旱原因及对策。

## 3 云南旱情空间分布情况分析

### 3.1 数据输入处理

将收集到的云南省气象局发布的2009～2012年云南省各月份干旱情况分布图加载到ArcGIS软件（上述9份图形数据），选取GCW_ WGS_ 1984坐标系统一投影坐标，对各图形数据进行影像校正，再分别矢量化，形成各个图层，并添加ghzs（干旱指数）字段对各图层的每个干旱等级赋指数：5、4、3、2、1。

### 3.2 干旱指数叠加计算

在GIS系统中选用Union模块进行叠加计算，得到各图斑错综复杂的叠加图层，在此图层属性中添加字段Union_ ghzs（综合干旱指数）并对其属性值进行计算。Union_ ghzs属性值等于各叠加图斑ghzs值之和。

### 3.3 干旱级别划分

根据叠加分析结果，利用综合干旱指数频率曲线图，选取频率曲线突变处为级别界限，划分出4个级别的干旱分布区，即重旱易发区、中旱易发区、一般轻旱区、基本无旱区。

### 3.4 云南省旱情空间分布情况

测算结果表明，全省重旱易发区有6.87万 $km^2$，约占全省总面积的17%，主要覆盖了曲靖大部、昆明东部，楚雄西部、丽江与大理的东南部和红河州、昭通中部；中旱易发区面积最大，有19.15万 $km^2$，约占全省总面积的49%，几乎覆盖了丽江、大理、保山、德宏、临沧、文山、红河、昆明等的大部分地区；一般轻旱区有10.88万 $km^2$，约占全省总面积的28%，主要分布在普洱、西双版纳、玉溪大部和迪庆州东南部、怒江州南部；而基本无旱区仅有2.51万 $km^2$，占全省面积的6%，主要在滇西北的迪庆州和怒江州，以及昭通东北部。

由此看来，云南省总体旱情不容乐观，66%的面积是干旱高发区，尤其是丽江地区东部、大理州东部、楚雄州大部、红河州中部、曲靖大部随时可能发生大旱。

## 4 云南土壤水库有效库容估算

### 4.1 土壤水库相关概念

土壤水库是指利用土壤层贮水孔隙来贮存降水的入渗水与灌溉水，有效地保存已形成的土壤水资源，以供农作物用水。土壤水库的库容量取决于土壤整个剖面的孔隙之和，与土壤类型、结构、质地有关。土壤水库的调蓄能力可用3个基本土壤水分常数即饱和含水量、田间持水量和凋萎系数来表示。饱和含水量反映土壤最大蓄水能力，相当于地面水库的最大库容；对农作物而言，田间持水量可视为正常蓄水能力；凋萎系数相当于“死库容”。田间持水量与凋萎系数的差值为土壤有效含水量，它是土壤的有效蓄水能力，相当于土壤水库的“有效库容”。

### 4.2 云南土壤水库有效库容估算

云南省境内主要是铁铝土岗（红壤、砖红壤、赤红壤），占55.32%；其次是淋溶土岗（黄棕壤、棕壤、暗棕壤），占19.72%；再次是初育土岗（紫色土、石灰岩土、火山灰土、新积土），占18.17%。根据联合国粮农组织（FAO）和维也纳国际应用系统研究所（IIASA）所构建的世界和谐土壤数据库（Harmonized World Soil Database，HWSD），可以获得云南省土壤厚度等别图和云南省土壤有效水含量等别图，进而可以测算出全省各州（市）土壤水库有效库容（见表1）。

**表1　云南省各州市土壤水库有效库容估算**

| 州(市) | 总国土面积(万 $km^2$) | 土壤厚度大于100cm土地面积(万 $km^2$) | 土壤有效库容量(亿 $m^3$) |
|---|---|---|---|
| 昆明市 | 2.16 | 1.80 | 27.00 |
| 曲靖市 | 2.99 | 2.40 | 36.00 |
| 玉溪市 | 1.53 | 1.31 | 19.65 |
| 保山市 | 1.96 | 1.65 | 24.75 |
| 昭通市 | 2.30 | 1.93 | 28.95 |

续表

| 州(市) | 总国土面积(万 $km^2$) | 土壤厚度大于100cm 土地面积(万 $km^2$) | 土壤有效库容量(亿 $m^3$) |
|---|---|---|---|
| 丽江市 | 2.12 | 1.72 | 25.80 |
| 普洱市 | 4.54 | 3.93 | 58.95 |
| 临沧市 | 2.45 | 2.22 | 33.30 |
| 楚雄州 | 2.93 | 2.43 | 36.45 |
| 红河州 | 3.29 | 2.71 | 40.65 |
| 文山州 | 3.22 | 2.69 | 40.35 |
| 西双版纳州 | 1.97 | 1.62 | 24.30 |
| 大理州 | 2.95 | 2.49 | 37.35 |
| 德宏州 | 1.15 | 1.14 | 17.10 |
| 怒江州 | 1.47 | 1.24 | 18.60 |
| 迪庆州 | 2.39 | 1.73 | 25.95 |
| 合计 | 39.24 | 33.01 | 495.15 |

### 4.3 估算结果分析

除文山州、昭通市、迪庆州、怒江州等少部分石漠化地区外，云南省土壤厚度在1m以上的土地面积为33.01万 $km^2$，占全省国土面积的83.75%，且厚度在1m以上的土壤有效含水量大都大于150mm/m，即土壤有效库容大于150mm/m。忽略土壤厚度小于1m的少部分地区的土壤库容，单是这83.75%的土地面积的土壤有效库容就有495.15亿 $m^3$，是三峡水库可调蓄库容的2.26倍。可见，云南省土壤水库调蓄潜力是很大的。

表1表明，云南省各州（市）土壤水库有效库容量最大的是普洱市，达58.95亿 $m^3$；其次是红河州和文山州，分别达40.65亿 $m^3$ 和40.35亿 $m^3$；相对最小的是怒江州和德宏州，分别为18.60亿 $m^3$ 和17.10亿 $m^3$；而大理州、楚雄州、曲靖市、丽江市这些重旱易发区土壤水库有效库容量都比较大，分别达37.35亿 $m^3$、36.45亿 $m^3$、36.00亿 $m^3$、25.80亿 $m^3$，倘若能在这些地区充分调用土壤水库的有效库容，将对解决这些地区的干旱问题起到较好的效果。

另外，云南大部分顶层土壤质地属中等以上而且排水等级较好，说明云南省土壤通透性好，水分入渗能力强，同时排水性好不易积水。

综上所述，云南省土壤水库不仅库容量大，而且调蓄功能强，如果重视土壤水库的调用，将对云南防旱抗旱有不可替代的重要作用。

## 5 云南旱情与土壤水库关系的辩证分析

多年以来，不合理的土地利用方式导致土地生态系统退化，水土流失日益严重，土壤水库严重受损，其截流蓄水能力下降，土壤水库含水量长期处于较低值。临沧市北部西临怒江，东有澜沧江，2010年1~3月却发生重大干旱，处于重旱易发区。经过调研得知，当地生态破坏突出，区域生态系统脆弱，澜沧江流域与怒江流域水土流失严重。据统计，临沧市水土流失严重区域占临沧市国土面积的36.4%[16]。水土流失直接后果是土壤水库受损。在丰水期，流域土壤不能充分截流蓄水；在干旱期，土壤水库则无足够有效水供作物生长，更无水可补给江水，继而导致澜沧江、怒江水位低下。土壤水库强大的调蓄功能一旦严重减弱，如逢雨水量少的年份就容易发生2010年那样的特大干旱。与临沧市境况相同，丽江市大部分国土面积处于金沙江流域，保山市内也有澜沧江、怒江两大河流经过，都属于水资源丰富地区，却都在2009年和2010年发生重大干旱，其原因与临沧市类似，都是生态退化、水土流失，导致土壤水库严重受损从而引发旱灾。云南省土壤水库整体保护情况不容乐观，三江流域土壤水库受损主要是水土流失，其他地区除水土流失之外主要是土地资源的不合理开发利用，土地覆被减少。由于土地资源的盲目开发（例如毁林毁草开荒、不合理开发地下矿藏、建设用地的盲目扩张等），土壤长期裸露，缺少植被保护，降雨时受雨水冲刷，或水土流失，或洼积泥淖；天晴时，水分大量蒸腾，或土壤有效水减少，或表层土壤板结，土壤通透性减弱，水分入渗通道受阻，当再次降雨时大部分雨水随地面径流而流走。因此，土地覆被对保护土壤水库起着至关重要的作用。

由此得出结论，云南省三年连旱表面上是降雨减少、时空分布不均直接导致，但更深层次原因则是生态退化，水土流失，土地覆被减少，这导致云南省土壤水库受损严重，土壤水库截流蓄水能力减弱，继而引发严重干旱。

## 6 保护土壤水库、合理利用雨水资源、推进防旱减灾的措施

### 6.1 强化土壤水库保护与雨水资源化意识

在近些年云南省防旱抗旱工作中，人们往往把注意力集中在抗旱工程设施的建设上，这当然是很重要的方面，却忽略了“土壤水库”这一重要调控因素。独特的高原山区土壤性质，决定了云南省土壤水库库容大、调蓄功能强，对云南省防旱减灾有着不可替代的作用。此外，由于机械动力开发河流与地下水的供水技术长足发展，长期以来人们忽视了雨水资源的开发利用，而实际上雨水资源是最经济、最易利用的水资源，在云南省干旱地区应加强利用。防旱抗旱，治标治本，重视保护和调用土壤水库，最大效率地利用雨水资源才是根本出路。

### 6.2 保护和增加土地覆被

土地覆被是保护土壤水库的重要措施，也是提高雨水利用率的基本保障。地上植被不仅保护土壤免于遭受雨打日晒的直接破坏，其根系还有疏松土层、改善土壤质地、增强土壤通透性的作用。乔木、灌木、草被空间错落分明、层次结构有序的植被系统是保护土壤的最佳覆被系统，因此，在退耕还林或植树造林时应尽量营造乔、灌、草结合的植被系统，最大限度地保土蓄水。在农业耕地上，同样可以通过间作来营造有层次结构的土地覆被，既节约和集约利用土地，又充分利用空间；而在农闲时，收割地上作物也应该留下部分作物秸秆覆盖保护土壤，对雨水蓄集起到促进作用。

### 6.3 推广坡改梯、等高条垦技术

云南是典型的山区省份，山地多、平地少是不争的事实。坡地多、坡度大是造成云南严重水土流失的重要原因。实践证明，“坡改梯”技术的实施对保护云南水土起了关键作用，这一点在云南省耕地开发利用上得到充分体现，尤其以举世闻名的滇南哈尼梯田最为典型。然而，

其他地类“坡改梯”推行得则比较少，如园地、经济林地等。梯级造林是保护林地土壤水库的重要举措。在三江流域水土保持工作中，沿江种植防护林，若条件允许应尽量按梯级造林；在“建设用地上山”战略中，对于不适宜作为建设用地的山区坡地也应尽量按梯级造林，既保护土壤水库又防止泥石流等地质灾害，保障建设用地安全。等高条垦与“坡改梯”一样，在较陡坡面上距离 2 ~4m 各挖出宽深各 1m 的等高条垦沟，再用山土填平植树造林。

### 6.4 适当深耕改土

对农耕地而言，深耕改土可以增加底层土壤通透性，有效地提高土壤层蓄积降水的能力。适当地耕、锄、钝、耙、压，可以切断土壤毛细管道，既能保墒，又因表土细碎，严密覆盖，可以减免土壤水分随漏气散失。

### 6.5 推动建设雨水集流工程

雨水集流工程系统具有建造简单、使用方便、技术灵活、容易维护、运行费用低、适应性强、不需要消耗能源、无污染等优点，是一项经济、有效的供水方法，是最基本的农业生产措施，有效的雨水集流可以解决一定的人畜饮水问题。雨水集流有多种，例如屋顶集流可供家庭用水、牲畜饮水；山腰、山脚沟渠连池集流可缓解农业生产用水；再如修建暗渠，暗渠不仅能扩大集流面，将降水、地下潜水、河道潜水集流到使用地区，还能防止蒸发损失。雨水集流系统经济实用，尤其在滇东南等喀斯特地区效果显著。

## 7 结语

（1）运用 GIS 技术对 2009 ~2012 年干旱空间分布情况的叠加分析结果表明，云南省整体旱情不容乐观。尽管云南是水资源丰富大省，但随时都有可能发生大面积的干旱，全省 66% 的面积属于干旱高发区，尤其是丽江地区东部、大理州东部、楚雄州大部、红河州中部、曲靖等重旱易发区发生重大干旱的几率大。

（2）全省土壤有效库容达 495.15 亿 $m^3$，是三峡水库可调蓄库容的 2.26 倍，土壤水库调蓄潜力很大。若有力地保护好土壤水库，充分调用土壤水库调蓄功能，将对云南省防旱抗旱起到重要的作用。

（3）云南旱情与土壤水库的关系密切。云南的三年连旱，表面上是降雨减少、时空分布不均直接导致，但更深层次原因则是生态退化，水土流失，土地覆被减少，这导致云南省土壤水库受损严重，土壤水库截流蓄水能力减弱，继而引发严重干旱。

（4）防旱抗旱，须治标治本。云南省防旱抗旱的根本途径是保护土壤水库，同时重视雨水资源化。

## 参考文献

[1] 常晖、刘文：《对创业农场抗旱措施的探讨》[J]，《中国西部科技》2011 年第 10（14）期，第56 ~57 页。

[2] 隋兆军、于晓龙：《五常市旱灾成因分析及减灾对策》[J]，《水利科技与经济》2009 年第 15（3）期，第 253 页。

[3] 王冰：《西南地区水资源利用问题及分析——以当前该地区面临严重干旱为例》[J]，《中国商界》2010 年第 4 期，第 390 页。

[4] 马向东：《黑龙江垦区防旱减灾若干问题的思考》[J]，《农场经济管理》2004 年第 2 期，第 24 页。

[5] 赵庆昱等：《林甸县旱灾成因分析及抗旱措施》[J]，《水利科技与经济》2009 年第 15（3）期，第 251 页。

[6] 宋雪飞：《甘肃防旱减灾与可持续发展》[J]，《甘肃社会科学》1999 年第 5 期，第 88 页。

[7] 朱显谟：《抢救"土壤水库"治理黄土高原生态环境》[J]，《中国科学院院刊》2000 年第 4 期，第 293 页。

[8] 朱显谟：《抢救"土壤水库"实为黄土高原生态环境综合治理与可持续发展的关键——四论黄土高原国土整治 28 字方略》[J]，《水土保持学报》2000 年第 14（1）期，第 1～6 页。

[9] 史学正、梁音、于东升：《"土壤水库"的合理调用与防洪减灾》[J]，《土壤侵蚀与水土保持学报》1999 年第 5（3）期，第 6～10 页。

[10] 孙仕军等：《平原井灌区土壤水库调蓄能力分析》[J]，《自然资源学报》2002 年第 17（1）期，第 42～47 页。

[11] 黄荣珍等：《不同类型森林水库调水特性研究》[J]，《水土保持学报》2008 年第 22（1）期，第 154～158 页。

[12] 于东升、史学正：《红壤区不同生态模式的"土壤水库"特征及其防洪减灾效能》[J]，《土壤学报》2003 年第 40（5）期，第 654～664 页。

[13] 杨金玲、张甘霖：《城市"土壤水库"库容的萎缩及其环境效应》[J]，《土壤》2008 年第 40（6）期，第 992～996 页。

[14] 牟海省：《国内外雨水利用的历史、现状及趋势》[A]，《中国雨水利用研究文集》[C]，北京：中国矿业大学出版社，1998，第 44 页。

[15] 王晓赞、孔繁哲：《充分发挥土壤水库的调节作用提高雨水资源利用率》[A]，《中国雨水利用研究文集》[C]，北京：中国矿业大学出版社，1998，第 40 页。

[16] 临沧市发展和改革委员会：《加快推进生态文明建设 构建环境友好型社会调研报告》[Z]，http：//km. xxgk. yn. gov. cn/canton_ model3/newsview. aspx? id = 561151，20100814。

# Protecting "Soil Reservoir" and Utilizing Rainfall Resources: One of the Important Ways to Drought Control and Disaster Reduction in Yunnan Province

*Wu Zhilong, Yang Zisheng*

(Institute of Land & Resources and Sustainable Development, Yunnan University of Finance and Economics)

**Abstract:** Actually Yunnan Province is abundant with water resources, but in recent years Yunnan has suffered a series of severe drought. The reason lies in the deterioration of the ecological environment and the damage of soil reservoir, which can weaken the water storage function of soil. Taking Yunnan Province as the research scope, the authors in this paper, firstly analysed spatial distribution of drought in Yunnan from 2009 to 2012 with GIS spatial overlay analysis method based on the help of ArcGIS, and divided Yunnan province into 4 grades, such as heavy drought prone area, mid-drought prone area, gentle drought area in general, no drought area. At the same time, the water-holding capacity of Yunnan soil was calculated and analysed on the whole by using GIS technology. Based on this, the authors analysed the intrinsic relationship between drought and soil reservoir dialectically, and then proposed that we should establish and protect soil reservoir in province-wide, strengthen the soil ability of infiltration and retaining, and raise the awareness of utilizing rainfall resources. Furthermore, specific measures had been researched relating to protecting soil reservoir, reasonably utilizing rainwater resources and promoting drought control and disaster reduction.

**Keywords:** Drought control and disaster reduction; Soil reservoir; Utilizing rainfall resources; Measures; Yunnan Province

# 小水窖建设与雨水资源化*

## ——云南省防旱减灾重要途径之二

邬志龙　杨子生

（云南财经大学国土资源与持续发展研究所）

**摘　要**　云南省原本是水资源丰富大省，然而百年资料显示云南平均“三年一小旱、九年一大旱”，近几年更是出现历史罕见的持续大旱，因此，防旱减灾是现今云南省的重大关注点。本文根据历史资料分析了云南省雨水资源的时空分布特征，总结了云南省雨水集流的有利条件，并对云南省雨水集流潜力进行了定量测算，在此基础上分析小水窖建设在促进云南雨水资源化中的重要作用，论证了云南省雨水集流的可行性，从而进一步推进云南省防旱减灾工作。

**关键词**　小水窖；雨水资源化；防旱减灾；云南省

## 1　引言

云南地处我国西南边疆，是一个多民族聚居的高原山区省份，西北高、东南低的山脉地形孕育了长江、珠江、红河、澜沧江、怒江及伊洛瓦底江 6 大水系，省内河流有 672 条，流域面积达 1000 $km^2$ 以上，省境内常年降水总量为 4900 亿 $m^3$，水资源总量为 2233 亿 $m^3$，占全国总量的 8.4%，仅次于西藏、四川，属水资源丰富大省。然而，受高原季风气候和地势影响，省境内水资源空间分布极不均衡[1]，干旱频发。据近百年统计，云南平均 3 年一小旱，9 年一大旱[2]，近年来加上不合理的土地开发利用导致水土流失、土壤水库受损严重，更是出现了 2010～2012 年历史罕见的持续大旱。基于云南省情，在建立保护土壤水库的同时，更应该树

* 基金项目：云南省教育厅科学研究基金研究生项目（2012J037）；国家自然科学基金资助项目（41261018）。

第一作者简介：邬志龙（1988～），男，江西丰城人，硕士研究生。主要从事土地资源与土地利用规划、国土生态安全与区域可持续发展等领域的研究工作。E－mail：yncjtdzygl@163.com。联系电话：15587052977。

通信作者简介：杨子生（1964～），男，白族，云南大理人，教授，博士后，所长。主要从事土地资源与土地利用规划、水土保持与国土生态安全、自然灾害与减灾防灾、土地生态学、区域可持续发展等领域的研究工作。E－mail：yangzisheng@126.com。联系电话：13888964270，0871－5023648。

立雨水资源化观念，进一步推进小水窖建设，深度挖掘云南雨水资源利用潜力，实现雨水资源的充分利用。

## 2 国内外研究现状

雨水是气候资源中能够计量、贮存、运输的物质资源，是区域水资源最根本的来源。雨水资源化是指人们通过各种技术措施或手段将雨水资源转化为能够直接利用的水资源的过程，在这个过程中，雨水对人类产生了经济效益和生态效益[3]。历史上雨水利用由来已久，然而，在20世纪上半叶由于机械动力开发河流与地下水的供水技术长足发展，人们对雨水利用的兴趣有所下降。近年来资源、环境、人口问题突出，雨水资源利用再度受到重视，并逐渐走向复兴。目前在雨水利用方面做得比较好的国家有以色列、日本、英国、德国、美国、比利时、新加坡等[4~6]，例如以色列的“沙漠花园”计划[7]、日本的“空中花园”[8]、英国的蓄水地面系统[8]等。近年来我国国内在雨水利用方面比较典型的实践工程有甘肃“121雨水集流工程”、宁夏“窑窖集雨补充灌溉技术”、内蒙古“112集雨节水灌溉工程”等[9]。而云南省由于近几年连续干旱，建设小水窖促进雨水资源化受到空前重视，在云南昭通、曲靖、红河、文山、大理等地小水窖建设如火如荼。

尽管雨水利用技术在我国有了很大的发展，但仍存在一些缺陷：①理论落后于实践。虽然近年来我国雨水利用的实践较多，但有关雨水利用的理论研究并不完善，一直以来缺乏系统的理论基础与方法。②雨水资源化研究重点局限于西北干旱区，而雨水富裕地区研究较少。西北干旱区地处我国内陆，远离海洋，严重缺水，大量研究都是针对西北干旱区的[10~19]，而实际上我国中部、东南部，尤其是西南部，由于受季风气候与地形地貌影响也常存在季节性缺水问题，这些地区却鲜有专门课题研究，例如云南省建设小水窖促进雨水资源化也只是近两年才得到重视。

鉴于此，本文以云南省为研究范围，分析总结云南省雨水集流的有利条件，对云南省雨水集流潜力进行定量测算，在此基础上分析小水窖建设在促进云南雨水资源化中的重要作用，论证了云南省雨水集流的可行性，进一步推进云南省防旱减灾工作。

## 3 云南省雨水集流的有利条件分析

### 3.1 云南降雨时空分布特征有利于集流

云南地处低纬高原，属典型季风气候区，多年平均降雨为1258.4mm（约4900亿$m^3$），是全国平均降雨量的622mm的两倍之多，具有干湿季分明、水平分布复杂、垂直分带明显等特点。5~10月为云南雨季，降雨相对集中，雨量占全年总量的85%~95%，降水日数占全年的80%；而11月~次年4月为干季，降水相对较少，雨量仅占全年总量的5%~15%，降水日数占全年的20%[20~21]。

根据云南1951年1月至2002年12月共52年的平均降年雨量数据[22]，可以看出，云南年降雨量较多的地区主要位于滇西、滇西南、滇南到滇东南一带，而滇中及滇中以北和以东地区相对较少。

因此，云南降雨具有总量大、时间分布集中、地域差异大的特点，为雨水集流提供了非常有利的条件。降雨总量大是有雨可集的前提条件；时间分布集中使雨水径流短时间内高度集中，从而提高雨水集流效率；降雨地域差异大应将雨水集流重点放在雨水富裕地区。

### 3.2 发展雨水集流的有利土地资源优势

云南省土地资源丰富，总国土面积约为39.40万$km^2$，且地广人稀，人均土地面积为8619.2$m^2$/人，房屋庭院占地面积大，同时山地多，约33.1万$km^2$，占省国土面积的84%，可用于雨水集流的坡地面积大。这是云南省雨水集流的优势所在。

### 3.3 高原土壤深厚，截流蓄水能力强

云南省境内主要是铁铝土岗（红壤、砖红壤、赤红壤），占55.32%；其次是淋溶土岗（黄棕壤、棕壤、暗棕壤），占19.72%；再次是初育土岗（紫色土、石灰岩土、火山灰土、新积土），占18.17%。云南土壤土层深厚，质地均一，且通透性较好，截流蓄水能力强，土壤水库有效库容总量为495.15亿$m^3$，相当于三峡水库可调蓄库容的2.26倍。

## 4 云南省雨水集流潜力分析（建设用地）

雨水集流面类型包括坡面、场面、道路、居民与工矿用地、闲碎地等多种土地集流面。云南省雨水集流技术发展还比较缓慢，应从有较高集流效益和较易利用的建设用地（包括城镇建设用地、农村居民点用地、工矿用地、交通用地及其他建设用地）着手，例如居民点的房顶、屋面、庭院和公路面等。根据云南省第二次土地调查数据，云南省城镇建设用地为140084.55$hm^2$（即1400.84 $km^2$），农村居民点用地为509756.7 $hm^2$（即5097.57 $km^2$），工矿用地为88978.86 $hm^2$（即889.79 $km^2$），交通用地为89952.98 $hm^2$（即899.53 $km^2$），其他建设用地为21588 $hm^2$（即215.88 $km^2$），因此可集流总面积为850361.09 $hm^2$（即8503.61 $km^2$），集流面积系数一般取35%～40%，云南多年年均降雨量为1258.4mm，产流雨率取0.90[23]，年集流系数取0.85～0.90[10-11]，计算雨水年集流量可采用以下公式[10]。

$$Q = n_1 \cdot n_2 \cdot n_3 \cdot S \cdot R_y \cdot 10^{-5} \tag{1}$$

式中：$Q$为年集流量（亿$m^3$）；$n_1$为集流面积系数，$n_2$为产流雨率，$n_3$为年集流系数，$s$为总集流面积（$km^2$），$R_y$为年降雨量（mm）。

由表1可见，云南省建设用地每年雨水资源可集流量最大潜力为34.67亿$m^3$，这部分雨水如果一半用于农业生产，一半提供生活用水，按补水灌溉效益（2kg/$m^3$）[24]计，可增产粮食34.67亿kg；按云南居民生活用水水价2.8元/t（即2.8元/$m^3$）算，可节约48.54亿元用水开支。由此可见，雨水集流可为云南省带来巨大的经济效益和社会效益。而且云南省建设用地集流量34.67亿$m^3$相对于云南年均降雨量4900亿$m^3$来说微乎其微，云南省雨水资源开发潜力巨大，还可进一步开发。

表 1　云南省雨水集流潜力估算表（建设用地）

| 土地总面积（$km^2$） | 可集流建设用地面积（$km^2$） | 占总面积比例（%） | 集流面积系数 | 年均降雨量（mm） | 产流雨率 | 年集流系数 | 年集流量（亿 $m^3$） |
|---|---|---|---|---|---|---|---|
| 394000.00 | 8503.61 | 0.02 | 0.35 | 1258.40 | 0.90 | 0.85 | 28.65 |
| | | | 0.40 | | | 0.90 | 34.67 |

## 5 可行性分析——小水窖建设促进雨水资源化

尽管云南省建有许多大中型水利工程设施，但由于山地多平地少等自然地理条件限制，大中型水利工程根本无法覆盖全部山区和半山区。而小水窖具有工程量小、容易实施、布置灵活，工期短、投资少、见效快，产权明晰、管理维护方便等优点，是解决无水源、人口居住分散的地广人稀山区省份人畜饮水困难最有效的办法，极受农户欢迎，因此被称为“保命窖”“母亲窖”“致富窖”。

### 5.1 小水窖规划布置

小水窖的规划选址对水窖效益的发挥至关重要，应注重实效、科学合理，做到因地制宜、方便实用。

#### 5.1.1 生活水窖

生活水窖的目的是解决人畜饮水及日常生活用水问题，应布置在庭院附近，利用庭院、屋面、房顶等集流水面；避开粪池、牲口圈等污染源；远离树木防止树根延伸破坏窖壁；同时应尽量选建在高台地上，采用自流水的方式取水。

#### 5.1.2 灌溉水窖

灌溉水窖一般选在田边地角，应尽量少占耕地，并保证其安全可靠、来水充足、引取方便、造价低廉、经济合理。一般选择靠近引水渠、溪河、道路边沟等便于引水拦蓄的地点，或者选在陡峭的坡脚平台处，离用水位置稍高的山坡或平台上；有条件的地方最好能选在靠近泉水、溪河、道路边沟等便于引蓄天然径流的场所。同时，选址应避开滑坡体、高边坡和泥石流等不良地质危害地段，要求土质良好、地基均匀密实。

### 5.2 小水窖设计

#### 5.2.1 集流面及窖型设计

对于生活水窖应尽量利用屋面、房顶、庭院等固有建筑面，既干净无污染又省工，适当条件下可覆盖无毒塑料。灌溉水窖集流面一般利用坡地平台，有条件地区可对集流坡地平台进行水泥抹面或砌砖铺面。一般 $1m^3$ 水需要 $10 \sim 20m^2$ 的集流面积，可根据当地实际需要铺设集流面。

对于窖型一般采用瓶颈式水窖和圆柱式水窖，因为这两种窖型具有施工容易、坚固耐用、取水方便、不占耕地等优点，易被群众接受。水窖结构由窖口、窖体、窖底三部分组成，力学结构比较稳定，在建造时应先修窖底，对窖底夯实加固，然后修窖体、窖口，水泥砂浆抹面，这样有利于防止渗漏，延长使用寿命。水窖建造既可以因地制宜就地取材，采用浆砌石块结构，或采用天然河沙与水泥制成混凝土现场浇筑，也可以采用拼装式建造，用专业预制厂浇筑的水泥预制块直接拼装，省工省力。

### 5.2.2　小水窖容积确定

小水窖容积过小不利于小水窖效益的充分发挥，过大则增加建造成本，造成不必要的浪费。因此，小水窖容积设定应因地制宜，按需定量。用于田地灌溉的水窖一般根据当地情况及降雨条件设定在 20 ~ 30m$^3$，生活水窖由于人畜饮水对水质要求较高，建造成本略高，因此有必要更加精确地定量计算。

云南省农村家庭按一家 4 口计算，另附 2 头牲口，且云南省农村大部分是分散供水，根据 2006 年颁布的云南省用水定额标准，农村居民用水定额为：热带区 40 ~ 50L/（人 · d），亚热带区 35 ~ 45L/（人 · d），温带区 30 ~ 40L/（人 · d），另外牲口用水定额按 30L/（头 · d）计，则可用以下公式[25]确定家庭式小水窖容积：

$$V = \frac{KW}{1 - a} \tag{2}$$

式中：$V$ 为水窖容积（m$^3$）；$K$ 为容积系数，取 0.25；$W$ 为家庭全年需水量（m$^3$）；$a$ 为水窖蒸发、渗漏系数，取 0.05。

由表 2 可以看出，在云南农村发展雨水集流所需建造的小水窖容积不大于 25 m$^3$，即可满足农村家庭全年生活用水及牲畜饮水需要。

**表 2　云南农村 4 口之家全年用水量及所需水窖容积**

| 地　区 | 农村居民用水定额 L/(人 · d) | 牲口用水定额 L/(头 · d) | 4 口之家年用水量(m$^3$) | 2 头牲口年耗水量(m$^3$) | 总用水量(m$^3$) | 水窖容积(m$^3$) |
|---|---|---|---|---|---|---|
| 热　带 | 40 ~ 50 | 30 | 58.4 ~ 73.0 | 21.9 | 80.3 ~ 94.9 | 21.13 ~ 24.97 |
| 亚热带 | 35 ~ 45 | 30 | 51.1 ~ 65.7 | 21.9 | 73.0 ~ 87.6 | 19.21 ~ 23.05 |
| 温　带 | 30 ~ 40 | 30 | 43.8 ~ 58.4 | 21.9 | 65.7 ~ 80.3 | 17.29 ~ 21.13 |

## 5.3　小水窖建设效益评价

### 5.3.1　经济效益

小水窖能有效地缓解云南省降水分布不均与农业需水之间的时空错位矛盾，不仅大大提高了云南省农田灌溉保证率，促进了农业增收，而且解放了挑水劳动力，降低了人畜饮水成本。

小水窖工程建设在农村经济发展中发挥着重要作用。

在云南农村实施小水窖雨水集流，保守估计平均每户每年能节省50～100个工日，外出打工按每个工日20元计算，每户每年能增收1000～2000元，而建造一口使用寿命50年、容积20～30 $m^3$ 的水泥窖所需花费大约为1200元[11]，1年左右即可收回建造成本。若当地土质较好，可以适当考虑就地选材，建造小型的胶泥水窖，能进一步减少投入成本。因此，在云南农村大量建设小水窖促进雨水集流经济可行。

### 5.3.2 社会效益

小水窖工程建设大大解放和发展了生产力，促进了山区农民增收，有利于云南山区的经济健康持续发展，以及社会稳定和谐，同时为社会主义新农村建设奠定了基础。

### 5.3.3 生态效益

集雨小水窖的建设不仅直接减少了地面径流，降低了雨水对地面土壤的冲刷，从而有效地减轻水土流失强度，而且提高了云南山区农田灌溉率，提高了农业生产效率，间接地防止了农民为经济利益盲目毁林垦荒、扩大种植面积，有利于植被恢复及保护生态环境。

## 6 结语

（1）云南省的有利条件使发展雨水集流技术具有绝对优势。降雨总量大、时间分布集中，丰富的土地资源及良好的土壤特性都是云南省发展雨水集流，促进雨水资源化利用的有利条件。

（2）云南省雨水集流潜力巨大。云南省应优先发展具有较大集流效益的建设用地集流面，单是这一层次集流面就有34.67亿 $m^3$ 雨水量的潜力，可增产粮食34.67亿kg，节约居民生活用水开支48.54亿元，为云南省带来大的经济效益和不可预见的生态效益、社会效益。

（3）小水窖在云南省防旱减灾、社会经济发展过程中有着不可替代的作用。小水窖由于具有工程量小、工期短、投资少、见效快等特点，是促进云南省雨水资源化、防旱减灾的重要途径，是促进农民增收、提高农民生活质量的有效办法，是无水源山区人民的“母亲窖”“致富窖”。

（4）本文存在缺陷：雨水集流潜力分析部分对各系数的确定存在一定主观性，因此，计算结果不一定精确，有待进一步完善。

## 参考文献

［1］伍立群：《云南水资源的再认识》［J］，《水资源研究》2002年第23（3）期，第10～12页。

［2］《云南辞典》编辑委员会：《云南辞典》［K］，云南人民出版社，1993年05月，第1版，第16页。

［3］吕建灵、王礼力、葛超：《杨凌农业高新产业示范区雨水资源化探索》［J］，《水土保持研究》2007年第14（3）期，第289～291页。

［4］史正涛、刘新有、明庆忠、曾玉超：《论我国城市雨水利用路径的选择》［J］，《云南师范大学学报

（哲学社会科学版）》2009 年第 41（5）期，第 44～49 页。
[5] 程梅：《东营市雨水资源化现状与发展探讨》[J]，《中国高新技术企业》2010 年第 27 期，第 81～82 页。
[6] 尹学英：《亳州市城市雨水综合利用初探》[J]，《赤峰学院学报（科学教育版）》2011 年第 3（2）期，第 86～88 页。
[7] 牟海省：《国内外雨水利用的历史、现状及趋势》[A]，《中国雨水利用研究文集》[C]，北京：中国矿业大学出版社，1998，第 44～51 页。
[8] 金云霄、吴长航：《城市雨水资源利用现状与发展趋势》[J]，《平顶山工学院学报》2005 年第 14（2）期，第 25～26 页。
[9] 侯贤贵、罗慈兰：《雨水资源化利用概述》[J]，《科技传播》2010 年第 6 期，第 103～122 页。
[10] 徐学选、穆兴民、王文龙：《黄土高原（陕西部分）雨水资源化潜力初步分析》[J]，《资源科学》2000 年第 22（1）期，第 31～34 页。
[11] 张光辉、陈致汉：《 雨水集流用水窖的主要类型及其效益》[J]，《水土保持通报》1997 年第 17（6）期，第 57～60 页。
[12] 段立福、张智德：《宁夏中部干旱带雨水集蓄利用技术及发展》[J]，《水利科技与经济》2008 年第 14（3）期，第 216～217 页。
[13] 辜世贤、熊亚兰、徐霞、魏朝富、刘刚才：《土壤水库与降水资源化研究进展》[J]，《西南农业学报》2003 年第 16 卷增刊，第 29～32 页。
[14] 陈国良、徐学选：《黄土高原地区的雨水利用技术与发展——窑窖节水农业是缺水山区高效农业的出路》[J]，《水土保持通报》1995 年第 15（5）期，第 6～9 页。
[15] 魏强、彭鸿嘉、蔡国军、柴春山、莫保儒：《定西雨水集流庭院经济复合经营模式初探》[J]，《防护林科技》2003 年第 3 期，第 62～69 页。
[16] 李莉：《甘肃省“121”雨水集流工程经济后评价》[J]，《中国农村水利水电》2007 年第 9 期，第 50～52 页。
[17] 王卓：《西北黄土高原区雨水高效利用模式》[J]，《学术纵横》2006 年第 11 期，第 148～149 页。
[18] 王文龙、穆兴民：《雨水资源化——黄土高原农业持续发展的战略选择》[J]，《科技导报》1998 年第 5 期，第 54～55 页。
[19] 崔灵周、李占斌、李勉、丁文峰：《黄土高原地区雨水集蓄利用技术发展》[J]，《中国水利》2001 年第 4 期，第 70～71 页。
[20] 陶云、段旭：《云南降水正态分布特征的初探》[J]，《气象科学》2003 年第 23（2）期，第 161～167 页。
[21] 刘瑜、赵尔旭、黄玮、朱勇、陶云：《春末初夏异常环流对云南雨季开始期的影响》[J]，《干旱气象》2007 年第 25（3）期，第 17～22 页。
[22] 尤卫红、夏欣健、赵宁坤：《云南逐月雨量和气温的格点数据资料场建立》[J]，《云南地理环境研究》2004 年第 16（1）期，第 14～18 页。
[23] 鹿新高、庞清江、邓爱丽、王伟锋：《城市雨水资源化潜力及效益分析与利用模式探讨》[J]，《水利经济》2010 年第 28（1）期，第 1～4 页。
[24] 程序：《雨水集流——灌溉农业的新思路》[N]，《人民日报》1996 年 5 月 8 日，第 62～63 页。
[25] 熊光财、付启良：《雨水集蓄利用解决缺水山区人畜饮水的探讨》[J]，《水利科技与经济》2006 年第 12（8）期，第 544～545 页。

# Small Water Cellar Construction and Utilizing Rainfall Resources: Another Important Way to Drought Control and Disaster Reduction in Yunnan Province

*Wu Zhilong, Yang Zisheng*

(Institute of Land & Resources and Sustainable Development, Yunnan University of Finance and Economics)

**Abstract:** Yunnan province is actually abundant with water resources, however hundred years, data shows that in Yunnan gentle drought happened once per every three years, and heavy drought per every nine years. What's more, the continuous serious drought in recent years broke history record. So drought control and disaster reduction is now the prevailing concern of Yunnan. According to the historical data, this paper has analysed the temporal and spatial characteristics of the rainwater distribution in Yunnan province, summarized the advantages of rain collecting, and evaluated quantitatively the potential of rain collecting. Based on the former work, this paper try to reveal the importance of small water cellar construction in promoting utilizing rainfall resources, and analyse the feasibility of rainwater collecting in Yunnan province, thus the drought control and disaster mitigation can go far.

**Keywords:** Small water cellar; Utilizing rainfall resources; Drought control and disaster mitigation; Yunnan Province

# 云南省2008年以来水贫困状态分析*

邹金浪　杨子生　邹志龙
（云南财经大学国土资源与持续发展研究所）

**摘　要**　云南省2008年以来的干旱加剧了区域水资源供需矛盾，恶化了水贫困状态。水贫困指数能够揭示水贫困的原因，即水资源短缺及其社会适应能力缺乏。本文利用水贫困指数框架分析了云南省16个州市的水贫困状态。结果表明：①研究区水贫困指数的变化范围为50.1（迪庆州）到72.8（楚雄州）；②各州市提高水贫困状态的优先顺序为迪庆州、昭通市、文山州、怒江州、保山市、德宏州、西双版纳州、临沧市、普洱市、曲靖市、红河州、丽江市、昆明市、大理州、玉溪市和楚雄州；③昆明市水资源（R＝26.5）短缺，曲靖市的途径（A＝45.2）、能力（C＝51.2）和利用（U＝42.8）严重滞后于经济社会发展水平，滇中地区之外的州市，尤其是迪庆州、邵通市和文山州水贫困指数中的途径、能力和利用得分偏低；④为了改善水贫困状态，云南省绝大多数州市水政策介入方面的大致顺序为途径＞能力＞利用＞环境＞资源。

**关键词**　水贫困指数；水资源；干旱；空间差异；云南省

## 1　引言

干旱缺水作为一种普遍发生的自然灾害现象，不仅长期困扰着工农业生产，而且对人民生活和生态环境产生了严重的负面影响；当前，干旱已成为危及人类生存环境的严重问题[1~3]。2008年以来，云南省出现了严重的旱情。云南省社会经济持续发展和人口不断增

* 基金项目：云南省教育厅科学研究基金研究生项目（2012J037）；国家自然科学基金资助项目（41261018）。
第一作者简介：邹金浪（1987～），男，江西丰城人，硕士研究生，研究方向为土地资源与区域可持续发展。E－mail:jlangzou08@163.com。
通信作者简介：杨子生（1964～），男（白族），云南大理人，教授，博士后，主要从事土地资源与土地利用、土壤侵蚀与水土保持、国土生态安全与区域可持续发展等领域的研究工作。E－mail：yangzisheng@126.com

长带来的对水资源需求的增加，进一步加剧了人水资源的供需矛盾，这一矛盾反过来又使得社会经济发展和人们生活中获取水资源更加困难，水资源短缺问题十分突出，水贫困状态恶化。

Desai[4]将贫困定义为“能力的丧失（或者恶化）”，Sen[5]认为贫困是“权利的缺乏”，Sullivan[6]在此基础上于2001年引入了水贫困这一概念。水贫困这一术语在全球科学界提出已有十年，但关于水贫困的定义还一直处于争论之中，至今没有一个统一的说法[7~8]。水资源短缺及其社会适应能力的缺乏共同造成了水贫困，因此，在测度水贫困时必须同时考虑这两个方面[9~10]。水贫困指数（Water Poverty Index，WPI）[6,11~12]综合考虑了水资源短缺及其社会适应能力的缺乏这两个方面，并已发展成为一种多学科交叉的测度水贫困和帮助决策者监控与选择最需要水资源的地区、科学分配水资源和采取优化水政策介入的工具。水贫困指数是由资源（Resources）、途径（Access）、能力（Capacity）、利用（Use）和环境（Environment）5个部分集合而成的一个整体框架[12]，已被广泛地应用于不同研究尺度的水资源评价，比如，国家尺度[7,13]、流域尺度[10,14]、地区尺度[15~16]。本文以水贫困指数框架为工具，评价云南省16个州市2008年以来的水贫困状态，优化各州市水资源调控政策。

## 2 方法与数据

### 2.1 研究区概况

云南是一个高原山区省份，地处中华人民共和国西南边陲，位于北纬21°8′32″~29°15′8″和东经97°31′39″~106°11′47″，总面积为39.4万$km^2$，2010年末总人口为4596万人，占全国总人口的3.35%。云南具有四季如春的气候特征，适宜多种农作物和经济作物的生长和发展，同时也为旅游业发展提供了有利的条件。2008年以来，云南省出现了严重的干旱，旱情对工农业生产和人民生活造成了严重的影响。

### 2.2 研究方法

水贫困指数（WPI）包括资源（Resources）、途径（Access）、能力（Capacity）、利用（Use）和环境（Environment）5个部分。其中，资源（R）指可以被利用的水资源量及其可靠性或可变性；途径（A）指能够供应水资源的数量，考虑了区域中安全供水和环境卫生供水的程度；能力（C）指人们管理水资源的效能，综合考虑基于教育、财政状况等经济社会方面的水管理能力；利用（U）指不同经济部门，尤其是生活、工业和农业部门的水资源利用水平；环境（E）指水资源管理过程中确保生态系统保持长期稳定性的环境作用，包括水质状况及生态环境可能受到的潜在压力等[13~15]。

在参考相关文献[6~8,10~15]的基础上，根据云南省的实际状况和数据的可获取性，本文确定了水贫困指数各组成部分的指标变量（见表1）。为了便于比较、综合和解释水贫困指数的计算结果，水贫困指数各变量的取值范围被定为0~100，数值越大表示状况越好。一般而言，阈值法（最小值-最大值法）被用来对各变量进行标准化处理。

**表 1　水贫困指数的组成要素、指标变量及其说明**

| 组成要素 | 指标变量 | 描述说明 | 计算/标准化 | 参考文献 |
|---|---|---|---|---|
| 资源（R） | R：人均水资源量（$m^3$/年·人） | 满足水需求不断增加的水资源充足程度和水安全程度 | $R=(x_i-x_{min})/(x_{max}-x_{min})\times100$，$x_{min}=500$，$x_{min}=1700$；如果 $x_i>1700$，R1=100，如果 $x_i<500$，R1=0 | [6]；[19] |
| 途径（A） | A1：农村自来水供应覆盖率（%） | 农村居民获取可利用水资源的途径 | 最小值：0；最大值：100 | |
| | A2：工业用水重复利用率（%） | 工业部门在供水不变条件下用水自给能力的途径 | 最小值：0；最大值：100 | |
| | A3：城市污水再生利用率（%） | 城市在供水不变条件下用水自给能力的途径 | 最小值：0；最大值：100 | |
| 能力（C） | C1：职工平均工资（元） | 反映城镇居民处理水贫困的经济能力 | $C1=(x_i-x_{min})/(x_{max}-x_{min})\times100$ | [20]；[21] |
| | C2：农民人均纯收入（元） | 反映农村居民处理水贫困的经济能力 | $C2=(x_i-x_{min})/(x_{max}-x_{min})\times100$ | [22] |
| | C3：农村劳动力文盲半文盲率（%） | 受过教育的人对水短缺问题更敏感，并更可能想到处理这一问题的方法 | 最小值：100；最大值：0 | [12]；[15] |
| 利用（U） | U1：人均生活用水（$m^3$） | 城镇和农村生活用水水平 | $U1=(x_i-x_{min})/(x_{max}-x_{min})\times100$ | [10]；[12] |
| | U2：万元 GDP 用水（$m^3$） | 工业部门水利用效率 | $U2=(x_{max}-x_i)/(x_{max}-x_{min})\times100$ | [15] |
| | U3：有效灌溉面积百分比（%） | 农业部门水利用程度 | 最小值：0；最大值：100 | [10]；[12]；[14] |
| 环境（E） | E1：农药使用强度（$kg/hm^2$） | 农业活动对水质下降的影响和对生态系统的压力 | $E1=(x_{max}-x_i)/(x_{max}-x_{min})\times100$ | [10]；[12] |
| | E2：化肥使用强度（$kg/hm^2$） | 农业活动对水质下降的影响和对生态系统的压力 | $E2=(x_{max}-x_i)/(x_{max}-x_{min})\times100$ | [15] |
| | E3：工业废水排放达标系数（%） | 高达标率反映了工业部门对水环境破坏的程度小 | 最小值：0；最大值：100 | |
| | E4：城市污水处理率（%） | 高处理率表明城市活动对水环境的负面作用小 | 最小值：0；最大值：100 | |
| | E5：城市绿化覆盖率（%） | 高覆盖率表明人类活动对城市生态系统和水循环的负面作用小 | 最小值：0；最大值：100 | [15] |

（1）正效应指标，也称效益型指标，简单地说就是那些数值越大越好的指标，这些数据的标准化方法为：

$$R_{ij}=\frac{x_{ij}-\min(x_{ij})}{\max(x_{ij})-\min(x_{ij})}\times100 \tag{1}$$

（2）负效应指标，也称成本型指标，是指那些数值越小越好的指标，其标准化方法为：

$$R_{ij}=\frac{\max(x_{ij})-x_{ij}}{\max(x_{ij})-\min(x_{ij})}\times100 \tag{2}$$

式（1）和式（2）中，$x_{ij}$为第 $i$ 个评价对象第 $j$ 项指标的实际值，max（$x_{ij}$）为该项指标的最大值，min（$x_{ij}$）为该项指标的最小值。各指标变量的标准化详见表 1。

水贫困指数的计算公式为综合指数法，权重的确定对计算结果具有显著的影响。本文采用均衡法（Equal Weight Approach）对水贫困指数的 5 个组成部分和组成部分的若干变量赋予相同的权重。均衡法尽管受到了很多质疑[15]，但仍然被用于水贫困评价研究[10,17]，这是因为具有随机权重的指标变量可能产生具有争议的结果[18]。另外，由于赋权重是一个主观性很强的过程，相同权重可以避免任何的偏见，可以让决策者和利益相关者更加易懂，并使得不同研究区之间更加具有可比性[10]。因此，本文运用的水贫困指数的计算公式为：

$$WPI = 0.2 \times R + 0.2 \times A + 0.2 \times C + 0.2 \times U + 0.2 \times E \quad (3)$$

式中，$R$ 代表资源，$A$ 代表途径，$C$ 代表能力，$U$ 代表利用，$E$ 代表环境。

### 2.3 数据来源

本文所用数据均来源于《云南统计年鉴（2009 ~ 2011）》[23]，数据覆盖云南省 16 个地级州市，即昆明市、曲靖市、玉溪市、保山市、昭通市、丽江市、普洱市、临沧市、楚雄州、大理州、红河州、文山州、西双版纳州、德宏州、怒江州和迪庆州。各州市的水贫困指数的 15 个指标变量的数值均为 2008 ~ 2010 年 3 年的平均值。

## 3 结果与分析

### 3.1 云南省水贫困状态

云南省 16 个州市水贫困指数的计算结果（见表 2）表明，楚雄州的水贫困指数值最高（WPI = 72.8），说明楚雄州最有能力处理水贫困问题。迪庆州的水贫困指数最低，仅为 50.1，表明迪庆州最容易受到水贫困的影响。从水贫困指数的数值大小来看，云南省 16 个州市需要优先关注水贫困状态的顺序依次为：迪庆州、昭通市、文山州、怒江州、保山市、德宏州、西双版纳州、临沧市、普洱市、曲靖市、红河州、丽江市、昆明市、大理州、玉溪市和楚雄州（见表 2）。

为了方便国家及云南省统筹解决区域水贫困问题，特别是确定政策制定的优先次序，我们在 2008 年以来云南省 16 个州市水贫困指数的计算结果之上，进一步揭示出云南省 16 个州市水贫困状态的空间差异。

在软件 ArcGIS 9.3 的操作平台上，运用自然分界法（Natural break）将云南省 16 个州市水贫困指数分为 4 类，即水贫困状态划分为 4 个等级，从高到低依次为优等级、良等级、中等级和差等级，即处理水贫困状态的能力由强到弱（见图 1）。ArcGIS 中这种分类方法是利用统计学的 Jenk 最优化法得出的分界点，能够使各级的内部方差之和最小，这样排除了人为因素的影响。需要说明的是：本文所指的“优等级、良等级、中等级和差等级”是云南省 16 个州市水平困状态之间的相对称谓，这样有利于区域内各州市水贫困状态的对比。

由图 1 可知，处理水贫困状态的能力属于优等级的州市包括丽江市、大理州、楚雄州、昆明市和玉溪市 5 个州市；处理水贫困状态的能力为良等级的州市包括临沧市、普洱市、红河州

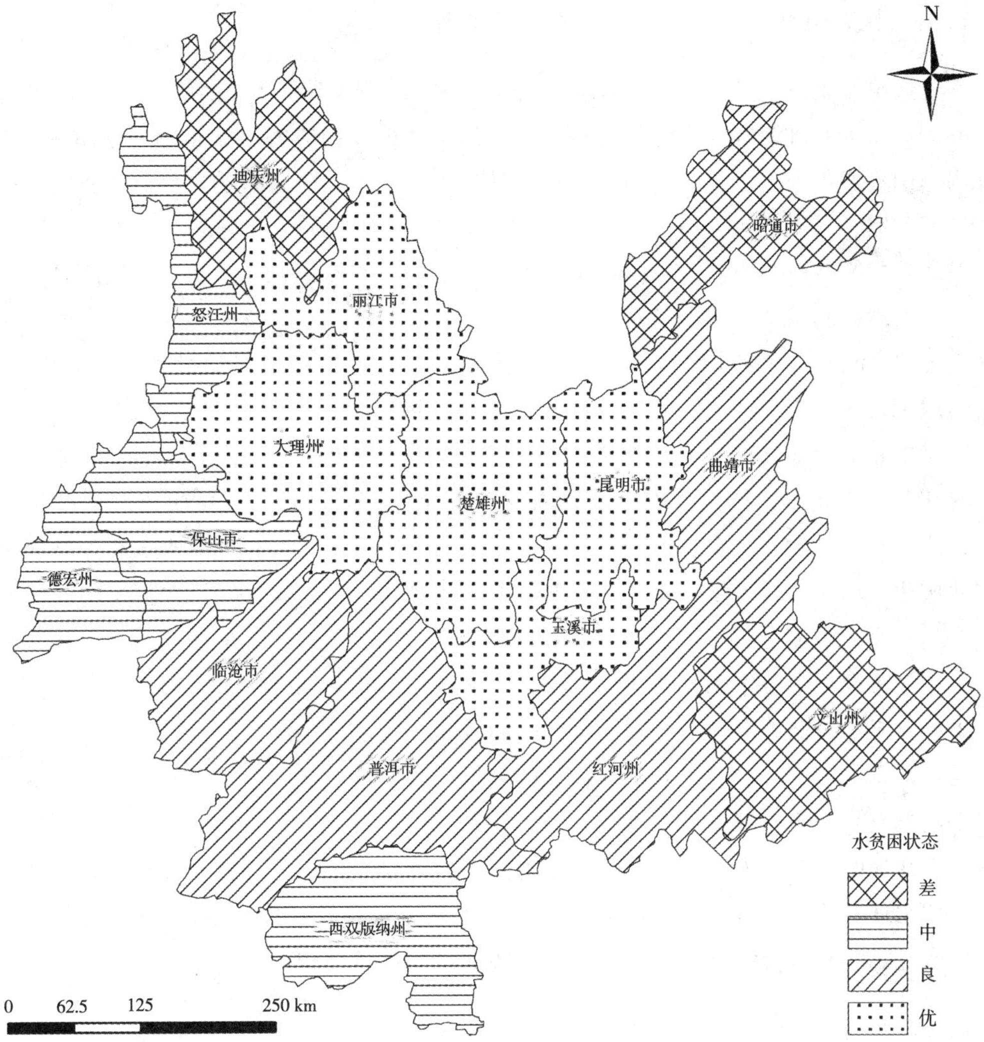


**图 1　云南省水贫困状态等级分布**

和曲靖市 4 个州市；处理水贫困状态的能力属于中等级的州市包括怒江州、德宏州、保山市和西双版纳州 4 个州市；迪庆州、文山州和昭通市 3 个州市处理水贫困状态的能力为差等级。需要优先考虑水贫困问题的是处理水贫困状态的能力为差等级的 3 个州市，其次是能力为中等级的 4 个州市，再次是能力为良等级的 4 个州市，最后是能力为优等级的 5 个州市。

## 3.2　云南省水贫困指数组成部分

水贫困指数的结果对水资源的规划、管理和研究有着一系列的启示作用[10]。水贫困指数的 5 个组成部分能够揭示研究区水贫困的原因，即资源（Resources）、途径（Access）、能力（Capacity）、利用（Use）和环境（Environment）5 个部分解释了云南省 16 个州市的水贫困，因此分析水贫困指数的 5 个组成部分可以得出 16 个州市水贫困状态的原因，进而有针对性地制定各州市应对水贫困的措施。

### 3.2.1 水贫困状态属于差等级的州市水贫困指数组成部分

尽管迪庆州、昭通市和文山州都拥有充足的水资源（R=100.0），但这3个州市处理水贫困状态的能力属于差等级，需要优先考虑水贫困问题并采取相应的对策措施。水贫困指数的5个组成部分的数值大小显示出迪庆州、昭通市和文山州水贫困状态差的原因有所不同。获取水资源的途径不完善是迪庆州（A=16.9，WPI=50.1）和文山州（A=21.7，WPI=50.7）水贫困状态属于差等级的主要原因，昭通市水贫困状态差（WPI=50.5）的主要原因是各经济社会部门对水资源的利用水平低下（U=23.8）。

从途径（A）的指标变量可以看出迪庆州的城市污水再生利用率和工业用水重复利用率、文山州的城市污水再生利用率和农村自来水供应覆盖率相对偏低（见表2和表3）。农村供水程度低、城市和工业部门用水自给能力不强直接影响了当地居民（尤其是农村居民）和经济社会发展获取（再利用）有效、安全水资源的数量或者程度。另外，迪庆州和文山州低水平的农民人均纯收入导致两州水贫困指数的能力（C）得分不高；文山州耕地有效灌溉面积百分比低和迪庆州人均生活用水量少使得其水贫困指数的利用（U）得分低。文山州和迪庆州农村居民现在的社会经济能力意味着他们不能够较好地处理水贫困问题。迪庆州社会经济发展水平相对滞后，城市绿化覆盖率和工业废水排放达标率低，迫使水贫困指数的环境（E）得分低，但低水平的化肥和农药施用强度有利于增加环境（E）得分。

人均生活用水量少和耕地有效灌溉面积比例低是昭通市水贫困指数中利用（U）得分落后的最主要因素（见表3）。昭通市的途径（A=30.7）得分同样低，究其原因是农村自来水供应覆盖率低造成的。农民人均纯收入低是昭通市能力（C）得分不高的主要原因。尽管昭通市的农药施用强度（E1）、化肥使用强度（E2）和工业废水排放达标系数（E3）均比较高，但其城市污水达标率和城市绿化覆盖率偏低使得昭通市环境得分较高。

### 3.2.2 水贫困状态属于中等级的州市水贫困指数组成部分

属于水贫困状态中等级州市的水贫困指数5个部分的得分排序分别为：怒江州资源>环境>利用>途径>能力，保山市资源>环境>能力>利用>途径，德宏州资源>环境>利用>能力>途径，西双版纳州资源>利用>环境>能力>途径（见表2）。

在云南省16个州市中，怒江州农民人均纯收入最低和农村劳动力文盲半文盲率最高使得其水贫困指数能力（C=29.8）得分最低。怒江州尽管农村自来水供应覆盖率高，但工业用水重复利用率和城市污水再生利用率均不高导致其途径（A=36.7）得分偏低。同样，尽管怒江州万元工业GDP用水得分高，但人均生活用水量少和耕地有效灌溉面积比例低最终使得怒江州利用（U）得分不高。怒江州化肥和农药使用强度为16个州市中最低的，这在很大程度上弥补了城市污水达标率和城市绿化覆盖率低而导致的环境（E=52.8）得分低的结果。

和怒江州一样，保山市、德宏州和西双版纳州水贫困指数的途径（A）得分低的主要原因也是工业用水重复利用率和城市污水再生利用率低。农民人均纯收入，尤其是职工平均工资低是保山市、德宏州和西双版纳州能力（A）得分不高的主要原因。尽管西双版纳州水贫困指数

**表 2　云南省水贫困指数各个组成部分和指标变量值**

| 序号 | 州市 | 资源(R) | 途径(A) | | | | 能力(C) | | | | 利用(U) | | | | 环境(E) | | | | | | WPI |
|---|---|---|---|---|---|---|---|---|---|---|---|---|---|---|---|---|---|---|---|---|---|
| | | R | A1 | A2 | A3 | A | C1 | C2 | C3 | C | U1 | U2 | U3 | U | E1 | E2 | E3 | E4 | E5 | E | |
| 1 | 迪庆 | 100.0 | 50.8 | 0.0 | 0.0 | 16.9 | 100.0 | 11.5 | 23.7 | 45.1 | 26.8 | 63.2 | 43.5 | 44.5 | 96.7 | 98.6 | 0.0 | 0.0 | 24.3 | 43.9 | 50.1 |
| 2 | 昭通 | 100.0 | 0.0 | 50.2 | 41.9 | 30.7 | 46.5 | 9.2 | 52.7 | 36.1 | 0.0 | 70.0 | 1.3 | 23.8 | 70.6 | 99.2 | 31.2 | 81.7 | 26.6 | 61.9 | 50.5 |
| 3 | 文山 | 100.0 | 17.7 | 47.6 | 0.0 | 21.7 | 31.5 | 13.1 | 57.8 | 34.1 | 28.2 | 88.8 | 0.0 | 39.0 | 54.1 | 92.5 | 34.7 | 77.7 | 34.4 | 58.7 | 50.7 |
| 4 | 怒江 | 100.0 | 81.0 | 29.1 | 0.0 | 36.7 | 89.3 | 0.0 | 0.0 | 29.8 | 27.3 | 84.4 | 23.6 | 45.1 | 100.0 | 100.0 | 11.1 | 46.6 | 5.8 | 52.7 | 52.8 |
| 5 | 保山 | 100.0 | 94.0 | 12.6 | 0.0 | 35.5 | 0.0 | 41.0 | 87.2 | 42.7 | 40.9 | 8.3 | 70.7 | 40.0 | 35.4 | 28.3 | 79.6 | 86.2 | 26.3 | 51.2 | 53.9 |
| 6 | 德宏 | 100.0 | 90.8 | 5.3 | 0.0 | 32.0 | 14.5 | 23.7 | 76.9 | 38.4 | 89.6 | 0.0 | 46.4 | 45.3 | 49.3 | 82.7 | 53.3 | 51.1 | 50.0 | 57.3 | 54.6 |
| 7 | 西双版纳 | 100.0 | 68.7 | 29.6 | 0.0 | 32.8 | 9.7 | 36.3 | 67.8 | 37.9 | 61.3 | 69.3 | 69.2 | 66.6 | 37.4 | 0.0 | 70.7 | 68.0 | 53.1 | 45.8 | 56.6 |
| 8 | 临沧 | 100.0 | 100.0 | 58.4 | 0.0 | 52.8 | 36.2 | 27.6 | 70.8 | 44.9 | 37.9 | 72.3 | 34.4 | 48.2 | 34.5 | 83.5 | 59.2 | 88.6 | 0.0 | 53.2 | 59.8 |
| 9 | 普洱 | 100.0 | 84.6 | 33.9 | 0.4 | 39.6 | 40.0 | 32.1 | 84.5 | 52.2 | 65.0 | 15.3 | 62.6 | 47.6 | 57.1 | 75.6 | 49.5 | 97.2 | 25.8 | 61.0 | 60.1 |
| 10 | 曲靖 | 95.3 | 63.0 | 70.5 | 2.0 | 45.2 | 44.5 | 44.0 | 65.2 | 51.2 | 39.7 | 65.7 | 23.1 | 42.8 | 41.5 | 75.5 | 74.7 | 91.9 | 72.7 | 71.2 | 61.1 |
| 11 | 红河 | 100.0 | 50.1 | 72.3 | 5.2 | 42.5 | 30.7 | 38.0 | 65.1 | 44.6 | 66.2 | 51.3 | 57.1 | 58.2 | 45.7 | 66.0 | 71.6 | 95.9 | 53.9 | 66.6 | 62.4 |
| 12 | 丽江 | 100.0 | 23.3 | 93.8 | 78.7 | 65.2 | 44.5 | 29.3 | 45.0 | 39.6 | 57.9 | 48.6 | 95.4 | 67.3 | 3.5 | 70.9 | 59.8 | 94.4 | 59.9 | 57.7 | 66.0 |
| 13 | 昆明 | 26.5 | 93.7 | 100.0 | 25.4 | 73.0 | 78.5 | 100.0 | 100.0 | 92.8 | 100.0 | 65.7 | 65.4 | 77.0 | 4.6 | 53.9 | 100.0 | 100.0 | 100.0 | 71.7 | 68.2 |
| 14 | 大理 | 100.0 | 8.0 | 64.9 | 100.0 | 57.6 | 72.0 | 38.5 | 78.3 | 62.9 | 65.7 | 65.6 | 100.0 | 77.1 | 0.0 | 70.1 | 55.7 | 37.1 | 76.5 | 47.9 | 69.1 |
| 15 | 玉溪 | 80.8 | 79.8 | 89.4 | 2.8 | 57.3 | 64.5 | 83.4 | 84.6 | 77.5 | 57.1 | 90.1 | 52.5 | 66.6 | 29.3 | 58.0 | 78.9 | 96.7 | 74.4 | 67.5 | 69.9 |
| 16 | 楚雄 | 100.0 | 89.9 | 98.4 | 0.0 | 62.7 | 48.8 | 65.2 | 85.9 | 66.6 | 59.9 | 100.0 | 82.3 | 80.8 | 18.1 | 55.5 | 58.2 | 74.7 | 63.3 | 54.0 | 72.8 |

**表 3　云南省水贫困指数各变量数值**

| 序号 | 指标变量 | 迪庆 | 昭通 | 文山 | 怒江 | 保山 | 德宏 | 西双版纳 | 临沧 | 普洱 | 曲靖 | 红河 | 丽江 | 昆明 | 大理 | 玉溪 | 楚雄 |
|---|---|---|---|---|---|---|---|---|---|---|---|---|---|---|---|---|---|
| 1 | 人均水资源量($m^3$/yr) | 33727.9 | 2163.3 | 4006.0 | 41107.5 | 5534.7 | 9930.2 | 8945.3 | 5684.5 | 10835.7 | 1643.6 | 3928.2 | 5785.8 | 817.5 | 2790.7 | 1470.1 | 1789.7 |
| 2 | 农村自来水供应覆盖率(%) | 91.7 | 84.4 | 86.9 | 96.0 | 97.9 | 97.4 | 94.2 | 98.8 | 96.5 | 93.4 | 91.6 | 87.7 | 97.8 | 85.5 | 95.8 | 97.3 |
| 3 | 工业用水重复利用率(%) | 31.1 | 62.7 | 61.0 | 49.4 | 39.0 | 34.4 | 49.7 | 67.8 | 52.4 | 75.5 | 76.6 | 90.1 | 94.1 | 71.9 | 87.4 | 93.0 |
| 4 | 城市污水再生利用率(%) | 0.0 | 5.6 | 0.0 | 0.0 | 0.0 | 0.0 | 0.0 | 0.0 | 0.0 | 0.3 | 0.7 | 10.5 | 3.4 | 13.3 | 0.4 | 0.0 |
| 5 | 职工平均工资(元) | 32689.7 | 26367.3 | 24597.7 | 31424.0 | 20875.7 | 22584.7 | 22018.7 | 25156.7 | 25598.0 | 26136.7 | 24501.3 | 26128.7 | 30153.7 | 29377.0 | 28493.3 | 26641.7 |
| 6 | 农民人均纯收入(元) | 2512.0 | 2443.3 | 2561.7 | 2168.0 | 3397.0 | 2879.3 | 3256.3 | 2996.3 | 3130.7 | 3486.3 | 3308.3 | 3047.0 | 5166.7 | 3323.7 | 4670.0 | 4122.7 |
| 7 | 农村劳动力文盲半文盲率(%) | 23.5 | 17.2 | 16.1 | 28.7 | 9.7 | 12.0 | 13.9 | 13.3 | 10.3 | 14.5 | 14.5 | 18.9 | 6.9 | 11.7 | 10.3 | 10.0 |
| 8 | 人均生活用水($m^3$) | 30.3 | 23.4 | 30.7 | 30.5 | 33.9 | 46.4 | 39.2 | 33.2 | 40.1 | 33.6 | 40.4 | 38.3 | 49.1 | 40.3 | 38.1 | 38.8 |
| 9 | 万元工业 GDP 用水($m^3$) | 121.1 | 111.1 | 83.3 | 89.9 | 202.1 | 214.4 | 112.1 | 107.6 | 191.8 | 117.5 | 138.7 | 142.7 | 117.4 | 117.6 | 81.5 | 66.8 |
| 10 | 有效灌溉面积百分比(%) | 27.0 | 17.6 | 17.3 | 22.5 | 33.0 | 27.6 | 32.7 | 25.0 | 31.2 | 22.4 | 30.0 | 38.5 | 31.8 | 39.5 | 29.0 | 35.6 |
| 11 | 农药使用强度($kg/hm^2$) | 2.1 | 2.0 | 3.4 | 1.8 | 17.6 | 5.6 | 23.9 | 5.4 | 7.2 | 7.2 | 9.3 | 8.2 | 12.0 | 8.4 | 11.0 | 11.6 |
| 12 | 化肥使用强度($kg/hm^2$) | 102.4 | 191.5 | 247.8 | 91.1 | 311.4 | 264.2 | 304.7 | 314.3 | 237.3 | 290.7 | 276.3 | 420.4 | 416.4 | 432.1 | 332.1 | 370.5 |
| 13 | 工业废水排放达标系数(%) | 59.60 | 92.40 | 90.80 | 78.30 | 94.23 | 80.13 | 86.93 | 95.20 | 98.63 | 96.50 | 98.13 | 97.53 | 99.77 | 74.50 | 98.43 | 89.60 |
| 14 | 城市污水处理率(%) | 28.03 | 29.80 | 35.70 | 14.00 | 29.57 | 47.47 | 49.83 | 9.63 | 29.13 | 64.63 | 50.40 | 54.97 | 85.33 | 67.53 | 65.93 | 57.53 |
| 15 | 城市绿化覆盖率(%) | 5.2 | 15.5 | 16.6 | 8.9 | 31.4 | 22.7 | 28.4 | 24.7 | 21.5 | 29.8 | 28.7 | 24.9 | 38.1 | 23.5 | 31.1 | 24.3 |

的途径和能力得分低，但其经济社会对水资源的利用水平较高。而德宏州和保山市由于万元工业 GDP 用水量在所有州市中居第一、第二位，两州市的利用（U）得分同样不高。化肥使用强度过高的是西双版纳州（E1 = 0.0，E = 45.8）和保山市（E1 = 28.3，E = 51.2）水贫困指数中环境得分不高的主要原因。德宏州环境各指标的得分均比较高，尤其是化肥使用强度得分高，是其水贫困指数环境得分比同属水贫困状态中等级的其他州市高的主要原因。

### 3.2.3 水贫困状态属于良等级的州市水贫困指数组成部分

与其他水贫困状态属于良等级的州市相比，曲靖市水贫困指数的资源得分（R = 95.3）偏低。城市污水处理率和城市绿化覆盖率高是曲靖市环境（E = 71.2）得分在云南省 16 个州市排名第二的主要原因。曲靖市作为云南省仅次于昆明的第二大城市，连续数年 GDP 排名云南省第二，但其水贫困指数的途径（A = 45.2）、能力（C = 51.2）和利用（U = 42.8）得分并没有跟上经济社会发展水平。城市污水再生利用率低下（A3 = 2.0）是曲靖市途径得分不高的主要原因；职工平均工资和农民人均纯收入不高使得曲靖市的能力得分不高；人均生活用水量少和有效灌溉面积比例偏低降低了曲靖市的利用得分（见表 2 和表 3）。

临沧市水贫困指数的 5 个组成部分得分从小到大依次为能力（C = 44.9）、利用（U = 48.2）、途径（A = 52.8）、环境（E = 53.2）和资源（R = 100.0）。职工平均工资和农民人均纯收入拉低了临沧市的能力得分；人均生活用水量少和有效灌溉面积百分比低是临沧市利用得分不高的主要原因；尽管临沧市的农村自来水供应覆盖率得分在所有州市中最高，但城市污水再生利用率低（A3 = 0.0）是其途径得分不高的主要原因；在所有州市中临沧市的城市污水处理率最低，这是临沧市水贫困指数的环境得分偏低的主要原因。

普洱市和红河州水贫困指数中的途径得分均较低，城市污水再生利用率低是其主要原因，另外，工业用水重复利用率不高也是普洱市途径得分低的原因。职工平均工资和农民人均纯收入都不高导致普洱市和红河州水贫困指数的能力得分不高。万元工业 GDP 用水得分较低是普洱市和红河的利用得分不高的主要原因。

### 3.2.4 水贫困状态属于优等级的州市水贫困指数组成部分

尽管昆明市水贫困指数中的途径（A = 73.0）、能力（C = 92.8）、利用（U = 77.0）和环境（E = 71.7）4 个组成部分的得分均在全省的前列，但其资源（R）得分（R = 26.5）却远小于其他州市，这导致昆明市处理水贫困状态的能力排在楚雄州、大理州和玉溪市的后面，位列第 4 位（见表 2）。云南省的持续干旱，将进一步迫使资源（R）数值减少，从而进一步恶化昆明市（或者类似于资源（R）为水贫困指数瓶颈的地区）的水贫困状态。水资源高效管理、经济社会能力明显增强、供水设施进一步完善将有助于改善昆明市的水贫困状态。尤其是以提高城市污水再生利用率为核心完善水资源获取途径和以科学合理规划化肥施用量为核心提高水环境质量。

丽江市水贫困指数的能力得分偏低，仅为 39.6，在云南省 16 个州市中排名第 11 位。水贫困指数中能力的指标变量的得分都不高，尤其是农民人均纯收入的得分（C2 = 29.3）较低。丽江市途径得分仅次于位于第一的昆明市，但其农村自来水供应覆盖率得分（A1 = 23.3）低。

丽江市的化肥使用强度相对较大，得分（E1 =3.5）倒数第二，这在很大程度上拉低了环境得分。

楚雄州、大理州和玉溪市水贫困指数的资源（R）、途径（A）、能力（C）和利用（U）得分在云南省16个州市中均靠前（见表2）。这表明楚雄州、大理州和玉溪市具有可靠的水资源（玉溪市稍差些），同时获取水的途径较完善，经济社会能力较强，水资源利用效率较高，更有能力处理水贫困问题，有助于改善人们生存状态和生活水平，增加农业产出和农民收入，促进及经济社会发展。尽管楚雄州、大理州和玉溪市途径（A）得分高，但楚雄州和玉溪市的城市污水再生利用率低（A3分别为0.0和2.8），大理州农村自来水供应覆盖率低（A1 = 8.0）。进一步完善这3个州市获取水资源途径中的薄弱环节有利于保障区域中安全供水和环境卫生供水。楚雄州、大理州和玉溪市农业生产过程中化肥使用强度大是导致这3个州市环境得分偏低的主要原因。在保证粮食产量的前提下，科学合理规划化肥施用量，促进农业的可持续发展。大理州农民人均纯收入得分（C2 =38.5）相对于其能力的其他指标的得分而言偏低，这成为大理州的能力得分（C =62.9）不高的主要原因。

## 4 结论

（1）迪庆州的水贫困指数最低，仅为50.1，表明迪庆州处理水贫困状态的能力最差，楚雄州的水贫困指数值最高（WPI =72.8），说明楚雄州处理水贫困状态的能力最好。基于水贫困指数的计算结果，云南省16个州市通过管理干预来改善水贫困状态的能力顺序从高到低依次为：迪庆州、昭通市、文山州、怒江州、保山市、德宏州、西双版纳州、临沧市、普洱市、曲靖市、红河州、丽江市、昆明市、大理州、玉溪市和楚雄州。

（2）为了改善水贫困状态，云南省各个州市需要采取政策措施介入的方面大致依次为途径（A）、能力（C）、利用（U）、环境（E）和资源（R）。不同州市重点关注的方面有所不同：昆明市应关注资源，曲靖市和昭通市应关注利用，楚雄州和大理州应关注环境，丽江市、怒江州和临沧市应关注能力，其他8个州市应关注途径。

（3）昆明市水资源严重短缺，而云南省其他州市的人均水资源接近或者超过1700$m^3$，跨区域调水是改善昆明水贫困状态应该考虑的措施。曲靖市水贫困指数中的途径（A =45.2）、能力（C =51.2）和利用（U =42.8）严重滞后于经济社会发展水平，采取措施与政策来改善自身水贫困状态相对容易。滇中地区之外的州市，尤其是迪庆州、昭通市和文山州，因其经济社会发展相对滞后，获取水资源的途径、经济社会处理与水相关问题的能力和水资源利用效率方面不佳，改善水贫困状态任重而道远。

## 参考文献

［1］马国柱、符淙斌：《中国北方干旱区地表湿润状况的趋势分析》［J］，《气象学报》2001年第59（6）期，第737～746页。

［2］王志伟、翟盘茂：《中国北方近50年干旱变化特征》［J］，《地理学报》2003年第58（增刊）期，

第 61 ~ 68 页。

[3] 周亮广、戴仕宝、江玉晶：《基于水资源供需平衡机制的安徽省干旱时间分布》[J]，《自然资源学报》2011 年第 26（6）期，第 1030 ~ 1039 页。

[4] Desai M. , *Poverty, Famine and Economic Development: the Selected Essays of Meghnad Desai* , Volume II [M]. Edward Elgar Pub, 1995.

[5] Sen A. , *Development as Freedom* [M]. Oxford University Press, 1999.

[6] Sullivan C. A. , "The potential for calculating a meaningful Water Poverty Index" [J]. *Water Int* , 2001, 26: 471 ~ 480.

[7] Komnenic V, Ahlers R. , "Assessing the Usefulness of Water Poverty Index by Applying It to a Special Case: Can One be Water Poor with High Levels of Assess" [J]. Physics and Chemistry of the Earth, 2008: 345 – 346.

[8] 何栋材、徐中民、王广玉：《水贫困测量及应用的国际研究进展》[J]，《干旱区地理》2009 年第 32（2）期，第 296 ~ 303 页。

[9] Allan J. A. , "Which Water are We Indexing and Which Poverty" In: Sullivan CA, Meigh J. R. , Fediw T. S, eds. *Derivation and Testing of the Water Poverty Index Phase 1: Final Report* . Appendix 9. 2, DFID, 2002.

[10] Vishnu Prasad Pandey, Sujata Manandhar, Futaba Kazama, "Water Poverty Situation of Medium-sized River Basins in Nepal" [J]. *Water Resour Manage* , 2012, 26.

[11] Sullivan C. A. , "Calculating a Water Poverty Index" [J]. World Dev, 2002, 30 (7): 1195 ~ 1210.

[12] Sullivan C. A. , Meigh J. R. , "Considering the Water Poverty Index in the Context of Poverty Alleviation" [J]. *Water Pol* , 2003 5: 513 – 528.

[13] Caroline Sullivan, Jeremy Meigh, Peter Lawrence, "Application of the Water Poverty Index at Different Scales: A Cautionary Tale" [J]. *International Water Resources Association* , 2006, 31 (3): 412 – 426.

[14] 邵薇薇、杨大文：《水贫乏指数的概念及其在中国主要流域的初步应用》[J]，《水力学报》2007 年第 38（7）期，第 866 ~ 873 页。

[15] 孙才志、王雪妮：《基于 WPI – ESDA 模型的中国水贫困评价及空间关联格局分析》[J]，《资源科学》2011 年第 33（6）期，第 1072 ~ 1082.

[16] Heidecke C. , "Development and Evaluation of A Regional Water Poverty Index for Benin", Discussion paper series of the International Food Policy Research Institute. Washington, DC, 2006.

[17] Ty TV, Sunada K, Ichikawa Y, Oishi S. , "Evaluation of the State of Water Resources Using Modified Water Poverty Index: A Case Study in the Srepok River Basin, Vietnam – Cambodia", Int J River Basin Manag, 2010, 8 (3 – 4): 305 – 317.

[18] Molle F, Mollinga P. , "Water Poverty Indicators: Conceptual Problems and Policy Issues", Water Pol, 2003, 5: 529 – 544.

[19] Falkenmark M. , "The Massive Water Scarcity Now Threatening Africa-why isn't it Being Addressed"? [J]. *Ambio* , 1989, 18: 112 – 118.

[20] Appelgren B, Klohn W. , "Management of Water Scarcity: A Focus on Social Capacities and Options" [J]. *Phys Chem Earth* (B), 1999, 24 (4): 361 – 373.

[21] Adger WN, Brooks N, Bentham G, Agnew M, Eriksen S. , "New Indicators of Vulnerability and Adaptive Capacity" [D]. Tyndall Centre for Climate Change Research, University of East Anglia,

Norwich, UK, 2004.

[22] United Nations Development Programme (UNDP), *UNDP Nepal Annual Report* 2009 [M]. UN House, Pulchowk, Kathmandu, Nepal, 2009.

[23] 云南省统计局:《云南统计年鉴（2009~2011)》[M]，北京：中国统计出版社，2009~2011。

# Study on Water Poverty Situation of Yunnan Province since 2008

*Zou Jinlang, Yang Zisheng, Wu Zhilong*

(Institute of Land & Resources and Sustainable Development, Yunnan University of Finance and Economics)

**Abstract**: The drought since 2008 in Yunnan province aggravates contradiction between supply and demand of regional water resources and deteriorates water poverty. The Water Poverty Index (WPI) can reveal the cause of water poverty, namely shortage of water and lack of social adaptive capacity to deal with the shortage. This study uses WPI framework to assess water poverty situation of sixteen autonomous prefectures and municipalities in Yunnan province. The study results show that water poverty index varies from 50. 1 (in Diqing) to 72. 8 (in Chuxiong). Based on the WPI results, the regions in decreasing order of priority need for water poverty situation improvement can be listed as Diqing, Shaotong, Wenshan, Nujiang, Baoshan, Dehong, Xishangbanna, Lincang, Puer, Qujing, Honghe, Lijang, Kunming, Dali, Yuxi and Chuxiong. Kunming is weak in water resources (R =26. 5); access (A =45. 2), capacity (C =51. 2) and use (U =42. 8) components in Qujing lag behind its development level of economy and society; regions around the centre of Yunnan province, especially Diqing, Shaotong and Wenshan are poor in access, capacity and use. Suggested priority order for the areas of intervention need is Access > Capacity > Use > Environment > Resources. The results are useful to prioritize areas and extent of policy intervention need at different regions in Yunnan.

**Keywords**: Water poverty index; Water resources; Drought; Spatial difference; Yunnan Province

# E:
# 城市水务与水政治研究

**【专题述评】**水权管理对水资源分配影响甚巨。“城市水务与水政治研究”的四篇文章中，大致分为二类，一是个别国家或地区水资源分配模式，二是国际河流的管理。前者由吴德美与黄书纬分别对中国大陆及台湾水资源管理进行探讨，后者则由李智国与吴凡在理论上论证了国际河流的管理机制。在《水务私有化与中国城市水务产业的发展：政策、趋势与影响》一文中，吴德美分析了中国市场化后城市供水普及率虽已提高，但持续上涨的城市水价，成为社会最关注的焦点之一。黄书纬在《大坝·水库·发展：从中科抢水初探台湾水政治》一文中，发现台湾的水权与调度权虽已由分散走向集中，但并未解决水资源分配的冲突。同时，科学园区以签订契约的方式，成为水源调度的关键行动者，农田水利会也不再是农村用水的捍卫者。李智国《国际河流开发与管理中水政治冲突与合作形成的理论基础及其启示》一文，从新马尔萨斯主义和地缘政治理论，论证了国际河流冲突与合作研究的方法论和分析范式。吴凡在《浅析澜沧江-湄公河可持续开发中的国际法问题》一文中，论证了国际河流中的各水道国，在开发利用及环境保护过程中，应透过国际规范建立管理机制，以提升澜沧江-湄公河的永续开发利用。

国立政治大学国家发展研究所所长/教授

吴德美

# 水务私有化与中国城市水务产业的发展：政策、趋势与影响*

吴德美
（国立政治大学国家发展研究所）

**摘　要**　1990年代开始，许多发展中国家的水务产业中纷纷引进私人资本，以弥补政府资源的不足，并改善当地水务建设的质量。与此同时，中国也开始逐步推动水务市场化。本文主要目的在于了解目前中国城市水务产业私有化的发展、趋势、模式及私有化后的影响。研究发现目前全球水部门私有化主要集中在拉美及中国，而中国即占了将近全球件数总量的一半，不过，多属小额投资。跨国水务公司及中国内资水务公司，是目前中国水市场中主要的私部门行动者。受国家支持内资企业、政策转变风险、制度与规范障碍，以及民族主义情绪等影响，外资企业近年来的投资下滑。而市场化后城市供水普及率虽提高，但持续上涨的城市水价，成为近年来社会最关注的焦点之一。水价引起的不满主要是因为缺乏完善的水价制度、公众参与有限，以及水资源的质量并未随着水价上涨而提高。本文认为治理问题是中国特别需要加强的议题，也是未来宜深入研究的课题。

**关键词**　私有化；水务产业；水价；公共治理

## 1　引言

据统计，发展中国家大约有11亿的人口无法取得安全的饮用水，因此安全且可负担的水资源管道是目前最迫切的需求[1]。联合国认为，水资源的取得不仅是一种公共财，更是基本人权之一。公平的水资源分配是生命与健康最基本的要素……每个人都有被赋予充足、可负担、可实际取得、安全且可接受的水资源的权利，来避免因脱水而死亡、降低水媒病的风险，

* 基金项目：国立政治大学顶大计划。
作者简介：吴德美（1959～），女，台湾台北人，教授，博士，国立政治大学国家发展研究所所长。主要从事中国与东南亚社会经济发展研究。E-mail：dmwu@ nccu. edu. tw。

并提供消费、烹饪等个人与国内的卫生需求[2]。由于提供基本的基础建设或提升现有服务设施需要大量的投资，在世界银行等国际组织的提倡下，许多发展中国家的水务产业中纷纷引进私人资本，来提升国内公共投资，以弥补政府资源的不足，并改善当地水务建设的质量[3]。然而，水资源是可贸易的私有财产，同时也是公共财产，私部门侧重于利润最大化，提高水价的结果对民众造成了负面的影响，因而水务私有化带来许多公平性和质量问题的争论。

近几十年来中国经济快速发展，工业化及都市化虽使大量人口脱贫，但同时也引起水资源的匮乏。在引进“市场”机制后，中国水部门的发展已成为相当重要的研究议题。本文主要目的在于了解目前中国水务产业私有化的发展、趋势、模式及私有化后产生的影响。

全文共分 4 个部分，除第 1 部分为引言外，第 2 部分论述水资源与私部门在水务建设供给中的角色，主要说明私部门提供公共服务的源起与意义，及水资源私有化引起的问题与争论；第 3 部分分析中国城市水务私有化的发展与影响，侧重于水务市场化的发展、趋势、模式与水务公司及水务私有化产生的影响；第 4 部分则为本文结论。

# 2 水资源与私部门在水务建设供给中的角色

## 2.1 私部门提供公共服务的源起与意义

从实务上来看，发展中国家掀起私部门提供公共服务的风潮，从 1990 年代开始，受到各国财政短缺、公部门缺乏效率、公共设施的拓展无法满足快速成长的需求，及先进国家成功的先例等因素的影响，联合国和世界银行等国际组织，开始通过公私协力（Public Private Partnerships，PPPs）的方式，将私部门（跨国企业）纳入共同治理的模式中，期望以私部门的资金、技术等投入，减轻政府的财政压力，打破行业垄断，并提供更好的公共产品和服务，以促进经济发展并缓解贫穷[4]。由于消费者支付费用与私部门承接计划的风险达成平衡，因此是一项让公私双方皆获利的双赢投资策略，PPPs 因而成为政府提供公共服务的最佳选择方案之一，并在国际组织的推动下，一时间蔚为风潮[5]。从不同的角度来看，PPPs 有多项意涵存在：从经济发展的角度来看，PPPs 是让更多的参与者建立交流的网络，共同推动经济发展的目标。从政策角度来看，PPPs 让所有参与者合作推动对集体有利的计划，让所有人共同承担风险、技术和资源。除此之外，PPPs 的不同参与者会有不同层次的影响力，也是一种多元治理的展现。

## 2.2 水资源的私有化

水资源是人类最重要也是最不可或缺的自然资源。一般而言，水资源是可贸易的私有财产，同时也是公共财产；不过一旦水资源被使用，就会有排他性产生。不仅如此，水资源也具有自然独占性，会限制竞争；另外也有很强的健康及环境的外部性[6]。鉴于此，许多国家大多由政府部门来进行水资源的运作管理。

然而，许多研究显示发展中国家的水资源供给，事实上是处于“低度均衡”的状态，也就是说，这些国家只能以低效率提供低质量的服务。归纳相关文献的看法，公部门主要的发展问题在于效率不彰、融资不佳、冗员、贪腐、制度不佳等问题[7]；另外，水资源质量的恶化、跨区域的争水冲突，以及过度的政府干预也是发展的障碍[8]。1989 年后在“华盛顿共识”（Washington Consensus）紧缩财政、私有化与自由化的倡议下[9]，将效率不彰的国有企业、商品及服务出售给私人投资者，并取消政府对企业控制的新自由主义观念，也逐渐渗入水资源部门[10]。

有关私部门参与水治理的辩论，主要有两方面[11]。

（1）自 1980 年代以来政府失灵，公部门受到财政短缺、缺乏效率、政治干预和寻租等的制约，公共设施的拓展无法满足快速成长的需求，政府开始采用更积极和弹性的策略与工具，让私部门参与公共服务的另类选择，国家不再占主导的地位。

（2）私部门进入以往由公部门掌控的领域，并非是因为政府失灵，而是从效率的角度来看，私部门带入了资本及市场机制。因此许多以往由公部门主导的计划多由 PPPs 取代，而这也引发许多有关公平性和质量问题的讨论。

由于降低财政支出，提高供给效率，受到大型跨国组织如世界银行等的支持，普遍认为只要让市场自由运作，减少政府的干预并引入私有化，就可以让经济持续成长并减轻贫穷[12]。

饮用水是维持人类生命的基本需求，向来是国际的重要发展议题，也列入千年发展目标之中。在水部门改革中，世界银行极力地推动私有化，因其认为私部门是提倡成长和脱贫的关键，引入私部门可以降低政府经营水事业的支出，并扩张穷人的供水服务，其中前者是世界银行最主要的目的。因此，在经历了 1970 ~ 1980 年代大量贷款给公部门却无显著效益之后，世界银行的支持开始转而投入私人参与（Private Participation in Infrastructure，PPI），并成为 PPI 的重要影响者，包括扮演咨询、融资、风险担保、信息管理及争端解决的角色。每一年世界银行投入水部门的资金就占了总贷款资金的 16%，大约是 170 亿美金[13]。

在世界银行等大型国际组织的努力下，引入私部门的风潮渐渐席卷了整个发展中国家。Izaguine & Hunt 的研究指出，引进私部门后，水部门的发展主要有两大趋势，一方面是当地企业开始加入水部门的运作，另一方面是发展中国家的企业也开始扩张，这些对水资源管道的增加有一定的帮助[14]。归纳相关研究，引入私有化后为水部门带来的帮助主要有以下几个方向[15]。

（1）引入竞争，降低成本，减轻财政负担及贪腐的问题。

（2）水资源管道的增加，多数穷人也可以取得水资源，帮助他们脱离贫穷。

（3）私部门带来效率及技术的提升，改善了水资源的服务质量。

（4）资源可以自由配置，并得到较有效的利用。

然而，水部门的发展在 1990 年代后期遇到“瓶颈”。首先是 PPPs 的件数开始显著下滑：1990 年代拉美地区私部门在水资源方面的投资金额和件数虽大幅上升，但到 1999 年后又开始下降。其次，因为私部门侧重于利润最大化，提高水价的结果对穷人造成了负面的影响，水费占所得的比重越来越高，使民众生活压力增大，也引发地区性反私有化的运动。再次，引入私部门并未降低贪腐的几率，反而因制度的不完善与透明度低，寻租的机会大增，造成公私部门互相贪腐的情形[16]。

另外，有些研究者从私有化及水资源的特性角度反对私有化。他们认为私有化的目标有四：达到更高的配置与生产效率、强化私部门的角色、改善公部门的融资状况、让资源可以自由配置。但这些目标基于以下的假设：没有外部性、没有公共财产、市场非独占，而且也没有信息不对称等问题。一旦没有这些假设，私有化就会变得更加复杂[17]。Balance 和 Taylor 指出，水资源虽然也拥有自然独占的特性，但它并没有像电力一样有特定的上游生产及分配链，因为消费者可以随时向不同的供给者购买。另外，水资源不仅是资本密集，还需要很大的沉没成本（sunk cost），而且水资源也易受天气或干旱的影响。因此，水资源不适合通过传统市场竞争模式来运作，即使有竞争，利润也很小[18]。整体而言，水资源是公共财产而不是一种商品，必须积极争取更大的基础建设政策的涵盖面与透明度。

还有其他学者也认为私部门进入公共服务领域其实有许多缺点。例如 Lehto 与 Lobina 等人的研究就指出，在电力、铁路以及水供给部门中，公部门的表现反而较佳，而且私部门较易夸大其效率和生产力[19]。在融资方面，公部门可以得到跨国部门的补助，私部门只能依赖中央或地方的担保，而且常要付出许多税金，无法进行有效融资[20]。不仅如此，如果是由一家大型的私人独占企业进驻，仍旧无法通过私有化来提高水资源服务的效率，因为市场并没有加入竞争，并改善信息不对称的问题[21]。这些都是私部门进入发展中国家后带来的问题及其原因。

综合各项文献分析，引进私部门后成效不彰的原因可分为三大方面[22]。从经济面来看，是资本预期贬值，甚至超越了投资，及投资风险日益上升。而且 1994 年的墨西哥金融危机、1999 年的巴西货币危机，以及 2001 年的阿根廷经济危机等，都对企业及政府的财务状况造成严重的影响。从目标面来看，主要推动者世界银行的优先目标是降低政府赤字，并非鼓励私部门提供服务给穷人，因此世界银行虽然成功将市场规范引入，却无法有效促进私有化的成功。从制度面来看，市场失灵及制度不健全等，都是影响私部门成效的原因。

有鉴于此，许多学者的研究认为公部门事实上是较佳的选择。Anwandter 与 Ozuna 通过包络分析法分析墨西哥的案例，指出墨西哥的私有化改革并未成功的原因，在于未引入竞争以及信息机制[23]。Seppälä 通过综合工程科学、发展研究、制度性经济学和未来研究等相关方法分析后发现，公部门的效率反而比私部门佳。他指出，多数学者只分析私有化带来的帮助，却忽略了机制改变带来的成本；而且大公司兼并小公司的风气，反而使独占垄断情形增加，进而限制竞争，对公平性造成负面影响。他建议将核心部门交由公部门管理，非核心部门则下放私部门，垂直的竞争才能带来更高的效率[24]。

Wu 和 Murphy 分析了大湄公河地区无法有效引入 PPPs 的原因在于缺乏有效的水资源治理机制与调和利益团体间关系的能力。而柬埔寨与越南在世界银行的协助下，对公部门的水机制进行改革，克服了一些水资源治理的障碍，建立了更多水资源服务的管道，让更多的穷人获得饮用水，并负担得起水费，大大提高了纳入性发展的目标，提供了另类的发展模式[25]。

综合上述文献分析可知，私部门是否应进入水务产业领域，既有观点大致分成两种，正好是光谱上的两个极端。一种观点希望尽量由私部门来提供公共服务，也就是“最小政府”的概念，目的是增进效率、减少成本与财政支出；另一种则是希望由公部门完全垄断公共服务，不让私人部门介入，目的是借由政府的力量，来维持公平性的政策目标。这两种看法显示了私部门对水务产业不同的影响。

近几十年来中国经济快速发展，工业化及都市化使得大量人口脱贫，但同时也带来水资源的匮乏。在引进“市场”机制后，中国水部门的发展已成为相当重要的研究对象，是否也会产生与其他发展中国家一样的问题与争论？本文接下来将检视中国的情况。

## 3 中国水务产业的发展与影响

### 3.1 水务私有化的发展

中国水资源南多北少，向来分配不均，再加上近年来人口与经济成长迅速，使得中国对水资源的需求大增，进而让水资源环境压力变大。另外，因地表水资源短缺，人们便抽取蓄水层的水，尤其是水资源相对稀少的北方，但过度取用易引发干旱及沙尘暴，也造成地层下陷与海水入侵等问题。同时，城市化与工业化带来的污染，让水资源短缺问题雪上加霜。根据Economy的调查，截至2006年，中国约有200个城市没有任何污水处理，使得污染成为中国缺水的主因之一[26]。中国国家环保总局的统计数据也显示，目前中国只有27%的水是一、二级的安全饮用水[27]。

Lall，Selod与Shalizi通过国际大型组织的研究报告（包括UNDP、UNEP与世界银行）及中国的数据，探讨中国缺水问题的严重性，发现中国人均可使用的水资源事实上相当稀少，只有世界平均值的三分之一，而人口成长太快也降低了人均可使用水量。此外，他们所建立的中国长期用水趋势模型显示，整体的人口成长率对水需求的影响不大，反倒是都市人口的成长率影响较大。包括UNDP、UNEP和世界银行等组织也都指出，中国即将面临严重的水资源管理问题[28]。

为了应付庞大的需水量，中国政府将水资源及相关基础建设的发展，纳入国家优先发展政策之中，并投入大量资金积极兴建相关大型设施。不过，因为大规模的城市水利建设仍需要庞大的资金，而国有部门普遍效率不高，中国政府从1990年代开始逐步推动水务市场化，将市场机制及私人资本引进国有的水企业，希望通过建立现代企业及不同的私部门参与模型，赋予非公有部门相关的市场管道，包含政府资产的私有化及公私伙伴关系，以提升供水及用水的效率[29]。

私部门参与城市水务产业投资，经过了数个阶段的演进，1990年代中期以前属于第一阶段。早期中国并没有市场机制，所有的一切都由国家和集体控制，公用事业也采取政府统一规划、投资建设、财政补贴和国有垄断经营的体制，民众享用的也是具有福利性质的低水价。1970年代晚期，私部门才开始逐渐出现在中国的市场上，但国家仍持续掌控水资源服务、废弃物处理和交通建设等领域。1990年代中期以前，中国对外资的利用仍停留在向国际组织借款方面，政府充当担保人和地方国营水厂的所有者。这种垄断经营、政企合一、政监不分的弊端日渐突出。

1990年代中期至2002年是中国水务产业对私部门开放，从试点到发展的阶段。由于工业化和都市化加剧了水质的污染，90年代中期，国家为解决资金短缺和污染问题，于1994年颁布《城市供水条例》，允许水价进行合理的调整，城市水价开始大幅提升。国家还公布了两个关于私部门及外资投资城市水务产业的政策文件，并开始引进PPPs及BOT模式，但外资仅限于污水处理。为争取外资，规定外资享有 15% ~18% 的固定回报率。此时，污水处理费尚未纳入，但生活用水的水价已不断上涨[30]。

2000 年中国开始以招标或邀请比价的方式，将外资可涉足的公用事业扩大到城市供水、排水、污水处理等领域，并保证外方固定回报率[31]。2002 年中国将 8 万吨/日及以上城市污水处理设备、城市供水厂、污水处理厂、大中城市供排水管网等基础设施的建设和经营，列为鼓励项目进一步加大外商投资。将原禁止外商投资的供、排水等城市管网，首次列为对外开放领域，但需中方控股[32]。此时，中国政府除了让有议价能力的跨国大企业进入外，也认为风险应该同时由中国和跨国企业承担，因此，取消了保证获益率（16%）[33]。

2002 年 12 月建设部为了加快公用行业市场化进程，引入竞争机制，颁布《关于加快市政公用行业市场化进程的意见》，文件规定中央鼓励地方对国内及国外的私人投资者开放市政公用事业，并首次清晰地提出建立公用事业的特许经营制度，明确规定了申请特许经营权的企业应具备的条件、特许经营权的获得、特许经营合同应该包括的基本内容、变更与终止等条款。2002 年外资威立雅获得上海浦东水厂的契约，是外国投资者经营及管理中国供水系统的开始[34]。

2003 年以后，私部门从事市政公用事业进入成熟期。2003 年底中共十六届三中全会召开，允许私人资本进入垄断的公用事业。2004 年建设部颁布的《市政公用事业特许经营管理办法》，鼓励社会资金和外国资本参与城市供水、污水处理等行业，并规定特许经营期限最长不得超过 30 年。自此，不仅私部门可以进入，中国也陆续推动水企业所有权的改革、政府角色的重塑、费率机制的重整与公共参与水价的调整。2005 年 2 月《国务院关于鼓励支持和引导个体私营等非公有制经济发展的若干意见》（简称“非公经济 36 条”）出台，正式以国家政策的形式，允许外资和国内民营资本进入垄断行业、基础设施和社会事业领域[35]。

## 3.2 水务私有化的趋势

根据世界银行的报告，2001 年以后世界上只剩下中国、智利和哥伦比亚等国家仍热衷于供水的私有化[36]。Zhong，Mol 与 Fu 认为中国仍热衷于水务私有化的原因有二：第一，中国都市公用事业管理体制从集权转向市场治理的思考，与一般 OECD 国家民营化以追求利润为目标不同。中国在于矫正过去高度中央集权导致的无效率、资本短缺、缺乏经济诱因和覆盖率低等制度弊端，改变治理的制度和环境，建立经济诱因和市场逻辑，以保证获得足够的基础建设投资资金，并提高公共服务的普及率。第二，中国都市供水采用由私部门供给的方式，不仅在于私有化，更在于建立复杂的现代化管理模式，包括费率的调整、提高政府决策的透明度和课责（accountability）、加强公用事业分权化和地方政府的责任（responsibilities）等[37]。

2002 年以后，中国对水务私有化的热衷，除了不断在政策上予以松绑外，从私部门投资件数与金额的增加上也可获得证明。世界银行的数据显示，1990 ~2011 年，全球私部门投资于能源、通信、交通、供水及污水处理四项基础建设的累计件数共有 4908 件，累计总金额为 16952 亿美元，其中交通、能源及通信无论在件数或金额上，都较供水及污水处理高；后者累计的件数与金额，21 年来分别只占了 15.2% 与 4%。2001 年后供水及污水处理的件数虽有增长，但金额明显偏低，可见水资源并非全球私部门青睐的投资项目。若从历年来供水及污水处理的件数及金额来看，1990 年以后投资件数虽呈现稳定增长，但多属小额投资，2007 年后受金融危机影响，全球私部门对供水及污水处理投资的热衷程度更加下滑（见图 1、图 2）。

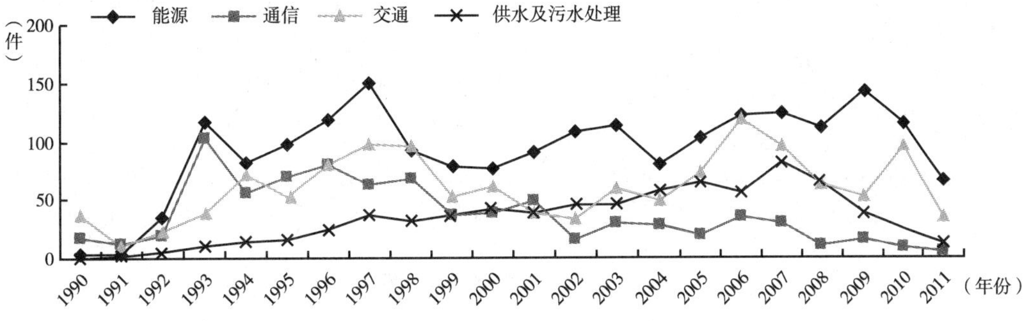


**图 1　全球历年各领域投资件数**

资料来源：World Bank http：//ppi. worldbank. org/index. aspx。

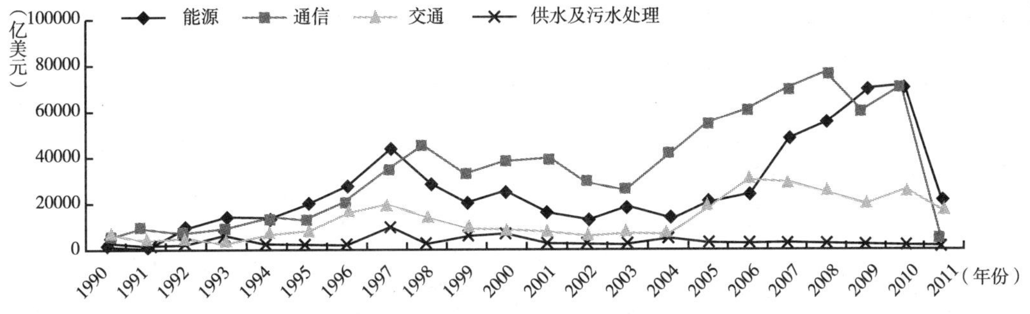


**图 2　全球历年各领域投资金额**

资料来源：World Bank，http：//ppi. worldbank. org/index. aspx。

和全球趋势不同的是，从 1994 年中国水务开始引进私人资本后，私部门投资于供水及污水处理的件数持续成长，2004 年引进特许经营后，水务投资甚至高于交通与能源，直到 2007 年后方才趋缓（见图 3）。和全球趋势相同的是，中国供水及污水处理私有化的规模都不大，1990 ~ 2011 年累计金额仅为 95 亿美元，占中国所有私部门投资总额 1142 亿美元的 8.3%，仍高于全球的 4%[38]。

若进行中国与全球其他地区的比较发现，中国与拉美地区对水部门私有化的兴趣最浓厚。在 20 世纪 90 年代初公用事业私有化引进发展中国家后，拉美国家在世界银行等国际组织的鼓励下，致力于水部门的私有化。1990 ~ 2011 年已累计开展了 226 件，累计金额达 260 亿美元，占全球总金额的 41%，但自 2002 年后，私有化的速度则开始趋缓。反观中国从 2000 年开始允许外资涉足城市供水、排水、污水处理等领域后，很多大城市相继引进了一些合资企业，或通过地方政府和跨国公司经营水部门，使私部门的进入比例逐渐上升。据世界银行的统计，私部门在中国水务领域的投资件数不断增长，迄今累计件数达 359 件，占全球累计件数的 48.3%，接近总件数的一半，较拉美地区高出甚多。其中 90% 属于污水处理，供水仅占 10%。不过，私部门对中国水务投资累计金额却不多，迄今只累计达 95 亿美元，占全球总金额的 14.8%，

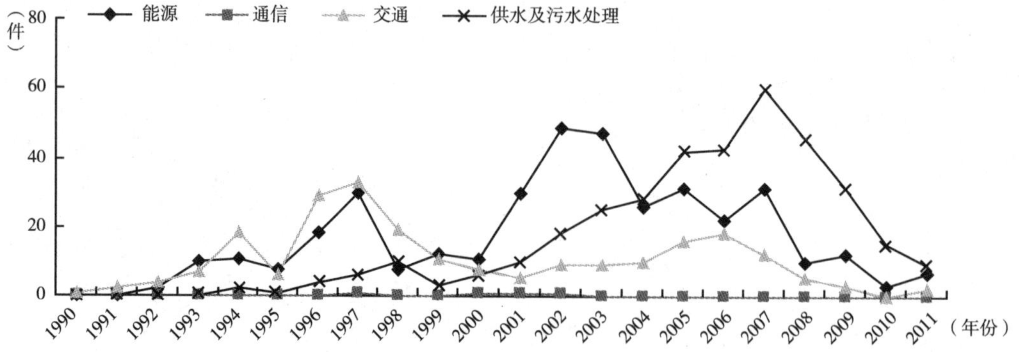


**图 3　中国历年各部门投资件数**

资料来源：世界银行 PPIAF database。

比拉美国家规模小很多。尽管在中国投资件数不断增长，但从金额上观察，则多属于小额投资，规模并不大，可能与多属于地方级的污水处理有关。2007 年达到 60 件的高峰后，私部门对中国水资源的投资也开始下滑（见图 4）。

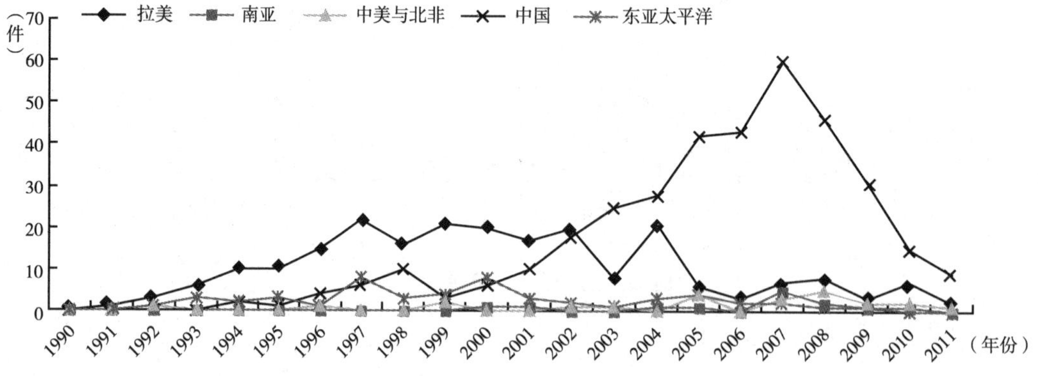


**图 4　各区域水部门历年投资件数比较**

资料来源：世界银行 PPIAF database。

## 3.3　私有化模式与水务公司

私人资本参与中国水资源的形式，根据世界银行的统计，包括特许经营（106 件）、完全私有化（11 件）、绿地投资（229 件）、管理与租赁合约（13 件）等[38]，其中绿地投资与特许经营两种方式的比例较高，这与中国政府以特许方式鼓励私人资本投资水部门有关。

Choi，Chung 和 Lee 的研究指出，中国水市场的水公司目前主要有五类参与者：①跨国水公司，如威立雅（Veolia）和法国的苏伊士（Suez）；②中国内资水务公司，如北京首创股份投资有限公司、桑德集团及上海工业集团等；③外国专业经营者，如新加坡的 Hyfluxand Asia Environment Holdings；④私有化的地方水公司；⑤国内经营者。实际上前二者较具有规模与影响力。中国内资水务公司被认为是准私人的水公司，因为该类水公司是国家改变国企成为追求利润的“现代企业”目标下，由前国有企业改制，或是中央、地方层级政府仍掌控大股东的控股公司，市场化逐渐使这些国有企业的所有权转移至私有部门[39]。

由这些参与者组成的水务市场化的常见模式有5种：①本地合资：由国有企业和本地私人企业组成；②中外合资：国有供水企业与外资合资；③特许BOT及TOT：BOT指兴建－经营－移交，TOT指移交－经营－移交。这两种模式中政府仍拥有管网，并保留相关收费的权利，水厂经营权在一段时间内转移；④股权转让：水企业部份股权上市或转让给私人公司或公众投资者，如深圳水务集团；⑤独资：指内、外资及国有部门的独资，如北京首创即属国有独资企业[30]。

Choi，Chung和Lee对Global Water Intelligence及世界银行PPI数据库（Private Participation in Infrastructure）的个案进行分类后发现，独资或合资的跨国水公司比例，由2004年的63%下降到2007年的41%，下降的原因是中国国内水务公司大量增加。另外的34%是本地的合资公司，即政府支持的投资公司与私有化的地方水公司合资。14%是没有任何私人资本的国企合资公司，这类国有企业之间的合作，主要还是公部门与公部门的合作，而非公私合作，设立的主要目的在于国家需要培养具有竞争力的内资水务公司。这种模式可以有效降低商业和政治的风险，但会丧失其监管功能，而且会因为缺乏透明度而产生内部无效率，贪腐问题也会随之增加[40]。而林静[30]对中国33个城市供水模式的调查发现，在所有样本中，本地合资企业占24%，中外合资企业占46%，7%系BOT/TOT，股权转让有27%，全资国有企业仍有24%。尽管Choi，Chung和Lee及林静的研究中显示，中外合资是最常见的模式，不过，在国家政策支持下，中国内资水公司通过购并进行横向整合，及在原水、供水及污水处理上进行供应链的纵向整合，将会给外资水务公司带来极大的竞争压力。

## 3.4 水务私有化的影响

经过20年的改革，中国城市供水服务的效益如何？Zhong，Mol和Fu从PPP的观点着手，并通过个案研究探讨中国私部门进入水务产业是否取得市场化的效益。其研究结果显示，私部门的进入带来了投资与效率，并改善了服务质量，2004年城市供水普及率已达到88.8%[41]。

然而，国际上所争论的私部门进入水务产业的疑虑，似乎也在中国上演着。其中最重要的就是持续上涨的城市水价。水价的决定除了成本之外，还受其他因素影响，例如人民的可负担性和公平性。根据媒体报道，2009年中国各大城市纷纷上调水价，包括广东、南京、沈阳、昆明、上海和北京等[42]。然而，民众普遍反对水价的上调，因为这会给当地居民，甚至是一些低收入户或农民工带来极大的经济压力，这牵涉到水资源的包容性发展方面。

有些研究认为，私部门在水务产业领域的投资，比在其他部门的投资来得少，主要是因为目前中国的水费过低，制度面也相当复杂，尤其是水资源的部门职权分散，也欠缺适当规范架构[43]。而Choi，Chung和Lee的研究也发现，即使中国近年来PPPs数量增加，但外资却因两大障碍逐渐撤出中国。这两大障碍主要是PPPs计划的风险，以及制度与规范障碍。例如取消固定报酬，以及确保未来水价会上调的政策转变风险，都会影响这些参与者的决策；另外法规环境的不健全会带来很多不确定性，也是这些外来投资者止步的原因[44]。

而林静及朱晴的分析显示，水价引起的民族主义情绪也是影响外商投资的因素。外资以高额价格收购供水厂，之后再以提高水价获得高额利润，不但引起居民的普遍不满，跨国企业威胁中国用水安全的社会态度，也充斥着媒体[30]。2007 年中国本地私营水务企业与 NGO（中国城市水资源协会）联合，反对威立雅高价收购并提高水价的行动，是中国首次出现的反跨国水企业的运动[34]。这些都是导致中央及地方政府对外资涉足中国水务而采取谨慎做法的关键。

2000 年中国确立了“逐步提高水价是节约用水最有效措施”的原则[45]。近年来中国的水价持续上涨，对于国际水价来说，中国的水价依旧偏低，但对一般民众仍旧造成许多压力，尤其是农民工。水价引起的不满主要在于缺乏完善的水价制度，及公众参与有限。自 1994 年国务院颁布《城市供水条例》后，在“生活用水保本微利，生产和经营用水合理计价”的原则下，中国水价开始上涨。城市水价依规定由供水成本、费用、税金和利润构成，1998 年后计入污水处理费。目前水价仍由政府掌控，水价的调整必须由水务企业向政府申请，召开听证会后，由物价局审核、报市政府批准后执行、公布。听证会依法由人大、政协和政府各有关部门及各界用户代表参加[46]。然而，许多城市的听证会信息多半不公开，而且大多数出席者都是由政府部门或供水公司邀请，一般大众很少有人知道相关信息，出席率相当低。因此，听证会的成效往往受到外界的质疑[34]。

此外，民众普遍不满的不只是水价的上涨，还有水资源的质量并未随着水价上涨而提高。许多城市的水质仍旧未获改善，有些还在持续恶化中。例如林静对泉州的受访者进行调查发现，受访者认为他们的水仍然像“酱油”，多年来依旧未获改善。而昆明的受访者则有 66% 依旧购买桶装水来满足日常生活所需。而老旧水管年久失修导致漏水的现象也相当常见，每年均损失相当数量的水资源。另外，流经老旧水管的水资源也会受到污染，进而让水管的质量影响到水的质量[30]。依《城市供水价格管理办法》的规定，城市供水价格是水符合国家规定标准后的商品水价格，水质达不到饮用水标准，给用户造成不良影响和经济损失，用户有权到政府部门投诉，供水企业应当按照《城市供水条例》规定，承担相应的法律责任。但是，水务公司动辄以“停水”要挟民众对其“商品”的不满，民众无奈只有忍痛接受，失去了水的“公共性”，而政府部门的不作为，更加剧了水的“商品”性。

## 4 结论

中国从 1990 年代开始即逐步推动水务市场化，本文主要目的在于了解目前中国水务产业私有化的发展、趋势、模式，及水务私有化后的影响。研究发现中国水务产业市场化的目的，在于通过建立现代企业及不同的私部门参与模式，以保证获得足够的投资资金，并提高公共服务的普及率。从投资的件数和金额来看，水资源并非全球私部门青睐的投资项目，21 年来水部门私有化主要集中在拉美及中国，而中国就占了全球件数总量的近一半，不过，多属小额投资。从私有化模式来看，中国水务以合资、特许经营、股权转让及独资为主，而跨国水务公司及中国内资水务公司是目前中国水市场中主要的水公司。受到国家支持内资企业、政策转变风险、制度与规范障碍及民族主义情绪等影响，外资企业近年来的投资下滑。而市场化后城市供水普及率虽然提高，但持续不断上涨的城市水价，成为近年来社会最关注的焦点之一。水价引起的不满主要是因为缺乏完善的水价制度、公众参与有限，及水资源的质量并未随着水价上涨而提高。

中国水务市场化将近20年，目前已经出现了发展中国家面临的共性问题。然而，本文强调无论是由政府还是由私部门提供饮用水，治理问题都是中国特别需要加强的议题。也就是说，市场化并不代表公部门的退出，而是公私部门的角色要有根本的不同，即公部门要捍卫人民的福利，私部门则可以提供技术及有效率的管理经验，并提供适当的财务协助。因此，政府的角色也将从服务提供者转向监督者，公部门如何构建规范的环境与架构，并激励私部门投资，以及公私部门伙伴关系的治理，则是未来宜深入研究的议题。

## 参考文献


[1] Shah, A.，"Poverty Facts and Stats" [EB/OL]. Retrieved August 09, 2011, from Global Issues: http://www.gobalissues.org. 2010, March 28.

[2] Capdevila, G. CorpWatch. Retrieved May 01, 2012, from UN, "Consecrates Water as Public Good, Human Right" [EB/OL]. http://www.corpwatch.org 2002, November 28.

[3] Pessoa, "Public-Private Partnerships in Developing Countries: Are Infrastructures Responding to the New ODA Strategy?" [J]. *Journal of International Development*, 2008, 20: 311 - 325.

[4] Asian Development Bank, "The International Bank for Reconstruction and Development", The World Bank, and Japan Bank for International Cooperation (2005). "Connecting East Asia - a New Framework for Infrastructure" [R/OL]. pp. 49 - 100. 又见 Benedicate Bull & Desmond McNeill (2007), "Development Issues in Global Governance: Public-Private Partnerships and Market Multilateralism" [M]. (London & New York: Routledge).

[5] WIKIPEDIA, "The Free Encyclopedia" [EB/OL]. http://en.wikipedia.org/wiki/Private_ Finance_ Initiative.

[6] Gray, A.，"Water: A resource like any other?" [J]. Agriculture and Forestry Bulletin, 1983, 6 (4): 47 - 49. Bellier, Michael and Yue Maggie Zhou, "Private participation in infrastructure in China: issues and recommendations" [M]. The World Bank, 2003.

[7] Prasad, N.，"Privatisation Results: Private Sector Participation in Water Services after 15 years" [J]. *Development Policy Review*, 2006, 24: 669 - 692. Harris, C.，"Private Participation in Infrastructure in Developing Countries" [R/OL]. Trends, impacts and Policy Lessons. World Bank, Washington, D. C., 2003. Coppel, Gabriel Patrón and Klaas Schwartz, "Water operator Partnerships as a model to achieve the Millenium Development Goals for water supply?" Lessons from four cities in Mozambique [R/OL]. http://www.wrc.org.za, 2011.

[8] Saleth, R. Maria & Dinar, Ariel, "Water challenge and institutional response (a cross - country perspective)" [R/OL]. Policy Research Working Paper Series 2045. The World Bank, 1999.

[9] Williamson, John (ed.), "Latin American Readjustment: How Much has Happened" [M]. Washington: Institute for International Economics, 1989.

[10] Elizabeth Martinez & ArnoldoGarcía, "what is neoliberalism?" [R/OL]. http://www.globalexchange.org/resources/econ101/neoliberalismdefined, 2000.

[11] Zhong, Lijin, Arthur P. J. Mol &A Tao Fu.，"Public-Private Partnerships in China's Urban Water Sector"

[J]. Environmental Management, 2008, 41: 863 – 877.

[12] Bellier, Michael and Yue Maggie Zhou, "Private participation in infrastructure in China: issues and recommendations" [J]. op. cit. , 2003; Zhong, Mol and Fu. op. cit. , 2008: 863 – 877.

[13] Bull, Benedicte & McNeill, Desmond, "Development Issues in Global Governance: Public-Private Partnerships and Market Multilateralism" [M]. op. cit. , 2007.

[14] Izaguirre, & Hunt, "Public Policy and the Private Sector: Private Water Projects" [R/OL]. Note no. 297, 2005.

[15] Harris, C. , "Private Participation in Infrastructure in Developing Countries. Trends, impacts and Policy Lessons" [R/OL]. op. cit. , 2003. Noel, Michel &Brzeski, W. Jan. , "Mobilizing Private Finance for Local Infrastructure in Europe and Central Asia : An Alternative Public Private Partnership Framework" [R/OL]. World Bank, 2005. Coppel, Gabriel Patrón and Klaas Schwartz, "Water operator Partnerships as a model to achieve the Millenium Development Goals for water supply? Lessons from four cities in Mozambique" [R/OL]. http: //www. wrc. org. za, 2011.

[16] Asian Development Bank (ADB), "India: Country projects. Manila: Retrieved" [R/OL]. http: //adb. org, 2005. Seppälä, Osmo T. , Jarmo J. Hukka, and Tapio S. Katko, "Public-Private Partnerships in Water and Sewerage Services Privatization for Profit or Improvement of Service and Performance?" [J]. Public Works Management & Policy, 2001, 6 (1): 42 – 58.

[17] Eytan Sheshinski and Luis F. López-Calva, "Privatization and Its Benefits: Theory and Evidence" [J]. *CESifo Economic Studies*, 2003, 49 (3): 429 – 459.

[18] Balance, T. and Taylor, A. , "Competition and Economic Regulation in Water: The Future of the European Water Industry" [M]. London: IWA Publishing, 2005.

[19] Lehto, E. (Ed. ), "Monopolivaikilpailu? Yksityistäminen, sääntelyjakilpailurajat" [Monopoly or competition? Privatization, regulation and competition limits]. AtenaKustannus. SITRA: njulkaisusarja, nro 158. Juva. [M]. Finland: WSOY, 1997. Lobina, E. , Hall, D. , &Finger, M. , "Alternative policies to water supply and sewerage privatisation: Case studies from Central and Eastern Europe and Latin America" [EB/OL]. Unpublished paper presented at 9th Stockholm Water Symposium, 1999.

[20] Seppälä, Osmo T. , Jarmo J. Hukka, and Tapio S. Katko, "Public-Private Partnerships in Water and Sewerage Services Privatization for Profit or Improvement of Service and Performance?" [J]. *Public Works Management & Policy*, 2001, 6 (1): 42 – 58.

[21] Lars Anwanster and Teofilo JR. Ozuna, "Environment and Development Economics", 2002, 7: 687 – 700.

[22] Anwandter, L. , and Ozuna, T. Jr. , "Can public sector reforms improve the efficiency of public water utilities?" [J]. *Environment and Development Economics*, 2002, 7: 687 – 700. Seppälä, Osmo T. , Jarmo J. Hukka, and Tapio S. Katko (2001). op. cit. , 2001. Coppel, Gabriel Patrón and Klaas Schwartz, "Water operator Partnerships as a model to achieve the Millenium Development Goals for water supply? Lessons from four cities in Mozambique" [R/OL]. http: //www. wrc. org. za, 2011.

[23] Anwandter, L. , and Ozuna, T. Jr. ibid. , 2002.

[24] Seppälä, Osmo T. , Jarmo J. Hukka, and Tapio S. Katko. op. cit. , 2001.

[25] Te-Mei Wu&Helen Murphy, "Inclusive Development and Water Governance in the Greater Mekong Sub-Region: The Failure of Public/Private Partnerships in the Water Sector" [C]. "国关理论与全球发展"

国际研讨会论文，中华民国国际关系学会，2011－6－9。
[26] Economy, E. C. , “The Great Leap Backward: The Costs of China's Environmental Crisis” [J]. http: //goo. gl/3Vb9U, Foreign Affairs, 2007, 86: 38.
[27] 古特利集团：《国水资源产业的投资新机遇》[EB/OL], http: //goo. gl/eTBG4, 2010。
[28] Lall, Somik V. , Harris Selod, and ZmarakShalizi, “Rural-urban migration in developing countries: A survey of theoretical predictions and empirical findings” [R/OL]. Policy Research Working Paper 3915, World Bank, 2006.
[29] Choi, Jae-ho, Jinwook Chung, and Doo-Jin Lee. , “Risk perception analysis: Participation in China's water PPP market” [J]. *International Journal of Project Management*, 2010, 28: 580－592.
[30] 林静：《国水危机及昆明水务私有化研究报告》[EB/OL]. http: //goo. gl/klhQR. 香港：全球化监查出版社，2010，第14～15页。
[31] 建设部：《城市市政公用事业利用外资暂行规定》，2000。
[32] 国家外经贸部、国家计委等：《外商投资产业指导目录》，2002。
[33] 国家计划委员会、建设部、国家环保总局：《关于推进城市污水、垃圾处理产业化发展意见》，2002。
[34] 朱晴：《中国南方城市供水改革》[EB/OL]. http: //goo. gl/VqPii，香港：全球化监查出版社，2010，第21页。
[35] 刘戒骄：《公用事业：竞争、民营与监管》[M]. 北京：经济管理出版社，2007。
[36] Izaguine AK & Hunt C. , “Private Water Projects. in Note of Public Policy for the Private Sector” [R/OL]. The World Bank Group, 2005. 297.
[37] Zhong, Lijin, Arthur P. J. Mol &A Tao Fu, “Public-Private Partnerships in China's Urban Water Sector” [J]. op. cit. , 2008: 863－877.
[38] 世界银行 PPIAF database. [DB/OL].
[39] Choi, Jae-ho, Jinwook Chung Doo-Jin Lee, “Risk perception analysis: Participation in China's water PPP market” [J]. *International Journal of Project Management*, 2010, 28: 580－592.
[40] Choi, Jae-ho, Jinwook Chung Doo-Jin Lee (2010). op. cit. : 583.
[41] Zhong, Lijin, Arthur P. J. Mol &A Tao Fu, “Public-Private Partnerships in China's Urban Water Sector” [J]. op. cit. , 2008: 867－868.
[42]《各地水价涨声一片——邵益生解读：中国城市水问题》[N]，《香港商报》2009年11月3日，http: //www. hkcd. com. hk/content/2009－11/03/content_ 2422685. htm。
[43] Zhong, Lijin, Arthur P. J. Mol & A Tao Fu, “Public-Private Partnerships in China's Urban Water Sector” [J]. op. cit. , 2008. Lall, Somik V. , Harris Selod, and ZmarakShalizi, “Rural-urban migration in developing countries: A survey of theoretical predictions and empirical findings” [R]. Policy Research Working Paper 3915, World Bank. 2006. Herrera S. and Vincent B. , “Public Expenditure and Consumption Volatility” [R]. Policy Research Working Paper 4633. World Bank, 2008.
[44] Choi, Jae-ho, Jinwook Chung Doo-Jin Lee, “Risk perception analysis: Participation in China's water PPP market” [J]. op. cit. , 2010.
[45] 国务院：《关于加强城市供水节水和水污染防治工作的通知》，2000。
[46] 国家计委、建设部：《城市供水价格管理办法》，1998。

# Water Privatization and the Development of Urban Water Sector in China: Policy, Trends and It's Impacts

*Wu DeMei*

(Graduate Institute of Development Studies, National Chengchi University)

**Abstract**: The main purpose of this paper is to understand the development、trend、model and impact of privatization of the urban water sector in China. The study found that the quantity of investments in the water industry from the private sector, though most of them are small amounts, accounts for nearly half of the global market. The major private sectors in China's water market come from multinational enterprises and domestic-owned water companies. Moreover, multinational enterprises' investments in China have been declined in recent years. Although coverage of urban water supply improved after privatization, the continued rising of urban water price has become one of the hot issues in China. This paper argues that urban water governance is the urgent issue that needs to be strengthened.

**Keywords**: Privatization; Urban water sector; Water price; Public governance

# 大圳·水库·发展：从中科抢水初探台湾水政治*

黄书纬

（国立政治大学国家发展研究所）

**摘　要**　1990年代后，台湾的用水问题逐渐浮出水面，县市之间为水库配置而起的争论时有所闻，工业部门与农业部门在用水调度上的争夺也越演越烈。国家在这些冲突中扮演什么角色？水资源调度模式是否出现转变？这些都成为当前用水议题中的核心问题。本文认为，不管是日本殖民政府时期通过大圳所建立起来的掠夺型机制，还是国民党当局通过水库所建立起的发展型机制，这两种调度模式都建立在"水资源是不会匮乏的"这个假设上。而后发展型时期的台湾的问题就在于，水资源已经因为自然环境的变化而短缺，政府的调度模式却未能调整过来。特别是当1998年"废省"后，虽然用水分配、水利开发的权力已经随着"经济部水利署"的改制而成为台湾当局权力的一部分，但受限于过去的经济发展模式，与民主化过程后地方权力的挑战，台湾的水资源调度模式反而呈现一种"治理权力中空"的现象，这也暴露出后发展型地区在当前水资源议题中的左支右绌。

**关键词**　水库；水资源；发展型时期；政治生态学

## 1　引言

中部科技园区管理局从2002年开始陆续开发台中、后里、虎尾三个园区，聚集了台湾重要的光电、半导体、精密机械产业。2008年，中科管理局主张园区用地不足，规划开发彰化县二林镇中科四期园区，提供给友达光电兴建面板厂。在中科四期的用水规划上，长期规划是大度拦河堰的兴建，短、中期用水由自来水公司、彰化农田水利会调度供应，约定即使枯水

* 作者简介：黄书纬（1974～），台北市人，国立政治大学国家发展研究所博士后研究员。主要研究领域：都市社会学、政治社会学、都市政治生态学。

期、非灌溉时期也会稳定提供。中科四期的用水规划引起当地农民抗议。第一，农地低价征收为建设用地，引发民怨。第二，高科技废水、空气污染，对当地农作物造成伤害。第三，浊水溪近年面临长期干旱，农业用水都已不足，水利会还帮着中科管理局在农村抢水。第四，中科四期的所在地二林，有全台湾第一条官设埤圳荆仔埤圳，抢水意味着毁坏农村历史。然而，随着中科四期用水争议所浮现出来的，不单单是用水规划的技术问题、环境保护和工业开发的矛盾问题，以及农村文化与经济发展的长期冲突，而是当台湾当局无法再以新建水库来解决用水短缺的问题时，水资源调度模式已经慢慢地出现改变。我们可以从以下三个方面来观察这转变。

首先，工业用水占全部用水的比例不但逐年提高，而且用水来源也从自行取水转向契约用水，而在这些契约用水的供应者里，来自农田水利会的灌溉剩余水的调度水量，则是逐年增加[1]。其次，在难以通过新建水库的方式提供工业用水的情况下，虽然许多新成立的工业园区都有规划水库作为长期供水来源，但当遇到干旱或原水浊度过高时，总是会协调附近农地休耕，以紧急调度农业用水来满足园区厂商供水需求，从农村调度农业用水给工业生产使用已经成为一种常态[2]。最后，在用水调度的过程中，我们也看到地方农田水利会与农民之间的关系逐渐疏离，反而因为卖水利益与工业开发单位靠得更近。

综上所述，我们不禁要问：如果向农村要水已经是满足工业用水需求的常态的话，那我们该怎么理解台湾水资源调度模式的转变？在这转变的过程中，有哪些组织行动者成为调度模式中的关键行动者？而地方农田水利会在这过程中的角色又有什么样的改变？

在这篇文章里，笔者尝试建立一个“水资源调度模式分析架构”（如图1），将水资源调度放在高层（台湾）与地方这样一个上下关系中去理解，并且在高层（台湾）与地方这两个层级再区分出产业/协调机关/高层（台湾）、农村/水利组织/地方这几组行动者，从而理解不同的行动者之间有着怎样的互动关系，进而影响了水资源调度模式的转变。

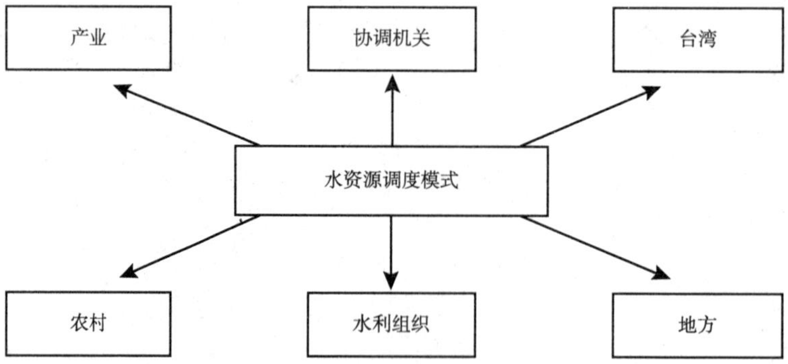


**图1 水资源调度模式分析架构**

通过这样的分析架构，笔者把台湾过去的水资源调度模式区分为殖民经济时期的大圳模式（1895～1945年）、发展型时期的水库模式（1950年代～1990年代中期），以及后发展型时期的调度模式（1990年代中期以来）。在殖民经济时期，水资源的调度主要通过大圳来完成。虽然台湾北、中、南部在清领时期（1695～1895年）由于各地气候环境、社会结构的差异而有不同的埤圳管理模式，但是通过水利组合的组织化过程，殖民政府得以将统治的权力通过水利组合而深入各个地方，并且以嘉南大圳等水利建设使农业与糖业的发展结合在一起。到了发展型时期，虽然水权分散造成管理上的多头，但为了提供工业发展所需的水力发电与扩大农业耕作的灌溉面积，水库成为国家重要的水利工程。而由水利组合改组后的农田水利会则与地方派系紧密结合，并且以政治支持向当局威权体制换取经济利益。在进入后发展型时期后，由于晶圆、面板等高科技产业在产品制作过程上要求较高水质与供水稳定，但当局在面对地方抗争的环保压力上难以用新建水库的方式来解决科学园区的供水问题，因此越域引水就成为这时期的水资源调度模式。而各科学园区管理局从规划初期到实际营运时就肩负着为厂商解决水源调度问题的任务，并且以签订契约的方式来确保自来水公司和地方农田水利会稳定供水。只是这样的模式对民主化后失去政治补助的农田水利会来说固然可一解经济收入的困局，对农民而言，却是毁村灭农的开始。

## 2 殖民经济时期的大圳模式（1895～1945 年）

台湾从清领时期（1684～1895 年）就开始有小规模的灌溉用埤圳，《台湾省通志稿》中记载，“灌溉之制，或引导流水于溪涧，或积储雨水于陂塘，亦间有利用地下水者。大凡拦水之建筑物样为陂，今称为‘埤’；行水之建筑物样称为‘圳’，圳即甽，田间沟也。故通称为埤圳”。当时的水利开发投资模式多为“庄民合筑”（61.66%）、“独资开发”（15.02%），或“合资/业佃/汉番/佃民/番人”开发（合计 18.77%），而官民合筑所占比例低（4.20%）。然而，由于各地方社会结构不同，在埤圳的开发模式上，南部多为庄民合筑，田主并不收取水租。而北部多为垦户投资开发，成为埤圳业主收取水租。当时台湾著名的三大埤圳分别是：彰化平原的八堡圳，其灌溉面积达一万两千余甲，由地方施姓垦户独资开发，完工后让彰化成榖仓，鹿港则成为出口稻米的米港；台北盆地的瑠公圳，灌溉面积为两千余甲，由郭锡瑠与多人合资开发；凤山曹公圳，灌溉面积两千多甲，是曹谨任凤山县令时官筑。而由于自然地理环境的不同，台湾的北、中、南部的埤圳开发情况也不一样。例如，台湾南部（北港溪以南到恒春半岛）的地形、土壤、气温条件不错，但水文环境不理想，雨量不均衡，本区“看天田”特别多。受限于自然环境，水利规模不大，采取保守的蓄水灌溉方式（陂、潭），而非积极的辟水路灌溉（圳、沟）。是整个清代台湾官府介入水利开发最多且唯一的地区。相较之下，北部（大甲溪以北）地形多为丘陵、台地、山地，平原地形较少，在清领时期也较少有埤圳开发[3]。至于台湾中部（大甲溪以南至浊水溪之间），由于地下水丰沛，地面河川密布，水源稳定，土地肥沃，地形以平原和冲积扇为主，为全台水利开发最发达的地区[4]。

日治时期（1895～1945 年），台湾的埤圳开发进入官设组织化与大圳建设的阶段。1901 年，台湾总督府公布《台湾公共埤圳规则》，其内容的第四条之二规定“埤圳之利害关系人，得经行政官厅之认可，组织组合”，在这以后，国家力量介入水利开发。在 1921 年以前，埤圳可分为两种，一种是公共埤圳（1901～1921 年），规定与公众利害相关者，均指定为公共埤圳，受法律保护，给予法人地位，可以从日本劝业银行获得融资贷款。另一种则是官设埤圳（1908～1921 年），则是由官方直接经营，凡是大规模工程而地方人民无法负担的，皆可由官方经营，除考虑灌溉功能外，水力发电也是当时的考虑之一。1921 年后，总督府开始将各地的官设埤圳改制为公共埤圳又让渡给所在地的州、厅经营，最后改组为水利组合（1921～1945

年)。台湾总督府对水利事业掌控的范围与区域逐渐扩大，对民间水利事业的管理更加严密，水利组合的组织与运作几乎是总督府机关的缩影[5]。

在这个时期，重要的大圳建设包括北部的桃园大圳和南部的嘉南大圳。桃园大圳原本是官设埤圳（1922~1924年），后来改组为水利组合（1916~1928年），其贡献在于让桃园台地一带的旱田水田化，不但作物种植选择性增加，也让作物生产结构改变，稻米逐渐取代茶叶成为当地的经济作物，而台地的经济中心也由大溪转移至桃园、中坜。嘉南大圳（1919~1930年），是当时费时最久、预算最大的水利工程，其贡献在于使本地看天田土地得到改良，土地产值因为改种稻米、甘蔗而提高，但由于灌溉水量不够，必须推行水稻、甘蔗、杂作的三年轮作制，也引发“米糖相克”的现象[6]。

总的来说，就殖民经济的角度而言（见图2），掌握灌溉系统有助于达到粮食增产、调整产业结构的目的，因此从殖民统治时代就有巨额的资金投入，故有必要组成一个类似专业官僚的机构来管理这笔庞大的资产。但在专业官僚之外，这个体系同时以供水为诱引，吸纳台湾农业社会的地方乡绅、组织基层的农民，同时有利益统合和社会渗透的作用。殖民政权通过给予“头衔”及配水的权力，帮助特定地方人士取得“精英”身份，并取得“精英”的合作意愿，进而维持灌溉系统的顺利运作。尤其在两次世界大战与政治动乱下，圳路普遍损坏，员工薪水短缺，会务窘困，但水利事业仍因此得以顺利运作[7]。

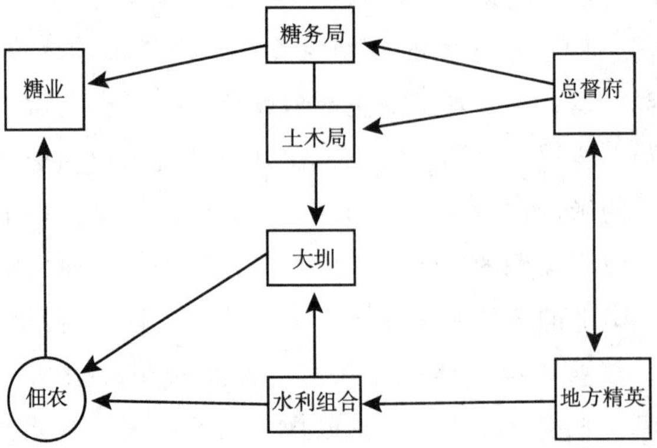


**图2 日治时期的大圳模式**

## 3 发展型时期的水库模式（1950年代~1990年代中期）

1949年后，由于国民党当局既在大陆缺乏灌溉治理的相关经验，也尚未在台湾的农村取得统治的基础，因此日治时期向来在农村社会居于领导阶层的乡绅及社会领袖迅速得以填补日本人离开后的权力真空，接手灌溉系统的管理，代理国民党当局开展基层治理工作，并借着中介农民取得灌溉水以及新的政治权力获得稳定发展的利益，找到自身的政治定位。而国民党当局也很快地发现水利组合这个原有的社会组织具有庞大的辅助统治功能，因为经济的发展和社会的安定高度依赖农业部门的稳定运营，而水利建设又关乎农业这个重要经济部门的产量，因此当时政府有很高比例的预算投入灌溉系统的兴建和维持，水利会便成为庞大资源的分配者。一方面，水利会负责规划灌溉设施，实际施作则通过特定程序分配给承包商。由于大多小型工程的技术门槛甚低，因此可以吸引广大的当地民众分享此利益，而由谁取得工程承包的利益也是水利会能掌握的权力。另一方面，水利会组织本身也拥有许多比照公务单位待遇的工作职缺，可以在收入较低的农村环境中，提供相对稳定的收入。这类利益输送可能影响到许多人的生计，地方也因此有“政治县长、经济（水利）会长”的说法[8]。

而随着1950年代地方选举的引进，水利会的运作也很快地融入一个以选举为核心的地方政治逻辑中，为国民党当局进行着对地方社会布桩扎根与动员投票的工作。但由于“乡绅掮客”同时利用水利组合的体制积极扩张自身势力，提高与执政者谈判的筹码，因此国民党在1956年开始进行大规模的组织改造，正式将水利组合改制为“农田水利会”，国民党的力量也从此得以渗入地方网络，并让地方派系在国民党的监督下执掌水利系统，形成利益共生的伙伴关系[9]。不过，随着国民党外反对势力在地方选举中对国民党的挑战渐强，国民党发现对于水利会、农会等功能性组织严密的草根网络依赖更甚，但控制力更薄弱，因此决定将其改制为“公务机关”，消除其经营地方派系的能量。1975年，国民党大幅裁并水利会的数目，精简人事，更取消水利会选举，会长改由当局遴选指派并全数续任。然而，由于水利会运营涉及复杂的水利专业，以及掌握农水调度的知识，政府无法任意指派新人取代既有“精英”，迫使当局让这些“精英”不必经由选举就直接被当局遴派担任旧职，以避免因指挥不动基层而丧失辅选功能。而当国民党发现遴派的方式可能让这个庞大的地方网络失去选举动员的功能，就决定重新引进水利会选举，并希望通过开放派系竞争的方式，让水利会的“精英”感受威胁，从而有助于执政“精英”予以控制。所以从1981年起，当局宣布接管期结束，恢复水利会的各项选举，开启了水利会领导职位竞争白热化的阶段[10]。毕竟，水利会组织除了是政治人物扎根基层的重要媒介，成为各方拉拢的对象，更是地方政治“精英”的培训班，而会长和水利代表等职位则成为地方“精英”向上爬升的管道。

然而，随着灌溉面积不断增加，加上台湾自1950年代后积极推行工业化政策，工业急速发展，工业用水需要日殷。然而因供求关系日渐紧张，利害冲突更显尖锐，纠纷亦渐趋剧烈，纠纷内容亦更复杂。面对这些纠纷，纵使水利会的小组长与班长再有水利知识与社会声望，也无法平息纠纷，一切必须从源头解决，也就是提供更充足的水源。因此，从1950年代开始，当局投入大规模的资金与人力参与水库工程的开发兴建，以提供经济发展过程中所需的各样用水，而台湾也就进入了水库开发的时期。

当然，对刚在解放战争中失败撤退来台的国民党而言，一开始是很难拿出资金投入水库开发的。以石门水库为例，就有一半的资金是来自美国的经济援助。石门水库的兴建提案始于1948年，由当时新竹县长邹清之及县参议会、地方各部会头目联同地方人士发起促使当局兴建水库。因石门水库工程浩大，当局财政困难，一时尚无法兴办，台湾水利局仍在继续进行研究调查工作。1953年，“大嵙崁溪石门水库建设促进委员会”成立，由吴鸿森（吴伯雄大伯）率地方人士，向各机关头目陈情，特别强调石门水库为多目标工程。行政院长陈诚允在经济部主持下设一专门机构，负责勘察设计事宜，所需大批人员，由台湾水利局及台电公司调用，此即以后的“经济部石门水库设计委员会”成立之由来。1954年，决定由经济部会同农复会、台湾省“建设厅”、台湾省水利局及台湾电力公司组织“经济部石门水库设计委员会”，并于1955年4月11日初次向美援会及安全分署提出。事实上，1950年代末期美国国内经济呈现衰退，尽量增加贷款的比例是美国减少援助负担的主要手段。1957年成立的开发贷款基金，就是美援贷款下的重要产物。美国私人资本急着前往海外寻求新投资机会，虽然贷款是为了民间企业，但大多投入了大型的公营建设，石门水库建设就是在这种情势下应运而生。然而，按照美援支助条件的规定，大规模工程计划，美国政府为了向其人民有所交代，时常要求受援的一方必须同时接受美方的技术服务，并负担技术服务的美金费用。在经过坝体设计大幅修改等摩擦后，石门水库终于在1964年完工，大嵙崁溪分水管理委员会宣告结束，分水事宜即移交石门水库管理局办理[11]。

从石门水库以来，大型水库一座接着一座兴建，其所肩负的责任，除了给水、灌溉外，还有水力发电的任务。而对工业发展而言，水库与工业部门之间的关系则有所不同。在供电方面，水力发电曾经是台湾重要的电力来源。台湾的水力发电是从日治时代开始的，殖民当局于1904年完成的龟山水力发电厂是台湾水力发电的滥觞，随后在1919年成立台湾电力株式会社，开始进行日月潭水力发电工程，并在台湾西部建造贯通南北的输电干线。第二次世界大战后的光复初期（1945～1953年），水力发电仍旧是台湾主要的电力来源，以1953年为例，水力发电占93.7%，火力发电则占6.3%。到了1954年后，台湾电力公司开始实施长期电源开发计划，加上工业快速发展后对电力需求快速增加，大容量、高效率的火力发电装置容量快速增加，其发电量在1962年后开始超越水力发电。以1965年为例，水力发电占22.8%，火力发电则占77.2%。从此以后，火力发电成为台湾电力的主要来源，而水力发电重要性也日渐减小[12]。

相较之下，水库的供水功能与工业发展之间的关系则是因产业不同而有所差异。在经济发展初期，虽然当局对厂商在水费和电费方面都有补贴政策，但在成本考虑下大多数厂商选择以自行抽取地下水作为解决用水的方法，估计占总工业用水的80%以上。只有少数的用水大户，特别是当时作为前导产业石化产业，由于其耗水耗能的产业特性，不但厂商会与自来水公司签订供水契约，当局也会为其规划专属的供水配套措施。特别是1980年代末期，当石化业者扬言产业外移时，当局为了留住这些厂商而采取“石化业规模扩大政策”，让五轻、六轻、七轻、八轻相继过关，这些已完成或计划中的石化业中除六轻外，均集中于南台湾，再加上原就集中于高雄县市的大量石化业，南台湾不仅承受密集的石化业污染，水资源的开发需求也不断提高，这也因此加快了当局对南化水库的规划与兴建。在1993年由烨隆与东帝士两个财团提出来以七轻炼油厂、大炼钢厂为目标的滨南工业区的用水解决方案，也是与当局所规划的美浓水库绑在一起，虽然滨南工业区和美浓水库最后都因为环保意识抬头而宣布中止，但足见当局与财团总是以大水库的兴建来解决工业部门的用水问题。高科技产业也是如此。1980年代，当台湾的产业结构面临转型，当局规划新竹科学园区作为发展信息、半导体、晶圆代工等高科技产业的发展基地时，为了解决园区一带供水不足的问题，更是特别兴建了宝山水库为公共给水的单目标水库，作为竹科主要的供水来源。

因此，在发展型时期的水库模式下（见图3），大型水库的兴建满足了台湾在经济发展过程中的用水需求，但是从用水结构与组织运作来看，水库模式其实是一种“当局盖水库，地方分水权”并存的双元体系。对当局的工业局而言，水资源的管理只是单纯的技术问题，其所关心的无非是在规划产业发展或工业区用地前，先与相关的水利单位（例如台湾省水利局）

协调确认工业区的用水无虞，或是支持水利单位开发水库以满足用水需求。但对地方的农田水利会来说，其所努力的目的，却是一方面维持其专业功能，另一方面在地方政治生态与选举制度变迁中，找出能稳定其经济与政治利益的平衡点。

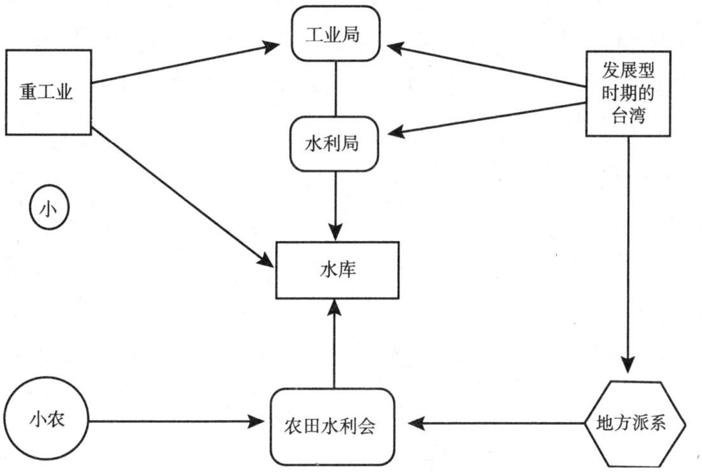


**图 3　发展型时期的水库模式**

## 4 后发展时期的调度模式（1990 年代中期以后）

1990 年代后，高科技产业成为台湾经济发展的前导产业，而新竹科学园区的成功模式也开始被复制到其他地方。1990 年 10 月国科会正式报行政院建议设置新科学园区，12 月 29 日由新亚顾问公司与台大城乡所进行“设置第二科学园区可行性研究”。1991 年的“建设六年计划”中，正式将“扩建并新设科学工业园区”列入，当中提及以“区域均衡发展”及“配合当地特有产业性质”为政策。在可行性研究中，“稳定供水”是一个重要选项，要求每天可供应 36000t 以上的已开发或可供开发的水源。1993 年 7 月，行政院会通过《振兴经济方案》，正式提出“增设南部科学工业园区”，并且表示“在南部大学邻近地区，选择适当地点筹设面积约 300 $hm^2$ 之科学工业园区，作为发展生物技术、精密仪器及航天暨自动化零组件等之专业区”。而国科会则于 1994 年 1 月组成项目小组，召开规划设置南部科学园区的第一次会议，同年 7 月，科学园区管理局南下实地勘察，8 月宣布将台南新市作为南科预订地，高雄路竹则作为南科的卫星园区。

不过，虽然南科在规划初期是以发展生物技术、精密仪器及航天暨自动化零组件等专业区为目标，在 1996 年动工招商后，南科却是晶圆代工、液晶工业、光电产业等高耗水产业的主要聚集地。虽然依据南科管理局的用水规划，南科预估最终每日需水量为 20 余万 t，其中，自来水公司同意每日提供 9.93 万 t 水，主要水源为曾文及南化水库，可满足园区至 2005 年底的用水需求，嘉南农田水利会则同意提供 10.9 万 t 水。但对南科管理局来说，稳定供水一直有着潜在风险。因为晶圆制造及封装产业须消耗大量超纯水，且未来随着制程技术进步，晶圆线宽不断缩小、组件集积度不断提升，制程洗涤超纯水水质洁净度的要求将日趋严格，而且洗净效果对半导体产品优良率的影响相当大，洗净时间需时更长，清洗化学药剂的使用量亦将增加，可预期清洗水量将按倍数激增，而按照工业局报告估算的TFT-LCD产业的耗水量更是远超IC产业[13]。

然而，虽然高科技产业需水迫切，但以新建水坝来解决工业园区用水需求的方法，基本上是不可行了。这是因为在过去经济发展过程中，大型水坝与工业发展所造成自然环境的破坏与污染，已经严重影响周围居民的生活环境。因此，当当局要推动美浓水库、玛家水库来解决南台湾高雄地区用水不足的问题时，就引来当地民众的不满与抗争。这除了因为美浓水库、玛家水库的开发会破坏当地自然环境与社会文化外，也还因为他们一方面不希望当局再将高耗能、高污染的石化产业设置在南台湾，另一方面则认为高雄地区的用水问题应该是改善水质而非增加供水。从1992年开始的美浓反水库运动为后来台湾长达十年的反水库运动拉开序幕，在地方团队的数年经营之下，不断拉高议题视野，引入国内外各项水资源保护运动的组织方向，也同时支持全台湾各项环保活动，美浓人对于“终结美浓水库”这样的议题早已摆脱“别在我家后院”的心态，将“护卫南台湾水资源”作为这个运动更高层的目标。在此努力之下，陈水扁当局在2000年宣布任内暂缓兴建美浓水库，水利署却强势将“曾文水库越域引水工程”作为美浓水库的替代方案，使更为弱势的布农族沦丧在违背环境正义的水资源政策中，对参与反水库的美浓爱乡协进会成员来说，这不但不是“环保运动的胜利”，而且还是地方水权大战的开始。例如当美浓水库预算于1999年4月29日在立法院经济委员会遭朝野立委合力全数删除后，台南县议会就扬言要切断供水给其他县市，这也应验了多数环保团体对于南台湾水权大战的警告。

当然，越域引水的工程并不是从曾文水库才开始的。台湾的越域引水工程始于甲仙拦河堰，开发期自1994年7月至1999年6月，为南台湾继南化水库与牡丹水库之后重要的水资源开发计划之一。该计划拦截旗山溪的丰水期水量，借输水隧道送至曾文溪集水区的南化水库，使南化水库每日的公共给水量可以达到80万$m^3$。对当时规划此方案的台湾省水利处来说，越域引水工程的出现是因为水资源调配的观念和过去已经大不相同，以前水利局时代是做大水库，但现在的环境让水利单位无法再盖大水库，所以都改作拦河堰然后再作跨流域的水的调配。以南台湾为例，当时的水利处处长李鸿源就认为，当南部通过拦河堰、隧道得以充分利用南化水库和曾文水库后，南部的水就整个串联起来了。从国土规划的角度来看，越域引水工程是为了完成当时省政府所规划的各流域区域调水网，让区域与区域之间有管路相通，当每一个区域发生缺水困难时，相邻的区域就可以就近给水，但也仅限于紧急支持而非常态支持的方式[14]。2003年，曾文水库越域引水计划由水利署奉行政院命令后核定实施，环评通过后，水利署当时选定荖浓溪拦河堰的旧址，试图利用引水隧道、旗山溪跨河桥，再经草兰溪输水管线于每年5~10月丰水期取荖浓溪与旗山溪水进曾文水库，估计每日供水量约60万t。曾文水库越域引水计划在2006年预算通过后开始施工，但受到环保团体抗议、地方政府抵制、88风灾等因素的影响，工程断断续续。而环保团体之所以反对曾文水库越域引水工程，除了开发过程会对当地原本就脆弱的地质水文环境造成重大破坏外，更重要的是它会影响下游农业的灌溉用水，并且是将原本仅限于紧急支持的区域调水机制常态化。

如果说，越域引水工程对农业的影响是从上游剥夺下游农业灌溉用水的话，那么科学园区就是通过供水契约从下游抢夺农业用水。中科四期二林园区的开发案就是最好的例子。中部科技园区管理局从2002年开始陆续开发台中、后里、虎尾三个园区，聚集了台湾重要的光电、半导体、精密机械产业。2008年，中科管理局主张园区用地不足，规划开发彰化县二林镇中科四期园区，提供给友达光电兴建面板厂。在中科四期的用水规划上，长期规划是寄望大度拦河堰的兴建，短、中期用水由自来水公司、彰化农田水利会调度供应，约定即使枯水期、非灌溉时期也会稳定提供。中科四期的用水规划自然引起当地农民抗议，在经过多年抗争后，虽然友达已经表明不会再进行中科四期的投资扩厂计划，水利署也表示不会兴建大度拦河堰，国科会更认为中科招商对象应该转型以低耗能、低耗水的厂商为目标，但中科四期的引水工程没有停止的迹象。隐藏在这水利工程后面的，仍旧是中科管理局。因为在 2009 年 1 月 5 日中科管理局与水利会、自来水公司所签订“调度农业用水契约”中，就明白表示由于调水将会造成农田休耕、转作或废耕，除了支付 23 亿元帮水利会盖引水工程、并付给水利会每年 6262 万元的营运管理费外，科管局还会以每吨水 3.3 元的价格向彰化农田水利会买水补偿，再以每吨水 1.19 元卖给自来水公司，并且另外花 14.54 亿元帮自来水公司兴建净水场以供应中科二林园区用水。地方人士初估，光是卖农水、收管理费和卖清淤出来的浊水溪底土壤，水利会一年所得就有 3 亿元[15]。

因此，在用水调度的过程中，我们也看到地方农田水利会与农民之间的关系逐渐疏离，转而因为卖水利益与工业开发单位靠得更近。这转变一方面与水利会自身的财务困难有关，另一方面也与 2000 年后政治局势的转变有关。2000 年总统大选后，民进党入主中央政府，试图通过遴派会长与会务委员的权力，来接收这个由国民党把持超过半世纪的庞大资产与基层动员组织，但失去中央政权的国民党，寄望水利会能维持独立运作，以继续在各种基层选举中发挥布桩与动员的网络效果。因此，国民党通过在国会多数的优势修改水利会的组织通则，解除当局对于水利会人事的干预权[16]。在不愿意将大笔资金投入被反对阵营所掌控的水利会的情况下，民进党开始减少对水利会的补助，并持续要求水利会以发展多角化经营的方式，设法自负盈亏。2001 年的自治案通过之后，水利会来自政府的补助迅速减少，在面对财务紧缩的压力下，水利会开始争取外部财源把饼做大，设法在多角化经营中改善水利会周边事业的经营获利能力。而“卖水”，或者说“契约供水”，就成为水利会多角化经营中的一环。

总的来说，在 1990 年代中期后，我们看到台湾的水资源调度模式已经从水库模式转型成为引水模式（见图 4）。由于晶圆、面板等高科技产业在产品制程上要求较高水质与供水稳定，

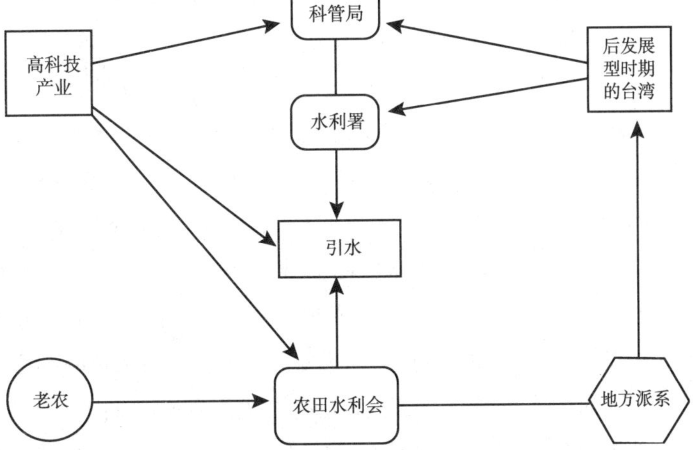


**图 4　后发展型时期的引水模式**

但由于国家在面对地方抗争的环保压力上难以用新建水库的方式来解决科学园区的供水问题，因此越域引水就成为这时期的水资源调度模式。而各科学园区管理局从规划初期到实际营运时就肩负着为厂商解决水源调度的任务，并且以签订契约的方式来确保自来水公司和地方农田水利会稳定供水[17]。只是这样的模式对在民主化后失去政治补助的农田水利会来说固然可一解经济收入的困境，但对农民而言，是毁村灭农的开始。

表1为台湾各时期兴建的重要水库。

**表1 台湾重要水库**

| 水库名称 | 兴建年份 | 位置 | 水源 | 有效容积（100万 $m^3$） | 功 能 |
|---|---|---|---|---|---|
| 乌山头 | 1927 | 台南县官田乡 | 曾文溪支流大埔溪 | 83.76 | 给水、灌溉 |
| 日月潭 | 1934 | 南投县水里乡 | 浊水溪 | 138.68 | 给水、灌溉、发电、观光 |
| 雾社 | 1958 | 台南县仁爱乡 | 浊水溪流域雾社溪 | 105.80 | 发电 |
| 石门 | 1964 | 桃园县龙潭乡 | 淡水河支流大汉溪 | 236.59 | 防洪、给水、灌溉、发电 |
| 曾文 | 1973 | 台南县楠西乡 | 曾文溪 | 583.81 | 防洪、给水、灌溉、发电 |
| 德基 | 1973 | 台中县和平乡 | 大甲溪 | 175.00 | 发电 |
| 宝山 | 1981～1985 | 新竹县宝山乡 | 头前溪 | 5 | 给水、灌溉 |
| 翡翠 | 1987 | 台北县新店市 | 新店溪支流北势溪 | 354.04 | 给水、发电 |
| 鲤鱼潭 | 1985～1992 | 苗栗县三义乡 | 大安溪支流景阳溪 | 122.77 | 给水、灌溉、发电、观光 |
| 南化 | 1985～1999 | 台南县南化乡 | 曾文溪支流后山屈溪 | 149.50 | 给水 |
| 牡丹 | 1988～1995 | 屏东县牡丹乡 | 四重溪支流牡丹溪 | 29.07 | 灌溉、给水 |
| （停）美浓 | | 高雄县美浓乡 | 旗山溪支流美浓溪 | 323.8 | |
| （停）玛家 | | 屏东县 | 高屏溪隘寮溪 | 527.38 | |

## 5 结论

在这篇文章里，笔者从中科四期抢水争议出发，初探台湾水资源调度模式的转变。笔者把台湾过去的水资源调度模式分为殖民经济时期的大圳模式（1895～1945年）、发展型时期的水库模式（1950年代～1990年代中期），以及后发展型时期的调度模式（1990年代中期以来）。在殖民经济时期，水资源的调度主要通过大圳来完成。虽然台湾北、中、南部在清领时期（1695～1895年）由于各地气候环境、社会结构的差异而有不同的埤圳管理模式，但是通过水利组织的组织化过程，殖民当局得以将统治的权力通过水利组织而深入地方社会，并且以嘉南大圳等水利建设让农业与糖业的发展结合在一起。到了发展型时期，虽然水权分散造成当局管理上的“多头”，但为了提供工业发展所需的水力发电与扩大农业耕作的灌溉面积，水库成为台湾重要的水利建设。而由水利组织改组过后的农田水利会则与地方派系紧密结合，并且以政治支持向当局威权体制换取经济利益。在进入后发展型时期后，由于晶圆、面板等高科技产业在产品制程上要求较高水质与供水稳定，但国家在地方抗争的环保压力下难以用新建水库的方式来解决科学园区的供水问题，因此越域引水就成为这时期的水资源调度模式。而各科学园区管理局从规划初期到实际运营时就肩负着为厂商解决水源调度的任务，并且以签订契约的方式来确保自来水公司和地方农田水利会稳定供水。只是这样的模式对在民主化后失去政治补助的农田水利会来说固然可摆脱经济收入的困境，但对农民而言，却是毁村灭农的开始。

总结以上三个时期台湾水资源调度模式的转变，笔者试图指出三个重要发现。首先，从尺度政治（scalar politics）的角度来看，水资源调度模式从分散走向集中。殖民时期的大圳模式基本上是分散于各地且因地制宜的，而发展型时期的水库模式则是一个二元并存的调度方式，并且以水库作为中介连接，但到了后发展型时期的调水模式，越域引水与废省使得原本分散的水权与调度权力都集中到当局手中。然而，水权与调度权力都集中到当局手中并不保证当局与社会之间因为水资源分配而起的冲突就得以解决，相反的，当局往往隐藏在这些冲突背后，让地方单位与抗争民众去自行解决用水冲突。

其次，在这转变的过程中，因为产业转型，国科会辖下的科学园区管理局逐渐取代工业局而成为调度模式中的关键行动者，其肩负着为厂商解决水源调度的任务，并且以签订契约的方式来确保自来水公司和地方农田水利会稳定供水。最后，遗憾的是，我们也在这个过程中看到地方农田水利会因为政治力量的渗透与财政上的压力，逐渐由一个协调供水、帮助灌溉的社会组织变成占据水权、卖水谋利的事业单位，最后反而让农村无水可用。

## 参考文献


[1] 简振源：《工业用水永续发展：面临问题与挑战》，《永续产业发展双月刊》2010 年第 50 期，第 3 ~ 9 页。

[2] 逢甲大学海峡两岸科技研究中心：《台湾地区民国 98 年工业用水量统计报告》，经济部水利署，http：//open. nat. gov. tw/OpenFront/gpnet_ detail. jspx？ gpn = 1009904899（Accessed June 11，2012）。

[3] 陈鸿图：《台湾水利史》，台北：五南，2009。

[4] 苏容立：《水利开发对台湾中部经济发展之影响》，成功大学历史研究所，2001。

[5] 李轩志：《台湾北部水利开发与经济发展关系之研究》，成功大学历史研究所，2003。

[6] 陈鸿图：《活水利生　台湾水利与区域环境的互动》，台北：文英堂，2005。

[7] 郭云萍：《国家与社会之间的嘉南大圳——以日据时期为中心》，中正大学历史研究所，1994。

[8] 邱崇原、汤京平、黄建勋：《地方治理的制度选择与转型政治：台湾水利会制度变革的政治与经济分析》，《人文及社会科学集刊》2011 年第 23（1）期，第 93 ~ 126 页。

[9] 洪俐真：《台湾水利会的政治角色：彰化农田水利会个案》，中山大学政治学研究所，2004。

[10] 翰仪：《农田水利会组织体制及营运改进案研究过程》，《农田水利》1992 年第 38（12）期，第 10 ~ 13 页。

[11] 邓佩菁：《美援与石门水库之兴建——以经费、技术为中心（1956 ~ 1964）》，中央大学历史研究所，2010。

[12] 林将财：《水资源之开发、调配及管理项目调查研究报告》，台北：监察院，2003。

[13] 林文雄、陈建宏、张佩琳、等：《高科技产业用水特性及节水技术之研究》，《水利产业研讨会论文集》，2006，第 21 ~ 32 页。

[14] 林照真：《水的政治学　宋楚瑜与台湾水利》，台北：时报文化，1998。

[15] 朱淑娟：《环境报导：彰化农田水利会规划超过 500 万吨的蓄水池计划　要榨干浊水溪水？》，《环境报导》，http：//shuchuan7. blogspot. tw/2012/05/500. html（Accessed June 11，2012）。

[16] 江信成：《台湾省高雄农田水利会组织与功能变迁之分析：水的政治学》，中山大学政治学研究所，2002。

[17] 罗奕麟：《科学园区开发案之政策网络分析：以中科三期后里基地开发案为例》，东海大学公共行政研究所，2009。

# Canal, Dam, and Development: The Study of Taiwan Politics

*Huang Shuwei*

(National Cheng-chi University, Center for China Studies)

**Abstract:** From 1990s, Taiwan's water problems gradually surfaced, the industrial sector and the agricultural sector is becoming increasingly severe competition on water allocation. What is the role of the state in these conflicts? How does the mode of regulation of water resource shifts? This paper argues that, whether it is during the Japanese colonial government established canal predatory mechanism, or establish the development by the the Kuomintang government through the reservoir mechanism, the mode of regulation of these two states are built on an assumption that water resources would never lack. However, after 1990s, due to the climate change and economic growth, the problem of water shortage becomes critical, but the government has failed to adjust. And the mode of regulation of water resource is limited by the past economic development mode, and the democratization of local politics.

**Keywords:** Water resource; Dam; Developmental period; Political ecology

# 国际河流开发与管理中水政治冲突与合作形成的理论基础及其启示*

李智国
（云南财经大学国土资源与持续发展研究所）

**摘　要**　新马尔萨斯主义和地缘政治理论是当前研究国际河流开发与管理中水政治冲突与合作的重要理论基础，其研究视角是以国际河流流域“资源－环境－安全－冲突－合作”为主线构建理论体系，并深入分析地缘要素与流域国家间潜在冲突的深刻关联，进而寻求预防沿岸国家间冲突的有效途径。该理论明确了国际河流管理即为冲突管理，并提供了国际河流冲突与合作研究的方法论和分析范式，对中国众多国际河流开发与协调管理具有重要意义。

**关键词**　水政治；国际河流；理论基础；冲突；启示

## 1　引言

国际河流因跨越两个或两个以上国家而使流域各国在水资源开发利用和协调管理及其跨境生态安全维护、地缘政治经济与国家安全、国家利益与流域整体利益等方面形成一个相互依赖的复杂体系[1]，国际河流的水资源也因此成为最具政治化的自然资源[2]，在流域国家间地缘政治经济关系中扮演着重要角色。随着全球化和区域经济一体化的快速发展，沿岸国家加强了水资源的开发利用，社会经济发展与水资源稀缺之间的矛盾日益凸显，共享水资源的竞争利用愈加激烈，因此而引发的资源过度消耗、流域生态系统退化、跨境灾害等跨境生态安全问题和一系列社会效应及地缘政治经济冲突，已成为困扰流域各国的主要国际政治经济问题之一，国际河流也因此成为流域国家间“资源－安全－冲突”问题最直接的载体，共享水资源开发利用与协调管理[3~4]，国际水法及跨境水资源公平合理分配[5~7]，国

* 基金项目：云南财经大学科研基金引进人才科研启动费项目（YC2012D04）。
作者简介：李智国（1977~），男，云南武定人，讲师，博士。主要研究方向为生态安全与区域可持续发展。E－mail：lizhiguo_ sbyy@ qq. com。

际河流水资源利用冲突求解及合作机制构建[8~10]，国际河流开发的政治、经济影响及流域合作效益分析[11~15]等科学问题备受国际社会的广泛关注，特别是自20世纪90年代以来，系统研究国际河流流域国家间或各用水部门（上下游之间不同的开发利用目标）对共享水资源开发管理和竞争利用中产生的合作与冲突及其行为与特征的水政治（Hydropolitics）[16]，已成为国际政治学、地缘政治经济学、社会学、经济学等学科和跨境生态安全的一个重要领域。

中国国际河流众多，在东北、西北和西南3大片区内的15条重要国际河流中，有12条发源于中国。这些国际河流的合理开发利用和协调管理，直接影响着中国近1/3国土的可持续发展，影响着中国与东南亚、南亚、中亚和东北亚地区的地缘政治经济合作，特别是影响中国与15个接壤国的睦邻友好和沿22000 km陆疆系统近9个省（区）132个县市、202400 $km^2$、30个跨境民族的对外开放、跨境经济合作和社会稳定[17]。然而，当前国际河流开发与协调管理的水政治在中国仍是一个全新概念，现有研究主要零星分散于国际河流开发中冲突协调的国际经验介绍[18~20]、国际水法及水权[21~22]、国际河流流域区域合作模式及争端解决措施[23~24]，以及微观层面的水能资源开发的跨境影响及生态效应[25~26]等方面，重点区域是澜沧江流域。因国际河流开发与协调管理涉及国际政治、社会、经济等领域和人口、资源、环境等众多内容，其影响因素也是一个复杂的系统，国内现有成果对水政治理论及其相关要素的关联性研究较为缺乏，客观上难以支撑我国以国际河流开发为载体的地缘政治经济合作及协调多方政治经济利益的需要。本文旨在深刻剖析国际上水政治产生和形成的理论基础和关联要素，为中国国际河流开发进程中处理水政治冲突，推进地缘政治经济合作，协调流域资源、环境、政治与社会经济发展提供借鉴。

## 2 水政治产生和形成的理论基础及关联要素

日益增长的全球人口数量，以及食物生产和经济发展对水资源需求的不断扩大，致使水资源稀缺成为一个严重的全球性问题。国际河流水政治冲突的主要驱动因素包括国家间水分配问题，以及水质、航行、环境保护和气候变化等，其直接动因源于具有较高社会、经济和生态价值的水资源稀缺。水政治因涉及地缘政治经济、区域生态安全、国家主权和多方利益而极其复杂，其研究理论和分析框架的形成涉及社会学、国际政治学、经济学、地缘政治学等学科以及生态安全等众多理论基础，本文仅就新马尔萨斯主义（Neo-Malthusian）以及地缘政治两种理论作深入探讨论述。

### 2.1 新马尔萨斯主义

#### 2.1.1 新马尔萨斯主义理论的研究视角和理论框架

过去的两个世纪至今，人类社会发展与自然资源的冲突贯穿于社会科学研究的始终。社会科学相关理论提供了过去人们习惯理解的或预测可能发生自然资源冲突的有关社会、政治和经济因素，形成了众多流派（见表1），其中，以马尔萨斯主义理论的不断发展较为典型。

表1　关于自然资源冲突的社会科学基本理论

| 派别 | 基本理论观点 | 重要概念 |
| --- | --- | --- |
| 马尔萨斯主义理论（Malthusian） | 由于人口增长，人类消费将逐渐超越自然资源的支撑能力而导致诸如战争、疾病和饥荒等不良社会后果 | · 人口增长<br>· 自然资源匮乏<br>· 社会崩溃 |
| 古典经济理论（Smith） | 供求系统具有动态调节稀缺性的能力。稀缺性能阻止过度消费并刺激技术发展和可持续利用，这将支撑新、老经济部门持续增长，进而使自然资源需求的争端最小化 | · 经济发展<br>· 贸易<br>· 创新 |
| 马克思主义理论（Marxist） | 自由市场造成财富分配的不公，这将在富国与贫困国家间产生利益冲突 | · 社会不公平<br>· 冲突 |
| 古典社会学理论（Durkheim） | 社会组织宏观结构变化影响社会适应性。人口增长与对自然资源的竞争导致日益复杂的社会分工，这将提高社会适应性和降低冲突 | · 社会适应性<br>· 冲突<br>· 人口增长 |
| Homer-Dixon 理论 | 自然资源匮乏能导致冲突并间接引起社会崩溃。自然资源匮乏的不良后果包括强制性移民和驱逐，叛乱状态下的容受能力，降低经济生产能力以及削弱国家政权 | · 自然资源匮乏<br>· 社会崩溃<br>· 冲突 |
| Schnaiberg and Gould 理论 | 经济发展导致社会不公以及自然资源退化和消耗而引起冲突 | · 经济发展<br>· 自然资源匮乏<br>· 冲突 |

1798年，托马斯·罗伯特·马尔萨斯（Thomas R. Malthus）提出人口增长会超过食物供给增长的速度，日益增长的人口将不留剩余地耗费掉所有的食物。时至今日，这一观点仍然广为流传："如果不控制住人口增长，仅靠单纯的增加食物供给来提高人类福利终将流于失望。"现代 Neo-Malthusian 继承了马尔萨斯主义理论并作了较多补充，强调第三世界人口增长过快，造成世界粮食危机；广泛讨论人口增长造成自然资源不足、经济增长速度缓慢、社会生活和福利水平下降、生存空间不足、生态失衡、环境污染，使世界和平与安宁受到威胁，人类面临因人口增长而覆灭的危险。

20世纪90年代初，以托马斯·霍默-狄克逊（Thomas F. Homer-Dixon）为代表的一批新马尔萨斯主义者对环境安全研究进行拓展，把人口增长、资源和环境稀缺与冲突之间的相互关系作为政治科学研究的一个新视角，试图通过对一些发展中国家和地区典型案例的过程追踪（process-tracing）分析来验证和揭示环境变化、安全与冲突之间联系的合理性及其因果关系。霍氏提出检验其因果关系的3个假设[27]：逐渐减少的自然资源环境（例如洁净水和良田）将引发单一稀缺性冲突（simple scarcity conflicts）或资源战争（resource wars）；环境胁迫导致的大规模人口迁移将引发群体性冲突（group-identity conflicts）；严重的环境稀缺将提高有力社会机构的经济掠夺和混乱程度，进而引发掠夺性冲突（deprivation conflicts）（例如内战和暴动）。据此，他确定了包含2个变量的分析框架：环境稀缺（独立变量）-暴力冲突（依赖变量），并以此来选择它们之间具有因果关系的一些案例进行详细分析，进而推导出联系的一般类型和其他关联要素。霍氏提出了环境稀缺的概念及其3大类型[28]，即人口增长导致的需求性稀缺、资源数量降低和质量退化导致的供给性稀缺，以及资源分配不均导致的结构性稀缺。

通过案例研究，霍氏认为由于生态脆弱、人口增长和国家管理能力不足表现得较为突出，环境诱发的冲突最可能在发展中国家首先发生[27,29]。并且，在现实中，每个发展中国家都同时存在上述3种“生态暴力”（eco-violence）冲突形式[28]。在更具体的经验案例上，环境稀缺带来的直接社会后果主要表现为4个方面[30]：资源掠夺（resource capture），即在资源数量和质量降低与环境变化共同作用下，社会精英阶层根据其意愿改变资源分配方式；生态边缘化（ecological marginalization），即不公平的资源利用方式和人口增长引起人口向生态敏感区迁移和资源过度消耗，进而导致环境变化；一定程度上损害了国家能力；一定程度上使经济持续发展面临挑战。因此，人口增长与环境变化和资源稀缺之间将形成一个恶性循环，并限制农业和经济生产力的发展，导致强制性移民产生，引起社会和政治的不稳定，在特定条件下可导致不同层次、不同规模的暴力冲突（见图1）。霍氏认为，发展中国家庞大的人口在食物需求上高度依赖水、耕地、林业和渔业4种关键资源，其数量和质量决定了他们的社会福利。但这些资源和环境单独或共同的胁迫作用可能产生农业生产力下降、经济衰退、人口迁移和社会关系混乱4种相关联的社会负效应[27]。发展中国家的水资源稀缺通常通过农业生产力降低、工业生产力降低、移民、社会分割和社会公共机构不稳定5个方面的社会效应加剧而引发暴力冲突[28]。

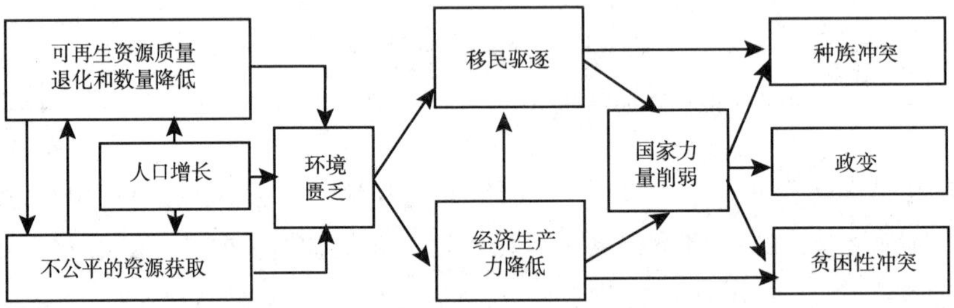


**图1 “人口-环境-冲突”相互关系**

霍氏同时强调[31]，上述变量间的因果关系并不是高度紧密或有决定性意义的，相反，需要考虑人类-环境系统中多重因素（技术、经济、社会等）在冲突中的社会适应性。而这种社会适应性取决于人们的“创新性”（ingenuity），主要表现为：更加明智地运用当地资源环境或寻找替代资源；生产国际市场需要的产品和服务用于交换所需产品和服务，削弱对本国资源的依赖性。这需要社会和技术创新共同发挥作用，但这种创新是发展中国家所没有的。最后，霍氏针对3个假设进行检验的结果为[32]：在一定条件下，环境稀缺会导致冲突和不稳定，但其作用通常不明显；环境稀缺主要通过社会影响（例如人口迁移和贫困）与暴力冲突发生联系，但单一性环境稀缺几乎不可能直接导致国家间的冲突；环境稀缺能够削弱国家公共管理机构能力，进而引发冲突，但这种效应的强度需进一步研究和验证。

作为环境安全研究的核心问题之一，环境变化与安全之间的交互作用机制具有范围广和复杂多样的特性。霍氏从复杂的、开放的生态政治系统中提炼出环境变化与冲突的因果关系这一核心问题。与马尔萨斯主义和罗马俱乐部等传统理论重点关注人口增长引起的资源稀缺不同，一方面，资源和环境稀缺不一定就是需求性稀缺，国际河流的任何开发活动均可能引起河流生态退化和跨境环境污染并转变为资源和环境结构性稀缺问题（如水污染导致饮水和食物生产困难）。另一方面，国际河流上下游之间存在发电、灌溉、引水、航行、工业化和城市化等用水目标以及地缘政治因素的差异，结构性稀缺可能因缺乏强有力的联合机构进行多目标协调和管理而产生，并引发国家间冲突。针对这些问题，霍氏[33]提出了社会适应性中一种用于解决水资源管理实际技术和社会问题的“创新性”概念，认为具有信息密集型（data-intensive）特征的技术创新和需要磋商以支撑管理机构有效性的社会创新构成了国际河流开发中构建有效环境合作机制的条件。霍氏理论体系可概括为“环境稀缺 - 冲突 - 社会适应性”，其最大特点在于特别注重复杂的“生态 - 政治 - 社会”系统内环境稀缺，以及冲突与社会适应之间的多因素、交互式和非线性的关系。“资源 - 环境 - 安全 - 冲突”分析的目的在于通过冲突因素判识，寻找一个相对稳定的社会适应性方法和原则，化解国际河流资源和环境冲突，以保证沿岸国家的社会经济可持续发展，这成为当前国际河流开发与管理研究的一个重要范式。

### 2.1.2　新马尔萨斯主义理论的拓展及其在国际河流开发与管理中的应用

在消费、人口日益增长和诸多自然资源可获取性降低的全球背景下，许多研究人员预测，自然资源匮乏（如水、燃料和能源）引起的冲突将变得普遍。在霍默 - 狄克逊研究的基础上，Green（2005）对人类发展与自然资源冲突的研究框架作了拓展（见图 2），扩展了可用于预测引起自然资源冲突的一般原因，涉及多个层面（见表 2），并认为自然资源冲突有可能在不同背景下发生，例如，从共享水资源的局部冲突到清洁空气规则的国际性冲突。同时，所有这些因素都有可能产生自然资源冲突问题。而表 2 中涉及的各个层面的社会效应反过来又会增加 3 种冲突的可能性：①原始性资源匮乏冲突。例如，淡水、土地或渔业资源耗竭，这种自然资源的绝对匮乏导致社会团体争夺剩余共享资源。②群体性冲突。由环境变化引起的大规模人口运动。③相对贫困性冲突。因环境问题导致社会群体成长能力降低而发生。在资本积累的全球背景下，这种对发展的制约可能引起那些相对贫困人口的不满而成为冲突的潜在因素[34]。

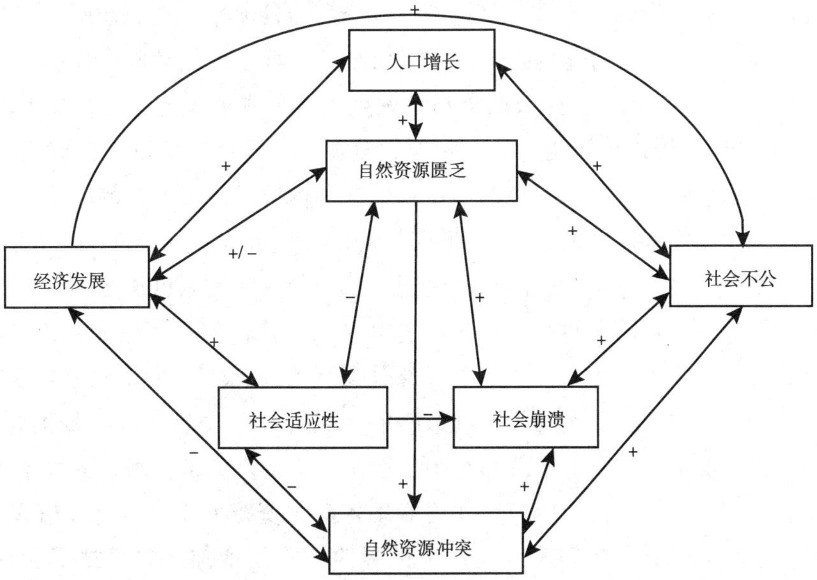


**图 2　可能导致自然资源冲突的各因素间相互关系的概念模型**

表 2　可用于预测引起自然资源冲突的定义和概念层面

| 概　念 | 定　义 | 层　面 |
| --- | --- | --- |
| 自然资源冲突 | 广泛解释为团体间对自然资源的控制、利用或责任的竞争而产生争执，范围可从协调、合作到公开对抗及暴力 | · 法律争议<br>· 公开对抗<br>· 暴力冲突和强度<br>· 持续时间<br>· 解决余地 |
| 人口变化 | 社会中人口总数以及居住在城市中的人口数量的提高 | · 人口增长<br>· 城市化 |
| 自然资源稀缺性 | 个体对于有价值的自然资源（水、土地和燃料）可利用性的相对程度 | · 耗竭<br>· 退化 |
| 社会不公 | 资源和财富在社会阶层、种族群体或社会之间不公平或不公正分配 | · 群体内部和之间的不公平<br>· 种族间不公 |
| 经济发展 | 经济是指财政和金融市场的复杂性和生产力的提高，包括制造业、消费、分配和生活水平 | · 贸易<br>· 消费<br>· 生产 |
| 社会适应性 | 社会公共机构准备处理自然资源缺乏引起的挑战和变化的能力 | · 技术<br>· 创新<br>· 教育 |
| 社会崩溃 | 自然资源匮乏引起的不良社会后果 | · 移民/驱逐<br>· 叛乱<br>· 经济生产力降低<br>· 削弱国家政权 |

霍氏强调，一些国际河流正面临着水资源匮乏问题，最有可能引发国家间冲突[32]，他在需求性稀缺基础上提出，供给性稀缺和结构性稀缺与国际河流开发的特点具有强烈的对应关系。国际河流沿岸国家之间因水跨越国家边界而形成一种相互依赖的关系，依靠入境水的国家通常把上游的开发活动视为威胁，因为这将增加水资源的稀缺性，进而加剧该国社会经济的脆弱性，必然导致保护国家发展潜能的行动。如果沿岸国家都采取行动则可能引发冲突，甚至水战争（Water war）。如果流域的自然或政治环境发生了重大或迅速的变化（如大坝建设、灌溉和引水计划），或者联合管理机构相应的应对能力较弱，爆发冲突的可能性就会大幅提高。而且不同国家对于共享水资源分配的态度都不甚相同，如何协调使用方式的差异，在国际河流开发与管理中也是一个不可忽视的重点[27]。准确地说，共享水资源冲突最显著的诱因一方面是有限水量的相互争夺，另一方面则是国际河流开发活动导致水资源更加稀缺、河流生态系统退化和环境污染，并最终引发国家间水资源和环境争端。因此，国际河流的管理就是冲突管理。虽然约旦河流域的水战争仅是特例，但对于大部分国际河流而言，沿岸国家间由水资源稀缺、管理不充分、开发过程中的跨境生态影响被忽略等造成的政治关系后退和紧张局面非常普遍。Wolf（2001）认为，在国际河流上下游冲突中，上游国家的水力发电和下游国家的农业灌溉就是一个典型实例，只有通过机构能力建设才能对国家间水资源冲突进行有效管理[35]；Toset 等人（2000）指出，国际河流沿岸国家发生冲突的风险正持续增加，并总结了 4 种可能发生冲突的情景：淡水资源匮乏、航行、国家边界和水污染[36]；Green（2005）则通过建立水资源冲突的分析框架，提出表 2 中所列的全部概念均与国际河流流域水资源冲突有着广泛的关联，并

可能产生不同的冲突形式[34]。

在具体的案例分析中，以澜沧江－湄公河流域较为典型，例如，Elliott（2001）利用“政治稳定、经济发展和人类福利”3个关键因素，提出了一个资源稀缺和区域不安全的分析框架，并应用于湄公河流域的水政治以及中国在澜沧江－湄公河流域资源开发的区域安全问题分析[37]；Goh（2004）分析了湄公河流域的水政治——区域合作与环境安全，以及中国在澜沧江－湄公河流域资源开发的区域安全问题，认为在3个层次上可能产生资源和生态冲突：①自然资源安全——国家间水分配冲突，特别是湄公河流域水利用原则的协商；②经济安全——与水电开发有关；③人类安全——水电开发对社区的影响[38]；Buxton等人（2006）认为，澜沧江－湄公河流域有3个方面可能提高水资源利用冲突：对日益缺乏的水资源利用；土地和水资源利用的相互影响；不充分的管理协定[39]。

尽管人们对以Homer-Dixon为代表的新马尔萨斯主义批判较多，认为人类通过提高智力水平和科技水平以及市场机制、相关政策措施和创新等手段能够适应自然资源匮乏[40]；仅仅建立在水资源决定经济、社会和政治结果这一假设基础上的水政治理论并不充分，忽略了“虚拟水”（Virtual water）和海水淡化等手段及社会经济发展对改善水资源匮乏所起的显著作用[41]。然而，至今，霍氏理论已与生态政治（Eco-politics）、资源战争（Resources-war）和水战争（Water-war）等名词紧密联系在一起，成为人类发展与自然资源冲突（尤其是水政治）研究分析中的一个基础理论和分析模型。正如Elhance[16]所说：“即便未来不会发生‘水战争’，但在一些国际河流流域，日益增长的多目标需求导致的水资源匮乏也必定会引起国家间剧烈冲突。由水资源匮乏及其造成真实的或意识到的威胁以及国家间缺乏合作而引起的经济、环境、政治和安全问题，能够导致严重的国家不稳定及国家间冲突。这就是水资源不但是一种生活必需品并成为越来越有重要价值的经济物品，而且更是一种最具政治化的自然资源的原因。”这也导致大量自然资源冲突解决方面的文献出现。其中，合作被认为也被证明是最有效的方式。不同层次、不同规模的国家间合作和国际合作，对实现3大目标具有决定性的现实意义：①预防和阻止资源稀缺和环境退化引起的战争和武装冲突；②预防和阻止资源稀缺和环境退化导致的灾难发生；③预防和阻止地球承载能力降低而导致未来环境可持续能力的丧失。

## 2.2 地缘政治经济理论

### 2.2.1 地缘政治经济理论的研究视角和关联要素

“地缘”是以一定的气候、地貌、植被、土地等自然条件为物质基础的人与自然之间的互动结果。由于地缘政治与国家利益密切相连，因此在影响国家政治行为的各种因子中，地缘政治要素是最重要的[42]。除了地理位置本身之外，更主要的是地理的内容，如资源、人口、文化构成、社会经济生活方式等。“地理要素非直接地，但通过国家政治制度的折射而成为地缘政治经济要素，并以这种唯一形式直接影响国家对外政策和国际关系[43]。”是特定时代的生产力条件和空间条件下，由政治经济行为主体通过地理环境的相互作用产生的各种政治经济关系的有机组合体，地缘政治经济既具有地理环境的相对稳定性，同时还具有社会生产发展及其活动特点造成的可变性，它的发展是一个历史过程，有其独特的形成、发展、演变进程，是外部地理状态和内部各种要素的有机统一[44]。

地缘政治经济理论经历了3个历史发展阶段，即“冷战”前的地缘政治理论——以支撑列强拓展疆土为主要目标和特征；“冷战”时期的地缘政治理论——以支撑经济、政治和军事大国争夺军事战略区域为特征；“冷战”后的地缘政治经济理论——融入了地缘经济概念，以支撑发达国家对全球经济资源、市场份额以及经济和文化主导权的争夺为特征。在这一演进过程中，自然资源对一个国家的政治经济格局、国际环境都具有重要影响，并通过国际贸易、城市化与工业化和国家对外战略影响和改变着传统安全概念。其影响途径和方式是人类对自然资源开发利用的意识发展变化并与某些国际法和国际组织建立密切联系，从而在结构和功能方面，从形式到内容都影响着世界地缘政治经济的发展。因此，地缘政治可理解为政治行为体通过对地理环境的控制和利用来实现以权力、利益、安全为核心的特定权利，并借助地理环境进行相互竞争与协调的过程及其形成的空间关系[45]。

国家是地缘政治研究的传统领域，其核心概念是国家的领土和边界，研究的焦点则是分析一个特定国家的地理因子、社会因子和经济因子等国家综合属性与国家的性质、行为、国家内外政策的关系[42]。“冷战”结束后，在全球化和区域经济一体化的推动下，自然资源具有了全球性特征，全球安全与环境问题突破了国家领土主权与完整的概念，世界各国成为整体，以资金、资源稀缺、能源、粮食危机、人口压力和生物环境质量控制为核心的非领土、新生存空间竞争成为国际地缘政治研究的核心。然而，不论全球化如何发展，主权国家仍是国际地缘政治经济关系中最基本的单位，充分发挥地缘政治经济要素优势，以期在全球化进程中实现国家利益最大化是决定国家行为的基本动因。因此，出于生存和安全考虑的地缘政治战略决定着国家的思维方式和行为[46]，围绕领土、资源展开争夺和竞争仍是地缘政治经济综合体政策和战略制定的核心，世界各国的发展与自然资源的冲突不可避免。但由于全球性安全与环境问题的存在，地缘政治经济所涵盖的领域也扩大了，直接表现为实现国家利益的最有效方式是合作而不是冲突，每个国家都在竭力为自己创造一个和平有利的周边地缘环境，使不同层次、不同领域、不同规模的国际区域合作获得较大、较快的发展。

### 2.2.2 地缘政治经济理论在国际河流开发与管理中的拓展与应用

国际河流水资源合理利用与管理是地缘政治经济研究的一个重要方面。地缘政治研究主要集中于国家内外结构，包括传统意义上的边界研究，同时也包括资源管理问题。对跨境水资源冲突来说，地缘政治学提供了观察冲突特征和潜在解决方法的研究视角。由于国际河流的水资源跨越了国家边界，使得一国追求主权、领土完整和国家安全等核心利益及其经济发展、社会福利和内部稳定等一些有价值的目标的单边行动变得较为困难，这也是导致一些潜在的跨境水资源冲突的根本因素。Dinar（2002）把这种冲突强度和合作需求的影响因素分为6个方面：水资源稀缺程度，管理不善或分配不当；国家间对共享水资源的相互依赖程度；一国相对于另一国水资源权属的历史标准和地理特性；冲突是否被延长是水资源争端的基础；水资源可替代性的存在、可供选择的磋商协议，成员对协议的绝望；各国的相对力量[47]。

Elhance（1992～1993）认为，国际河流的水政治由3大因素决定：自然地理决定了沿岸国家水资源时空分布（可获取性、稀缺性等）的所有要素，包括一国对跨境水资源的依赖程度，以及流域内所有潜在的水资源利用方案的区位和特征，这是水政治最重要的一个方面；经济地理决定了流域国家不同的经济活动和经济结构对水资源需求变化的空间和数量要素，例如，一个流域国家在某一河段具有较大的发电潜能，其农业综合企业和工业部门虽对电力有强大需求，但因远离电站需支付较高成本而不得不与邻近国家进行电力贸易，这将对流域内的水政治产生影响；政治地理则决定了国际河流沿岸国家间冲突和合作的可能性和约束性[2]。但在一些研究人员看来[14,48~50]，优越的地理位置（处于国际河流上游）与相对强大的经济、政治和军事力量相结合是国际河流流域水政治的决定因素。因为“地理位置往往能决定一个国家的近期目标。一个国家的军事、经济和政治力量越强，它在重要的地缘政治利益、影响和参与方面超越其近邻的覆盖面也就越大[51]。”然而，Elhance（2000）认为，地理要素并不能单独决定任何国际河流流域水政治的全部结果（冲突和合作与否）。特定的地理特征对水政治的影响取决于它们之间及其与流域内的社会、经济、政治与环境所形成的独特关系[16]。Dinar（2002）则认为，不同区域的水资源稀缺与国家间的相互依赖构成了共享水资源冲突的基础，但同时也是合作的基础。国际组织、社会团体、NGO以及媒体也能够刺激国家间合作，但多国协商较为复杂。国家军事和经济实力能够提高水资源的控制能力，能够在谈判和协商中抢得先机。但自然地理条件，以及一国对另一国的策略和立场在流域国家间的交互作用中也同样关键。因此，地理位置与军事和经济力量的结合能够决定区域水政治[49]。Mason（2004）认为，国际河流流域潜在冲突的影响因素主要有水资源供给对沿岸国家的重要程度、沿岸国家的实力（军事力量）以及上下游位置关系[48]。

## 3 结论与启示

（1）开发国际河流的水资源通常会引起国际争端，这与复杂的地缘要素有着极为广泛的关联，流域地理环境和社会经济差异，导致上下游国家在水资源利用上的目标冲突，一些并非直接与水资源开发有关的经济活动，也间接与水的利用和管理相关联，使得水问题成为国际河流中最复杂、最难解决的问题之一，特别是流域水能资源开发及其跨境影响是一个极为复杂而敏感的问题，也是流域水资源管理中最易产生冲突的因素。

（2）“资源－环境－冲突－安全－合作”问题是国际河流开发与协调管理中的核心问题。受全球化、区域经济一体化以及人口增长、城市化和经济发展因素驱动，流域各国均充分发挥各自的地缘政治优势，以期在复杂的地缘政治经济合作中获得最有利的战略地位。这一过程中，资源的竞争利用及其产生的诸如灾害的跨境危害、污染物跨境流动、物种跨境迁徙等安全问题不可避免，国家间潜在的地缘政治经济冲突增加。对此，无论是新马尔萨斯主义还是地缘政治经济理论均认为，国家间在资源、环境、安全和政治经济方面的合作，是防止冲突的有力工具，通过建立相互信任和有效的合作机制以及建立和完善法律法规，能够提高睦邻友好关系，改善合作模式，减少国际水事争端和冲突。新马尔萨斯主义和地缘政治经济理论一方面明确了国际河流开发与协调管理水政治冲突与合作的主题，提出了国际河流流域“资源环境稀缺－冲突－社会适应性”分析研究的方法论和理论范式，另一方面也提供了地缘政治经济冲突的求解思路。

（3）当前，为了充分发挥地缘优势，加强与毗邻国家的政治、经济联系和文化交流，以资源互补、经济结构互补和技术互补为特征，以国际河流流域资源开发为载体的中国与周边国家的地缘政治经济合作获得了极大发展，目前已形成以图们江为主体的“东北亚经济合作圈”、以澜沧江－湄公河为主体的GMS经济合作和以新亚欧大陆桥为纽带的中国与中亚区域合作。在这些合作机制的推动下，地缘政治经济合作区域内的跨境资源开发、环境因素及其跨境影响已远远超出其自身的范畴，正快速渗入国家安全、国际政治、经济和贸易等各个层面，成为影响地缘政治经济合作和区域稳定的一个重要因素，一些潜在的冲突因素也可能在这些合作机制的强烈驱动下以各种方式凸显。通过国际合作有效解决国际河流流域的资源开发与冲突问题，成为中国在推进地缘政治经济合作进程中，实施“以邻为伴、与邻为善”和平外交战略、维护区域安全与稳定和区域可持续发展重大而紧迫的需求。

（4）着眼于新马尔萨斯主义和地缘政治经济理论的主题、方法、特征和分析框架与范式，并结合中国当前以国际河流为载体的地缘政治经济合作发展趋势，以及国际河流基本特征和维护国家生态安全、区域稳定与可持续发展等的重大需求，提出我国国际河流开发与管理中水政治冲突与合作研究的一些重要层面。

①由于国际河流资源开发与协调管理问题的复杂性和敏感性，单一学科研究难以揭示其关联要素之间的复杂关系，因此，应综合运用和整合人文地理学、区域经济学、国际政治学、地缘政治学、管理学以及环境科学等多个学科的理论与方法手段，系统构建中国国际河流研究的理论基础和框架体系。在维护流域社会、经济和生态综合安全及区域可持续发展的理念框架下，通过多学科交叉视角，系统研究地缘政治经济合作、国际河流开发与协调管理、地缘政治冲突与合作之间的交互机制和各类地缘要素之间的关联，寻求理论和学科支撑。

②以预防国际河流资源开发中的潜在地缘政治冲突为研究视角，需要深入探索合理的开发模式，完善区域合作与管理的制度化建设，建立冲突应急管理机制和资源开发与协调管理的决策支撑体系，同时建立争端解决机制。

③由于相关的资源环境信息和知识以及必要的信息交流平台的缺乏是多国共同维护资源开发过程中产生的生态安全的主要制约因素之一，因此需要加强信息共享的制度建设以及联合开展资源调查和环境监测；同时应深入研究国际水法及相关的法律法规，分析国际上有关水资源冲突的解决经验，为解决国际河流水事争端和水资源开发利用冲突提供科学依据，其研究重点是国际法、惯例与经验在中国众多国际河流开发与管理应用中的具体化、细致化和可操作化。

## 参考文献


［1］何大明、冯彦：《国际河流跨境水资源合理利用与协调管理研究》［M］，北京：科学出版社，2006。

［2］Elhance, A. P., “Geography and hydropolitics”［J］. Swords and Ploughshares, 1992－1993 VII（2）：3－6.

［3］Molle, F., “Irrigation and water policies in the Mekong Region: Current discourses and practices”［R］. International Water Management Institute, Colombo, Sri Lanka. Reseach Report, 2005.

［4］Salman, S. M. A., Uprety, K., “Conflict and cooperation on South Asia's international rivers: A legal perspective”［M］. World Bank Publications, 2002.

[5] 冯彦、何大明、包浩生：《澜沧江－湄公河水资源公平合理分配模式分析》[J]，《自然资源学报》2000年第15（3）期，第241～245页。

[6] Salmana, S. M. A., "Downstream piparians can also harm upstream riparians: The concept of foreclosure of future uses" [J]. *Water International*, 2010, 35 (4): 350－364.

[7] Elver, H., "International environmental law, water and the future" [J]. *Third World Quarterly*, 2006, 27 (5): 885－901.

[8] Rowland, M., "A framework for resolving the transboundary water allocation conflict conundrum" [J]. *Ground Water*, 2005, 43 (5): 700－705.

[9] Wolf, A. T., Kramer, A., Carius, A., et al., "Managing water conflict and cooperation" [R]. The Worldwatch Institute, State of the world 2005: Redefining global security, 2005: 80－99.

[10] Kameri-Mbote, P., "Water, conflict, and cooperation: Lessons from the Nile River Basin" [R]. Woodrow Wilson International Center for Scholars, Navigating Peace, 2007 (4): 1－5.

[11] Zeitouna, M., Allan, J. A., "Applying hegemony and power theory to transboundary water analysis" [J]. *Water Policy*, 2008, (10 Supplement 2): 3－12.

[12] Hall, D., Lobina, E., "Conflicts, companies, human rights and water—A critical review of local corporate practices and global corporate initiatives" [R]. A report for Public Services International (PSI) for the 6th World Water Forum at Marseille, March 2012, Public Services International Research Unit (PSIRU).

[13] Mirumachi, N., Wyk, E. V., "Cooperation at different scales: Challenges for Local and International Water Resource Governance in South Africa" [J]. *The Geographical Journal*, 2010, 176 (1): 25－38.

[14] Menniken, T., "China's performance in international resource politics: Lessons from the Mekong" [J]. *Contemporary Southeast Asia*, 2007, 29 (1): 97－120.

[15] Sadoff, C. W., Grey, D., "Beyond the river: The benefits of cooperation on international rivers" [J]. *Water Policy*, 2002, 4 (5): 389－403.

[16] Elhance, A. P., "Hydropolitics: Grounds for Despair, Reasons for Hope" [J]. *International Negotiation*, 2000, 5 (2): 201－222.

[17] 何大明、汤奇成：《中国国际河流》[M]，北京：科学出版社，2000，第1～3页。

[18] 胡文俊、杨建基、黄河清：《印度河流域水资源开发利用国际合作与纠纷处理的经验及启示》[J]，《资源科学》2010年第32（10）期，第1918～1925页。

[19] 冯彦、何大明、包浩生：《国际水法的发展对国际河流流域综合协调开发的影响》[J]，《资源科学》2000年第22（1）期，第81～84页。

[20] 胡文俊、杨建基、黄河清：《西亚两河流域水资源开发引起国际纠纷的经验教训及启示》[J]，《资源科学》2010年第32（1）期，第19～27页。

[21] 曾彩琳、黄锡生：《国际河流共享性的法律诠释》[J]，《中国地质大学学报》（社会科学版）2012年第12（2）期，第29～33页。

[22] 郝少英：《论国际河流上游国家的开发利用权》[J]，《资源科学》2011年第33（1）期，第106～111页。

[23] 黄雅屏：《我国国际河流的争端解决之路》[J]，《河海大学学报》（哲学社会科学版）2011年第13（3）期，第74～78页。

[24] 胡文俊、黄河清：《国际河流开发与管理区域合作模式的影响因素分析》[J]，《资源科学》2011

年第33（11）期，第2099~2106页。

[25] 何大明、冯彦、甘淑等：《澜沧江干流水电开发的跨境水文效应》[J]，《科学通报》2006年第51（Supp）期，第14~20页。

[26] 傅开道、何大明、李少娟：《澜沧江干流水电开发的下游泥沙响应》[J]，《科学通报》2006年第51（Supp）期，第100~105页。

[27] Homer-Dixon, T. F., "Environmental scarcities and violent conflict: Evidence from cases" [J]. International Security, 1994, 19 (1): 5-40.

[28] Homer-Dixon, T. F., Blitt, J., "Ecoviolence: Links among environment, population and security" [M]. Rowman & Littlefield Pub Inc, 1998: 26-35.

[29] Homer-Dixon, T. F., "On the threshold: Environmental changes as causes of acute conflict" [J]. *International Security*, 1991, 16 (2): 77-116.

[30] Barbier, E., Homer-Dixon, T. F., "Resource scarcity, institutional adaptation, and technical innovation: Can poor countries attain endogenous growth?" [R]. EPS (Project on Environment, Population and Security), Washington, D. C.: American Association for the Advancement of Science and the University of Toronto, http://www.library.utoronto.ca/pcs/eps/social/social1.htm, 1996.

[31] Homer-Dixon, T. F., "The ingenuity gap: Can poor countries adapt to resource scarcity?" [J]. *Population and Development Review*, 1995, 21 (3): 587-612.

[32] Homer-Dixon, T. F., "Environment, scarcity, and violence" [M]. Princeton: Princeton University Press, 1999: 13-56.

[33] Homer-Dixon, T. F., "The Ingenuity Gap" [M]. Toronto: Alfred A. Knopf Canada, 2000: 21-23.

[34] Green, B. E., "A general Model of Natural Resource Conflicts: The Case of International Freshwater Disputes" [J]. *Sociology—Slovak Sociological Review*, 2005, 17 (3): 227-248.

[35] Wolf, A. T., "Transboundary Waters: Sharing Benefits, Lessons Learned" [Z]. Thematic Background Paper to the International Conference on Freshwater Water—A key to sustainable development, Bonn, FRG, 3-7 December, 2001.

[36] Toset, H. P. W., Gleditsch, N. P., Hegre, H., "Shared Rivers and Interstate Conflict" [J]. *Political Geography*, 2000, 19 (8): 971-996.

[37] Elliott, L., "Regional Environmental Security: Pursuing a Non-traditional Approach" [A]. Tan, A. T. H. and Boutin, J. D. K (eds). *Non-traditional Security Issues in Southeast Asia* [C]. Published for institute of defence and strategic studies. Singapore, 2001: 438-467.

[38] Goh, E., "China in the Mekong River Basin: The Regional Security Implications of Resource Development on the Lancang Jiang" [R]. Rajaratnam School of International Studies (RSIS) working papers 69, Institute of Defence and Strategic Studies (IDSS), 2004.

[39] Buxton, M., Martin, J., Kelly, M., "Conflict Resolution and Policy Making Mediation in the Mekong River Basin" [J]. *Just Policy: A Journal of Australian Social Policy*, 2006, (41): 26-32.

[40] Gleditsch, N. P., Urdal, H., "Ecoviolence? Links between Population Growth, Environmental Scarcity and Violent Conflict in Thomas Homer-Dixon's Work (1)" [J]. *Journal of International Affairs*, 2002, 56 (1): 283-306.

[41] Amjad, U. Q., "A System of Innovation? Integrated Water Resources Management Complemented with Co-evolution: Examples from Palestinian and Israeli Joint Water Management" [J]. *World Futures: The*

*Journal of General Evolution*, 2006, 62 (3): 157 - 170.

[42] 刘妙龙、孔爱莉、涂建华：《地缘政治学理论、方法与九十年代的地缘政治学》[J]，《人文地理》1995年第10（2）期，第6~12期。

[43]〔俄〕п. я. 巴克拉诺夫：《论当代地缘政治范畴》[J]，周建英译，《俄罗斯中亚东欧研究》2004年第6期，第89~93页。

[44] 高淑琴：《世界地缘政治经济转型中的自然资源要素分析》[J]，《资源科学》2009年第31（2）期，第343~351页。

[45] 刘晓亮：《地缘政治理论之借鉴：广西地缘优势与国际区域合作》[J]，《东南亚纵横》2008年第8期，第82~85页。

[46] 丁志刚：《地理政治争夺的新态势》[J]，《现代国际关系》1998年第5期，第32~34页。

[47] Dinar, S., "Water, Security, Conflict, and Cooperation" [J]. *SAIS Review*, 2002, 22 (2): 229 - 254.

[48] Mason, S., "From Conflict to Cooperation in the Nile Basin" [D]. The Degree of Doctor of Sciences, Swiss Federal Institute of Technology, Zurich, 2004: 30 - 42.

[49] Dinar, S., "Negotiations and International Relations: A Framework for Hydropolitics" [J]. *International Negotiation*, 2000, 5 (2): 375 - 407.

[50] Backer, E. B., "The Mekong River Commission: Does it Work, and How does the Mekong Basin's Geography Influence its Effectiveness?" [J]. *Journal of Current Southeast Asian Affairs*, 2007, 26 (4): 32 - 56.

[51]〔美〕布热津斯基：《大棋局》[M]，上海：上海人民出版社，1998，第51页。

# Analysis and Enlightenments to the Theoretical Basis Formation of Hydropolitics Conflict and Cooperation in the Development and Management of International River

*Li Zhiguo*

( Institute of Land & Resources and Sustainable Development, Yunnan University of Finance and Economics)

**Abstract:** Neo-Malthusian and geopolitics theory have been the important theoretical basis researching on hydropolitics conflict and cooperation in the development and management of international river. They have built a theoretical system and research perspective based on "resources-environment-security-conflict-cooperation" of international river basin. Then, a profound connection between geopolitics and potential conflict among riparian countries has been analyzed, and some adequate solutions to prevent conflict been proposed. The two theories have been on the one hand clear on the point of international river coordination management, that is conflict management, and provided a methodology and analysis paradigm of international river hydropolitics conflict and cooperation on the other, which are of great importance to the development and coordination management of China's many international rivers.

**Keywords:** Hydropolitics; International river; Theoretical basis; Conflict; Enlightenment

# 浅析澜沧江 - 湄公河可持续开发中的国际法问题*

吴 凡

（云南财经大学法学院）

**摘 要** 澜沧江 - 湄公河一江连六国，是一条重要的国际水道。就其法律地位而言属于界河与多国河流。水道国在航运、河水等资源开发和利用以及流域环境与生态平衡保护过程中，应遵守国际水法确立的国家自然资源永久主权及领土无害使用、国际合作、可持续发展以及公平合理使用和参与等原则。通过水道国开展长效、良性的国际合作，共同制定国际条约，引入国际组织监管机制，实现在澜沧江 - 湄公河流域开发中的经济增长、社会公平与环境保护。在维护国家主权与诚实履行国际义务的前提下，我国应当抓紧制定澜沧江 - 湄公河可持续开发和利用的总体规划，建立强有力的管理及应对机制；深化与水道国间的国际合作与信息共享，在平等互利的基础上妥善处理澜沧江 - 湄公河的可持续开发利用问题。

**关键词** 可持续原则；开发与利用；国际法

澜沧江 - 湄公河流经中国、缅甸、老挝、泰国、柬埔寨和越南6个国家，是一条重要的国际水道（international watercourse）。依国际法，各水道国对澜沧江 - 湄公河单独或共同地进行开发和利用，均应切实遵守国际水法所确立的原则、规则和制度，贯彻可持续发展原则，避免对流域内资源环境造成不合理的损害。

## 1 澜沧江 - 湄公河的国际法律地位

依据不同的法律地位，河流可划分为内国河流、国界河流、多国河流和国际河流四类。然而，一条河流，某部分可能是界河，某部分可能是多国河流，甚至可能是国际河流[1]。

---

* 作者简介：吴凡（1975 ~），男，福建厦门人，讲师，主要从事国际法学研究。通信地址：云南财经大学法学院。联系电话：13987660022。E - mail：543486719@ qq. com。

### 1.1 中国与缅甸、缅甸与老挝以及老挝与泰国之间的河段为国界河流

国界河流（boundary river）即界河，是指流经两国之间作为两国领土分界线的河流。湄公河共有界河四段，总长1241.3km。其中，南阿河口至南腊河口31km河段为中缅界河；南腊河口至楠霍河口234km河段，为缅老界河；楠霍河口至班科龙95.7km河段和楠享河口至会敦河口880.6km河段，两段共计976.3km，为老泰界河。

依国际法，界河河道管理与维护、河水的使用以及捕鱼等事项，由沿岸国以协议确定。界河分界线的划分中，通航河流以主航道中心线为界。沿岸国对河流分界线向本国一侧的水域行使管辖权，而作为两国边界线的界水，由沿岸国拥有共同的使用权。界河上，双方船舶平等地享有自由航行权，且船舶航行不受主航道中心线限制；除非另有约定，界河一般不对非沿岸国船舶开放。界河上沿岸国享有平等的捕鱼权，但以边界线的各自两端为限。此外，沿岸国在界水上建筑或拆除桥梁、堤坝或其他工程，可能影响到界水的航行、水位及河岸状态等，应在双方协商达成协议后进行。沿岸国在利用界水时，必须对界水加以保护，防止和减轻对河道自然状态的破坏，以及控制各种污染源。

### 1.2 从整体上看，澜沧江－湄公河是一条流经六国的多国河流

澜沧江－湄公河流经中国、老挝、缅甸、泰国、柬埔寨和越南6个国家。从这个角度上看，澜沧江－湄公河是一条多国河流（multi-national river），即流经两个以上国家的河流。除界河河段外，澜沧江－湄公河流经中国、老挝、柬埔寨和越南的内河河段总长约3639km。其中，中国境内澜沧江河段，河源至南阿河口长约2130.1km。湄公河河段，包括班科龙至楠享河口581.1 km以及会敦河口至蓬高能196.3km，两段共约777.4km，为老挝河段；蓬高能至边丁501.7km，为柬埔寨河段；边丁至入海口229.8km，为越南河段。

依国际法，河流经过水道国的各河段，分属于各水道国所有，由各国行使完全的、排他的管辖权。除非另订协议，水道国有权拒绝他国船舶在其水域内航行。基于澜沧江－湄公河本质上是所有水道国共有的自然水道，具有共同利益，水道国对自己拥有的那段河道的权利是相对的，不得滥用。实践中涉及河流的利用、航行、维护和管理等事项，需要各水道国协议解决。

### 1.3 基于现有国际体制，澜沧江－湄公河尚不具备国际河流的构成要件

国际河流（international river）是指流经两个或两个以上国家并通海洋，依据国际条约允许所有国家船舶自由航行的河流。其构成要件有二：可航行性，即船舶可直接通航至海洋；具有专门的国际条约确立其自由航行制。

第一，澜沧江－湄公河的可航性问题。从地理上讲，澜沧江－湄公河在越南胡志明市西南注入南中国海，满足通海洋的条件。但目前为止，澜沧江－湄公河国际航运仅限于中国、缅甸、老挝和泰国四个国家。这是因为湄公河河床坡降较陡且中下游多急流与瀑布，其中位于老挝南部边境靠近柬埔寨的孔瀑布（Khon Falls），宽约10km，落差达17.4～22.3m，是湄公河通航的主要障碍。瀑布之下，柬埔寨上丁省境内水流湍急，河道狭窄，商船难以通行。由于上下游之间航运无法连通，故河道内船舶航行不能直通海洋。

第二，湄公河区域性国际协定及航行原则。首先，现行国际条约未能约束澜沧江－湄公河流域的所有水道国家。1995 年 4 月，湄公河下游泰、老、柬、越四国签署区域性国际协定《湄公河流域可持续发展合作协定》。由于中国、缅甸并非该项国际协定的缔约方，不受合作协定之约束。

其次，澜沧江－湄公河不能满足国际河流对“所有沿岸国商船、军舰及非沿岸国商船开放”的要求。协定第 2 章第 9 条规定了“航行自由”，要求“在主权平等的基础上，为了发展交通和运输以促进区域合作和成功实施本协定内的项目，应赋予整个湄公河干流的航行自由权，不考虑领土协定”。这一规定表明，缔约国期望“赋予整个湄公河的航行自由权”。协议未明确是否对外国商船开放，但因强调立足于“促进区域合作”，故应仅限于水道国船舶享有航行自由权，而不对非水道国商船开放。

再次，澜沧江－湄公河尚未实现全流域统一管理。协定名称及具体条款均统一采用“所有沿岸国”“湄公河流域”等用语，而非“缔约国”“下湄公河流域”。例如，协定第 3 章第 1 条“合作范围”指出，“所有沿岸国按最佳利用和互利互惠的方式在湄公河流域水资源及相关资源的可持续开发、利用、管理及保护等所有领域……”从内容上看，协定从整体角度对澜沧江－湄公河全流域水资源可持续开发和利用、管理及保护等作出了统一规定，并不局限于四个缔约国所涉河段，而有意涵盖整个流域及其他非当事国。但是，按照国际条约规则——“约定对第三方无损益”，非经中国和缅甸同意，协定对非当事国不生效力。

最后，河道管理国际机构缺少中国和缅甸的参与。四个缔约国在协定中规定设立湄公河委员会（MRC）作为湄公河流域合作的组织机构，以确保协定的实施。但是，中国、缅甸两国至今仍未加入湄公河委员会（MRC），仅以对话伙伴身份与之开展活动。作为致力于河流开发利用与管理的专门性国际组织，由于缺少中国等水道国的参与，极大地制约了湄公河委员会（MRC）对澜沧江－湄公河实施全流域监督管理的职能作用的发挥。

综上所述，澜沧江－湄公河尚不具备国际河流的构成要件。

## 2 澜沧江－湄公河开发利用中水道国应遵循的国际法原则

参照 1966 年的《国际河流水资源利用的赫尔辛基规则》、1997 年的《非航行利用国际水道法公约》等国际文书之规定，各水道国在使用和开发澜沧江－湄公河水资源时应当遵循以下原则。

第一，国家自然资源的永久主权。根据该项原则，各国对澜沧江－湄公河处于本国领域的河段拥有完全的和排他的主权。水道国有权根据本国的需要合理开发、利用和保护其环境资源，有权自行处理经济社会发展和环境保护的关系；在相互尊重国家主权独立的基础上，为保护流域环境进行国际合作和实施各种必要的措施。

第二，领土无害使用原则。根据该项原则，各水道国对澜沧江－湄公河行使权利时应顾及其他流域国的相应利益，不得滥用其权力。水道国应当“采取一切适当的措施防止对别的水域国家造成严重的损害”[2]，预防、控制和减少产生或可能产生跨界影响的水污染。保证对跨界水体的利用以生态完善和合理的水管理、保护水资源和环境保护为目标。

第三，国际合作原则。该原则要求，水道国应在主权平等、领土完整、互利和善意的基础上进行合作，以便实现对国际水道的最大限度的利用和充分保护[3]。各水道国应当通过平等协商和对话，针对环境情报公开和交换、污染事故迅速通知、决策参与、环境评估、环境标准强制执行及管理机构与国际监督协作机制建立等具体措施开展广泛的技术性合作。

第四，可持续发展原则。该原则要求“不是孤立地看待环境保护，而是将环境保护视为发展过程中的有机组成部分”[2]。澜沧江－湄公河流域各国应致力于和平的维护、增长的恢复、贫困状态的改善、人类生活的需要、人口增长问题的解决，以资源的保全、技术的改革、危机的管理等为目标，在制定政策时，应将环境与经济统一起来加以考虑[4]。

第五，公平合理使用和参与原则。该原则要求澜沧江－湄公河流域各国在使用和开发水道时，应着眼于实现和适当保护该水道最大限度的可持续利用和受益，并考虑有关水道国的利益。保证跨界水体以合理而平等的方式得以利用，保证保护和必要情况下恢复生态系统。同时，公平合理地参与水道的使用、开发和保护[3]。

## 3 澜沧江－湄公河的可持续开发与利用

从目前澜沧江－湄公河流域开发和利用情况看，上游国家较为关注航运和水电开发，而下游国家则更为注重水量分配、水生生态、农业、灌溉、渔业、防洪等事项。由于各水道国关注点不同，容易造成各流域国家之间的利益冲突。

### 3.1 航运的开发与利用

对于航道资源，澜沧江－湄公河流域水道国应当实行统一规划、分段治理、综合管理、共同使用与协调运作等国际机制。

从长远来看，应当最终促成澜沧江－湄公河的全流域通航。然而，为实现通航，不可避免地要对河道进行疏浚改善、建坝聚水，可能造成下游水量减少进而导致土地盐碱化，破坏原有生态平衡进而致使生物多样性消失。航运还会增加过往船只油污泄漏、垃圾倾倒等污染事故的风险。由于航道整治导致的环境恶化，处于湄公河下游的柬埔寨和越南两国曾多次在不同场合表示关切甚至提出质疑。

因此，为实现航运资源的可持续开发，水道国应通力合作。按照互惠互利的原则加强上下游水道国之间的沟通与协调，逐步实施下湄公河航道的规划和整治，完善相关航运基础设施，合作建设水文监测系统及加强水情通报，并就海关边防监管、水上安全与管理等事项进行友好协商。同时，争取有关国际金融机构和国际组织的资金和技术支持，使澜沧江－湄公河真正成为“一江连六国”的黄金国际水道。

### 3.2 水电开发及利用

对于澜沧江－湄公河水电资源的开发利用，水道国应加强国家间的协调，进行统一的水资源供需协调。

目前，整个澜沧江－湄公河上、中游地区有多个水电站开发项目处于在建或规划建设过程中。建坝蓄水导致的森林砍伐、水土流失、河道淤积、河水污染、生物多样性减少以及湿地生态系统退化等对整个流域的生态环境造成严重威胁，也可能使依赖当地资源和生态环境生存的贫困人口面临家园破坏的困境。同时，处于下游的国家更担心上游国家修建的水坝截断水流，造成下游河道水量减少甚至干涸。

因此，相关水电开发国家应当通过多边或双边渠道，与其他湄公河流域国家就跨境水资源开发利用进行良好的沟通和协调，综合地和充分地考虑各国流域面积、降水量、河川径流量与枯湿季径流变幅、需水量（生态、经济、社会发展用水量）、流域水供养人口等因素，对水资源的公平合理利用做到最大程度的国际协作，实现从单一水电开发向全流域水电发展和管理的可持续性转变。水道国应确保在电站建成后，充分发挥其有效调控水流量的功能，即通过蓄水调节，减少汛期洪水流量和增加枯水期的流量。除提供电力资源外，应当使下游国家在减轻旱涝灾害、发展农田灌溉、提高航运能力、减少河道淤积、防止海水倒灌以及改善生态环境等方面因上游国家的水电建设而获益。

## 3.3 环境与生态平衡保护

对于生物资源，“水域国家应当单独地或在合适的情况下联合保护与维持国际水域的生态系统”[2]。1995 年《湄公河流域可持续发展合作协定》第 3 条明确规定：“水道国应保护湄公河流域的环境、自然资源、水生生物和水生条件以及生态平衡，使其免受因各种开发计划和对流域内水资源及其相关资源的利用所产生的污染及其他有害影响。”

澜沧江 - 湄公河流域环境问题的产生，根源在于资源利用、环境保护和经济发展不协调、不适应。水道国应联合行动进行全面规划，在资源综合管理，环境质量评价标准制定，地震、滑坡和泥石流等自然灾害的预报与防治以及水文环境资料交换等方面进行合作。同时，还应加紧制定或完善国内环境保护法律、法规，严格实施和执行本国环境保护政策与标准，综合运用行政手段、经济手段等对航行船只的垃圾倾倒、油污泄漏等污染事件作出及时有效的处理或处罚，防止污染物的跨境传输、迁移与扩散。此外，各水道国在其国内还应建立负责河道环境监督管理的专门机构。

各水道国应积极参与签署各项生物多样性保护国际公约和诚实地履行公约义务，并不断建立健全生物多样性保护的国内法律制度，构建澜沧江 - 湄公河流域生物多样性保护的合作机制，这些制度具体包括生物多样性报告与信息共享、跨界野生动物迁徙保护、区域环境影响评价、森林保护预警、跨界生物资源保护区建立、跨界生物安全预防合作、公众参与等各项保护机制[5]。

## 3.4 其他资源的可持续利用与开发

由于资源分布的不均衡性，上下游水道国之间开发利用与保护澜沧江 - 湄公河水资源的目标不同，必然导致各国在其开发利用活动中所得利益存在差异。一般而言，中国境内的澜沧江，最适宜水电和旅游业等开发；澜沧江下游至万象湄公河段，最适宜水电、航运、旅游、热带生物资源和洄游鱼类保护与利用；万象以下湄公河，最适宜灌溉农业、渔业、防洪、旅游和航运开发及水生生物的保护[6]。

因此，与水资源开发利用有关的目标冲突应当在更加广泛的范围内进行多目标综合协调。各水道国可以通过补偿机制、利益互换共享、资源和产品的交易互补等方式来实现水资源的公平合理利用，从而避免因单一目标开发引发的矛盾冲突难以协调。例如，增加粮食种植导致的灌溉需求与用水矛盾，可以通过合作与协调来弥补目标利益冲突和发挥优势互补效应。随着能源需求满足、产品互补、收入增加等更为广泛目标的实现，最终解决单纯灌溉需求的用水冲突问题。上游国家可以通过水坝来调节径流，扩大下游水道国的灌溉系统，增加粮食的种植。下游国家增产的粮食可以出口到上游国家，上游国家生产的电力又可以提供给下游国家使用，进而实现上下游水道国之间的利益共享。

总之，由于可持续性和技术性合作的需求，对澜沧江－湄公河的开发与利用应当体现“从禁止污染、要求对河流的利用进行协商的简单规则，转向对水资源进行共同管理并适用和发展共享资源”，以及“从单一利用到全方位保护，从保护河流到保护整个水系，从创设相对简单和直接的防治重大跨界污染的义务到建立广泛的保护共享资源的法律制度”[7]。

## 4 澜沧江－湄公河流域国家间的国际合作

1997 年《非航行利用国际水道法公约》规定“国际合作”是水道国的一般义务。这种合作应建立在主权平等、领土完整、互利和善意的基础上，并以实现国际水道的最佳利用和充分保护为目的。对于澜沧江—湄公河流域的 6 个国家而言，国际合作不仅是河流利用、航道开发、旅游线路等方面的合作，更是国家间可持续发展的合作。过去，由于各种各样的原因，各水道国家间在很多领域没有或很少进行有目标、有计划的合作行动[8]。

### 4.1 合作目的及范围

1995 年《湄公河流域可持续发展合作协定》明确指出，湄公河流域及其相关自然资源和环境对所有沿岸国家的经济、社会福利和人民生活水平的提高是极有价值的自然财富。同时，为了所有沿岸国航运和非航运的目的，为了其社会经济发展和社会福利，并与保护、维护、增强和管理环境和水生条件以及保持该流域特有的生态平衡的需要相一致，各国决心继续合作和推动湄公河流域水资源及其相关资源的持续开发、利用、保护和管理。

该协定第 1 条规定了合作的范围，即“所有沿岸国按最佳利用和互利互惠的方式在湄公河流域水资源及相关资源的可持续开发、利用、管理及保护等所有领域，包括但不仅限于灌溉、水电、航运、防洪、渔业、漂木、娱乐及旅游等方面进行合作，并尽量减少偶发事件及人为活动可能造成的不利影响”。

### 4.2 国际合作机制

（1）信息共享与交流机制：即建立信息平台，促成信息的交流与共享。各水道国整体开发、利用和管理澜沧江－湄公河需要确立共同的、正确的认识基础。例如，下游国家有哪些径流控制需要上游国家的配合；上游国家实施的规划项目中，会给下游国家带来哪些利弊；下游国家的一些资源与环境问题，哪些是上游国家的活动引起的；等等。为此，需要建立信息共享平台，便于各水道国之间的信息与观点的交流。信息平台可以是正式的政府间会谈，也可以是非正式的论坛、学术交流或网络信息等多种模式。

（2）国际条约机制：即签订条约，确立河流开发利用的国际法原则、规则和制度。考虑到各水道国对流域水资源的需求、能力和贡献，通过谈判并签订全流域的、多目标的开发利用的区域性国际条约，是实现澜沧江－湄公河跨国水资源可持续利用、防止跨国水污染、预防和解决水道国争端的最有效途径。该区域性国际条约应当在合作目标与原则、协商程序、投票表决方式、政府间谈判的方式和级别、组织机构及决策权限、国际仲裁或第三方参与解决的方式、分歧与争端解决的法律程序等原则、规则和制度方面作出明确具体的规定。

（3）国际协调机制：即协调水道国的用水利益，实现水资源的公平合理利用。通常情况下，既要保证河流水资源的公平合理利用，又要维护流域水道国的整体利益，很可能会影响甚至抑制某一特定国家的开发利益。所以，应通过水道国的国际合作，协调国家内部（包括流域内居民、地方、部门与国家等）、上下游水道国之间的用水利益，公平合理地利用与保护澜沧江－湄公河水资源，正确处理好社会公平、经济发展与资源保护三者之间的关系，最终实现澜沧江－湄公河水资源的可持续开发和利用。

## 5 对我国澜沧江可持续开发利用的几点建议

### 5.1 加强调研，制定科学的流域开发、利用与管理规划

随着与各水道国合作开发进程的快速推进，我国亟须在澜沧江－湄公河流域的综合管理、生态保护、国际航运、河水管理、渔业、洪水控制、发电和水资源需求等方面加强理论研究。结合考察我国境内水资源的开发利用可能对其他水道国产生的影响，开展澜沧江流域水资源科学开发利用的长期、综合管理规划，为推动我国对澜沧江－湄公河水资源的开发、利用与保护提供有效的理论保障。

### 5.2 诚实履行国际义务

在确保国家利益的基础上，依据不造成重大损害、公平合理利用、互通信息与合作、预防和减少污染、环境影响评估等公认的国际水法原则、规则和制度，对澜沧江－湄公河的水资源进行开发和利用，为积极履行相关国际义务做好准备。

### 5.3 促进信息交流与共享，推进国际合作

湄公河下游四国对于我国境内澜沧江流域水电、航运、矿产等开发对其水量分配、生物多样性保护、污染控制、水文信息交流以及流域区合作开发与管理等诸多问题极为关注。为此，我国应当积极开展对外交流与合作，互通信息。适时发布我国对澜沧江－湄公河的水资源开发战略与目标，了解其他水道国对我国水资源开发的意见和要求，推动我国在澜沧江－湄公河开发利用方面的国际合作与交流，最终实现流域水资源的最佳利用和流域生态环境的有效保护。

### 5.4 选择恰当时机，签署《协定》和加入湄公河委员会（MRC）

作为澜沧江－湄公河的上游国家，我国仅与部分水道国在航运等有限方面达成协议而造成事实上的被动局面。这将不利于我国参与澜沧江－湄公河全流域的可持续开发和利用。因此，要参与全流域的开发与管理，我国也应签署加入《湄公河流域可持续发展合作协定》，成为湄公河委员会（MRC）的成员，改变了中国在湄公河治理上的“客人”身份。一旦中国加入，将极大地提升湄公河委员会（MRC）的国际地位，有利于实现对澜沧江－湄公河全流域开发、利用和管理计划的整合，促进流域资源和环境的可持续性保护。

## 参考文献


[1] 詹宁斯·瓦茨：《奥本海国际法》（第一卷，第二分册）[M]，北京：中国大百科全书出版社，1998。

[2] 沃尔夫刚·格拉夫·魏智通：《国际法》[M]，北京：法律出版社，2002。

[3] 梁淑英：《国际法》[M]，北京：中国政法大学出版社，2011。

[4] 林灿铃：《国际环境法》[M]，北京：人民出版社，2004。

[5] 杨振发：《澜沧江－湄公河次区域生物多样性保护的法律合作机制》[J]，《云南环境科学》2004 年第 3 期，第 32～35 页。

[6] 陈丽晖、曾尊固、何大明：《国际河流流域开发中的利益冲突及其关系协调——以澜沧江－湄公河为例》[J]，《世界地理研究》2003 年第 12（1）期，第 71～78 页。

[7] 周忠海：《国际法》[M]，北京：中国政法大学出版社，2008。

[8] 万霞：《澜沧江—湄公河次区域合作的国际法问题》[J]，《云南大学学报（法学版）》2007 年第 4 期。


# A Preliminary Study on International Law in the Sustainable Development of Lancang-Mekong River


*Wu Fan*

（Law school, Yunnan University of Finance and Economics）



**Abstract**: Lancang-Mekong river is a crucial international watercourse that connects six countries. In terms of Lancang-Mekong's legal status, it is a boundary river as well as a multinational river. In the process of exploiting and utilizing water resources and protecting the environment of the river basin and balancing its ecology, watercourse countries should abide by the principles of permanent sovereignty over their resources, harmless use of territory, international cooperation, sustainable development, equal use and reasonable participation that established by international water law. And these countries should embrace long-term cooperate with each others, establish international agreements, introduce regulations established by international organizations in order to realize economic growth, social equality and sustainable development of Lancang-Mekong region. On the premise of protecting sovereignty and fulfilling international obligations, China should set up a holistic plan of sustainable developing Lancang-Mekong river, established a strong managerial and copping mechanism, strengthen cooperation and information sharing with watercourse countries and settle problems of sustainable development of Lancang-Mekong river properly based on equality and mutual benefit.

**Keywords**: Sustainable principle; Exploitation and utilization; International law

# F:
# 水哲学伦理及可持续发展相关问题研究

【专题述评】就像中国的其他生态问题一样，中国水治理的危机有天然地理的因素，但更多是因为科学技术的误用或不足。而科学技术的误用或不足，则肇始于政治、经济、社会制度的偏差。然而追根究底，政治、经济、社会制度的偏差，可能受到社会主流意识形态与宗教的直接和间接的影响。因此，要完善中国的水治理，就必须从科技、制度和宗教哲学三方面同时进行，并且相互联系。

云南财经大学熊术新校长在会议致辞时，就很有远见地提到建立“昆明共识”的重要性。而会议的参与者最后也不负所望，建立了一个初步的“昆明共识”，作为将来中国水治理或其他环境治理的标杆模式。亦即，水治理或其他环境治理必须从科技、制度和宗教哲学三方面同时进行，并且相互联系。

中国宗教哲学比起西方宗教哲学，有更丰富与实用的水治理内涵。一方面中国东西南北的水环境非常复杂，产生各种水文化；另一方面中国有各种宗教与哲学，融入了各种水文化中，从而使得人们能够可持续地适应水与发展水资源。进一步地探索中国境内各种宗教哲学的水内涵，不但有助于中国水治理之功效，也将使“昆明共识”成为国际环境治理的新曙光。

国立政治大学政治系特聘教授

郭承天

# 永续发展与生态末日制度论*

郭承天

（国立政治大学政治系）

**摘　要**　近30年来生态科学对于地球生态急速恶化的预测，似乎支持了中西主要宗教的末日论。这些科学的末日证据，挑战了人类制度的延续与创新。人类社会如何在未来50年内，发展出多层次的制度体系，以避免地球生态的解体，并满足90亿人口的基本生存需求？现存的人类制度产生了三个谬误：资本主义制度、民主生态赤字制度，与现代社会的消费主义。为了解决这三个谬误，近年来产生了三个假意识制度——以为“绿色工业”“审议民主”以及个人主义式的“绿色消费主义”可以解决全球生态恶化的问题。研究中将讨论上述三个谬误制度以及三个假意识制度，并提出相对应的经济、政治与社会（宗教）的“生态末日制度”。

**关键词**　生态学；生态哲学；新制度论；生态末日

## 1 引言

“吉登斯的困境”（Giddens's Paradox）是说，“对于人类的日常生活而言，由于全球暖化的危险并非具体、急迫或明显，许多人情愿静观其变。然而当这种气候变迁所必然造成的大灾难变得明显和急迫时，再采取具体行动已经是太迟了”[1]。

## 2 生态末日：宗教与科学的共识①

近代科学从文艺复兴时期开始发展，在人类发展议题上，一直与宗教呈现紧张对立的关

---

* 作者简介：郭承天（1957～），男，国立政治大学政治系特聘教授、宗教所合聘教授，博士，主要研究领域为政治学。E-mail：ctkuo@nccu. edu. tw。

① 本节的主要想法来自叶浩、郭承天共同主持的国科会计划（NSC 100－2420－H－004－010－MY3）。叶浩的主要贡献在政治哲学领域，郭承天的贡献主要在政治经济学与制度论。二位学者同意依据协议，各自发表著作。

系。然而到了20世纪末、21世纪初，科学与宗教难得在生态末日这个议题上，逐渐产生共识。世界上的主要宗教本来就有“末日论”的成分，且不断宣告末日即将来临；而现代生态科学界的主流意见，也认为生态末日真的为期不远。

西方的犹太系统宗教（犹太教、天主教、基督教、伊斯兰）都有源自犹太圣经（基督教的“旧约”）的末世论。犹太圣经的前五卷书“摩西五经”、以赛亚书、杰里迈亚书、以西结书、但以理书、撒加利亚书，频繁地讨论末日来临的征兆与过程。到了末日，人心诡诈，道德败坏，奢侈淫乱，弱肉强食，贪官污吏丛生。耶和华终于无法忍受人类的罪恶，降下大自然灾变与灵异灾难来毁灭这世界，并且要兴起一位弥赛亚（救世主）战胜恶人，重建新世界的秩序[1]。

在天主教和基督教的“新约”中，耶稣和使徒们不断地提到末世审判。而讨论到末日景象最多的是启示录。它与犹太圣经有许多类似之处：预言末日时代人心彻底败坏，唯利是图，国内与国际战争不断。上帝暴怒之下，派遣耶稣重返人间主持末日审判，降下天灾地变和灵异灾难，杀尽恶人。之后，上帝还要亲自审判所有的死人灵魂，丢到硫黄火湖之中。而一个新天新地与新耶路撒冷城，则保留给所有的信徒[2]。

伊斯兰的主要经典《可兰经》关于末日的叙述，占《可兰经》约三分之一的分量。到了末日，邪恶势力猖獗，毁坏人心与世界。《布哈里圣训实录》记载末日来临前的征兆，包括宗教内战、宗教骗子大批出现、地震频繁、太阳从西边起、高楼四处建立。安拉会审判所有复活的好人、坏人与所有生物。好人上天堂，坏人下地狱。《可兰经》对于天堂的描述比起犹太教、天主教、基督教更详细也更美好。但是对于地狱的描述，比这些宗教更详细也更可怕[3]。

印度教的末日论把世界的生命期分为四期：黄金、白银、黄铜、黑铁。每一时期世界与人性的发展是既循环又持续地腐化，人类的寿命也持续地减少。而我们所处的时期就是最后一期，即黑铁时代的末期[4]。在这个时期，人类社会充满了不公平、不正义以及各种天灾人祸。最后发生了突然的天灾地变，印度教的宇宙神毗瑟奴（Vishnu）的最后一个化身降临世界，渡化众人，又恢复到第一期的美丽世界。

原始佛教的末日论（“末法”）传承了一些印度教的末日论：大千世界不断地再生与毁灭。人类道德伦理的沦丧导致生命与生态的恶化，最后被火、水与风所毁灭，进入下一个生长与毁灭的循环。大乘佛教传到中国以后，末日论又增添了详细的论述。宇宙大循环（期）之内有许多小循环（劫），而弥勒菩萨会在末日降临，渡化众生。根据“三期末劫”的说法，人类正处于世界大毁灭的第三期的最后一个劫数[5]。

道教的末日论可能受到汉传佛教的影响，在南北朝末和唐朝初期成形，论述朝代兴衰的循环。《太上洞渊神咒经》描述末日的景象为天灾人祸频繁，但是这时有天命真君降临，拯救众民脱离苦难。《洞玄灵宝本相运度劫期经》则描述天界的乐园景象。这一种朝代末日论，成为历代农民革命运动的宗教借口，也让道教披上“革命宗教”的色彩[6]。

综合这些宗教的末日论，可以发现有四个共同点。第一，末日来临前自然生态显著恶化。第二，都强调我们所处的时代即是末日来临前的时代。第三，人类道德伦理的腐化是末日来临的主要原因。第四，拯救人类脱离这些苦难要靠一位全能的救世主。生态科学家与上述宗教有明显共识的是前两点。不过，本文最后会讨论到，生态科学家与上述宗教对于后面两点的认识，可能差异也不是那么大。

当代生态科学对于生态末日的来临，几乎有一致的认定。问题不是“是否来临”，而是“何时来临”。关于生态末日的科学讨论，在1960年代即蔚为风潮。1972年出版了《成长的极限》（*Limits to Growth*），立刻震撼了发达国家的政界、自然科学界和社会科学界。一群有经济学背景的社会科学家，建构了一个复杂的计算模型，然后输入人口、粮食、土地、自然资源消耗、工业成长、投资、环境污染、人类福祉指标等12组可能实现且比较乐观的假设数据。结果发现在绝大多数的模拟计算下，全球生态都将在2050年前后开始突然崩溃，亦即人类大量死亡、平均寿命大减、工业萧条、饥荒遍野、自然资源耗尽、污染严重、社会福利瓦解。这个计算模型还没有考虑到生态开始崩溃时，所引起的国内、国际战争对于人口和生态的加倍伤害。该书出版后，虽然警醒了一些政治领袖与社会精英，但是随即在两次石油危机所带来的经济萧条的影响下，以及在石油、煤矿、工业污染产业的反击下，世人逐渐地忽视了这本书。发展中国家的政界与知识分子，更是以经济发展为首要政策目标，对于生态末日的讨论，多是冷漠以对。

32年之后（2004年），更新版《成长的极限：30年更新》（*Limits to Growth*：*The 30 – Year Update*）问世时，生态环境的客观与主观因素都已经有重大的改变。生态环境恶化的科学证据大量出现，“污染联盟”的假科学与媒体抹黑策略被一一揭发[7]，发达国家与发展中国家也试图增订各种生态保护公约，包括1992年《联合国气候变迁架构协议》（UNFCCC）、1994年《国际热带木材协议》（ITTA）、1997年《京都议定书》（Kyoto Protocol）、2004年禁止CFC的《蒙特利议定书》（Montreal Protocol）等。这些新的发展，加上之前约90种国际与区域环保条约，给予环境保护主义者新的希望、新的乐观，以为生态末日终究可以避免[8]。

可是《成长的极限：30年更新》摧毁了这个刚刚萌芽的希望。该书作者们将原来的计算模型修改得更精细，然后输入10组相关的数据。大部分的结果一方面确认32年前《成长的极限》的预测大致正确，另一方面还是指出生态末日是不可避免的，或者是需要在短期内全世界国家的生态政策作不可能的快速转变。而唯一可能出现的“永续发展”模型，也需要全世界国家在2002年时作出重大的政策转变。从现在来看，已经是迟了10年。而有些数字显示，生态末日的来临甚至已经超过原来模型的预测。例如，该模型预测到2030年底时世界人口会达到70亿（Meadows et al. 2004：168）。而根据联合国人口基金会的推算，这个数字在2011年10月底就达到了。

为什么生态末日的警告在1960年代就提出来了，也引起过人们的重视，然而生态末日还是如科学家或宗教家的预言将会来到？为什么经济学家、政治学家、社会学家、政治领袖、环保组织在过去50年努力想出各种解决问题的方法，至今仍然无法减缓生态末日来临的速度？本文认为这是因为人类制度在18世纪工业革命之后，产生了三个谬误制度：资本主义、民主赤字与消费主义。而过去50年来环保人士的努力，产生了三个假意识制度：绿色产业、审议民主与绿色消费主义，只能治标不能治本。下文将分析这些经济、政治与社会制度，并提出可能的解决方法。由于现有文献对于资本主义、民主赤字与消费主义的弊病讨论已多，以下各节将把讨论的重点放在三个假意识制度以及可能的解决方法上。

## 3 生态末日经济制度

本节讨论两个重点：为了配合资本主义与环保需求，绿色产业兴起，试图达到永续发展的目标，但实际上只是一个假环保制度。如何建构可能避免生态末日的经济制度？（本文有时交换使用“环境主义”与“生态主义”两词，但是生态主义的主张比较激进[9]，这也是本文的立场。）

结合马克思主义与生态主义的分析，典型的资本主义必然导致生态末日。简单地说，在资本主义体系中运作的资本家，如果要生存下去，必须遵从两个造成生态末日的资本主义法则。其一，为了打败竞争对手，资本规模必须不断集中与扩张，以实现规模效益（scale economy），因此对于自然资源的攫取也不断地扩张。由于自然资源是有限的，因此总有一天自然资源会耗尽，资本主义也随之崩溃。另外，资本家为了降低生产成本以增加产品的竞争力，不愿意负担生产过程中所产生的工业毒害处理费用，包括空气污染、化工废水和废弃物。随着生产规模扩大，这些工业毒害也扩展至全世界，最后造成生态末日[10~12]。

面对典型资本主义对于生态的破坏，某些环保人士与有环保意识的资本家合作推动“绿色产业”，或称“生态经济学”（ecological economics）[13]。绿色产业范围甚广，包括节约能源与自然资源的使用、减少化工废弃物、减少空气污染、发展可再生能源（太阳能、风力、水力、氢气）以及提高生产效率等。在资本主义社会，这些绿色产业已经成为经济增长的重要部门，而且扩展到一般工业产品。若是继续扩展，绿色产业的支持者就认为资本主义与生态将可以达到平衡，避免生态末日的来临。

然而，本文认为绿色产业虽然比典型资本主义来得环保，但最多只是一种假意识制度，并不能避免生态末日的来临。其原因可由图 1 来说明。图 1 可以同时解释典型资本主义与绿色产业的困境。就图 1 中左边的自然资源而言，可分为可再生与不可再生的自然资源。可再生资源的例子有太阳能、水力、风力、氢气等能源，也包括农林鱼畜养殖技术和废物再利用技术所产生的再生资源。只要这些科技所产生的效果大于绿色产品生产过程中对于生态环境的破坏，大于绿色产品的淘汰率，以及大于人类对于产品需求的增加，就可以延缓甚至避免生态末日的来临。否则根据物质不灭定律以及物质钝化定律，这些再生资源也有一天会变成不可再生的资源。例如，科学家提出统计数字，到 2050 年左右，海洋鱼获将接近零。至于不可再生的资源则包括现代资本主义极度依赖的石油、铁、铜、稀土等矿产，其中尤其以石油最为重要[14]。

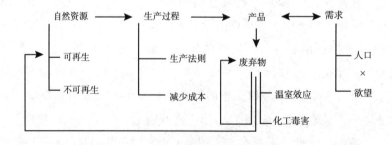

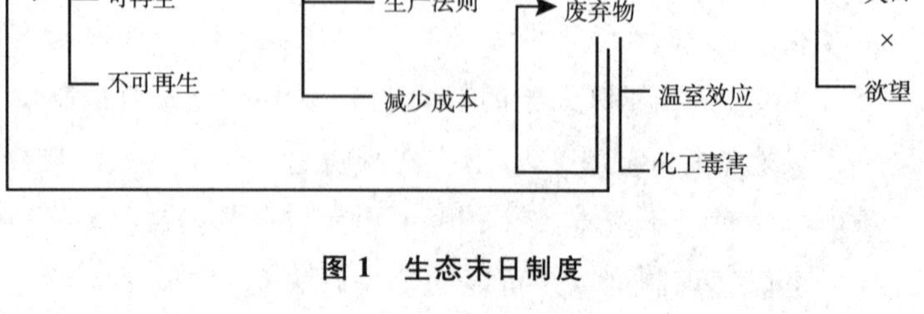


**图 1　生态末日制度**

传统油田耗尽之后，新的开采技术可以提炼油页岩以及深海石油。但是目前的开采技术要么成本高，要么容易产生更大的污染。况且，油页岩也有一天会开采尽。绿色产业无法从根本上解决“不可再生资源”的问题。

另外，绿色产业就算能够解决生产的问题，但也无法解决需求的问题。人类对于产品的总需求，是人口乘以欲望的函数。全球人口在第二次世界大战后暴增，从1960年的30亿，增加到2012年的70亿。人口学家估计到了2050年，全球人口将达到90亿，如果发展中国家在财富增加后，人口增长率也能像西方先进国家一样逐渐降低，绿色产业是否能够继续发展新的科技，一方面减少能源的使用和环境的污染，另一方面要快速应付额外20亿人口所带来的庞大需求？

更难处理的问题是人类欲望随着收入的提高而增加。世界上的穷人在收入增加后，先求饱食。就目前农业技术而言，全球的粮食生产尚足以满足全人类的需求。毕竟，一个人一天只能吃进一定数量的食物。但是饱食之后，人类的欲望就快速增加而且是无止境地增加。人们所拥有的衣服、汽车、房屋、电器产品、化妆品等，可以无限地扩展种类和数量，也可以时常更新。因此，人口乘以欲望的结果，将如海啸推向沙滩，轻易淹没绿色产业为生态环境所建筑的脆弱沙墙。

绿色资本主义另有一种论述，来对付生态环境恶化，就是放手让市场机制去找到均衡点。当不可再生能源趋于枯竭时，价格自然会提高，消费就会减少。资本家就会将资本移出不可再生部门，投资于替代资源或可再生资源。随着投资增加，再生技术得到改善，生态得以维持平衡。至于生产过程中所产生的废弃物，只要通过类似“碳交易税”的立法，让生产者负担废弃物所带来的“外部成本”，他们自然就会设法改善生产流程并且减少污染。

然而，过去公共行政学的研究中，环保单位在资本家和政治人物的压力下为了组织利益，一方面会选择性地执行环保规定，另一方面常常与污染者合谋“合法”地增加污染。这也与上述左派的分析有异曲同工之效：国家机器只是阶级的工具而已。资本主义所带来的生态末日，本来就是市场失灵（market failure）的结果。典型资本主义想要用市场机制或者国家机制来解决市场失灵，是双重的自相矛盾。

典型资本主义、马克斯环保理论以及绿色产业都只能部分地延缓生态末日的来临。要真正达到永续发展的目标，生态末日的经济制度应该具备下列特性。首先，重整与大幅削减工业生产。虽然生态论者还无法客观地区分满足“欲望”（greed）的与满足基本需求（need）的产品，但是许多国家采用的“奢侈税”或者“奢侈品配额”必将逐渐扩大范围。至于绿色产业将持续扩展，然而更严格的环保规定，包括绿色工法、资源使用效率、产品碳足迹税（carbon footprint tax）以及废弃物的处置，也同样适用于绿色产业。

其次，资金与人力从工业部门流出后，将转入农业与服务部门。一方面这两个部门对于生态环境的破坏远低于工业部门，另一方面它们也可以容纳大量的劳动力与资本。这两个生产因素大量注入之后，农业与服务部门的产品质量也将快速提升，部分弥补因为减少工业产品消费所丧失的人类福祉。当然，农业与服务部门的产业并不都是生态的朋友，例如观光业也可造成大量的污染与碳足迹。因此，适用于工业部门的环保标准，也将适用于农业与服务部门。

最后，为了有效监督资本家的欺骗行为，并且促成资本与劳动力大规模地从工业部门转移到农业与服务部门，除了公权力介入以外（下一部分再讨论），资本家与工人必须加强他们公会的协调与监督功能。单一性、阶层性、涵盖性、非竞争性并由国家所认可的统合主义（corporatism，或称“法团主义”）[2,15]，将成为内部经济协商与国际经济协商的主体。环保团体、小区团体以及宗教团体等民间团体亦然，这些留在第4部分再讨论。

## 4 生态末日政治制度

马克斯、自由主义经济学家以及现代化理论家都主张特殊的经济制度需要有对应的政治制度配合[16~18]。典型的资本主义发展到最高阶段，就与民主制度结合在一起，因为民主制度保障了资本主义体系运行所必备的个人财产权。民主制度也促成财富平均分配、社会阶层流动、教育提升甚至自由贸易，这些都有助于资本主义体系的再生。传统民主制度没有能力处理生态危机，因为有“民主生态赤字”现象。民选官员重视经济增长，以求连选连任。环保单位在民意代表压力下，无法有效监督污染企业。最后，民主制度破坏生态的主要来源是对于个人财产权的过分保障。

针对“代议政治”的弊端，环保人士提出通过“审议民主”（deliberative democracy）的方法加以改善[19~20]。简单地说，审议民主主张小区居民、资本家以及环保团体，经过简单、特殊的制度设计，进行公开与理性的对话，寻求经济发展与保护生态之间的均衡点。在一些个案研究中，发现审议民主的确可以达到这种理想目标[21]。建立在这些小区审议民主成功的经验基础之上，全国性的或是全世界性的审议民主，也可能促成永续发展的实现。

但是审议民主在理论上和经验上，不断遭到质疑[22~23]。理论上，审议民主假设参与者的数量是有限、可以清楚定义的。参与者都是理性的、互相体谅的、权力与影响力都是平等的。参与者之间对于经济发展与保护环境所形成的“谈判集合”也有交集之处。谈判过程中没有太多的“交易成本”。最后，协议的结果可以有效地执行。这些理论假设似乎都非常理想，但与人性和实际政治的运作有很大的距离。上一部分提到的消费者自私心态、反环保政治联盟以及集体行动的困难，似乎都不在审议民主理论的考虑中。因此，在经验上，这些所谓成功的例子数目不多，而且大都限于小规模的小区。对于全球生态的改善或恶化，没有太大的影响。

对于代议政治与审议民主的失望，某些生态学家近年来又倡导1970年代就提出的“生态威权主义”（eco-authoritarianism）[24~25]。他们认为要推动激进的生态政策，必须要由一些生态专家所领导的政府来策划，而且这个政府不是一个容易受到民意、资本家和民意代表影响的威权政府。这样，生态专家才能根据他们的科学知识作长期与广泛的规划，并且有效率地执行。这种理论似乎受到东亚国家（日本、韩国、新加坡、中国）20世纪下半期快速经济增长的经验影响，而这些国家似乎都属于威权或半威权的“发展型国家”（developmental state）[26~28]。既然“发展型国家”可以快速地带动经济发展，为什么不能快速地推动生态政策？

将“发展型国家”应用在生态议题上，至少有五个重大争议。第一，生态议题比经济发展议题更复杂。东亚国家经济发展的成功，绝大部分是因为这些政府过去不当且无效率地干预市场而导致市场萎缩，当他们放手让市场自由竞争之后，经济自然快速发展。政府只要负责维持总体经济的平衡，并且在适当的时机协助企业创造市场。但是永续发展首先要控制经济的快速发展，并且选择能够达到生态平衡的策略。生态学家以及政府本身是否有能力处理这么复杂的问题?

第二，政治学的铁律"绝对的权力，绝对的腐化"，也适用于生态威权主义。就算生态威权政府有上述能力，它也将成为史无前例的权力庞大的政府。届时谁来监督这些官员呢?

第三，经过学者重新检验，东亚发展型国家成功的关键，可能不是"威权"的特性，而是政府与社会协调的能力[2,29~30]。经济发展政策制定的过程中，常常是资本家工会提供务实的政策建议，政府部门之间再进行协调，得到共识后再推行。政府甚至会授权工会进行标准检验、产销协调、市场区隔等"市场管理"（governed market）工作。因此，末日生态制度的特性，不是威权与否的问题，而是协调能力的问题。

第四，东亚经济成功的代价是贫富不均以及人权的压抑。大部分东亚发展型国家，现在已经建立民主政体，或者进行民主化改革。他们的人民是否愿意走回头路，放弃他们已有的基本人权?"生态威权主义"是否会造成人民革命?

第五，就经验而言，威权体制对于生态的破坏可能大于民主体制。当韩国与中国台湾采取民主制度以后，赫然发现不少国营企业或者大财团过去数十年严重污染环境而没有人能够举报，这正是因为威权体制缺乏外部监督机制（民意代表、自主的环保团体、自由媒体）。东德与西德1989年统一之后，西德资本家很热心地想要协助东德重建工厂，却发现东德工厂污染严重。与其花钱清理污染，不如另外择地建新厂。中国大陆在1980年代和1990年代经济快速发展所带来的环境破坏，一直到近十年才逐一被揭发并受到阻止。而大部分环保"成功"的例子，要么属于鼓励绿色产业的发展，要么是小型小区的抗议污染群体事件，要么就是为了错误的理由而阻止破坏生态的产业设立（例如，怒江大坝计划是因为位处地震带而被取消）。至于那些绿色产业，例如太阳能板产业、绿色城市、环保森林、水力发电等，对于当地环境所造成的破坏可能大于对生态的贡献。也难怪2007年国家环保总局副局长潘岳发布前几年中国绿色GDP可能为零增长之后，就不再发布了。目前中国大陆真正符合生态理念的政策似乎还未出现。

如果传统民主制度与审议民主都只能部分解决生态末日的问题，那么生态末日政治制度应该具有哪些特性?第一，最核心的特性是从"个人权利"（individual rights）演变成"分享权利"（shared rights）。"分享权利"有两个层面：其一，传统上属于个人权利的财产权、行动自由权、居住权等有关生态平衡的权利将要逐渐缩减，而与小区、社会团体、国家甚至其他国家分享其权利。这是由下往上的权利移动。其二，则是由上往下的移动：政府的生态决策需要有小区、社会团体、民意代表、国际环保团体甚至国际组织的参与。第二，为了减少决策的交易成本，决策与执行的过程以统合主义方式进行。推行生态政策最成功的北欧国家，多是统合主义国家[31]。第三，政策决策与执行过程需符合公开性（transparency）、平行与垂直的问责性（horizontal and vertical accountability）、调适性（adaptability）与多层次的共管性（multi-level co-management）[32]。第四，生态政策需顾及财富重新分配的正义，优先补偿社会上最弱势的族群。[33]随着自然资源的减少，物价将快速上涨。而物价上扬对于穷人的基本生活影响最大。其他的弱势族群包括残障人士、女性以及少数民族。生态末日政治制度需有健全的政府单位，持续照顾他们的基本需要。第五，生态末日政治体制很可能是规模庞大的政府。除了应付经济大规模的转型、人口增加、环境污染、天然灾害以及弱势族群的需要以外，为了争夺有限自然资源所引起的社会动乱以及国际战争也可能逐年增加。各国军事与治安的人力与物力势必扩张，并且进一步压缩民间部门的生产活动。

## 5 生态末日社会制度

就像末日经济制度需要与末日政治制度配合一样，末日经济制度与政治制度就算能够建立起来，若没有相对应的社会制度，恐怕也很难正常运作。工业革命以来，甚至有人类以来的各种社会制度所倡导的伦理价值观念与行为，需要重新检验与翻新，要建立新的社会制度。有些传统社会制度主张的伦理有害于生态环境，这包括“消费主义”（consumerism），以及传统的家庭伦理鼓励多子多孙以及长命百岁。

为了抑制消费主义对于生态的破坏，大部分环保团体与绿色资本家提倡“绿色消费主义”，鼓励消费者淘汰现有完全不环保或比较不环保的消费品，声称购买这些绿色产品就可以救地球。但是绿色消费主义的本质仍然是消费主义，并没有减少消费者的购买欲望，削弱其价值观念，反而成为一种新的社会地位象征。至于这些绿色产品的制造过程是否符合绿色工法，是否造成环境污染，是否有太多的碳足迹，是否常常汰换，则不是厂商与消费者所关心的议题。最具代表性的绿色消费主义包括单价500美元的名牌“环保”购物袋出厂畅销后，马上引起其他名牌仿效，形成收集名牌环保购物袋的风潮。另外就是每年推出的“环保”电视、冰箱、洗衣机、汽车、房屋，宣称比去年的旧品更环保，鼓励消费者立刻更新。最讽刺的例子就是某些环保专家借着宣传环保理念或科技而致富，在风景宜人之处砍伐大片森林，盖一座超大型的“环保房屋”。绿色消费主义让贪婪的资本家生产有理、消费者消费有理，双方穿着“国王的环保新衣”，直到生态末日的现实揭穿他们的假意识。

生态末日的社会制度应该有什么特性？某些生态学者指出了宗教的重要性[34~35]。世界现存的主要宗教有两个特性，有助于延缓生态末日的来临：一个是神学理念层次，一个是组织制度层次。主要的世界宗教所倡导的某些伦理价值符合生态伦理。他们都主张节俭的美德，反对奢侈浪费和纵欲，这就是反对消费主义。他们都主张赈济贫穷，善待孤儿寡母，这就是符合生态政治的补偿弱势族群的政治伦理。他们对于生态环境也保持敬畏的态度，强调与环境相互依存。

诚然，世界宗教所倡导的伦理并非都符合生态伦理。有些宗教提倡多子多孙，有些宗教反对人工节育。当代的许多宗教神职人员以帮助信徒发财为业，而不问是非道德。而资本主义的扩张以及西方先进国家对于生态的破坏，又与新教（基督教）伦理有关[36~37]。但是这些违反生态的宗教伦理，大都可以经由“再诠释”的过程，成为符合生态的伦理。宗教诠释者也可以从原始经典中，寻找符合生态伦理的经文，来构建生态神学。世界主要宗教近20年来，在构建生态神学上已经有长足的进步。例如，天主教提出了“新十诫”，其中包括“不可污染环境”[38]。基督教强调上帝创造地球和大自然，人类要尊重上帝的创造，并且要承担起“管家”的责任，维持生态的平衡。佛教的环境伦理认定污染环境就是一种“业障”，下辈子轮回时会受到报应。道教本来就强调“天人合一”、“道法自然、人法天”，以及自然神的存在（石头公、树神、狐仙等），甚至影响到西方环保主义的兴起。当这些宗教将生态伦理神圣化甚至提升到救赎条件的层次时，信徒就会主动遵守生态伦理，即使牺牲物质享受，甚至牺牲生命也在所不惜。

宗教的末日论又如何与生态伦理结合？宗教末日论常常被媒体解释成逃避主义（例如，邪教团体的集体自杀）或是及时行乐主义。但是正如本文第一部分所描述的，主要宗教的末日论其实是积极主义：末日的来临是因为人性败坏、道德沦丧。因此，人类社会只要恢复伦理道德就可以延缓或避免末日的来临。即使末日的来临不可避免，信徒也可从末日灾难中被救赎出来。因为各宗教所介绍的末日灾难是非常可怕，所以可以激起信徒的警觉性，并且采取具体行动维护生态。

宗教对于生态的另一可能贡献来自组织制度层次。生态理念不能光说不练，当今生态的问题也常常是因为光说不练。宗教生态伦理一旦成为宗教团体的主要信仰伦理时，宗教团体就可借由现有的宗教组织，在内部互相鼓励推动环保行为。他们更可以利用他们的“社会资本”（social capital）向外推动生态保护运动。怀揣着宗教热忱与牺牲奉献的精神，“信仰团体”（faith-based organizations）的无薪志工在推动公益事业上常常比政府机关与私人企业来得更有效率与节省[39]。全世界很多人都有宗教信仰。当所有的宗教团体一起动员以来，其力量又是何等的庞大？

有些人可能会担心鼓励宗教团体参与环保行动，会不会使得1980年代以来世界各地的宗教战争更为恶化？的确，不少的宗教团体在推动环保运动时，仍然有强烈的传教动机。但是“宗教对话”（religious dialogue）的研究显示，当不同的宗教团体共同参与某些公益活动时，他们之间的关系就可以改善[40]。毕竟，“宗教都是劝人为善的”也可适用在生态宗教学上。而且，主要的宗教在神学上可以继续保持不同，但是地球只有一个。为了这个相同的目标，他们可以携手合作，甚至因此减少宗教之间的仇视与战争。目前世界宗教在生态议题上的具体合作，已可成为例证。

## 6 结论：太少与太迟

本文从经济制度、政治制度与社会制度角度探讨如何延缓或避免生态末日的来临。传统的资本主义制度、民主制度以及社会制度，导致过去50年地球生态的急速恶化。取而代之的绿色产业、审议民主以及绿色消费主义，虽然能够在一定程度上减少生态的恶化，但是面对全球生态恶化的海啸，犹如沙滩上的城堡。本文提出生态末日经济制度、政治制度与社会（宗教）制度设计，全盘且深入地对抗生态末日的来临。这些生态末日制度有些已经被人类社会部分采用，有些尚待继续推动。问题是：这些努力是否太少与太迟了？

就生态科技的发展而言，目前还没有看到革命性的突破，可以大量地生产再生资源，有效地处理废弃物，以及阻止全球气温的上升。期待生态科技的突破性发展，可能比生态末日来临的几率低。就生态制度发展而言，本文所提到的生态末日制度大都属于萌芽时期，而且许多制度尚未出土。最重要的是，生态问题是全球集体行动的问题。在各国政治体制差异甚大、坚守传统国家主权的意识形态，以及联合国相关国际组织松散无力的情况下，任何推动保护生态的努力，似乎都是投石入海，最多激起一朵浪花而已。

就算是全人类现在突然“见棺掉泪”，开始构建上述生态末日制度，问题是：还来得及吗?《成长的极限》的学者用数字告诉我们，人类在30年前有一次机会可以借着国际合作，渐进温和地达到生态平衡。可惜两次石油危机和危机后的经济复苏，以及国际政治动乱的加剧，暂时让人们忘记了生态平衡的重要性。在2004年的时候，《成长的极限》的学者们绞尽脑汁，挤出第二次也是最后一次的机会，指出拯救全球生态的方向。但是8年过去，人类选择了抢救金融海啸以及欧债危机所造成的失业与利润损失，把全球生态问题束之高阁。根据他们的预测，2050年前后，全球生态浩劫将至。制度的建立与顺利运作，不是一两年之内就可以完成，尤其是史无前例的国际生态制度。

## 参考文献


[1] Giddens, Anthony. 2011. *The Politics of Climate Change* [M]. 2$^{nd}$ ed. Malden, MA: Polity Press. Novak, David. 2008. "Jewish Eschatology" [G]. In Jerry L. Walls, ed. *The Oxford Handbook of Eschatology*. New York: Oxford University Press, chap. 6.

[2] Kuo, Cheng – tian. *Global Competitiveness and Industrial Growth in Taiwan and the Philippines* [M]. Pittsburgh, PA: University of Pittsburgh Press, 1995. 郭承天：《末世与启示》[M]. 台南：人光出版社，2012.

[3] Chittick, William C., "Muslim Eschatology" [G]. In Jerry L. Walls, ed. *The Oxford Handbook of Eschatology*. New York: Oxford University Press, 2008, Chap. 7.

[4] Hindu Eschatology [EB]. http://en.wikipedia.org/wiki/Hindu_eschatology, 2012.6.6.

[5] Nattier, Jan., "Buddhist Eschatology" [G]. In Jerry L. Walls, ed. *The Oxford Handbook of Eschatology*. New York: Oxford University Press, 2008, Chap. 8.

[6] 李丰楙：《道教劫论与当代度劫之说：一个跨越廿世纪到廿一世纪的宗教观察》[G]。李丰楙、朱荣贵：《性别、神格与台湾宗教论述》，台北：中央研究院中国文哲研究所，1997。

[7] Hoggan, James. Climate Cover – up: The Crusade to Deny Global Warming [M]. Vancourver, Canada: Greystone Books, 2009.

[8] Haas, Peter M., Robert O. Keohane, and Marc A. Levy. *Institutions for the Earth: Sources of Effective International Environmental Protection* [M]. Cambridge, MA: MIT Press, 1993.

[9] Dobson, Andrew. *Green Political Thought* [M]. 4$^{th}$ ed. New York: Routledge, 2007.

[10] Burkett, Paul. Marxism and Ecological Economics: Toward a Red and Green Political Economy. Chicago [M], IL: Haymarket Books, 2006.

[11] Foster, John Bellamy. *Ecology Against Capitalism* [M]. New York: Monthly Review Press, 2002.

[12] Heilbroner, Robert L. *An Inquiry into the Human Prospect: Looked at Again for the* 1990*s* [M]. New York: W. W. Norton & Company, 1991.

[13] Daly, Herman E. and Joshua Farley. *Ecological Economics: Principles and Applications* [M]. 2$^{nd}$ ed. Island Press, 2010.

[14] Intergovernmental Panel on Climate Change (IPCC). *Renewable Energy Sources and Climate Change Mitigation* [R]. http://www.ipcc.ch/publications_and_data/publications_and_data_reports.

shtml" SRREN, accessed 2011, June 25, 2012.

[15] Schmitter, Philippe C., *Interest Conflict and Political Change in Brazil* [M]. Stanford, CA: Stanford University Press, 1971.

[16] Marx, Karl, *Capital: A Critic of Political Economy* [G]. Edited by Frederick Engels. New York: International Publishers, 1967.

[17] Friedman, Milton, *Capitalism and Freedom* [M]. 2nd ed. Chicago: University of Chicago Press, 1982.

[18] Lipset, Seymour Martin, "The Social Requisites of Democracy Revisited" [J]. *American Sociological Review*, 1994, 59 (February): 1 – 22.

[19] Barry, John, and Marcel Wissenburg. eds. *Sustaining Liberal Democracy: Ecological Challenges and Opportunities* [G]. New York: Palgrave, 2001.

[20] Eckersley, Robyn, *The Green State: Rethinking Democracy and Sovereignty* [M]. Cambridge, MA: The MIT Press.

[21] Ostrom, Elinor, *Governing the Commons: The Evolution of Institutions for Collective Action* [M]. New York: Cambridge University Press.

[22] Dryzek, John, *Deliberative Democracy and Beyond: Liberals, Critics, Contestations* [M]. New York: Oxford University Press, 2000.

[23] Johnson, James, "Arguing for Deliberation: Some Skeptical Considerations" [G]. In Jon Elster, ed. *Deliberative Democracy*, New York: Cambridge University Press, 1998.

[24] Heilbroner, Robert L., *An Inquiry into the Human Prospect* [M]. New York: W. W. Norton & Company, 1974.

[25] Ophuls, William, *Ecology and the Politics of Scarcity* [M]. San Francisco, CA: Freeman and Co., 1977.

[26] Johnson, Chalmers, *MITI and the Japanese Miracle: The Growth of Industrial Policy*, 1925 – 1975 [M]. Stanford, CA: Stanford University Press, 1982.

[27] Gold, Thomas B., *State and Society in the Taiwan Miracle* [M]. New York: M. E. Sharpe, 1986.

[28] Wade, Robert, *Governing the Market: Economic Theory and the Role of Government in East Asian Industrialization* [M]. Princeton, NJ: Princeton University Press, 1990.

[29] Weiss, Linda, *The Myth of the Powerless State* [M]. Ithaca, NY: Cornell University Press, 1998.

[30] Okimoto, Daniel I., *Between MITI and the Market: Japanese Industrial Policy for High Technology* [M]. Stanford, CA: Stanford University Press, 1989.

[31] Harris, Paul G., *Europe and Global Climate Change: Politics, Foreign Policy and Regional Cooperation* [M]. London: Elgar, 2007.

[32] Armitage, Derek, Fikret Berkes, and Nancy Doubleday, eds. *Adaptive Co – Management: Collaboration, Learning, and Multi – level Governance* [M]. Vancouver, Canada: UBC Press, 2007.

[33] Rawls, John, *A Theory of Justice* [G]. $2^{nd}$ ed. Cambridge, MA: Harvard University Press, 1999.

[34] Gottlieb, Roger S., *A Greener Faith: Religious Environmentalism and Our Planet's Future* [M]. New York: Oxford University Press, 2006.

[35] Weller, Robert P., *Discovering Nature: Globalization and Environmental Culture in China and Taiwan* [M]. New York: Cambridge University Press, 2006.

[36] Weber, Max., *The Protestant Ethic and the Spirit of Capitalism* [M]. translated by Talcott Parsons. NY: Routledge, 2001.

[37] White, Lynn, Jr., "The Historical Roots of Our Ecological Crisis" [J]. *Science*, 1967, 155 (3767): 1203 - 1207.

[38] "Vatican Releases Ten Commandments of Environment" [EB]. http: //cathnews. com/article. aspx? aeid = 7536, accessed June 25, 2012.

[39] Monsma, Stephen V., *Pluralism and Freedom: Faith - Based Organizations in a Democratic Society* [M]. Lanham, MD: Rowman & Littlefield Publishers, 2012.

[40] Etzioni, Amitai, *The New Golden Rule: Community and Morality in A Democratic Society* [M]. New York: Basic Books, 1997.

# Sustainable Development and Institutions of Ecological Doomsday

*Guo Chengtian*

(National Chengchi University, Department of Political Science)

**Abstract:** In the past three decades, the scientific prediction about rapid ecological deterioration seems to confirm the eschatology of the major religions in the East and West. This scientific evidence of ecological doomsday challenges the maintenance and innovation of human institutions. In the next fifty years or so, can human societies develop multi-level institutions in order to prevent the ecological collapse and satisfy the basic needs of 9 billion people? Existing human institutions produce three fallacies that lead to ecological doomsday: capitalism, democratic deficit institution, and consumerism. In order to resolve these three fallacies, scholars have proposed three "false-consciousness" institutions and pretended that "green industry", "deliberative democracy", and individualistic "green consumerism" might resolve the problems of ecological deterioration. After examining these three institutions of fallacies and three institutions of false consciousness, this paper proposes alternative economic, political and social (religious) "institutions of ecological doomsday".

**Keywords:** Ecology; Ecological philosophy; New institutionalism; Ecological doomsday

# 森林监管委员会在中国之发展*

颜良恭　谢储键

（国立政治大学公共行政学系）

**摘　要**　近年来，由于全球环境保护意识大幅提高，因此在欧美兴起一股森林保护的风潮，并将林场管理与产品监管作为保护途径。而此治理观点，也由过去单一国家或区域的治理，延伸为跨国（区）的协力合作。由于中国的林业贸易量占全球相当高的比例，因此森林监管委员会（Forest Stewardship Council，FSC）开始向中国这一森林资源丰富的国家进行项目推广。中国在20世纪90年代末开始积极推动国内FSC森林监管认证政策，近年来也开始策划中国森林认证体系（China Forest Certified Council，CFCC）。本研究主要关注FSC与各利害关系人之间的协力合作现况与困境，以竞争、管制与超政府的角度进行分析。研究发现，中国与FSC在认证主导权上是高度竞争关系，但中国是地主国，且积极对外联系，具有优势。但FSC在技术培训、原则制定及市场驱动方面仍具有竞争力，也是让中国无法离弃的主因。而在管制层面，FSC与其合作伙伴INGO面临在中国合法注册的困难，在没有合法地位的情况下，便会遭遇各级政府的监管。然而，中国因受到欧美FSC认证与贸易管制，必须努力提升国内企业认证率。FSC虽与地方企业的关系比较薄弱，但与国际企业、INGO的网络之间，都因共同参与项目推广与技术合作而具有良好的协力合作关系。

**关键词**　中国森林认证体系（CFCC）；森林监管委员会（FSC）；网络治理

---

* 基金项目：国家科学委员会资助（100－2420－H－004－012－MY3）。

作者简介：颜良恭（1955～），男，台湾台南县人，国立政治大学公共行政学系教授暨台湾研究中心主任，1990年取得美国得州大学奥斯汀校区政府系博士学位，目前研究领域为中国环境治理、全球治理与国内政策的互动、政府与企业、政治经济学。E－mail：lgyen@ nccu. edu. tw。谢储键，国立政治大学公共行政学系博士生，E－mail：99256502@ nccu. edu. tw。

# 1 引言

近年来，各国环境保护意识大大提升，加上全球化的网络治理概念兴起后，各国都制定了环境永续保护与发展的政策。森林是相当重要的资源，同时也具备高度的经济价值，因此各国无不把森林视为国家发展与输出的重要资产。然而，许多发展中国家因经济因素而非法砍伐森林，对环境造成出相当的破坏。本文的主要研究对象森林监管委员会（Forest Stewardship Council，FSC），从1993年开始积极运作，迅速扩及欧洲，形成全球的森林认证联盟。综观目前全球对于FSC体系高度认同，大致上认为它具有以下优势：严格的认证指标，以及反映在生态、社会和经济各层面的可持续发展，如尊重当地居民与劳动者权利、尊重培育使用的空间、保护高保护价值森林等规定[1~3]。

本研究主要探讨FSC通过何种渠道、媒介进入中国。在这个过程中，由于中国政府对境外组织成立与合法性的标准相当严格，FSC遭遇中国政府哪些管制？FSC与中国政府在认证的主导权及后者与国外认证体系的合纵连横，会对FSC产生什么样的影响？FSC进入中国后，如何与超政府体系的多重利害关系人形成协力以推动森林认证？以及FSC如何促使自身体系融入中国的体制中？

# 2 森林认证分析

## 2.1 森林监管委员会(Forest Stewardship Council，FSC)

陆文明等（2003）指出[4]，目前世界上较具影响力的森林认证体系包括森林监管委员会(FSC)、森林认证认可计划（Programme for the Endorsement of Forest Certification Schemes，PEFC)、可持续林业倡议体系（Sustainable Forestry Initiative，SFI）和加拿大标准化协会体系(Canadian Standards Association，CSA)。FSC是全球性的森林认证体系，得到了购买者集团和全球森林与贸易网络的支持，具有较高的全球市场认可度，其他体系大多局限于区域性市场。

FSC是最初由世界自然基金会（World Wide Fund for Nature，WWF）组织发起的非政府组织（Non Governmental Organization，NGO)，成立于1993年。其宗旨就是联合全世界的人们一起解决因不正当采伐而造成的森林破坏问题，并提倡负责任地管理和合法开发森林。因此，FSC公布了一系列国际标准，并在全球森林与木材经营组织中推动这项认证。作为FSC的倡导者和最大支持者，WWF项目小组持续在中国推动FSC项目，并致力于建立FSC中国倡议小组。2001年，WWF推动成立多重利害关系人的森林认证工作小组，依附于中国林业科学院科学信息研究所（简称“林科院”)，作为一个中立组织，以推动中国大陆森林认证的发展。至2005年，WWF和林科院共同启动FSC中国倡议小组项目运作，主要是制定中国大陆的FSC标准和推动FSC在中国大陆的发展。

Berstein和Cashore（2007）认为FSC在全球推动的途径是以“非国家市场驱动”（Non-state Market Driven）的模式进行，通过全球环保意识的高涨，以对抗非法砍伐森林为组织成立之宗旨[5]。并通过贸易这一商业市场途径，进入各国推广项目活动。这套制度主要基于经济全球化所形成的全球市场供应链，再配合消费资本主义的运作逻辑，也就是通过供应链末端的消费者对于认证产品的需求，使供应链各环节的商业行动者愿意（也可说是受制于供需关系的约束力）加入认证计划，进而改变商业行动者可能造成全球环境或社会问题的行为。

Flitner 和 Garrelts（2011）认为全球性的森林治理在政府治理层面中必须重视其冲击与限制[7]，并引 Kruedener（2000）之观点[6]，认为国家森林部门对 FSC 的认证过程促成制度的重构，包含：①地方性认证标准的应用，尤其是利害关系人的参与过程；②多重利害关系人在最高国家层级中，采用标准必须符合当地特性。Schepers（2010）对于政府与 INGO 的角色，强调应从政府主导转换成超政府之上的治理，并提出 FSC 推广全球化时应关注的方面[8~10]：①强调合法性：Sethi（1979）认为“合法性是 FSC 进行商业活动的证照（license）”，具有合法性才能促使组织拥有权力治理（Buchanan 和 Koehane，2006）。②全球治理组织：关注利害关系人问题。Ostrom（1990）认为管制与集体行动是治理的两大途径，管制将对自由主义造成伤害，破坏永续性；而集体行动则是地方、区域或国际利害关系人之间的联合运作过程。③FSC的挑战：其他认证品牌崛起（PEFC、CSA、SFI），PEFC 已将 SFI、CSA 涵盖在其系统中。由于 FSC 为了维持全球治理组织的合法性，并不允许政府的介入，这对于中国而言，将形成体制上的挑战。Amandine（2009）认为私部门与合法性两者应在环境治理中重新定位其角色，并强调国际组织的合法性更为重要[11]。对于私部门也提出几个需要关注的方面：①全球化：公私部门在权力与自主权动态之间的冲击（Strange，1996）[12]；②公私合伙；③提升协力的社会责任，企业社会责任（CSR）是一个新优势。Amandine 认为摒除政府的角色，在森林认证体系中更应发挥跨越国家政府的功能，推行一套协力管理制度，以达到公民社会的境界。

## 2.2 FSC 在世界各国的推广现状

从 1993 年开始，FSC 积极以商业模式向世界推广可持续森林认证的概念，希望通过“市场驱动”（market-driven）途径进入各国。在东亚地区，主要推广区域涵盖日本、印度尼西亚与马来西亚。由于这些地区均拥有丰富的森林资源，因此通过森林认证的过程，便可拓展林业进出口的市场。Shiraishi 和 Tachibana（2003）提出日本的认证最初在 1999 年是以 ISO 标准为基础的，但 ISO 限制大型企业或地方政府在监管链及森林管理标准上的运作，以至于到 2002 年日本 6 家认证企业中就有 4 家使用 FSC 体系[13]。他们认为 FSC 是地方社群发展与有效合作管理的工具，具备合作管理与员工授权的优势，并强调市场的信任关系。

马来西亚认证体系中，其国家体系（Malaysia Timber Certification Council，MTCC）是以 ITTO（International Tropical Timber Organization，ITTO）的标准作为基础加以修订，主要诉求为“有效监督”与“评估管理”。MTCC 和 FSC 之间多重利害关系人的联结在 2001 年正式成立，进一步促使“马来西亚森林经营认证标准、指标、生产和操作标准”（The Malaysian

Criteria and Indicators for Forest Management Certification，MC&I）与 FSC 的原则、指标有效地合作，并形成互认体系。

Cashore 等人（2006）认为 FSC 与国际政府有多重森林管理问题，其中 FSC 的响应性不足且过慢的问题最值得重视。FSC 认证着重在个体与组织间建立网络，但 Cashore 等人发现政府与 ENGO（Environmental Non-Governmental Organization）间并非高度紧密。中国也显示了地方环境组织力量的薄弱，以致 FSC 在项目推动上很困难[14]。

在印度尼西亚，政府本身成立国家级的森林认证体系（Indonesia Ecolabel Institute，LEI），且 LEI 与 FSC 在 1999 年开始提出共同认证协议。印度尼西亚政府对森林管理进行评估时，以 FSC、LEI 互认的指标议定书为主，此协议主要鼓励双方发展“协力”“合适的冲突解决”“建立信心与信任”“促使伙伴关系”等议题。在政策响应中，印度尼西亚政府在 1967 年基本森林法出台后，开始控制与管理国家森林的工作。在市场方面则通过“公共咨询”（Public Consultant）和“监管与公平竞争”，提升森林管理的公共参与性，并且对于利益团体（私部门、政府、NGO、学术团体与社群）进行永续森林管理。

此外，在制度设计层面，森林管理社群（community）联系似乎不足，组织合法性的框架也不够清楚。以中国目前发展的状况，主要仍通过外部联系（国外认证组织）的途径。马来西亚则侧重于权力方面的探讨，将其视为不同团体（政府、地方社群与企业）间权力平衡与协商目标的重要因素。

McDermott（2003）提出 FSC 跨国政策将遭遇到其他竞争系统的挑战，在国际制度、环境团体、不同层级的公部门都会遭遇冲突与不信任的情况[15]。因此，认证系统若由单一利益或竞争团体所控制是较差的发展情况，因此涉及认证权力的平衡与协力关系。McDermott 认为 FSC 在南美洲，除了巴西政府对 FSC 是持中立或消极的态度外，第三部门在认证过程中得到政府的高度支持。政府扮演着重要森林认证营销的角色，但政府的森林部门外部联系相当缺乏。因此，FSC 在南美洲遭遇了几项挑战：一是社群组织（community）几乎没有运作，一旦主要资金提供者离开，马上面临认证难以维持的问题；二是没有得到 FSC 认可的国家标准体系，未来发展森林认证将会有阻碍。尤其 FSC 未来仍是林业认证体系中优先被考虑的选项，巴西目前便遭遇到这样的问题。

## 2.3 中国森林认证体系

中国林业目前主要以木材生产为进出口贸易的重心，并处在以生态建设为主的转型期。由于欧美对于木材进出口的管制措施，可持续经营森林已成为中国林业发展的重要任务。中国是全球重要的林业大国，各国政府无不期许中国成为对世界生态环境有所贡献的国家。中国的森林认证工作开展已久，在国家林业局相关部门、中国林业科学院和世界自然基金会（WWF）中国大陆办事处的共同推动下，于 2001 年成立森林认证工作组。林业局于 2001 年也成立了“中国森林认证工作领导小组”，旨在建立中国森林认证标准指标体系、制定森林认证政策、研究森林认证机构的设立和运作，也带动了后来中国森林认证体系（China Forest Certification Council，CFCC）之成立。森林认证成为可持续经营的途径，初始宗旨是希望可以发展成为一个 NGO 形式的组织。然而，森林认证慢慢演变成一种市场机制。因此，森林认证最大的困境是“实施”与“推广”两大方面，如何让企业认可，并得到广大市场的接纳，都是重要课题。曾玉林、马靖策（2011）认为目前中国大陆市场的经济体系并未完善，林业经营标准相对较低，企业仍未走向完全市场化及消费者的消费水平差距甚大，实施森林认证工作有高度的困难[16]。因此，森林认证的相关利害关系组织或个体如何进行网络的联结，来推动中国大陆森林认证的发展，都是值得重视的方面。

现阶段，中国森林认证工作组希望在原先为国家林业局开发的一套准则和指标的基础上，制定可被 FSC 接受的中国大陆标准。其目标为促进中国大陆森林认证的发展，整合区域和国际森林认证体系，通过各种途径鼓励公众参与森林认证。目前中国大陆 FSC 的推广活动已得到荷兰 DOEN 基金会、FSC 全球基金和世界自然基金会（WWF）等国际组织或 NGO 的支持。

Zhao 等人（2011）指出森林管理在中国是以国家计划为基础，在国家主导政策制定的情况下，森林认证的协力运作缺少了“弹性”；此外，他们认为公共意识、民主多元参与对于政策成功执行有高度的影响力[17]。他们发现中国发展永续森林管理认证有以下的问题：①小森林区域认证与市场不成熟；②森林管理系统并不认为非执行森林认证不可；③不完善的森林认证接受度与批准认可情况；④昂贵成本与认证费；⑤多方利害关系人合作不足。中国政府过去以从上到下的模式主导政策制定与执行，因此大大降低了政策利害关系人的多元性，导致协力关系的薄弱。

Cai 和 Wang（2006）认为森林认证是一种绿色贸易的阻碍[18]，因此 Lu（2001）提出生产经过 FSC 或 PEFC 认证的森林，应以降低关税作为诱因[19]。此外，技术支持也是发展认证的动力。FSC 现阶段与中国政府的关系，处于一个较为模糊的阶段。初期中国大陆引入 FSC 作为可持续发展的重要媒介，近年却发展本国体系。加上 FSC 的高认证标准，双方与利害关系人如何进行协商合作，已成为重要的研究课题。Fortmann，Louise 和 Ballard（2011）针对森林实务的合作提出两个重要因素：“公民性”与“协力关系”，正点出协力关系的重要性[20]。

综上所述，可发现许多学者在讨论 FSC 的议题时，大多是针对 FSC 在某区域或国家的个案作概括性的探讨，主要概念包含“合作”“管制”与“民主参与”等。很少从利害关系人的竞争与管制这一协力网络观点，探讨森林认证议题。Meidinger（2011）认为森林认证体系是一个跨国民主（Transnational Democracy）的实践，将其视为一种政府管制上的竞争[21]。原因有三：①不只是私部门与非政府组织，还包括彼此的合作与管制项目；②制度的模仿；③参与及透明度。本研究通过“网络协力治理关系”探讨 FSC 如何在中国推广森林认证与治理的工作，以“竞争”“管制”与“跨越政府（Supra-government）”三个视角来观察。

## 3 研究架构与方法

综合以上文献后发现，FSC 的策略是以市场途径进入各国，并与 INGO 联结形成网络，通过“信任”“伙伴关系”进行认证项目拓展。而 FSC 进入中国后，主要以 WWF 作为最重要的 INGO 伙伴，并与林科院形成“挂靠”关系，文献中也提出在协力途径中，“多元参与”“竞合关系”等概念是探讨的核心。通过文献与访谈资料形成本文的研究架构，如图 1，以 FSC 为研究核心，探讨其与各利害关系人的网络协力关系。FSC 与林科院的关系：过去是以林科院作为 FSC 秘书处的上级挂靠单位，但 2012 年 FSC 正式成立“中国办公室”（FSC China Office），未来不一定仍与林科院维持挂靠关系；FSC 与 INGO 的关系：INGO 扮演“项目合作”的支持角色，双方对于林业认证的支持态度是一致的，因此每次在倡议场合常会聚在一起讨论认证政策，例如 WWF 或 Greenpeace 都是长久以来大力支持它们的伙伴；FSC 与企业的关系：主要通过“资金赞助、技术支持”的市场导向策略，维持双方的合作关系；FSC 与林业局的关系：在初始阶段双方是高度密切的合作关系，但 FSC 仍不算合法注册的组织，而林业局需要其经验的支持，因此采取默许的态度，允许其在中国境内进行项目活动。林科院与 INGO 的关系：双方是简单的项目合作支持伙伴；林科院与企业的关系：双方则更只是“认证需求 - 认证途径提供”的关系；企业与 INGO 关系：双方也是“供给 - 需求”的关系，例如 INGO 开设培训课程对有认证需求的企业进行培训。林业局与企业的关系：主要以推动 CFCC 为主，但没有强制企业必须采用 CFCC，主要仍以提供企业咨询的方式与之建立关系；林业局与林科院的关系：是直接隶属关系，林科院是以协助林业局之政策形成与提供建议为主的学术幕僚单位；林业局与 INGO 的关系：因为注册关系，所以采取默许的合作态度，希望 INGO 可以提供政策上的建议。

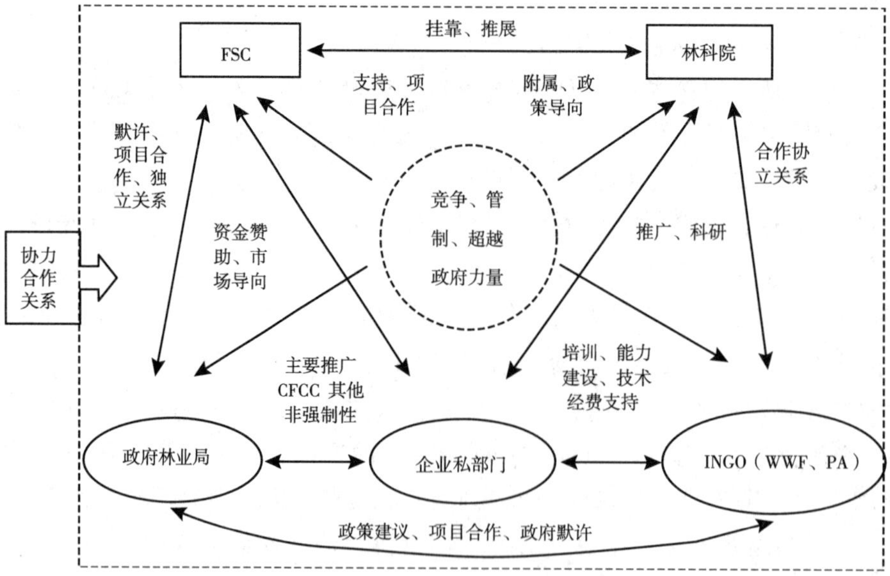


**图 1　研究架构**

在有关协力合作的文献中，可发现探讨森林认证大多是 FSC 进入各国后，是否会面临推广的困难，尤其从竞争、合作、管理的层面进行分析。因此本研究以 Meidinger 提出的竞争、管制与超政府三大协力整合观点，分别探讨 FSC 与多重利害关系人的协力关系。从“竞争”角度，讨论协力关系中是否存在认证体系上的排挤或认证体系的特定偏好；从“管制”角度，分析 FSC 进入中国后的合法注册问题，以及其所坚持的市场途径是否会被管制途径所取代；从“超政府”角度，观察 INGO 在中国的发展，了解 FSC 与政府以外的组织间的合作关系。

# 4 研究结果分析

## 4.1 竞争

过去在探讨协力关系时，大多是以正面策略为主说明如何达到成功的协力合作过程。本节主要分析 FSC 进入中国推广森林认证的过程中，在协力关系与近期政府欲建立中国认证体系的情况下，发现 FSC 与政府、INGO（包含其他认证体系）之间存在着制度上的竞争现象。

中国刚发展森林认证体系的时期，政府对于 FSC 具有相当程度的支持。但由于 FSC 对于森林认证的要求与标准比其他认证体系严格许多，因此中国也开始向其他体系寻求合作，并学习认证的原则内容。与此同时，FSC 在中国面临的困难便慢慢浮现出来，不仅是本身认证与企业的需求的落差，还有 FSC 在中国的发展也因为与政府部门认知不同调，而产生策略协调上的问题。我们发现公部门虽然一再强调他们并不排除与 FSC 再进行相关合作，但对于发展自己的森林认证的态度也相当坚定，更认为可以摆脱过去依赖 FSC 的状况。此脉络下，FSC 与政府、企业、非政府组织间的协力合作关系，也由看似平稳，逐渐变成潜在竞争。

### 4.1.1 中国政府积极从 FSC 手中争取认证主导权

中国近来对于林业认证制度，表现出强势主导的立场。而 FSC 在全球策略是以自身独立的标准进入各国，并不希望各国将其他国际或本国认证体系置入 FSC 体系中。因此，中国便与有较高弹性的 PEFC 进行密切合作。尽管受访者目前对政府与 FSC 的关系不作过多解释，但根据 FSC 与公部门受访者的反映来看，双方正处于一个尴尬的局面。这是 FSC 必须要解决的问题，尤其双方在争取认证主导权的情况下，可能产生竞争的局势。

其后，中国开始更积极推广自己的森林认证制度，欲给予 FSC 一个压力，因此造成双方在森林监管认知上的落差。公部门在 2006 年将 CFCC 进行全国试点，并开始对各省与企业推广能力建设，其中包含 CFCC 体系的理念推广、标准测试、人员培训等一系列推动。其后，进行实地审核，在标准检验、科学检验、不同森林类型、管理模式（人员审核）方面都有别于过去套用 FSC 制度的结果。其中对于 FSC 严格区分天然林、国有林、集体林与企业自行造林的原则，制订出属于中国自己的标准，其中认证范围也与 FSC 一样区分为 CoC（Chain of Custody）与 FM（Forest Management）两种认证。但目前世界最大的森林认证面积主要是由 FSC 所掌握，因此如何使 CFCC 得到全球的认可，是中国面临的挑战。

而中国也想利用林业认证途径向世界宣示其主权的力量，站稳世界的政治舞台。

> 政府在 FSC 与本身认证体系之间，官员的心里都有些“结”，林业局主要想推自己的认证。若在国际来看，中国在森林事务中扮演积极角色，与澳洲签订亚太森林恢复网络协议，2007 年在亚太地区，FLEGT（Forest Law & Enforcement，Governance and Trade）谈判进程由于是欧盟主导，所以中国在国际谈判与国际事务中，必定妥协。
>
> ——访谈编号 A3，国际组织

综上所述，中国目前与FSC的关系便处于一种竞争明朗化的局面，无论是通过INGO合法注册的过程，抑或积极在国际上争取主动权。而FSC由于身处一个管理外国非营利组织甚严的国家，许多项目活动并无法轻易通过政府的许可。

### 4.1.2 FSC制定能力领先国家体系，中国须依赖其技术

目前中国大陆发展森林认证体系，最大的竞争劣势便是CFCC认证标准与FSC标准是否会有重叠之处？由于从2011年开始，林业局已经进行认证体系的原则标准制订，并且完成与使用，但这些原则标准都还仅限于中央部级的制订标准。林业局认为，若未来真正需要提升到国家等级的话，首先要先关注其细节是否仍有改善的空间。因此，CFCC制订的体系文本内容还要参考FSC的九大原则，其标准原则框架差异不大。因此在目前合作仍显模糊的情况下，FSC是否会就认证标准内容与中国进行协商，是中国需要思考的问题。未来林科院与FSC中国倡议小组（China Initiate）的隶属关系将会有所改变，因此林科院是否将协助FSC的发展，仍有待协商。林科院与FSC之模糊关系，可能是导致中国与FSC竞合的关键。

> 林业局自己订了行业的标准（部级标准）。需要提升到国家标准的话，还有改善的空间。CFCC自己的文本还不确定，且跟FSC的标准原则框架差不多（也有九项原则），但在细节上有所区别。
>
> ——访谈编号A1，国际组织

至于FSC是否担心与CFCC或PEFC的竞争关系会导致企业转向寻求与后两者的合作等情境，我们发现，FSC对其制度内容仍深具信心，但同时公部门的官员，也不断强调他们认为CFCC在国内的发展应该会走向一条有潜力的道路，且有能力与FSC竞争。

而中国官方对于本身推广的森林认证体系CFCC也深具信心，并积极与国内企业及PEFC进行互认合作，希望将其体系推销、宣传至国际上，也给予国内企业使用其认证体系的信心。

综上所述，可发现中国目前急欲脱离FSC体系，而发展自己的国家认证体系。因此双方由过去的高度合作，发展到目前的竞争关系。中国在认证主导权上可通过与其他国际认证组织的合作，来克服与FSC无法互认的困难。然而，此举也间接造成FSC在中国面临的竞争问题。由于FSC仍具有技术原则制订的优势与国际上高度的支持度，因此在竞争关系中，中国势必要寻求FSC的协助，形成既竞争又合作的模式。

## 4.2 管制

FSC目前遭遇到的最大阻力来自中国政府管理INGO层面，双方在合作的过程中，国际组织可能会对于政府产生一种“不信任感”与“约束的限制”。本节将论述政府对FSC的管制关系，及政府对于企业欲进行FSC森林认证所采取的管制策略。

目前林科院与FSC秘书处之间并没有实质的隶属关系，只是一个“挂靠”关系，以便FSC顺利进入中国大陆拓展业务。2012年转型成中国办公室后，FSC人员将变得更为独立自主。

### 4.2.1 INGO（含FSC）在中国合法注册的条件严格

中国绝大部分合法组织都是官方NGO或GONGO（Government Organized Non-Governmental Organization），真正“草根”或国际NGO就面临许多注册困难，因此大多数组织都没有合法身份。主要原因就是注册登记困难，须通过民政部审批，也必须有公部门给予挂靠。某单位提到INGO在“草根”组织领域的力量比较薄弱，是因为地区层级并没有良好的沟通平台。此外，地方政府是以较为强势的态度面对INGO的发展。INGO进入中国后，除了要先解决中央层级的注册问题外，也要面临地方政府的干涉，这是FSC需要克服与沟通的方面。

中国对于世界森林体系认证的策略，在后来自身的其技术较为成熟时，便希望相关国际组织成为一个辅佐的角色，而非主导的角色。若是FSC在中国采取强势策略，则很难取得在中国的生存空间，并可能面临许多不同方面的竞争，而寸步难行。

### 4.2.2 FSC体系促使中国政府向企业施加压力

某国际组织分析了过去5年中国林业政策的发展，曾向林业局提出非法砍伐的问题，却未引起重视。但现今因为欧盟、美国、东南亚关于非法砍伐森林的压力接踵而来，迫使中国重新思考其法规是否合适。于是在五年内总共颁布两大指南，一为《中国大陆企业境外森林资源培育指南》，另一为《中国大陆企业境外森林可持续经营指南》（商务部与林业局共同颁布）；另外，商务部对于通过认证的企业有退税优惠措施，企业因此得到实质性的经济鼓励。此外，中国的林业保护政策中，也开始制定“超限额采伐”的法规来管制企业。

> 政府对于森林资源管理有“三证”的要求：企业必须有“采伐许可证”“木材运输证”“木材加工证”，要有这三个证照才能运作。
>
> ——访谈编号A2，国际组织

有些受访者认为政府对FSC加以管制，可能是因为FSC希望通过多方的协力网络，达到它的商业考虑，并替利害关系网络建立一套FSC进入各国的制式体系。但若FSC已有先入为主的框架，不作调整就要求每个国家照章办事，可能会引起地主国对FSC的管制行动。

> 就效果面，FSC并没有起到效益（森林保护管理方面很少看到正面的效果）。应该拿出全球森林治理的证据，展示其利益的公平分享、维持贸易平衡、推动与中国大陆合作的方面。且FSC应该了解自己是一个市场行为与消费者互动的途径。所以要培育消费者，而不是用绿色环保的旗子作主导。用这样的话语培育消费者，这是FSC目前做得最差的方向，始终以强迫的手段要地主国政府接受其策略。
>
> ——访谈编号B2，学术单位

### 4.2.3 中国对FSC的管理标准过于严苛

国际组织进入中国时，必须解决注册挂靠问题。FSC也面临这样的困境，“林科院”由于是中国大陆研究森林和林业政策的机构，因此FSC在进入中国之初，便在林科院下成立“中国倡议小组”，以进行项目活动。但若中国政府只是给予一个进入的渠道，并未有实质的协助，这样也未能对FSC有所约束。

由于中国对于INGO合法性有相当严格的标准，因此通常只能先在地区办理工商登记。这表示INGO在中国面临一定的风险，由于一个组织的存亡，都必须依赖中国政府的态度与规定，例如某个推动森林认证相当重要的INGO组织，其组织负责人虽也是某研究单位的成员，却在2011年被注销，而被迫离开中国。

中国大陆欲以此举动，向国际非政府组织宣示其在注册合法性领域仍有一定的权限与权力。在公部门访谈时，受访者也表示对于FSC的态度，并非完全否定。但公部门在双方协调立场上是以消极的态度，等待FSC的主动联系，讨论协商下一步应如何进行。从这个立场看来，目前仍是中国官方的态度较为强势，在管理层面上采取“以静制动”的策略，毕竟其实质掌握组织存亡的决定权。

FSC代表认为他们目前与中国官方的关系处于一个停滞不前的状态，双方似乎都不愿意主动进行联系。

就管制层面而言，FSC在中国受到政府管理上的众多条件限制。因欧美各国对于认证体系的要求，中国政府也希望企业必须达到认证的标准。而其他标准较宽松的认证体系的崛起，对FSC而言可能将失去认证市场独大的优势。此外，FSC必须思考认证原则与内容在每个国家的适用性，及面对中国政府管理与注册挂靠时的相应策略，FSC更应主动积极加强与中国政府的联系。

## 4.3 超政府角色

在文献中许多学者认为中国政府在森林认证中，应少一点介入，多支持非政府与超政府的国际组织合作。在下文论述中，可以发现与超政府的组织合作中，由于FSC也是一个国际非政府组织，因此在其带领和倡导下，森林认证的超越国家之上的联系途径，在协力关系中是一个高度密集、成熟发展的合作网络。在政府与FSC的僵局之下，对中国企业而言，FSC的认证标识却是提升企业形象的重要指标。例如宜家（IKEA）便使用FSC认证的原料以提高企业形象。而目前中国中小企业也重视市场形象，希望借由采购FSC认证的原料来宣扬企业社会责任（Corporation Social Responsibility，CSR）的一面。

> 关于FSC认证的口碑，前阵子出现奶瓶信用危机问题，企业希望通过认证的方式改善形象。
>
> ——访谈编号A4，国际组织

WWF对动物栖息地议题高度重视，FSC对森林保护也极度关心，因此WWF极力协助

FSC 在全球的项目推动。WWF 有专门人员负责与 FSC 的项目合作，协助政府、企业的培训，在公开场合也表达了支持 FSC 的立场。除了 WWF，其他国际组织与 FSC 也有高度合作关系。

> FSC 与雨林联盟（Rainforest Alliance）的合作，是从 2005 年在中国寻找合作伙伴开始，进行“中国大陆负责任的林业建设项目”，目的是提高中国各方开展森林认证的意识与能力，由宜家支援。并在研究单位内，设立中国办公室。
>
> ——访谈编号 B1，学术单位

对雨林联盟、绿色和平、TNC（The Nature Conservancy）、TFT（Tropical Forest Trust）等推广森林认证的组织而言，最主要是通过组织会议与企业技术支持等途径（通过认证过程、提供培训、指导，改善管理的水平）进行项目的运作。例如 FSC 重要原则的推广中，INGO 通过技术支持让企业接受、理解其操作。但 FSC 与 INGO 间并没有明确的协作契约关系，只因 INGO 对 FSC 目标的认同，而在举办活动时互相合作。

INGO 与企业的关系，主要推动的方式有两大层面：①与 WWF、FSC、TFT 共同合作，协助企业培训。目前已经办过 7 次培训，共有 400 多名代表参与。②希望搭建联系合作平台，推动永续发展认证，解决合法性问题。另外，INGO 也举办圆桌会议，邀请美国知名大学教授来讲课，以吸引企业参与。科研单位在支持 FSC 的项目时，并非有直接的合作关系，而是通过其他国际组织的交流，给予资源并参与其中。

付涛（2011）、匡远配（2010）、梁莹（2007）等学者在研究中国“草根”组织时，发现国际组织进入中国的过程是较顺利的，但地区的草根组织，却面临较大的发展困境。这些情况使得 NGO 推广森林认证体系时显得困难重重。另外一个中国独有的特征，就是民众大多还是相信政府的能力，其公信力仍然很高。民众对于 NGO 的概念了解较少，所以必须通过与当地政府合作，才能推动理念提升。

FSC 在中国的发展，除了与政府、科研单位必须有合作关系外，与 INGO 更是应在环境保护领域相互支持，因此在中国对于 INGO 管理严格的环境下，超越政府之上的关系网络的维持显得更重要。本研究发现，FSC 与 INGO 在中国共同推广森林认证项目相当频繁，这也是目前 FSC 仍然可以领先于其他认证体系的重要原因。

## 5 结语

本研究主要探讨了 FSC 进入中国的渠道，以及近年来在中国发展 CFCC 的情势下，对 FSC 而言，最大的竞争方面及管制问题为何。除了与政府部门联系外，FSC 与多重利害关系人的协作关系也是探讨的焦点。

全球环境保护思潮的兴起，带动了中国森林认证政策的开展，WWF 作为中介，将 FSC 认证体系推广至中国。但由于中国对于境外组织 INGO 的限制与标准较高，因此将中国林科院作为 FSC 秘书处的挂靠单位，才能推广其项目。而林科院也积极推广 FSC 在中国的项目，虽然无直接隶属关系，却协助 FSC 在中国的项目推广。中国政府对于 FSC 的到来，在初始阶段持支持的态度，但由于中国也想在森林认证领域拥有与欧美各国相当的竞争力，因此，近年来中国政府积极发展本国认证（CFCC），与FSC的关系从紧密合作转变为竞争关系。其中主要是“认证主导权”及“技术制定”两大竞争方面，FSC由于长久以来都是以世界森林领导者心态进入各国，且对于其认证原则有高度的坚持，不允许国家体系介入。因此在中国便遇到极大的挑战，尤其FSC在执行认证时，并未考虑中国地理上的南北差异。虽然FSC目前得到全球最多的认可，但中国以链接其他国际认证组织的方式与之抗衡。然而，在技术制定层面，FSC无论在专家成员或执行经验上仍具有优势，在这个方面目前中国仍需要依赖FSC的协助。

此外，FSC在协作关系上，因为面临在中国注册合法性的问题。因此，FSC想要依赖“草根”NGO推广项目的难度便提升许多。换言之，虽然许多国际组织在中国未取得合法注册身份，但只要政府默许其存在，双方还是可以相互合作。而FSC与在中国的INGO本是伙伴协作关系，某些INGO因为项目推动过于积极，可能会促使地方政府对其进行严格的管理，相对也会影响FSC在中国项目的推广。面对中国政府的管制，FSC可通过欧美市场途径对中国施以企业认证的压力，这是FSC的生存之道。中国在CFCC还未取得全球的信任与认可前，政府必须依赖FSC的经验，与其维持良好关系。FSC必须要尽快拓展认证的诱因与优势，才能避免自己进入各国时，因政府管理标准的独立问题，而面临无法推广的困境。

而除了与公部门、科研组织进行协作外，FSC最主要就是要向企业推广理念，激发其认证的意愿，并与INGO进行技术的合作。尽管FSC的认证标准严格，但在国际企业与INGO的眼中，都认为FSC是认证体系中的首选，双方的关系主要是建立在资金赞助、市场需求认证与培训、能力建设等技术支持上。但在中国境内的企业目前可能因为认证标准过严，认证率并不高。这是FSC必须要克服的难题。

## 参考文献


[1] 郑德祥、陈平留、胡欣欣：《国有林场经营认证标准体系探讨》[J]，《福建林业科技》2006年第33(1)期，第144~147页。

[2] 苏蕾、曹玉昆：《建立国际认可的中国本土森林认证体系的思考》[J]，《林业经济问题》2009年第29(1)期，第28~32页。

[3] Pattberg, Philip, "Private Institutions and Global Governance: The New Politics of Environmental Sustainability" [J]. *Cheltenham*, UK: Edward Elgar. 2007.

[4] 陆文明、赵劼、林月华：《森林认证的现状与发展趋势》[J]，《森林认证通讯》2003年第5期，第1~7页。

[5] Berstein, S. and Cashore Benjamin, "Can non – state Global Governance be Legitimate? An Analytical Framework" [J]. *Regulation and Governance*, 2007, 1: 347 – 371.

[6] Kruedener, Bv. , "FSC Forest Environmental Certification – Enhancing Social Forestry Development?" [Z] *For Trees People News*, 2000, 43: 12 – 18.

[7] Flitner M. and H. Garrelts, "Governance issues in the ecosystem approach : What lessons from the forest stewardship council? " [J]. *European Journal of Forest Research*, 2011, 130: 395 – 405.

[8] Schepers, Donald H., "Challenge to Legitimacy at the Forest Stewardship Council" [J]. *Journal of Business Ethics*, 2010, 92: 279 - 290.

[9] Buchanan, A. and R. O. Koehane, "The Legitimacy of Global Governance Institutions" [J]. *Ethics and International Affairs*, 2006, 20: 405 - 437.

[10] Ostrom, E., *Governing the Commons: The Evolution of Institutions for Collective Action* [M]. New York: Cambridge University Press. 1990.

[11] Amandine J. Bled., "Business to the Rescue: Private Sector Actor and Global Eenvironmental Regimes' Legitimacy" [J]. *International Environ Agreements*, 2009, 9: 153 - 171.

[12] Strange, S., *The Retreat of the State: The Diffusion of Power in the World Economy* [M]. New York: Cambridge University Press. 1996.

[13] Shiraishi Norihiko and Satoshi Tachibana, "Forest Certification in Japan, Indonesia and Malaysia" In M. Inoue and H. Isozaki (eds) People and Forest - Policy and Local Reality in Southeast Asia, the Russian Far East, and Japan, Boston: Kluwer Academic Publishers. 2003: 105 - 112.

[14] Cashore Benjamin, Fred Gale, Errol Meidinger and Deanna Newsom, "Confronting Sustainability: Forest Certification in Developing and Transitioning Countries" [J]. *New Haven: Yale School of Forestry & Environmental Studies*. 2006.

[15] McDermott, "Constance. Personal Trust and Trust in Abstract Systems: A Study of Forest Stewardship Council Accredited Certification in British Columbia" [J]. Ph. D. thesis, Department of Forest Resource Management, Faculty of Forestry, University of British Columbia, Vancouver. 2003.

[16] 曾玉林、马靖策：《论我国森林认证的发展现状、问题与对策》[J]，《中南林业科技大学学报》2010 年第 4（1）期，第 98 ~ 101 页。

[17] Zhao Jingzhu, Dongming Xie, Danyin Wang and Hongbing Deng, "Current Status and Problems in Certification of Sustainable Forest Management in China" [J]. *Environment Management*, 2011, 48: 1086 - 1094.

[18] Cai, Z. G. and S. Wang, "On Why China Export Product was always Prohibited by the Green Trade Barrier and Its Countermeasure" [J]. *Ecological Economy*, 2006, 5 (128): 122 - 124 (in Chinese).

[19] Lu, W. M., "Effect of Forest Certification on Chinese Forest Products Trade" [J]. *Management of Forest Sciences*, 2001, 4: 16 - 20 (in Chinese).

[20] Fortmann, Louise and Heidi L. Ballard, "Sciences, Knowledge, and the Practice of Forest" [J]. *European Journal of Forest Research*, 2011, 130: 467 - 477.

[21] Meidinger, Errol E., "Forest Certification and Democracy" [J]. *European Journal of Forest Research*, 2011, 130: 407 - 419.

[22] 世界自然基金会（WWF），"FSC China National Initiative"，http://gftn. panda. org/gftn_ worldwide /asia / china _ ftn /fsc_ china_ national_ initiativ e. cfm。

[23] 森林监管委员会（FSC），http://www. fsc. org/. 2011 - 3 - 21。

[24] 徐斌：《FSC 地区标准的层次结构》[J]，《森林认证通讯》2003 年第 5 期，第 8 ~ 11 页。

[25] Pattberg, Philip, "What Role for Private Rule - making in Global Environmental Government? Analysis the Forest Stewardship Council (FSC)" [J]. International Environmental Agreements, 2005, 5: 175 - 189.

# Forest Stewardship Council in China: A Multilateral Collaborative Governance Perspective

*Liang Kung Yen, Chu-Chien Hsieh*

(Department of Public Administration, National Chengchi University)

**Abstract**: This project employs the international prestigious, and is today the most mature of the non-state market driven (NSMD) governance system—the "Forest Stewardship Council" (FSC) as an example to discuss its development in China since 2001. FSC originally grows from western society to promote responsible management of the world's forests. Its main tools for achieving this are standard setting, independent certification and labeling of forest products. When crossing over northern industrialization societies into developing country such as China, FSC will face political, economic, societal and culture conditions which are totally different from the former. The research found that with financial assistance from World Wildlife Fund (WWF), plus in alliance with environmental non-governmental organization (ENGO), local timber industries, international accredited auditors (or agencies), and Chinese Academy of Forestry, FSC creates its own transnational NGO network, through holding conferences and forum with the former to exchange information and resources one another, to promote and improve the sustainability of the forestry governance in China. Moreover, governments are forbidden from being members of the FSC. In recent years, FSC faces serious challenge from Chinese government. China started planning for its own national forest certification systems, called China Forest Certified Council (CFCC). It actively wants to obtain mutual recognition from FSC. If not, the latter will be threatened to be extruded from Chinese market in the future as FSC has been and is still not a legally registered NGO in China.

**Keywords**: China Forest Certified Council (CFCC); Forest Stewardship Council (FSC); Network Governance

# 公民参与和资源分配正义：两岸原住民发展政策的制度创意*

汤京平[①]　张　华[②]

（①国立政治大学政治学系；②广西民族大学管理学院）

**摘　要**　偏远地区的少数民族常常是经济上的弱势群体，需要强有力的经济发展。但许多处于生态脆弱地区的少数民族，其经济的发展，依赖大规模自然资源的开采，往往导致整体社会庞大的环境代价，因此陷入开发与保育的两难境地。近年兴起的“异族生态旅游”（ethno-eco-tourism），似乎为这个两难情境，找到了两全其美的办法。两岸许多少数民族都通过观光来追求永续发展，但这个过程中如何处理利益分配的问题，让族人共享发展的果实，同时避免在发展的努力中，产生“搭便车”的集体行动困境，两岸有相当不同的做法。共产党执政的大陆，在广西龙胜采用了非常资本主义的方式，让政府投资旅游公司，协助当地村寨发展经济。提倡三民主义的台湾，却让泰雅族在山里实施共产主义。两地都取得了相当不错的成就，相映成趣。本研究审视政府介入的不同模式，探讨公民参与对资源分配正义的效果与挑战。

**关键词**　异族观光；生态旅游；管理主义；集体行动的困境

## 1　前言

许多原住民因定居在山巅海滨等环境敏感地区而面临发展与保育的两难。这些原住民堪称社会与自然的接口，一方面有长期维系的社会组织以及赖以维生的经济活动，另一方面这些原住民又必须融入自然环境，在资源有限、自然灾害频仍的严苛条件下与自然共存，因此，往往能发展

* 第一作者简介：汤京平，男，国立政治大学社会科学院副院长兼政治学系主任，特聘教授，《台湾政治学刊》总编辑，*Public Administration Review* 编辑委员。致力于扩展政治学的视野，以环境治理为题材，长期研究民主化或政治体制改变对治理结构与行为的影响，曾发表论文于不同学科领域的国际知名期刊，包括政治学的 *Comparative Politics*，区域研究的 *China Quarterly*，环境研究的 *Environment and Planning A*，计划与发展领域的 *Journal of Developmental Studies*，以及社会学/人类学的 *Human Ecology*。获国家科学委员会杰出研究奖（2011 年）、吴大猷纪念奖（2004 年）。

出许多与自然和谐相处的智慧以及有效的参与式治理体系。这种治理体系的运作，一方面满足小区成员对于资源分配公平的要求，另一方面也结合了多重诱因机制，包括源于资源耗竭威胁的物质性诱因（materialistic inventive）、源于绵密社会网络与亲族高度相互依存的社群性诱因（solidary incentive），以及源于宗教信仰、祖训等内化为意识形态的理想性诱因（idealistic inventive），让资源使用者投入资源管理，因此通常十分稳定而可靠，能够长久维系（Wilson，1995）。

这些以小区参与为基础的资源管理，在诺贝尔经济学奖得主欧玲（Elinor Ostrom）所领导的布鲁明敦学派倡议下，已获得国际学界的重视。相关的案例快速累积，充分展示出这些草根制度的韧性与功能。然而，这些草根制度如何面对现代化与全球化的冲击，是否能够顺利地调适，还没有太多研究。科技快速发展，资本主义活动扩张，加上全球人口膨胀导致的对自然资源需求的大幅增长，让许多原来相对隔绝的原住民小区，面临加速开发的压力。新的经济活动与利益结构，随着其他现代化的元素，如宗教与政治体制，通常会引发新的权力分配模式，改变社会关系，并因此冲击资源治理的祖制。当治理制度失灵，Hardin（1968）的“共享资源的悲剧”就无法避免。

因此，散布在世界各角落、充满传统智慧的草根性资源管理制度，如何能在现代化的过程中，继续执行自然资源管理的功能，遂为值得深思的课题。海峡两岸的少数民族，同样面对这类现代化的冲击。为了应对冲击，两岸许多少数民族不约而同地都采取了异族观光（ethno-tourism）加生态旅游（eco-tourism）的发展途径。这种发展途径将自然生态以及传统文化作为发展的资产，因此能够把保育和经济发展两个时有冲突的目标，放在同一个政策框架下思考（Burns and Novelli，2008）。然而，这类发展策略最大的挑战，往往在于如何克服集体行动的困境。除了需要资金和人力来提供旅游的基础建设，这类发展同时需要小区居民参与资源维护的集体行动。在自利的诱因之下，更常见到的情形是居民牺牲集体利益来成就私人的利益。如何克服这个困境，遂为发展顺利与否的关键。本文审视两个案例，代表两种政策方向。台湾的政策，鼓励由下而上的小区总体营造，通过小区自发性的努力，克服资源保育集体行动的困境。司马库斯的泰雅族是一个代表性的案例，族人成功地结合了传统与现代的治理元素，成功地保护了邻近珍贵的自然资源。大陆则采取由上而下的政策干预，并仿效西方管理主义的模式，由政府组成旅游公司，通过市场机制来管理观光资源，并协助少数民族发展旅游，如广西龙胜的红瑶和壮族，是相当成功的治理模式。本文比较两种模式，并讨论其优点与挑战。

## 2 龙胜梯田

### 2.1 维系共享性财产的传统制度

距离桂林市约100 km有个龙脊梯田风景区，属于广西龙胜少数民族自治县。诚如其名，这里散布着广大由壮族与红瑶族所构筑与维护的梯田，以及维持相对完整的古老村寨。壮丽的梯田景观，背后是少数民族艰辛困苦的发展历史。经过几个世纪的避祸迁徙，这些少数民族不得已而在这样的高山深壑之间定居。其为何不依赖狩猎或种植旱作维生，并无太多考据能够提供可信的解释。既成的事实是这些少数民族已发展出精密的工艺与管理制度，将原本难以种植作物的坡地，构筑成一片片产值较高的稻田①。随着坡度缓陡不同，梯田的宽度也不一。条件较佳者有几米宽；陡峭的坡地上，所构筑的梯田可能只有两个肩幅宽，可用一件蓑衣覆盖，或如当地谚语所形容的，“青蛙一跳三块田”，显示出生存条件之恶劣以及当地居民深耕细种的坚韧不拔。

维系这些梯田最核心的元素是水的供给。本地的红瑶与壮族，与云南的哈尼族传承着一样的水源治理的传统智慧。为了适应水往低处流的特性，水源来自山顶的森林集水区，通过渠道的开凿，引入位于半山的村寨与梯田，成为生活、消防与灌溉等用水。由于生活与消防用水的部分需求量相对较小②，长久以来主要的资源管理标的还是灌溉用水。灌溉用水如何在所需的时间点上，以适当的量从水源地输送至所需的水田中，一直是所有农田水利所共同面对的课题。要达到上述治理目的，需要硬件与软件的配合。硬件除了储水设施，最主要的还是输水的渠道，包括官方（包括早年的土司）建造的官渠、村民合力构筑的公渠，以及私人开挖的私渠。

这类灌溉水利设施有一些值得注意的特性，使它不易维系。第一，灌溉水是典型的共享性财产（common goods），有排他性低、耗竭性高的本质。因为渠道的修筑相对困难，涉及庞大劳动力与资金的成本，需要集众人之力来完成；但一旦筑成，开放性水渠经过之处，土地拥有者都能获得取水的便利，不容易排除他人任意撷取，因此容易鼓励不劳而获的投机行为。但因为能够输送的水量有限，若无法控制“搭便车”的行为，就容易损及其他人构筑与维系水渠的意愿，造成水资源管理集体行动的瓦解。

这种灌溉系统集体行动的困境，在维护梯田用水的情境中特别突出。原因之一是山坡地上的灌溉水圳，必须承受更大的水流冲击，因此更容易损坏，需要更高强度的维护，属于一种劳动力密集的治理工作，需要村民投入更大的心力。除了每年农闲时固定有集体维修的活动（在这些少数民族的村寨中，被视为集体的大事），其实更重要的是平时的养护，若能不分彼此，见破即补，谁见谁修，就能够避免损害迅速扩大，减少大家共同的损失。原因之二是在梯田的灌溉体系中，水田本身也肩负输水的任务，上层的田水从缺口往下层流注，一层灌满再灌一层。除了避免自身梯田水量过多而崩坏，让上层梯田的地主有充分的动机将多余的水排入下层外，往往上下层地主之间也会通过某些社会关系彼此协调，在水量不充分的时候，能够共渡难关。以田为沟最恼人的困扰是某一层梯田弃作。因为梯田的维系非常费工，当特定农户人手不足而休耕时，就会杂草丛生，甚至坍塌，阻断下层梯田的供水。因此，农户间必须有协力合作的传统，才能避免田水断流。

事实上，上下层梯田所属的农户间，一直有非常紧密的利害关系。除了下层梯田的用水可能被上层梯田“绑架”之外，上层梯田所施的肥料（包括早年的人畜粪便与垃圾灰烬，以及近年的化学肥料）、蒿类杀虫植物（如紫茎泽兰），或在许多梯田中活水养殖的鱼苗螺苗等私

---

① 一般而言，构筑梯田之前，需观察水路和地势，估算水源是否充分，并协商土地如何分配，确认之后，即砍林焚草，挖除树根，垦出旱田，经若干年的旱作种植，待坡地土质转趋稳定后，才开始砌筑田埂，消除坡度，并开沟引水，改旱地为梯田。

② 消防用水在近年观光客涌入、用电量剧增，以致火灾威胁大增后，重要性也骤升。

有财产，都可能会随水下流而被迫与下层梯田的农户分享。

灌溉水利的第二个特性是水资源分配的协调。水的分配讲究公平，尤其灌溉水事关收成与生计，在以务农为主的社会中，往往是纷争的来源，所以在硬件之外，还需要一套管理的制度。这套制度的运作，通常需要考虑当地的政治、社会、宗教等基层的制度，以及经济活动的内容等细节，因此在执行上需要搭配丰富的当地知识。一般而言，梯田的构筑会先考虑水量供应是否足够，要保证大致能维持供水无虞的底线。但这用水供需的粗略估计，常因为自然条件的变化而产生供水不足的问题。例如，除了因降雨不足而产生的干旱外，大雨之后，也可能因为破坏了山林间原有的天然蓄水机制，而产生水量不足的危机。因此，公平分配有限的水量，让大家能够同舟共济，成为村民能够长期和平相处的制度条件。

普遍存在于哈尼族、红瑶与壮族之间的传统智慧是一种刻石分水的机制。在圳道分岔之前，村民于沟中横置一道挡水石枕（或木枕），上有刻槽，让水通过刻槽分配后再流进支渠。石枕高度不高，水量丰沛时，可以漫流而过，就没有配水的效果。但当水位降低，不能无限制地供应所需时，刻槽的功能就开始显现：下游有多少田主，就刻出几个沟槽，并依照所需灌溉的田地面积决定沟槽的宽度，让水依照比例通过，再分流出去。这样的配水制度消除了可能的纷争，有助于村寨集体性的维持。

崇山峻岭中艰苦的自然条件、沟渠兴修与维护、协力耕作的必要，乃至山顶树林的保护，都需要很强的集体性来克服困难，因此其所建构的社会关系，不同于汉人的差序格局。通过小村寨规模以维系初级团体的密切互动①、血缘关系、宗教教义和仪式，以及比较正式的村寨公权力（如土司、社头、寨佬）的执行，都强化了这些少数民族的集体主义，使其能够保证共享财物（如森林和灌溉水）的稳定供应，进而能在艰苦的环境中生活。在共产党执政之后，推行土地共有，进一步强化了集体主义，加上废除了土司领主制度下的厚赋重税，对这些民族而言，也促进了其传统制度的发展。

## 2.2 旅游扶贫下的公共危机：谁来种田

对于这些少数民族而言，土地的家庭联产承包责任制后，面对的第一个问题就是分地。以广西龙胜的红瑶为例，他们把土地分为三级，向阳坡缓（因此每级梯田的面积较大）的水田为第一级，不向阳或坡陡的水田为第二级，旱田为第三级，每一级都按人口数划分，然后抓阄决定谁拿哪一块田。每人在各级都会分到一块，约两亩半，也可以交换。这个新的产权分配制度为村寨的集体性带来新的挑战：除了鼓励追求私有的利益外，由于邻田协作对象更替，原本默契十足的邻里关系也随之产生明显变化。

更大的挑战在于“让一部分人先富起来”的开放政策制造的新诱因。外面的世界因为市场经济而开始大幅提升收入水平，但山里面缺乏资源，每亩年产2000kg谷子的原始农业型态，让村寨持续处于经济劣势，村民收入一般在贫困线以下。离开村寨到城里发展虽然也是个办

① 影响村寨规模最重要的因素，应该与为应对人口增加而开辟新田的压力有关。新田如果离村寨太远，往返的时间成本增高，迁徙及构筑新寨成为无可替代的选择。

法，但长期以来教育资源匮乏，村民往往并不具备社会所需的一技之长，成功的事例不多。同时，离开原有的社会网络与熟悉的文化环境，常有认同上的问题与适应不良的情形①。一方面为避免村民外出谋职的类似悲剧，另一方面避免传统文化的散佚，异族观光遂成为各方热切期盼的方案，可以解决少数民族的贫困问题。

随着哈尼族的梯田获得国际上的肯定，许多“驴友”（背包客）及摄影师发现，龙胜的梯田因山形陡峭而更显壮观。也因为其邻近桂林国际机场，具备地理位置上的交通便利性，与阳朔等国际知名景区连成一线，因此观光客源相对稳定。观光客到村寨中，有居住与饮食的需求，因此经营农家店（民宿）提供住宿与餐饮服务即为生财之道。由于许多观光客专为拍摄梯田景观而来，故协助观光客背负器材上山，也成为重要的收入来源。此外，制作与贩卖纪念品，身着传统服饰担任摄影师的模特，都是村民脱贫致富的主要途径②。

然而，观光活动也引发了新的集体行动困境。经营农家店每年可有五六万元人民币的收入③，种稻基本上没有太多现金收入，却要付出非常多的劳动，因此，很直觉的问题是，谁来种稻？一般而言，当地的村民不太容易筹募足够的资金开设农家店④。然而，贩卖纪念品、背负行李上山等旅游相关服务业，都比务农更轻松⑤，且能赚取更多利润⑥。因此，理性的村民会选择弃农经商：或通过妇女创业小额贷款，或通过和外地人合资，就能大幅提高收入水平。放弃水稻田，改种罗汉果等经济作物，一方面节省人力，另一方面也有更高的经济收入。但就整体而言，宏伟的梯田景观正是观光客来访的标的，当水田疏于管理，东坍一块，西塌一片，恰如美丽的面容长了痈疮，美感尽失。换句话说，梯田是村寨赖以推广观光业的公共财产，却因为大家追求私利而受到破坏。

## 2.3 由上而下的政策回应

就抽象层次而言，这个现象可被理解为旅游市场兴起后，造成农村劳力市场失衡，虽然可能回归市场机制，调整务农者的薪资，但调整期间相对较长，可能抑制了刚兴起的旅游产业。解决市场失灵的问题，最直接的办法就是政府的介入。广西龙胜的案例也属于这类，但有趣的是政府介入时，又采用了西方结合市场的管理主义（Managerialism）途径。

具体的做法是政府主导成立一个官方控股的“桂林龙脊旅游有限公司”，由桂林旅游公司（市属）、龙胜县政府，以及民间（来自北京）共同出资。公司的利润主要来自旅游景点的门

---

① 一个访谈而来的故事指出，一位瑶族姑娘因容貌堪称“惊为天人”，而获邀至城里任职。然而，因为欠缺所需之技能，只能担任简单的接待工作，最后因为适应不良，抑郁地回到村寨中。但村寨中有早婚传统，俟其回到部落，已过适婚年龄，面临重新适应村寨传统的问题，堪称典型的悲剧（陈先生访谈记录，2011 年 6 月 18 日）。

② 观光收入让部分村民得以支付子女在外地上大学的费用（访谈潘女士记录，2011 年 6 月 19 日）。

③ 在政策鼓励下，开设农家店事前不必办营业执照，事后不必缴税，具体的条件是要依照原来村寨中的建筑形式用木头盖成能搭配村寨整体景观的房舍。

④ 开设具有食宿功能的农家店，资金需求约为 40 万人民币（访谈金坑村村长记录，2011 年 6 月 18 日）。

⑤ 在当地田间工作很大的困扰是山间时晴时雨的不稳定气候形态。晴时闷热，雨时湿黏。虽然对摄影师而言，雨后放晴最能拍出人间仙境般的浪漫气氛，但对于在田里工作的农人是很大的折磨。

⑥ 一个参照价格是农务代工的日薪约为 60 元/天，并供食宿。相较之下，背负行李上山一趟约两个小时，游客付的工资约 30 元，担任模特半天工资约 50 元，全天 100 元，都比辛苦的务农代工划算。

票收入，主要的任务则是代替政府提供公共设施，如修路、维修灌溉沟渠，以及对外宣传，如设置网站（天下龙脊网）、举办传统祭典以邀请媒体采访等。对于梯田消失的危机，旅游公司具体的做法就是劳务替代。旅游公司和村寨签约，每年提拨7%的门票收入给村寨，由居民均分，作为红利。若特定家户的梯田没有被妥善维护，则不核发该红利，归旅游公司所有，并统一发包整理①。

换句话说，政府把协助扶贫旅游的治理工作发包给公司，借以吸收民间资金，减少政府财政上的困难，但公司由政府投资控股，可以部分解决私人公司因追求利润而牺牲公共利益的问题，算是相当有创意的做法。到目前为止，此治理模式运作顺畅，景区收入稳定增长，梯田坍塌的情形尚在可容忍的范围内，公共设施（如消防水源的储备、交通建设等）也持续改善，居民也相当满意，算是相当成功的治理模式。

## 3 司马库斯的黑森林

### 3.1 泰雅族传统的集体性

泰雅族居于台湾中部与北部，人口数在各原住民族中居于第二位，但所占的传统领域面积居各族之冠，能够以较少的人口数捍卫更大的猎场，堪称台湾最强悍的原住民族，也意味着这个部族能够通过集体行动来做到人力增效（synergy）。对于依赖狩猎维生的原住民而言，骁勇善战可想而知有捍卫猎场规模乃至生存空间的原始目的。经过文化熏陶，征战本身可能已经超越维护生存条件的原始意义。当泰雅族的部族因战败退守深山时，或为了让战士无后顾之忧地作战，或节省有限的粮食，妇孺会集体上吊自杀。此时，战胜的荣耀似乎比群体生命的存续更为重要。因此，当台湾被给日本占领二三十年，其他各族都屈服于日本统治时，泰雅族的抗日行动还时有耳闻，其中最有名的就是雾社事件，惨烈的杀戮反映了泰雅族人宁死不屈的强悍民风。

这样的民风背后，是狩猎民族愿意牺牲自我以追求集体目标的集体主义。相较于农业社会，渔猎社会更强调集体主义。狩猎活动靠团队合作，因此成员愿意分享猎物是合作能够延续的前提，尤其是狩猎过程不确定性高，有很大的运气成分，成果非常不确定。在猎物不足的季节里，族人也必须能够有难同当，分食有限的食物。另一个鼓励集体主义的因素是狩猎活动的高危险性，必须靠团队精神让彼此在猎场上能够相互信任，彼此依靠。在有相互猎取人头习俗的环境中，部族的集体主义会更为强化：为了防卫敌对部族来袭，族人必须依赖轮值的戍卫来维护全族的安全。为防止卫哨失职导致灾难性的结果，部族会以各种仪式与祖训等形式不断强化个人对于全族的责任感，并内化为指导个人行为的准则。

### 3.2 异族生态旅游下的资源保护集体行动困境

泰雅族的集体主义在第二次世界大战后步入现代社会的过程中快速消失。日治时代，法

① 例如，2010年曾花费2000多万元整理梯田。

治观念建立，猎人头的习俗已消失。国民党迁台之后的山林管制，也限制原住民的资源取用权利。山里的部落在台湾步入经济起飞的时代之前，就已经明显地出现经济上的弱势：山区的林木属于国家所有，由林务局管理。族人虽然后来能够合法拥有猎枪，但森林里的狩猎活动，则受到野生动物保护法等法规的重重束缚，而猎物的数量也无法成为稳定的收入来源。靠山必须吃山，但山上的资源不能让其任意使用，导致山区的原住民生计日益困难。许多部落居民因此迁移到都会区域居住，因其拥有矫健的身手，能在鹰架上健步如飞，因此许多人进入建筑工地工作。留在山上的族人，除了种植槟榔、挖掘竹笋之外，近年比较重要的收入则是种植茶叶、水蜜桃或香菇等经济作物。这些经济活动一方面因为土地面积的限制，规模不大，经济情况难有大幅改善，另一方面都是资本主义体系下的农业活动，没有集体主义的需求，加上政策对于原住民文化的漠视，导致泰雅族的语言、文化及传统都面临散佚的危机。

1990 年代后期，台湾民众经济条件已有大幅改善。环保意识高涨之余，对于旅游的需求，也从感官刺激逐渐升华到知性学习之旅，许多人愿意在旅游之中以“慢活”的方式体验自然的美感；群众对于原住民文化的好奇与尊重也与日剧增。因此，在实施周休二日之后，生态旅游或异族观光的活动日渐兴盛，游客入山享受森林浴，参访原住民部落欣赏异族风情、接受部落文化洗礼的意愿大增。在此趋势下，新竹尖石乡的几个泰雅族部落，包括新光、镇西堡，以及司马库斯等，因为坐拥浓密的原始森林及神秘原住民文化而具备生态异族旅游之商机，故许多族人愿意从平地回到部落，以经营与旅游相关的生意维生。

对于这些部落的居民而言，旅游业的兴起进一步改变了部落内的关系。由于异族生态旅游的市场尚未成熟，愿意跋山涉水进入部落的游客还十分有限，因此在经营上必须非常重视熟客的回头率，并建立口碑，借着口耳相传来增加顾客群。这样的市场结构与经营策略导致部落内的民宿业者彼此的竞争关系加剧。为了能够击败竞争者，有些从业者会提供附加服务。常见的项目是向导服务，原住民能靠一把柴刀在山林间存活，许多辨识植物的野外求生知识成为绝佳的卖点。但这些知识的传播可能造成山林浩劫：少数环境意识欠佳的游客可能私下任意采折而破坏生态。另有些向导会摒弃常规路线而带游客闯进私密的景点，甚至采折森林里珍贵的植物（如灵芝），或割取树皮刻出泰雅族特有的图腾，送给游客作为纪念。生意好的民宿经营者，则可能私自扩建屋舍以赚取更多利益。这些行动都伤害了当地的森林生态，违章兴建的杂乱房舍，也损及部落景观，威胁着部落居民共同赖以经营异族生态旅游的集体财产。

### 3.3 由下而上的制度回应

这同样是囚徒困境下市场失灵的结果：大家忘情地追求自身利益时，未注意到集体利益正受到蚕食。为矫正此问题，司马库斯部落通过草根的力量，推动一种名为“共同经营”的制度。司马库斯是一个 100 多人的小部落，因为迟至 1970 年代才接上电，1990 年代才有柏油路面的外联道路，故有“神秘的黑色部落”称号。多数村民笃信基督教的长老教派，以种植水蜜桃为生，部落之后则为一片珍贵的原始森林，吸引着国内外游客前来观光。由于交通不便，游客多在村中过夜，第二天才进入林区活动，因此村民得以经营餐厅、民宿等观光相关事业。

当村中多家民宿因争取客源而有龃龉时，教会中几位经选举而产生的长老就集思广益，最后提出这个制度方案。

这个制度依照祖制中强调祸福同享的集体主义，希望将村中私有的民宿设施，统整为一家全村共同经营的旅游公司，包办所有旅客在当地的食宿服务。一般村民如果愿意参加“共同经营”，可以领取一份薪水（2006 年时每月 10000 元新台币），夫妻都参与则有两份。其他费用，包括三餐伙食、保健、子女教育等费用，都由村子负担。村民则需依照首领的分配，从事劳务。虽然同酬不同工，但首领会审酌情形轮调分配，力求公平。除了人力集体化之外，更重要的是该制度意图将其民宿设施收归集体所有。民宿设施依照房间数量，依比例将股份折抵给原先民宿主人，由整个村子代其经营。村民若有余钱，也可以购入餐厅与合作社的股份。年终则根据股份核发红利。

这个制度结合了西方公司股份制与经营模式——首领堪称 CEO，负责执行日常管理与领导任务；长老教会的长老们，则可模拟为公司的董事，负责征询村民意见，协调争议，决定发展方向，制定重要政策。由于长老教会的牧师与长老，都由村民选举产生，因此其决策时会有顺应民意的动机，否则下次可能无法当选。与此同时，长老们同时也具备神职身份，受到村民的敬重，因此一旦长老们达成共识而决定推动时，则具备倡议政策的基础，可以通过诠释圣经经文及援引教义，作为立论基础，协助其克服抗拒，实践着一种现代化的政教合一治理模式。

除了结合资本主义的运作、民主精神，以及基督教的制度元素，这个共同经营的参与式治理模式同时还糅合了部族的传统。在推动新制之初，经营民宿的村民因为利益涉入较深，又因为资金投入较多而有较多的贷款等经济压力，抗拒比较明显。长老们在游说的过程中，尝试以恢复祖制及祖训（gaga）为诉求。即使改为基督徒多年，泰雅族人仍笃信祖灵对族人的眷顾，必须遵循祖训，才能获得护佑。祖训之中，则流传着狩猎时代集体主义的智慧——必须团结，强调分享，祸福相依，生死与共。在异族观光的潮流下，观光客的好奇，事实上激发了族人对于族语及固有文化传统的自我认同与保存意识。这类涉及社会互动的价值观，虽然在现代化的制度冲击下日渐淡薄，但部落本身相对隔离的地理位置导致小区界线相对明显，居民彼此互动及依存度高，被恢复的可能性也较高。最后通过长老们长时间的沟通说服，多数民宿都愿意参与共同经营，减少彼此的竞争，也顺利地克服森林保护的集体行动困境，让司马库斯的黑森林获得完整的维护，而部落居民则自称为“为上帝守护森林的黑色部落”①。

## 4 讨论与结论

虽然都强调融入资本主义的市场逻辑，两岸的原住民发展与资源保护政策事实上在非常不同的制度架构下开展。大陆早年尝试过财产归公、人民公社等国家主导的集体主义并经历过惨

① 根据一些曾经到过司马库斯、新光、镇西堡三个小区的游客比较，司马库斯的森林状态远比其他二地的森林维持得更好，显示出共同经营的成效卓著。

痛的失败，目前的政策调整为市场的管理主义：政府退居市场之后，让“公司”以价格机制来管理公共财产（梯田景观），政府则通过对股权的掌握，对此公司进行课责。台湾的政策则是鼓励由下而上的动员参与及制度创建，结合市场机制与小区网络治理，来克服集体行动的困境。两者都是相当具有创意的制度建构，而且在结果方面，也都能够成功地防止共有财产的进一步流失。两者也各有优势：龙胜由上而下的治理模式具备大规模适用的优势，效果也往往能实时浮现。司马库斯的做法有许多需要配合的细节，偶然的成分较高，复制与推广的可行性较低，收效也相对较慢，但实践着民主参与的精神。

然而，仔细分析一下，两个制度的细致效果仍然值得深入研究。首先是效率。一般而言，市场机制被视为效率的代名词。但自然资源保护是一种劳动力密集的治理工作，由于小区的劳动力充足，通过分散的小区参与式管理，会比交由公司或政府集中管理更有效率。龙胜以旅游公司提供管理的做法，引导村民进入资本主义的逻辑，尊重村民追求利益的意图，间接地鼓励小区居民放弃集体责任。一旦既有的集体主义精神淡去，社会关系改变，村民不再关心公共利益，就会导致资源管理体制运作的效率降低。明显的例子是龙胜梯田修补的成本。若村民重视梯田的存在，把梯田维护视为己任，而用心巡视修复的话，就容易防患于未然。在发现田埂出现少量裂隙时，就能及时修补，涉及的成本很小；反之，一旦小区居民把责任推给外部的旅游公司，这裂隙就不太可能被及时发现及处理，小裂隙很快就会发展成大裂缝，然后引发大片坍塌，涉及的修复成本就不可同日而语。同理，森林生态保护是一种劳动力密集、相关知识密集的工作。森林范围广泛，不容易通过密集巡逻来防止盗采盗猎。当地居民一方面有就近看管的便利，另一方面具备充分的相关知识，若有充分的动机维护，会是最称职的保育员；反之，则会是最具威胁的破坏者。强调集体利益的社会关系以及具备小区培力精神的制度，则能够把小区成员的私人利益与整体利益结合，化解资源保护集体行动的困境。

其次，新制度在分配正义上的效果更值得注意。正如自由市场会强化所得分配不均的现象，龙胜具备管理主义精神的新制度也可能产生同样的效果。旅游公司取走门票收入，虽提供公共财产，但不进行所得再分配。村寨中原本有经济能力而能够投资农家店的村民，或占据较佳地理位置者，在公共设施改善之后，收入增加更为迅速。其他村民虽然也能获得门票收入的微薄红利，靠劳务赚取观光收入，或因为劳动力市场价格的调整而提高收入，但与依赖资产而获利者相比，差距较大。这差距是导致村民寻求村外投资人合作、弃农从商的重大诱因①。换句话说，新制度并未改善造成集体行动困境的原因，反而强化它，让这个制度长期运作的前景受到质疑。反之，司马库斯在自愿基础上的集体主义制度，一方面以股份制将个人资金投入多寡和收益挂钩，另一方面其优越的社会福利制度也实践着利益共享的精神。一般集体主义可能产生的偷懒或投机行为，司马库斯则依赖祖灵的监督及高密度的社会互动来控制。

再次，观光产业对既有社会关系所造成的冲击，是另一个值得注意的方面。外来资源进入

---

① 另一个鼓励村民弃农从商的机制是政府提供给妇女的小额贷款。此政策之下，容易强化集体行动的困境。另外，因为该贷款需要村干部的背书担保，而村干部往往已经是既得利益者，担保的意愿较低，因此希望缩小村民收入差距的政策本意也无法达到。

原住民的小区，通常对小区既有的社会关系产生巨大的破坏力。原本强调平等主义与集体主义、凝聚力甚强的小区，经历了资本主义与个人主义等新价值观的洗礼，社会关系也随之调整。例如，龙胜的红瑶发展观光后，原本热情真诚、不计代价待客的传统被收藏起来，开始学习以“生意”的态度对待游客①。这种态度也会渗透到日常生活的邻里关系中，让村民尝试在“生意”和私谊间划出一条界线。私谊关系在小区为共同目标奋斗时会被持续强调，但一旦观光收入可观，成为小区成员积极争取的标的，邻里关系的质变就不可避免，尤其在收入差异甚大、经济能力将改变社会地位时，既有的和谐关系就不容易维持了。

通过社会参与形成某种能符合当地公平概念的利益分配机制，似乎是维持社会和谐的办法。司马库斯的“共同经营”经过十多年的运作，证明其不但能够成功地保护资源，而且能不断强化社会成员之间的联结。除了保护资源，这些部落坐落在生态敏感地带，随时可能遭受天灾袭击，原本就需要鼓励其发展出更厚实的社会支持网络，方能在灾难到来时相互依存，提升对抗灾难的韧性。过去几年多次风灾袭击造成道路塌方，让部落成为山中孤岛。但司马库斯居民每次都以相当沉着的态度面对，向关心他们的人报平安，告知他们存粮丰富，待天气转好，便能协助政府抢通道路。这份自信与沉着，除了信仰之外，良好的社会关系构成了强有力的社会支持网络，发挥了关键性的作用。

## 参考文献

[1] Burns, P. and Novelli, M. eds., *Tourism Development: Growth, Myths, and Inequalities* [M]. (Wallingford, UK: CABI, 2008).

[2] Hardin, Garrett, “The Tragedy of the Commons, Garrett Hardin” [J]. *Science*, 1968, 162: 1243 - 48.

[3] Wilson, James Q., *Political Organization* [M]. (Princeton, NJ: Princeton University Press, 1995).

# Civil Participation and Justice of Resource Distribution: The Institutional Innovation of Aboriginal Development Policy in Taiwan and China

*Ching-Ping Tang*[1], *Zhang Hua*[2]

(1. National Chengchi University; 2. Associate Professor, Guanxi University for Nationalities)

**Abstract**: National minorities living ecologically sensitive areas are usually in a disadvantageous

① 刚开始访谈时，受访者认为笔者一行人为观光客，言行谨慎。但笔者再度到受访者家作客，与其同桌吃饭，与受访者分享私领域的信息，如女儿在城里念大学，受访者才以熟人的关系相待，展现出令人惊讶的热情与好客。

economic status that requires a big push for development. Ironically, the dilemma is that any such efforts would result in costly environmental problems. A new approach, ethno-eco-tourism, seems to suggest a perfect solution. Both regimes across the Taiwan Strait have engaged in alleviating poverty through this approach. Both face similar problem of free-riding in collective action scenario. Nevertheless, two regimes have adopted very different modes of governance in managing the problem. The Communist in Mainland China chose a capitalist solution in which the governments invested in a tourist company that is chartered to charge the tourists for an entrance fee. With such income, the company is thus able to provide such public goods as infrastructure and marketing. In contrast, Taiwanese government have adopted a bottom-up approach that encourages the villagers to organize its own cooperative that has features of commune, similar to the Amish communities in the US or kibbutz in Israel. This study indicates how governing modes with different levels of civil participation eventually generate different results in terms of distribution justice, social relations, and sustainability.

**Keywords**: Ethno-tourism; Eco-tourism; Managerialism; Dilemma of collective action

# 水治理与可持续发展

## ——云南水问题与水伦理的一个视角*

赵 林　郑咏梅　邹译萱

（云南财经大学马克思主义学院）

**摘　要**　建设可持续发展社会的客观需要决定了人应该以合乎伦理的态度、合乎伦理的行为来对待和使用水，水问题的困境与水治理的思路必须遵循可持续发展的伦理逻辑。对云南三年旱情的审视，揭示了其中的非持续性现象和不可持续之源。如果我们真正关心水问题，对任何违背伦理问题的行为都应该作出及时的反应。可持续发展关注发展方式，在更高层次上，可持续发展是伦理问题。在这一伦理的规导下，当代云南和中国水治理的实践，必将进一步推动可持续发展的伦理深化。

**关键词**　水治理；水伦理；可持续发展；云南

## 1 非持续性：云南大旱症状审视

建设可持续发展的社会，会碰到一个需要回答的问题，即人与水是什么样的关系，人应该以什么样的态度来对待水，以什么样的行为来使用水。这样，就必然涉及水伦理，这是建设可持续发展社会难以回避的问题。不言而喻，水资源是自然界中宝贵的资源，水是人类生存的生命线，是经济发展和社会进步的基础。在当前，水问题已经成为云南社会经济发展中紧迫的、现实的重大问题。水资源与可持续发展及生态伦理密切相关，可以说，离开了这一基础，人类的生存和发展就无从谈起。

在很多人的视野中，作为全国水资源最丰富的省份，水在云南似乎从来就不是稀罕物，不

* 基金项目：云南省教育厅科学研究基金项目（2012Y128）。

第一作者简介：赵林（1961～）男，云南昆明人，硕士，副教授，主要研究方向为经济学与环境伦理。E－mail：1310910729@ qq. com。

过让人大跌眼镜的是，如今的云南，连续三年大旱，更是把这里的水资源匮乏问题推到了最前沿。三年时间，人们面对无云的天空，面对遍布沙砾的干枯河床和旱地，期待着，乞求着，然而天空下依然是一片焦黄，依然干涸无雨。其实，云南并不是一个缺水的省份，水资源总量位居全国第三，水能资源理论蕴藏量居全国第二位。云南的水资源是很丰富的，但没有合理地、科学地利用，缺水现象在云南尤为严重。尤其是滇中地区集中了全省2/5的人口以及1/3的粮食产量、1/2的农业总产值、4/5的工业总产值，而水资源量只有全省的12%[1]，缺水程度甚至比京津唐地区严重，云南的水究竟怎么了？

## 1.1 “伊甸园”何处寻

为了获取第一手旱情信息资料，2012年2月12日至18日，我们一行4人走上了探访云南干旱地区之路，前往滇中昆明市寻甸县开展为期6天的水问题调查研究。其间，我们听取了寻甸县政府有关报告并提问，实地走访了县下辖乡镇。截至目前，全县因旱出现人畜饮水困难的有8.9万人、大牲畜6.4万头（只），涉及10个乡镇499个自然村；全县10个乡镇的农作物不同程度地受旱，其中小麦0.38万$hm^2$，蚕豆0.05万$hm^2$，蔬菜0.03万$hm^2$。就连往年滔滔不绝的牛栏江也露出了河底。三年连旱，造成清水海水库水位不断下降，2012年2月已降至历史最低水位。我们看到，干旱少雨，导致寻甸多处水源枯竭，水库、坝塘蓄水持续减少，人畜饮水形势严峻。遥想当年，清水海曾是昆明人休闲旅游的去处，到清水海吃新鲜虹鳟鱼一度成为昆明人的一种时尚。“水深碧，虽时雨后涨不能浊其清”。清水海之名由此得来。2007年，昆明市政府启动清水海引水工程，计划于2012年4月1日实现向城市供水。来自清水海的Ⅱ类水，供昆明饮用；来自牛栏江的Ⅲ类水，补给滇池。然而由于云南连旱，如今清水海的水位也已大幅下降，现在清水海比起以前来已经少了一半。虽然昆明的新水源补给已有了着落，但清水海为昆明供水后，寻甸老百姓的生活用水、农业生产、产业布局会受到什么样的影响，就成为我们此行的动因和关注点之一。如果2012年4月以后降雨不足，不能有效增加水库蓄水量，届时，寻甸县县城供水将面临巨大困难和严峻考验。同时，牛栏江的整体水质状况也不太理想，寻甸段的水污染超标主要是由于磷化工企业。眼看牛栏江穿境数十公里，多数村民只能眼巴巴地看着江里的水哗哗地流，却不能把牛栏江的水引到自家地里。采用抽水的方式抽水上来，成本太高，村民种烟叶收入的钱和抽水支出的钱相比入不敷出。在一些乡镇，我们常常听到和看到的是，“洗菜水舍不得倒，还要给牛喝”；“水管已经成摆设，没水了”；“寻甸县自来水管停水1年多了”；“塘子村每喝1吨水，成本高达20~30元”；“人们不敢多用水，每一片菜叶都是用蘸了水的小刷子轻轻地刷，然后放进盆里漂洗几次”（笔者2012年2月15日日记）。而许多村民担心的不是自己的喝水问题，而是干旱后粮食的大量减产直接影响到自己的生计。

## 1.2 记忆中的谷花鱼

无独有偶，2011年3月滇中的楚雄州双柏县之行，也让我们对那里的旱情感同身受。双柏县境内流域面积达50 $km^2$以上的河流有32条，全县水资源总量为42.36亿$m^3$，是楚雄州水最多的县[2]。但是，从2009年开始，双柏连年干旱，32条河流中有25条断流、干枯。河水断流，河里的生态也跟着发生了很大的变化，鱼种也逐渐灭绝了。千百年来，在当地人的心中，那里一直是“鱼米之乡”，因为有河水的滋润，土地肥沃，盛产稻谷，水稻田里放养的“谷花鱼”更是以其肉质鲜美、清香可口而声名在外。水给人们送来丰收与幸福。2008 年，谷花鱼的售价才 10 ~ 12 元/kg，但现在已经卖到 40 元/kg。在双柏街头，再也看不见有人叫卖谷花鱼了。水量充沛的河流，自 2010 年就开始了断流的噩梦，河流变成了青草沟，河道中红土与枯叶成为最主要的“景观”。如此一来，大部分的水源趋于干涸，坝塘河流枯竭。显而易见，有河才有灌溉农田的水，有水才能种植稻谷，有稻谷才能养谷花鱼，只是现在，这一切仅存在于记忆中。在大庄镇，陪同我们的县乡镇干部说，该镇的受灾农作物面积达 1192.27 $hm^2$，成灾面积达 733.40 $hm^2$，绝收 97.67 $hm^2$；全镇大牲畜存栏减少到了 13712 头。“水稻几年都不敢种了啊，鱼就更不可能养了，现在人喝水都不够”。走进双柏县的各乡镇，随处可见人们在晒蚕豆秆，人们种植更为耐旱、需水量更小的早青蚕豆，烤烟也替代了水稻。

水田改旱田，不仅仅是在这里，恐怕在目前的整个云南省都已成为迫不得已的做法，这是否标志着传统的种植模式已经彻底改变？云南省副省长孔垂柱说，受三年连旱和降雨严重不足的影响，目前全省已有 273 条中小河流断流、413 座小型水库干涸，库塘蓄水总量仅为 43 亿 $m^3$[3]。此外，全省耕地土壤缺水并呈日益加重的态势，农作物受旱面积达 54.80 万 $hm^2$，小春作物、优势特色作物和经济林缺乏水源浇灌，长势不容乐观。水源没有了，耕地也遭了殃，前几年云南到处都显现着春耕忙碌并充满希望的景象，现在却是农户们一遍遍翻着那些干燥的泥土，希望种下去的庄稼能够长得好一点，但毒辣的烈日下，这些努力能不能支撑他们渡过难关？

## 2 不可持续之源：云南旱情成因分析

百年一遇的干旱，给一直以水资源丰富而自诩的云南敲响了警钟。或许不久的将来，雨水将回归这片干涸的土地，但是不管怎样也抹不去这次干旱在云南人心中留下的烙印。不过，当我们揭开这次干旱的谜底时，有许多问题需要反思。

对于云南大旱，学界及舆论界总结了种种原因：一是自然气候条件的重大影响，二是野蛮开采矿产资源导致地下水枯竭，部分地区水土资源过度开发，水土流失及生态环境恶化。三是疯狂毁林破坏了自然循环功能。近年来，为了发展经济林，大量种植桉树这种被称作“抽水机”的经济林。四是水利设施欠缺导致蓄水能力严重不足。面对上述粗线条式的成因探析，我们不能不说有相当的道理，有些见地甚至是很深刻的。但如果从可持续发展的伦理视角加以挖掘，对云南旱情之思恐怕还得向前推进，笔者作如下分析。

### 2.1 自然成因

面对云南这样的大旱，应该承认大部分是自然、天气原因造成的。降雨少，来水肯定就少。区位上，云南地处云贵高原，属典型的大陆性季风气候，冬季北下的冷空气受高原阻挡，在省外能形成降水时在该省反而不能；地势落差大，雨季来临时，降雨难以得到有效截留（汇入江河淌走），可持续利用程度低；云南山区多喀斯特地貌，林木涵养水源的功能差，降水落下时又沿着溶洞流走。云南属于季风气候，干湿季节分明，干季的降水量只占全年降水量的15%左右，所以一旦季风无法到达，就极有可能造成干旱。同时在全球气候变暖的背景下，厄尔尼诺现象造成海洋季风无法登陆形成降雨，极端天气发生的频率和强度就增大。这不仅是云南本次干旱的原因之一，也是全球气候模式紊乱的通例。

## 2.2 人为因素

但是大旱之下，人们是不是自己也有责任？说到底还是经济利益在作怪。从经济层面看，云南经济还处于社会主义初级阶段发展的低水平，脱贫致富奔小康的压力绝对不小，以致在水的使用及安排上，水能优势被过分高估，而水利优势转换的及时性和统筹性尚显不足。相似地，用水成本在发展的名义下与经济收益率比较，难以对用户形成硬性约束，无节制地耗用水资源在当前云南省旱情加剧的时刻被严重放大。

在人为因素中，我们想强调的是，云南三年干旱的主要成因是失去了“森林式降雨”，或者说大量原始森林被破坏导致了干旱。云南一直有“植物王国”之美誉，不过，这个形象正在一年年衰退。在云南，近年来出现大量砍伐低产值天然林，栽种橡胶树、桉树（造纸用）等高产值经济作物的现象。森林和人为种树（经济林、景观林、果树林等）不一样，因为森林具有能够支持水汽输送并产生降水的功能，大量原始森林的破坏，直接导致森林式降雨落空。虽然大量种橡胶树、桉树使很多人发了财，但付出的代价是自身的生存环境变糟。经济林过量种植，严重损坏了原始森林的多样性，在与缅甸、老挝接壤的中国一侧，原始森林几乎消失殆尽。从谷歌地图上看，云南全部绿色还不到30%，也看不到干旱的地区有森林的痕迹。据云南省农业研究人士称，目前云南桉树种植面积保守估计已超66.67万$hm^2$。桉树和橡胶树都是强吸水性植物，土壤中的水分被这些强吸水性植物吸干后，失去涵养水源的能力，无法形成足够的水蒸气，使得可转化成云层的水汽减少，从而导致降水减少，旱灾频发。没有森林，就没办法蓄水，导致雨水来也匆匆，去也匆匆，干旱就更严重。

## 2.3 伦理责任意识长期淡化

纵观国内外人类与水的关系，凸显的往往是人类中心主义的价值取向，是人类对水资源的过度开发和伤害。例如，一部分人浪费或过度使用了水资源，其行为就损害了另一部分人的利益；河流上游地区的人们把大量污水排入河道，就会导致下游河段水生态的恶化，危害下游人们的利益；人们如果把一条河流的水资源“吃干喝净”，不仅损害当代人的利益，而且会损害后代人的利益。的确，在发展就是硬道理的今天，在发财致富成为时代主旋律的今天，节俭、珍惜、爱护等字眼，已成为苍白而空洞的说教，或成为宣传层面上“雷声大，雨点小”的点缀。在水治理上，这方面技术的、工程的学术成果已经不少，但鲜有站在可持续发展伦理立场上的思考。我们认为，当前建立和发展水伦理学科尤为重要，伦理标准会使人们反思与自然不和谐的形势，从而用全新的目光看待周围的一切。观察水与人、社会的关系，一种理论视角就是，通过水危机人们是如何处理与水的伦理关系的。解决水问题，客观上确实到了要求水利技术专家和伦理专家共同合作、努力为决策者建言献策的时候了，以防理论学术的画地为牢，或是从一个极端走到另一个极端。如果我们真的关心伦理问题，就应该对任何水问题的挑战都及时作出反应。

### 2.4 水利工程设施严重不足

云南的水利设施基础究竟有多薄弱？在云南，很多农村水利设施乏善可陈、年久失修，几乎没有调节河流水量的能力。云南省129个县市区中有34个县无中型水库，8个县连小型水库都没有，只能“靠天吃饭，听天由命”。目前整个云南省水库的蓄水量仅为11亿 $m^3$，不足往年的一半；64条中小河流断流，934座小型水库和山塘干涸。过去很长一段时间，云南的水利设施是在吃老本，中小型水库几乎没有进行过修缮。云南目前已经有1/4的乡镇政府所在地饮水困难，但这还不是最差的，比小型水库规模还要小的一些地方水塘，不仅缺乏资金修缮，更没有相应的科学管理，导致水塘在干旱袭来之时比小型水库更快枯竭，群众更是毫无抵抗旱灾的能力。如前所述，云南水资源丰富，水电站数量众多，但并没有在抗旱时，最有效地发挥好水电站作为水利设施的作用。过去修水库是为灌溉、为防洪，而改革开放后，水利投入逐渐向水电倾斜。因为水电可以赚钱，可以带来大量的财政税收，而以灌溉和供水为主的水利工程很难在短期内获得收益，因此被冷落一旁。从某种程度上来说，水电开发的思路，使得大大小小的水库变成了水电利益集团的摇钱树，社会资本在投资时以利益为导向，追求眼前水电利益的最大化，使得它们极少兼顾水利调剂的功能，让以发挥“公益”作用为主的水利工程形同虚设，这极大地削弱了水电工程帮助民众应对极端气候的能力，所以出现旱灾时，即便急需电站向灾区调水，也难马上发挥作用。因此，这三年来我们所看到的这一切，代价无疑是巨大的，教训也是相当深刻的。

## 3 可持续发展之思：云南水伦理的向度

如果我们真正关心伦理问题，就应该对任何违背伦理道德的行为都能够作出及时的反应。可持续发展关注的是有道理的发展方式，即用什么途径去达到人类经济社会发展的目标。在更高层次，可持续发展是伦理问题。它要求我们回答人类与自然界、与我们的子孙后代之间如何达到平衡。在人与水的伦理关系中，人是自觉主动的一方，是水的代理人，从此种意义上讲，水伦理必须明确人对于水的态度、情感、行为以及所承担的义务和责任。可持续发展的伦理观要求我们要考虑到它们的存在和它们的权益。所以可持续发展既是发展课题，更是伦理问题。

### 3.1 元阳水治理的可持续发展

干旱让人们认识到了水治理的重要性，云南也掀起水利建设的高潮。据悉，云南省的水利投资2009年时为101亿元，2010年达到150亿元，2011年达到201亿元，2012年的投资计划达到240亿元。按照这样的进展速度，预计10年后，云南干旱的情况将得到有效控制。当然，可持续发展是相当抽象的概念，所以非常有必要树立一些范本，展示什么是可持续发展，将抽象的东西具体化。在水治理方式上，无非开源与节流，节约用水是节流，但普遍干旱，上哪里去调水？我们的活水何在？元阳的哈尼先民，给了我们深深的启迪。

初到红河，笔者就深深被流水潺潺的哈尼梯田所震撼，这是一幅由线条构成的巨大艺术品，放眼眺望，在崇山峻岭间，规模宏伟、气势磅礴的哈尼梯田重重叠叠，绵延起伏，伸向远方。云南连年干旱，但是元阳的水铺天盖地，坦荡而又张扬，雾气蒸腾着，笼罩着轮廓弯曲的梯田。当地老乡说，最壮观的元阳梯田面积就达1.13万$hm^2$，其中连片的达0.07万$hm^2$，有的梯田从低到高有3000多级，大量天然林得到保存并提供了充足的水汽。哈尼人经常这样说："人的命根子是田，田的命根子是水，水的命根子是森林。"哈尼梯田有以下特点：每一个村寨的上方，必然矗立着茂密的森林，提供着水利、用材之源；村寨下方是层层相叠的梯田，那里提供了哈尼人生存发展的粮食；中间的村寨由座座蘑菇房组合而成，形成人们的安居之所。全县有63958.4 $hm^2$的森林，这些森林构成了巨大的"天然绿色水库"，它们涵养的大量水分在高山上形成了无数条小溪、清泉，提供了全县所有梯田、旱地用水和全部人畜用水。哈尼人在漫长的岁月里，倾注了一代又一代人的心血，展现了惊人的智慧和勇毅，开垦了众多梯田。这里因河水四季长流，梯田中可长年饱水，保证了稻谷的生长和丰收。这一景观构成了千奇百态、变幻莫测的天地艺术版画，成为举世瞩目的梯田奇观，这一景观被人们盛赞为人与自然高度协调的、可持续发展的典范，这是千百年来哈尼人民生息繁衍的美丽家园。道理不难理解，因为这里有天然水库，而森林有"天然储水池"的美称，生态保护的价值在这里得到淋漓尽致的展示。因为哈尼人对森林多年的爱护培养，所以在2012年大旱之时终于得到回报。这些事实说明，建设森林，保护森林才能有效涵养水土，从根子上防治天旱。毫无疑问，哈尼梯田向我们展现的就是人与水之间所能达到的高度和谐，这种和谐已经体现了一种极致。

## 3.2 可持续利用云南水资源的伦理建议

立足于云南大旱实际，从伦理角度认识人水关系，提出水伦理问题。这不仅重要，而且紧迫。我们认为，引导人们转变水观念，增强水危机意识，树立符合可持续发展要求的用水意识，应从两方面入手。

其一，充分发挥水伦理促进水实践的反作用。以水伦理的导向为张力，引领和推动水事业发展，着力引导社会建立人水和谐。在水面前，什么是现象，什么才是本质，实在值得深思。我们不能只想到自然生态系统为我们提供了什么，而不考虑我们应该对我们所依赖的生态环境及水环境做些什么？发展应该有更高境界，发展的指挥棒应该指向人与自然（具体讲是人与水）关系的和谐。要善于从伦理角度认识人与自然的关系、人与水的关系，加强全社会的水患意识，转变水观念，倡导文明合理的生产和消费方式，尽可能提高水资源的利用效率和效益，实现应该可持续的生产和消费。加快推进民生水利发展，善于从服务民生、改善民生的角度审视水利实践。在易发生干旱的地区，对穷人应给予极大的关心，让最易遭受灾害的弱势群体在预防和减轻风险上得到切实的帮助与支持。在人与人之间的用水权利上，既考虑到公平，又兼顾效率。始终把解决人民群众最关心、最现实的问题摆在突出位置。今天的我们确实应该追求一些更为人性、更有品位的东西了。

其二，在伦理道德的引领与规范下，必须下大力气狠抓节水工作，提高用水效率。就云南省来说，要加强水资源的规划和管理，搞好水资源合理配置，协调好生活、生产和生态用水，以水资源的可持续利用支持云南省的发展。云南省节水潜力较大，应继续推进全方位的节水措施：一是改变农业用水的传统灌溉方式，发展高效节水灌溉技术；二是改变工业用水不合理的布局及落后的工艺，提高重复利用率；三是公共和生活用水采取经济手段，减少用水浪费。要紧紧围绕滇中引水、昆明补水、建设一批骨干水利工程、发展山区五小水利、发挥水电站综合利用效益、提高农业水利化水平、确保饮水安全、加快城乡防洪体系建设、加强节水工程建设、加快森林云南建设等方面，从根本上缓解云南缺水的问题。同时，在水伦理学框架下，用好用活国家对于云南百年不遇的大旱的政策，即“非常之举措，解决非常问题，痛定思痛，大干水利，推动云南水利建设再上新台阶”。为此要明确重点，优先集中解决特旱、严重干旱地区缺水问题。要科学布局水利建设项目，做到大、中、小水利工程建设相结合。统筹考虑管理、节水、治污等问题。

有水，就有希望。无水，则一切无望。一个善于用水的民族、一个会因势利导用水的民族注定是生生不息的民族。在发展这架天平的两端，一边是自然，一边是人类，一味地向自然进军，向自然极限挑战，只能导致人类业已获得的权利被剥夺。而一旦人类将发展利益置于自然法则之下，那么人的利益将得到自然界的认可与保护。可以这样说，人与自然的和谐（人水和谐）不是一个有待构建的理想，而是一个有待发现的真理。为此，人应该再次迈进大自然的学校，去学会顺应自然、认识自然和利用自然，与大自然和谐相处。只有作为世间万物基本法则的和谐之道被人类真正掌握，那么，从水治理开始寻觅的可持续发展结果才会是：水必将使这个纷繁复杂的世界生机无限。

## 参考文献


［1］云南省统计局：《云南统计年鉴（2011）》［M］，北京：中国统计出版社，2011，第246～252页。

［2］双柏县年鉴编纂委员会：《双柏年鉴》［M］，芒市：德宏人民出版社，2007，第252页。

［3］赵书勇：《大旱第三年袭击云南》［N］，《中国青年报》2012年2月21日。

［4］昆明年鉴编辑部：《昆明年鉴（2011）》［M］，昆明：云南人民出版社，2011，第190页。

［5］云南省情编委员会：《云南省情2008》［M］，昆明：云南人民出版社，2009。

［6］云南统计局：《云南统计年鉴（2008）》［M］，北京：中国统计出版社，2009。

［7］赵林、全为民：《以水为镜——纪录片〈水问〉中人与自然和谐的理性思考》［J］，《云南财经大学学报》（社会科学版）2010年第2期。


## Water Treatment and Sustainable Development: One Visual Angle of Yunnan's Water Problems and Water Ethics


*Zhao Lin, Zheng Yongmei, Zou Yixuan*

(Yunnan University of Finance and Economics)



**Abstract**: The objective requirement of building sustainable development society determines that humans should treat and use water in ethical attitude and ethical behavior, the dilemma of water problem and thought of water treatment should abide by ethical logic of sustainable development.

Surveying on the drought of Yunnan Province for three years has revealed its unsustainable phenomenon and its cause. If we really care for water problem, then we should make timely response to any behavior that violates ethics. Sustainable development concerns development mode, and it's an ethical problem in higher level. Under the guidance of such ethics, the practice of modern water treatment of Yunnan and China would undoubtedly further promote the deepening of ethics of sustainable development.

**Keywords**: Water treatment; Water ethics; Sustainable development; Yunnan Province

# 土地开发项目化与中国地方政府企业主义

## ——以大学城和生态城为例*

简旭伸

（台湾大学地理环境资源学系）

**摘　要**　目前中国已经通过60多个大学城及200多个生态城的项目，形成一股热潮，本文强调这两个“热”，接续1980年代开发区热的逻辑，都是以土地为主的地方政府企业主义之变形，然其核心相同：①与土地开发相关的项目；②地方政府通过各种方式与中央互动以完成项目；③利用创新性论述寻求项目开发的正当性。因此，中国部分地方政府并非是为了学习西方国家的知识经济或绿色经济经验，而是拿大学城与生态城作为幌子，其目的仍然是地方金融与房地产开发，因而也造成更多的社会冲突与不满。

**关键词**　中国地方政府企业化；大学城热；生态城热；开发区热；土地政治

## 1　引言

中国1978年改革开放以来的经济转型中，地方政府企业主义（local entrepreneurialism）扮演关键角色[1~5]，地方政府为了争取更多投资以及财政收入而彼此竞争[6~9]。与此同时，是地方不停（restless）的空间转型，城市与区域政府为了资本积累也进行类似的空间规划项目。1980~1990年代，“开发区热”导致各种开发区激增，到了2003年，开发区的数量已达7000个，面积广达40000 $km^2$，很多开发区未经省或中央政府的官方许可，大部分开发区失败的原因，是产业重叠而出现过度投资与过度生产、技术创新的限制、环境无法永续等外部性因素[9,15~17]。

2000年以后，中央政府开始制定政策管控开发区的数量与规模。地方政府转而开始建设所谓的大学城或生态城。根据2012年的调查，至少有60座大学城（高教园区）正在建设或

* 作者简介：简旭伸（1972~），男，台湾高雄人，台湾大学地理环境资源学系副教授，106台北市大安区罗斯福路四段1号。E-mail：schien@ntu.edu.tw。

完工。另外，2000 年后，一些地方政府也进行生态城、低碳城、永续城市的规划项目[18]。

大学城与生态城这两种趋势，看起来像是西方世界过去 10 年来在全球知识经济、绿色经济领域的发展动向。一是借鉴发达西方国家的创意城市/区域政策，期望通过当地研究机构或大学，为当地企业带来技术转变与创新，以增加区域竞争力[19~21]。二是生态城及其相关概念（如智能型成长、绿色都市主义）也跟上世界各国目前积极解决能源效率偏低和资源浪费问题的步伐[22~24]。

然而，本文要从地方政府企业主义角度，提出另类思考。本文受 Harvey（1989）[25]及 Jessop 和 Sum（2000）[26]文章的启发，富有理论性地提出企业型地方政府的项目，有三个操作性特色：①企业型土地开发项目化[27]；②游走于不同空间层级方式的博弈项目；③利用创新性论述寻求项目开发的正当性。以此来看，大学城与生态城是土地开发项目下的空间规划，更是利用中央“放权”，就此创新性来达到地方土地市场化的目的。

本文架构：①阐述中国的企业型地方政府如何进行中央 - 地方政治体制互动；②讲述目前与中国土地相关的开发热潮的调查资料；③探究建造大学城与生态城过程中的博弈弹性策略；④讨论企业型地方政府体制下，大学城热与生态城热负面结果；⑤结论。

# 2 中国改革开放后的土地转变

## 2.1 改革开放后的全球化地方经济

过去 30 多年，中国发生巨大变化，经济上也允许外国人直接投资与自由贸易。同时，地方政府也拥有更多权限去促进经济发展，包括创新形式的变革、弹性地挪用资源、与投资者自行协商、在一定范围内诠释政策或文件等，让中国部分地区变成外国人直接投资与出口导向的实验地区，也使得中国的地方经济高度全球化[1~2,9,28~30]。

部分地方政府在政绩导向下，作为时不考虑民意，而只在意政绩，因政绩是影响升迁的指标。有些地方官员与管辖层级相同或相近的地方政府进行地域竞争（territorial competition），以争夺上位[31~37]。

## 2.2 地方与中央的博弈互动

中国的上一级政府与下一级地方政府，均利用关键性的制度资源，来互相影响。一方面，中央可通过集权及放权，调整税赋，控制地方政府的发展走向。另一方面，上级政府在项目下常会留下庞大的资金缺口要地方政府填补，然而地方政府会反制上级政府留下来的资金缺口，通过一些手段迫使国家掏钱来投资项目，这有时会使得国家陷入两难境地[34,38~41]。

## 2.3 土地放权与集权之下中央与地方的博弈

中国借由土地促进资本流动的重要手段，其特殊性有二：①土地不会流动，部分地区土地的实际控制权掌握在地方政府手中；②部分地方政府征用农民土地以及倒卖升值土地，来进行资本积累，这对国家而言，是难以想象的[11,42~44]。

中国 1980 年代首先在深圳试行土地租赁制度（Land Lease System）。从中央的角度，为了粮食安全与自给率，谨守着耕地面积，例如近几年提倡的“18亿亩耕地红线”，或者是提倡土地市场“招拍挂”公开制度。但是一来是土地使用的执行权掌握在地方手中，二是因为1994年分税制改革后地方政府在预算吃紧的情况下，必须寻求“预算外”及“制度外”的新形式以增加收入，这也就是地方政府企业主义中，必须牢牢扣紧土地开发的最主要原因，以下也会从此角度，来剖析大学城热以及生态城热[11,43,45~48]。

## 3 土地相关开发热的规划与论述

### 3.1 开发区热

1960年代后全球化的影响下，工业资本从西方推向东方的地理转变，促使发展中国家将设立开发区作为重要政策，致力于发展出口导向型经济。中共中央首先在深圳试办经济特区，深圳开放的成功，让地方企业型政府纷纷跟上，设立开发区。特别是1992年邓小平南方谈话表示“大胆地试，大胆地闯”，使得自筹资金的开发区从前一年的117个增为1951个。2003年，中国总计超过5000个开发区；同时开发区的规划土地面积为38000 $km^2$，比都市建造区域面积的29000 $km^2$ 还大[9,16,49~50]。

不同的开发区，享受不同尺度的优惠政策，以此吸引外资，促进贸易，带动中国的城市与区域迈向全球化与现代化[51]。Walcott（2002）认为，这一时期国家层级的开发区，确实伴随着全球化成功地提供了中国区域与地方创新的策略[13]。尽管如此，当时的开发区也遗留了很多问题，诸如基础建设经费无法持续、因为建地与房地产造成可耕地的损失。

### 3.2 大学城热

1990年代末，在“科教兴国”口号下，中国开始扩张高等教育，并且结合大学研究机构与地方企业开展创意与创新产业，也通过“官、产、学”来增加地方竞争力。在这样的呼声中，“大学城”项目开始在新兴的空间中展开。大学城率先在深圳试盖，接着遍地开花，包括湖北、南京、广州等地都在进行大学城项目[12,52~53]。根据2012年不完全统计，全国的大学城已经超过60个，多位于东部，且大多数为2000年代前期兴盖，本文进一步整理相关统计如表1。

**表1　中国大学城项目（截至2012年）**

| 名　称 | 启动时间 | 省(市) | 市/区 | 面积($km^2$) |
|---|---|---|---|---|
| 廊坊东方大学城 | 1999 | 河北省 | 廊坊市 | 13 |
| 浙江宁波高教园区 | 1999 | 浙江省 | 宁波市 | 4 |
| 珠海大学园区 | 1999 | 广东省 | 珠海市 | 12 |
| 北京吉利大学城 | 2000 | 北京市 | 昌平区 | 2 |
| 小和山高教园区 | 2000 | 浙江省 | 杭州市 | 5 |
| 滨江高教园区 | 2000 | 浙江省 | 杭州市 | 1 |
| 温州高教园区 | 2000 | 浙江省 | 温州市 | 3 |
| 东莞中国名牌大学科技城 | 2000 | 广东省 | 东莞市 | 20 |
| 北京沙河高教园区 | 2000 | 北京市 | 昌平区 | 8 |

续表

| 名　　称 | 启动时间 | 省(市) | 市/区 | 面积($km^2$) |
|---|---|---|---|---|
| 杭州下沙高教园区 | 2000 | 浙江省 | 杭州市 | 10 |
| 深圳大学城 | 2000 | 广东省 | 深圳市 | 15 |
| 合肥大学城 | 2001 | 安徽省 | 合肥市 | 13 |
| 郑州大学城 | 2001 | 河南省 | 郑州市 | 50 |
| 无锡大学城 | 2001 | 江苏省 | 无锡市 | 10 |
| 福州大学城 | 2001 | 福建省 | 福州市 | 20 |
| 日照大学城 | 2001 | 山东省 | 日照市 | 2 |
| 青岛大学城 | 2001 | 山东省 | 青岛市 | 2 |
| 黄家湖大学城 | 2002 | 湖北省 | 武汉市 | 40 |
| 荆州大学城 | 2002 | 湖北省 | 荆州市 | 8 |
| 鄂州大学城 | 2002 | 湖北省 | 武汉市 | 18 |
| 长沙大学城 | 2002 | 湖南省 | 长沙市 | 44 |
| 仙林大学城 | 2002 | 江苏省 | 南京市 | 34 |
| 南京浦口大学城(江北大学城) | 2002 | 江苏省 | 南京市 | 12 |
| 长安大学城/西部大学城 | 2002 | 陕西省 | 西安市 | 25 |
| 良乡大学城(FunHill 智汇城) | 2002 | 北京市 | 房山区 | 6 |
| 常州大学城 | 2002 | 江苏省 | 常州市 | 7 |
| 广州大学城 | 2002 | 广东省 | 广州市 | 43 |
| 南通大学园区 | 2002 | 江苏省 | 南通区 | 1 |
| 淮安高教园区 | 2002 | 江苏省 | 淮安市 | 10 |
| 南昌高教园区 | 2002 | 江西省 | 南昌市 | 50 |
| 昆明大学城(呈贡大学城) | 2002.2 | 云南省 | 昆明市 | 16 |
| 江宁大学城 | 2002.2 | 江苏省 | 南京市 | 24 |
| 菏泽大学文化城 | 2002.3 | 山东省 | 菏泽 | 5 |
| 蚌埠高教园区 | 2002.4 | 安徽省 | 蚌埠市 | 4 |
| 山东临沂大学城 | 2002.8 | 山东省 | 临沂市 | 7 |
| 独墅湖大学城研究生城 | 2002.8 | 江苏省 | 苏州市 | 10 |
| 长清大学城(济南大学科技园) | 2003.5 | 山东省 | 济南市 | 26 |
| 苏州国际教育园(石湖大学城) | 2003.10 | 江苏省 | 苏州市 | 11 |
| 厦门集美大学城 | 2003 | 福建省 | 厦门市 | 23 |
| 重庆大学城 | 2003 | 重庆市 | 沙坪坝区 | 20 |
| 未央大学园区 | 2003 | 陕西省 | 西安市 | 3 |
| 黑龙江大庆市 | 2003 | 黑龙江省 | 大庆市 | 10 |
| 扬州大学城(扬子津科园区) | 2003 | 江苏省 | 扬州市 | 4 |
| 甘肃榆中科教城(兰州大学城) | 2004 | 甘肃省 | 兰州市 | 20 |
| 胶南大学城 | 2004 | 山东省 | 青岛市 | 30 |
| 昆山大学城 | 2005 | 江苏省 | 苏州市 | N/A |
| 承德大学城 | 2005 | 河北省 | 承德市 | N/A |
| 海南大学城(桂林洋高校区) | 2005 | 海南省 | 海口市 | 8 |
| 渤海大学城 | 2005 | 辽宁省 | 葫芦岛市 | 10 |
| 金桥大学园区 | 2005 * | 上海市 | 浦东新区 | 1 |
| 上海南汇大学城 | 2005 * | 上海市 | 南汇区(浦东新区) | 4 |
| 上海闵行大学园区 | 2005 * | 上海市 | 闵行区 | 4 |
| 中科院研究生院新园区 | 2005 * | 北京市 | 怀柔区 | 1.33 |
| 泰州大学城 | 2006 * | 江苏省 | 泰州市 | 4.2 |
| 章丘大学城 | 2007 * | 山东省 | 济南市 | N/A |
| 天津生态大学城 | 2009 | 天津市 | 津南区(市中心城区与滨海新区间) | 37 |
| 山西省高校教育园区(太原大学城,山西大学城) | 2012 | 山西省 | 太原市 | 90 |

注：①“*”表示无法知道确切启动时间，经反复查阅相关信息，该大学城不会比本表所列的启动时间更晚。

②整个温州高教园区项目规划为 8 $km^2$，其中教育用地为 2.66 $km^2$。

卢波（2005）认为兴盖大学城有两个目的：①创造高等教育机构的集聚，以促进地方经济创新重构。②刺激大型土地开发计划以发展边郊的新城镇[53]。但根据上官琳的不完全调查，约20%的大学城的计划项目区域超过20 $km^2$，约30%的计划项目区域在7～20 $km^2$，只有约20%的项目区域是在3 $km^2$以下[54]。同时有一半的大型大学城开发，可容纳8万名学生，每名学生的校园使用面积高达62 $m^2$，远远超过中国政府制订的标准[55]。

## 3.3 生态城热

上海市于1990年代初提出了建设生态城市的目标，上海规划界对生态城市进行了一些研究，但上海生态城市建设并没有实质性启动，相关研究就停滞下来[56]。到了2000年代，中国开始面对环境污染及二氧化碳排放量问题，例如近300个城市就占到社会能耗和碳排放总量的一半以上，如果把其余的城市、集镇都加进来，至少要占到80%[57]。因此，在下一阶段将致力于生态文明现代化。

2010年，中国的生态城已经超过230座，部分重要生态城市如表2。一如大学城的土地开发模式，生态城的设立，也是为了促进都会区近郊的土地开发[18,58]。必须指出的是，许多新的生态城项目已经被界定为“高碳”的规划设计，这些生态城项目多数是为私家车的交通运输所设计，根本没有具体的减碳规划设计[59]。

**表2　目前正在规划、建造或已完工的重要生态城**

| 名　称 | 启动时间 | 省（市） | 城市 | 面积（$km^2$） | 生态建设特色 | 人口（万人） |
|---|---|---|---|---|---|---|
| 日照生态城 | 2001 | 山东省 | 日照市 | N/A | 风、太阳能等可再生能源，循环经济，废弃物最小化 | 300 |
| 合肥滨湖新区/合肥市滨湖新区生态建设示范区 | 2006 | 安徽省 | 合肥市 | 196 | 水环境综合治理、绿色交通规划、生态小区规划、能源综合利用规划 | 15 |
| 崇明东滩生态城（中英生态城） | 2006 | 上海市 | 崇明县 | 86 | 建立水处理再利用系统，80%的固体废弃物实现循环利用，世界上第一座二氧化碳零排放城市 | 70 |
| 万庄生态城 | 2006 | 河北省 | 廊坊市 | 30 | 生态农田、污水与垃圾处理、生态村的创建 | 40 |
| 梅溪湖生态城 | 2007 | 湖南省 | 长沙市 | 7 | 紧凑（compact）都市规划，先进环境工程，规划群聚分区；花园整合 | 18 |
| 中新天津生态城 | 2007 | 天津市 | 天津滨海新区 | 30 | 指标体系、能源的综合利用、绿色交通、城市安全与社会事业 | 35 |
| 无锡生态城（太湖新城） | 2007 | 江苏省 | 无锡市 | 150 | 紧凑（compact）合理城市布局、循环资源能源利用、绿色交通、原生态多样性均质化的环境 | 100 |
| 唐山曹妃甸国际生态城 | 2007 | 河北省 | 唐山市 | 150 | 指标体系、新能源和资源利用、城市安全、循环经济 | 150 |
| 长兴生态城 | 2008 | 北京市 | 丰台区 | 10 | 绿地利用；绿能源；透水性；碳氧平衡；友善环境营造形式 | 7 |
| 北川新县城低碳生态城 | 2008 | 四川省 | 绵阳市 | 5 | 汶川地震后异地重建之生态城。干净能源；绿色行人和自行车系统；宜居；绿化带；生态走廊；蓝带管理；绿色产业；有机农业 | |
| 武汉市绿化景观生态城 | 2010 | 湖北省 | 武汉市 | 8494 | 资源节约和环境保护产业结构、城市功能、城乡统筹、土地利用和财税金融的体制机制探索 | 910 |

续表

| 名　称 | 启动时间 | 省(市) | 城市 | 面积($km^2$) | 生态建设特色 | 人口(万人) |
|---|---|---|---|---|---|---|
| 德州市齐河黄河国际生态城 | 2010 | 山东省 | 德州市 | 63 | 新能源开发利用、生态宣传教育 | 564 |
| 花山生态城 | 2011 | 湖北省 | 武汉市 | 66.4 | 能源有效利用;环境保护;城乡均衡发展 | 20 |
| 门头沟中芬生态谷 | 2010 | 北京市 | 门头沟区 | 17 | 绿色产业体系发展、示范城市 | 2 |
| 无锡中瑞低碳生态城 | 2010 | 江苏省 | 无锡市 | 2 | 循环能源;废物处理;绿色交通;绿建筑;可再生能源 | — |
| 苏州西部生态城 | 2010 | 江苏省 | 苏州市 | 5 | 绿建筑、生态控制线、绿色道路;生态保护区 | 8 |
| 保定市低碳城 | 2012 | 河北省 | 保定市 | 22190 | 中国保定市与丹麦森讷堡两市签约合作发展低碳生态城。发展可再生能源利用、节能减排、低碳技术、低碳产业 | 1101 |

## 3.4　小结：新瓶装旧酒

本文认为，开发区、大学城、生态城等热潮，都是在地方政府企业主义的官员为了响应全球化所进行的土地开发。地方政府在不同阶段通过采用不同论述方式促进土地开发，如开发区时期的“招商引资”、大学城的“科教兴国”、生态城的“生态文明”（见表3）。这样的开发模式造成很多问题：过度投资、重复建设、产业重叠、非法征收、房地产开发等[60～61]，这些都是中国企业型地方政府需要面对的难题。

**表3　中国三种土地开发热比较表**

| 项　目 | 1980年代起:开发区热 | 自1990年代晚期起:大学城热 | 自2000年代中期起:生态城热 |
|---|---|---|---|
| 全球脉络 | -经济自由化<br>-全球生产网络空间转移 | -高科技发展<br>-知识经济 | -全球气候变迁与环境意识高涨<br>-城市为主要消耗能源的空间 |
| 中国背景 | -贸易与投资自由化正兴起 | -劳力密集产业面临转型<br>-对高等教育扩张问题进行改革 | -中国城市的高污染<br>-中国成为最大二氧化碳生产排放者 |
| 政府论述 | -招商引资。对外开放,吸引外资企业 | -科教兴国。将经济建设转移到科技进步和提高劳动者素质上 | -生态文明。建立节约能源、环境友善、永续发展的社会 |
| 政策特色 | -多种类开发区,包括:科技经济开发区、保税区、科技园区、观光区等<br>-在2003年,有超过5000个开发区,且7成以上未经上级政府同意 | -各类教育机构群聚,包括:大学城、高教园区等等<br>-至少有70个大学城项目,且大多坐落在城郊<br>-预计容纳学生的规模、大小、人数等,落差大 | -各类生态相关土地开发,包括生态城、生态镇、低碳城市等<br>-有200个以上的生态城项目正在中国进行,大部分是地级市<br>-有些是为了都市扩张及土地开发,有些是为了老城改造 |
| 正面影响 | -中国以出口导向成功转型<br>-通过外资进行资本积累与科技转移 | -与政府、产业、学术机构协力互动<br>-培养出高素质人才 | -已在寻求降低能源消耗的方法<br>-永续发展意识的提高 |
| 负面冲击 | -不永续开发及污染,不利于科技创新<br>-重复建设同性质产业<br>-非法圈地,造成可耕农地流失 | -高等教育商品化<br>-产业重叠<br>-着重房地产开发,非法圈地,农地流失 | -以生态城之名行高碳排放之实<br>-侧重房地产开发<br>-非法圈地,造成可耕农地流失 |

## 4 知识与生态土地开发项目背后的中央地方博弈

尽管中国的土地在名义上属于国有，并由中央政府管辖。但实际上，地方政府更能通过土地巩固及行使权力。从某种意义上说，部分地方领导，其实将其管辖的土地视为其个人所有[43]。

最能说明以上问题的是广州大学城案例。根据土地法规，任何超过 1 $km^2$ 的土地开发项目，都必须送到中央政府审查。然而当地政府将 14.7 $km^2$ 的土地分成 39 个独立的小项目，以此规避政府审批，也扩大了地方政府的权限。就这样，广州市政府的“化整为零”策略，“顺利完成”了土地征用的法律程序[11]。最具讽刺意味的是，当时国土资源部收到许多居民对于广州市政府不当征收的请愿，却无能为力[62]。

中央与地方政府各自动用制度性资源彼此角力。中央开始通过“18 亿亩耕地红线”政策，将土地滥用与地方官员的指标绑在一起，迫使各级地方领导服从土地指标。

从此视角切入，就不难理解为何天津市政府选择让生态城坐落在远离闹市、非耕地、面积广达 30 $km^2$ 的盐地上了。天津市政府在巨大压力下，响应土地转换配额政策，在无法用耕种农地的情况下，只好选用盐碱地来开发生态城[63]。

## 5 以土地为核心的地方政府企业主义

中国的地方政府企业主义者经常利用空间实践的论述与策略，来掩饰其背后的开发目的[43]。大学城与生态城是地方政府额外经费的收入来源。在前一个时期，地方政府以低廉价格征收合适的农民土地，然后再以高价转卖或融资给大学城或生态城开发商，以此增加财政收入。例如杭州市镇江市江干区，1999 年以每亩 16 万元的价格征用了农民的土地，一两年后，房地产商租用这些土地的价格为每亩 2400 万元。在福建的一个村，政府以每亩 1 万元的价格向农民征用土地，接着却以每亩 20 万元和每亩 75 万元的价格分别租给私人制造厂与商业开发商使用[17]。另外，一些大学城内被规划为教育用地的土地，也被转为商业或住宅用地。如重庆的江南大学，就将其土地用作住房、度假村、酒店、办公大楼等，因为大学城若只与城镇（town）结合，就无法像与一座新城市结合一般，创造一系列的商业发展利润。

以土地为核心的地方政府企业主义之所以如此，其实也与土地管理的条块化分割（fragmented authoritarianism）有关[64]，例如教育用地转作其他用途以增加税收，虽然遭到国土资源部反对，却受到教育部的支持（因为此举可增加收益偿还债务）。这也说明了中国的各级政府各行其是地进行地方发展，开展土地税收。

地方政府企业主义对于整体社会与经济发展产生了许多负面影响，第一是出现了新兴的豪宅市场，这意味着开发商会更多地投资在兴盖豪宅市场上。从大学城与生态城的项目中即可看出，开发商不太在意教育和永续发展，而是在意其背后可观的房地产开发与土地投机买卖。第二，这种躲在知识经济/绿色经济背后的房地产开发利益，已经造成社会的不满。如 1990 年代广州大学城的开发项目中，尽管当地居民已经获得了土地使用权，但仍被地方政府强制拆迁。第三，开发过程也造成社会日益边缘化，许多到大学城与生态城打工的农民工，无力抵抗开发商的强势，而被拖欠工资。

## 6 结论

本文主要讨论从1990年代开始许多地方政府建造“大学城”和2010年后中国地方政府建造“生态城”等的土地开发热。本文以地方政府企业主义的批判视角，认为大学城与生态城是一种看似可以创造知识经济与绿色经济的新鲜事物，其实只是中国地方政府土地开发的再一次变形，并涉及了中央与地方政府之间的土地分权与集权的博弈过程，目的绝大多数是增加地方财政与房地产开发。

本文再次理论性地确认中国在市场经济之下，以土地开发为基础的企业型地方政府的发展，接近 Harvey 所定义的“掠夺性积累”（accumulation through dispossession）。从开发区、大学城到生态城，中国地方政府管控土地集中都市化，对土地进行掠夺性积累[60~61,65]，其目的仍然是增加地方财政与房地产开发，也因而造成更多的社会冲突与不满。

致谢：作者感谢加州大学柏克莱分校邢幼田教授在2012年夏铸九教授荣退研讨会上的演说“Projectizing Culture and Nature”，以及台湾大学蔡书玮与郭耀中助理帮忙协助资料收集与整理。

## 参考文献

[1] Walder, A. G. ，“Local Governments as Industrial Firms：An Organizational Analysis of China's Transitional Economy” [J]. *American Journal of Sociology*, 1995, 101 (2)：263 -301.

[2] Oi, J. C. , “The Evolution of Local State Corporatism ” [J]. A. G. Walder. *Zouping in Transition-The Process of Reforms in Rural North China*. Cambridge：Harvard University Press. 1998. 37 -61.

[3] Wu, F. and Ma, L. J. C. , “The Chinese City in Transition-Toward theorizing China's Urban Restructuring” [J]. Ma L. J. C. and Wu F. *Restructuring the Chinese City-Changing Society, Economy and Space*. London：Routledge. 2005. 260 -278.

[4] Chien, S. -S. , “Institutional Innovations, Asymmetric Decentralization and Local Economic Development-Case Study of Kunshan in post-Mao China” [J] . *Environment and Planning C：Government and Policy*, 2007, 25 (2)：269 -290.

[5] Wu, F. , “How Neoliberal Is China's Reform? The Origins of Change During Transition” [J]. *Eurasian Geography and Economics*. 2010, 51 (5)：619 -631.

[6] Yang, C. , “Multilevel Governance in the Cross-boundary Region of Hong Kong-Pearl River Delta, China” [J]. *Environment and Planning A* . 2005, 37 (12)：2147 -2168.

[7] Zhang, J. X. and Wu F. , “China's Changing Economic Governance：Administrative Annexation and the

Reorganization of Local Governments in the Yangtze River Delta" [J]. *Regional Studies*. 2006, 40 (1): 3 - 21.

[8] Chien, S. -S. and I. Gordon, "Territorial Competition in China and the West" [J]. *Regional Studies*. 2008, 42 (1): 31 - 49.

[9] Zhang, J. , "Inter Jurisdictional Competition for FDI: the Case of China's Development Zone Fever" [J]. *Regional Science and Urban Economics*. 2011, 41 (2): 145 - 159.

[10] Lin, G. C. S. and Wei Y. H. D. , "China's Restless Urban landscapes1: New Challenges for Theoretical Reconstruction" [J]. *Environment and Planning A*. 2002, 34: 1535 - 1544.

[11] Lin, G. C. S. and Ho S. P. S. , "The State, Land System, and Local Development Processes in Contemporary China" [J]. *Annals of Association of American Geogeraphers*. 2005, 95 (2): 411 - 436.

[12] 杨宇振:《围城的政治经济学:"大学城现象"》[J],《二十一世纪》2009 年第 111 期,第 104 ~ 113 页。

[13] Walcott, S. M. , "Chinese Industrial and Science Parks: Bridging the Gap" [J]. *The Professional Geographer*. 2002, 53 (4): 349 - 364.

[14] Wei, Y. D. and Leung C. K. , "Development Zones, Foreign Investment, and Global City Formation in Shanghai" [J]. *Growth and Change*. 2005, 36 (1): 16 - 40.

[15] Cartier, C. , *Globalizing South China* [M]. London: Blackwell 2001.

[16] Wong, S. -W. and B. -s. Tang, "Challenges to the Sustainability of 'Development Zones': A Case Study of Guangzhou Development District, China" [J]. *Cities*. 2005, 22 (4): 303 - 316.

[17] Ding, C. and E. Lichtenberg, "Land and Urban Economic Growth in China" [J]. *Journal of Regional Science*, 2011, 51 (2): 299 - 317.

[18] Wu, F. , "China's Eco-cities" [J]. *Geoforum*. 2012, 43 (2): 169 - 171.

[19] Cooke, P. and K. Morgan, *The Associational Economy, Firms, Region, and Innovation* [M]. Oxford: Oxford University Press. 1998.

[20] Clark, G. , "Emerging Local Economic Development Lessons from Cities in the Developed World, and their Applicability to Cities in Developing and Transitioning Counties" [J]. *World Bank Urban Forum* 2002, *Urban Economic Development: Tool, Nuts, and Bolts*. Washington DC, 2002, April.

[21] Zimmerman, J. , "From Brew Town to Cool Town: Neoliberalism and the Creative City Development Strategy in Milwaukee" [J]. *Cities*, 2008, 25 (4): 230 - 242.

[22] Bai, X. , "Integrating Global Environmental Concerns into Urban Management- the Scale and Readiness Arguments" [J]. *Journal of Industrial Ecology*, 2007, 11 (2): 15 - 29.

[23] Reed, M. G. and S. Bruyneel, "Rescaling Environmental Governance, Rethinking the State: A Three-Dimension Review" [J]. *Progress in Human Geography*, 2010, 34 (5): 646 - 653.

[24] Jonas, A. E. G. , D. Gibbs, et al. , "The New Urban Politics as a Politics of Carbon Control" [J]. *Urban Studies*, 2011, 48 (12): 2537 - 2554.

[25] Harvey, D. , "From Managerialism to Entrepreneurialism: the Transformationin Urban Governance in Late Capitalism" [J]. *Geografiska Annaler*, 1989, 71B (1): 3 - 17.

[26] Jessop, B. and Sum N. -L. , "An Entrepreneurial City in Action: Hong Kong's Emerging Strategies in and for (Inter-) Urban Competition" [J]. *Urban Studies*, 2000, 37 (12): 2287 - 2313.

[27] 邢幼田，“Projectizing Culture and Nature”，夏铸九教授荣退研讨会论文集，台湾大学，台北，2012。

[28] Zweig, D.，“Institutional Constraints, Path Dependence and Entrepreneurship: Comparing Nantong and Zhangjiagang, 1984 – 96” [J]. J. H. Chung. *Cities in China: Recipes for Economic Development in the Reform Era*. London, Routledge, 1999, 215 – 255.

[29] Zhou, Y.，“Social Capital and Power: Entrepreneurial Elite and the State in Contemporary China “ [J]. *Policy Sciences*, 2000, 33 (3 – 4): 323 – 340.

[30] Wei, Y. D., Y. Lu, et al.，“Globalizing Regional Development in Sunan, China: Does Suzhou Industrial Park Fit a Neo-Marshallian District Model?” [J]. *Regional Studies*, 2009, 43 (3): 409 – 427.

[31] Tan, Q.，“Growth Disparity in China: Provincial Causes” [J]. *Journal of Contemporary China*, 2002, 11 (33): 735 – 759.

[32] Li, H. and L. -A. Zhou.，“Political Turnover and Economic Performance: The Incentive Roles of Personnel Control in China” [J]. *Journal of Public Economics*, 2005, 89 (9 – 10): 1743 – 1762.

[33] Chien, S. -S.，“Institutional Innovations, Asymmetric Decentralization and Local Economic Development-Case Study of Kunshan, in post-Mao China” [J]. *Environment and Planning C: Government and Policy*, 2007, 25 (2): 269 – 290.

[34] Wu, F.，“The (post-) Socialist Entrepreneurial City as a State Project: Shanghai's Reglobalization in Question” [J]. *Urban Studies*, 2003, 40 (9): 1673 – 1698.

[35] Yu, L. and Zhu L.，“Chinese Local State Entrepreneurialism—A Case Study of Changchun” [J]. *International Development Planning Review*, 2009, 31 (2): 199 – 220.

[36] Wu, F. and N. A. Phelps,“ (Post) Suburban Development and Stat Entrepreneurialism in Beijng's Outer Suburbs” [J]. *Environment and Planning*, 2011, 43 (2): 410 – 430.

[37] Chien, S. -S. and Wu F.，“Transformation of China's Urban Entrepreneurialism: Case Study of the City of Kunshan” [J]. *Cross Current: EastAsian History and Culture Review* (Forthcoming).

[38] Painter, C., K. Isaac-Henry, et al.，“Local Authorities and Non-Elected Agencies: Strategic Responses and Organizational Networks” [J]. *Public Administration*, 1997, 75 (Summer): 225 – 245.

[39] Li, L. C., *Centre and Provinces-China* 1978 – 1993: *Power as Non-Zero Sum*. New York. Oxford : Oxford University Press, 1998.

[40] Lam, T. C.，“Central-Provincial Relations amid Great Centralization in China” [J]. *China Information*, 2010, 24 (3): 339 – 363.

[41] Yang, D. L.，“Economic Transformation and its Political Discontents in China: Authoritianism, Unequal Growth and the Dilemmas of Political Development” [J]. *Annual Review of Political Science*, 2006, 9: 143 – 164.

[42] Wu, F. and Yeh A. G. O.，“Changing Spatial Distribution and Determinants of Land Development in Chinese Cities in the Transition from a Centrally Planned Economy to a Socialist Market Economy: A Case Study of Guangzhou” [J]. *Urban Studies*, 1997, 34 (11): 1851 – 1879.

[43] Hsing, Y. T.，“Land and Territorial Politics in Urban China” [J]. *The China Quarterly*, 2006, 187 (1): 575 ~ 591.

[44] Xu, J. and Yeh A.，“Decoding Urban Land Governance: State Reconstruction in Comtemporary Chinese Cities” [J]. *Urban Studies*, 2009, 46 (3): 559 – 581.

[45] Tian, L. and Ma W., "Government Intervention in City Development of China: A Tool of Land Supply" [J]. *Land Use Policy*, 2009, 26 (3): 599 – 609.

[46] Lin, G. C. S., "Scaling-up Regional Development in a Globalizing China Local Capital Accumulation, Land-Centred Politics and Reproduction of Space" [J]. *Regional Studies*, 2009, 43 (3): 429 – 447.

[47] Xu, J., A. Yeh, et al., "Land Commodification: New Land Development and Politics in China since the late 1990s" [J]. *International Journal of Urban and Regional Research*, 2009, 33 (4): 890 – 913.

[48] Tao, R., F. Su, et al., "Land Leasing and Local Public Finance in China's Regional Development: Evidence from Prefecture-level Cities" [J]. *Urban Studies*, 2010, 47 (10): 2217 – 2236.

[49] Yeh, A. G. O. and Wu F., "Urban Planning System in China" [J]. *Progress in Planning*, 1999, 51 (3): 167 – 252.

[50] 张召堂：《中国开发区可持续发展战略》[M]，北京：中共中央党校出版社，2003。

[51] Zhao, L. and Sheng X., "China's 'Great Leap' in Higher Education" [J]. *Singapore*, *East Asian Institute*: *Background Brief*, 2008, No. 394.

[52] Lu, L. and Wei Y. D., "Domesticating Globalization, New Economic Spaces and Regional Polarization in Guangdong Province, China" [J], *Tijdschrift voor Economics en Sociale Geografie*, 2007, 98 (2): 225 – 244.

[53] 卢波：《当代"大学城"规划建设问题及其战略调整研究》[D]，南京：东南大学，2005。

[54] 上官琳：《我国大学城开发现状及开发运作模式研究》[D]，重庆：重庆大学，2005。

[55] 陈珩、石建和：《"大学城"建设的分析、梳理和建议》[J]，《合肥工业大学学报》（自然科学版）2007 年第 11（4）期，第 1520 ~ 1523 页。

[56] 黄肇义、杨东援：《国内外生态城市理论研究综述》[J]，《城市规划》2001 年第 25（1）期，第 59 ~ 66 页。

[57] 仇保兴：《从绿色建筑到低碳生态城》[J]，《城市发展研究》2009 年第 16（7）期，第 1 ~ 11 页。

[58] Joss, S., D. Tomozeiu, et al., *Eco-cities—A Global Survey* 2011 [M]. London, University of Westminster International Eco-Cities Initiative, 2011.

[59] While, A., A. E. G. Jonas, et al., "The environment and the entrepreneurial city: Searching for the urban 'sustainability fix' in Manchester and Leeds" [J]. *International Journal of Urban and Regional Research*, 2004, 28 (3): 549 – 569.

[60] Hsing Y.-t., *The Great Urban Transformation*: *Politics of Land & Property in China* [M]. New York: Oxford University Press, 2010.

[61] He S. and Wu F., "China's Emerging Neoliberal Urbanism: Perspectives from Urban Redevelopment" [J]. *Antipode*, 2009, 41 (2): 282 – 304.

[62] 蔡佩娟、简博秀：《土地征收法规与中国地方政府——以广州大学城土地征收事件为例》[J]，《土地问题研究季刊》2008 年第 7（3）期，第 50 ~ 61 页。

[63] The World Bank, "Sino-Singapore Tianjin Eco-City: A Case Study of an Emerging Eco-City in China" [M]. Washington D. C.: The World Bank, 2009.

[64] Lieberthal, K. G., "Introduction: The 'Fragmented Authoritarianism' Model and Its Limitations" [J]. K. G. Lieberthal and D. M. Lampton, Bureaucracy, *Politics*, *and Decision Making in Post-Mao China*. Oxford, University of California Press, 1992, 1 – 30.

[65] Zhao, Y. and C. Webster, "Land Dispossession and Enrichment in China's Suburban Village" [J]. *Urban Studies*, 2011, 48 (3): 529 – 551.

# Projectization of Land Development and Chinese Local Entrepreneurialism: A Case Study of College-Town Fever and Eco-City Fever

*Shiuh-Shen Chien*

(Associate Professor in Development Geography, National Taiwan University)

**Abstract**: Chinese subnational entrepreneurial authorities, who innovate policy to promote the local economy, have played a crucial role in post-Mao transition. These local entrepreneurial governments are well known for skillfully utilizing their decentralized power to convert farmlands to constructed lands for various kinds of industrial development and urban expansion. Since the year 2000, two new phenomena, called college town fever and eco-city fever, have developed. As of this writing, more than 60 college-town cases and about 200 eco-city projects have been proposed, are under construction, or have even been partly or fully implemented. These two fevers are examined within an analytic framework I propose, namely that Chinese local entrepreneurialism has three operational features: ①land-related entrepreneurial projects; ② inter-scalar strategies to formally and informally pursue the projects; ③ novel discourses that seek to legitimize the projects. This paper argues that college towns and eco cities are better understood as the entrepreneurial projectization (xiang mu hua) of land development occurring with flexible local discretion of central policies and entrepreneurial discourses of land marketization, a knowledge economy, and a green economy. However, under the context of land-centred local entrepreneurialism, these college-town and eco-city projects have contributed little to innovation development and environmental protection but much to local finance and social conflict.

**Keywords**: Chinese local entrepreneurialism; College town fever; Eco-city fever; Zone fever; Land politics

# 多研究些问题，也谈些主义

## ——关于中国特色环境治理理论之初步思考*

叶　浩

（国立政治大学政治学系）

**摘　要**　自从“中国特色社会主义”理论提出之后，各种以“中国特色”为标签的社会科学理论竞相出现。本文聚焦于环境治理议题，旨在此语境下探索“中国特色的环境治理理论”，并且试图提出几点方法论，助力学界进一步发展成为研究纲领。借由讨论学界习惯援引的西方主流理论的预设，本文反对直接借用与移植去脉络化的经验性与规范性研究，主张唯有基于实际经验研究的诠释性规范理论才能建构适用于中国现实的环境治理理论。

**关键词**　政治理论；环境治理；中国特色；诠释性规范理论

> 多研究些问题，少谈些主义。——胡适
>
> 魔鬼总在细节里。——英国习语

## 1　引言

自从“中国特色社会主义”的理念提出之后，各种以“中国特色”为标签的社会科学理论竞相出现，例如“中国特色的国关理论”“中国特色的社会学”“中国特色的经济学”等，顿时蔚为风尚，堪称当前中国学界的一大特色。本文聚焦于环境治理议题，旨在此语境下探索“中国特色的环境治理理论”，并且试图提出几点方法论，希望助力学界进一步发展成为研究纲领。

寻求中国特色的社会主义，开始于改革开放后，中国共产党及其领导的学界致力于思考如

* 基金项目：国家科学委员会研究计划（100－2420－H004－010－MY3）。

作者简介：叶浩（1973～），男，台湾高雄人，助理教授，博士。主要研究西洋政治思想。

何将部分资本主义元素引入社会主义中国，也就是在社会主义制度与思想的前提之下，如何与世界经济接轨。2007年中国共产党第十七次全国代表大会提出，“在中国共产党领导下，立足于基本国情，以经济建设为中心，坚持四项基本原则，坚持改革开放，巩固和完善社会主义制度，建设社会主义市场经济、社会主义民主政治、社会主义先进文化、社会主义和谐社会，建设富强、民主、文明、和谐的社会主义现代化国家”。根据这一宏观战略，雨后春笋般出现的各种“中国特色”理论，似乎也扩展了该词的内涵，且就逻辑而言，至少暗含了三种概念上可作区别的意义：①实际“反映”中国当前社会现实；②“适用”于中国现状的处方；③“源自”中国的思想传统。

从近代中国思想史的脉络来看，立足于基本国情，试图调和两种价值或思想体系并非原创，而是清末民初许多举着“中学为体，西学为用”旗帜的知识分子的共同关怀，其基本论述首见于张之洞1898年的《劝学篇》，随后还有诸多逻辑类似的“借鉴”与“折中”版本，大抵希冀将西方社会的某些元素——当时尤指科学技术，虽然也有人意在宪政体制——引入中国。今日的中国已非过去的清朝或中华民国，而是以社会主义意识形态立国的中华人民共和国，但基本思维仍有相同之处，即认为甲社会的某部分文化或体制，可移植到乙社会落实，并且不会彻底改变后者的社会根基。借鉴资本主义，某种程度上预设两者的社会分工分属于不同的生活领域，既不会出现领域的“外溢效用”（spilt-over effect），也不会有“体”“用”水土不服的可能。

笔者此处无意深究当年的“体用”调和论以及与之争辩的“全盘西化”和“复古”两派，只想借此指出以下几点。第一，“调和”“复古”与“西化”三派的基本态度于今犹在，只不过转化为当前理论工作者面对西方学界主流理论时的“预设”立场。第二，上述三个预设，事实上根植于“后设理论”（meta-theoretical）中的立场差异，对于理论与实践的关系有各自不同的理解。第三，厘清上述后设理论预设，不只能提升我们从事理论建构的方法论敏感度，也能让我们在选择理论应用时不至于落入过往的窠臼。第四，探究此议题对于“中国特色的环境治理理论”追寻有直接的关联性。本文下一部分将进一步解释第二和第三两点，作为随后讨论第四点的基础，第一点则留待结论再作讨论。

## 2 关于“中国特色”社会科学的几点后设理论思考

“中国特色”理论的追寻，基本上是对西方普世主义思维模式的响应，而所指的对象则主要是享有世界话语霸权的西方“民主宪政”政治体制与“资本主义”经济模式，弗朗西斯·福山（Francis Fukuyama）一度倡议的“历史终结论”则同时结合两者，称“自由民主政体”为人类追寻理想政治体制漫长之旅的终点，这无疑是基督教之后的普世主义之最佳代表。今日取而代之的是经验性研究领域的“民主和平论”，以及规范性研究领域的“审议民主理论”。

进一步解释，民主和平论基于经验证据显示，民主国家之间几乎未曾发生过战争，因而据此推论：民主制度的落实可以防范战争的发生。作为基于观察与统计资料的经验性陈述，此主张当然有其科学性。然而，问题出在该理论进一步被推演成这样的主张：所有的国家都必须进行民主化，成为民主宪政国家；不仅如此，还得进行经济的自由化以及贸易上的开放政策。于是，一系列的“新自由主义”（Neo-liberalism）相关理论如雨后春笋，例如，“经济互赖和平论”，认为两国之间的贸易关系愈紧密就愈不可能发生战争，基本预设为所有国家都是同构型的单位，亦即利益最大化的理性抉择者，并且国与国之间不但没有真正的利益冲突，而且还有共创双赢的可能——此推论的终点，就是美国的“新保守主义”外交政策——企图直接以国际干预的手段进行政治民主化与贸易自由化的工程。

值得注意的是，原先的“经验性”量化研究已经悄悄地转化为一套“规范性”政治理论。姑且不论其推论过程是否犯了苏格兰启蒙运动大哲休谟（Hume）所提出的“自然主义谬误”（Fallacy of Naturalism），亦即试图从“实然”推出“应然”的逻辑谬误。美国当今的民主和平论者认为他们国家的实然，就是所有其他国家的应然！当然，如此的信心也建立在现代规范性理论之上，也就是由霍布斯（Hobbes）开启的英美“社会契约”（Social Contract）思想传统。

社会契约论的核心在于对“自然状态”（State of Nature）的想象，也就是人类在进入社会之前的生活状态。按照霍布斯的设想，那是一个充满恐惧、自私自利、没有安全感、无从累积财产、人与人不断斗争甚至是战争的世界。虽然作为神的受造物的人类有些自然法知识，但在缺乏制度性保障的情境之下也无从实践，不过，神赐的理性最后驱使他们互相签订契约，建立了社会，并且有了主权者，享有绝对权威以及武力使用权。洛克（Locke）的版本具有更浓厚的基督教色彩，认为上帝所创的子民在自然状态下已经有道德并且受自然法的约束，享受上帝的恩赐，所以生活不致匮乏，因此也可以从事耕作并且累积财产，只不过因为不同人对于自然法的实质内容理解有差异，所以争辩不断，因此需要一个主权者来扮演公正角色，并且享有自然法的最终解释权。姑且不论版本差异的相关意涵，社会契约的想象界定了社会或者国家的根本存在目的，也就是保障人类在进入国家之前就已经拥有的事物，有的要更好，没有的要成为可能有的——如此一来，个人与社会的关系就成了一种“互利”的关系，而无法提供如此保障的政府也就是失职的政府。

社会契约论是英美的“宪政主义”之理论基础，现代民主制度的产生也不过是定期让人民与政府之间存在一种契约关系。必须注意的是，虽然上述的社会契约论带有基督教色彩，但是真正的关键在于“理性”（rationality）概念的理解与应用。换句话说，社会契约论者真正依赖的是个人理性的运作，甚至是利益的算计，所以才能宣称凡具有理性的人都必须如此设想社会与政府的存在意义。如此纯粹理性与算计的特性，在当代的社会契约论中表现得就更加明显了。20 世纪最重要的美国政治思想家 John Rawls 正是如此，其贡献也不过为签订社会契约的理由添加一个新的“风险”方面，亦即让处于自然状态的人们在签约之时可以设想自己或许将来会处于社会底层的不利位置，因此决定将针对社会弱势者的保障预先纳入社会的根本大法。虽然如此的设想让社会契约论略微左倾，让自由社会所形成的市场在运作之下考虑些许社会福利的提供。然而，不变的是个人、社会与政府之间的“互利”关系，社会与政府的存在是个人利益考虑的自然结果。

去除基督教脉络的社会契约论，使得一切的推论过程显得更加单纯，更加像是没有特定文化或宗教背景的个人的纯粹“理性抉择”（Rational Choice），而这就是西方在俗世化的今日能够宣称其理论普适于世的理由，也就是西方人认为他们的“实然”是所有其他国家的“应然”的理由！更精确地说，他们并不认为出口民主制度等同于强加自己的价值观于他人之上，而是所有人类只要是理性的就应该如此设想人民与政府之间的关系——如同数学或逻辑一样，其运算或者“演绎”过程不受任何文化或社会价值观的影响，理性抉择的个人必然会作出同样的思考，据此，西方也不过是“早于”其他国家实现所有人类的“应然”而已。

近年来蔚为风尚的“审议民主”（Deliberative Democracy）理论，无疑是理性思考去脉络化更进一步的发展。其理论基础主要来自 Rawls 的“公共理性”（Public Reason）概念与 Habermas 的“理想言说”（Ideal Speech）理论。扼要地说，Rawls 所谓的公共理性是一种“去异求同”达成共识的程序，之所以是“公共”的原因在于关乎宪政根本大法实质内容的论辩，参与者不该援引宗教或意识形态等应该归属于“私领域”的理由。就实践上而言，这犹如必须事先排除“异”，其结果当然就剩下“同”。换言之，审议民主模式旨在提供一个让理性去脉络化的机制，而共识的取得几乎是必然结果。Habermas 批评此模式根本就缺乏真正的沟通、对话的审议过程。然而，虽然他的版本程序上允许参与者援引自身的信仰与价值观来对话，但是，因为他终究认为审议民主模式在实践上可以逼近“理想言说”情境，亦即所有的参与者可在实际的交谈中逐步去除——而不是 Rawls 版本的预先排除——主观的“错误”（主观即是错误）认知，其理论基础终究还是去脉络化的实践理性。

毋庸置疑，抽象理性最引人入胜的是：一个人推理与一百个人共同思考在本质上并无差亦，结论必然相同，因此理性的论者可以代替别人思考。换言之，实际上涉及历史脉络与社会情境的思考，不仅可以被化约为纯粹的逻辑推演，而且甚至本来就应该事先排除。如此的思维模式充斥了整个政治学领域，不仅是上述的规范性研究，许多所谓的“经验性”科学研究实际上也企图以“演绎”取代其他的推论工作。除了上述民主和平论所采取的量化研究之外，当前经验研究的另一个主流是“模式化”研究，也就是以“理性抉择”作为解释模型的各种博弈理论。当然，此类博弈理论正是源于霍布斯的自然状态推论。只不过，运用在经验研究之上的博弈理论，不仅可以“预测”，还可以在预测失败的时候批评行为者为“非理性”；以此方式进行的研究，其实有以经验研究之名，行规范性批判之实的嫌疑，甚至让人难以感受到研究者愿意理解当事人的心。然而，当前许多从事中国研究的西方学者，却是视此为主流。

以上是西方政治学界的主流方法论与研究预设。让我们把目光转移至反驳西方学术霸权的“中国特色”社会科学理论。首先，让我们进一步分析上述提及的三种“中国特色”理论意涵，亦即：①实际“反映”中国当前社会现实；②“适用”于中国现状的处方；③“源自”中国的思想传统。就理论性质而言，这三种意义关乎不同的研究角度，并分别涉及“经验性研究”“规范性研究”与“历史性研究”，且直观上似乎理所当然分属“经验政治”“政治哲学”以及“政治制度史”等不同的政治学次领域。然而，就政治学实际分工而言，事实并非如此简单——毕竟，正如前文所述，经验研究可能有实践上的规范意涵。

举例说明，建构中国特色理论的学者，往往采取历史研究途径，借由分析中国历史上的制度与思想，提出有别于源自西欧 17 世纪的西伐利亚体制（Westphalia System）（也就是当前的主权国家体制，法理上人人平等，对外不承认更高权威）的国际秩序想象。赵汀阳近年所提的“天下”理论无疑是此方面的代表作，其设想的国际秩序并非建立在主权平等的民族国家之上，而是传统的天朝观与朝贡体制。不过，虽然此角度的“中国特色”尤为明显，但除非论者满足于该理论的“纯粹历史”意涵，论者必须说明该理论与今日现实有何干系。然而，任何的非历史意涵必然诉诸“中国特色”的其他理解。

进一步说明，倘若倡议中国特色国际关系理论（西方学界近来称之为“中国学派”）的学者旨在“批判”当前西方学界主流学派所预设的西伐利亚体系，那么，他们必须提出该理论之所以能“普适于世”（universal）抑或“只能适用”于中国的理由。倘若中国学派意在指出其理论的普适于世性质，其学派成员必须全面对抗西方主流学派的预设，并且必须指出为何天下观“优于”西伐利亚体制，而这又必须指出其判断优劣的标准为何优于主权国家体制所蕴涵的“平等”与“自主”等价值，等于开出一个政治改革的处方给国际社会，也就是一个适用于全球的“规范性”（prescriptive）国际政治理论。

倘若中国学派论者欲退一步，说明“天下”国际关系理论“只适用于”中国，其理论难度其实并不亚于前者，因为，任何对于为何某理论只能适用于某个国家的说明，必须清楚解释在什么时候基于什么理由某个理论只能“适用于”某个社会，无论其理论目的在于“解释”（explain）、“理解”（understand）、“批判”（critique），还是“规范”（prescribe）该社会的某些方面甚至整体。然而，这必定涉及：①提供一个关于“理论的适用性”之后设理论（meta-theory），而且该理论本身还必须具有普适于世的适用性，毕竟，它将从普世的“制高点”告诉我们哪些理论适用于哪些社会；②提出一个具有“针对性”的规范性国际政治理论，也就是说明为何中国以及某些目前享有独立主权的国家（毕竟一国不能独立撑起天下）“应该”建立天下体系，而且这个针对性还必须建立在综合评估天朝与西伐利亚两种体制之后的选择之上；③提出一个合理的实践方式（毕竟天朝早已远去），让早已消失的天下体系“可以”并且“如何”再现——除非论者可以提出经验证据，证实天下体制是“反映”国际现实，否则“再现”天朝观的国际秩序无异于“去”主权国家体系的过程，其现实与理论问题并非西伐利亚体系建立时所能比拟。

中国学派尚未正视上述的（后设）理论问题，因此距离一个可以挑战当前西伐利亚体系的理论还远。同理，相关的各种以“中国模式”为名的理论与研究也是如此。然而，必须指出的是，倘若中国学派论者采取第一种方式论证“中国特色”，实际上无异于所欲批判的西方主流学派，也就是忽略理论的“应用脉络”重要性的倾向。无论如何，当“中国特色”概念被提出时，绝非旨在陈述其纯粹的历史意义，而是希望揭示其更重要的理论意义。如何避免陷入与西方同样的逻辑之中，将是我们必须共同面对的严肃课题，而这就要采取上述第二种选择，正视脉络对于理论应用的重要性。

## 3 “中国特色”环境治理理论道路上的几块“石头”

正视脉络对于理论应用的重要性，意味着理论应用时必须要慎选理论，并且考虑实际情境所需。本文称此为“脉络化的规范性理论”（Contextualized Normative Theory），其“规范性”意涵有二：首先，任何具有实质性政策建议的理论，都是一种“处方”（prescription）；其次，此研究建立在对于脉络的实际情境，包括对于特殊情境下的实存“规范”或者是镶嵌于脉络之中的价值与理想，因此也具有关乎价值规范的“规范性”（normative）意义。此处的“脉络化”同样也有双重意涵，即“诠释性”（interpretative）以及“经验性”（empirical）两者并重，前者的必要性在于任何实存的规范与价值都必须经由诠释才可能做到，后者的必要性则是因为诠释必须建立在“理解”（understanding）之上，否则只是臆测。

当然，如此研究也可理解为基于实际情境并且对症下药的“问题导向”研究，与时下常见的“理论导向”或“方法导向”经验性研究不同。理论导向的论者视一个特定的全面性政治理论为政治蓝图，例如审议民主理论或者民主宪政理论，然后“生搬硬套”于预设的具体情境，后续的问题只剩下如何按照蓝图创造一个新的现实或改造既存的现实。方法导向的研究者倾向于将研究化约为按照所欲应用的理论来解读研究对象，实践上无异于技术性的演练工作，公共理性理论或博弈理论往往如此，其推论过程往往只是论者的“演绎”，而非作为研究对象的当事人的实际动机或理由。

进一步解释，让我们将理论研究按照抽象程度分为三个不同层次：①通则性理论；②脉络化理论；③问题的解决方案。理论导向的研究是由特定的理论决定了何谓“问题”，并且无视脉络情境的特殊性，因为该理论的正当性或者实践上的可欲性是预设。方法导向的理论操作上则是在脉络情境内寻找方法所预设的该看到的特定现象，忽略情境的其他层面。例如，用量化方法来研究社会权力的运作或者国际关系的权力运作，只能专注于测量得到的权力面，诸如军事实力或者经济实力，却无法研究隐藏性的权力，如是谁掌握议程之类的权力，其研究结果并非全貌，甚至可能是整体上的误解。然而，脉络化规范性理论是通过实际情境的内部来掌握问题的所在，也就是找出实际“镶嵌”于情境之中的价值与理想以及冲突之处，然后寻求“妥协”之道。换句话说，该研究方法旨在让实际情境（通过研究者的诠释与理解）“反映”问题，也就是“源自”特殊历史脉络的价值冲突，然后寻求真正“适用”的解决方案——倘若运用于前文所讨论的“中国特色”理论追求之上，这是个能同时满足三个“中国特色”意义的研究方法。

此外，脉络化规范性研究方法本身就是个关乎“理论适用性”的后设理论，而且实践上能够针对情境提出针对性的政策建议。因此，该方法论本身能呼应前文所提及追求中国特色理论的学者须作出的第二种响应。运用于环境治理的议题之上，本文认为追求适用于中国特殊情境的理论的首要工作便是理解特定环境议题所涉及的诸多甚至互相冲突的价值与理想，以及利害关系人，然后再判断适当的解决方案。

具体而言，笔者认为生态环境必须被视为公共财产，具有“不可分割”与“不可排他”的特性，相关的权利必须由不同层级的政府与社会团体共享。步骤上，首要之事为借由经验性个案研究来确立中国共产党、不同层级的政府、不同的环保团体与企业机构等，究竟各自扮演什么角色，以及如何化解经济发展与环境保护之间的冲突与矛盾。

当前关于中国环境治理的研究主要可分为三类：①针对中国环境治理政策与效果的描述和分析；②针对中国环境治理政策对于未来环境与经济发展影响的评估；③关于中国环保团体如何影响环境治理政策的研究。这三类的研究基本上都属于经验性的研究，前两类以实际的中国环境治理政策作为主要的研究对象，所作出的政策建议也仅限于中国政府所制定的政策之微调，但是无法深入回答“谁、为何、如何”（who，why，how）的政策制定与执行过程问题。至于第三类研究，虽然注意到了中国政府以外的行为者，但也没有深入解决究竟“应该”由“谁”借由“何种方式”来制定“什么”政策的宏观角度的规范性问题。

值得注意的是，学者对于中国的环境治理议题的研究，往往取决于对于中国整体的政治与社会关系的理解。进一步说明，现今对于中国治理模式主要有三种看法：第一种是所谓的“调适国家”（adaptive state）观点，强调国家与时俱进的适应能力，不断地自我调整以适应新局势，基本上可以理解为 Zbigniew Brzezinski 于 1950 年代所提的“类列宁式党国体制”（Quasi-Leninist Party-state System）观点之延续。第二种是所谓的“零碎化威权主义国家”（Fragmented Authoritarian）观点，主要由 Kenneth Lieberthal 与 Michel Oksenberg（1990）所提出，认为中国国家机器官僚体制和内部不同层级之间的协商与讨价还价主导政策的制定过程。第三种为“市民社会”（Civil Society）观点，或所谓的“非国家市场驱动”（non-state market-driven）理论，主张兴起中的中国市民社会正在挑战国家机器的权威和决策方式，而政府也作出响应，给予社会团体较大的自由。

这种以西方市民社会的发展为借鉴对象的中国研究理论方兴未艾。其研究预设了自主市民社会的存在，并且对于中国政府的政策有实质影响力。倘若研究结果认定市民社会扮演了日益重要的角色，并且产生正面的环境治理效果，便有理由支持市民社会的进一步发展。建议采取“协力治理”（Collaborative Governance）或“审议式民主”（Deliberative Democracy）模式以解决环境治理议题的学者，基本上预设了公民的自主性以及对于环境等公共事务的关心，以及环保团体的决策影响力。

事实上，“审议式民主”是对于当前民主制度的改良，也可以说是“直接民主”不可行与“代议民主”成效不彰两者的折中。然而落实审议式民主不仅需要高度的公共事务参与意愿，还需要有整体的民主制度来配合。若以此为解决中国环境污染问题之道，犹如将迫切的环境治理问题推至民主化政治体制之后，也就是说欲解决环境问题必先解决政治问题。然而倡议“审议式民主”或“市民社会”的学者，既无视中国现阶段缺乏审议民主所需的民主大环境，也忽略了中国至今在环境治理上的成就。经验证据显示，环境治理的成功并不需要以“民主”体制为前提，因为中国政府对于环境保护已经作出积极响应，并且陆续制定了相关的环境治理法律。甚至在有些地区（例如上海市与张家界）的环境治理方面也达到了令民主国家环保团体钦佩的成效。采取“调适国家”观点的学者，似乎是最清楚地意识到中国政府环境治理成就的研究者。

诚然，在特定城市的成功案例，意味着中国有其独特的环境治理模式。但是将治理的成效全部归功于政府，以先验（a priori）的方式否定了居民与环保团体 NGO 的角色，理论上站不住脚，也不见得符合实情。更重要的是，秉持此观点的学者并未直接面对“为何要调适”这个更为根本的问题，毕竟“与时俱进”的政党是对于自身体制外力量的响应。换句话说，借中国的环境治理成效倡议“生态威权主义”（cco-authoritarianism）者，似乎低估了环境治理的政府体制外力量。而将中国政府理解为企业般的“统合治理”（Corporatist Governance）学者，也忽略了政府不同部门以及不同层级之间利益冲突的事实。相较之下，“零碎化威权主义国家”观点似乎较能了解环境治理的相关行为者，不过，与“调适国家”观点一样，它终究忽略了环保社会运动对于中国政策制定的影响。

上述的文献讨论也显示，无论是中国环境治理研究或是中国体制的研究，纵使旨在作经验性的个案分析，也具有相当程度的规范性意涵。毕竟，所谓的“政策建议”，背后总隐藏着一个对于特定事实的理解与价值判断。例如，“审议式民主”的建议实际上蕴涵着对于“民主”价值的支持以及政治改革的必要，“生态威权主义”观点则意味着“效率”的优先性以及威权体制的优越性甚至“正当性”。

脉络化规范性理论的方法论致力于建立一个符合中国国情的规范性环境治理理论，内容包含“为何”该进行环境治理、“谁”应该参与治理的决策制定、“如何”治理才能符合中国历史与文化特殊性。截至目前，笔者不认为中国的环境治理过程中，任何上述的行为者具有独占的话语权或绝对的实质政策决定能力，反而愿意正视这些行为者的存在与互动，协力合作以消除冲突对立。此外，基于根据目前有限理解所作的判断，笔者主张中国政府必须善用“统合制度”（corporatism），有效协调主要行动者之间的资源与利益，也唯有在各层级的行为者愿意协调与妥协时才能做好环境治理。如此的环境治理模式姑且称为“统合式协力治理”（Corporatist Collaborative Governance，CCG），其实践上不以民主体制为执行的前提，并且认同国家机器的威权统治能力，同时也正视中国政治领导者的重要性，认为国家环境治理政策的推行需要有环境理念的政治领导者或政党/政府，在行动上支持环境治理政策的制定与推行。CCG 介于“生态威权主义”与“审议式民主”之间，真正能符合中国国情的环境治理制度尚待进一步的经验研究来印证。

## 参考文献


[1] A. Downs. , *An Economic Theory of Democracy* [M]. New York: Harper, 1957.

[2] Axelrod, R. , *The Evolution of Cooperation* [M]. New York: Basic Books, 1984.

[3] Axelrod, R. & R. O. Keohane, “Achieving Cooperation under Anarchy: Strategies and Institutions” [J]. *World Politics*, 1985, 38: 226 – 254.

[4] Barry Naughton, *Growing out of Plan: Chinese Economic Reform*, 1978 – 1993 [M]. Cambridge: Cambridge University Press, 1996.

[5] B. Russett, *Grasping the Democratic Peace: Principles for a Post-Cold War World* [M]. NJ: Princeton University Press, 1993.

[6] Chris Brown, *Sovereignty, Rights and Justice: International Political Theory Today* [M]. Cambridge: Polity, 2002.

[7] D. Austen-smith & J. S. Banks, *Positive Political Theory* 1 *Collective Preference* [M]. Ann Arbor, Mich. : University of Michigan Press, 1999.

[8] David Hume, *A Treatise of Human Nature* [M]. Clarendon press, Oxford, 1896.

[9] E. Navon, “The Third Debate Revisited” [J]. *Review of International Studies* , 2001, 27: 612 – 613.

[10] F. Fukuyama, *The End of History and the Last Man* [M]. New York: Maxwell Macmillan International, 1992.

[11] George Crowdre, “Pluralism and Liberalism” [J]. *Political Studies*, 1994, XLII: 293 – 230.

[12] George Crowdre, *Liberalism and Value Pluralism* [M]. London: Continuum, 2002.

[13] Gutman Amy & Dennis, *Thompson Why Deliberative Democracy*? [M] Princeton, NJ. : PrincetonUniversity

Press, 2004.

[14] H. Patomaki& C. Wight, "After Postpositivism?" [J]. *The Promise of Critical Realism*, *International Studies Quarterly*, 2000, 44 (2): 213 - 237.

[15] Isaiah Berlin, *Four Essays on Liberty* [M]. Oxford: Oxford University Press, 1969.

[16] Isaiah Berlin, *The Crooked Timber of Humanity* [M]. London: Fontana Press, 1991.

[17] Isaiah Berlin, *The Proper Study of Mankind* [M]. London: Pimlico, 1998.

[18] Isaiah Berlin& Bernard Williams, "Pluralism and Liberalism: A Reply" [J]. *Political Studies*, 1994, XLII.

[19] J. Habermas (T. McCarthy, Trans.), *The Theory of Communicative Action* [M]. Boston: Beacon Press, 1984.

[20] J. Habermas (C. Lenhardt and S. W. Nicholsen, Trans.), *Moral Consciousness and Communicative Action* [M]. Cambridge: The MIT Press, 1990.

[21] J. Habermas (W. Rehg, Trans.), *Between Facts and Norms*: *Contributions to a Discourse Theory of Law and Democracy* [M]. Boston: Beacon Press, 1996.

[22] John Gray, *Liberalism* [M]. Milton Keynes: Open University Press, 1984.

[23] John Gray, *Post-Liberalism* [M]. London: Routledge, 1993.

[24] John Gray, *Berlin* [M]. London: Fontana Press, 1995.

[25] John Gray, *Two Faces of Liberalism* [M]. Cambridge: Polity, 2000.

[26] John Locke (introd. by Russell Kirk), *Of Civil Government*, *Second Treatise* [M]. South Bend, Ind.: Gateway Edition, 1955.

[27] John Rawls, *A theory of Justice* [M]. Oxford ; New York : Oxford University Press, 1999.

[28] John M. Owen., "How Liberalism Produces Democratic Peace" [J]. *International Security*, 1994, 19 (2): 87 - 125.

[29] Jonathan Dancy, *Practical Reality* [M]. Oxford: Oxford University Press, 2000.

[30] Jon Elster, *Deliberative Democracy* [M]. Cambridge: Cambridge University Press, 1998.

[31] Joseph Wong, "The Adaptive Developmental State in East Asia" [J]. *Journal of East Asian Studies*, 2004.

[32] KelleeS. Tsai, "Adaptive Informal Institutions and Endogenous Institutional Change" [J]. *China World Politics*, 2006, 59 (1): 116 - 141.

[33] Kenneth Lieberthal & Michel Oksenberg, *Policy Making in China*: *Leaders*, *Structures*, *and Processes* [M]. Princeton, N. J.: Princeton University Presss, 1988.

[34] K. N. Waltz, *Theories of International Politics Reading* [M]. MA : Addison-Wesley, 1979.

[35] K. N. Waltz, *Reflections on Theory of International Politics*: *A Response to My Critics* [A]. *Neorealism and Its Critics. Edited by R. Keohan* [C]. New York: Columbia University Press, 1986.

[36] K. N. Waltz, "America as a Model for the World?" [J]. *PS*: *Political Science and Politics*, 1991, 24 (4): 667.

[37] Michelle Cini& Nieves Perez-Solorzano Borragan, *European Union Politics* [M]. Oxford: Oxford University Press, 2009.

[38] M. W. Doyle. Kant, "Liberal Legacies, and Foreign Affairs" [J]. *Philosophy and Public Affairs*, 1983, 12 (3): 205 - 235.

[39] M. A. Neufeld, *The Restructuring of International Relations Theory* [M]. London: Cambridge University

Press, 1995.

[40] O. W? ver, *The Rise and Fall of the Inter-paradigm Debate* [A]. S. Smith, K. Booth & M. Zalewski (Eds.). *International Theory: Positivism and Beyond* [C]. New York: Cambridge University Press, 1996. 149 - 185.

[41] P. C. Ordeshook, *Game theory and political theory* [M]. Cambridge; New York: Cambridge University Press, 1986.

[42] Philippe C. Schmitter& Gerhard Lehmbruch (eds.) *Trends Towards Corporatist Intermediation* [M]. London: Sage Publication, 1979.

[43] Ramin Jahanbegloo, *Conversations with Isaiah Berlin* [M]. New York: Charles Scribner's Sons, 1991.

[44] Richard Bellamy, *Liberalism and Pluralism: Towards A Politics of Compromise* [M]. London: Routledge, 1999.

[45] Richard Bellamy, *Rethinking Liberalism* [M]. London: Continnum, 2005.

[46] R. O. Keohane, *After Hegemony* [M]. Princeton: Princeton University Press, 1984.

[47] R. O. Keohane, *International Institutions and State Power* [M]. Boulder, CO: Westview Press, 1989.

[48] Scott Burchill et al., *Theories of International Relations* (3rd ed.) [M]. Hampshire: Palgrave, 2005.

[49] Smith, S. *Positivism and Beyond* [A]. S. Smith, K. Booth & M. Zalewski (Eds.). *International Theory: Positivism and Beyond* [C]. New York: Cambridge University Press, 1996. 11 - 46.

[50] Susan Shirk, *The Political Logic of Economic Reform in China* [M]. Berkeley, CA: University of California Press, 1993.

[51] Tony Saich, "Negotiating the State: The Development of Social Organizations in China" [J]. *The ChinaQuarterly*, 2000, 161: 124 - 41.

[52] T. Hobbes, *Leviathan* [M]. Amherst, N. Y.: Prometheus Books, 1988.

[53] T. Porter, *Postmodern Political Realism and International Relations Theory's Third Debate* [A]. C. T. Sjolander& W. S. Cox (Eds.). *Beyond Positivism: Critical Reflections on International Relations* [C]. Boulder, CO: Lynne Reinner Publishers, 1994. 105 - 128.

[54] William Galston, *Liberal Pluralism* [M]. Cambridge: Cambridge University Press, 2002.

[55] White, Gordon, Jude Howell and Shang Xiaoyuan, *Search of Civil Society: Market Reform and Social Change in Contemporary China* [M]. Oxford: Clarendon Press, 1996.

[56] Yijiang Ding, "Corporatism and Civil Society in China: An Overview of the Debate in Recent Years" [J]. *ChinaInformation*, 1998, 12 (4): 44 - 67.

[57] Y. Lapid, "The Third Debate: On the Prospects of International Theory in a Post-positivistera" [J]. *International Studies Quarterly*, 1989, 33: 236 - 237.

[58] 王联：《建设有中国特色的国际关系理论学术研讨会综述》[J]，《国际政治研究》1994 年第 3 期，第 44 ~ 47 页。

[59] 王勇：《试论建立国际关系理论的实证方法：兼评国际关系理论的中国特色》[J]，《国际政治研究》1994 年第 4 期，第 34 ~ 39 页。

[60] 王鑫：《中国人的自然与环境思想》[M]，台北，1997。

[61] 王义桅、倪世雄：《论比较国际关系学及国际关系理论的中国学派》[J]，《开放时代》2002 年第 5 期，第 17 ~ 23 页。

[62] 王逸舟：《中国国际关系学：简要评估》[J]，《欧洲研究》2004 年第 6 期，第 137 ~ 149 页。

[63] 王存刚：《可借鉴的和应批评的：关于研究和学习英国学派的思考》[J]，《欧洲研究》2005 年第 4 期，第 48 ~ 52 页。

[64] 王名主编《中国民间组织 30 年：走向公民社会》[M]，社会科学文献出版社，2008。

[65] 石元康：《柏林论自由 [A]，当代自由主义理论》[C]，台北：联经，1995。

[66] 田弘茂等主编《新兴民主的机遇与挑战》[M]，台北：业强，1997。

[67] 江宜桦：《自由民主的理路》[M]，台北：联经，2001。

[68] 江宜桦：《摆荡在启蒙与后现代之间》[J]，《政治与社会哲学评论》2003 年第 4 期，第 240 ~ 274 页。

[69] 何怀宏：《生态伦理：精神资源与哲学基础》[M]，石家庄：河北大学出版社，2002。

[70] 吴传胜：《自由的幻象——柏林思想研究》[M]，南京：南京大学，2001。

[71] 李泽厚：《中国现代思想史论》[M]，台北：三民，2009。

[72] 倪世雄、许嘉：《中国国际关系理论研究：历史回顾与思考》[J]，《欧洲》1997 年第 6 期，第 11 ~ 15 页。

[73] 俞正：《建构中国国际关系理论：创建中国学派》[J]，《上海交通大学学报》2005 年第 13（4）期，第 5 ~ 8 页。

[74] 孙学峰：《中国国际关系理论研究现状分析》[J]，《国际关系学院学报》2000 年第 1 期，第 3 ~ 9 页。

[75] 秦亚青：《国际关系理论的核心问题与中国学派的生成》[J]，《中国社会科学》2005 年第 3 期，第 165 ~ 176 页。

[76] 秦亚青：《国际关系理论中国学派生成的可能和必然》[J]，《世界经济与政治》2006 年第 3 期，第 1 ~ 12 页。

[77] 庄庆信：《中西环境哲学：一个整合的进路》[M]，台北：五南，2002。

[78] 庄大用主编《中国环境社会学：一门建构中的学科》[M]，社会科学文献出版社，2007。

[79] 梁守德：《国际政治学在中国：再谈国际政治学理论的中国特色》[J]，《国际政治研究》1997 年第 1 期，第 1 ~ 9 页。

[80] 梁守德：《国际政治中的权利政治与中国国际政治学的建立》[J]，《国际政治研究》2000 年第 4 期，第 1 ~ 11 页。

[81] 郭树勇：《创建中国学派的呼吁：国际关系理论研讨会综述》[J]《现代国际关系》2005 年第 2 期，第 59 ~ 61 页。

[82] 郭承天：《后现代政治经济学与新制度论》[J]，《社会科学论丛》2009 年第 3（1）期，第 1 ~ 30 页。

[83] 赵汀阳：《天下体系的一个简要表述》[J]，《世界经济与政治》2008 年第 10 期，第 57 ~ 65 页。

[84] 温宗国：《当代中国的环境政策：形成、特点与趋势》[M]，中国环境科学出版社，2010。

[85] 钱箭星：《生态环境治理之道》[M]，中国环境科学出版社，2008。

[867] 钟丁茂：《环境伦理思想评析》[M]，台北：皇家图书，1999。

[87] 苏长和：《问题与思想——谈国际关系研究在中国》[J]，《世界经济与政治》2003 年第 3 期，第 28 ~ 30 页。

[88] 苏长和：《为什么没有中国的国际关系理论?》[J]，《国际观察》2005 年第 4 期，第 26 ~ 30 页。

# Towards a Theory of Environmental Governance with Chinese Characteristics

*Ye Hao*

(National Chengchi University, Department of Political Science)

**Abstract:** Since the idea of "Socialism with Chinese Characteristics" was officially introduced by the Chinese Communist Party, it has become a new ideology in search of content and new theories constructed in the name of it abound in the area of social sciences in China. This paper focuses on the issue of environmental governance. Together with methodological reflections on the idea of Social Science with Chinese Characteristics, this paper by way of criticizing the main approach taken by theorists so aims at exploring the possibility of a normative theory of environmental governance which takes into consideration of China's today's socio-economic conditions - instead of mimicking Western theories or transplanting them into the developing country's soil.

**Keywords:** Political theory; Environmental governance; Chinese characteristics; Contextualized normative theory

# Transitional Justice of Democratic Transition in Taiwan Indigenous Land Rights: the Example of Indigenous Tribe Reconstruction Policy Related to Water Governance in New Taipei City

Huang Mingting

(Graduate Institute of Development Studies, National Chengchi University)

**Abstract** When a state implements democratic transition, new government should face the issue of injustice policy made by former government in the past. The compensate measures as transitional justice which can improve the consolidation of democracy for state. Indigenous peoples lost many land when the transition of governments. The "land return movement" for indigenous become the transitional justice issue in Taiwan. The purpose of this study is to explore the transitional justice of democratic transition in Taiwan indigenous land rights through the example of indigenous tribe reconstruction policy in new Taipei city. Conclusions of this study are as follows: Indigenous Tribe Reconstruction Policy in New Taipei City is corresponding to methods of implementing transitional justice. Making San-Ying tribe as an example, many victims can be taken care of in tribe reconstruction project. Director Ho's effort make Taiwan society to pay sympathy on indigenous and focus on land problem. San-Ying tribe and Si-Jou tribe present democratic self-governance power to purchase their right to access land is not belong to indigenes originally. New Taipei City Government order sole department to be sole responsible for the project: Indigenous Peoples Bureau, New Taipei City Government.

**Keywords** Transitional justice; Democratic transition; Taiwan indigenous land rights; Indigenous tribe reconstruction

## 1 Introduction

Transitional justice refers to a range of approaches, includes criminal prosecution, truth commission, reparation program, gender justice, security system reform, and memorialization effort, used to address past human rights violations (Teitel 2000, ICTJ 2008). The framework of it was originally devised to facilitate reconciliation in countries undergoing transitions from authoritarianism to democracy (Kuan, 2010). It is however increasingly used to respond to certain types of human rights violations against indigenous peoples (Jung 2009).

According to history, indigenes owned land percentage was from 80% to 2% from 1650 to 2008 (Kuan, 2010). When Taiwan became the procedure of democratic democracy, the right for indigenes to access land becomes serious issue. This issue also becomes transitional issue. Transitional justice's implement can make country's democracy more consolidated. Is there concrete approach to achieve the transitional justice on the issue of indigenous lost land?

There are many squatter indigenous tribes in New Taipei City Government. After government implemented failure public housing approach, tribe cooperated with government to executed tribe reconstruction project. This project won for special purpose for indigenes land plan in metropolitan. It seems indigenes in Taiwan have new approaches to gain more land.

The purpose of this study is to explore the transitional justice of democratic transition in Taiwan indigenous land rights through the example of indigenous tribe reconstruction policy in new Taipei city. This study will review the literature about democratic transition and transitional justice. And then study will review the literature about transitional justice and indigenous peoples' land in Taiwan. The case in this study is the policy of Indigenous Tribe Reconstruction in New Taipei City. This case will be introduced basic background and analyzed through the standard of transitional justice from literature. At last, this study will make conclusion and recommendation for following studies.

## 2 Democratic Transition and Transitional Justice

Transitional Justice is related to the concept of democratic transition (David, & Choi, 2006; Holliday, 2008; Kiss, 2006). According to Huntington (1993), three main types of transition from authoritarian rule characterized the "third wave" of democratization (Nedelsky, 2004):

The first type is "transformation", in which the leaders of an authoritarian regime play the primary role in ending that regime and democratizing the state. Among the pre – 1989 transitions, Spain and Brazil are the clearest examples of transformations, and in Eastern Europe, Bulgaria and Hungary most closely fit this type.

The second transition type is "replacement", which occurs when the authoritarian regime is dominated by staunch opponents to democracy. In such cases, the transition takes place when opposition to the regime gains strength and the government weakens to the point that "the government collapses or is overthrown". Argentina and Greece are the best pre – 1989 examples, and East Germany and Romania are the East European replacements.

Finally, there are "transplacements", in which neither the regime nor the opposition is powerful enough to enforce its vision alone and so democracy is brought about through negotiations. Huntington classifies South Korea, Uruguay, and more recently, Poland and Czechoslovakia as transplacements.

Democratic transitions have been fertile ground for attitudes that are more or less radical in relation to the elimination of authoritarian legacies, and, in particular, the political punishment of elites and dissolution of the institutions with which they are associated. Samuel Huntington argues that the emergence, or non-emergence, of "transitional justice" is less a moral question, and more one relating to the distribution of power during and after the transition (Printo, 2008).

Does the recovery of victims depend on political factors including democratic transition and consolidation, the establishment of the rule of law, and trust in the new state apparatus? Many transitional justice scholars believe so (David & Yuk-ping, 2005). Forgiveness has entered the political domain where there is a need to ameliorate historical injustices, overcome political scandals, and facilitate democratic transition (David & Choi, 2006).

The ultimate objective is to assess whether truth and reconciliation processes can have an independent influence on reconciliation and especially on the likelihood of consolidating an attempted democratic transition (Gibson, 2006). Legal and political theorists have long struggled to reconcile Transitional Justice with the principles of rule of law (Teitel, 2000; McAdams, 1997; Welsh, 1996; Huyse, 1995; Schwartz, 2000).

Following Elster (2004), we divide transitional justice into endogenous and exogenous. In the endogenous case, the procedures are administered by the society itself, without external intervention. Exogenous transitional justice is administered from the outside, typically by agents who were not engaged in the conflict, and often under the auspices of an ongoing institution. Cases where retribution is administered externally without regard to the wishes of the citizens of the state in transition (e. g., some war crimes trials) are "victor's justice", falling outside the definition because they lack accepted legitimacy (Kaminski, Nalepa, & O'Neill, 2006).

Elster (2004) has termed endogenous transitional justice. Its key features are that it is implemented (1) by the country in transition itself, not by any foreign power or court; (2) by the legislative or executive branches of the government rather than nongovernmental organizations (NGOs) or individuals; (3) shortly after transition rather than decades later; and (4) that it targets the violations of rights that occurred before or during the transition, not after it is over (Elster 1998).

To implement transitional justice, society had to take stands on how to treat the representatives and beneficiaries of the preceding dictatorship, how to deal with unjustly acquired economic advantages, as well as human rights violations and crimes committed during the old regime that had remained unpunished for political reasons. There were those who thought that the best course of action would be to move on without recriminations and focus all energies on the creation of a well-functioning democratic system (Kiss, 2006).

Three methods of implementing transitional justice are as follows (David & Choi, 2006):

Empowerment of victims. Forgiveness requires improvement of victims' lowered status and regaining their confidence in their own worth despite the immoral action challenging it (Hampton

1988; Murphy 1988). Individual empowerment, van Boven (1996) and Bassiouni (2000) argue that reparation of victims in post conflict countries can only be achieved through the mechanisms of restitution, compensation, and rehabilitation. Restitution restores victims to their original situation before the violations occurred, such as restoration of their liberty, legal rights, social status, employment, and property. Rehabilitation includes medical and psychological care as well as legal and social services. Compensation addresses any economically assessable damage (van Boven 1996; Bassiouni 2000).

Social empowerment. It is the nature of human beings that our worth is validated by others (Murphy 1988). The self-perception of our value is derived from how others value us. Therefore, the sympathy of society is necessary for victims to overcome their feelings of isolation and stigmatization. Moreover, suffering that results from political contexts is often not confined to the events of persecution but extends to the suppression of victims' experiences of victimization (Danieli 1995). Thus, the damage done involves not just the persecution of victims but also the suppression of their experiences of victimization.

Political empowerment. Suffering that result from political contexts often carries a symbolic dimension that tends to divide people between those who count and those who do not. Moreover, political transformation is often entwined with the identity of victims, many of whom have been involved in political projects to end the oppressive system. Successful institutional reform and a sustained process of democratization vindicate the value of their convictions and rebuild the part of the self that the repressive regime destroyed (Becker et al. 1990; David and Choi 2005). The establishment of equality before the law, universal suffrage, and equal rights unequivocally demonstrates the end of divisive practices. This represents the fourth dimension of van Boven's (1996) and Bassiouni's (2000) principles, "satisfaction and guarantees of nonrepetition," which requires changes at the institutional level.

In summary, when a state implements democratic transition, new government should face the issue of injustice policy made by former government in the past. The compensate measures as transitional justice which can improve the consolidation of democracy for state. The transitional justice implementation made by country's own not by outsider is endogenous transitional justice, and it has four key features. Three ways to withhold well-functioning democratic system are empowerments of victims, social empowerment, and political empowerment.

## 3 Transitional Justice and Indigenous Peoples' Land in Taiwan

Taiwan had democratic transition in 1980s, at the meanwhile, the KMT (Kuo Ming Tang, the nationalist political party) government cease the Martial Law, and then citizen can organize political pars, elect congressional representatives in 1992, and elect president directly in 1996 (Buchanan & Nicholls, 2003; Tsai, 2001).

In 2000, the opposition party, DPP (Democratic Progress Party) won the presidential election. It's the landmark in the transition from authoritarianism to the two-party democratic regime, and cultural pluralism emerged in Taiwan society. At the same time, the advocate of Taiwan as a multi-ethnic state is versus the claim of one Chinese nation (Chen, 2010).

After the colonial contact, Taiwan indigenous had engaging the democratic transition with three major historical movements (Kuan, 2010): cultural self-representation, political participation, and the recognition of indigenous land rights. There is enormous gap between the realization of indigenous land rights. Indigenous people in Taiwan had lived independently for thousands of years, until Dutch and Spanish, the earliest foreign forces, landed and built their colonies during the 17th century (Kang, 1999). Both colonies started local fur business to trade with Japan, and engaged in trade with South East Asia and China (Kuan, 2010).

In 1662, the Jieng, a rebel army claiming itself as the successor of the Ming Dynasty defeated the Dutch and took over west plain area of Taiwan as a base to fight against the Ching Dynasty in China.

In 1683, the Ching Dynasty controlled the western plain area of Taiwan for 212 years. In the late years of its control over the Western plain area of Taiwan, the Ching Dynasty tried to invade the lands in the mountain area but was repelled in highland battles. During its governance, the Ching Dynasty named the Austronesian language speaking peoples as "barbarian" and their living space, where the dynasty unable to exert its control, "barbarian land".

In 1894, the expanding Japanese Empire won the battle against the Chinese Navy over the East China Sea and China ceded Taiwan to Japan in 1895. Even though the Ching Dynasty was never able to govern the central mountain area even for one day, under the Japanese imperial logic, this area and its peoples were ceded as imperial property. The Japanese General Government in Taiwan followed the terminology of "barbarian" and "barbarian land".

In 1945, when the R. O. C. (Republic of China) took over the governance of Taiwan after Japan surrendered to the Allies, the new government changed the official appellation of Austronesian languages speaking peoples from "barbarian" to "mountain compatriot".

In 1994, the appellation was changed to "indigenous people" during the National Assembly held for the revision of the Constitution.

Through immigration the Han-Chinese people became the dominant population in Taiwan after a series of immigration waves. Even though there is no precise statistics of the Austronesian languages speaking population of every group under different governments in time, following data from diverse literatures illustrate a picture of the demographic transition (Kuan, 2010):

According to the population estimation made by the Dutch colonial government in 1650, the population of Austronesian languages speaking peoples in the Taiwan plain area was about 60, 000 (not including those in mountain area that the Dutch colonial government could not reach), and the population of Han-Chinese settlers was about 15, 000 (Nakamura 2001).

Following immigration in the Jieng and Ching Dynasty, the population of Han-Chinese increased to 2900000, and the population of "barbarian" was 110, 000, according to Japanese colonial government's census in 1905 (Chang 1979).

By December 2008, the population of "indigenous people" in Taiwan was about 490, 000, which is only about 2% of the total population in Taiwan (Council of Indigenous Peoples, 2008).

Indigenous peoples in Taiwan lost their own land through several colonial governments (Kuan, 2010):

As mentioned above, the plains in eastern Taiwan and central mountains, which are home to indigenous tribes, were not governed by foreign governments until 1895, which was the beginning of the Japanese colonial era.

The Japanese colonial government implemented a land survey in 1898, and then in 1910 initiated a five-year military project to conquer indigenous peoples in Taiwan.

The mountainous areas previously "owned" by different indigenous communities were then nationalized. In 1925, the National Forestry Survey Project confined indigenes to Reserved Lands, which were small and fragmentary land parcels in the mountains. At the same time, many communities were forced to migrate to low mountainous areas, and change from traditional hunting and gathering to agricultural production.

In 1945, the KMT government replaced the Japanese colonial government in Taiwan and retained the Reserved Lands Policy.

In summary, indigenous peoples lost many land when the transition of governments. The "land return movement" for indigenous become the transitional justice issue in Taiwan.

**Table1 Comparing the population of T Austronesian and Han-Chinese People (Kuan, 2010)**

单位：%

| Population Year | Austronesian | Han-Chinese |
|---|---|---|
| 1650 | 80. 0 | 20. 0 |
| 1906 | 27. 5 | 72. 5 |
| 2008 | 2. 0 | 98. 0 |

# 4 Case: the policy of Indigenous Tribe Reconstruction in New Taipei City

Indigenous peoples lost their own land, and it's hard to make good living through using the resource from land. If they stay at rural tribe or in the mountain, they can't afford family's basic economic needs for living. Therefore, many indigenes go to metropolitan to seek the chance of better pay job. However, it's easy to find job in big city, it's also hard to maintain basic living needs due to high commodities' price.

Because many indigenes in big city participate in infrastructure construction, or large buildings' construction, they have good skill to build simple house-like structure (e. g., block-house). Many indigenes can't afford house rent in metropolitan, so they gather to riverside to build squatter. In new Taipei City, there are five major indigenous squatter tribes in river in 2010: San-Ying, Si-Jou, Nan-Jing, Siou-Bi-Tan, and Bei-Er-Gou. They exist at least for 20 years. According to water Act, these squatter tribes hinder river safety, and it's against the law, so the Bureau of Water Resources dismantles these house several times by law. Squatter tribes went through dismantles and began to protest action. Most famous protesting tribe is San-Ying tribe.

San-Ying tribe is situated below the San-Ying Bridge at Ying-Ge district in New Taipei City. In 1984, explosion happened at Taiwan second largest coal mine area, Hai-San coal mine, and it killed 74 mineworkers included 72 indigenes. The family member of dead indigenes gathered to San-Ying Bridge, and builds their simple houses beside riverside. These squatter buildings formed tribe named San-Ying (aboutfish, 2010). Because San-Ying tribe built in river, Bureau of Water Resource dismantled seven times. However, every time it was dismantled, indigenes reconstruct houses in river again. The price in New Taipei city, the largest metropolitan in Taiwan, is too high to live. San-Ying tribe can't leave riverside and till stay.

It's most ridiculous that the mayor made the discourse after San-Ying's dismantle I 1996: "where you people come, where you people return." The mayor presented rude nature of politico. Behind narrow-minded law formulated by ruler class, people at the lowest class can't satisfy basic living needs (San-Ying Tribe Saving-Self Association, 2010; Jian, 2009; Jian, 2010).

In order to resolve the problem of squatter tribes, New Taipei City government plan to build "San-Sia Long-En-Pu Indigenous temporary settle down house". This social house is renting public housing. Original plan was to settle down Tribes of San-Ying, Siou-Bi-Tan, Si-Jou, Bei-Er-Gou, and Ching-Tan. Total families were 150. However, problem of public housing policy included far distance, high rent burden, incorrect cultural identification, and life style accommodation. Therefore, only one fifth families move in to the public housing. One serious problem was the restricted qualification of application. The contradicted situation happened (Chen, 2008; PeoPo Citizen News, 2008): people who fit in with qualification have no desire to move in, but people who have dire to move in can't fit in qualification. The different Mayor at that time expressed as follow (PeoPo Citizen News, 2008): This Lon-En-Pu public housing policy was made by the former executer. If this plan can't satisfy indigenes' need, it should not to compel them move in.

The mayor's speaking directly presented the error of policy. What problems happened in the policy making procedure? Since 1990, Bureau of Water Resources dismantled San-Ying several times, and it caused many powerful people state and plead to government. In 1998, President Lee visited San-Ying, and proposed "settle down first before dismantle" approach. In 2001, governments hold several indigenes' meeting, and planned to build Long-En-Pu public housing in 2002. The Long-En-Pu public housing finished construction in 2007, however, only one fifth capacity was fulfilled in 2008. Peopo Citizen News made several reports, found some problems as follows (Peopo Citizen

News, 2008, 2011):

The meaning of structure was not corresponding to traditional culture. Cement and bricks house is different with traditional living culture. Opinion of inhabitant is as follow: we don't like cement and bricks house; we want to reproduce our traditional tribe in metropolitan; in order to continue our traditional culture, community needs plaza. This public house is not my familiar place.

Unemployment problem influence pay rent. It's hard for indigenes to find job, and even have job the payment is not good. San-Sia Long-En-Pu public housing is one kind of social housing. People live in it should pay rent. Opinion of inhabitant is as follow: The house with one bedroom and one living room can't satisfy our needs. If I live in bigger capacity house, I need to pay higher rent. My family members don't have job and income. It's hard to afford basic life, doesn't mention the rent. If my children was sick and then I ask for leave, boss must answer I am fired.

It's too far for original life circle. The public housing in San-Sia district is too far for the tribes in Sin-Dian district. The distance is about one hour for driving. Opinion of inhabitant is as follow: my children need to go to school. My working place is near original house. Now this public housing is too far for me to moving in.

Life style is not corresponding to original one. Squatter tribe inhabitants had original life style, relationship, and living operation. These needs can't be satisfied in public housing. Opinion of inhabitant is as follow: public housing has long corridor, but it can't for me to light a fire. I can't drink tea, chat, and cook with my neighbor. Tribe is a full-functioning community. These functions are destroyed if we move in public house.

Policy can't resolve real problem. The public housing policy can't really take care of low income indigenes. The former and the latter executes shirk one's responsibility and shift the blame onto others. The policy didn't have mid-term and long-term coordinated sets of measures. The capacity of public housing can't be fulfill, so it wasted public funds.

Long-En-Pu public housing had many problem and lead to less indigenes move in. Bureau of Water Resources in order to avoid the problem of non-fulfill of public housing, it adopted dismantle squatter approach since 2007. The first object is San-Ying tribe. On 21 February, 2008, San-Ying tribe suffered seventh dismantles. This date was an important holiday in Chinese society: Yuan-Siou (Lantern Festival) holiday. San-Ying tribe was caught unawareness. A lot of furniture was not moved out in time, so it was buried in ruins. Inhabitant helpless build simple tent beside ruin without water and electricity (Yiang, 2008).

Helpless inhabitant attracted social movement practitioners' attention. On 5 November, 2008, San-Ying got dismantle notification from Bureau of Water Resources, social movement practitioners lead tribe to implement serial protest actions (San-Ying Tribe Saving-Self Association, 2011):

2008/11/5, San-Ying Tribe Saving-Self Association was established. Government posted dismantles notification again.

2008/11/12, San-Ying Tribe went to New Taipei City government proceeded head-shaved protest.

2008/11/20, San-Ying Tribe went to Executive Yuan to protest and plead.

2008/11/23, San-Ying Tribe went to National Chiang Kai-shek Memorial Hall to proceeded head-shave protest.

2008/12/9, New Taipei City government went to San-Ying Tribe posted dismantle notification again.

2008/12/17, San-Ying Tribe hold guarding home meeting with social movement practitioners.

2008/12/18, San-Ying Tribe hold guarding home meeting with famous cultural professionals.

2008/12/19, San-Ying Tribe went to Presidency House to proceeded head-shaved protest with Taiwan's international famous director, Siou-Sian Ho. New Taipei City Government posts suspend dismantles order.

PeoPo Citizen News made the special report, "After eight dismantles and three times of head shaved, San-Ying indigenes prop up to Presidency House", on 20 December, 2008. In the report director Ho gave discourse as follow:

*Why our society and our government can't have different style thinking? Just considering economics? Can we give these people another life style? Why we give them our regulation and order them to obey? Can we give them one piece of land and let them build their own community with tribe? If they can't own land, how to accumulate culture? How to grow up if they don't have body? Owing land then they have place to Settling down and getting on with life. Why our government can't think it over? Why only head-shaved can attract attention? Why they implement so many times to shave head then attract media?*

The report also interviewed the consultant of San-Ying Tribe. His discourse was as follow:

*The chief of government visited tribe 17 times. However, he just pushed everybody to move in public housing. If inhabitants didn't coordinate, original house will be dismantled and chance of moving to public house will be lost. In our viewpoints, this is very standard menace.*

Direct Ho proposed the Indigene's land problem. Civil society in Taiwan began to pay close attention on San-Ying Tribe. Since 2009, San-Ying Tribe presented its own self-governance power and vitality. It hold tribal meetings periodically, participated in social movement for minority, and formed strong power to dialogue with government. On 29 July 2010, San-Ying Tribe visited Mayor and presented the concept of "rent public land to build tribe's own house". This is the rudimental model of policy of "tribe reconstruction" (San-Ying Tribe Saving-Self Association, 2011). This principle was also approved by Ministry of Finance which manages Taiwan's public land. On 26, December, New Mayor visited San-Ying Tribe. Vice Mayor also visited Tribe to communicate with inhabitants directly. Several different Government organizations put in resources to help tribe to find adapted lands, investigate land, and visit other cities' reconstruction plan. Non-Government Organization also engages in the project of tribe reconstruction. Mayor publicly express that he hopes this project can be the model of indigene's innovative social housing policy in Taiwan.

San-Ying Tribe's avocation is "Land is not merchandise". If government only considers the economic effect on everything, indigenes have no space for live, even though the right to access land, use land, and inhabit. San-Ying Tribe problem also got President Ma's attention. He ordered to monitor the achievement of percentage every week. About New Taipei City Government's Tribe Reconstruction Policy, United Daily News report it on 6 March, 2011:

> *In order to pay esteem for indigenous tribe in metropolitan, New Taipei City will adopt participated style to reconstruct new tribe with hardware (buildings) and software (culture). The principle is that government cooperates with tribe. The purpose of tribe reconstruction is to achieve the first indigenous social housing in Taiwan. The approach is to consult tribe to institute a juridical association for public welfare, and the association rent public land to build its own house.*

San-Ying tribe already decided its own reconstruction location. The target land is non-urban planned (rural land). Another famous squatter tribe in Sin-Dian district, Si-Jou tribe, also preceded its own reconstruction plan. National Taiwan University used school resources to help Si-Jou tribe to design new tribe in 2009. The target land of Si-Jou tribe reconstruction is also selected. It is different to San-Ying tribe's due to the location is in urban plan area (urban land). Through professionals' hard working and lobbying since 2009, Minister of Interior (the manager of Taiwan's urban land plan) passed through the urban land plan modification for Si-Jou tribe's reconstruction land on 27 December, 2011. It's a epoch-making event because the committee in Minister of Interior create a new purpose of land plan for Si-Jou tribe: special purpose for indigenes land. This purpose of land never exists in Taiwan before. In this study, author think this is a symbolic meaning for transitional justice of return indigene's right to use land even in metropolitan not only at indigenous reserved zone in mountains.

## 5 Case Analysis

According to literature review, the key features major assignments to achieve transitional justice are as follows: (1) by the country in transition itself, not by any foreign power or court; (2) by the legislative or executive branches of the government rather than nongovernmental organizations (NGOs) or individuals; (3) shortly after transition rather than decades later; (4) that it targets the violations of rights that occurred before or during the transition, not after it is over. This study made the analysis of Indigenous Tribe Reconstruction Policy in New Taipei City through the standards of key features of endogenous transitional justice as follow:

Significantly, Indigenous Tribe Reconstruction Policy in New Taipei City is corresponding to key features major assignments to achieve transitional justice. The procedure is cooperation and it happened from tribe. The project is executed by government. Tribe also participates in the procedure. Taiwan began transition in 1980s, but finish two-turnover in 2000. The project of public housing failed in 2007, and new project began in 2008. First special purpose for indigenous land was produced in 2011. Therefore, the transitional justice of indigenous land proceeded after transition rather than decades later. When reviewing history of indigenous lost land from 1650 to 2008, percentage of indigenous land hold is from 80% to 2%. The project of tribe construction can make indigenous land hold percentage improved.

**Table 2 the analysis of Indigenous Tribe Reconstruction Policy in New Taipei City through the standards of key features of endogenous transitional justice**

| key features major assignments to achieve transitional justice (Elster 1998) | Indigenous Tribe Reconstruction Policy in New Taipei City |
|---|---|
| (1) by the country in transition itself, not by any foreign power or court | Yes. The procedure is cooperation and it happened from tribe. |
| (2) by the legislative or executive branches of the government rather than nongovernmental organizations (NGOs) or individuals | Yes. The project is executed by government. Tribe also participates in the procedure. |
| (3) shortly after transition rather than decades later | Yes. Taiwan began transition in 1980s, but finish two-turnover in 2000. The project of public housing failed in 2007, and new project began in 2008. First special purpose for indigenous land was produced in 2011. Therefore, the transitional justice of indigenous land proceeded after transition rather than decades later. |
| (4) that it targets the violations of rights that occurred before or during the transition, not after it is over | Yes. When reviewing history of indigenous lost land from 1650 to 2008, percentage of indigenous land hold is from 80% to 2%. The project of tribe construction can make indigenous land hold percentage improved. |

According to literature review, the methods of implementing transitional justice are as follows: (1) Empowerment of victims. Forgiveness requires improvement of victims' lowered status and regaining their confidence in their own worth despite the immoral action challenging it; (2) Social empowerment. The sympathy of society is necessary for victims to overcome their feelings of isolation and stigmatization; (3) Political empowerment. Successful institutional reform and a sustained process of democratization vindicate the value of their convictions and rebuild the part of the self that the repressive regime destroyed. This study made analysis of Indigenous Tribe Reconstruction Policy in New Taipei City through the standards of methods of implementing transitional justice as follow:

**Table 3 the analysis of Indigenous Tribe Reconstruction Policy in New Taipei City through the standards of methods of implementing transitional justice**

| methods of implementing transitional justice (David & Choi, 2006) | Indigenous Tribe Reconstruction Policy in New Taipei City |
|---|---|
| Empowerment of victims. Forgiveness requires improvement of victims' lowered status and regaining their confidence in their own worth despite the immoral action challenging it | Yes. Making San-Ying tribe as an example, many victims can be taken care of in tribe reconstruction project. |

| methods of implementing transitional justice (David & Choi, 2006) | Indigenous Tribe Reconstruction Policy in New Taipei City |
|---|---|
| Social empowerment. The sympathy of society is necessary for victims to overcome their feelings of isolation and stigmatization. | Yes. Director Ho's effort make Taiwan society to pay sympathy on indigenous and focus on land problem. |
| Political empowerment. Successful institutional reform and a sustained process of democratization vindicate the value of their convictions and rebuild the part of the self that the repressive regime destroyed | Yes. San-Ying tribe and Si-Jou tribe present democratic self-governance power to purchase their right to access land is not belong to indigenes originally. New Taipei City Government order sole department to be sole responsible for the project: Indigenous Peoples Bureau, New Taipei City Government. |

Significantly, Indigenous Tribe Reconstruction Policy in New Taipei City is corresponding to methods of implementing transitional justice. Making San-Ying tribe as an example, many victims can be taken care of in tribe reconstruction project. Director Ho's effort make Taiwan society to pay sympathy on indigenous and focus on land problem. San-Ying tribe and Si-Jou tribe present democratic self-governance power to purchase their right to access land is not belong to indigenes originally. New Taipei City Government order sole department to be sole responsible for the project: Indigenous Peoples Bureau, New Taipei City Government.

## 6 Conclusion

In this study, it reviewed the literature of democratic transition and transitional justice, and transitional justice and indigenous peoples' land in Taiwan. The case chosen by this study is the policy of indigenous tribe reconstruction in New Taipei City. This tribe reconstruction project is corresponding to standards of transitional justice. The project can empower victims, and reach social empowerment and political empowerment.

However, is there other method to reach the transitional justice on the issue of Taiwan indigenous lost land? According to International Center for Transitional Justice, several major assignments to achieve transitional justice are as follows (Jian, 2007):

Establishing the truth about the past.

Prosecution of the perpetrators.

Reparation of the victims.

Memory and memorials.

Reconciliation initiatives.

Reforming institutions.

Vetting and removing abusive public employees.

If the foregoing assignments are used for analysis of Project of Return Indigenous Land, the result can be presented as follow:

The policy of New Taipei City's tribe reconstruction also can achieve some assignments of transitional justice proposed by International Center for Transitional Justice. This project is to make the land for housing built purpose. In the future, it's possible for indigenes to use similar way to gain more land for other purpose. For example, the indigenous self-governed Zone in metropolitan becomes possible. Transitional justice on issue of indigenous land will make Taiwan more democratic, and have more consolidated democracy.

**Table 4 the analysis of Project of Return Indigenous Land through the standards of major assignments to achieve transitional justice**

| major assignments to achieve transitional justice | Project of Return Indigenous Land |
|---|---|
| (1) Establishing the truth about the past. | Government should form new institution to pursue the investigation of indigenes' lost land. |
| (2) Prosecution of the perpetrators. | It's hard for government to sue the executes participated in taking by force. The substituted way is to represent of the former governments to give official apology to indigenes. |
| (3) Reparation of the victims. | Tribe reconstruction is one kind of reparation. |
| (4) Memory and memorials. | Government can set the memorial day and hold activities to make society to pay attention on indigenes' lost land problem. |
| (5) Reconciliation initiatives. | Because this action should be built on civic trust, any action made by government can make indigenes' trust is good reconciliation. New Taipei City Government's tribe reconstruction can produce tribe's trust. Therefore, it one approach to reach reconciliation. |
| (6) Reforming institutions. | It's related to judiciary judge. It's also hard to achieve as "Prosecution of the perpetrators." |
| (7) Vetting and removing abusive public employees. | It's related to release the power of people who made injustice before transition. It's also hard to achieve as "Prosecution of the perpetrators." |

## References


[1] Aboutfish, "Taiwan is My Home. Taiwan Good Life Electronic Pape", http://www.taiwangoodlife.org/gallery/aboutfish/1799, 2010.

[2] Bassiouni, M., "The Right to Restitution, Compensation and Rehabilitation for Victims of Gross Violations of Human Rights and Fundamental Freedoms", E/CN 4/2000/62, January 18, 2000.

[3] Becker, David, Elizabeth Lira, Maria Isabel Castillo, et al., "Therapy with Victims of Political Repression in Chile: The Challenge of Social Reparation", *Journal of Social Issues*, 1990, 46 (3): 133 – 50.

[4] Buchanan, P. B., and Nicholls, K., "Labour Politics and Democratic Transition in South Korea and Taiwan", *Government and Opposition*, 2003, 38 (2): 203 – 237.

[5] Chen, A. H. Y., "Pathways of Western Liberal Constitutional Development in Asia: A Comparative Study of Five Major Nations", Chan Professor in Constitutional Law, Faculty of Law, University of Hong Kong. *International Journal of Constitutional Law*, 2010, 8 (4), 849 – 884.

[6] Chen, J. W., "San-Ying's Home is Destroyed and Become Destitute and Homeless", *New Taiwan Weekly*

News, 2008. 624.

[7] Danieli, Y., "Preliminary Reflections from Psychological Perspective", In: Neil J. Kritz. *How Emerging Democracies Reckon with Former Regimes*. Washington, D. C.: U. S. Institute of Peace Press, 1995.

[8] David, R. and Choi, S. Y. P., "Forgiveness and Transitional Justice in the Czech Republic", *The Journal of Conflict Resolution*, 2006, 50 (3): 339 - 367.

[9] David, R., and Choi, S. Y. P., "Victims on Transitional Justice: The Reparation of Victims of Human Rights Abuses in the Czech Republic", *Human Rights Quarterly*, 2005, 27 (2): 392 - 435.

[10] Elster, J., "Coming to Terms with the Past", *European Journal of Sociology*, 1998, 39: 7 - 48.

[11] Elster, J., *Closing the Books: Transitional Justice in Historical Perspective*. Cambridge, UK: Cambridge University Press, 2004.

[12] Gibson, J. L., "The Contributions of Truth to Reconciliation: Lessons from South Africa", *The Journal of Conflict Resolution*, 2006, 50 (3): 409 - 432.

[13] Hampton, J., "Forgiveness, Resentment and Hatred", In: Jeffrie G. Murphy and Jean Hampton, *Forgiveness and mercy*, 35 - 87. New York: Cambridge University Press, 1988.

[14] Holliday, I., "Voting and Violence in Myanmar: Nation Building for a Transition to Democracy", *Asian Survey*, 2008, 48 (6): 1038 - 1058.

[15] Huntington, S., *The Third Wave: Democratization in the Twentieth Century*. Norman: University of Oklahoma Press, 1993.

[16] Huyse, L., "Justice after Transition: On the Choices Successor Elites Make in Dealing with the Past", *Law and Social Inquiry*, 1995, (20): 51 - 78.

[17] ICTJ (International Center for Transitional Justice), "What is Transitional Justice?", International Center for Transitional Justice (http://www.ictj.org/en/tj/), 2008.

[18] Jian, Y. H., "Protest until the End: Big Bang", Hard Working Labor Web. http://www.coolloud.org.tw/node/36164, 2009 - 03 - 04.

[19] Jian, Y. H., "Mine Disaster and San-Ying", Chung-Sr blog: life is protest. http://blog.chinatimes.com/laborpower /archive/2010/10/19/550492.html, 2010 - 10 - 19.

[20] Jiang, Y. H., "Taiwan's Transitional Justice and Reflection", *Thought*, 2007, 5: 64 - 81.

[21] Jung, "Courtney. Transitional Justice for Indigenous People in a Non-transitional Society", International Center for Transitional Justice (http://www.ictj.org/en/research/projects/research6/thematic - studies/3197.html, 2009.

[22] Kaminski, M. M., Nalepa., M., "Judging Transitional Justice: A New Criterion for Evaluating Truth Revelation Procedures", *The Journal of Conflict Resolution*, 2006, 50 (3): 383 - 408.

[23] Kiss, C., "The Misuses of Manipulation: The Failure of Transitional Justice in Post-Communist Hungary", *Europe-Asia Studies*, 2006, 58 (6): 925 - 940.

[24] Kuan, D. W., "A River Runs Through it: Story of Resource Management, Place Identity and Indigenous Ecological Knowledge in Marqwang", Ph. D dissertation. Department of Geography, University of Hawaii at Manoa, 2009.

[25] Kuan, D. W., "Transitional Justice and Indigenous Land Rights: The Experience of Indigenous Peoples' Struggle in Taiwan", Conference Essay: Bilateral Conference (Taiwan and Austria) for Justice and Injustice Problems in Transitional Societies, 27 Sep, 2010, In Chengchi University, 2010.

[26] Mc Adams, A. J., *Transitional Justice and the Rule of Law in New Democracies*, Notre Dame, IN: University of Notre Dame Press, 1997.

[27] Murphy, J. G., "Forgiveness and Resentment", In *Forgiveness and Mercy*, edited by Jeffrie G. Murphy and Jean Hampton, 14 - 34. New York: Cambridge University Press, 1988.

[28] Nedelsky, N., "Divergent Responses to a Common past: Transitional Justice in the Czech Republic and Slovakia", *Theory and Society*, 2004, 33 (1): 65 - 115.

[29] PeoPo Citizen News, "Refuse Long-En-Pu Indigenous Social House", http://www.peopo.org/portal.php?op=viewPost&articleId=42103, 2008 - 05 - 21.

[30] PeoPo Citizen News, "After Eight Dismantles and Three Times of Head Shaved", San-Ying indigenes prop up to Presidency House. http://www.peopo.org/portal.php?op=viewPost&articleId=29044, 2008 - 12 - 20.

[31] Pinto, A. C., "Political Purges and State Crisis in Portugal's Transition to Democracy, 1975 - 76", *Journal of Contemporary History*, 2008, 43 (2): 305 - 332.

[32] San-Ying Tribe Saving-itself Association, "Drift is No Choice of Oppression", http://sanyingtribe.blogspot.com/2010/10/blog-post_5995.html, 2010 - 10 - 07.

[33] San-Ying tribe saving-itself association, "San-Ying Tribe's Protest Action of Guard Home", http://sanyingtribe.blogspot.com/p/2008-2010.html, 2011.

[34] Schwartz, H., *The Struggle for Constitutional Justice in Post-communist Europe: Constitutionalism in Eastern Europe*. Chicago: University of Chicago Press, 2000.

[35] Teitel, R., *Transitional justice*. Oxford, UK: Oxford University Press, 2000.

[36] Tsai, M. C., "Dependency, the state and class in the neoliberal transition of Taiwan", *Third World Quarterly*, 2001, 22 (3): 359 - 379.

[37] Van Boven, T., "Basic Principles and Guidelines on the Right to Reparations for Victims of Gross Violations of Human Rights and Humanitarian Law", E/CN.4/Sub.2/1996/17, May 24.

[38] Welsh, H., "Dealing with the Communist Past: Central and East European Experiences after 1990", *Europe-Asia Studies*, 1996, 48 (3): 413 - 28.

[39] Yiang, S. F. San-Ying Tribe, "Council of Indigenous Peoples, Executive Yuan: Taiwan Indigenous Ethnic History, Language, and Culture Dictionary", http://citing.hohayan.net.tw/citing_content.asp?id=3134&keyword=三鶯, 2007.

# 台湾原住民族土地权利的民主转型正义

## ——以新北市政府部落重建水治理政策为例

黄铭廷

（国立政治大学国家发展研究所博士班）

**摘　要**　当许多国家经历民主转型过程时，政府会面临以前的政府所施行的不正义政策或措施。针对不正义的举措进行补偿的行为，视为转型正义，转型正义有利于国家的民主巩固。

在台湾，原住民在不同的殖民政府下，流失许多原有的土地，台湾原住民的“还我土地”运动成为诸多转型正义议题之一。本研究目的在于探索台湾民主转型中原住民土地使用权力的问题，并以新北市政府的部落重建方案作为分析案例。研究结论如下：①新北市政府原住民部落重建方案能反映出转型正义措施的实施；②以三莺部落为例，许多受害者在部落重建方案中，能被照顾；③侯孝贤导演的努力让台湾社会关注原住民的土地流失与使用问题；④三莺部落与溪州部落展现出民主自治的能力，并能追求他们的土地使用权利；⑤新北市政府责成专责机关来负责原住民事务处理转型正义之原住民议题与问题：新北市政府原住民族行政局。

**关键词**　转型正义；民主转型；台湾原住民土地权利；原住民部落重建

# 国际气候倡议与中国的组织应对*

施奕任
（国立政治大学中国大陆研究中心）

**摘　要**　中国在国际气候变化谈判中，随着其政治经济力量的强化，和中国温室气体排放与能源消耗均快速增长的趋势而扮演着关键性的角色。本文探讨中国气候政策以及国际气候变化谈判中的立场。中国如同大多数国家一样，为了避免不同机构各自为政导致气候决策延宕，必须通过特定途径建立整合机制。本文将中国气候决策整合途径嵌入国际气候谈判，以及以中国温室气体排放趋势描绘气候决策的背后面貌。国际上从1980年代中期开始推动气候谈判以来，围绕《联合国气候变化框架公约》以及《京都议定书》，可以分为气候公约时期、京都议定书时期以及现今的后京都议定书谈判时期。中国气候决策的整合途径受到国际气候谈判进程、中国温室气体排放占全球比重以及国家政治脉络与组织运作三个层次的交互影响，而在三个不同时期从过去的知识途径与利益途径，发展到现今以权力途径作为制定国际气候政策的整合机制。

**关键词**　中国；气候变化；联合国气候变化框架公约；京都议定书；环境政治

## 1　引言

随着气候变化的不利影响持续扩张，气候问题成为当代全球政治经济关系与国家安全的关键议题，而应对气候变化的国际谈判日益受到关注[1~2]。各国应对气候变化的策略是国内政治、外交策略与国际政治互动的结果，不仅隐含环境与经济的价值取舍，还包括不同国家与国际集团之间实力消长、利益考虑与历史责任的论辩，对于中国来说亦是如

* 作者简介：施奕任（1975~），国立政治大学中国大陆研究中心博士后研究员。主要研究领域为环境政治学、政治经济学、环境社会学、气候变化议题、发展型国家理论。E-mail：yijenshih@gmail.com。

此[3]。

本文讨论1980年代国际上就气候议题展开谈判以来，中国在不同时期面对国际气候谈判的政策思维、政治结构与整合途径。中国气候决策受到国际政治与国内政治两个层次的影响。从国际政治层次来说，国际气候谈判形势以《联合国气候变化框架公约》（United Nations Framework Convention on Climate Change，简称《气候公约》）与《京都议定书》等规范，影响中国在不同时期对待气候议题的思维，以及愿意参与并履行国际气候规范的意愿。

从国内政治层次来说，中国气候决策受到国内政策思维、政治结构与整合途径的影响。政策思维来自中国如何理解发展程度与碳排放趋势，而政治结构与整合途径意味着不同机构在决策过程中，经常有着各自的利益与政策目标，使得国家必须通过整合机制以便有效影响整体利益认知与决策内涵。换言之，中国气候决策固然按气候谈判进程与国际社会不断对话，但是决策过程又受制于国家政策思维与政治结构。本文将中国应对气候变化与国际及国内政治脉络联系起来，勾勒出中国构建国际气候谈判立场的动态过程。

## 2 文献回顾

国际政治研究强调国家应对国际议题时，经常处于国际与国内层次互动的双层赛格局。在国内层次上，不同部门与机构基于自身利益认知试图说服国家采取其所偏好的政治立场；在国际层次上，国家则竭尽所能迎合国内需求，同时也试图缩小其对于外国发展可能造成的不利影响[4~5]。同样的，主权国家应对国际环境倡议时，不仅要考虑环境与发展的价值取舍，也必须估量国际与国内政治之间的动态联结[6]。Helen V. Milner认为国家在国际谈判中对于自我利益的认知受到国内政治结构的影响。各国政府实际是由许多机构组成，机构之间对于国家在国际议题谈判中的利益认知与政策目标，存在不同的观点[7]。国家政治脉络与制度设计不仅决定相关机构的职权与位阶，也影响到决策整合与国家的外交立场及应对策略[8]。

Abram Chayes与Charlotte J. Kim强调中国的气候决策处于同样的政治脉络中，不同政府机构对于气候决策的利益认知有着不同的观点[9]，例如外交部着眼于通过公平观点要求发达国家负起国际主要减排义务时，中国气象局（简称“气象局”）与环境保护部（简称“环保部”）① 则重视地表平均温度异常增加对于生态脆弱性的伤害；当财政部重视通过国际气候机制获得中国减排的双边或多边资金援助时，科学技术部（简称“科技部”）则关心能否运用技术转让有效取得国际减排技术，国家发展和改革委员会（简称“发改委”）则希望《京都议定书》弹性机制有助于整体经济发展。

① 中国在1982年首先设置环境保护局，最初层级仅隶属于城乡建设环境保护部；1988年机构改革时，国家环境保护局升格为直属于国务院的副部级单位，1998年再改制为正部级的国家环境保护总局（简称环保总局）。环保总局于2008年国务院机构改革时再升格为环境保护部（简称环保部），成为国务院的组成部委。

为了避免政治脉络造成决策延宕以及高昂的议价与执行成本，整合机制成为决策过程的关键，以求有效协调机构之间不同的政策目标[10]。由于气候决策同样面临决策过程的挑战，对于中国气候决策过程的讨论，也必须认识到整合机制对于中国建构国际气候外交立场的重要性[11~14]。尽管如此，既有文献对于中国究竟通过何种途径建立气候决策的整合机制则莫衷一是，相关讨论大致分为知识途径、利益途径以及权力途径三种观点。

知识途径将气候变化视为单纯的科学议题，认为应对气候变化涉及复杂而专业的知识，不同机构就其职能需具备不同的专业知识，国家气候决策推动整合机制，实际是促成各个机构就其自身专业知识进行信息沟通与知识学习[15]。利益途径将气候变化视为发展议题，认为国际应对气候变化的行动产生的经济利益，使得中国愿意在气候决策方面建立整合机制[16]。因此，利益途径认为国际气候规范潜在的庞大经济诱因，让中国愿意整合不同机构间各自为政的利益考虑与政策目标，有效争取国际援助并确保经济持续增长[15]。相对于前两者，权力途径则认为中国应对国际气候议题所构建的整合机制，背后的动力来自政治权力，国家通过机构调整与权力消长完成政策整合[17~18]。

既有研究的不足在于过于静态地假定气候决策的整合机制仅采用单一途径。中国不同时期的气候谈判进程会导致特定的国家利益考虑[19]，不同时期的利益考虑又造成相关机构在决策过程中发生角色变动与权力消长[20]。然而，既有文献忽略中国气候决策整合途径的动态性，可能会随着谈判进程，还有国内温室气体排放占全球比重的发展趋势，改变国家理解气候议题的思维，进而调整应对气候问题的机构规模与整合途径。

因此，本文以既有学术研究为基础分析中国气候决策的整合途径，动态考虑国际气候议题的发展以及国内温室气体排放趋势，勾勒出中国如何在国际气候谈判的不同时期、面对政府机构各自的机构利益与政策目标，在知识途径、利益途径与权力途径之间动态抉择，塑造国家应对气候谈判的立场。

## 3 国际气候谈判的发展与动态

国际上从1980年代起开始关注气候变化议题，并在1990年代以来依据多边环境协议的公约/议定书模式（Convention/Protocol Model），建立起以《气候公约》及《京都议定书》为主的国际气候规范[2]。国际气候行动从1980年代迄今可以分为三个时期，包括1980年代到1994年底公约时期、1995~2006年京都时期以及2007年以来的后京都时期。

国际气候谈判在1980年代到1994年底处于公约时期，此时期国际关注的核心除了凝聚科学共识、降低科学不确定性，更重要的则是建立国际气候行动的框架规范。1992年地球高峰会期间通过的《气候公约》成为国际气候谈判的框架规范，希望各国能够稳定大气中温室气体的浓度，维持在防止气候系统受到危险的人为干扰的水平。同时，《气候公约》确立共同但有区别的责任原则，分别为发达国家与发展中国家确立了不同程度的环境义务[2]。

国际气候谈判从1995年起到2004年底进入京都时期，此时期重心在于随着《气候公约》

建立起框架共识，联合国与各个国家开始规范具体减排责任的法律文书，并在1997年12月《气候公约》第3次缔约方会议上通过《京都议定书》。《京都议定书》依据共同但有区别的责任原则，为38个“附件一”国家确立明确的减排目标。其后因为美国阻挠使得《京都议定书》拖延至2005年2月16日才生效运作。

国际气候谈判在2007年进入后京都谈判时期，国际启动2012年后气候谈判，希望签署衔接《京都议定书》的国际气候协议。2007年《气候公约》第13次缔约方会议提出《巴厘路线图》（Bali Roadmap），规划后续气候规范的谈判进程，希望能在第15次缔约方会议时达成未来国际气候行动的共识。然而，2009年该次缔约方会议中仅签订了《哥本哈根协议》（Copenhagen Accord），但是没有明确各国减排目标，截至2011年底《气候公约》第17次缔约方会议，仍然没有更大的进展[2]。

## 4 公约时期与知识整合途径下的气候决策

中国在公约时期将气候变化视为环境议题。由于中国属于非“附件一”国家，暂时无须承诺减排义务或者改变能源使用模式，因而在公约时期将《气候公约》视为单纯国际环境协议，着重在知识层面进行科学研究与信息流通。更重要的是中国气候研究相对不足，对其影响与应对都缺乏足够知识。例如，1991年2月在气候变化框架公约政府间谈判委员会（Intergovernmental Negotiating Committee for a Framework Convention on Climate Change）第一回合谈判之际，中国甚至反对国际对于任何国家要求具体减排义务，其后才接受印度的草案在《气候公约》中赞同建立共同但有区别的责任原则，要求发达国家率先承诺减排[20]。中国在公约时期的气候决策核心在于知识层面的科学研究与国际气候信息交流。

中国应对气候外交思维呈现在组织调整中，通过知识途径推动整合。1987年中国设置国家气候委员会应对国际气候倡议，由当时气象局局长邹竞蒙担任主任。其后，中国于1990年在国务院环境保护委员会（简称“国务院环委”）内设置国家气候变化协调小组（简称“协调小组”）。协调小组是中国首次成立的应对气候变化的跨部门议事协调机构，其组成机构如表1所示，涵盖外交部、环保局、气象局、中国科学院（简称“中科院”）及国家科学技术委员会（简称“国家科委”）①。协调小组下设四个小组，其中三个对应政府间气候变化专门委员会，气象局负责科学评估，环保局负责影响评估，国家科委负责应对策略，外交部则负责国际气候谈判[20~21]。协调小组的办公室则设置在气象局。在领导层级上，协调小组仅隶属于国务院环委，由当时国务委员、国务院环委主任兼国家科委主任宋健担任组长，两位副组长则由气象局长邹竞蒙，以及国家环委副主任兼环保局局长曲格平担任[16]。同时，中国在1992年参与联合国环境与发展大会（United Nations Conference on Environment and Development）时，同样是由宋健带领政府代表团出席部长会议。

---

① 国家科委于1998年国务院机构改革时，改制为现今的科学技术部。

**表 1　中国政府应对气候变化的组织结构变化**

| 时　间 | 公约时期(1980 年代 ~1994 年) | 京都时期(1995 ~2006 年) | 后京都时期(2007 年以后) |
|---|---|---|---|
| 整合机制 | 知识途径 | 利益途径 | 权力途径 |
| 协调机构 | 国家气候变化协调小组 | 国家气候变化对策协调小组 | 国家应对气候变化及节能减排工作领导小组 |
| 成立时间 | 1990 年 | 1998 年 | 2007 年 |
| 隶属机构 | 国务院环委 | 国务院 | 国务院 |
| 领导背景 | 组长:国家科委主任<br>副组长:<br>气象局局长<br>环保局局长 | 组长:发改委主任<br>副组长:<br>发改委副主任(常务)<br>外交部副部长<br>科技部副部长<br>气象局局长<br>环保总局副局长 | 组长:总理<br>副组长:副总理、国务委员<br>气候变化小组主任:发改委主任<br>气候变化小组副主任:发改委副主任、外交部副部长、科技部副部长、环保部副部长、气象局局长<br>节能减排小组主任:发改委主任<br>节能减排小组副主任:发改委副主任、环保部副部长 |

注：①交通运输部于 2008 年机构改革时由交通部改制成立；②住房和城乡建设部为 2008 年机构改革时由建设部改制成立。

资料来源：国家气候变化协调小组组成机构参考自 Ross，Lester1997. 国家气候变化对策协调小组组成机构及 2003 年改组结果，参考自《中国负责清洁发展机制的政府机构》（中国清洁发展机制网 http：//cdm. ccchina. gov. cn/web/main. asp? ColumnId =21，最后搜寻日期：2010/12/2）。国家应对气候变化及节能减排工作领导小组组成机构参考自国务院，2007 年 6 月 18 日，《国务院关于成立国家应对气候变化及节能减排工作领导小组的通知》（http：//www. gov. cn/zwgk/2007 -06/18/content_ 652460. htm，最后搜寻日期：2010/12/2）。

国家科委、环保局与气象局等机构面对气候变化，关注重点在于科学证据搜集并且持续推动相关研究。国家科委在“八五”时期国家科技攻关计划中专列项目，进行全球气候变化预测、影响和对策研究工作。中科院和气象局则在“八五”时期完成《温室效应引起的气候变化及其对中国的影响》的研究计划。从国家气候委员会到协调小组，尽管中国首度成立跨部门的议事协调机构，其组成机构主要是国家科委、气象局与环保局，这些机构较关注气候变化的科学研究、环境本质与知识整合；相较之下，当时主管总体经济规划的国家计划委员会（简称“国家计委”）①，还有主管国家能源的能源部②没有出现在协调小组组成机构名单中，协调小组的组织设计显示出中国在公约时期将气候变化视为环境议题，着重于知识层面的科学研究与国际气候信息交流。

## 5　京都时期与利益整合途径的气候决策

中国在京都时期将气候变化转换为发展议题。中国对于气候问题的知识与信息不断积累，同时国际上也从《气候公约》初步框架规范，转而聚焦在《京都议定书》及规范各国具体减

① 中国在 1998 年机构改革时，将国家计划委员会改制为国家发展计划委员会（简称“发计委”），又于 2003 年调整为现今的国家发展和改革委员会。

② 国务院在 1988 年机构改革时，将煤炭部、石油部、核工业部转变为公司，三个机构加上电力部整并改制为能源部，但是因为原石油部与煤炭部对于能源部的成立不支持，中国在 1993 年机构改革时又将能源部裁撤。

排义务上。因此，中国京都时期的气候决策融入了国家对发展的支持，通过气候机制争取国际资金与技术等利益，确保中国有持续的经济增长与能源使用[16]。

中国把气候变化当成发展议题的首要之务，是确保《京都议定书》落实共同但有区别的责任原则，强调发达国家的历史责任与减排义务。更重要的是，中国强调应对气候变化是环境议题，更是发展议题，应该确保国家经济增长，在既有社会经济与技术条件下，是否能够承受与自身能力不相称的国际减排义务[6]。1997 年第 3 次缔约方会议期间，中国代表团团长陈耀邦在该次会议的高级别会议上强调“消除贫困和发展经济仍是中国压倒一切的首要任务”，“中国在达到中等发达国家水平之前，不可能承担减排温室气体的义务；中国在达到中等发达国家水平之后，将仔细研究承担减排义务”[1]。陈耀邦的讲话反映出中国感受到气候变化对于经济发展的影响，希望确保中国能够拥有继续增加温室气体排放的权利。

中国在京都时期的国际谈判趋势之下，在 1998 年机构改革时成立国家气候变化对策协调小组（简称“对策小组”），取代协调小组成为应对气候变化的跨部门议事协调机构。从组织规模层面来看，对策小组组成机构大幅扩张如表 1 所示。除了原先列入协调小组的部委，还纳入发计委、财政部、商务部、农业部、水利部、交通部、建设部、国土资源部、林业局、国家海洋局（简称“海洋局”）、中国民用航空总局（简称“民航总局”）、国家统计局（简称“统计局”），对策小组涵盖了 17 个政府部委。组织规模扩大显示出中国不再将气候变化局限在科学研究与知识层面，随着气候变化影响与应对层面不断扩大，更多部委参与了国家气候决策。

中国将气候变化视为经济与发展议题，反映在对策小组的组织结构中。不同于国家科委在公约时期的主导协调小组，中国在京都时期将气候决策总体协调与主导权力，转移到管理国家经济计划与能源的发改委。同时，对策小组的位阶提升到直属于国务院，由当时发计委主任曾培炎担任对策小组组长，2003 年 10 月对策小组改组时，曾培炎升任负责经济的国务院副总理，改由当时发改委主任马凯担任对策小组组长，而发改委副主任刘江担任常务副组长，外交部副部长张业遂、科技部副部长邓楠、气象局局长秦大河和环保总局副局长祝光耀担任副组长。

从政治结构来看，发改委经济规划与能源管理的职权来自中共中央与国务院的授意，具有稳固的权力基础。气象局、环保部与科技部比较支持国际科学研究与环境倡议，但是当中国将气候变化转换为发展议题，相关部门降低了决策过程的主导位置[20]。中国尽管在 1998 年将原属副部级的环保局升格为正部级的环保总局，但是排除了环保总局或者科技部在国家决策中的主导权。环保总局、科技部与气象局在对策小组都只是担任发改委副手，而对策小组负责日常工作的也是发计委而非气象局，2003 年则是新成立的发改委地区经济司。中国在京都时期的国际谈判发展形势下，对策小组的领导权反映出中国凸显气候议题的发展趋势。

## 6 后京都谈判时期与权力整合途径的气候决策

随着气候变化在不同范围产生的复杂的政治经济效应，国际社会在后京都谈判时期转而将气候变化视为政治议题。面对第一承诺期于2012年结束，后京都谈判时期国际谈判重心在于签署第二承诺期具体规范各国减排目标的国际气候协议。气候议题在后京都谈判时期转向政治化与安全化，中国此时将气候变化从发展议题再转为政治议题。国际气候谈判尽管涉及诸多领域，但是核心仍在于减缓温室气体排放。由于中国在全球排放比重不断提升，加上中国在国际政治与经济领域的影响力扩张，因此中国在国际气候谈判中的立场受到普遍的关注。

中国在后京都谈判时期将气候变化当作政治议题，在承担世界公民责任与维持碳排放权之间面对抉择的两难情境。一方面，中国若持续拒绝承诺减排义务，将与中国长期在国际上建构的积极形象有所背离。中国希望被视为负责任且具有建设性的世界公民，在环境议题领域亦然[22~23]。另一方面，中国若无法维持碳排放权，将严重冲击经济成长与能源结构。发达国家将减排额度的国际谈判视为权力竞逐的场所，希望主导减排额度分配以确保领先于发展中国家的优势，进而限制发展中国家的经济发展。

随着中国应对气候变化联结层面扩张，中国应对气候谈判的机构也更为庞大。中国在2007年以国家应对气候变化及节能减排工作领导小组（简称“领导小组”）取代对策小组，成为主导气候外交立场与气候决策的议事协调机构。领导小组如有26个组成机构，包括发改委、外交部、财政部、商务部、农业部、水利部、交通运输部、住房和城乡建设部、国土资源部、气象局、中科院、环保部、科技部、卫生部、林业局、海洋局、民航总局、统计局、监察部、铁道部、工业和信息化部（简称“工信部”）、国务院国有资产监督管理委员会（简称“国资委”）、国家税务总局（简称“税务总局”）、国家质量监督检验检疫总局（简称“质检总局”）、国务院机关事务管理局（简称“国管局”）、国家电力监管委员会（简称“电监会”）。相较于对策小组由17个机构组成，领导小组的组织规模更为庞大，几乎涵盖中国政府所有部委。

领导小组涵盖为数众多的机构，各自涉及气候变化的诸多不同领域。就节能减排与能源管理领域来说，包括发改委及其所属的国家能源局、国土资源部、住房和城乡建设部、交通运输部、铁道部、民航总局、电监委、国资委与国管局，甚至是海洋局、水利部以及林业局。发改委掌握国家整体经济规划与能源控制，国家能源局、国土资源部及工信部等关注不同领域的能源结构与能源效率，电监委、国资委、质检总局与国管局则主导管制政府内部节能规划。海洋局、水利部与国家能源局则涉及潮汐发电与水力发电等可再生能源的研发，林业局则推动通过造林与再造林策略增加森林碳汇。再者，领导小组也涵盖交通运输部、铁道部与民航总局等机构，响应国际上将更有效能的运输方式作为影响温室气体减排的措施。

在中国面对气候谈判也涉及不同机构的职能。在国际谈判上，外交部主导对外的气候谈判事务，并关注国际气候规范的进程，2007年以来派任气候变化谈判特别代表（简称“气候大使”）于庆泰参与《气候公约》缔约方会议，2010年在坎昆召开《气候公约》第十六次缔约方会议时改由黄惠康担任气候大使，由外交部长期掌控中国的国际气候谈判。在科学研究上，则是科技部、环保部、气象局与中科院进行国际气候科学合作。例如，中科院与气象局在2007年1月推动建立国家气候变化专家委员会，作为中国面对国际谈判的智库角色①。

中国应对气候谈判也同样关注争取资金协助与技术转让两个层面。在争取国际资金协助的过程中，涉及发改委、财政部和商务部等机构。财政部主导争取全球环境基金等国际援助资金，而财政部、发改委与商务部则共同关注京都机制及国际气候贸易制度的运作。例如，2006年8月中国推动中国清洁发展机制基金，理事会涵盖发改委、财政部、外交部、科技部、环境部、农业部和气象局，但是实际是由发改委和财政部担任正副主席。在技术转让层面，中国通过国际气候规范获得其他国家先进技术，包括气候观察与监测技术、减排技术与适应技术等。中国多数机构均希望争取国外先进技术，包括环保部与气象局希望争取气候观察与监测技术；科技部、工信部、住房和城乡建设部以及商务部则希望争取国外协助产业，采用更具能源效率与低排放的生产模式；农业部则希望国外协助推动适应气候变暖的农业生产模式；而国土资源部则希望国际协助检测气候变化对于中国地质的影响。

中国在后京都谈判时期随着气候变化涉及层面的延伸，协调小组的组成机构更为庞大，这是为了避免气候决策延宕而通过权力途径整合的结果。领导小组展现权力的途径体现在直接由国务院总理主导制定国家在气候谈判中的立场以及气候政策。过去不论是协调小组由国家科委主导，还是对策小组由发改委主导，都存在领导部委与组成机构具有同等权力的问题。相较之下，领导小组在2007年成立之初便由总理温家宝担任组长，两位副组长则分别由国务院副总理曾培炎以及主管外交的国务委员唐家璇担任。领导小组下设国家应对气候变化领导小组（简称“气候变化小组”）以及国务院节能减排工作领导小组（简称“节能减排小组”），小组办公室则均设于发改委，并由发改委主任兼任小组办公室主任。中国提高领导小组的位阶进行决策，有助于强化能源、发展与外交策略的整合运用，以求在谈判桌上争取更有利于中国的国际气候规范。

此外，随着气候议题的安全化与政治化，中共中央、全国人民代表大会（简称“全国人大”）与国务院也陆续宣示中国在国际气候谈判中的立场。在国务院层级上，2007年6月国务院发布《中国应对气候变化国家方案》（简称《国家方案》）提出中国在能源生产和转换、提高能源效率与节约能源、工业生产过程、农业、林业与城市废弃物等方面进行减排[24]。在中共中央层级上，2007年10月胡锦涛总书记在中国共产党第十七次全国代表大会（简称“十七大”）报告中首次提及中国要加强应对气候变化的能力建设，为保护全球气候做出新贡献[25]。在全国人大层级上，2009年8月第11届全国人大首次通过气候决议，强调将坚决维护中国“作为发展中国家的发展权益”[26]。应对气候变化明确从环境议题与发展议题，发展为涵盖政治与安全的国家战略议题。

在2009年《气候公约》第十五次缔约方会议之前，国务院领导小组直接确立国际气候谈判的立场。在该次缔约方会议时，胡锦涛主席于2009年9月22日在会议开幕式上提及，

① 例如，第一届该委员会副主委何建坤提出人均累积碳排放，强调历史上中国人均累积的碳排放远低于发达国家。请参阅何建坤：《十七大报告中的能源和气候变化政策分析》，载于杨洁勉编《世界气候外交和中国的应对》，北京：时事出版社，2009，231～240页。《气候公约》第十四次缔约方会议时，中国代表团便据此正式提出人均累积二氧化碳排放，尝试为中国在国际气候谈判中争取更多的空间，请参阅财金网《中国首提使用人均累积碳排放》（http：//www. caijing. com. cn/2008－12－03/110033654. html，最后搜寻日期为2012年5月26日）。

中国将进一步把应对气候变化纳入经济社会发展规划，并继续采取强有力的措施。一是加强节能、提高能效工作，争取到2020年单位国内生产总值二氧化碳排放比2005年有显著下降。国务院为了减少国际上对于中国排放量不断增加的质疑，提出中国在后京都时期以2005年为基准，到2020年将碳密集度再降低40%～45%[27]，并作为中国在《哥本哈根协议》中提出的基准，试图维持非附件一国家地位，保持国家的排放权以维持经济增长与能源使用。2011年底国务院发布《中国应对气候变化的政策与行动2011》再次确认中国减排的政治立场。

中国应对国际气候倡议的政治主张，势必在后续谈判中与发达国家产生重大矛盾，并在2011年以后逐渐显现。2011年《气候公约》第十七次缔约方会议上，国际上虽然历经不断博弈才决定将《京都议定书》延长至2017年，但是加拿大认为中国与美国都缺乏有意义的参与，因此加拿大环境部长Peter Kent在会议上宣布加拿大将于2012年退出《京都议定书》。同时，日本也宣称缺乏美国与中国参与的国际气候规范意义不大，该次缔约方会议如果延长《京都议定书》期限，日本将脱离以《京都议定书》为主的国际规范，试图将中国拉进承担具体减量责任的国家行列。

整体来说，后京都谈判时期随着气候议题的扩张，涉及更为复杂的政府机构，中国在此时期通过权力途径进行气候决策的整合。一方面，领导小组由国务院总理担任组长，国务院副总理与负责外交的国务委员担任副组长，由国务院直接制定中国的国际气候谈判立场以及整体气候政策。另一方面，中共中央、全国人大以及国务院陆续宣示中国在国际气候议题上的国家立场，加以中国和美国及欧盟就中国减排义务在后京都谈判的矛盾更为尖锐，使得中国更倾向于把应对气候变化提升为国家整体战略议题，压缩不同机构就国家气候政策议价的空间。

## 7 结论

本文探讨中国气候政策以及应对国际气候谈判的立场。中国为了避免不同政府机构各自为政导致气候决策破碎而延宕，通过特定途径建立决策整合机制。本文将气候决策整合途径嵌入动态国际气候谈判过程，以及中国温室气体排放趋势，描绘中国1990年代以来气候政策的背后面貌。

中国在公约时期将气候变化视为环境议题，由于中国属于非附件一国家，无须承担减排义务，加上国内气候变化相关基础研究落后，不论是了解潜在影响与制定应对策略都缺乏足够的专家与学者，因而偏重气候变化的知识层面，进而反映在协调小组的组织设计上，也通过知识途径建立协调小组内各机构的整合机制。在组成机构上，协调小组涵盖环保局、气象局、中科院、外交部及国家科委，这些机构目标放在气候变化科学证据上，以及对于地表异常增温对中国的影响评估，协调小组不包括涉及总体经济规划和能源使用的国家计委与相关机构。在领导层级上，协调小组隶属于国务院环委，并由环委主任兼国家科委主任担任组长，并由气象局与环保局局长担任副组长。领导小组的组织设计反映出中国在公约时期将应对气候变化归为环境议题，着重于知识层面的科学研究与信息交流。

相对于公约时期，中国在京都时期将应对气候变化转换为发展议题，除了要求国际落实共同但有区别的责任原则以保障国家碳排放权外，更重要的是利用全球环境基金的国际气候援助，以及《京都议定书》的清洁发展机制争取国际巨大的资金协助与技术转让，确保中国经济持续增长与稳定能源结构，并成为全球气候贸易的最大受益者。中国为应对京都时期的谈判局势，在1998年将协调小组扩张为对策小组。在组成机构上，对策小组涵盖17个部委，显示出中国不再将应对气候变化局限在知识层面，而要纳入更多部委参与国家气候决策。面对“多套马车”的气候决策结构，发改委借由对策小组主导内部气候协商。更关键的是，国际气候援助以及气候贸易机制成为庞大的利益诱因，包括维持经济成长、提高能源效率、开发可再生能源、提升环境治理等，不同部委在争取气候机制带来的利益上达成高度共识，利益途径遂成为京都时期中国整合气候决策的推手。

随着气候变化产生复杂的政治经济效应，国际社会在后京都谈判时期转而将气候变化视为政治议题，谈判重心在制订第二承诺期各国具体减排目标。中国在后京都谈判时期也将气候变化转换为政治与安全议题。中国高速的经济增长与产业发展造成能源消费与温室气体排放剧增，并且已经成为全球第二大能源需求国家和最大温室气体排放国家，而人均温室气体排放量也已经超过全球平均水平。同时，中国在国际政治与经济上影响力提升，使得中国在气候外交领域的立场与气候政策受到全球关注。中国考虑到应对气候变化涉及层面更加复杂，因而在2007年成立领导小组作为制定气候政策的议事协调机构。在组成机构上，领导小组由26个机构组成，相较于协调小组与对策小组其规模更为庞大，几乎涵盖中央政府所有部委。这些部委各自涉及不同的议题，包括减缓策略、适应策略、能源管理、财务机制、技术转让、外交谈判与科学研究等，若再考虑部委自身职能与领域则更为复杂与多元。

协调小组为了避免分裂的结构导致决策碎裂与延宕，则通过权力途径整合不同部委的目标与利益。领导小组越过由国家科委或者是发改委等与其他部委平行的机构主导内部气候决策的协商过程，由国务院总理、国务院副总理以及掌控外交的国务委员担任领导小组正副组长，直接主导制定国家气候政策，以强化中国在减缓、适应、能源、发展与外交等各方面策略的整合运作，在谈判桌上争取更有利的后京都时期国际气候协议。此外，随着气候议题的安全化与政治化，中共中央、全国人大与国务院也陆续宣示国家的立场，将气候变化明确从环境议题与发展议题，扩张为涵盖政治与安全的国家战略议题，特别是2009年《气候公约》第十五次缔约方会议前夕，国务院领导小组跳过机构协商，宣布中国自愿推动到2020年将单位国内生产总值二氧化碳排放比2005年再降低40%～45%，作为国家在后京都谈判时期的基本立场，压缩各个部委就其目标进行议价的空间，特别是环保部、科技部与气象局等对于国际环境倡议较为积极的机构。

本文认为，中国内部固然存在着相互独立的组织机，需要整合途径确保气候决策的完整与效能，但是既有研究偏重单一而静态的整合途径，难以说明中国气候决策的动态特质。中国气候决策的整合途径受到国际气候谈判进程、中国温室气体排放趋势以及国家政治脉络与组织运作三个层次的交互影响，而在公约时期、京都时期以及后京都谈判时期，动态地反映在中国从知识途径、利益途径到现今偏重权力途径的发展过程中，作为建立气候外交立场以及制定气候决策的整合机制。

## 参考文献


[1] 施奕任:《中国对全球暖化问题的因应》,《政治学报》2008 年第 45 期,第 139 ~ 164 页。

[2] 施奕任:《全球暖化与台湾的气候政治:以温室气体减量法为例》,台北:国立政治大学国家发展研究所博士论文,2012。

[3] Harris, Paul G., *The Politics and Foreign Policy of Global Warming in East Asia* [A]. In: Paul G. Harris. *Global Warming and East Asia: The Domestic and International Politics of Climate Change* [C]. London: Routledge, 2003. 5 - 8.

[4] Putnam, Robert D., "Diplomacy and Domestic Politics: the Logic of Two-Level Games" [J]. *International Organization*, 1988, 42 (3): 434, 447.

[5] Evans, Peter B., *Building an Integrative Approach to International and Domestic Politics: Reflections and Projections* [A]. In: Peter B. Evans, Harold K. Jacobson, and Robert D. Putnam. *Double-Edged Diplomacy: International Bargaining and Domestic Politics* [C]. Berkeley: University of California Press, 1993. 397 - 430.

[6] Economy, Elizabeth C. and Miranda A. Schreurs, "Domestic and International Linkages in Environmental Politics" [A]. In: Miranda A. Schreurs and Elizabeth Economy. *The Internationalization of Environmental Protection* [C]. Cambridge: Cambridge University Press, 1997. 1 - 18.

[7] Milner, Helen V., *Interests, Institutions, and Information-domestic Politics and International Relations.* Princeton, N. J.: Princeton University Press, 1997. 33 - 37.

[8] Harrison, Kathryn and Lisa M. Sundstrom, "The Comparative Politics of Climate Change", *Global Environmental Politics*, 2007, 7 (4): 15 - 17.

[9] Chayes, Abram and Charlotte J. Kim, "China and the United Nations Framework Convention on Climate Change" [A]. In: Michael B. McElroy, Chris P. Nielsen, and Peter Lydon, *Energizing China: Reconciling Environmental Protection and Economic Growth* [C]. Cambridge: Harvard University Press, 1998. 513 - 515.

[10] Manion, Melanie, "Politics in China" [A]. In: Gabriel A. Almond, G. Bingham Powell Jr., Kaare Strom, and Russell J. Dalton, *Comparative Politics Today: a World View* [C]. New York: Longman, 2000. 449 - 450.

[11] Ohshita, Stephanie B. and Leonard Ortolano, "Effects of Economic and Environmental Reform on the Diffusion of Cleaner Coal Technology in China" [J]. *Development and Change*, 2006, 37 (1): 75 - 98.

[12] Lema, Adrian and Kristian Ruby, "Between Fragmented Authoritarianism and Policy Coordination: Creating a Chinese Market for Wind Energy" [J]. *Energy Policy*, 2007, 35 (7): 3879 - 3890.

[13] Yu, Hongyuan. *Global Warming and China's Environmental Diplomacy* [M]. New York: Nova Science Publishers, 2008.

[14] Hale, Thomas and Charles Roger, *Domestic Politics and Participation in Transnational Climate Governance: The Crucial Case of China* [M]. Bloomington, Indiana: Indiana University Research Center for Chinese Politics and Business, 2012.

[15] Yu, Hongyuan, "Knowledge and Climate Change Policy Coordination in China" [J]. *East Asia*, 2004, 21 (3): 62 - 64.

[16] Kobayshi, Yuka, "Navigating between 'Luxury' and 'Survival' Emissions: Tensions in China's Multilateral and Bilateral Climate Change Diplomacy" [A]. In: Paul G. Harris, *Global Warming and East Asia: The Domestic and International Politics of Climate Change* [C]. London: Routledge, 2003. 86 – 108.

[17] Zhao, Jimin and Leonard Ortolano, "The Chinese Government's Role in Implementing Multilateral Environmental Agreements: The Case of the Montreal Protocol" [J]. *The China Quarterly*, 2003, 175 (1): 714 – 718.

[18] Zhao, Jimin, "Implementing International Environmental Treaties in Developing Countries: China's Compliance with the Montreal Protocol" [J]. *Global Environmental Politics*, 2005, 5 (1): 58 – 81.

[19] Harris, Paul G. and Hongyuan Yu., "Environmental Change and the Asia Pacific: China Responds to Global Warming" [J]. *Global Change, Peace and Security*, 2005, 17 (1): 51 – 52.

[20] Hatch, Michael T., "Chinese Politics, Energy Policy, and the International Climate Change Negotiations" [A]. In: Paul G. Harris. *Global Warming and East Asia: The Domestic and International Politics of Climate Change* [C]. London: Routledge, 2003. 43 – 65.

[21] Ross, Lester, "China and Environmental Protection" [A]. In: Elizabeth C. Economy and Michel Okesenberg, *China Joins the World: Progress and Prospects* [C]. New York: Council on Foreign Relations Press, 1999. 304.

[22] Johnston, Alastair Iain, "China and International Environmental Institutions: a Decision Rule Analysis" [A]. In: Michael B. McElroy, Chris P. Nielsen, and Peter Lydon, *Energizing China: Reconciling Environmental Protection and Economic Growth* [C]. Cambridge: Harvard University Press, 1998. 559.

[23] Oksenberg, Michel and Elizabeth C., "Economy. Introduciton: China Joins the World" [A]. In Elizabeth C. Economy and Michel Okesenberg, *China Joins the World: Progress and Prospects* [C]. New York: Council on Foreign Relations Press, 1999. 8.

[24] 国务院：《中国应对气候变化国家方案》[R]，北京：国务院办公厅，2007。

[25] 何建坤：《十七大报告中的能源和气候变化政策分析》[A]，见杨洁勉编《世界气候外交和中国的应对》[C]，北京：时事出版社，2009，第231～240页。

[26]《全国人民代表大会常务委员会关于积极应对气候变化的决议》，http：//www.gov.cn/jrzg/2009-08/28/content_1403408.htm。

[27]《2020年我国控制温室气体排放行动目标确定》，http：//politics.people.com.cn/GB/1026/10460646.html。

# The Politics of Climate Change and Organizational Response in China

*Shi Yiren*

(National Chengchi University)

**Abstract**: Because of China's rising political and economic power, and its dramatically increasing greenhouse gases emissions, China plays a critical role in international climate change negotiations.

This paper analyzes the domestic politics of climate change and organizational response. China, like most countries in the world, tries to build climate decision-making integration mechanism through specific approaches. China's government can employ the integration mechanism to coordinate and negotiate different domestic institutions and interests. This paper emphasizes that China's climate decision-making is linked by diplomatic negotiations and carbon emission trend. According to negotiation process, international climate negotiations can be divided into three stages, including UNFCCC stage (1980s – 1994), Kyoto Protocol stage (1995 – 2006), Post-Kyoto stage (2007 until now). China's climate decision-making integration mechanism, influenced by the development of international negotiations, the ratio of carbon emission trend, and domestic political contexts and China's government adopts knowledge-based, interest-based, and power-based respectively.

**Keywords**: China; Climate change; United Nations Framework Convention on Climate Change; Kyoto Protocol; Environmental politics

# 中国退耕还林工程驱动下的滇池流域土地利用变化研究*

## ——以晋宁县为例

贺一梅

（云南财经大学旅游与服务贸易学院）

**摘　要**　应用GIS技术，基于晋宁县2000年和2009年土地利用现状数据库，对晋宁县2000～2009年的土地利用变化进行测算和统计，并进一步分析退耕还林工程对土地利用的影响。结果表明：①近9年来，晋宁县总体上呈现农用地和建设用地面积增加、未利用地面积减少的基本特点。具体而言，园地、林地、城乡建设用地和交通水利用地面积显著地增加，这与晋宁县的经济发展趋势和农业结构调整政策相符；耕地、牧草地、其他农用地、其他建设用地、荒草地和裸地均呈减少态势。耕地中，水田大幅度减少。②晋宁县2000～2009年各个地类间的相互转化集中体现在耕地、园地、牧草地、林地和荒草地之间的相互转化。③晋宁县在实施退耕还林工程的同时，也存在突出的毁林开荒问题。2000～2009年耕地退为林地、园地和草地的面积合计为5355.64 $hm^2$，其中耕地退为林地2832.98 $hm^2$；而同期林地转为耕地的面积达4075.57 $hm^2$。这种一边实施退耕还林、一边又大量毁林开垦的现象应当引起重视。④晋宁县2000～2009年退耕还林工程实施中实际退耕的小于25°的耕地达5106.04 $hm^2$，占总退耕面积的95.34%；而退掉的大于25°的陡坡耕地占总退耕面积的4.66%。也就是说，95%以上的退耕地均为小于25°的耕地，其中小于2°的平耕地退耕524.90 $hm^2$，占总退耕面积的9.80%。

**关键词**　土地利用变化；退耕还林工程；陡坡耕地；毁林开垦；晋宁县

---

* 基金项目：国家自然科学基金资助项目（40861014）“近八年退耕还林工程驱动下的云南不同地貌区土地利用变化及其生态效应研究”；云南省土地学会资助项目“云南省五大地貌区典型县土地利用变化调查研究”。

作者简介：贺一梅（1968～），女，助理研究员，主要从事人文地理、土地资源与土地利用规划、区域可持续发展等领域的研究工作。E-mail：heyimei6666@126.com。

# 1 引言

20 世纪 90 年代以来，在国际地圈生物圈计划（IGBP）和国际全球变化人文计划（IHDP）的大力推动下，土地利用/土地覆被变化（LUCC）研究成为全球环境变化研究的核心领域[1]。1995 年和 1999 年，这两大组织共同拟定并发表了《土地利用/土地覆被变化科学研究计划》[2]和《土地利用/覆被变化执行战略》[3]，将 LUCC 列为全球环境变化的核心项目，由此拉开了土地利用/土地覆被变化研究的序幕。LUCC 计划的研究重点是区域土地利用/覆被变化的驱动机制、土地利用/覆被过去和现状的调查以及由此得到土地利用/覆被变化的格局和过程、土地利用/覆被变化的人类响应，此外还包括与上述三个问题有关的全球和区域 LUCC 监测、综合模型、相应数据库的开发建设，以及对热点地区和脆弱区的 LUCC 研究。十余年来，国内外在土地利用/土地覆盖分类系统、LUCC 监测技术、LUCC 驱动机制、LUCC 建模、不同尺度的典型区域 LUCC 及其生态环境效应研究等方面取得了重要进展[4~7]。

西部退耕还林工程是我国 21 世纪初期的重大水土保持和土地生态建设工程，1999～2000 年开始实施。据统计[8]，近 8 年（1999～2006 年）来，全国退耕地造林面积达 926.7 万 $hm^2$。加上荒山荒地造林 1366.7 万 $hm^2$、封山育林 133.3 万 $hm^2$，使工程区森林覆盖率平均提高了 2% 以上。调查研究表明，这一重大工程不仅已使退耕区域土地利用发生了重大变化，同时还使许多退耕区域产生了明显的生态效应[9]。

近些年来，随着退耕还林工程的实施，科技界在退耕还林工程对土地利用变化的影响等方面进行了不断的研究。如郭正模（2002）分析了退耕还林工程对山区土地利用的影响[10]；宋乃平等（2006）分析了宁夏固原市原州区退耕还林还草对土地利用的影响[11]；陈国建（2006）分析了延安生态建设示范区退耕还林还草对土地利用变化的影响程度[12]；韩华丽等（2010）分析了云南潞西市（现芒市）2000～2008 年土地利用变化状况及退耕还林工程对土地利用变化的影响[13]；张博胜等（2010）研究滇东南喀斯特山区退耕还林工程驱动下的近 8 年土地利用变化[14]等。然而，根据已有的研究文献综合分析，当前针对中国西部退耕还林工程驱动下的区域土地利用变化及其生态效应的综合性研究还较为薄弱。本文作为国家自然科学基金资助项目（40861014）"近八年退耕还林工程驱动下的云南不同地貌区土地利用变化及其生态效应研究"的一部分，拟以滇池流域的晋宁县为例，在对晋宁县 2000 年和 2009 年土地利用状况及土地利用变化进行测算统计的基础上，分析晋宁县近 9 年间土地利用变化状况及特点，揭示退耕还林工程对土地利用变化的影响，为未来合理推进退耕还林工程、科学治理滇池流域生态环境、实施滇池流域可持续发展战略提供基础依据。

# 2 研究区域概况

晋宁县位于云南省中部的滇池西南岸，介于东经 102°12′～102°52′、北纬 24°23′～24°48′，东西最大横距66 km，南北最大纵距33 km。全县总面积为1336.66 $km^2$（2009年第二次土地调查数）。东邻玉溪市澄江县，南连玉溪市江川县、红塔区，西与玉溪市峨山、易门县和昆明安宁市交界，北和昆明市西山区、呈贡县接壤。县城昆阳镇距省会昆明市区50 km。晋宁县是滇文化发祥地，航海家郑和故里，中国著名磷都之一。

截至2009年底，全县行政区划下辖6个镇、2个民族乡，即昆阳镇、晋城镇、二街镇、上蒜镇、六街镇、新街镇、双河彝族乡和夕阳彝族乡，共有4个居委会、129个行政村。

晋宁县地处滇中高原的浅切割中山地带及断陷湖盆区，县内地形总体起伏缓和，三面环山，北临滇池。地势南高北低，呈波峰谷形向滇池倾斜。最高处为东南部大梁子山，海拔2648 m，最低点为夕阳乡西部的小石板河出境处，海拔1340 m。滇池湖面平均海拔为1887 m。全县系乌蒙山脉支系，70%以上为山地、半山地。

气候上属于低纬高原亚热带季风气候，年降水量为904.4 mm，年均气温为15℃。植被主要为亚热带常绿阔叶林、云南松林。土壤主要有红壤、黄棕壤、紫色土、水稻土等。

晋宁县水系分属长江流域金沙江水系、珠江流域南盘江水系和红河流域元江水系，河流总长168 km。县境内有大小河流9条，其中大河、柴河、东大河、古城河属金沙江水系，是滇池的重要水源之一，流域面积722 $km^2$，约占滇池流域总面积（2920 $km^2$）的1/4和全县土地面积的54%。

矿藏主要有磷、铁、铜、锌等。其中磷储量达8.4亿吨，品位高，埋藏浅，易开采，为世界四大磷产地之一。

县内交通便捷，拥有“四路三铁一口岸”，即昆玉、昆洛、安晋、晋江4条公路穿境而过，昆明－中谊村、昆明－玉溪、中谊村－宝兴3条铁路纵横贯穿3镇2乡，昆阳码头通往滇池各口岸。

晋宁县农业上产水稻、小麦、蚕豆、油菜、烟草、玉米、杂豆，为省商品粮基地和生猪基地县。良好的农业生态环境和相对有利的水利、水源条件，使晋宁一直成为云南的“鱼米之乡”。近些年来，晋宁县大力抓好以“花、菜、奶”为主的农业产业富民工程，形成了花、菜、奶三大农业富民支柱产业，晋宁县成为云南高原花都、高原菜谷、高原奶乡，促进了农业增效、农民增收和农村稳定。

工业上已拥有昆阳磷矿、晋宁磷矿、昆阳磷肥厂、昆明化肥厂、云南轮胎厂等一批大中型企业，形成采矿、化工、冶金、橡胶、建材等数十个门类的工业体系。

2009年末常住总人口为10.81万户，28.2万人，其中，农业人口24.3万人，非农业人口3.9万人。2009年全县人口密度为211人/ $km^2$，远高于同期云南省平均水平（119.3人/ $km^2$），但低于昆明市同期平均水平（298.9人/ $km^2$）。

2009年全县生产总值（GDP）为491943万元，其中第一产业108526万元，占22.06%；第二产业252648万元，占51.36%；第三产业130769万元，占26.58%。人均GDP为17494元，低于同期昆明市平均水平（29355元/人），但高于云南省平均水平（13539元/人）。全县2009年农业总产值为177052万元，农民人均纯收入为5062元，略低于同期昆明市平均水平（5080元/人）和全国平均水平（5153元/人），但明显高于云南省平均水平（3369 元/人），在全省 129 个县（市、区）中居第 12 位[15~16]。2009 年全县粮食总产量为 68782 t，人均产粮 244 kg，低于同期云南省平均水平（345 kg/人）[16]和全国平均水平（398kg/人）[17]。

# 3 研究内容与方法

## 3.1 分析研究主要内容和指标

### 3.1.1 各个地类变化状况分析

本文分析各个地类变化状况主要选取两个指标，一是 9 年（指 2000~2009 年，下同）间各土地利用类型面积增减量，二是 9 年间各土地利用类型变化速度。

为了分析近 9 年间各个地类的变化状况及其变化速度，这里引入“土地利用变化度”的概念，这是反映一定时期特定区域内某种土地利用类型数量变化状况的指标，能够定量地描述某种土地利用类型的变化速度。具体包括总变化度和年变化度两个指标，其计算方法为：

$$C_t = \frac{A_e - A_o}{A_o} \times 100\% \tag{1}$$

$$C_a = \frac{A_e - A_o}{A_o} \times \frac{1}{T} \times 100 \tag{2}$$

式（1）和式（2）中，$C_t$ 为某土地利用类型总变化度；$C_a$ 为某土地利用类型年变化度；$A_o$ 为某种土地利用类型基期面积；$A_e$ 为某种土地利用类型末期面积；$T$ 为研究年限（本文为 9 年）。

### 3.1.2 各个地类相互转化状况及其特点分析

分析各个地类相互转化状况主要采用地类转换面积（Transition area）和转移概率（Transition probability）两个指标。转移概率反映研究期间（2000~2009 年）各土地利用类型保留以及转为其他地类的比例，其计算公式为：

$$P_t = \frac{A_t}{A_o} \times 100\% \tag{3}$$

式（3）中，$P_t$ 为研究时段内某一土地利用类型转移概率；$A_o$ 为研究基期某一土地利用类型的面积；$A_t$ 为研究期间某一土地利用类型转化为另一种土地利用类型的面积。

### 3.1.3 退耕还林工程的实施对土地利用变化的影响

退耕还林（草）工程是我国从 1999 年开始试点、2000 年正式推行的治理西部生态环境的一项重要举措。由于我国退耕还林（草）的目的和出发点是治理生态环境，因此，我国的“退耕”等同于“生态退耕”。我国广义的退耕还林（草）工程还包括配套的荒山荒地造林，因此，本研究中退耕还林分析包括耕地转为园地、林地和草地（包括牧草地和荒草地）以及荒草地转为林地、园地的情况。

## 3.2 研究方法

### 3.2.1 数据来源及处理方法

以晋宁县2000年土地详查变更调查1:10000土地利用图数据库、2009年第二次土地调查1:10000土地利用现状图数据库及相关社会经济、资源环境调查统计数据为基础资料，并结合实地调查，在GIS技术支持下，运用ArcGIS的坐标转化、几何校正等相关基础功能，对两个时期的土地利用图进行空间叠加分析，获得晋宁县2001~2009年土地利用变化图及其属性数据库，经统计得出晋宁县近9年间各地类面积变化数据及相关数据资料。

### 3.2.2 土地利用分类

参照国土资源部《土地分类（试行）》[18]（亦称“过渡分类”）、《土地利用现状分类》国家标准（GB/T21010-2007）[19]（亦称“二调”分类）、规划地类划分[20]和云南土地利用分类[21~22]，结合各县（市）实际，本书共分出耕地、园地、林地、牧草地、其他农用地、城乡建设用地、交通水利用地、其他建设用地、荒草地、裸地、水域滩涂沼泽地11类。在耕地、园地、林地和城乡建设用地之下又分出10个三级地类。

### 3.2.3 基本成果表格要求

按照分析和研究工作的需要，晋宁县土地利用变化研究的基本成果应当包括以下4个表。

（1）晋宁县2000~2009年土地利用变化表。含11个地类（及10个三级地类）2000年、2009年面积以及研究期间增减量、总变化度和年变化度。

（2）晋宁县2000~2009年各土地利用类型相互转化面积矩阵。包括11个地类之间的相互转化面积。

（3）晋宁县2000~2009年耕地坡度分级面积变化表。含2000年和2009年5个坡度级耕地面积以及研究期间增减量、总变化度和年变化度。

（4）晋宁县2000~2009年各耕地类型和不同坡度级耕地的生态退耕面积。

# 4 研究结果

以晋宁县2000年土地详查变更调查1:10000土地利用图数据库、2009年第二次土地调查1:10000土地利用现状图数据库及相关调查统计数据为基础资料，并结合实地调查，运用GIS技术对这两个时期的土地利用图进行空间叠加分析和统计，获得了晋宁县2001~2009年土地利用变化图及以下成果资料。

（1）晋宁县2000~2009年土地利用变化表（见表1）。

（2）晋宁县2000～2009年各土地利用类型相互转化面积矩阵（见表2）。

（3）晋宁县2000～2009年各土地利用类型转移概率矩阵（见表3）。

（4）晋宁县2000～2009年耕地坡度分级面积变化表（见表4）。

（5）晋宁县2000～2009年各耕地类型和不同坡度级耕地的生态退耕面积（见表5）。

**表1　晋宁县2000～2009年土地利用变化**

| 土地利用类型 | | 基期年 | | 规划目标年 | | 期间面积增减（$hm^2$） | 总变化度（%） | 年变化度（%） |
|---|---|---|---|---|---|---|---|---|
| | | 面积（$hm^2$） | 比例（%） | 面积（$hm^2$） | 比例（%） | | | |
| 耕地 | 小计 | 26807.34 | 20.06 | 26392.68 | 19.75 | -414.66 | -1.55 | -0.17 |
| | 水　田 | 15771.01 | 11.80 | 12194.49 | 9.12 | -3576.52 | -22.68 | -2.52 |
| | 水浇地 | 732.01 | 0.55 | 1849.01 | 1.38 | 1117.00 | 152.59 | 16.95 |
| | 旱　地 | 10304.32 | 7.71 | 12349.18 | 9.24 | 2044.86 | 19.84 | 2.20 |
| 园地 | 小计 | 2153.74 | 1.61 | 2912.09 | 2.18 | 758.35 | 35.21 | 3.91 |
| | 果园 | 2052.50 | 1.54 | 2778.50 | 2.08 | 726.00 | 35.37 | 3.93 |
| | 茶园 | 0.00 | 0.00 | 0.00 | 0.00 | 0.00 | 0.00 | 0.00 |
| | 其他园地 | 101.24 | 0.08 | 133.59 | 0.10 | 32.35 | 31.95 | 3.55 |
| 林地 | 小计 | 57312.67 | 42.88 | 62490.27 | 46.75 | 5177.60 | 9.03 | 1.00 |
| | 有林地 | 25443.06 | 19.03 | 43538.80 | 32.57 | 18095.74 | 71.12 | 7.90 |
| | 灌木林地 | 20399.18 | 15.26 | 8401.36 | 6.29 | -11997.82 | -58.82 | -6.54 |
| | 其他林地 | 11470.43 | 8.58 | 10550.11 | 7.89 | -920.32 | -8.02 | -0.89 |
| 牧草地 | | 3758.63 | 2.81 | 67.92 | 0.05 | -3690.71 | -98.19 | -10.91 |
| 其他农用地 | | 6486.59 | 4.85 | 6479.65 | 4.85 | -6.94 | -0.11 | -0.01 |
| 城乡建设用地 | 小计 | 4416.33 | 3.30 | 5650.16 | 4.23 | 1233.83 | 27.94 | 3.10 |
| | 城镇用地 | 508.42 | 0.38 | 584.28 | 0.44 | 75.86 | 14.92 | 1.66 |
| | 农村居民点用地 | 2522.14 | 1.89 | 3051.35 | 2.28 | 529.21 | 20.98 | 2.33 |
| | 采矿用地 | 1385.77 | 1.04 | 2014.53 | 1.51 | 628.76 | 45.37 | 5.04 |
| | 其他独立建设用地 | 0.00 | 0.00 | 0.00 | 0.00 | 0.00 | 0.00 | 0.00 |
| 交通水利用地 | | 990.44 | 0.74 | 1425.03 | 1.07 | 434.59 | 43.88 | 4.88 |
| 其他建设用地 | | 618.50 | 0.46 | 358.70 | 0.27 | -259.80 | -42.00 | -4.67 |
| 荒草地 | | 17068.22 | 12.77 | 14791.80 | 11.07 | -2276.42 | -13.34 | -1.48 |
| 裸地 | | 4267.06 | 3.19 | 3247.69 | 2.43 | -1019.37 | -23.89 | -2.65 |
| 水域滩涂沼泽地 | | 9786.92 | 7.32 | 9850.45 | 7.37 | 63.53 | 0.65 | 0.07 |
| 土地总面积 | | 133666.44 | 100.00 | 133666.44 | 100.00 | 0.00 | 0.00 | 0.00 |

**表 2　晋宁县 2000 ~ 2009 年各土地利用类型相互转化面积矩阵**

单位：$hm^2$

| 土地利用类型 | 耕地 | 园地 | 林地 | 牧草地 | 其他农用地 | 城乡建设用地 | 交通水利用地 | 其他建设用地 | 荒草地 | 裸地 | 水域滩涂沼泽地 | 期内减少 |
|---|---|---|---|---|---|---|---|---|---|---|---|---|
| 耕地 | 18740.66 | 1123.73 | 2832.98 | 29.55 | 453.18 | 1439.17 | 274.17 | 146.44 | 1369.38 | 342.35 | 55.73 | 8066.68 |
| 园地 | 774.44 | 583.85 | 318.05 | 1.47 | 117.90 | 164.73 | 18.57 | 27.95 | 116.89 | 29.22 | 0.67 | 1569.89 |
| 林地 | 4075.57 | 472.67 | 45943.46 | 10.54 | 1079.59 | 271.42 | 98.99 | 46.28 | 4245.06 | 1061.26 | 7.83 | 11369.21 |
| 牧草地 | 175.47 | 29.99 | 2147.48 | 0.88 | 54.73 | 37.07 | 12.18 | 24.00 | 1020.80 | 255.20 | 0.83 | 3757.75 |
| 其他农用地 | 381.96 | 191.00 | 876.09 | 1.74 | 4241.98 | 144.50 | 80.55 | 14.82 | 428.96 | 107.24 | 17.75 | 2244.61 |
| 城乡建设用地 | 521.88 | 60.68 | 309.22 | 0.00 | 83.57 | 2845.07 | 43.13 | 19.52 | 420.13 | 105.03 | 8.10 | 1571.26 |
| 交通水利用地 | 47.54 | 8.93 | 53.57 | 0.00 | 18.39 | 7.54 | 781.80 | 0.00 | 46.86 | 11.72 | 14.09 | 208.64 |
| 其他建设用地 | 16.90 | 72.64 | 382.32 | 0.00 | 2.35 | 18.25 | 0.97 | 16.98 | 86.47 | 21.62 | 0.00 | 601.52 |
| 荒草地 | 1308.98 | 293.42 | 7698.65 | 18.99 | 325.25 | 575.86 | 90.49 | 49.87 | 6694.64 | 0.00 | 12.07 | 10373.58 |
| 裸地 | 327.25 | 73.35 | 1924.66 | 4.75 | 81.31 | 143.96 | 22.62 | 12.47 | 0.00 | 1673.62 | 3.02 | 2593.39 |
| 水域滩涂沼泽地 | 22.03 | 1.83 | 3.79 | 0.00 | 21.40 | 2.59 | 1.56 | 0.37 | 2.43 | 0.61 | 9730.36 | 56.61 |
| 期内增加 | 7652.02 | 2328.24 | 16546.81 | 67.04 | 2237.67 | 2805.09 | 643.23 | 341.72 | 7736.98 | 1934.25 | 120.09 | 42413.14 |
| 期内净增减 | -414.66 | 758.35 | 5177.60 | -3690.71 | -6.94 | 1233.83 | 434.59 | -259.80 | -2636.59 | -659.15 | 63.48 | 0.00 |

**表 3　晋宁县 2000 ~ 2009 年各土地利用类型转移概率矩阵**

单位：%

| 土地利用类型 | 耕地 | 园地 | 林地 | 牧草地 | 其他农用地 | 城乡建设用地 | 交通水利用地 | 其他建设用地 | 荒草地 | 裸地 | 水域滩涂沼泽地 | Σ |
|---|---|---|---|---|---|---|---|---|---|---|---|---|
| 耕地 | 69.91 | 4.19 | 10.57 | 0.11 | 1.69 | 5.37 | 1.02 | 0.55 | 5.11 | 1.28 | 0.21 | 100 |
| 园地 | 35.96 | 27.11 | 14.77 | 0.07 | 5.47 | 7.65 | 0.86 | 1.30 | 5.43 | 1.36 | 0.03 | 100 |
| 林地 | 7.11 | 0.82 | 80.16 | 0.02 | 1.88 | 0.47 | 0.17 | 0.08 | 7.41 | 1.85 | 0.01 | 100 |
| 牧草地 | 4.67 | 0.80 | 57.13 | 0.02 | 1.46 | 0.99 | 0.32 | 0.64 | 27.16 | 6.79 | 0.02 | 100 |
| 其他农用地 | 5.89 | 2.94 | 13.51 | 0.03 | 65.40 | 2.23 | 1.24 | 0.23 | 6.61 | 1.65 | 0.27 | 100 |
| 城乡建设用地 | 11.82 | 1.37 | 7.00 | 0.00 | 1.89 | 64.42 | 0.98 | 0.44 | 9.51 | 2.38 | 0.18 | 100 |
| 交通水利用地 | 4.80 | 0.90 | 5.41 | 0.00 | 1.86 | 0.76 | 78.93 | 0.00 | 4.73 | 1.18 | 1.42 | 100 |
| 其他建设用地 | 2.73 | 11.74 | 61.81 | 0.00 | 0.38 | 2.95 | 0.16 | 2.75 | 13.98 | 3.50 | 0.00 | 100 |
| 荒草地 | 7.67 | 1.72 | 45.11 | 0.11 | 1.91 | 3.37 | 0.53 | 0.29 | 39.22 | 0.00 | 0.07 | 100 |
| 裸地 | 7.67 | 1.72 | 45.11 | 0.11 | 1.91 | 3.37 | 0.53 | 0.29 | 0.00 | 39.22 | 0.07 | 100 |
| 水域滩涂沼泽地 | 0.23 | 0.02 | 0.04 | 0.00 | 0.22 | 0.03 | 0.02 | 0.00 | 0.02 | 0.01 | 99.42 | 100 |

表 4　晋宁县 2000～2009 年耕地坡度分级面积变化

| 坡度级 | 2000 年 | | 2009 年 | | 变化量(hm²) | 总变化度(%) | 年变化度(%) |
|---|---|---|---|---|---|---|---|
| | 面积(hm²) | 比重(%) | 面积(hm²) | 比重(%) | | | |
| <2° | 14441.57 | 53.87 | 13212.66 | 50.06 | -1228.91 | -8.51 | -0.95 |
| 2°～6° | 2843.42 | 10.61 | 3605.45 | 13.66 | 762.03 | 26.80 | 2.98 |
| 6°～15° | 7153.37 | 26.68 | 7615.07 | 28.85 | 461.7 | 6.45 | 0.72 |
| 15°～25° | 2078.16 | 7.75 | 1824.22 | 6.91 | -253.94 | -12.22 | -1.36 |
| >25° | 290.83 | 1.08 | 135.27 | 0.51 | -155.56 | -53.49 | -5.94 |
| 合计 | 26807.34 | 100.00 | 26392.68 | 100.00 | -414.66 | -1.55 | -0.17 |

表 5　晋宁县 2000～2009 年各耕地类型和不同坡度级耕地的生态退耕面积

单位：hm²

| 转换地类 | 坡度等级 | →园地 | →林地 | 牧草地 | →荒草地 | 合计 |
|---|---|---|---|---|---|---|
| 平田 | 1(<2°) | 122.15 | 93.77 | 0.00 | 38.42 | 254.34 |
| 梯田 | 2(2°～6°) | 24.94 | 26.57 | 0.18 | 10.78 | 62.47 |
| | 3(6°～15°) | 21.78 | 171.70 | 0.10 | 124.70 | 318.28 |
| | 4(15°～25°) | 5.85 | 70.36 | 0.00 | 30.59 | 106.80 |
| | 5(>25°) | 0.00 | 6.64 | 0.00 | 1.98 | 8.62 |
| | 小计 | 52.57 | 275.27 | 0.28 | 168.05 | 496.17 |
| 水浇地 | 1(<2°) | 4.97 | 21.44 | 0.00 | 1.10 | 27.51 |
| | 2(2°～6°) | 21.11 | 4.05 | 0.00 | 0.06 | 25.22 |
| | 3(6°～15°) | 5.97 | 10.59 | 0.00 | 2.25 | 18.81 |
| | 4(15°～25°) | 0.09 | 0.38 | 0.00 | 0.00 | 0.47 |
| | 5(>25°) | 0.00 | 0.00 | 0.00 | 0.00 | 0.00 |
| | 小计 | 32.14 | 36.46 | 0.00 | 3.41 | 72.01 |
| 平旱地 | 1(<2°) | 98.01 | 101.38 | 13.07 | 30.59 | 243.05 |
| 坡地 | 2(2°～6°) | 142.09 | 81.68 | 12.50 | 27.32 | 263.59 |
| | 3(6°～15°) | 277.93 | 316.77 | 1.15 | 88.04 | 683.89 |
| | 4(15°～25°) | 19.14 | 57.57 | 0.00 | 28.91 | 105.62 |
| | 5(>25°) | 0.57 | 66.82 | 0.00 | 20.24 | 87.63 |
| | 小计 | 439.73 | 522.84 | 13.65 | 164.51 | 1140.73 |
| 梯地 | 2(2°～6°) | 80.69 | 77.56 | 0.00 | 28.66 | 186.91 |
| | 3(6°～15°) | 225.78 | 696.34 | 0.07 | 424.84 | 1347.03 |
| | 4(15°～25°) | 58.66 | 417.29 | 0.00 | 381.58 | 857.53 |
| | 5(>25°) | 4.65 | 86.68 | 0.00 | 25.76 | 117.09 |
| | 小计 | 369.78 | 1277.87 | 0.07 | 860.84 | 2508.56 |
| 轮歇地 | 2(2°～6°) | 2.43 | 64.06 | 2.47 | 10.98 | 79.94 |
| | 3(6°～15°) | 4.60 | 276.52 | 0.00 | 66.88 | 348.00 |
| | 4(15°～25°) | 2.32 | 152.26 | 0.00 | 21.98 | 176.56 |
| | 5(>25°) | 0.00 | 32.55 | 0.00 | 3.70 | 36.25 |
| | 小计 | 9.35 | 525.39 | 2.47 | 103.54 | 640.75 |
| 耕地 | 1(<2°) | 225.13 | 216.59 | 13.07 | 70.11 | 524.90 |
| | 2(2°～6°) | 271.26 | 253.92 | 15.15 | 77.80 | 618.13 |
| | 3(6°～15°) | 536.06 | 1471.92 | 1.32 | 706.71 | 2716.01 |
| | 4(15°～25°) | 86.06 | 697.86 | 0.00 | 463.06 | 1246.98 |
| | 5(>25°) | 5.22 | 192.69 | 0.00 | 51.68 | 249.59 |
| | 合计 | 1123.73 | 2832.98 | 29.54 | 1369.36 | 5355.61 |

# 5 分析与讨论

## 5.1 各地类面积增减及变化度分析

总体上分析，在2000～2009年，晋宁县农用地和建设用地面积不同程度地增加，未利用地面积减少，农用地由96518.97 $hm^2$ 增加到98342.61 $hm^2$，增加了1823.64 $hm^2$，增加率为1.89%；建设用地由6025.27 $hm^2$ 增加到7433.89 $hm^2$，增加了1408.62 $hm^2$，增加率达23.38%，且以每年2.60%的速度在增长；未利用地则明显减少，由31122.20 $hm^2$ 减少到27889.94 $hm^2$，减少了3232.26 $hm^2$，减少率达10.39%（见表6）。这表明2000～2009年，晋宁县的未利用地得到了一定的开发利用。

**表6 晋宁县2000～2009年三大地类面积变化**

| 土地利用类型 | 基期年 | | 规划目标年 | | 期间面积增减（$hm^2$） | 总变化度（%） | 年变化度（%） |
|---|---|---|---|---|---|---|---|
| | 面积（$hm^2$） | 比例（%） | 面积（$hm^2$） | 比例（%） | | | |
| 农用地 | 96518.97 | 72.21 | 98342.61 | 73.57 | 1823.64 | 1.89 | 0.21 |
| 建设用地 | 6025.27 | 4.51 | 7433.89 | 5.56 | 1408.62 | 23.38 | 2.60 |
| 未利用地 | 31122.20 | 23.28 | 27889.94 | 20.87 | -3232.26 | -10.39 | -1.15 |
| 土地总面积 | 133666.44 | 100.00 | 133666.44 | 100.00 | 0.00 | 0.00 | 0.00 |

具体来看，园地、林地、城乡建设用地和交通水利用地面积显著增加，总增加率分别为35.21%、9.03%、27.94%和43.88%，年均增加速率分别达3.91%、1.00%、3.10%和4.88%。这与晋宁县经济发展趋势相符。水域滩涂沼泽地略有增加，9年间其面积增加了0.65%。耕地、牧草地、其他农用地、其他建设用地、荒草地和裸地均呈减少态势，其中耕地和其他农用地总减少率较小，分别仅为1.55%和0.11%；而牧草地、其他建设用地、荒草地和裸地的总减少率均较大，分别达98.19%、42.00%、13.34%和23.89%。

### 5.1.1 耕地的变化

耕地面积由2000年的26807.34 $hm^2$ 减少到26392.68 $hm^2$，减少了414.66 $hm^2$，减少率为1.55%。耕地类型中，水田大幅度减少，9年间水田共计减少了3576.52 $hm^2$，减少率为22.68%，占土地总面积的比例也由11.80%下降到9.12%。水浇地和旱地则均呈增加态势，水浇地增加了1117.00 $hm^2$，总增加率达152.59%；旱地增加了2044.86 $hm^2$，总增加率为19.84%。

### 5.1.2 园地的变化

晋宁县园地面积的增加幅度较大，在2000～2009年，园地面积由2153.74 $hm^2$ 增加到

2912.09 $hm^2$，增加率达 35.21%。其中增加量最大的是果园，由 2052.50 $hm^2$ 增加到 2778.50 $hm^2$，增加了 726.00 $hm^2$，增加率达 35.37%。其他园地增加了 32.35 $hm^2$，由于其基数较小，因而增加率较大，达 31.95%。

### 5.1.3 林地的变化

林地总面积变化幅度明显，由 2000 年的 57312.67 $hm^2$ 增加到 62490.27 $hm^2$，增加了 5177.60 $hm^2$，增加率 9.03%。林地内部各类型变化较大，主要表现为有林地大量增加、灌木林地大幅度减少、其他林地也明显减少。有林地增加了 18095.74 $hm^2$，占土地总面积的比例由 19.03% 增至 32.57%，总增加率达 71.12%。灌木林地减少了 11997.82 $hm^2$，占土地总面积的比例由 15.26% 下降到 6.29%，总减少率达 58.82%。其他林地减少了 920.32 $hm^2$，总减少率 8.02%，占土地总面积的比例也由 8.58% 下降到 7.89%。

### 5.1.4 牧草地和其他农用地的变化

牧草地和其他农用地均呈减少趋势。其中，牧草地减少量和减少率均很大，在 2000 ~ 2009 年，晋宁县牧草地减少了 3690.71 $hm^2$，总减少率达 98.19%。其他农用地有少量的减少，9 年间减少了 6.94 $hm^2$，总减少率仅为 0.11%。

### 5.1.5 城乡建设用地的变化

晋宁县 2000 ~ 2009 年城乡建设用地总量从 4416.33 $hm^2$ 增加到 5650.16 $hm^2$，增加了 1233.83 $hm^2$，其中城镇用地、居民点用地和采矿用地面积都有所增加。从增加量来看，农村居民点用地和采矿用地增加较多，分别增加了 529.21 $hm^2$ 和 628.76 $hm^2$；城镇用地增幅较小，9 年间增加了 75.86 $hm^2$。从变化率来看，城镇用地增加率为 14.92%，而农村居民点用地和采矿用地增加率分别达 20.98% 和 45.37%。

### 5.1.6 交通水利及其他建设用地的变化

交通水利用地明显增加，而其他建设用地则明显减少。9 年间，交通水利用地面积由 990.44 $hm^2$ 增加到 1425.03 $hm^2$，增加了 434.59 $hm^2$，增幅为 43.88%；其他建设用地则减少了 259.80 $hm^2$，减幅为 42.00%。

### 5.1.7 未利用地的变化

未利用地的变化特点主要是荒草地和裸地大量减少，而水域滩涂沼泽地小幅度增加。荒草地由 2000 年的 17068.22 $hm^2$ 减少到 2009 年的 14791.80 $hm^2$，减少了 2276.42 $hm^2$，减少率为 13.34%。裸地减少幅度也较大，由 4267.06 $hm^2$ 减少到 3247.69 $hm^2$，减少了 1019.37 $hm^2$，减少率为 23.89%，也就是说，近 1/4 的裸地得到了开发利用。水域滩涂沼泽地则呈小幅度增加态势，其面积由 9786.92 $hm^2$ 增至 9850.45 $hm^2$，增加了 63.53 $hm^2$，增加率为 0.65%。

## 5.2 各地类相互转化状况及特点

表2的转移矩阵以及表3的转移概率清晰地体现了各土地利用类型间的相互转化状况。分析表明，晋宁县2000～2009年各个地类间的相互转化集中体现在耕地、园地、牧草地、林地和荒草地之间的相互转化，其中又以耕地与园地、林地及荒草地之间的转化为主。

从耕地来看，转出面积大于转入面积。近9年间，由于退耕还林工程的实施，耕地有10.57%退为林地，面积为2832.98 $hm^2$；4.19%退为园地，面积为1123.73 $hm^2$；5.11%变成荒草地，面积为1369.38 $hm^2$；另外有6.94%被建设占用，0.11%转为牧草地，1.69%转为其他农用地，1.28%转为裸地，0.21%转为水域滩涂沼泽地。同时，有7652.02 $hm^2$ 的其他地类转为耕地，其中林地转入面积最大，转为耕地4075.57 $hm^2$，其次是荒草地转为耕地1308.98 $hm^2$，园地转为耕地774.44 $hm^2$，牧草地转为耕地175.47 $hm^2$，其他农用地转为耕地381.96 $hm^2$，裸地转为耕地327.25 $hm^2$，水域滩涂沼泽地转为耕地22.03 $hm^2$。另外有586.32 $hm^2$ 建设用地转为耕地，主要是居民点和废弃的砖厂、采矿用地等复垦为耕地。

从林地来看，转入面积大于转出面积。林地转入以荒草地、耕地和牧草地为主，其次是裸地和其他农用地。荒草地转入7698.65 $hm^2$，耕地转入2832.98 $hm^2$，牧草地转入2147.48 $hm^2$，裸地转入1924.66 $hm^2$，其他农用地转入876.09 $hm^2$；此外，还有745.11 $hm^2$ 建设用地转为林地，318.05 $hm^2$ 园地和3.79 $hm^2$ 水域滩涂沼泽地转为林地。转出方面，林地主要转成耕地和荒草地，转化面积分别为4075.57 $hm^2$ 和4245.06 $hm^2$，转移概率分别为7.11%和7.41%；其次是其他农用地和裸地，转化面积分别为1079.59 $hm^2$ 和1061.26 $hm^2$，转移概率分别为1.88%和1.85%。因此，从林地和耕地的相互转化来看，虽然实施了9年的退耕还林工程，但是出现了既有部分耕地面积转为林地又有相当数量的林地转为耕地的现象，这说明，晋宁县在实施退耕还林工程的同时，也存在一定程度的毁林开荒。

从园地来看，转入面积明显高于转出面积。园地转出主要是转成耕地和林地，转化面积分别为774.44 $hm^2$ 和318.05 $hm^2$，转移概率分别为35.96%和14.77%；此外，转为牧草地1.47 $hm^2$，转为其他农用地117.90 $hm^2$，转为荒草地116.89 $hm^2$，转为裸地29.22 $hm^2$，转为水域滩涂沼泽地0.67 $hm^2$；另外有211.25 $hm^2$ 被建设占用。从转入的园地来看，近些年来，晋宁县进行了农业结构调整，大力发展高效农业产业，因此，不少耕地和林地转变成了多种园地类型。

从荒草地来看，转出面积显著大于转入面积。转出部分主要流向林地，转化面积为7698.65 $hm^2$，转移概率达45.11%，即接近一半的荒草地变为林地；其次，转为耕地1308.98 $hm^2$，转移概率为7.67%；转为园地293.42 $hm^2$，转移概率1.72%；此外，转为牧草地18.99 $hm^2$，转为其他农用地325.25 $hm^2$，转为水域滩涂沼泽地12.07 $hm^2$，另外有716.22 $hm^2$ 被建设占用。荒草地转入部分也主要来自林地，转化面积为4245.06 $hm^2$，其次是耕地转入1369.38 $hm^2$，园地转入116.89 $hm^2$，牧草地转入1020.80 $hm^2$，其他农用地转入

428.96 $hm^2$，建设用地转入 553.46 $hm^2$，水域滩涂沼泽地转入 2.43 $hm^2$。由此可见，晋宁县在充分利用荒草地植树造林和开垦为耕地、园地的同时，因许多林地被砍伐、耕地撂荒等原因而形成一定数量的荒草地。

此外，裸地与其他各地类之间的转化亦较为显著，从表 3 和表 4 可以看出，有 45.11% 的裸地转化成林地，转化面积 1924.66 $hm^2$；此外，7.67% 转为耕地，1.72% 转为园地，0.11% 转为牧草地，1.91% 转为其他农用地，0.07% 转为水域滩涂沼泽地，另外有 4.19% 被建设占用。转入的面积为 1934.25 $hm^2$，其中林地面积达 1061.26 $hm^2$，此外，包括耕地面积 342.35 $hm^2$，园地面积 29.22 $hm^2$，牧草地面积 255.20 $hm^2$，其他农用地面积 107.24 $hm^2$，水域滩涂沼泽地面积 0.61 $hm^2$，建设用地面积 138.37 $hm^2$。可见，一方面大部分裸地进行了绿化并变成了林地，另一方面，部分林地则被砍伐、部分耕地因灾毁等而导致地表裸露，变成裸地。

## 5.3 退耕还林工程的实施对土地利用变化的影响

### 5.3.1 对耕地面积的影响

晋宁县 2000 年耕地面积为 26807.34 $hm^2$，表 5 和表 7 数据显示，2000～2009 年，晋宁县生态退耕面积为 5355.64 $hm^2$，占 2000 年耕地面积的 19.98%。也就是说，退耕还林工程的实施使晋宁县的耕地面积减少了 5355.64 $hm^2$。其中，耕地退为园地 1123.73 $hm^2$，占退耕量的 20.98%；耕地退为林地 2832.98 $hm^2$，占退耕量的 52.90%；耕地退为草地 1398.93 $hm^2$，占退耕量的 26.12%。

从各类耕地退耕量来看，生态退耕主要为旱地，退耕面积 4533.11 $hm^2$，占总退耕面积的 84.64%。旱地中以梯地较多，其退耕面积 2508.56 $hm^2$，占总退耕面积的 46.84%；坡地退耕面积亦达 1140.74 $hm^2$，占总退耕面积的 21.30%。次为水田，其退耕面积为 750.52 $hm^2$，占总退耕面积的 14.01%。晋宁县因基期（2000 年）水浇地较少，仅 732.01 $hm^2$，其退耕量亦少，为 72.00 $hm^2$，占总退耕面积的 1.34%。

从退耕地的坡度级来看，晋宁县的退耕地以 3 级（6°～15°）耕地较多，6°～15°退耕地面积达 2716.01 $hm^2$，占总退耕面积的 50.71%；次为 4 级（15°～25°）耕地，其退耕面积 1246.98 $hm^2$，占总退耕面积的 23.28%；5 级（>25°）耕地的退耕量为 249.59 $hm^2$，占总退耕面积的 4.66%；同时，地形平坦、质量较好的 1 级（<2°）平耕地和 2 级（2°～6°）平坡地分别被退耕 524.90 $hm^2$ 和 618.13 $hm^2$，分别占总退耕面积的 9.80% 和 11.54%。这表明：晋宁县 2000～2009 年退耕还林工程实施中实际退耕的 <25°耕地达 5106.04 $hm^2$，占总退耕面积的 95.34%；而退掉的 >25°陡坡耕地只有 249.59 $hm^2$，占总退耕面积的 4.66%。也就是说，95% 以上的退耕地均为 <25°耕地，其中 <2°平耕地接近 10%。退耕还林工程的实施，不仅使耕地总量明显减少（尽管同期又毁林开垦 4075.57 $hm^2$ 而补充了许多耕地），还使 524.90 $hm^2$ <2°平耕地被退耕。

**表 7　晋宁县 2000～2009 年生态退耕面积**

单位：$hm^2$

| 地类 | | 转园地 | | | | 转林地 | | | | 转草地 | | | 生态退耕合计 |
|---|---|---|---|---|---|---|---|---|---|---|---|---|---|
| | | 小计 | →果园 | →茶园 | →其他园地 | 小计 | →有林地 | →灌木林地 | →其他林地 | 小计 | →牧草地 | →荒草地 | |
| 水田 | 小计 | 174.72 | 151.77 | 0.00 | 22.95 | 369.04 | 231.91 | 47.78 | 89.35 | 206.76 | 0.28 | 206.48 | 750.52 |
| | 平田 | 122.15 | 106.85 | 0.00 | 15.30 | 93.77 | 63.09 | 11.13 | 19.55 | 38.42 | 0.00 | 38.42 | 254.34 |
| | 梯田 | 52.57 | 44.92 | 0.00 | 7.65 | 275.27 | 168.82 | 36.65 | 69.80 | 168.34 | 0.28 | 168.06 | 496.18 |
| 水浇地 | | 32.13 | 31.55 | 0.00 | 0.58 | 36.46 | 28.56 | 2.20 | 5.70 | 3.41 | 0.00 | 3.41 | 72.00 |
| 旱地 | 小计 | 916.87 | 883.43 | 0.00 | 33.44 | 2427.48 | 1810.20 | 175.95 | 441.33 | 1188.76 | 29.27 | 1159.49 | 4533.11 |
| | 平旱地 | 98.01 | 96.79 | 0.00 | 1.22 | 101.38 | 73.43 | 3.77 | 24.18 | 43.66 | 13.07 | 30.59 | 243.05 |
| | 坡地 | 439.73 | 423.95 | 0.00 | 15.78 | 522.84 | 345.75 | 27.35 | 149.74 | 178.17 | 13.66 | 164.51 | 1140.74 |
| | 梯地 | 369.78 | 354.52 | 0.00 | 15.26 | 1277.87 | 948.64 | 112.48 | 216.75 | 860.91 | 0.07 | 860.84 | 2508.56 |
| | 轮歇地 | 9.35 | 8.17 | 0.00 | 1.18 | 525.39 | 442.38 | 32.35 | 50.66 | 106.02 | 2.47 | 103.55 | 640.76 |
| 合计面积 | | 1123.73 | 1066.77 | 0.00 | 56.96 | 2832.98 | 2070.68 | 225.92 | 536.38 | 1398.93 | 29.55 | 1369.38 | 5355.64 |
| 比例（%） | | 20.98 | 19.92 | 0.00 | 1.06 | 52.90 | 38.66 | 4.22 | 10.02 | 26.12 | 0.55 | 25.57 | 100.00 |

### 5.3.2　对园地的影响

统计表明，生态退耕由耕地转为园地面积 1123.73 $hm^2$，荒草地转为园地 293.42 $hm^2$，因此，退耕还林工程的实施使园地面积增加了 1417.15 $hm^2$。园地增加类型主要为果园和其他园地。

### 5.3.3　对林地的影响

据统计，生态退耕由耕地转为林地面积 2832.98 $hm^2$，荒草地转为林地 7698.65 $hm^2$，因此，退耕还林工程使林地面积增加了 10531.63 $hm^2$。林地增加类型主要为有林地，说明退耕还林工程使晋宁县的森林覆盖率有所提高。

### 5.3.4　对草地的影响

退耕还林工程对草地的影响分为两个方面，一是耕地退为草地，二是荒草地转为园地、林地和牧草地。从表 2 可见，耕地退为牧草地面积 175.47 $hm^2$，退为荒草地面积 1369.38 $hm^2$，合计退为草地面积 1398.93 $hm^2$。另外，荒草地转为园地面积为 293.42 $hm^2$，转为林地面积为 7698.65 $hm^2$，转为牧草地面积为 18.99 $hm^2$。因此，退耕还林工程的实施使荒草地面积减少 8011.06 $hm^2$。

## 6　主要结论

本文通过对晋宁县 2000～2009 年土地利用变化状况的分析，得到以下主要结论。

（1）晋宁县 2000～2009 年的 9 年间，总体上农用地和建设用地面积增加，而未利用地面积减少。具体而言，园地、林地、城乡建设用地和交通水利用地面积显著地增加，这与晋宁县的经济发展趋势和农业结构调整政策相符；耕地、牧草地、其他农用地、其他建设用地、荒草地和裸地均呈减少态势。耕地中，水田呈大幅度减少。

（2）晋宁县 2000～2009 年各个地类间的相互转化集中体现在耕地、园地、牧草地、林地和荒草地之间的相互转化，其中又以耕地与园地、林地及荒草地之间的转化为主。

（3）晋宁县在实施退耕还林工程的同时也在一定程度的毁林开荒。2000～2009 年耕地退为林地、园地和草地的面积合计达 5355.64 $hm^2$，其中耕地退为林地 2832.98 $hm^2$；而同期林地转为耕地的面积达 4075.57 $hm^2$。这种一边实施退耕海林、一边又大量毁林开垦的现象应当引起重视。

（4）晋宁县 2000～2009 年退耕还林工程实施中实际退耕的 $<25°$ 耕地达 5106.04 $hm^2$，占总退耕面积的 95.34%；而退掉的 $>25°$ 陡坡耕地占总退耕面积的 4.66%。也就是说，95% 以上的退耕地均为 $<25°$ 耕地，其中 $<2°$ 平耕地退耕 524.90 $hm^2$，占总退耕面积的 9.80%。

致谢：本文得到云南财经大学国土资源与持续发展研究所杨子生教授的指导，张博胜硕士帮助运用 GIS 技术处理图件和数据。特此表示衷心的感谢！

## 参考文献

[1] 李秀彬：《全球环境变化研究的核心领域——土地利用/土地覆盖变化的国际研究动向》[J]，《地理学报》1996 年第 51（6）期，第 553～557 页。

[2] Turner, I. I. B. L., Skole, D., Sanderson, S., et al., "Land Use and Land Cover Change, Science/Research Plan" [R]. IGBP Report No. 35 & HDP Report No. 7. Stochkholm: IGBP, 1995.

[3] Lambin, E. F., Baulies, X., Bockstael, N. et al., "Land-use and Land-cover Change: Implementation Strategy" [R]. IGBP Report No. 48 & IHDP Report No. 10. Stochkholm: IGBP, 1999.

[4] 史培军、宫鹏、李晓兵等：《土地利用/覆被变化研究的方法与实践》[M]，北京：科学出版社，2000。

[5] 史培军、宋长青、景贵飞：《加强我国土地利用/覆被变化及其对生态环境安全影响的研究》[J]，《地球科学进展》2002 年第 17（2）期，第 161～168 页。

[6] 陈百明、刘新卫、杨红：《LUCC 研究的最新进展评述》[J]，《地理科学进展》2003 年第 22（1）期，第 22～29 页。

[7] 张华、张勃：《国际土地利用/覆盖变化模型研究综述》[J]，《自然资源学报》2005 年第 20（3）期，第 422～431 页。

[8] 刘惠兰：《退耕还林工程总体建设情况报告发布》[Z]，《经济日报》2007 年 2 月 4 日。

[9] 杨子生：《中国退耕还林工程驱动下的云南不同地貌区土地利用变化及其生态效应研究》[M]，北京：中国科学技术出版社，2011。

[10] 郭正模：《退耕还林工程对山区土地利用影响的分析》[J]，《国土经济》2002 年第 10 期，第 7～9 页。

[11] 宋乃平、王磊等：《退耕还林草对黄土丘陵区土地利用的影响》[J]，《资源科学》2006 年第 28

（4）期，第 52～57 页。

［12］陈国建：《还林还草对土地利用变化影响程度研究——以延安生态建设示范区为例》［J］，《自然资源学报》2006 年第 21（2）期，第 274～279 页。

［13］韩华丽、朱玉碧、杨子生：《中国退耕还林工程驱动下的滇西南中低山盆谷区近八年土地利用变化研究——以潞西市为例》［A］，见刘彦随、杨子生、赵乔贵主编《中国山区土地资源开发利用与人地协调发展研究》［C］，北京：中国科学技术出版社，2010，第 237～247 页。

［14］张博胜、姜锦云、杨子生：《退耕还林工程驱动下的滇东南喀斯特山区近 8 年土地利用变化研究——以文山县为例》［J］，《中国农学通报》2010 年第 26（22）期，第 338～343 页。

［15］云南省人民政府办公厅、云南省统计局、国家统计局云南调查总队：《云南领导干部手册－2010》［M］，昆明：云南人民出版社，2010，第 149～240 页。

［16］云南省统计局：《云南统计年鉴（2010）》［M］，北京：中国统计出版社，2010.

［17］国家统计局：《中国统计年鉴（2010）》［M］，北京：中国统计出版社，2010.

［18］国土资源部：《全国土地分类》（试行）［S］，《国土资源通讯》2001 年第 10 期，第 13～15 页。

［19］国家质量监督检验检疫总局、国家标准化管理委员会：《中华人民共和国国家标准（GB/T 21010－2007）·土地利用现状分类》［S］，北京：中国标准出版社，2007.

［20］中华人民共和国国土资源部：《中华人民共和国土地管理行业标准：TD/T1024－2010. 县级土地利用总体规划编制规程》［S］，北京：中国标准出版社，2010.

［21］云南省土地管理局、云南省土地利用现状调查领导小组办公室：《云南土地资源》［M］，昆明：云南科技出版社，2000，第 397～447 页。

［22］张耀武、余蕴祥、赵乔贵等：《云南省第二次土地调查实施细则（农村部分）》［M］，昆明：云南人民出版社，2007，第 12～75 页。

# Land Use Changes in Dianchi Lake Basin Driven by China's Project of Converting Farmland to Forest: A Case Study in Jinning County

*He Yimei*

(Tourism and Service & Trade School, Yunnan University of Finance and Economics)

**Abstract**: By applying GIS technology and based on the land use status quo database of Jinning County in the year of 2000 and 2009, this paper has estimated and summed up the land use changes of Jinning County from 2000 to 2009 and further analyzed the impact on land use by the project of converting farmland to forest. The results are as follows: ① In the last nine years, the areas of agricultural land and construction land of Jinning County had increased and the area of unused land had decreased. More specifically, the areas of garden plot, forest land, urban and rural construction land, land for transport and irrigation had markedly increased. This is closely related to Jinning County's economic development trend and policy on agricultural structure adjustment. The area of farmland, grazing land, other agricultural land, land for other constructions, waste grassland and bare land had decreased. Of the farmlands, paddy field had greatly decreased. ② The land variety transformation in Jinning County from 2000 to 2009 happened mainly among farmland, garden plot, grazing land, forest land, and waste grassland. ③ While implementing the project of converting farmland to forest, deforestation for farming had been rampant in Jinning County. From 2000 to 2009, some 5355.64 $hm^2$ of farmland had been converted to forest land, garden plot, and grassland, of which, 2832.98 $hm^2$ was converted to forest land. In the same period, however, some 4075.57 $hm^2$ of forest land had been transformed into farmland. We should pay great attention to such phenomenon that while some farmland being converted to forest land, large amount of forest land is destroyed for farming. ④ During the project of converting farmland to forest in Jinning County from 2000 to 2009, some 5106.04 $hm^2$ of the farmland on slopes of below 25° had been converted, accounting for 95.34% of the total converted farmland. The area of the converted farmland on steep slopes of over 25° accounted for 4.66% of the total converted farmland. In other words, over 95% of the converted farmland was on slopes of below 25°. Of it, some 524.90 $hm^2$ of the flat farmland on slopes of below 2° had been converted, accounted for 9.80% of the total converted area.

**Keywords**: Land use change; Program of converting farmland to forest; Farmland on steep slopes; Deforestation for farming; Jinning County

# 后　记

水多（易致水灾）、水少（常引起干旱）、水脏（水污染）、水土流失、水资源开发利用等诸多与“水”有关的一系列问题，已经成为影响和制约我国乃至世界可持续发展的重大问题。可以认为，水治理问题将是国家和区域可持续发展战略中需要优先关注的重要基础性问题，需要全国学术界尤其是相关学科和行业的专家学者、科技人员和有关人士密切配合，协同攻关，共同进行深入的思考、探索、研究。

2011 年12 月，熊术新校长将承办“2012’中国水治理与可持续发展——海峡两岸学术研讨会”的任务交给我，希望我校国土资源与持续发展研究所与台湾政治大学国家发展研究所密切合作，共同策划和筹备这个研讨会。当时，我既感到兴奋，又有些诚惶诚恐。兴奋的是校长的信任，使我们能够有机会与台湾专家学者一起共同研讨我国水治理大计，这是幸事、善举；诚惶诚恐的是，水治理并非我们的核心研究领域（尽管我们长期以来的研究工作都直接或间接与水治理有关，有些则本身就属于水治理研究范畴），很担心把握不住中国水治理的大局，生怕驾驭不了全国性的水治理两岸学术研讨会，因而唯恐辜负校长的期望和重托。

在熊术新校长和周跃副校长的鼓励、支持下，在其他领导以及校长办公室、科研处、港澳台办公室等相关部门的支持与协助下，我们很快就打消了思想顾虑，放心大胆地与台湾政治大学国家发展研究所一起共同策划和筹备“2012’中国水治理与可持续发展——海峡两岸学术研讨会”。

经过半年来的紧张筹备，组委会先后完成了论文征集、组稿和初步编辑加工等工作，在2012 年 7 月初内部编印了 2012’中国水治理与可持续发展——海峡两岸学术研讨会论文集《中国水治理与可持续发展研究》，暂供研讨会上交流之用。作为本次学术研讨会的标志性成果，论文集从水电开发与移民安置探索、湖泊水环境治理研究、中国水旱灾害研究、水资源评价与利用研究、城市水务与水政治研究、水哲学伦理及可持续发展相关问题研究六个方面展示了海峡两岸水治理研究的最新进展和最新成果，将对我国水资源的合理开发利用、保护、治理和管理发挥重要的作用。

在会议筹备初期和2012年3月初发布征文通知之时，组委会就已确定：研讨会结束后，根据研讨会上相关专家学者的意见和建议，对各篇论文进行适当的修改和完善，然后交出版社正式出版本次研讨会论文集——《中国水治理与可持续发展研究》。7月6日下午，两岸专家学者在会议上一起讨论了论文集编委会名单和相关出版事项。这之前，我专门向熊校长汇报了草拟的出版方案，鉴于本次会议议题重大，影响深远，按常规，希望由熊校长或周副校长担任论文集主编，但熊校长十分谦虚，也很低调，婉拒了担任论文集主编的请求，并明确表示，本次研讨会论文集由我任主编，由台湾团队推选一位教授任副主编。由此，我们充分看到了校长的高风亮节和科学精神！

还需要说明的是，熊校长对出版这本论文集非常重视，对论文集的整体构架作了精心的安排，并要求在论文集里增加两个部分：①增加1篇研讨会“综述”文章；②论文集共分6个部分（专题），每个部分（专题）都由一位教授撰写一份300~400字的“专题述评”。

经过近两个月的努力，各位作者对参会论文进行了认真的修改和完善；同时，相关专家分别为论文集的6个部分（专题）撰写了“专题述评”。其中，台湾政治大学政治系郭承天教授撰写了第六专题“水哲学伦理及可持续发展相关问题研究”的“专题述评”，着重从环境伦理、生态哲学等角度点评了熊术新校长在“2012’中国水治理与可持续发展——海峡两岸学术研讨会”开幕式上提出的“昆明共识”，认为“昆明共识”就是水治理或其他环境治理必须要从科技、制度和宗教哲学三方面同时进行，并且相互联系。“昆明共识”，作为将来中国水治理或其他环境治理的标杆模式，不但有助于中国水治理之功效，也将成为国际环境治理的新曙光。郭承天教授的精彩点评，使本次学术研讨会和这本论文集上升到了新的高度，为今后进一步凝聚“昆明共识”，进一步按照熊校长提出的“昆明共识”去思考、探索和研究中国水治理或其他环境治理问题提供了新的思想和理念。

另需说明的是，在本论文集正式交付出版社出版之际，也就是2012年“9·11”，日本政府正式签署钓鱼岛“购买”合同。日本政府“购岛”事件激发了我们研究钓鱼岛资源开发的热情，我于9月11~21日特别撰写了《中国钓鱼诸岛及附近海域资源开发利用的初步探讨》一文，并于“9·21”当天14:30~18:00在本研究所向师生们公开作了该题的学术报告。现将该文临时编入本论文集，期望在“钓鱼岛及附近海域开发研究”领域起到抛砖引玉的作用。

本论文集的出版，应归功于以云南财经大学和台湾政治大学为主的两岸专家学者们对这次学术研讨会的积极响应和大力支持，许多专家学者和中青年科研人员、研究生认真撰写和及时提交论文，保证了论文征集和组稿工作的顺利进行。可以说，本论文集的问世凝聚了两岸相关领域专家学者与青年学子的辛苦汗水和心血。本论文集的顺利出版还应归功于云南财经大学领导和相关部门的高度重视和全力支持，并得到了云南财经大学专项经费的资助，使本书得以顺利出版。在本论文集的编辑出版过程中，还得到了众多人士的大力支持和帮助，尤其是云南财经大学国土资源与持续发展研究所部分教师和研究生参与了论文集的处理和加工工作；社会科学文献出版社经济与管理出版中心蔡莎莎编辑在论文集的编辑加工等方面付出了大量辛勤工作。

借此机会，谨向所有支持、帮助和关心本论文集出版的专家学者、各位领导和有关人士表示最诚挚的感谢！

值得指出的是，尽管我们对本论文集的编辑与出版的每一环节都给予了认真把关，但因时间仓促，书中难免有不妥甚至谬误之处。同时，作为学术论文集，本书旨在博各家之见，扬争鸣之风，并不苛求观点之一致。还有，作为学术会议论文集，原则上实行文责自负。总之，所有不足之处，敬请各位专家学者和广大读者给予理解并不吝赐教。

云南财经大学国土资源与持续发展研究所　杨子生

2012 年 9 月 30 日于昆明

**图书在版编目(CIP)数据**

中国水治理与可持续发展研究/杨子生主编. —北京：社会科学文献出版社，2012.12（2013.2 重印）
ISBN 978-7-5097-4257-0

Ⅰ.①中… Ⅱ.①杨… Ⅲ.①水资源管理-中国-学术会议-文集 Ⅳ.①TV213.4-53

中国版本图书馆 CIP 数据核字（2013）第 018354 号

**中国水治理与可持续发展研究**

主　　编 / 杨子生
副 主 编 / 吴德美

出 版 人 / 谢寿光
出 版 者 / 社会科学文献出版社
地　　址 / 北京市西城区北三环中路甲 29 号院 3 号楼华龙大厦
邮政编码 / 100029

责任部门 / 经济与管理出版中心（010）59367226
责任编辑 / 蔡莎莎
电子信箱 / caijingbu@ssap.cn
责任校对 / 王翠艳　白桂祥
项目统筹 / 恽　薇　蔡莎莎
责任印制 / 岳　阳
经　　销 / 社会科学文献出版社市场营销中心（010）59367081　59367089
读者服务 / 读者服务中心（010）59367028

印　　装 / 北京鹏润伟业印刷有限公司
开　　本 / 787mm×1092mm　1/16
印　　张 / 29.75
版　　次 / 2012 年 12 月第 1 版
字　　数 / 730 千字
印　　次 / 2013 年 2 月第 2 次印刷
书　　号 / ISBN 978-7-5097-4257-0
定　　价 / 98.00 元